ENEARC

エネルギーで、未来に架け橋を。

新しい総合エネルギー企業、エネアークが誕生しました。

エネアークは大阪ガス、伊藤忠エネクスの両社が50%を出資し、

関東・中部・関西エリアそれぞれのLPG販売会社とともに

お客さまの「一番身近で頼りになる総合エネルギー企業」を目指します。

Group of 大阪ガス & 伊藤忠エネクス

株式会社エネアーク

株式会社エネアーク関東 ／ 株式会社エネアーク中部 ／ 株式会社エネアーク関西

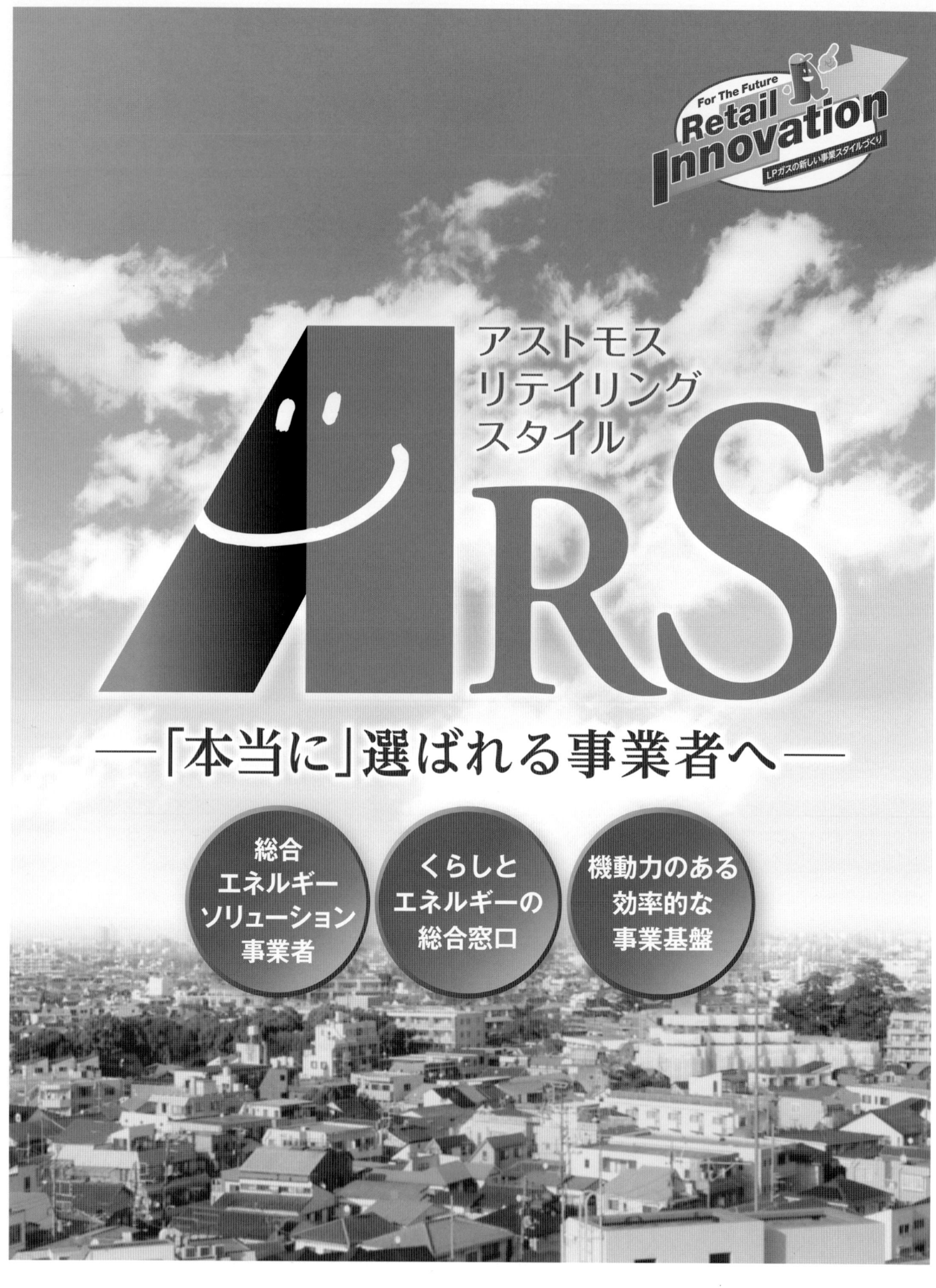

アストモス
リテイリング
スタイル

ARS

―「本当に」選ばれる事業者へ―

総合
エネルギー
ソリューション
事業者

くらしと
エネルギーの
総合窓口

機動力のある
効率的な
事業基盤

アストモスエネルギー株式会社

〒100-0005 東京都千代田区丸の内1-7-12 サピアタワー24階 TEL.050-3816-0700（代） http://www.astomos.jp

確かな未来に舵をきる。

〈ジクシス〉が目指すのは、
エネルギーをめぐる変化の波を
しなやかに乗り越えて
よりよい未来へ進むこと。
安全で安定的な供給はもちろん、
未来を見すえた巧みな舵取りで
日本を前進させる原動力を担います。

GYXIS

ジクシス株式会社 東京都港区芝五丁目36番7号 三田ベルジュビル12階

株式会社 ジャパンガスエナジー

〒105-0002 東京都港区愛宕 1-3-4 愛宕東洋ビル 9 階
www.j-gasenergy.co.jp

クリーンなエネルギーで、美しい未来を創ります

森や海と同じように、動物や植物と同じように、

人は自然の一部だから、

私たちの未来は、自然とともに存在するのです。

社会に、環境に、そしてお客様に、やさしい企業でありたい。

JGEのクリーンなエネルギーが、美しい未来を創ります。

 **NICIGAS** ニチガス

プレミアム ファイブ +プラン

ご家庭の都市ガス料金が年間で

平均約**3.6%** 最大**38.3%**おトク

※標準家庭とは、ガス使用量が年間384㎡(東京ガス需要家の過去5年間の平均使用量)のお客様としています。
※「東京ガスの一般料金」とは料金プラン「一般契約料金」をいいます。
※最大38.3%は下記+プランの1〜11すべてを申し込んだ場合をいいます。

プレミアム5 東京ガスの一般料金よりおトク **+プラン** 最大11つのおトクな割引プラン

+プラン

1 スイッチング・キャンペーン
ガス代から最大**2,000円** 割引
※割引額は繰り越しされません。

2 ユーザー特典 ガス器具購入割引
もれなく**5,000円** 割引
※ガス器具購入割引の対象は、ガスコンロ、給湯器に限ります。

3 ビットコイン割引
ガス代から年間**1,200円** 割引

4 電気セット割引
ガス代から年間**1,200円** 割引

5 宅配水の最大手 アクアクララセット割引
ガス代から年間**3,600円** 割引
※すでにアクアクララをご利用されているお客様は、対象外となります。

6 インターネット光回線 ニチガス光
ガス代から年間**3,600円** 割引
※戸建タイプ 月額5,250円(税抜) マンションタイプ 月額4,250円(税抜)

7 BGMサービス USEN
ガス代から**3,000円** 割引
※ニチガスが紹介するUSENのBGMサービスにご加入いただくと、初回のガス料金から3,000円割引きます。

8 日本最大級の映像配信サービス U-NEXT
ガス代から年間**1,200円** 割引
※月額1,990円（税抜）
※すでにU-NEXTをご利用されているお客様は、対象外となります。

9 Powered by ローソンフレッシュ お買物優待サービス割引
ガス代から年間**1,200円** 割引
※お買い物優待サービス会費：月額500円(税抜)
※本サービスは株式会社U-NEXTが運営、管理しています。

10 おつりで投資 トラノコ割引
ガス代から年間**1,200円** 割引
※トラノコのご利用には月額利用料（税込300円/3か月間無料）がかかります。

11 カンタン宅配収納サービス トランク割引
ガス代から年間**1,200円** 割引
※1箱月額500円（税抜）
※無料期間中とアプリを解約された場合は適用されません。

さらにさらに 高使用量割引
ガス代から最大**3,000円**
年間600m³以上ご使用の"ご家庭のお客様"に対して、13ヶ月目の請求を1m³あたり3円割引きます。
※ガス代から年間1,800円〜3,000円割引

 **NICIGAS** ニチガス

日本瓦斯株式会社 〒151-8582 東京都渋谷区代々木4-31-8 TEL 03-5308-2111(代)
公式HP http://www.nichigas.co.jp/

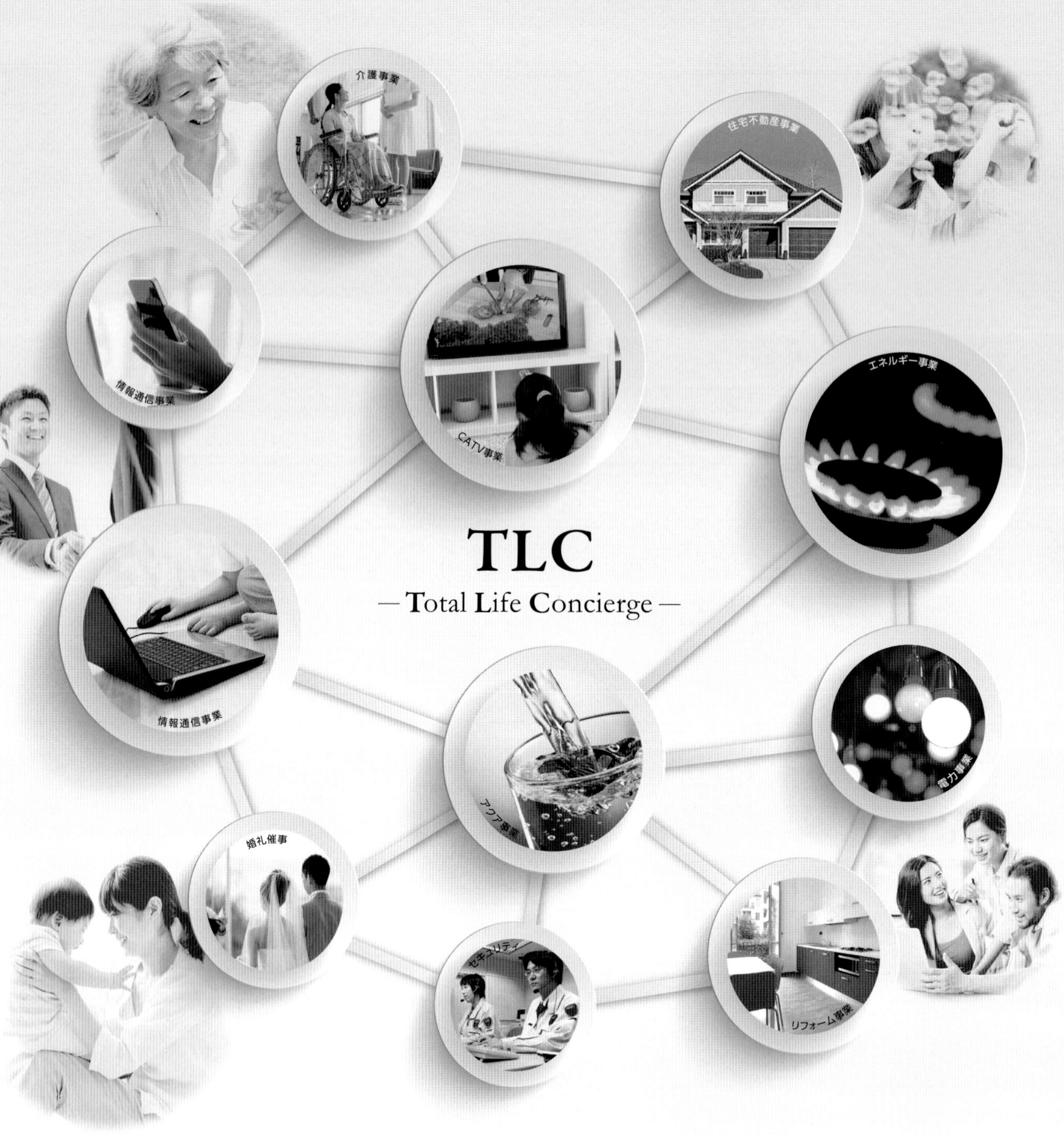

ITAMI WORLD

イタミワールドで豊かな暮らしを

ガス事業部

 アストモスガス
 GYXIS
 伊丹産業のでんき
 新エネルギー開発 TEPCO 洸陽電機

ガスエンジン発電所
太陽光発電所
LPガス
駐車場 P24h
売電事業
LPガス車
都市ガス
ACU24

SoftBank
Y! mobile

米穀事業部

 伊丹米　杵つきもち

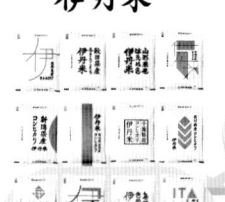

モンドセレクション
【銀賞】　【銅賞】
白もち　　海老もち
玄米もち
ゆずもち

ISO22000認証取得

ESSO Express Speedpass 災害対応
車検　EV 200V CHARGING POINT

ESSO　7-ELEVEN　ENEOS　Shell

SS　コンビニ　車検

モバイル事業部

石油事業部

グループ企業

伊丹産業のでんき

東京海上日動　MS&AD 三井住友海上
損保ジャパン日本興亜
共栄火災海上保険

VOLVO　EV 200V CHARGING POINT

TULLY'S COFFEE

伊丹産業設備㈱	伊丹産業電気工事㈱	新エネルギー開発㈱	伊丹産業保険事務㈱	伊丹産業カーズ㈱	伊丹産業ビバレッジ㈱
ガス・水道・空調設備工事	電気設備工事	電力供給	損害保険代理店	正規ボルボディーラー	カフェ事業

伊丹産業株式会社

本社：兵庫県伊丹市中央5丁目5-10
☎(072) 783-0001㈹

お米くらぶ 🔍検索

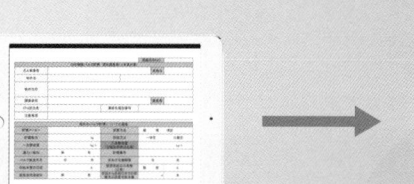

COSMOS

センサでひろがる
安全・安心・快適な暮らし

ご家庭で

聞き取りやすいゆっくりとした音声と、
監視時は緑色、警報時は赤色に光るランプで、
ガスもれと機器の状態をわかりやすくお知らせします。

LPガス用 ガス警報器
音声単体型 **XA-686A**

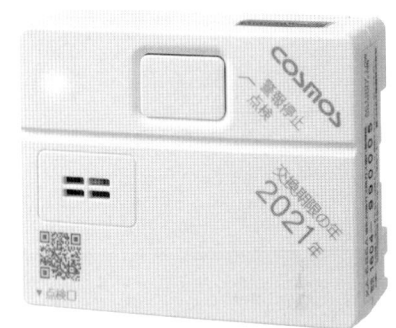

コンセント直付けタイプでスッキリ設置。
高齢者にも聞き取りやすいスイープ音と
ランプでわかりやすく警報をお知らせ。

LPガス用 ガス警報器
コンセント直付けタイプ **CF-626CL**

厨房でのCO中毒事故防止に

一過性のCOでは早鳴りしない、業務用厨房に適したCO警報器。

業務用換気警報器
CL-425G

新コスモス電機株式会社

東日本営業部			西日本営業部		
東　京	■	TEL(03)5403-2706	関　西	■	TEL(06)6308-3155
札幌営業所	■	TEL(011)231-1101	中　部	■	TEL(052)951-2650
仙台営業所	■	TEL(022)295-6061	北陸営業所	■	TEL(076)234-5611
新潟営業所	■	TEL(025)365-1390	岡山営業所	■	TEL(086)435-5087
静岡営業所	■	TEL(054)255-1901	広島営業所	■	TEL(082)568-2800
			九州営業所	■	TEL(092)431-1881

本　　社 ■ 〒532-0036 大阪市淀川区三津屋中2-5-4 TEL(06)6308-3155

URL　www.new-cosmos.co.jp

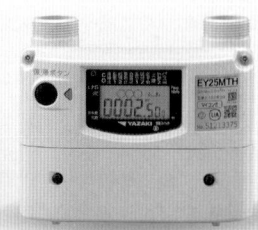
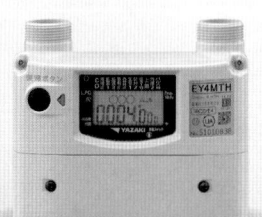
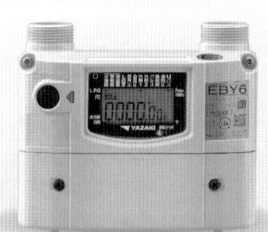
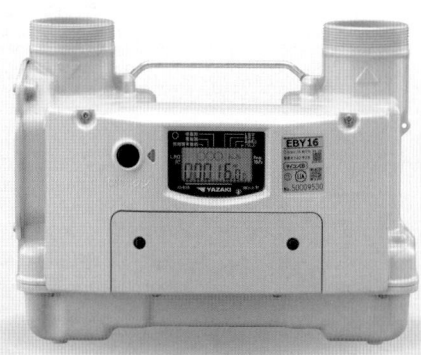

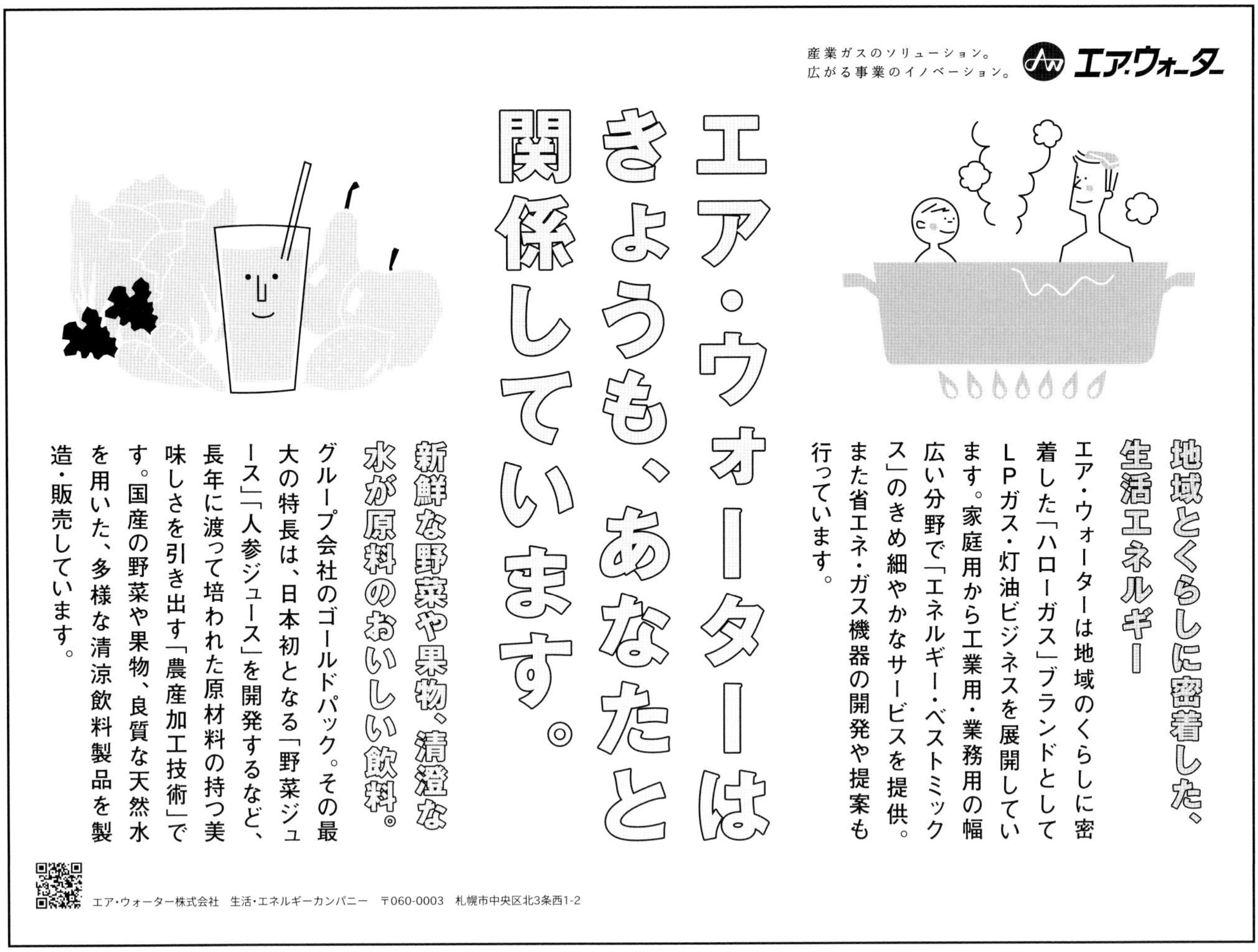
産業ガスのソリューション。
広がる事業のイノベーション。
エア・ウォーター
エア・ウォーターはきょうも、あなたと関係しています。
地域とくらしに密着した、生活エネルギー
エア・ウォーターは地域のくらしに密着した「ハローガス」ブランドとしてLPガス・灯油ビジネスを展開しています。家庭用から工業用・業務用の幅広い分野で「エネルギー・ベストミックス」のきめ細やかなサービスを提供。また省エネ・ガス機器の開発や提案も行っています。
新鮮な野菜や果物、清澄な水が原料のおいしい飲料。
グループ会社のゴールドパック。その最大の特長は、日本初となる「野菜ジュース」「人参ジュース」を開発するなど、長年に渡って培われた原材料の持つ美味しさを引き出す「農産加工技術」です。国産の野菜や果物、良質な天然水を用いた、多様な清涼飲料製品を製造・販売しています。
エア・ウォーター株式会社　生活・エネルギーカンパニー　〒060-0003　札幌市中央区北3条西1-2

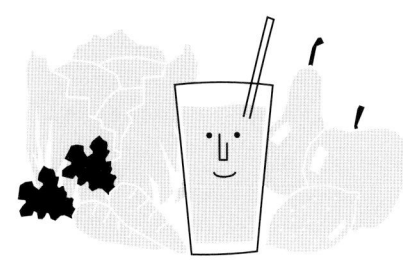

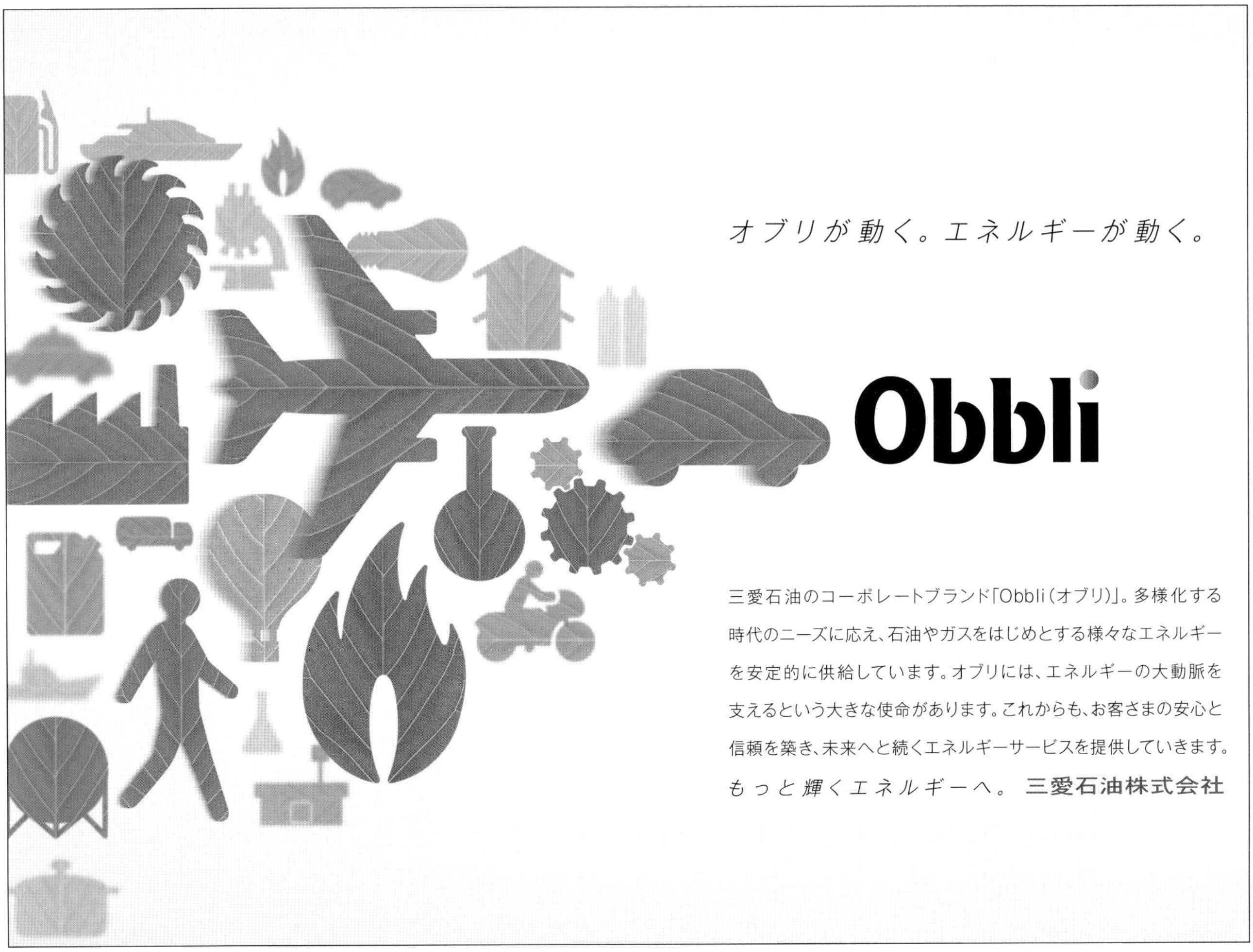
オブリが動く。エネルギーが動く。
Obbli
三愛石油のコーポレートブランド「Obbli（オブリ）」。多様化する時代のニーズに応え、石油やガスをはじめとする様々なエネルギーを安定的に供給しています。オブリには、エネルギーの大動脈を支えるという大きな使命があります。これからも、お客さまの安心と信頼を築き、未来へと続くエネルギーサービスを提供していきます。
もっと輝くエネルギーへ。 三愛石油株式会社

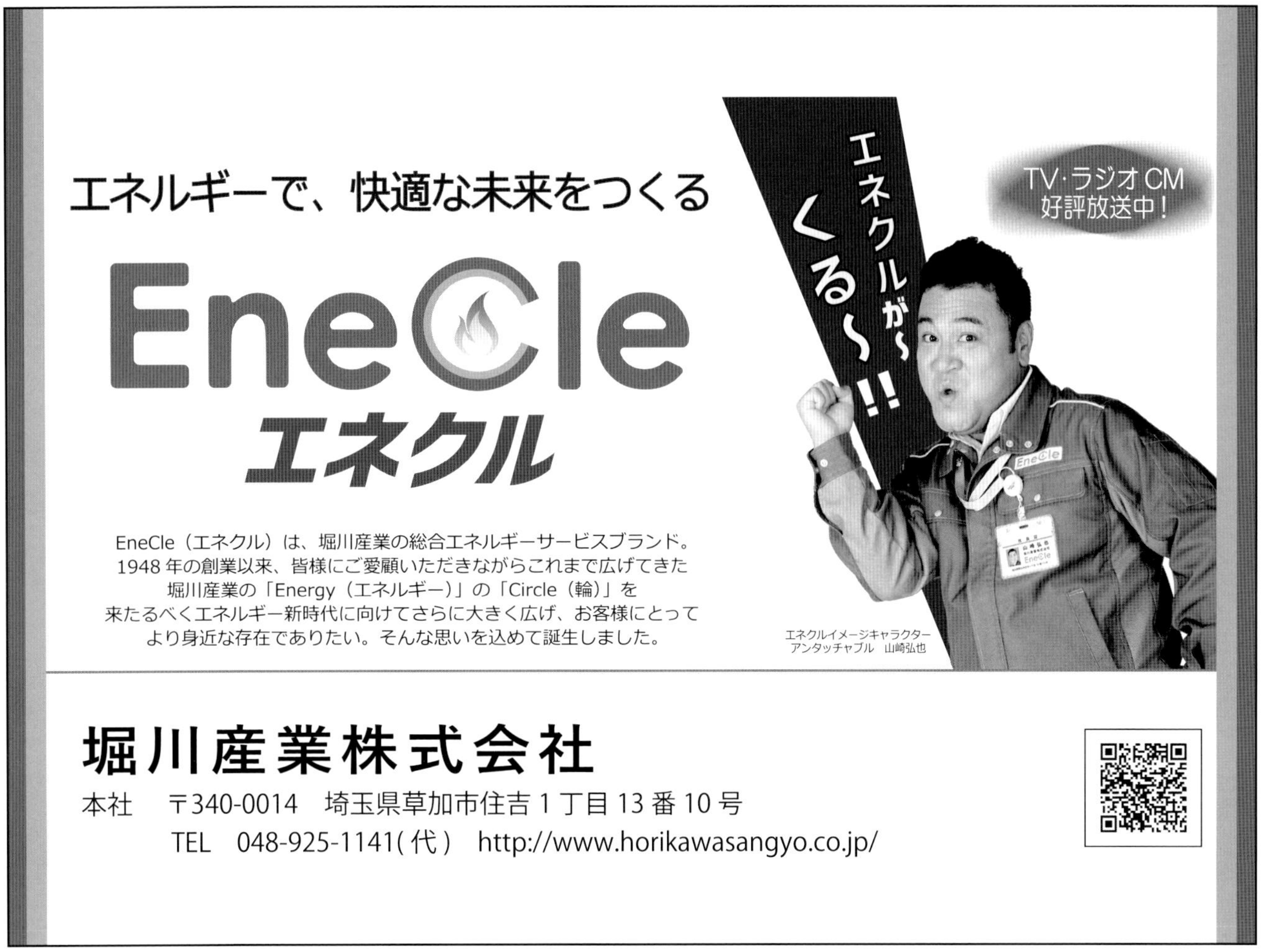
エネルギーで、快適な未来をつくる
EneCle
エネクル
エネクルが～
くる～!!
TV・ラジオCM
好評放送中！
EneCle（エネクル）は、堀川産業の総合エネルギーサービスブランド。
1948年の創業以来、皆様にご愛顧いただきながらこれまで広げてきた
堀川産業の「Energy（エネルギー）」の「Circle（輪）」を
来たるべくエネルギー新時代に向けてさらに大きく広げ、お客様にとって
より身近な存在でありたい。そんな思いを込めて誕生しました。
エネクルイメージキャラクター
アンタッチャブル　山崎弘也
堀川産業株式会社
本社　〒340-0014　埼玉県草加市住吉1丁目13番10号
TEL　048-925-1141(代)　http://www.horikawasangyo.co.jp/

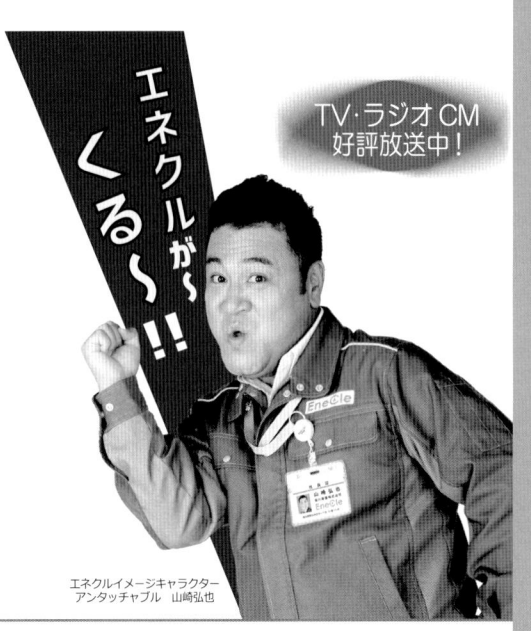

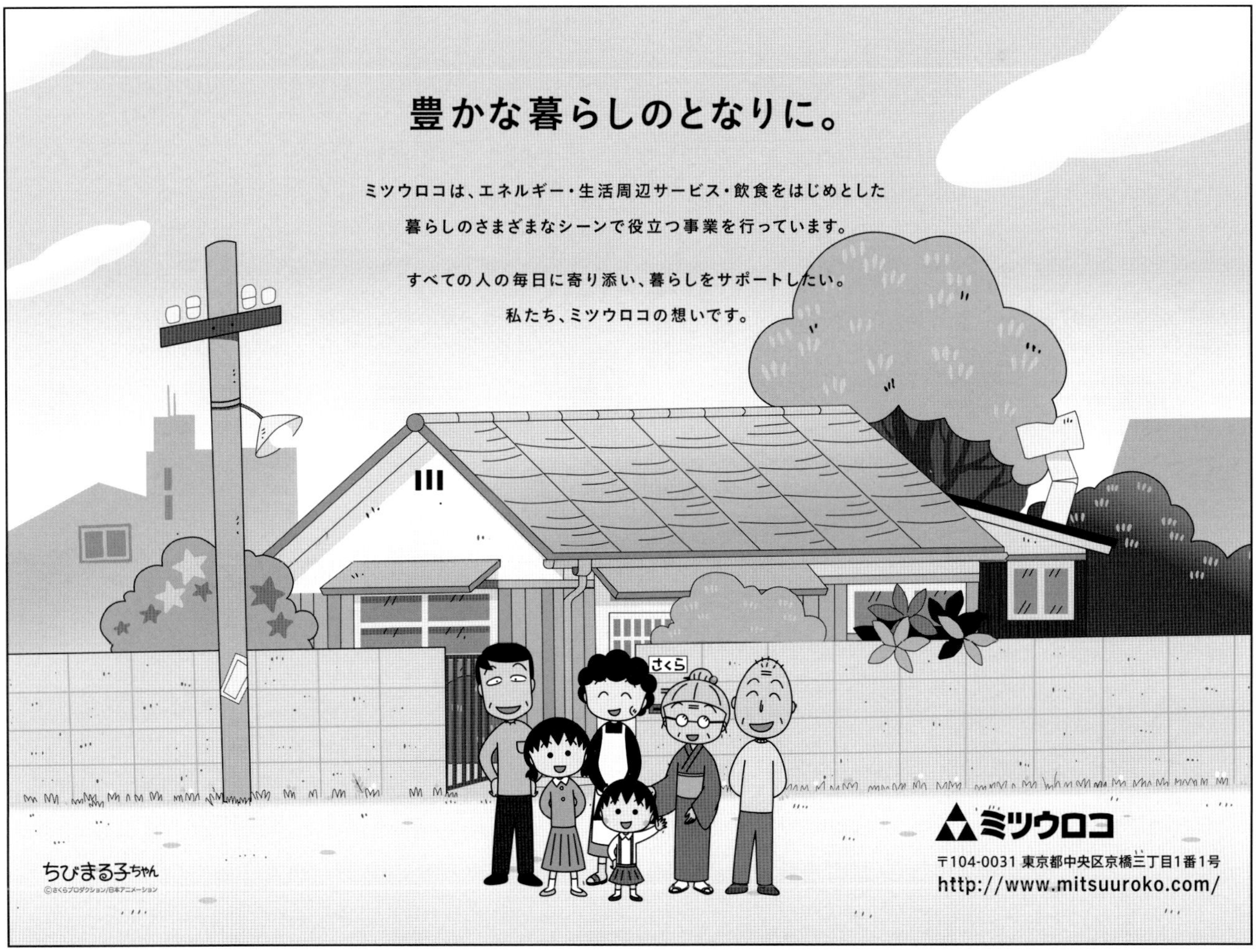
豊かな暮らしのとなりに。
ミツウロコは、エネルギー・生活周辺サービス・飲食をはじめとした
暮らしのさまざまなシーンで役立つ事業を行っています。
すべての人の毎日に寄り添い、暮らしをサポートしたい。
私たち、ミツウロコの想いです。
さくら
ちびまる子ちゃん
ミツウロコ
〒104-0031 東京都中央区京橋三丁目1番1号
http://www.mitsuuroko.com/

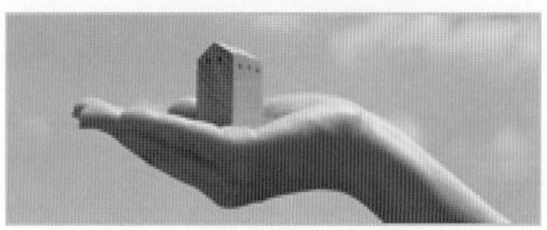

2018年版 LPガス資料年報

LP-GAS
ANNUAL REPORT
FACTS & FIGURES

株式会社石油化学新聞社　VOL.53

は　し　が　き

　国内のエネルギー市場では、2016年の電力につづき昨年から都市ガスの小売自由化が始まりました。新規参入や業界の垣根を越えた提携などにより、新たなエネルギー大競争時代を迎えています。 1月末時点で電力へのスイッチングは643万件を超え、転換率は10％を上回りました。都市ガスのスイッチングも68万件余りに達し、利用者がエネルギーを選択する時代が到来しています。

　国内では人口減少や少子高齢化に伴う労働人口の減少、人手不足が社会問題化しています。さまざまな産業で次代を担う人材の確保に頭を悩ませており、今後の会社経営への影響が懸念されています。人口減少の影響が大きい地域を地盤とするＬＰガス業界では、点検、検針、配送など日々の業務を支える人材確保の問題も顕在化しており、後継者難等により廃業する事業者も増え、事業者の減少が続いています。

　国内のＬＰガス需要は、ここ数年1,400万㌧台で伸び悩んでいます。需要の主力である家庭業務用では、他のエネルギーとの競合や都市部への人口移動等による利用世帯の減少もあり、微減傾向での推移が予測される一方、工業用では景気の回復や燃料転換等による需要の伸びが期待されています。

　ＬＰガス供給を見ると、かねてより進められていた国家備蓄基地の整備が昨年完遂し、50日分・140万㌧体制が整いました。また、本格化した米国シェール由来ＬＰガスの輸入シェアは、中東各国を大きく上回る水準にまで達し、供給ソースはかつての中東一極から脱却し多角化が実現しました。

　『ＬＰガス資料年報』は、ＬＰガス市場の分析とマーケティングに役立つ統計資料を、需給・流通・設備・利用・関係資料のテーマごとに一冊にまとめた、業界唯一のＬＰガス総合データ集です。ＬＰガス業界をはじめとした関連業界各位の事業戦略にご活用下さるようお勧めします。

　なお、本書の編纂にあたっては、経済産業省・資源エネルギー庁および全国都道府県をはじめとする行政機関、調査・研究機関、輸入元売会社、商社、石油・ＬＰガス中央団体等に多大なるご協力を賜りました。関係各位に深く感謝申し上げます。

2018年3月

株式会社石油化学新聞社

社長　成冨　治

<h1>◇目　　次◇</h1>

<h1>は　し　が　き</h1>

<h1>第1編　需　　給</h1>

第4編　利　　用

第5編　簡易ガスと一般ガス事業

2017年度のＬＰガス概況

　2017年度のＬＰガス業界を沸かせたニュースは、前年度の電力小売全面自由化に続いて、都市ガス小売全面自由化。沖縄を除いて全国的に顧客移動が起こった電力と異なるのは、ガス導管網が未整備であるがために、東京・名古屋・大阪の東名阪地帯の他は、顧客移動が起こっていない。

　ただ、4月に始まった都市ガス小売全面自由化は、間違いなく東名阪に籍を置くＬＰガス業界に影響を与え、電力・ガス各々のビジネスが単独で成立する時代を変えつつあることを認識させた。

　電力小売市場への参入を果たしたＬＰガス業界は、今度はＬＮＧ基地やガス導管を保有する電力会社などと販売・保安業務提携を結んで都市ガス市場に参入。東名阪、そして北九州地域でも旧大手都市ガス会社からＬＰガス系新都市ガスへも顧客の移動が起こった。資源エネルギー庁の集計によると、2018年1月末時点で68万件の消費者が事業者を切り替えた。

　日本の都市ガス現代史は1947年に始まるが、70年にして消費者が電力・ガス会社を選択・選別する時代が到来した。

◆都市ガス小売自由化が始まる、エネルギー大競争時代に

　2016年4月1日にスタートした電力小売自由化。新規参入の急先鋒となった東京ガスは2017年10月26日、電気の申し込み件数が100万件を突破し、2017年度までの目標を達成。しかも沖縄電力を抜いて10番目の規模となった。

　4月に始まった都市ガス小売全面自由化は、電力ほど参加が増えないものの、15社程度が一般家庭への供給を開始、または計画しており、新たな競争環境になりつつある。2016年4月の電力小売全面自由化で約8兆円、需要家数8,500万件とされる市場が開放され、さまざまな事業体の参入を促した。

　資源エネルギー庁によると、旧一般電気事業者（大手電力）の2016年3月時点の契約口数約6,253万件から「新電力」へのスイッチング件数は1月31日時点で643万件（スイッチング率にして約10.3％）。東京ガスは首都圏での認知度を生かし、2016年1月からの先行受け付けは約3カ月で20万件を突破。2020年度220万件に向けて、宣伝にも拍車をかけている。

　一方、都市ガスは原料調達の困難さや導管網の未整備、保安業務担保とクリアしなければならないなどハードルが高い。2017年10月中旬時点の登録件数は電気小売422社に対し、ガスは50社。切り替え状況は3月1日〜10月末時点で全国約54万件。地域別では近

畿が約29万件で約53％を占めている。

　調達から販売、保安までの事業基盤を一括で提供するＢｔｏＢサービスも登場した。新電力事業者の中には、こうした基盤を活用してセット販売を模索する動きもある。ＬＰガス業界でも、東京ガスがサイサンと連携強化する一方、物流面で東京ガスリキッドホールディングスがアストモスエネルギー、ＥＮＥＯＳグローブとの共同展開を開始した。

◆「エネアーク」が始動、ＬＰガス業界の再編機運を刺激

　2017年10月１日、伊藤忠エネクスと大阪ガスが50％ずつを出資する新会社「エネアーク」が誕生した。社名には「エネルギーを通じてお客さまと活力ある豊かな未来への懸け橋となる」との思いを込めたという。

　新会社は関東・中部・関西地区でＬＰガス卸売・小売事業を統合再編。2018年４月に伊藤忠エネクス傘下の３社（伊藤忠エネクスホームライフ関東、伊藤忠エネクスホームライフ中部、伊藤忠エネクスホームライフ関西）と、大阪ガス傘下の３社（大阪ガスＬＰＧ、日商ガス販売、ダイヤ燃商）を統合し、地区ごとに新販社を立ち上げる。傘下各社の直売件数は30万件をうかがう規模。卸売と合わせると55万件規模で、年間取扱数量は約30万ｔに上る。

　卸売に強みを持つエネクスのノウハウと、住設やリフォームなどの生活提案に強みを持つ大阪ガスのノウハウを共有・連携。高品質で競争力のある商材・サービスの提供を通じた総合エネルギー企業化によって、グループ全体の事業基盤強化につなげる考えだ。

　エネルギー市場の自由化トレンドや、少子高齢化による市場の先細り感が強まるなか、エネアークの誕生は他の大手卸販売事業者を中心とした再編機運を刺激する可能性がある。

◆ＬＰガス輸入量は低下傾向、米国がトップ

　石油化学新聞社が貿易統計に基づいて2016年度のＬＰガス輸入相手国をランキングしたところ、米国が２年連続でトップとなった。比率は36.7％（382万ｔ）と前年度比で約11ポイント増。2017年度上期では米国53.1％、中東40.3％と半期集計では、米国からの本格輸入開始以降、初めて中東を逆転した。

　2016年度ランキングでは米国が他国を大きく引き離し、ＵＡＥが17.2％（181万ｔ）で２年ぶりに２位に返り咲いたが、中東比率は55.1％（581万ｔ）と７ポイント下がった。

　米国からの本格的な輸入開始は2012年度。わずか４年で10倍の規模になったが、中東勢は2017年１月から協調減産体制を敷いており、これも比率低下の原因となった。

　2017年度に入ってもＯＰＥＣ、非ＯＰＥＣによる減産に伴って中東からの輸入減が続く半面、米国からの輸入が増え続けている。９月末（上期）には３月末時点に比べて米国が16.4ポイント上昇に対し、中東が14.8ポイント下がるかたちとなり、米国主・中東従の構図に変わってきた。

調達先の多様化により、主要輸入・元売各社はサウジＣＰと米国モントベルビュー（ＭＢ）を混合したハイブリッド型仕切り価格を相次いで採用し、日本のＬＰガス貿易は調達と価格の両面で変化のただなかにある。内需減少のなか、輸入量は減少傾向が続いており、大口から家庭用まで地道な需要開拓が求められている。

◆ＬＰガス国備が50日分達成、民備40日に軽減へ

2017年12月、ＬＰガス備蓄は国備50日と民間40日の合計90日の新体制がスタートした。1992年の制度創設25年目にして、ＬＰガス国備が目標の50日分（約140万ｔ）を達成したからだ。

2017年11月１日午後、岡山県の水島港に入港したジャパンガスエナジーが用船した川崎汽船のＬＰＧ船「ＧＡＬＡＸＹ　ＲＩＶＥＲ」（積載能力4.5万ｔ）が米国ヒューストンで積み込み、パナマ運河経由で運んできたプロパン2.3万ｔを、２日夕方までほぼ１日かけて倉敷ＬＰガス国備基地に荷揚げした。

倉敷基地は2013年３月操業の貯蔵能力プロパン40万ｔの地下基地。２日午前には船上でセレモニーが行われ、資源エネルギー庁の谷浩企画官、基地運営・管理を担うＪＯＧＭＥＣの渡辺正俊理事資源備蓄本部長、最終の国備用プロパン調達とＬＰＧ船運航に関わったＪＧＥの小林一広副社長や伊藤忠商事社員らが、船長へ花束を贈って歴史的な航海を労った。

ＬＰガス国備制度は1991年の湾岸戦争によってペルシャ湾からＬＰガス供給が一時途絶したことがきっかけ。当時の輸入量40日分相当の150万ｔの国備目標が決定し、2005年に地上３基地（七尾・福島・神栖）、2013年には地下２基地（波方・倉敷）が操業を開始した。

国備目標の達成を受け、経産省は12月４日付で石油備蓄法の省令を改正し、ＬＰガス輸入業者に課している民備義務50日分を40日分に軽減。輸入・元売業界にとっては、1979年のイラン革命後に始まった民備50日制度から約40年、負担軽減を長年要望してきただけに悲願がかなった。

◆ＬＰガス省令等改正、ＬＰガス料金公表や取引適正化が進む

1967年12月の誕生から50年を迎えたＬＰガス法。くしくも都市ガス小売全面自由化に伴うガス事業法改正を受け、ＬＰガス法も保安と取引の両面で４月、６月に分けて実施された省令等の大幅な改正の対応に、業界は追われた。

小売全面自由化がらみの改正ガス事業法では、従来の一般ガス事業者と簡易ガス事業者は登録ガス小売事業者に統一変更された。消費者は昨年以降スイッチング申し込みによって電力・ガス事業者を選択できるようになったため、まず昨年６月時点で業者間の事業承継があった場合、当該物件の保安業務を適正に引き継ぐ旨の周知が追加された。

2017年４月１日付の省令等改正では保安規制の緩和が実施された。供給設備点検・消

費設備調査・周知がガス事業法と同様に４年に１回以上に緩和され、留守宅などへの再々調査の必要がなくなった。周知方法は書面配布に代えて電子メールやホームページの利用も可能になった。

　６月１日付では取引適正化の省令等改正が実施された。要点は①賃貸型集合住宅の入居者に対する契約時②ＬＰガス料金請求時に料金透明化を促進すること③１週間ルールの乱用による旧販売事業者と消費者間の料金精算トラブル防止。都市ガス小売全面自由化のスタート前、消費者からの不透明な部分の指摘があったＬＰガス料金について、経産省は２～３月に全国２万業者を対象に公表調査を行った。その結果、2017年12月までには約７割の事業者がホームページなどで公表済み、または公表予定との回答を得て、自由化スタートに間に合わせた。

　全国ＬＰガス協会と地方協会は改正省令などの説明会を断続的に行い、対応の徹底を全業者に求めた。経産省・地方経産局は全国主要都市でＬＰガス懇談会を開き、改正趣旨・内容を消費者代表に説明した。

◆ＬＰガス販売事業者の減少続く、経営統合などが影響か

　経済産業省ガス安全室が集計した2017年３月末時点の全国ＬＰガス販売事業者数は19,024者で前年同月に比べ490者減となった。所管別では本省が１者増の52者、保安監督部が６者減の172者、都道府県が485者減の18,800者。販売事業者数は前年同月に19,514者となり、1968年以降で初めて２万件を下回った。

　後継者難、商権譲渡、経営統合、エネルギー間競合などは今後も継続しそうで、事業者の減少も続きそうだ。販売事業者数は統計が残っている1968年４月末現在の48,608者をピークに減少の一途をたどっている。1982年度末で４万件、1998年度末で３万件を割り込んだ。

　2017年３月末時点の販売事業者数は宮崎、沖縄を除く45都道府県で減少した。減少数では北海道と茨城県が34者で最も多く、埼玉県31者、愛知県25者、島根県22者、長野県15者と続いている。減少率では島根県が17.3％と多く、次いで京都府5.6％、愛知県4.1％の順。減少数最多の北海道は2.9％、茨城県は3.9％の減少率。過去10年間の減少数は合計5,598者に上る。

　2017年３月末の保安機関数は18,889者で460者減。

　経産省は新制度に生まれ変わった認定販売事業者制度に基づく2017年３月末時点の認定者数を所管別に集計したが、ゴールド225者、その他９者。民生用バルクローリー充填事業者数は９者減の910者、同充填設備数は44カ所増の2,378カ所だった。

◆ＬＰガス需要開発のエース、ＧＨＰが30周年

　ＬＰガス需要開発のエースと位置付けるＧＨＰ。2017年１～12月の国内販売台数は29,142台（前年比8.1％減）となった。自由化の影響や大都市圏の公立小中学校の空調化

工事が一段落したことで、販売台数が多い都市ガス仕様機が22,796台（同10％減）、容量ベースで42万7,246馬力（同10.2％減）、ＬＰガス仕様機は6,346台（同0.5％減）、11万6,116馬力（同0.2％増）と、都市ガスよりＬＰガスが健闘した。

2017年は大手都市ガス3社（東京ガス、大阪ガス、東邦ガス）がＧＨＰを正式発売してから30年の節目の年。1985年に東京三洋電機（現パナソニック）が発売した15馬力「ガスマルチ」がＧＨＰ第1号機だが、2年後にメーカー4社（三洋電機、ヤンマーディーゼル、アイシン精機、ヤマハ発動機）の製品が揃って販売された1987年を正式発売としている。

ＧＨＰ30年の歴史は技術開発の歴史であった。初期機は故障が多かったが、個別の故障対応をその都度の新型機に織り込むことで改善を図り、現在ではＥＨＰと同等の故障率まで減少している。性能面では機器の高効率化に取り組み、2011年には超高効率機エグゼアを発売し、ＧＨＰ販売の回復につなげた。

その後継機であるエグゼアⅡはＧＨＰの運転時間の大半を占める低負荷領域での効率を高めると共に、経済性と環境性も高め支持を得ている。停電時に空調運転ができ、発電電力を外部に供給することもできる電源自立型ＧＨＰは、今年も避難所になる施設などで採用されたが、熊本地震を経験した熊本市では2017年、都市ガス供給エリアだけでなく市内全域の学校の空調機設置工事でＧＨＰを採用し、設置したＧＨＰの1基を電源自立型ＧＨＰとした。ＬＰガス仕様機は災害対応力も評価ポイントになった。

◆マイコンメーター誕生30年、技術革新で次世代無線へ

ＬＰガス用の論理遮断機能内蔵ガスメーターである「マイコンメーターⅡ」が市場に登場してから、2017年9月で満30周年を迎えた。1988年からは遮断信号やマイコン積算値などの信号をパルス／電文で外部に出力する集中監視対応型が登場した。

1986年12月にスタートした安全機器普及促進運動では、マイコンメーターとヒューズガス栓、ガス漏れ警報器の安全機器3点セットの普及を通じ、年間ＬＰガス事故件数を5年で5分の1、10年で10分の1に減らす目標を掲げた。業界一丸となって、1994年には目標の年間事故件数82件とピーク時のほぼ10分の1を達成した。

30年で、主役はマイコンⅡからマイコンＳへと移り変わった。検満期限が7年から10年に延長したことで谷間期が生じたものの、マイコンメーターは業界の標準に定着。さらに超音波センサーで流量を予測する電子式のマイコンＥが次世代メーターとしてシェアを伸ばしている。

集中監視システムは1997年4月のＬＰガス法改正で新設された認定販売事業者制度の要件の一つとなり、現在通信回線に左右されない携帯回線＋小電力無線で構成する無線系システムが現在の主力になっている。集中監視は次世代型へのシフトも進んでいる。

その一つが超音波式のマイコンＥの登場とともに普及が進んでいるＵバスだ。さらに、ＩoＴ（モノのインターネット）向け無線通信技術、ＬＰＷＡ（Ｌｏｗ　Ｐｏｗｅｒ　Ｗｉｄｅ　Ａｒｅａ）が注目を集めている。認定販売事業者制度はシステム普及率70％以

上を「ゴールド認定」、50％以上を「認定」とする二段階に変わり、再び脚光を浴びつつある。

◆ＬＰガス業界にもＩoＴ、ＡＩの波が到来

　ＩoＴ端末を使ったＬＰガス残量監視システムによる情報収集、獲得した情報を基にＡＩ（人工知能）でＬＰガス配送計画の最適化を構築する実証が各地で始まっている。

　現在実証が進められているのは、ＬＰガス集中監視システムの機能の一部であった残量監視機能について、低消費電力で広範囲をカバー（遠距離通信）できるＬＰＷＡ通信方式で行い、収容した検針データをＡＩ分析、ＬＰガス物流の最適化を図ろうという動きだ。

　メーターの傍に設置するＩoＴユニットは、言わば集中監視システムのＮＣＵ。現状、双方向通信のＬoＲaＷＡＮ、フランスの無線通信規格であるＳＩＧＦＯＸなど、いずれも920ＭＨｚ帯域を使った無線通信であるのは、次世代集中監視と言われるＵバスと同じ。

　先の二つを次世代集中監視と呼称しにくいのは、福岡、徳島、所沢で行われているＬoＲaＷＡＮの実証、ＳＩＧＦＯＸ運用のケースともに検針情報を活用し、ＡＩで物流最適化を目指すシステム構築と運用で、既存集中監視でデファクトだった「マイコンメーターからの保安情報の収容」は明示されていないためだ。

　収容範囲こそ狭いものの、同じ920ＭＨｚ帯を利用するＵバスは、ＬＴＥ系に内包できるが、集中監視専用に特化されたＵバスに対しＬoＲaＷＡＮやＳＩＧＦＯＸには多くの課題も残されている。

　現行ＩoＴユニットは電池容量に課題があり、かつ広範な分野での端末普及が前提で、100万件単位での普及がコストダウンのカギを握っている。

◆バルク20年検査が本格化、廃棄・再使用へ整備進む

　ＬＰガスバルク供給システムが一般普及開始から2017年度で20年を迎えた。20年経過バルク貯槽は使用できず、それまでに廃棄か告示検査をすることになる。

　バルク供給は1997年４月の改正ＬＰガス法施行以降、着実に導入が進み、2017年11月までのバルク貯槽の製造基数は累計29万3,682基となった。交換需要は2022〜26年の間で毎年２万基を超える見込みだ。

　しかし、廃棄・リプレースともに課題は山積している。工事業者の確保、残ガス回収貯槽と設備の確保、バルク貯槽置き場の確保、くず化業者の確保などがあり、前倒しは避けられない情勢だ。一部の大手ディーラーは既にバルク貯槽の交換を始め、撤去や運搬、処分に対する知見を積んでいる。

　サンリンは2017年４月、塩尻市の塩尻支店の石油基地跡地にバルク貯槽再検査施設を竣工した。

　バルクメーカー、バルク貯槽の回収・廃棄場所となる容器検査所などは、関連機器の開発、設備投資、共同会社の設立などの準備を進めている。桂精機製作所とガスパルはバル

ク貯槽20年告示検査・廃棄対応を行う共同出資会社「バルクセーフティー」を設立。バルク貯槽残留ガス回収システム搭載車を所有し、2017年4月から関東、名古屋、広島、福岡を拠点に事業を開始した。

　両元産業は2017年5月、チヨダセキュリティーサービスと連携し、貯槽の撤去・入れ替え、輸送、再検査・廃棄処理の一貫サービスを始めた。6月に東日本の新拠点として、熊谷市にバルク処理センターを開設した。

　全国高圧ガス容器検査協会、日本LPガスプラント協会がくず化処理要綱などを作成し、日本溶接容器工業会はバルク貯槽処理工場認定制度を整備した。

◆LPガス業界のリーダー交代相次ぐ、自由化時代へ挑戦

　2017年も企業や団体のトップ交代が相次ぎ、エネルギー自由化時代を率いる新たなリーダーが誕生した。大手企業・メーカー（就任時の年齢）では▽3月30日＝ジクシス・土井隆之氏（63）▽4月1日＝ENEOSグローブ・岩井清祐氏（59）、ENEOSグローブエナジー・宇田川博文氏（61）、岩谷産業・谷本光博氏（65）、エア・ウォーター・白井清司氏（58）、新コスモス電機・高橋良典氏（63）▽5月下旬＝新日本瓦斯・飯島徹氏（63）、北日本ガス・山本勝氏（59）、東日本ガス・村松俊二氏（57）▽6月22日＝コスモエネルギーHD・桐山浩氏（61）▽同27日＝愛知時計電機・星加俊之氏（61）▽同29日＝三愛石油・塚原由紀夫氏（65）。地方の有力販社では▽3月24日＝四国ガス燃料・佐藤文彰氏（63）▽4月1日＝大阪ガスLPG・友田泰弘氏（53）、東京ガス山梨・金澤悟氏（57）▽6月1日＝ミライフ東日本・平岡哲美氏（63）▽同9日＝ダイネン・増田哲彦氏（60）▽同13日＝盛岡ガス燃料・熊谷祐介氏▽同21日＝サンリン・塩原規男氏（58）▽同26日＝八戸液化ガス・平野薫氏▽同30日＝アロハガス・田邊将宏氏（42）──などが新社長に就いた。中央団体では▽3月10日＝日本ガス石油機器工業会・小林一芳会長（65）▽4月1日＝日本LPガス協会・岩井清祐会長（59）▽同24日＝LPG内燃機関工業会・中村正人会長▽6月8日＝日本厨房工業会・谷口一郎会長が就任。地方団体では▽5月23日＝宮城県協・渡邊政博会長（67）▽同29日＝山形県協・鈴木浩司会長（61）▽6月2日＝東京都LPガススタンド協会・山田能成会長（55）──らが就任した。

わが国のLPガス流通フロー

（平成28年度）

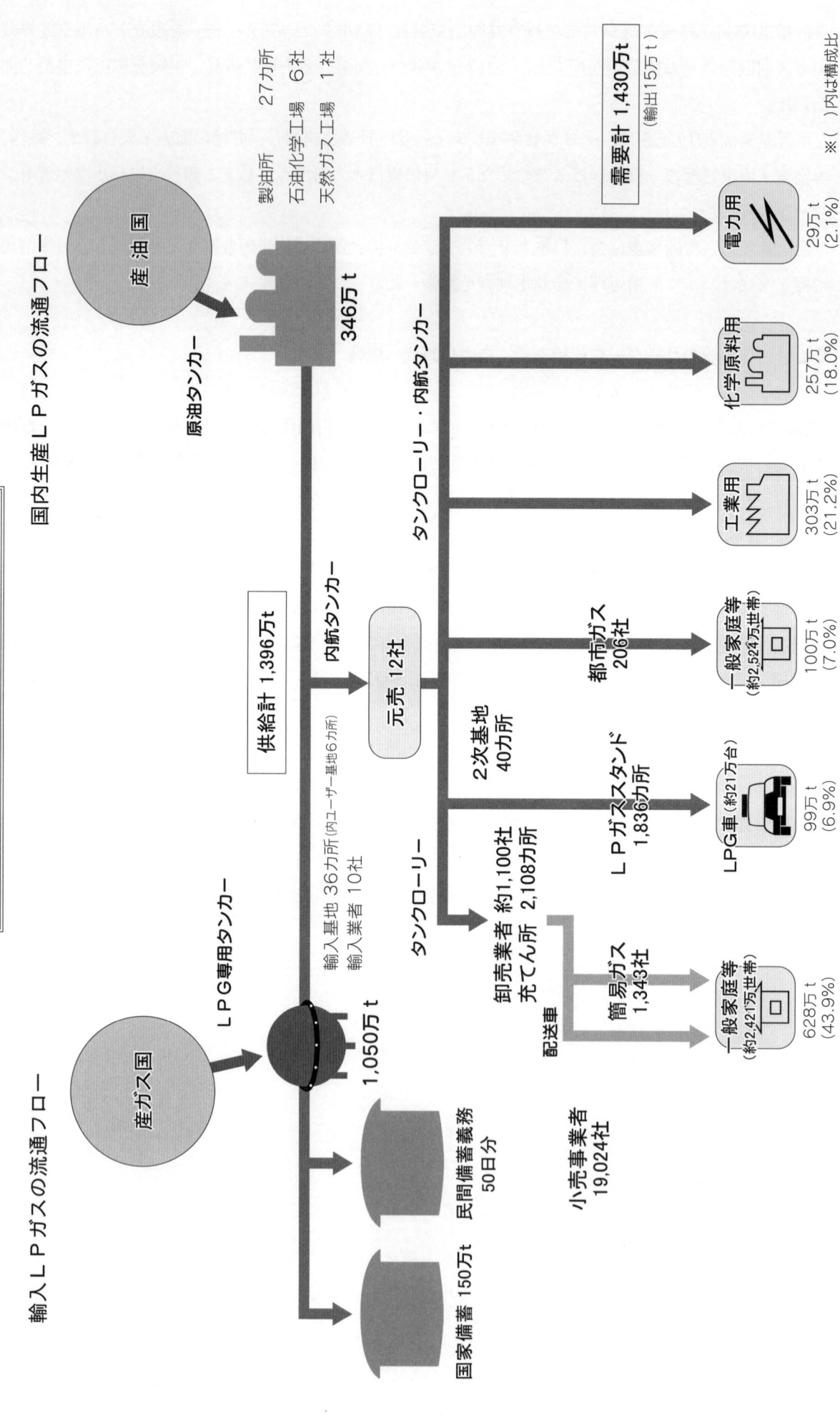

輸入LPガスの流通フロー

国内生産LPガスの流通フロー

産ガス国

産油国

製油所　27カ所
石油化学工場　6社
天然ガス工場　1社

LPG専用タンカー

原油タンカー

1,050万t

346万t

国家備蓄 150万t

民間備蓄義務 50日分

供給計 1,396万t

輸入基地 36カ所（内ユーザー基地6カ所）
輸入業者 10社

内航タンカー

元売 12社

タンクローリー・内航タンカー

タンクローリー

2次基地
40カ所

都市ガス
206社

LPガススタンド
1,836カ所

卸売業者 約1,100社
充てん所 2,108カ所

配送車

簡易ガス
1,343社

小売事業者
19,024社

需要計 1,430万t
（輸出15万t）

電力用
29万t
（2.1%）

化学原料用
257万t
（18.0%）

工業用
303万t
（21.2%）

一般家庭等
（約2,524万世帯）
100万t
（7.0%）

LPG車（約21万台）
99万t
（6.9%）

一般家庭等
（約2,421万世帯）
628万t
（43.9%）

※（ ）内は構成比

注）日本LPガス協会資料他より作成。充てん所数・LPガススタンド数は石油化学新聞社調べ

— 16 —

第1編

需　給

1. ＬＰガス需給実績推移と需要想定

1-1 ＬＰガス需給実績総括（昭和31〜平成28年度）

1-1-1 ＬＰガス需給実績推移

〈その1〉昭和31〜50年度

（単位：1,000㌧）

部門		昭和31	32	33	34	35	36	37	38	39	40	41	42	43	44	45	46	47	48	49	50
期初在庫		—	1	2	2	3	6	44	49	51	74	203	233	285	369	410	647	734	717	812	983
供給	石油精製	42	88	133	196	383	616	760	1,125	1,457	1,794	2,000	2,308	2,513	3,030	3,423	3,712	3,985	4,367	4,124	4,183
	天然ガス	4	5	7	9	9	11	13	14	14	13	13	11	12	11	11	12	12	12	12	—
	石油化学	—	—	—	12	41	80	138	221	294	437	450	457	519	573	540	488	440	313	274	322
	輸入	—	—	—	—	—	28	129	227	429	582	915	1,368	1,820	2,306	2,897	3,619	4,422	5,168	5,817	5,894
	小計	68	118	170	251	469	760	1,093	1,620	2,247	2,861	3,441	4,171	4,923	5,945	6,943	7,898	8,859	9,860	10,227	10,399
	計	46	93	140	217	433	735	1,040	1,587	2,194	2,826	3,378	4,144	4,864	5,920	6,871	7,831	8,859	9,860	10,227	10,399
需要	家庭業務用	39	83	110	169	301	500	787	1,089	1,356	1,641	1,800	2,129	2,464	3,042	3,294	3,621	4,208	4,616	4,775	4,990
	一般工業用	4	7	9	13	32	73	99	182	255	324	481	625	740	892	1,164	1,435	1,449	1,638	1,552	1,732
	大口鉄鋼用	—	—	—	—	—	—	—	—	—	—	—	—	—	—	—	—	137	371	601	706
	都市ガス用	2	2	3	6	16	26	34	44	38	40	72	98	142	158	176	269	407	401	499	563
	自動車用	—	—	—	—	—	—	—	184	448	635	828	1,017	1,203	1,359	1,430	1,491	1,506	1,495	1,448	1,558
	化学原料用	—	—	18	28	81	98	115	86	74	54	158	199	204	396	527	876	1,087	1,194	1,069	866
	電力用	—	—	—	—	—	—	—	—	—	—	—	—	—	—	—	—	—	—	—	—
	輸出	—	—	—	—	—	—	—	—	—	3	9	24	27	32	43	52	30	50	10	8
	計	45	92	140	216	430	697	1,035	1,585	2,171	2,697	3,348	4,092	4,780	5,879	6,634	7,744	8,824	9,765	9,954	10,423
過大補正		—	—	—	—	—	—	—	—	—	—	—	—	—	—	—	—	—	—	102	—
期末在庫		1	2	2	3	6	44	49	51	74	203	233	285	369	410	647	734	769	812	983	959

総括注：(1)需給実績（昭和31〜平成28年度）と需要見通し（平成29〜33年度）はすべて経済産業省「ＬＰガス需要見通し（平成29〜33年度）」によった。以下同様。
(2)自家消費分については、昭和47年度から製油所生産から差し引いている。
(3)昭和48年度初在庫は、石油化学工場の在庫52,000㌧を差し引いている。
(4)昭和50年度以降の供給のうち、天然ガスからの生産分は石油精製の生産分に含めた。

〈その2〉昭和51～平成7年度

(単位：1,000㌧)

部門	51	52	53	54	55	56	57	58	59	60	61	62	63	平成元	2	3	4	5	6	7
期初在庫	959	935	1,045	974	1,254	1,504	1,328	1,351	1,783	1,893	2,201	2,239	2,500	2,474	2,753	2,710	2,766	2,949	2,739	2,860
供給 石油精製	4,182	4,142	4,300	4,340	3,850	3,950	3,959	4,106	4,056	4,103	3,646	3,893	3,936	4,252	4,352	4,332	4,340	3,930	3,995	4,186
供給 石油化学	350	340	402	331	265	272	193	217	195	256	252	231	140	158	143	124	152	169	202	201
供給 輸入	6,617	7,360	8,232	9,787	10,063	10,532	11,578	10,701	11,315	11,785	12,334	12,546	13,232	14,210	14,281	15,041	15,318	15,068	15,080	14,827
供給 計	11,149	11,842	12,934	14,458	14,178	14,754	15,730	15,024	15,566	16,144	16,232	16,670	17,308	18,620	18,776	19,497	19,810	19,167	19,277	19,214
需要 家庭業務用	5,265	5,274	5,357	5,571	5,599	5,689	5,665	5,743	5,688	5,751	5,912	5,849	6,070	6,204	6,207	6,542	6,750	7,027	6,807	7,146
需要 一般工業用	1,931	2,189	2,578	2,673	2,476	2,629	2,843	2,984	3,282	3,568	3,751	3,991	4,360	4,490	4,745	4,633	4,613	4,608	4,778	4,869
需要 大口鉄鋼用	819	824	784	756	473	413	292	181	189	214	298	308	343	442	417	397	395	362	369	321
需要 都市ガス用	692	694	924	1,182	1,394	1,738	1,830	1,729	1,918	1,989	1,901	1,922	2,057	2,264	2,334	2,452	2,515	2,567	2,419	2,541
需要 自動車用	1,655	1,663	1,725	1,732	1,696	1,702	1,716	1,767	1,760	1,762	1,773	1,810	1,811	1,801	1,805	1,820	1,797	1,772	1,794	1,752
需要 化学原料用	806	978	1,257	1,695	1,466	1,979	2,237	1,511	1,952	1,903	1,976	1,838	1,867	2,177	2,378	2,587	2,667	2,424	2,526	2,179
需要 電力用	—	91	344	545	845	769	1,066	651	653	619	556	615	730	946	896	941	886	544	425	533
需要 輸出	5	19	36	24	3	4	44	—	—	—	—	—	—	—	16	23	10	2	—	6
需要 計	11,173	11,732	13,005	14,178	13,952	14,923	15,693	14,566	15,442	15,806	16,167	16,333	17,238	18,324	18,798	19,395	19,633	19,306	19,188	19,347
過欠補正	—	—	—	—	—	7	—	26	14	30	27	76	96	17	21	46	−6	71	38	74
期末在庫	935	1,045	974	1,254	1,480	1,328	1,365	1,783	1,893	2,201	2,239	2,500	2,474	2,753	2,710	2,766	2,949	2,739	2,860	2,653

〈その3〉 平成8～27年度

（単位：1,000㌧）

部門 年度	8	9	10	11	12	13	14	15	16	17	18	19	20	21	22	23	24	25	26	27
期初在庫	2,653	2,701	2,669	2,483	2,188	2,602	2,641	2,218	2,163	2,000	2,278	2,242	2,005	2,184	1,690	1,831	1,769	1,981	1,819	1,806
供給 石油精製	4,325	4,255	4,083	4,294	4,327	4,511	4,153	3,851	3,901	4,401	4,305	4,184	4,046	4,413	4,112	3,431	3,283	3,749	3,280	3,336
石油化学	212	214	211	301	285	325	299	304	285	348	303	373	282	306	354	224	264	243	259	309
輸入	15,232	14,853	14,465	14,387	14,851	14,362	14,015	14,043	13,719	14,083	13,532	13,522	13,126	11,597	12,332	12,633	13,189	11,408	11,512	10,542
計	19,769	19,322	18,759	18,982	19,463	19,198	18,467	18,198	17,905	18,832	18,140	18,079	17,454	16,316	16,798	16,288	16,736	15,400	15,051	14,187
需要 家庭業務用	7,279	7,343	7,366	7,657	7,710	7,603	7,897	7,802	7,827	7,942	7,969	7,933	7,404	7,153	7,312	7,134	6,811	6,631	6,535	6,297
一般工業用	5,080	4,999	4,739	4,771	4,815	4,538	4,685	4,663	4,470	4,526	4,189	3,926	3,664	3,510	3,472	3,228	3,197	3,119	2,795	2,948
大口鉄鋼用	284	295	247	260	199	107	75	77	102	73	146	97	119	127	142	88	117	65	88	109
都市ガス用	2,394	2,252	2,151	2,208	2,121	1,911	1,826	1,492	1,434	1,296	848	842	789	819	904	1,008	1,036	1,093	1,167	964
自動車用	1,738	1,678	1,645	1,642	1,623	1,595	1,610	1,628	1,642	1,626	1,594	1,570	1,462	1,409	1,370	1,295	1,116	1,030	1,110	1,045
化学原料用	2,399	2,449	2,286	2,326	1,969	2,352	2,234	1,981	2,085	2,502	2,901	3,348	3,051	3,268	2,800	2,583	2,518	2,947	3,038	2,698
電力用	529	306	455	267	393	391	377	402	343	436	422	472	631	312	306	958	1,546	653	300	168
輸出	7	47	58	95	55	77	30	5	1	4	103	120	141	199	160	60	201	36	48	51
計	19,710	19,369	18,947	19,226	18,885	18,574	18,734	18,050	17,904	18,405	18,172	18,308	17,261	16,797	16,466	16,354	16,542	15,574	15,081	14,280
過 欠 補 正	11	−15	−2	51	164	287	156	203	164	149	4	8	14	13	191	−4	−18	−12	−17	−5
期末在庫	2,701	2,669	2,483	2,188	2,602	2,641	2,218	2,163	2,000	2,278	2,242	2,005	2,184	1,690	1,831	1,769	1,981	1,819	1,806	1,718

〈その4〉 平成28年度（単位：1,000㌧）

部門	年度	28
	期初在庫	1,718
供給	石油精製	3,172
	石油化学	290
	輸 入	10,496
	計	13,958
需要	家庭業務用	6,275
	一般工業用	2,930
	大口鉄鋼用	97
	都市ガス用	995
	自動車用	988
	化学原料用	2,572
	電力用	294
	輸 出	147
	計	14,298
過不足補正		−122
期末在庫		1,500

１－１－２ 平成27年度ＬＰガス需給・在庫実績（部門別・月別推移）

（単位：1,000トン）

部門／月別	4月	5月	6月	4～6月	7月	8月	9月	7～9月	上期	10月	11月	12月	10～12月	1月	2月	3月	1～3月	下期	年度
期初在庫	1,806	1,848	1,920	1,806	1,965	2,012	2,156	1,965	1,806	2,063	1,907	1,921	2,063	1,857	1,743	1,625	1,857	2,063	1,806
供給 石油精製	309	281	225	815	338	372	337	1,047	1,862	228	219	243	690	262	235	287	784	1,474	3,336
供給 石油化学	38	29	12	79	16	25	24	65	144	24	23	24	71	33	29	32	94	165	309
供給 輸入	948	783	806	2,537	789	816	634	2,239	4,776	735	934	1,022	2,691	866	1,047	1,162	3,075	5,766	10,542
供給 計	1,295	1,093	1,043	3,431	1,143	1,213	995	3,351	6,782	987	1,176	1,289	3,452	1,161	1,311	1,481	3,953	7,405	14,187
需要 家庭業務用	589	414	415	1,418	342	315	420	1,077	2,495	472	471	734	1,677	686	743	696	2,125	3,802	6,297
需要 一般工業用	232	261	240	733	296	230	216	742	1,475	260	307	235	802	185	192	294	671	1,473	2,948
需要 都市ガス用	99	79	72	250	81	75	60	216	466	70	64	89	223	99	88	88	275	498	964
需要 自動車用	87	86	88	261	95	92	85	272	533	87	85	92	264	87	83	78	248	512	1,045
需要 （一般用計）	1,007	840	815	2,662	814	712	781	2,307	4,969	889	927	1,150	2,966	1,057	1,106	1,156	3,319	6,285	11,254
需要 大口鉄鋼用	9	6	7	22	11	9	20	40	62	6	5	6	17	6	17	7	30	47	109
需要 化学原料用	232	169	169	570	239	279	246	764	1,334	243	230	197	670	210	269	215	694	1,364	2,698
需要 電力用				0	28	64	36	128	128				0	1	39		40	40	168
需要 輸出	5	6	7	18	4	5	5	14	32	5			5	4		10	14	19	51
需要 （特殊用計）	246	181	183	610	282	357	307	946	1,556	254	235	203	692	221	325	232	778	1,470	3,026
需要 計	1,253	1,021	998	3,272	1,096	1,069	1,088	3,253	6,525	1,143	1,162	1,353	3,658	1,278	1,431	1,388	4,097	7,755	14,280
減耗				0				0	0				0	－3	－2		－5	－5	－5
期末在庫	1,848	1,920	1,965	1,965	2,012	2,156	2,063	2,063	2,063	1,907	1,921	1,857	1,857	1,743	1,625	1,718	1,718	1,718	1,718

1－1－3　平成28年度LPガス需給・在庫実績（部門別・月別推移）

（単位：1,000トン）

部門	月別	4月	5月	6月	4～6月	7月	8月	9月	7～9月	上期	10月	11月	12月	10～12月	1月	2月	3月	1～3月	下期	年度
	期初在庫	1,718	1,846	1,916	1,718	2,075	2,250	2,436	2,075	1,718	2,248	2,180	2,032	2,248	1,667	1,519	1,528	1,667	2,248	1,718
供給	石油精製	318	302	249	869	280	304	261	845	1,714	168	205	242	615	282	255	306	843	1,458	3,172
	石油化学	27	17	18	62	26	29	24	79	141	20	23	26	69	27	25	28	80	149	290
	輸入	915	744	874	2,533	988	885	523	2,396	4,929	892	784	840	2,516	967	1,014	1,070	3,051	5,567	10,496
	計	1,260	1,063	1,141	3,464	1,294	1,218	808	3,320	6,784	1,080	1,012	1,108	3,200	1,276	1,294	1,404	3,974	7,174	13,958
需要	家庭業務用	571	411	412	1,394	299	323	418	1,040	2,434	420	514	765	1,699	735	714	693	2,142	3,841	6,275
	一般工業用	176	251	222	649	393	269	176	838	1,487	270	269	254	793	192	188	270	650	1,443	2,930
	都市ガス用	72	62	70	204	57	63	67	187	391	66	83	106	255	118	109	122	349	604	995
	自動車用	82	81	84	247	88	87	82	257	504	83	81	86	250	79	77	78	234	484	988
	（一般用計）	901	805	788	2,494	837	742	743	2,322	4,816	839	947	1,211	2,997	1,124	1,088	1,163	3,375	6,372	11,188
	大口鉄鋼用	5	6	4	15	26	5	18	49	64	5	5	7	17	5	5	6	16	33	97
	化学原料用	235	186	188	609	213	255	219	687	1,296	195	217	217	629	245	198	204	647	1,276	2,572
	電力用		22	22	22	46	21		67	89	71		48	119	42		44	86	205	294
	輸出	8	9	6	23	8	15	33	56	79	24	4	4	32	6	5	25	36	68	147
	（特殊用計）	248	201	220	669	293	296	270	859	1,528	295	226	276	797	298	208	279	785	1,582	3,110
	計	1,149	1,006	1,008	3,163	1,130	1,038	1,013	3,181	6,344	1,134	1,173	1,487	3,794	1,422	1,296	1,442	4,160	7,954	14,298
	減耗	-17	-13	-26	-56	-11	-6	-17	-34	-90	14	-13	-14	-13	2	-11	-10	-19	-32	-122
	期末在庫	1,846	1,916	2,075	2,075	2,250	2,436	2,248	2,248	2,248	2,180	2,032	1,667	1,667	1,519	1,528	1,500	1,500	1,500	1,500

1-2 LPガス用途別需要見通し
1-2-1 平成29～33年度用途別需要見通し総括

(単位：1,000トン)

年度別／部門別	実績 27年度	実勢 28 上期	実勢 28 下期	実勢 28 年度	見通し 29 上期	見通し 29 下期	見通し 29 年度	見通し 30 年度	見通し 31 年度	見通し 32 年度	見通し 33 年度
家庭業務用	6,297	2,434	3,824	6,258	2,335	3,659	5,994	5,970	5,923	5,813	5,757
（家庭用）	4,208	1,511	2,697	4,208	1,457	2,574	4,031	3,968	3,929	3,854	3,801
（ＧＨＰ）	356	181	189	370	136	147	283	322	308	279	276
（一般業務用）	1,733	742	938	1,680	742	938	1,680	1,680	1,686	1,680	1,680
一般工業用	2,948	1,540	1,426	2,966	1,494	1,510	3,004	3,105	3,125	3,152	3,186
都市ガス用	964	391	512	903	488	566	1,054	1,239	1,331	1,429	1,483
自動車用	1,045	504	509	1,013	494	494	988	965	944	925	908
大口鉄鋼用	109	64	32	96	43	43	86	86	86	86	86
化学原料用	2,698	1,296	1,393	2,689	1,401	1,492	2,893	2,950	2,934	2,907	2,878
国内需要計【電力用除く】	14,061	6,229	7,696	13,925	6,255	7,764	14,019	14,315	14,343	14,312	14,298
参考 電力用	168	89	194	283			0				
参考 国内需要計	14,229	6,318	7,890	14,208	6,255	7,764	14,019	14,315	14,343	14,312	14,298
参考 輸出	51	79		79			0				
参考 需要合計	14,280	6,397	7,890	14,287	6,255	7,764	14,019	14,315	14,343	14,312	14,298

※電力用は、平成29～33年度の需要見通しを行っていない。

(単位：％)

年度別／部門別	伸び率 27年度	28 上期	28 下期	28 年度	29 上期	29 下期	29 年度	30 年度	31 年度	32 年度	33 年度	28～33 年率	33/28
家庭業務用	96.4	97.6	100.6	99.4	95.9	95.7	95.8	99.6	99.2	98.1	99.0	98.3	92.0
（家庭用）	94.8	97.4	101.5	100.0	96.4	95.4	95.8	98.4	99.0	98.1	98.6	98.0	90.3
（ＧＨＰ）	100.3	103.4	104.4	103.9	75.1	77.8	76.5	113.8	95.7	90.6	98.9	94.3	74.6
（一般業務用）	99.5	96.5	97.3	96.9	100.0	100.0	100.0	100.0	100.4	99.6	100.0	100.0	100.0
一般工業用	105.5	104.4	96.8	100.6	97.0	105.9	101.3	103.4	100.6	100.9	101.1	101.4	107.4
都市ガス用	82.6	83.9	102.8	93.7	124.8	110.5	116.7	117.6	107.4	107.4	103.8	110.4	164.2
自動車用	94.1	94.6	99.4	96.9	98.0	97.1	97.5	97.7	97.8	98.0	98.2	97.8	89.6
大口鉄鋼用	123.9	103.2	68.1	88.1	67.2	134.4	89.6	100.0	100.0	100.0	100.0	97.8	89.6
化学原料用	88.8	97.2	102.1	99.7	108.1	107.1	107.6	102.0	99.5	99.1	99.0	101.4	107.0
国内需要計【電力用除く】	95.4	97.9	100.0	99.0	100.4	100.9	100.7	102.1	100.2	99.8	99.9	100.5	102.7

注：想定方法の主要ポイントは次の通り。
　(1)家庭業務用は、経済関連指標とのマクロ手法、ＬＰガス世帯普及率、３器具普及率より積み上げ手法等から想定。
　(2)工業用は、業種別製造業のＬＰガス消費量をＩＩＰ（鉱工業生産指数）と相関させて想定。
　(3)都市ガス用は、需給バランスよりＬＰガス消費量を算出。
　(4)自動車用は、ＬＰＧ車台数の動向および稼働率等より想定。
　(5)化学原料用は、各用途別に積み上げ計算。
　(6)電力用は、電力会社別に積み上げ計算。今後の需要見通しは立てない。

1－2－2 平成28年度月別需要見通し

(単位：1,000トン)

部門別	4月	5月	6月	7月	8月	9月	上期	10月	11月	12月	1月	2月	3月	下期	年度
家庭業務用	571	411	412	299	323	418	2,434	457	557	750	705	689	666	3,824	6,258
一般工業用	176	251	222	412	289	190	1,540	224	230	256	241	237	238	1,426	2,966
都市ガス用	72	62	70	57	63	67	391	64	56	105	95	98	95	512	903
自動車用	82	81	84	88	87	82	504	85	85	92	80	80	86	509	1,013
一般用計	901	805	788	856	762	757	4,869	831	928	1,203	1,120	1,105	1,085	6,271	11,140
大口鉄鋼用	5	6	4	26	5	18	64	5	5	6	5	5	6	32	96
化学原料用	235	186	188	213	255	219	1,296	210	234	239	265	214	231	1,393	2,689
電力用			22	46	21		89	71		46	37		40	194	283
特殊用計	240	192	214	285	281	237	1,449	286	239	291	307	219	277	1,619	3,068
合計	1,141	997	1,002	1,141	1,043	994	6,318	1,117	1,167	1,494	1,426	1,323	1,363	7,890	14,208

〈一般用部門の季節指数ウエート〉

	4月	5月	6月	7月	8月	9月	上期	10月	11月	12月	1月	2月	3月	下期	年度
家庭業務用	103.9	91.3	77.7	80.3	69.6	72.9	495.6	84.2	102.5	138.2	129.8	127.0	122.6	704.4	1,200.0
一般工業用	97.4	94.1	94.2	102.1	83.4	95.6	566.8	99.6	102.3	113.6	106.9	105.2	105.7	633.2	1,200.0
都市ガス用	102.6	83.1	90.4	89.3	79.6	81.6	526.7	84.3	73.4	137.7	124.3	128.6	124.9	673.3	1,200.0
自動車用	96.0	95.7	98.6	109.1	104.2	101.3	605.0	99.6	99.3	107.7	93.3	94.1	101.0	595.0	1,200.0

1－2－3　経済諸指標の推移と関連データ予測（平成22～33年度）

年度	区別	GDP 10億円	PFCE 10億円	IIP ポイント	人口 千人	総世帯 千世帯	2人以上普及世帯 千世帯	単身世帯 千世帯	LPG世帯 千世帯	都市ガス世帯 千世帯	GDP／人口 千円	PFCE／人口 千円	PFCE／世帯 千円	PFCE／LPG世帯 千円
22	年度	492,973.5	286,443.3	99.4	128,057	51,842	35,057	16,785	25,286	24,158	3,849.64	2,236.84	5,525.31	11,328.14
	上	494,171.5	288,381.5	100.1	128,009	51,747	35,041	16,706	25,331	24,065	3,860.44	2,252.82	5,572.91	11,384.53
	下	491,775.5	284,505.1	98.6	127,912	51,937	35,073	16,864	25,228	24,251	3,844.64	2,224.22	5,477.89	11,277.35
23	年度	495,021.5	288,545.0	98.8	127,864	52,137	35,037	17,100	25,055	24,212	3,871.47	2,256.66	5,534.36	11,516.46
	上	491,202.5	286,671.6	96.2	127,816	52,063	35,043	17,020	25,113	24,080	3,843.04	2,242.85	5,506.24	11,415.27
	下	498,840.5	290,418.5	101.3	127,719	52,211	35,031	17,180	25,017	24,344	3,905.77	2,273.89	5,562.40	11,608.84
24	年度	499,633.3	293,730.7	95.8	127,671	52,433	35,013	17,420	24,902	24,362	3,913.44	2,300.68	5,602.02	11,795.70
	上	498,461.1	292,571.1	97.3	127,623	52,359	35,021	17,338	24,940	24,249	3,905.73	2,292.46	5,587.79	11,731.00
	下	500,805.6	294,890.2	94.3	127,527	52,507	35,005	17,502	24,872	24,475	3,927.06	2,312.37	5,616.21	11,856.31
25	年度	512,479.6	301,608.5	99.0	127,479	52,731	34,985	17,746	24,784	24,544	4,020.11	2,365.95	5,719.76	12,169.48
	上	510,729.1	300,064.1	96.9	127,660	52,657	34,994	17,663	24,813	24,500	4,000.70	2,350.49	5,698.47	12,093.02
	下	514,230.2	303,152.9	101.0	128,022	52,805	34,976	17,829	24,763	24,588	4,016.73	2,367.97	5,740.99	12,242.17
26	年度	510,352.4	293,609.6	98.5	128,203	53,031	34,953	18,079	24,699	24,748	3,980.81	2,290.19	5,536.57	11,887.75
	上	507,343.8	292,173.8	97.8	127,926	52,956	34,962	17,994	24,720	24,741	3,965.92	2,283.93	5,517.29	11,819.33
	下	513,361.0	295,045.4	99.2	127,372	53,106	34,943	18,163	24,665	24,870	4,030.41	2,316.41	5,555.78	11,962.11
27	年度	517,128.7	295,038.9	97.5	127,095	53,332	34,915	18,418	24,563	24,984	4,068.84	2,321.40	5,532.12	12,011.76
	上	517,124.8	295,452.6	97.0	126,870	53,342	34,884	18,458	24,597	24,967	4,076.02	2,328.78	5,538.84	12,011.73
	下	517,132.6	294,625.1	98.0	126,419	53,322	34,945	18,377	24,473	25,114	4,090.62	2,330.54	5,525.39	12,038.78
28	年度	523,918.8	297,236.6	98.4	126,193	52,950	35,193	17,757	24,206	25,239	4,151.73	2,355.41	5,613.53	12,279.46
	上	522,166.5	296,720.0	96.3	126,080	52,991	35,169	17,822	24,295	25,224	4,141.55	2,353.43	5,599.44	12,213.21
	下	525,671.2	297,753.1	100.5	125,853	52,909	35,217	17,692	24,158	25,364	4,176.87	2,365.88	5,627.65	12,325.24
29	年度	531,777.6	299,614.5	101.0	125,739	53,006	35,111	17,895	24,014	25,237	4,229.22	2,382.83	5,652.46	12,476.66
	上	529,812.9	299,020.0	99.2	125,613	52,994	35,133	17,861	24,062	25,275	4,217.82	2,380.49	5,642.53	12,427.06
	下	533,742.3	300,209.0	102.8	125,362	53,018	35,089	17,929	23,965	25,350	4,257.61	2,394.74	5,662.40	12,526.98
30	年度	541,106.7	303,988.9	102.5	125,236	53,046	35,017	18,029	23,818	25,388	4,320.70	2,427.33	5,730.67	12,762.99
31	年度	551,919.1	309,764.6	104.1	124,689	53,065	34,909	18,156	23,622	25,538	4,426.37	2,484.30	5,837.46	13,113.40
32	年度	563,507.1	315,650.2	106.0	124,100	53,053	34,783	18,270	23,428	25,688	4,540.75	2,543.51	5,949.71	13,473.20
33	年度	576,253.1	321,805.4	108.3	123,474	52,949	34,601	18,348	23,228	25,839	4,667.00	2,606.26	6,077.65	13,854.20

注：(1)平成29～33年度はLPガス需要想定のベースとなる主要関連経済指標。
　　(2)GDP＝国内総生産（GROSS・DOMESTIC・PRODUCT），IIP＝鉱工業生産指数（INDEX・OF・INDUSTRY・PRODUCT），PFCE＝民間最終消費支出（PUBLIC・FINAL・CONSUMPTION・EXPENDITURE）
　　(3)LPG世帯，都市ガス世帯ともに，2人以上普通世帯をベースとする。

１－２－４　平成29～33年度ＬＰガス需要想定の総括ポイント
（経済産業省・資源エネルギー庁）

平成29～33年度ＬＰガス需要見通しの概要（平成29年３月）
〔ＬＰガス総需要〕
＜平成28年度実勢＞

　　平成28年度のＬＰガス輸入価格は、年度平均でプロパンが365ﾄﾞﾙ／ｔ、ブタンが412ﾄﾞﾙ／ｔであり、平成27年度に続き安価な傾向で推移した（ＬＰガス輸入価格の年度平均値の最高値は、プロパン：887ﾄﾞﾙ／ｔ（平成24年度）、ブタン：916ﾄﾞﾙ／ｔ（平成23年度））である。その背景には、原油価格下落への追従に加え、米国産シェール由来ＬＰガスの市場流入拡大による影響が考えられる。原油の指標であるアラビアンライト価格を熱量等価換算で比較すると、平成28年度平均値（※）はプロパン97.9％、ブタン111.8％となるが、原油より割安が続いた上期と一転して割高となった下期では情勢が異なる結果となった。

　　需要量をみると、上期は一般工業用、大口鉄鋼用が対前年同期比を上回ったものの、その他の部門では対前年同期比を割り込み、上期合計でも対前年同期比を下回った。下期においては、家庭業務用、都市ガス用、化学原料用の３部門が対前年同期比を上回り、下期合計では対年同期比は横ばいであった。

　　この結果、電力用および輸出を除く国内需要は、上期で対前年同期比2.1％減少の6,229千ｔ、下期は対前年同期比で横ばいの7,696千ｔ、年度ベースでは対前年度比1.0％減少の13,925千ｔと、昨年度より136千ｔ減少し、昭和58年度以来となる14,000千ｔ台を割り込む見込みとなった。（※熱量等価換算は、年度平均ＣＰとＡＬ価格により算出）

＜平成29年度＞

　　需要動向を分野別に見ると、一般工業用、都市ガス用、化学原料用が伸長する予測となっている。一般工業用は鉱工業生産指数に連動して、緩やかではあるが需要の回復が期待される。都市ガス用は、低熱量の米国産シェール由来ＬＮＧの輸入本格化に伴い、増熱用として使用されるＬＰガスの需要増が期待される。化学原料用は、エチレン生産量およびエチレン原料用としてのＬＰガス使用割合の増加により、需要増となる見込み。一方、ＬＰガス需要量の４割強を占める家庭業務用は、他エネルギーとの競合や都市部への人口移動等によるＬＰガス世帯数の減少、省エネ機器の普及等により、需要減を見込む。

　　電力用については、電力会社による電力需給計画が未策定であること等の理由により、見通しを立てていない。

＜平成30～33年度＞

　　平成30年度以降については、平年ベースの気候および現状の輸入価格体系維持を前提とすれば、家庭業務用、自動車用では需要の減少が見込まれるが、一般工業用、都市ガス用の需要増加が見込まれ、特に都市ガス用が牽引する形でＬＰガス全体の需要は微増で推移する見通しである。

　　一般工業用では、景気回復に伴う生産活動の活発化や他燃料からのＬＰガスへの燃料転換進展等が予測されることから、需要の増加を見込む。都市ガス用は、工業用を中心とした都市ガス販売量の増加が予測され、加えて低カロリーＬＮＧの輸入増加により増熱用需要としてのＬＰガスの使用増加を見込む。一方家庭業務用は、他エネルギーとの競合や都市部への人口移動等によるＬＰガス世帯数の減少、高効率ガス器具への転換等が減少要因となり、需要は微減傾向で推移することを見込む。自動車用においては、タクシー登録台数の減少、新型車種も含め

たＬＰガスハイブリッド車の導入等による消費原単位の低下が着実に進み、需要は減少傾向で推移することを見込む。化学原料用では、エチレン用原料としての需要は増加傾向、プロピレン用となるＦＣＣ装置から生産されるプロパンは減少傾向で推移していき、化学原料用全体としては平成30年度をピークに増加し、その後は緩やかに減少していく見込み。

①家庭業務用
◎家庭用
　平成28年度(実勢)は、冬場の寒波の影響がプラス要素として需要に織り込まれていることで前年度横ばいで推移するが、平成29年度以降においては、平年並みの気温で想定を行っていること、その他家庭における省エネ、節エネ傾向の継続やＬＰガス世帯数の減少に加え、ＬＰガス器具における既存の需要家による高効率ガス器具への転換が進展することが予測される。このため１家庭当たりの原単位は、平成28年度173.8kgから、平成33年度163.6kgに減少することを見込んだ。
　この結果、家庭用需要は平成33年度で3,801千ｔとなり、平成28 〜 33年度の年度平均伸び率は98.0％を見込む。

◎業務用
　一般業務用の需要家件数は、今後の経済回復基調の動向等によるものの、概ね横ばいで推移することが予測され、需要量も横ばいで推移することを見込む。またＧＨＰ分野においては、平成12年度をピークにＧＨＰ出荷台数は減少傾向で推移し、平成22年にはピーク時の約15％まで減少した。東日本大震災以降の電力のピークカット対策や政府による導入補助金の実施等からＧＨＰ出荷台数は多少の増加傾向にあるが、平成28年度現在でもピーク時の約32％にとどまっていること、ＧＨＰの大型化が進み燃費効率が改善される傾向等が予測されることから、平成29年度以降ＧＨＰ需要量は減少傾向で推移することが見込まれる。業務用全体としては、平成28 〜 33年度の年度平均伸び率は99.1％で推移し、平成33年度は1,956千ｔを見込む。
　この結果、上記の合算である家庭業務用の需要量は、平成28年度は6,258千ｔ、平成33年度では5,757千ｔとなり、平成28 〜 33年度平均伸び率は98.3％を見込む。

②一般工業用
　平成29年度以降は、経済の回復基調の持続、ＬＰガスを多く利用する食品加工業等の伸びが予測されること、また環境政策の推進により、他燃料からの燃料転換が期待できること等から、微増傾向で推移することを見込む。
　この結果、平成33年度の需要量は3,186千ｔとなり、平成28 〜 33年度平均伸び率101.4％を見込む。

③都市ガス用
　平成27年９月より、一部都市ガス会社の都市ガス標準熱量が引き下げられ、平成27 〜 28年度の増熱用ＬＰガスの需要量は減少した。平成29年度においては、熱量調整による対前年度比としての減少分は一巡したことになる。一方で工業用を中心とした都市ガス販売量の増加が予測され、加えて米国産シェール由来の低カロリーＬＮＧの輸入本格化に伴い、原料構成比に占めるＬＰガスの割合が増すことから、都市ガス用として使用される増熱用ＬＰガス需要の増加を見込む。
　この結果、平成33年度の需要量は1,483千ｔとなり、平成28 〜 33年度平均伸び率110.4％を見込む。

④自動車用
　平成29年度以降のＬＰガス自動車台数について、軽自動車、バイフューエル車の台数は微増

するが、ＬＰガス自動車の約８割を占めるタクシーや貨物車等は減少することが予測され、トータルで見ても緩やかながら減少が予想される。また燃費効率に優れる新車種（ＬＰガスハイブリッド車）の新規市場投入も予定されており、車両の買い替えやエンジンの燃費向上等による消費原単位の減少といった要因もあり、需要の減少を見込む。

この結果、平成33年度の需要量は908千ｔとなり、平成28 〜 33年度平均伸び率は97.8％を見込む。

⑤大口鉄鋼用

同分野については、元売各社の納入計画の数量を積み上げて想定を行った。平成29年度以降、86千ｔで推移することを見込む。

⑥化学原料用

化学原料用は、エチレン用、プロピレン用、無水マレイン酸用、その他用に区分され、極めて価格動向に反応する分野である。

プロピレン用は、製油所におけるＦＣＣ装置から生産されるいわゆるＦＣＣプロパンがプロピレン生産用として全量消費されるという特殊要因のため、価格動向とは関連のない固有需要となっている。今後もＦＣＣ装置の稼働率は高い水準を維持するものの、ガソリン生産の減少に伴い、同装置に使用する通油量は縮小していくことが予測されるため、需要も徐々に減少していく見通しである。

エチレン用は、平成29年度以降の日本国内におけるエチレン生産量が減少傾向で推移するが、石油化学会社の原料多様化が一定規模で進行すること等により、原料としてのＬＰガス使用量割合は徐々に増加することが予測され、ＬＰガス需要は増加傾向で推移することを見込む。

上記エチレン用、プロピレン用に加え、無水マレイン酸等を含めた化学原料用全体としては、平成30年度をピークに増加し、その後はエチレン用の増加が鈍化すること、プロピレン用の減少等により、ほぼ横ばいで推移する見通しである。

この結果、平成33年度の需要量は2,878千ｔとなり、平成28 〜 33年度平均伸び率101.4％を見込む。

⑦電力用

今後の見通しを立てていない。

1－2－5　家庭業務用需要実績と見通し

(1)家庭業務用需要の内訳実績の推移と見通し（平成21～33年度）

（単位：1,000トン、％）

年度	区別	家庭用 純家庭用	伸び率	業務用 GHP用	伸び率	一般用	伸び率	業務用計	伸び率	家庭業務用	伸び率
21	上期	1,833	92.7	276	93.6	790	98.9	1,066	97.4	2,899	94.4
	下期	2,990	98.7	280	93.3	984	98.1	1,264	97.0	4,254	98.2
	年度	4,823	96.3	556	93.4	1,774	98.4	2,330	97.2	7,153	96.6
22	上期	1,944	106.1	252	91.3	800	101.3	1,052	98.7	2,996	103.3
	下期	3,057	102.2	255	91.1	1,004	102.0	1,259	99.6	4,316	101.5
	年度	5,001	103.7	507	91.2	1,804	101.7	2,311	99.2	7,312	102.2
23	上期	1,723	88.6	243	96.4	790	98.8	1,033	98.2	2,756	92.0
	下期	3,137	102.6	247	96.9	994	99.0	1,241	98.6	4,378	101.4
	年度	4,860	97.2	490	96.6	1,784	98.9	2,274	98.4	7,134	97.6
24	上期	1,704	98.9	224	92.2	787	99.6	1,011	97.9	2,715	98.5
	下期	2,877	91.7	236	95.5	983	98.9	1,219	98.2	4,096	93.6
	年度	4,581	94.3	460	93.9	1,770	99.2	2,230	98.1	6,811	95.5
25	上期	1,662	97.5	186	83.0	777	98.7	963	95.3	2,625	96.7
	下期	2,787	96.9	238	100.8	981	99.8	1,219	100.0	4,006	97.8
	年度	4,449	97.1	424	92.2	1,758	99.3	2,182	97.8	6,631	97.4
26	上期	1,658	99.8	174	93.5	769	99.0	943	97.9	2,601	99.1
	下期	2,781	99.8	181	76.1	972	99.1	1,153	94.6	3,934	98.2
	年度	4,439	99.8	355	83.7	1,741	99.0	2,096	96.1	6,535	98.6
27	上期	1,551	93.5	175	100.6	769	100.0	944	100.1	2,495	95.9
	下期	2,657	95.5	181	100.0	964	99.2	1,145	99.3	3,802	96.6
	年度	4,208	94.8	356	100.3	1,733	99.5	2,089	99.7	6,297	96.4
28	上期	1,511	97.4	181	103.4	742	96.5	923	97.8	2,434	97.6
	下期	2,697	101.5	189	104.4	938	97.3	1,127	98.4	3,824	100.6
	年度	4,208	100.0	370	103.9	1,680	96.9	2,050	98.1	6,258	99.4
29	上期	1,457	96.4	136	75.1	742	100.0	878	95.1	2,335	95.9
	下期	2,574	95.4	147	77.8	938	100.0	1,085	96.3	3,659	95.7
	年度	4,031	95.8	283	76.5	1,680	100.0	1,963	95.8	5,994	95.8
30	年度	3,968	98.4	322	113.8	1,680	100.0	2,002	102.0	5,970	99.6
31	年度	3,929	99.0	308	95.7	1,686	100.4	1,994	99.6	5,923	99.2
32	年度	3,854	98.1	279	90.6	1,680	99.6	1,959	98.2	5,813	99.0
33	年度	3,801	98.6	276	98.9	1,680	100.0	1,956	99.8	5,757	98.1
33／28年率			98.0		94.3		100.0		99.1		98.3

⑵ＬＰガス・都市ガスの総世帯数と２人以上普通世帯数の推移と見通し（平成18年度〜33年度）

（単位：1,000世帯）

区分 年度	ＬＰガス			都市ガス		
	２人	単身	合計	２人	単身	合計
18	19,077	6,618	25,695	16,245	7,388	23,633
19	19,089	6,632	25,721	16,316	7,535	23,851
20	18,963	6,638	25,601	16,231	7,795	24,026
21	18,778	6,687	25,464	16,049	8,049	24,098
22	18,549	6,737	25,286	15,921	8,237	24,158
23	18,300	6,755	25,055	15,759	8,453	24,212
24	18,098	6,804	24,902	15,820	8,542	24,362
25	17,910	6,875	24,784	15,913	8,631	24,544
26	17,752	6,947	24,699	16,026	8,722	24,748
27	17,545	7,018	24,563	16,174	8,810	24,984
28	17,352	6,854	24,206	16,832	8,406	25,239
29	17,170	6,844	24,014	16,703	8,534	25,237
30	16,985	6,833	23,818	16,727	8,661	25,388
31	16,802	6,820	23,623	16,756	8,782	25,538
32	16,623	6,805	23,428	16,793	8,896	25,688
33	16,445	6,783	23,228	16,854	8,985	25,839

(3)ＬＰガス主要3器具（風呂・湯沸器・炊飯器）を中心にした家庭用需要想定の総括（平成29～33年度）

項目・条件 \ 年度・期別	29年度 上期	29年度 下期	29年度 年度計	30年度 上期	30年度 下期	30年度 年度計	31年度 上期	31年度 下期	31年度 年度計	32年度 上期	32年度 下期	32年度 年度計	33年度 上期	33年度 下期	33年度 年度計
風呂釜 ①気温（℃）	22.5	9.9	16.2	22.5	9.9	16.2	22.5	9.9	16.2	22.5	9.9	16.2	22.5	9.9	16.2
②水温（℃）	20.9	10.6	15.7	20.9	10.6	15.7	20.9	10.6	15.7	20.9	10.6	15.7	20.9	10.6	15.7
③給湯温度（℃）	41.7	45.3	43.5	41.7	45.3	43.5	41.7	45.3	43.5	41.7	45.3	43.5	41.7	45.3	43.5
④加熱温度（℃）	20.8	34.7	27.8	20.8	34.7	27.8	20.8	34.7	27.8	20.8	34.7	27.8	20.8	34.7	27.8
⑤給湯量（ℓ／日）	326.0	289.0	308.0	326.0	289.0	308.0	326.0	289.0	308.0	326.0	289.0	308.0	326.0	289.0	308.0
⑥給湯日数（／月）	25.6	24.9	25.2	25.6	24.9	25.2	25.6	25.0	25.3	25.6	24.9	25.2	25.6	24.9	25.2
⑦熱効率（%）	84.3	84.8	84.5	85.2	85.6	85.4	86.5	86.9	86.7	88.0	88.0	88.0	89.2	89.2	89.2
⑧消費原単位（kg）	8.0	16.5	12.3	7.8	16.3	12.0	7.5	16.1	11.8	7.3	15.6	11.4	7.0	15.3	11.2
⑨保有戸数（千戸）	9,765.0	9,765.0	9,765.0	9,719.0	9,719.0	9,719.0	9,678.0	9,678.0	9,678.0	9,641.0	9,641.0	9,641.0	9,607.0	9,607.0	9,607.0
⑩消費量（千t）	469.0	969.0	1,438.0	454.0	948.0	1,402.0	438.0	932.0	1,370.0	420.0	903.0	1,323.0	405.0	882.0	1,287.0
湯沸器 ⑪気温（℃）	22.2	9.4	15.8	22.2	9.4	15.8	22.2	9.4	15.8	22.2	9.4	15.8	22.2	9.4	15.8
⑫水温（℃）	20.7	10.2	15.4	20.7	10.2	15.4	20.7	10.2	15.4	20.7	10.2	15.4	20.7	10.2	15.4
⑬給湯温度（℃）	36.0	37.3	36.7	36.0	37.3	36.7	36.0	37.3	36.7	36.0	37.3	36.7	36.0	37.3	36.7
⑭加熱温度（℃）	15.3	27.1	21.3	15.3	27.1	21.3	15.3	27.1	21.3	15.3	27.1	21.3	15.3	27.1	21.3
⑮給湯量（ℓ／日）	150.0	150.0	150.0	150.0	150.0	150.0	150.0	150.0	150.0	150.0	150.0	150.0	150.0	150.0	150.0
⑯給湯日数（／月）	30.5	30.3	30.4	30.5	30.3	30.4	30.5	30.3	30.4	30.5	30.3	30.4	30.5	30.3	30.4
⑰熱効率（%）	88.2	88.7	88.4	89.3	89.8	89.5	90.5	91.0	90.7	92.3	92.3	92.3	93.9	93.9	93.9
⑱消費原単位（kg）	6.6	11.6	9.2	6.5	11.4	9.0	6.4	11.4	9.0	6.3	11.1	8.8	6.2	10.9	8.6
⑲保有戸数（千戸）	7,577.0	7,577.0	7,577.0	7,464.0	7,464.0	7,464.0	7,339.0	7,339.0	7,339.0	7,203.0	7,203.0	7,203.0	7,057.0	7,057.0	7,057.0
⑳使用率（%）	60.0	88.0	74.0	60.0	88.0	74.0	60.0	88.0	74.0	60.0	88.0	74.0	60.0	88.0	74.0
㉑消費量（千t）	119.0	357.0	476.0	113.0	347.0	460.0	110.0	338.0	448.0	105.0	324.0	429.0	99.0	309.0	408.0
燃料電池 ㉒保有戸数（千戸）	33.3	36.8	35.1	40.7	44.9	42.8	50.5	57.4	54.0	65.0	73.2	69.1	82.8	93.7	88.2
㉓消費原単位（kg）	82.1	81.7	81.9	82.1	81.7	81.9	82.1	82.1	82.1	82.1	81.7	81.9	82.1	81.7	81.9
㉔消費量（千t）	16.4	18.0	34.5	20.1	22.0	42.1	24.9	28.3	53.2	32.0	35.9	67.9	40.8	45.9	86.7
炊飯器 ㉕消費原単位（kg）	2.5	2.5	2.5	2.5	2.5	2.5	2.5	2.5	2.5	2.5	2.5	2.5	2.5	2.5	2.5
㉖保有戸数（千戸）	1,387.0	1,387.0	1,387.0	1,305.0	1,305.0	1,305.0	1,229.0	1,229.0	1,229.0	1,159.0	1,159.0	1,159.0	1,095.0	1,095.0	1,095.0
㉗消費量（千t）	18.0	18.0	36.0	18.0	18.0	36.0	18.0	18.0	36.0	18.0	18.0	36.0	18.0	18.0	36.0
太陽熱追炊分他 ㉘太陽熱到達温度（℃）	55.8	36.8	46.3	55.8	36.8	46.3	55.8	36.8	46.3	55.8	36.8	46.3	55.8	36.8	46.3
㉙追焚温度（℃）	0.2	9.3	4.7	0.2	9.3	4.7	0.2	9.3	4.7	0.2	9.3	4.7	0.2	9.3	4.7
㉚消費原単位（kg）	0.1	6.4	3.3	0.1	6.4	3.3	0.1	6.3	3.2	0.1	6.2	3.2	0.1	6.1	3.1
㉛保有戸数（千戸）	1,120.0	1,112.0	1,116.0	1,105.0	1,092.0	1,099.0	1,087.0	1,086.0	1,087.0	1,073.0	1,071.0	1,072.0	1,058.0	1,057.0	1,058.0
㉜消費量（千t）	1.0	42.0	43.0	1.0	41.0	42.0	1.0	41.0	42.0	1.0	41.0	42.0	1.0	38.0	39.0
コンロ他 ㉝消費原単位（kg）	5.1	7.0	6.1	5.1	7.0	6.1	5.1	7.0	6.1	5.1	7.0	6.1	5.1	7.0	6.1
㉞保有戸数（千戸）	17,216.0	17,124.0	17,170.0	17,031.0	16,849.0	16,940.0	16,802.0	16,802.0	16,802.0	16,623.0	16,623.0	16,623.0	16,445.0	16,445.0	16,445.0
㉟消費量（千t）	540.0	726.0	1,266.0	534.0	714.0	1,248.0	528.0	714.0	1,242.0	522.0	702.0	1,224.0	516.0	696.0	1,212.0
㊱：⑩+㉑+㉔+㉗+㉜+㉟ 2人以上世帯需要（千t）	1,163.4	2,130.0	3,293.5	1,140.1	2,090.0	3,230.1	1,119.9	2,071.3	3,191.2	1,098.0	2,023.9	3,121.9	1,079.8	1,988.9	3,068.7
㊲消費原単位（kg）	7.2	10.8	9.0	7.2	10.8	9.0	7.2	10.8	9.0	7.2	10.8	9.0	7.2	10.8	9.0
㊳戸数（千戸）	6,847.0	6,841.0	6,844.0	6,836.0	6,823.0	6,829.0	6,823.0	6,807.0	6,815.0	6,809.0	6,800.0	6,804.0	6,789.0	6,783.0	6,786.0
㊴消費量（千t）	294.0	444.0	738.0	294.0	444.0	738.0	294.0	444.0	738.0	294.0	438.0	732.0	294.0	438.0	732.0
㊵：㊱+㊴ 家庭用需要（千t）	1,457	2,574	4,031	1,434	2,534	3,968	1,414	2,515	3,929	1,392	2,462	3,854	1,374	2,427	3,801

(4)平成27年度ＬＰガス主要3器具中心の家庭用需要想定（実績）

項目・条件	月別	4月	5月	6月	7月	8月	9月	10月	11月	12月	1月	2月	3月	上期計	下期計	年度計
風呂釜	①気温（℃）	14.1	19.3	22.5	26.8	27.8	24.0	18.7	13.1	6.9	4.8	5.2	9.3	22.4	9.7	16.0
	②水温（℃）	14.0	18.3	20.9	24.4	25.2	22.2	17.8	13.2	8.1	6.4	6.7	10.1	20.8	10.4	15.6
	③給湯温度（℃）	44.0	43.1	41.2	40.3	40.3	41.2	43.1	44.0	45.9	46.8	45.9	45.9	41.7	45.3	43.5
	④加熱温度（℃）	30.0	24.8	20.3	15.9	15.1	19.0	25.3	30.8	37.8	40.4	39.2	35.8	20.9	34.9	27.9
	⑤給湯量（ℓ／日）	314	318	327	347	338	314	304	293	283	283	284	288	326	289	308
	⑥給湯日数（／月）	25	25	25	27	26	25	25	25	25	25	24	25	26	25	25
	⑦熱効率（%）	82.3	82.3	82.3	82.3	82.3	82.3	82.8	82.8	82.8	82.8	82.8	82.8	82.3	82.8	82.5
	⑧消費原単位（kg）	14.0	10.3	7.2	5.3	3.4	5.1	8.4	11.9	16.1	18.2	16.1	14.9	7.5	14.3	10.9
	⑨保有戸数（千戸）	10,227	10,227	10,227	10,227	10,227	10,227	10,251	10,251	10,251	10,251	10,251	10,251	10,227	10,251	10,239
	⑩消費量（千t）	143	105	73	54	34	52	86	122	165	187	165	153	461	878	1,339
湯沸器	⑪気温（℃）	13.6	18.9	22.3	26.5	27.5	23.7	18.2	12.7	6.4	4.2	4.6	8.7	22.1	9.1	15.6
	⑫水温（℃）	13.6	18.0	20.7	24.2	25.0	21.9	17.4	12.8	7.7	5.9	6.2	9.6	20.6	9.9	15.2
	⑬給湯温度（℃）	37.0	36.0	36.0	36.0	35.0	36.0	36.0	37.0	38.0	38.0	38.0	37.0	36.0	37.3	36.7
	⑭加熱温度（℃）	23.4	18.0	15.3	11.8	10.0	14.1	18.6	24.2	30.3	32.1	31.8	27.4	15.4	27.4	21.5
	⑮給湯量（ℓ／日）	150	150	150	150	150	150	150	150	150	150	150	150	150	150	150
	⑯給湯日数（／月）	30	31	30	31	31	30	31	30	31	31	29	31	31	31	31
	⑰熱効率（%）	85.83	85.8	85.8	85.8	85.8	85.8	86.4	86.4	86.4	86.4	86.4	86.4	85.8	86.4	86.1
	⑱消費原単位（kg）	10.2	8.1	6.7	5.3	4.5	6.2	8.3	10.5	13.6	14.4	13.3	12.3	6.8	12.1	9.5
	⑲保有戸数（千戸）	7,713	7,713	7,713	7,713	7,713	7,713	7,708	7,708	7,708	7,708	7,708	7,708	7,713	7,708	7,711
	⑳使用率（%）	80	65	60	55	50	50	70	80	90	100	100	90	60	88	74
	㉑消費量（千t）	63	41	31	22	17	24	45	65	94	111	103	85	198	503	701
燃料電池	㉒保有戸数（千戸）	23	23	23	23	23	23	25	25	25	25	25	25	23	25	24
	㉓消費原単位（kg）	80.8	83.5	80.8	83.5	83.5	80.8	83.5	80.8	83.5	83.5	78.1	83.5	82.1	82.1	82.1
	㉔消費量（千t）	2	2	2	2	2	2	2	2	2	2	2	2	11	12	24
炊飯器	㉕消費原単位（kg）	2.5	2.5	2.5	2.5	2.5	2.5	2.5	2.5	2.5	2.5	2.5	2.5	2.5	2.5	2.5
	㉖保有戸数（千戸）	2,024	2,024	2,024	2,024	2,024	2,024	2,002	2,002	2,002	2,002	2,002	2,002	2,024	2,002	2,013
	㉗消費量（千t）	5	5	5	5	5	5	5	5	5	5	5	5	30	30	60
太陽熱追焚分他	㉘太陽熱到達温度（℃）	43.0	48.0	61.0	61.0	65.0	57.0	48.0	37.0	34.0	31.0	33.0	38.0	55.8	36.8	46.3
	㉙追焚温度（℃）	1.0	0.0	0.0	0.0	0.0	0.0	0.0	7.0	11.9	15.8	12.9	7.9	0.2	9.3	4.7
	㉚消費原単位（kg）	0.8	0.0	0.0	0.0	0.0	0.0	0.0	5.2	8.5	11.4	8.9	5.7	0.1	6.6	3.4
	㉛保有戸数（千戸）	1,137	1,137	1,137	1,137	1,137	1,137	1,132	1,132	1,132	1,132	1,132	1,132	1,137	1,132	1,135
	㉜消費量（千t）	1	0	0	0	0	0	0	6	10	13	10	6	1	45	46
コンロ他	㉝消費原単位（kg）	5.1	5.1	5.1	5.1	5.1	5.1	7.0	7.0	7.0	7.0	7.0	7.0	5.1	7.0	6.1
	㉞保有戸数（千戸）	17,391	17,391	17,391	17,391	17,391	17,391	17,342	17,342	17,342	17,342	17,342	17,342	17,391	17,342	17,367
	㉟消費量（千t）	91	91	91	91	91	91	122	122	122	122	122	122	546	732	1,278
2人以上世帯需要（千t）	㊱：⑩+㉑+㉔+㉗+㉜+㉟	305	244	200	174	149	174	260	322	398	441	407	373	1,245	2,201	3,447
単身世帯需要	㊲消費原単位（kg）	7.2	7.2	7.2	7.2	7.2	7.2	10.8	10.8	10.8	10.8	10.8	10.8	7.2	10.8	9.0
	㊳戸数（千戸）	7,033	7,033	7,033	7,033	7,033	7,033	7,062	7,062	7,062	7,062	7,062	7,062	7,033	7,062	7,048
	㊴消費量（千t）	51	51	51	51	51	51	76	76	76	76	76	76	306	456	762
家庭用需要（千t）	㊵：㊱+㊴	356	295	251	225	200	225	336	398	474	517	483	449	1,551	2,657	4,209

(5)平成28年度ＬＰガス主要3器具中心の家庭用需要想定（上期＝実績、下期＝実勢）

項目・条件	4月	5月	6月	7月	8月	9月	10月	11月	12月	1月	2月	3月	上期計	下期計	年度計
風呂釜 ①気温 (℃)	14.1	19.3	22.5	26.8	27.8	24.0	18.7	13.1	6.9	4.8	5.2	9.3	22.4	9.7	16.0
②水温 (℃)	14.0	18.3	20.9	24.4	25.2	22.2	17.8	13.2	8.1	6.4	6.7	10.1	20.8	10.4	15.6
③給湯温度 (℃)	44.0	43.1	41.2	40.3	40.3	41.2	43.1	44.0	45.9	46.8	45.9	45.9	41.7	45.3	43.5
④加熱温度 (℃)	30.0	24.8	20.3	15.9	15.1	19.0	25.3	30.8	37.8	40.4	39.2	35.8	20.9	34.9	27.9
⑤給湯量 (ℓ／日)	314	318	327	347	338	314	304	293	283	283	284	288	326	289	308
⑥給湯日数 (／月)	25	25	25	27	26	25	25	25	25	25	23	25	26	25	25
⑦熱効率 (％)	83.3	83.3	83.3	83.3	83.3	83.3	83.8	83.8	83.8	83.8	83.8	83.8	83.3	83.8	83.5
⑧消費原単位 (kg)	14.6	11.0	7.9	6.0	4.2	5.8	11.3	14.7	18.9	21.0	17.8	17.7	8.3	16.9	12.6
⑨保有戸数 (千戸)	10,259	10,259	10,259	10,259	10,259	10,259	10,250	10,250	10,250	10,250	10,250	10,250	10,259	10,250	10,254
⑩消費量 (千t)	150	113	81	62	43	59	116	151	194	215	182	181	508	1,039	1,547
湯沸器 ⑪気温 (℃)	13.6	18.9	22.3	26.5	27.5	23.7	18.2	12.7	6.4	4.2	4.6	8.7	22.1	9.1	15.6
⑫水温 (℃)	13.6	18.0	20.7	24.2	25.0	21.9	17.4	12.8	7.7	5.9	6.2	9.6	20.6	9.9	15.2
⑬給湯温度 (℃)	37.0	36.0	36.0	36.0	35.0	36.0	36.0	37.0	38.0	38.0	38.0	37.0	36.0	37.3	36.7
⑭加熱温度 (℃)	23.4	18.0	15.3	11.8	10.0	14.1	18.6	24.2	30.3	32.1	31.8	27.4	15.4	27.4	21.5
⑮給湯量 (ℓ／日)	150	150	150	150	150	150	150	150	150	150	150	150	150	150	150
⑯給湯日数 (／月)	30	31	30	31	31	30	31	30	31	31	28	31	31	30	30
⑰熱効率 (％)	87.0	87.0	87.0	87.0	87.0	87.0	87.6	87.6	87.6	87.6	87.6	87.6	87.0	87.6	87.3
⑱消費原単位 (kg)	7.5	5.4	4.0	2.7	1.9	3.5	5.3	7.5	10.5	11.3	9.8	9.2	6.7	11.8	9.4
⑲保有戸数 (千戸)	7,692	7,692	7,692	7,692	7,692	7,692	7,663	7,663	7,663	7,663	7,663	7,663	7,692	7,663	7,677
⑳使用率 (％)	80	65	60	55	50	50	70	80	90	100	100	90	60	88	74
㉑消費量 (千t)	46	27	18	11	7	13	28	46	72	87	75	63	122	371	493
燃料電池 ㉒保有戸数 (千戸)	27	27	27	27	27	27	30	30	30	30	30	30	27	30	29
㉓消費原単位 (kg)	80.8	83.5	80.8	83.5	83.5	80.8	83.5	80.8	83.5	83.5	75.4	83.5	82.1	81.7	81.9
㉔消費量 (千t)	2	2	2	2	2	2	3	2	3	3	3	3	14	15	28
炊飯器 ㉕消費原単位 (kg)	2.5	2.5	2.5	2.5	2.5	2.5	2.5	2.5	2.5	2.5	2.5	2.5	2.5	2.5	2.5
㉖保有戸数 (千戸)	1,977	1,977	1,977	1,977	1,977	1,977	1,950	1,950	1,950	1,950	1,950	1,950	1,977	1,950	1,964
㉗消費量 (千t)	5	5	5	5	5	5	5	5	5	5	5	5	30	30	60
太陽熱追焚分他 ㉘太陽熱到達温度 (℃)	43.0	48.0	61.0	61.0	65.0	57.0	48.0	37.0	34.0	31.0	33.0	38.0	55.8	36.8	46.3
㉙追焚温度 (℃)	1.0	0.0	0.0	0.0	0.0	0.0	0.0	7.0	11.9	15.8	12.9	7.9	0.2	9.3	4.7
㉚消費原単位 (kg)	0.8	0.0	0.0	0.0	0.0	0.0	0.0	5.1	8.4	11.3	8.5	5.7	0.1	6.5	3.3
㉛保有戸数 (千戸)	1,126	1,126	1,126	1,126	1,126	1,126	1,118	1,118	1,118	1,118	1,118	1,118	1,126	1,118	1,122
㉜消費量 (千t)	1	0	0	0	0	0	0	6	9	13	10	6	1	44	45
コンロ他 ㉝消費原単位 (kg)	5.1	5.1	5.1	5.1	5.1	5.1	7.0	7.0	7.0	7.0	7.0	7.0	5.1	7.0	6.1
㉞保有戸数 (千戸)	17,266	17,266	17,266	17,266	17,266	17,266	17,163	17,163	17,163	17,163	17,163	17,163	17,266	17,163	17,215
㉟消費量 (千t)	90	90	90	90	90	90	121	121	121	121	121	121	540	726	1,266
2人以上世帯需要 (千t) ㊱：⑩＋⑳＋㉔＋㉗＋㉜＋㉟	294	237	196	170	147	169	273	331	404	444	395	379	1,215	2,225	3,439
単身世帯需要 ㊲消費原単位 (kg)	7.2	7.2	7.2	7.2	7.2	7.2	10.8	10.8	10.8	10.8	10.8	10.8	7.2	10.8	9.0
㊳戸数 (千戸)	7,090	7,090	7,090	7,090	7,090	7,090	7,116	7,116	7,116	7,116	7,116	7,116	7,090	7,116	7,103
㊴消費量 (千t)	51	51	51	51	51	51	77	77	77	77	77	77	306	462	768
家庭用需要 (千t) ㊵：㊱＋㊴	345	288	247	221	198	220	350	408	481	521	472	456	1,521	2,687	4,207

(6)平成29年度ＬＰガス主要３器具中心の家庭用需要想定（見通し）

項目・条件	月別	4月	5月	6月	7月	8月	9月	10月	11月	12月	1月	2月	3月	上期計	下期計	年度計
風呂釜	①気温（℃）	14.5	19.6	22.4	26.6	27.8	24.0	18.7	12.6	7.3	5.0	5.8	9.8	22.5	9.9	16.2
	②水温（℃）	14.3	18.5	20.9	24.3	25.3	22.1	17.8	12.8	8.4	6.5	7.2	10.5	20.9	10.6	15.7
	③給湯温度（℃）	44.0	43.1	41.2	40.3	40.3	41.2	43.1	44.0	45.9	46.8	45.9	45.9	41.7	45.3	43.5
	④加熱温度（℃）	29.7	24.6	20.3	16.0	15.0	19.1	25.3	31.2	37.5	40.3	38.7	35.4	20.8	34.7	27.8
	⑤給湯量（ℓ／日）	314	318	327	347	338	314	304	293	283	283	284	288	326	289	308
	⑥給湯日数（／月）	25	25	25	27	26	25	25	25	25	25	23	25	26	25	25
	⑦熱効率（%）	84.3	84.3	84.3	84.3	84.3	84.3	84.8	84.8	84.8	84.8	84.8	84.8	84.3	84.8	84.5
	⑧消費原単位（kg）	14.1	10.6	7.7	5.9	3.9	5.7	11.1	14.7	18.4	20.6	17.2	17.2	8.0	16.5	12.3
	⑨保有戸数（千戸）	9,765	9,765	9,765	9,765	9,765	9,765	9,765	9,765	9,765	9,765	9,765	9,765	9,765	9,765	9,765
	⑩消費量（千t）	138	104	75	58	38	56	108	144	180	201	168	168	469	969	1,438
湯沸器	⑪気温（℃）	14.0	19.2	22.2	26.3	27.5	23.7	18.3	12.2	6.8	4.4	5.2	9.2	22.2	9.4	15.8
	⑫水温（℃）	13.9	18.2	20.6	24.0	25.0	21.9	17.5	12.4	8.0	6.1	6.7	10.0	20.7	10.2	15.4
	⑬給湯温度（℃）	37.0	36.0	36.0	36.0	35.0	36.0	36.0	37.0	38.0	38.0	38.0	37.0	36.0	37.3	36.7
	⑭加熱温度（℃）	23.1	17.8	15.4	12.0	10.0	14.1	18.5	24.6	30.0	31.9	31.3	27.0	15.3	27.1	21.3
	⑮給湯量（ℓ／日）	150	150	150	150	150	150	150	150	150	150	150	150	150	150	150
	⑯給湯日数（／月）	30	31	30	31	31	30	31	30	31	31	28	31	31	30	30
	⑰熱効率（%）	88.2	88.2	88.2	88.2	88.2	88.2	88.7	88.7	88.7	88.7	88.7	88.7	88.2	88.7	88.4
	⑱消費原単位（kg）	7.2	5.2	4.0	2.7	1.8	3.4	5.2	7.5	10.2	11.0	9.4	8.9	6.6	11.6	9.2
	⑲保有戸数（千戸）	7,577	7,577	7,577	7,577	7,577	7,577	7,577	7,577	7,577	7,577	7,577	7,577	7,577	7,577	7,577
	⑳使用率（%）	80	65	60	55	50	50	70	80	90	100	100	90	60	88	74
	㉑消費量（千t）	44	26	18	11	7	13	28	45	69	83	71	61	119	357	476
燃料電池	㉒保有戸数（千戸）	33	33	33	33	33	33	37	37	37	37	37	37	33	37	35
	㉓消費原単位（kg）	80.8	83.5	80.8	83.5	83.5	80.8	83.5	80.8	83.5	83.5	75.4	83.5	82.1	81.7	81.9
	㉔消費量（千t）	3	3	3	3	3	3	3	3	3	3	3	3	16	18	34
炊飯器	㉕消費原単位（kg）	2.5	2.5	2.5	2.5	2.5	2.5	2.5	2.5	2.5	2.5	2.5	2.5	2.5	2.5	2.5
	㉖保有戸数（千戸）	1,387	1,387	1,387	1,387	1,387	1,387	1,387	1,387	1,387	1,387	1,387	1,387	1,387	1,387	1,387
	㉗消費量（千t）	3	3	3	3	3	3	3	3	3	3	3	3	18	18	36
太陽熱追焚分他	㉘太陽熱到達温度（℃）	43.0	48.0	61.0	61.0	65.0	57.0	48.0	37.0	34.0	31.0	33.0	38.0	55.8	36.8	46.3
	㉙追焚温度（℃）	1.0	0.0	0.0	0.0	0.0	0.0	0.0	7.0	11.9	15.8	12.9	7.9	0.2	9.3	4.7
	㉚消費原単位（kg）	0.8	0.0	0.0	0.0	0.0	0.0	0.0	5.1	8.3	11.2	8.4	5.6	0.1	6.4	3.3
	㉛保有戸数（千戸）	1,120	1,120	1,120	1,120	1,120	1,120	1,112	1,112	1,112	1,112	1,112	1,112	1,120	1,112	1,116
	㉜消費量（千t）	1	1	0	0	0	0	0	6	9	12	9	9	1	42	43
コンロ他	㉝消費原単位（kg）	5.1	5.1	5.1	5.1	5.1	5.1	7.0	7.0	7.0	7.0	7.0	7.0	5.1	7.0	6.1
	㉞保有戸数（千戸）	17,216	17,216	17,216	17,216	17,216	17,216	17,124	17,124	17,124	17,124	17,124	17,124	17,216	17,124	17,170
	㉟消費量（千t）	90	90	90	90	90	90	121	121	121	121	121	121	540	726	1,266
2人以上世帯需要（千t）	㊱⑩+㉑+㉔+㉗+㉜+㉟	279	226	189	165	141	165	263	322	385	423	375	362	1,163	2,130	3,293
単身世帯需要	㊲消費原単位（kg）	7.2	7.2	7.2	7.2	7.2	7.2	10.8	10.8	10.8	10.8	10.8	10.8	7.2	10.8	9.0
	㊳戸数（千戸）	6,847	6,847	6,847	6,847	6,847	6,847	6,841	6,841	6,841	6,841	6,841	6,841	6,847	6,841	6,844
	㊴消費量（千t）	49	49	49	49	49	49	74	74	74	74	74	74	294	444	738
家庭用需要（千t）	㊵：㊱+㊴	328	275	238	214	190	214	337	396	459	497	449	436	1,457	2,574	4,031

(7)業務用需要の実績推移と想定（総括ベース、平成25～33年度）

（単位：1,000トン、伸び率%）

年度	一般業務用需要 年度計	上期	下期	GHP需要 年度計	上期	下期	合計 年度計	上期	下期	伸び率 年度計	上期	下期
平成25	1,758	777	981	424	186	238	2,182	963	1,219	97.8	95.3	100.0
26	1,741	769	972	355	174	181	2,096	943	1153	96.1	97.9	94.6
27	1,733	769	964	356	175	181	2,089	944	1145	99.7	100.1	99.3
28	1,680	742	938	370	181	189	2,050	923	1127	98.1	97.8	98.4
29	1,680	742	938	283	136	147	1,963	878	1085	95.8	95.1	96.3
30	1,680	—	—	322	—	—	2,002	—	—	102.0	—	—
31	1,686	—	—	308	—	—	1,994	—	—	99.6	—	—
32	1,680	—	—	279	—	—	1,959	—	—	98.2	—	—
33	1,680	—	—	276	—	—	1,956	—	—	99.8	—	—

(8)業務用需要の実績推移と想定（除くGHP需要量、平成25～33年度）

項目 年度	安全器具	伸び率(%)	簡易ガス	伸び率(%)	合計	伸び率(%)	業務用件数 上期	伸び率(%)	下期	伸び率(%)	年度平均伸び率(%)	原単位(kg) 上期	下期	消費量(千トン) 上期	下期	年度	伸び率(%)
平成25 25.9	951,634	98.31	8,247	98.31	959,881	98.31	968,131	98.92			98.75	804		778		1,754	99.10
25 26.3	953,347	100.18	8,262	100.18	961,609	100.18			960,745	98.57			1,016		976		
26 26.9	942,860	98.90	8,171	98.90	951,031	98.90	956,320	98.78			98.66	804		769		1,731	98.69
26 27.3	934,186	99.08	8,096	99.08	942,282	99.08			946,656	98.53			1,016		962		
27 27.9	924,377	98.95	8,011	98.95	932,388	98.95	937,335	98.01			98.17	804		754		1,706	98.56
27 28.3	921,234	99.66	7,984	99.66	929,218	99.66			930,803	98.33			1,023		952		
28 28.9	908,889	98.66	7,877	98.66	916,766	98.66	922,992	98.47			98.82	804		742		1,680	98.48
28 29.3	921,250	101.36	7,984	101.36	929,234	101.36			923,000	99.16			1,016		938		
29 29.9	908,906	98.66	7,877	98.66	916,783	98.66	923,008	100.00			100.00	804		742		1,680	100.00
29 30.3	921,267	101.36	7,984	101.36	929,251	101.36			923,017	100.00			1,016		938		
30 30.9	908,922	98.66	7,877	98.66	916,799	98.66	923,025	100.00			100.00	804		742		1,680	100.00
30 31.3	921,283	101.36	7,984	101.36	929,267	101.36			923,033	100.00			1,016		938		
31 31.9	908,938	98.66	7,877	98.66	916,815	98.66	923,041	100.00			100.00	804		742		1,686	100.36
31 32.3	921,299	101.36	7,984	101.36	929,283	101.36			923,049	100.00			1,023		944		
32 32.9	908,954	98.66	7,877	98.66	916,831	98.66	923,057	100.00			100.00	804		742		1,680	99.64
32 33.3	921,316	101.36	7,984	101.36	929,300	101.36			923,065	100.00			1,016		938		
33 33.9	908,970	98.66	7,877	98.66	916,847	98.66	923,073	100.00			100.00	804		742		1,680	100.00
33 34.3	921,332	101.36	7,984	101.36	929,316	101.36			923,082	100.00			1,016		938		

注：(1)業務用需要件数は「LPガス安全機器普及状況調査」の業務用設備消費戸数（A）と「簡易ガス事業統計」の商業用/その他業用需要件数（B）の合計。
(2)（A）実績は平成8年3月で終了しているため、以降データは平成19年9月まで（修正指数関数曲線で想定。平成20年3月以降は、（B）簡易ガス件数の対前年比伸び率を採用。
(3)平成29～33：28年度対比100%で推移すると推測。消費量＝需要件数×消費原単位。
(4)消費原単位は平成23～25年度の原単位を採用（平成27、31年度は下期に閏年として1日分を加算）。

(9)ＧＨＰ需要量の実績推移と想定（業務用向け、平成25～33年度）

項目 / 年度	GHP出荷累計台数（台）			原単位（kg）			消費量（千㌧）			伸び率（%）		
	年度	上期	下期	年度	上期	下期	年度	上期	下期	年度	上期	下期
平成25年	322,044	320,874	323,214	1,317	580	736	424	186	238	92.2	83.0	100.8
26年	327,365	325,934	328,796	1,084	534	550	355	174	181	83.7	93.5	76.1
27年	333,060	331,428	334,691	1,069	528	541	356	175	181	100.3	100.6	100.0
28年	339,238	337,406	341,070	1,091	536	554	370	181	189	103.9	103.4	104.4
29年	345,238	—	—	820	—	—	283	—	—	76.5	—	—
30年	350,938	—	—	918	—	—	322	—	—	113.8	—	—
31年	355,738	—	—	866	—	—	308	—	—	108.8	—	—
32年	360,038	—	—	775	—	—	279	—	—	86.6	—	—
33年	364,238	—	—	758	—	—	276	—	—	89.6	—	—

注：(1)原単位は、過去～平成26年度：原単位270kg／馬力／年を採用。平成27年度以降は大型化による省エネ等を勘案し、256.5kg／馬力／年とした。
(2)ＧＨＰ出荷累計台数は「ＧＨＰコンソーシアム」発表ベースで、平成28年度上期までは実績。

1－2－6　一般工業用ＬＰガス需要実績推移と想定

(1)一般工業用ＬＰガス需要実績と想定総括（平成25～33年度）

項目	単位	25年度	26年度 上期	26年度 下期	26年度 年度	27年度 上期	27年度 下期	27年度 年度	28年度 上期	28年度 下期	28年度 年度	29年度 上期	29年度 下期	29年度 年度	30年度	31年度	32年度	33年度	年率 28－33
ＬＰガス需要量	千ﾄﾝ	2,972	1,296	1,499	2,795	1,475	1,473	2,948	1,540	1,426	2,966	1,494	1,510	3,004	3,105	3,125	3,152	3,186	101.4
伸び率	％	96.4	89.9	98.0	94.0	113.8	98.3	105.5	104.4	96.8	100.6	97.0	105.9	101.3	103.4	100.6	100.9	101.1	
鉱工業生産指数（ＬＰＧウエイト）	22年 ＝100	99.2	98.7	99.3	99.0	96.6	96.8	96.7	95.8	99.6	97.7	98.7	101.1	99.9	101.3	102.8	104.6	106.7	101.8
伸び率	％	103.3	101.3	98.3	99.8	97.8	97.5	97.7	99.2	102.9	101.1	103.0	101.5	102.2	101.4	101.5	101.8	102.0	
ＩＩＰ（1ポイント当たり）	千ﾄﾝ	30.0	13.1	15.1	28.2	15.3	15.2	30.5	16.1	14.3	30.4	15.1	14.9	30.1	30.7	30.4	30.1	29.8	99.7
伸び率	％	93.4	88.7	99.7	94.2	116.3	100.8	108.0	105.2	94.1	99.5	94.2	104.4	99.1	101.9	99.1	99.1	99.1	

(2)産業別鉱工業生産指数（ⅠⅠP）の推移と想定（平成25～33年度）

(平成22年度＝100)

産業別	ウェイト 付加価値額	ウェイト 全燃料	ウェイト LPG	25年度 上期	25年度 下期	25年度 年度	26年度 上期	26年度 下期	26年度 年度	27年度 上期	27年度 下期	27年度 年度	28年度 上期	28年度 下期	28年度 年度	29年度 上期	29年度 下期	29年度 年度	30年度	31年度	32年度	33年度
鉱　業	21.1			92.3	100.0	96.1	90.7	95.3	93.0	85.5	95.1	90.3	85.4	93.2	89.3	83.7	91.1	87.4	87.4	87.4	87.4	87.4
製　造　業　計	9,978.9			96.9	101.0	99.0	97.8	99.2	98.4	97.0	98.0	97.4	96.3	100.5	98.4	99.2	102.8	101.0	102.5	104.1	106.0	108.3
鉄　鋼　業	391.1	6,709.6	1,798.1	98.0	100.1	99.0	99.2	96.7	97.9	92.4	92.4	92.4	91.7	94.9	93.3	93.5	94.3	94.0	95.3	96.8	98.6	100.7
非　鉄　金　属	232.5	231.1	912.2	95.7	99.0	97.3	97.5	98.4	97.9	96.1	96.9	96.5	97.4	101.7	99.5	100.4	101.2	100.8	101.6	102.4	103.2	104.0
窯　業　土　石	315.8	747.1	1,336.2	100.1	102.9	101.5	101.9	101.8	101.8	99.3	97.1	98.2	97.6	101.1	99.3	100.6	101.0	100.8	102.0	103.4	104.9	106.7
化　学	1,277.4	—	—	96.9	99.8	98.3	93.8	96.5	95.1	95.7	99.1	97.4	95.9	101.1	98.5	96.8	101.6	99.2	99.7	100.4	101.3	102.4
紙　パ　ル　プ	203.6	812.7	339.2	97.5	100.3	98.9	97.0	97.9	97.4	97.2	98.8	98.0	98.0	98.8	98.4	97.1	98.0	97.6	97.6	97.6	97.6	97.6
繊　維	183.4	71.8	246.6	99.2	98.2	98.7	97.8	95.9	96.8	95.7	94.9	95.3	93.2	91.3	92.2	90.1	88.9	89.5	89.5	89.5	89.5	89.5
そ　の　他	7,375.1	1,427.7	5,367.7	96.7	101.3	99.1	98.2	99.8	98.9	97.4	98.2	97.7	96.5	100.9	98.7	100.1	104.1	102.1	103.8	105.7	108.0	110.6
LPGウェイト			10,000.0	97.4	101.0	99.2	98.8	99.2	99.0	96.6	96.8	96.7	95.8	99.6	97.7	98.7	101.1	99.9	101.3	102.8	104.6	106.7
伸び率(%)		10,000.0		97.8	100.5	99.1	99.0	97.6	98.3	94.1	94.2	94.2	93.5	96.7	95.1	95.4	96.6	96.1	97.3	98.7	100.3	102.3
燃料ウェイト	10,000.0			96.9	101.0	99.0	97.7	99.1	98.4	96.9	97.9	97.4	96.2	100.5	98.4	99.2	102.8	101.0	102.4	104.0	106.0	108.2
伸び率(%)				99.7	106.9	103.3	101.4	98.2	99.8	97.8	97.6	97.7	99.2	102.9	101.1	103.0	101.5	101.1	101.4	101.5	101.8	102.0
付　加　価　値　額				99.7	106.5	103.0	101.2	97.2	99.1	95.0	96.5	95.8	99.3	102.6	101.0	102.1	100.0	101.0	101.3	101.4	101.7	101.9

1-2-7 自動車用LＰガス需要実績推移と想定

(1)自動車用LＰガス需要実績総括（平成25～33年度）

項目			実績		27年度			実勢 28年度			29年度			想定 30年度	31年度	32年度	33年度
			25年度	26年度	上期	下期	年度	上期	下期	年度	上期	下期	年度				
台数	タクシー（台）		195,485	190,061	185,872	183,264	184,568	180,454	177,801	179,128	177,301	176,801	177,051	177,128	176,128	175,128	174,128
	一般車（台）		49,869	47,992	46,428	45,521	45,975	44,474	43,789	44,132	43,099	42,471	42,785	41,493	40,526	39,707	39,030
	合計（台）		245,353	238,053	232,300	228,785	230,543	224,928	221,590	223,259	220,400	219,272	219,836	218,621	216,654	214,835	213,158
	伸び率（%）		97.2	97.0	96.8	96.9	96.8	96.8	96.9	96.8	98.0	99.0	98.5	99.4	99.1	99.2	99.2
原単位	タクシー	実働率（%）	77.76	70.67	70.48	74.03	72.26	70.52	70.56	70.54	70.58	70.62	70.60	70.64	70.68	70.72	70.76
		走行距離（km／日／台）	167.72	170.72	177.56	175.00	176.28	175.41	175.41	175.41	175.41	175.41	175.41	175.41	175.41	175.41	175.41
		燃料消費量（ℓ／日／台）	30.67	36.06	32.77	32.91	32.83	32.82	33.71	33.26	32.67	32.93	32.80	32.02	31.48	31.01	30.57
		燃費（km／kg）	9.765	8.454	9.674	9.497	9.587	9.544	9.293	9.418	9.587	9.513	9.550	9.781	9.950	10.101	10.245
		原単位（kg／年／台）	6,269	7,371	3,359	3,354	6,711	3,363	3,435	6,798	3,348	3,356	6,704	6,546	6,434	6,338	6,249
	一般車	原単位（kg／年／台）	4,492	2,500	2,003	1,252	3,263	1,709	1,781	3,490	1,740	1,766	3,506	3,519	3,529	3,526	3,536
需要量	タクシー（千㌧）		953	990	440	455	895	428	431	859	419	419	838	819	801	785	770
	一般車（千㌧）		224	120	93	57	150	76	78	154	75	75	150	146	143	140	138
	合計（千㌧）		1,177	1,110	533	512	1,045	504	509	1,013	494	494	988	965	944	925	908
	伸び率（%）		95.6	94.3	94.7	93.6	94.1	89.5	93.1	91.3	98.0	97.1	97.5	97.7	97.8	98.0	98.2

(2)業態別ＬＰＧ車台数の推移と想定（平成25～33年度）

<年度ベース>

(単位：台、伸び率%)

区別 / 年度	タクシー	自家用車	貨物自動車	タクシー		自家用車		貨物自動車		特種車他	タクシー、貨物車を除くＬＰＧ車合数
				変化台数	伸び率	変化台数	伸び率	変化台数	伸び率		
平成25年	195,485	11,369	18,370	−5,528	−2.75	−915	−7.45	−1,011	−5.22	20,130	31,499
26年	190,061	10,432	17,177	−5,424	−2.77	−937	−8.24	−1,193	−6.49	20,560	30,992
27年	184,568	9,688	15,742	−5,493	−2.89	−744	−7.13	−1,435	−8.35	20,544	30,232
28年	179,128	9,067	14,439	−5,440	−2.95	−621	−6.41	−1,303	−8.28	20,385	29,452
29年	178,128	8,405	13,473	−1,000	−0.56	−662	−7.30	−966	−6.69	20,735	29,140
30年	177,128	7,791	12,572	−1,000	−0.56	−614	−7.31	−901	−6.69	21,130	28,921
31年	176,128	7,221	11,731	−1,000	−0.56	−570	−7.32	−841	−6.69	21,574	28,795
32年	175,128	6,694	10,947	−1,000	−0.57	−527	−7.30	−784	−6.68	22,066	28,760
33年	174,128	6,205	10,215	−1,000	−0.57	−489	−7.31	−732	−6.69	22,610	28,815

(3)営業用乗用車（タクシー）のLPガス需要想定（平成25～33年度）

年度	登録台数（燃料別―9月時点）					LPG構成比 (%)	走行キロ (km/日/台)	実働率 ① (%)	燃料消費量 ② (ℓ/日/台)	燃費 (ℓ/km)	燃費 (km/kg)	実原単位 ①×②×365日×0.56 (t/年/台)	需要量 (千t)
	LPG	ガソリン	軽油	その他	合計								
平成25年	195,630	24,739	4,789	14,999	240,157	81.5	167.72	75.26	34.85	0.2078	8.594	5.361	953
26年	190,367	23,230	4,489	19,633	237,719	80.1	170.72	70.67	35.45	0.2076	8.600	5.121	990
27年	184,761	22,253	4,239	24,220	235,473	78.5	176.28	72.26	32.39	0.1837	9.719	4.797	895
28年	179,389	21,465	3,965	28,652	233,471	76.8	175.41	70.54	33.15	0.1890	9.449	4.780	859
29年							175.41	70.60	32.58	0.1857	9.614	4.702	838
30年							175.41	70.64	32.01	0.1825	9.785	4.622	819
31年							175.41	70.68	31.46	0.1794	9.957	4.557	801
32年							175.41	70.72	30.92	0.1763	10.130	4.470	785
33年							175.41	70.76	30.59	0.1744	10.240	4.424	770

(4)LPG一般車の需要想定（平成25～33年度）

年度	登録台数（9月時点）						原単位 (t/年/台)	需要量 (千t)
	自家用車	貨物車	特殊車	乗合車	バイフューエル車、軽自動車	一般車合計		
平成25年	11,369	18,370	10,343	184	9,244	49,510	4.524	224
26年	10,432	17,177	10,006	187	10,191	47,992	2.500	120
27年	9,688	15,742	9,732	188	10,371	45,721	3.281	150
28年	9,067	14,439	9,235	180	10,971	43,892	3.509	154
29年	8,405	13,473	8,947	183	11,605	42,613	3.520	150
30年	7,791	12,572	8,668	186	12,277	41,494	3.519	146
31年	7,221	11,731	8,398	189	12,987	40,527	3.529	143
32年	6,694	10,947	8,136	192	13,739	39,708	3.526	140
33年	6,205	10,215	7,883	195	14,533	39,031	3.536	138

1－2－8 都市ガス用ＬＰガス需要実績

(1)都市ガスの販売量実績（平成25〜28年度）

(単位：1,000GJ，％)

用途別 年度別	家庭用		商業用		工業用		その他		合　計	
	販売量	前年比	販売量	前年比	販売量	前年比	販売量	前年比	販売量	前年比
平成25年度上期	147,831	94.96	93,377	99.48	449,729	95.50	70,733	120.39	761,670	97.75
下期	252,097	99.06	94,700	99.30	479,368	98.14	78,995	111.65	905,160	99.57
年度	399,928	97.50	188,077	99.39	929,097	96.84	149,728	115.61	1,666,830	98.73
26年度上期	149,067	100.84	89,047	95.36	469,980	104.50	68,049	96.21	776,143	101.90
下期	252,027	99.97	92,567	97.75	482,273	100.61	78,357	99.19	905,224	100.01
年度	401,094	100.29	181,614	96.56	952,253	102.49	146,406	97.78	1,681,367	100.87
27年度上期	147,204	98.75	88,895	99.83	471,000	100.22	69,041	101.46	776,140	100.00
下期	239,668	95.10	89,307	96.48	492,093	102.04	73,511	93.82	894,579	98.82
年度	386,872	96.45	178,202	98.12	963,093	101.14	142,552	97.37	1,670,719	99.37
28年度上期	144,594	98.23	88,321	99.35	489,875	104.01	69,463	100.61	792,253	102.08
下期	249,149	103.96	92,400	103.46	523,056	106.29	81,594	111.00	946,199	105.77
年度	393,743	101.78	180,721	101.41	1,012,931	105.17	151,057	105.97	1,738,452	104.05

(2)都市ガス原料別消費量の推移と想定（平成25〜33年度）

原料別 / 年度別	LPG		LNG	
	消費量（t）	前年比（%）	消費量（t）	前年比（%）
25年度上期	463,618	99.8	12,471,020	97.0
下期	627,787	109.7	15,670,384	98.2
年度	1,091,405	105.3	28,141,404	97.7
26年度上期	527,020	113.7	11,646,082	93.4
下期	641,092	102.1	14,569,806	93.0
年度	1,168,112	107.0	26,215,888	93.2
27年度上期	466,124	88.4	11,785,490	101.2
下期	497,244	77.6	14,528,851	99.7
年度	963,368	82.5	26,314,341	100.4
28年度上期	390,361	83.7	12,139,305	103.0
下期	603,153	121.3	15,410,608	106.1
年度	993,514	103.1	27,549,913	104.7
29年度上期	472,242	121.0	12,279,424	101.2
下期	566,000	93.8	15,842,105	102.8
年度	1,038,242	104.5	28,121,529	102.1
30年度	1,239,000	119.3	33,070,918	117.6
31年度	1,331,000	107.4	35,518,166	107.4
32年度	1,429,000	107.4	38,146,510	107.4
33年度	1,483,000	103.8	39,596,078	103.8

1－2－9　化学原料用ＬＰガス需要実績と想定

(1)化学原料用の用途別ＬＰガス需要実績と想定総括（平成25〜33年度）

（単位：1,000トン、下段は前年比％）

用途別	平成25年度			26年度			27年度			28年度			29年度			30年度	31年度	32年度	33年度
	上期	下期	年度	上期	下期	年度	上期	下期	年度	上期	下期	年度	上期	下期	年度	年度	年度	年度	年度
エチレン	596	273	869	564	296	860	378	208	586	435	348	783	586	409	995	1,032	1,040	1,049	1,057
（前年比）	147.2	100.7	128.6	94.6	108.4	99.0	63.4	76.2	67.4	77.1	117.6	91.0	155.0	196.6	169.8	103.7	100.8	100.9	100.8
プロピレン	609	664	1,273	565	662	1,227	666	730	1,396	743	739	1,482	725	559	1,284	1,057	1,034	1,005	1,005
（前年比）	104.6	109.0	106.9	92.8	99.7	96.4	109.4	109.9	109.7	131.5	111.6	106.2	108.9	79.5	92.0	82.3	100.8	97.4	100.0
無水マレイン酸	20	27	47	21	28	49	24	27	51	24	27	51	24	27	51	51	51	51	51
（前年比）	153.8	112.5	127.0	105.0	103.7	104.3	110.0	107.4	108.5	109.5	107.1	108.2	104.5	96.6	100.0	100.0	100.0	100.0	100.0
その他	311	447	758	486	416	902	266	398	665	344	394	738	344	394	728	741	736	729	729
（前年比）	96.0	154.1	123.5	156.3	93.1	119.0	86.2	88.8	87.7	46.3	106.5	74.1	94.0	119.9	109.5	102.0	99.5	99.1	99.0
合　計	1,536	1,411	2,947	1,636	1,402	3,038	1,334	1,364	2,698	1,546	1,508	3,054	1,679	1,493	3,172	2,950	2,934	2,907	2,878
（前年比）	116.0	118.2	117.0	106.5	99.4	103.1	81.5	97.3	88.8	115.9	110.5	113.2	108.6	99.0	103.9	93.0	99.5	99.1	99.0

(2)エチレン用ＬＰガス需要実績と想定（平成25～33年度）

項目		平成25年 上期	下期	年度	26年 上期	下期	年度	27年 上期	下期	年度	28年 上期	下期	年度	29年 上期	下期	年度	30年	31年	32年	33年
エチレン生産量	千t	3,234	3,528	6,762	3,149	3,540	6,689	3,332	3,450	6,782	2,958	3,341	6,299	3,163	3,280	6,443	6,348	6,253	6,166	6,079
伸び率	%	108.0	108.0	108.0	97.4	100.3	98.9	105.8	97.5	101.4	88.8	96.8	92.9	106.9	98.2	102.3	98.5	98.5	98.6	98.6
ＬＰＧによるエチレン生産量	千t	151	73	224	153	80	233	97	58	155	111	97	208	155	108	263	273	275	277	280
伸び率	%	139.8	100.0	123.8	101.3	109.6	104.0	63.4	72.5	66.5	114.4	167.2	134.2	139.6	111.3	126.4	103.8	100.7	100.7	101.1
ＬＰＧ使用割合	%	4.7	2.1	3.3	4.9	2.3	3.5	2.9	1.7	2.3	3.8	2.9	3.3	4.9	3.3	4.1	4.3	4.4	4.5	4.6
ＬＰＧ使用量	千t	596	273	869	564	296	860	378	208	586	435	348	783	586	409	995	1,032	1,040	1,049	1,057
伸び率	%	147.2	100.7	128.6	94.6	108.4	99.0	67.0	70.3	68.1	115.1	167.3	133.6	134.7	117.5	127.1	103.7	100.8	100.9	100.8
原単位		3.95	3.74	3.88	3.69	3.70	3.69	3.90	3.59	3.78	3.92	3.59	3.76	3.78	3.79	3.78	3.78	3.78	3.78	3.78

(3)プロピレン用LPガス需要実績と想定（平成25～33年度）

項目 / 年度	FCC設備能力 (1,000BSD) 全社計 a	前年比 (%)	FCC通油量 (1,000kℓ) 全社計 c	前年比 (%)	FCC・C₃留分生産 (1,000 t) 生産量 e 実績/推定	前年比 (%)	FCC稼働率 (%:CD) 全社計 f c×6.29/日/a (CDベース)	FCC・C₃留分得率 (%) 全社計 g e×0.51/d
平成25年度上期	927.5	89.4	20,427.3	92.1	609	104.6	75.7	5.85
下期	927.5	89.4	21,872.2	92.9	664	109.0	81.5	5.95
年度計	927.5	89.4	42,299.5	92.6	1,273	106.9	78.5	5.90
26年度上期	712.5	76.8	16,314.0	79.9	565	92.8	78.7	6.79
下期	712.5	76.8	17,750.4	81.2	662	99.7	86.1	7.31
年度計	712.5	76.8	34,064.4	80.5	1,227	96.4	82.4	7.05
27年度上期	712.5	100.0	16,666.4	102.2	666	117.9	80.4	7.84
下期	712.5	100.0	17,564.9	99.0	730	110.3	85.2	8.15
年度計	712.5	100.0	34,231.3	100.5	1,396	113.8	82.8	8.00
28年度上期	712.5	100.0	16,516.4	99.1	613	92.0	80.1	7.28
下期	712.5	100.0	17,406.8	99.1	573	78.5	84.4	6.45
年度計	712.5	100.0	33,923.2	99.1	1,186	85.0	82.0	6.87
29年度上期	712.5	100.0	16,085.3	97.4	540	88.1	78.0	6.58
下期	712.5	100.0	17,110.9	98.3	580	101.1	83.0	6.64
年度計	712.5	100.0	33,196.2	97.8	1,119	94.4	80.3	6.61
30年度	712.5	100.0	33,346.5	98.3	1,124	94.8	80.7	6.61
31年度	702.5	98.6	32,746.3	98.2	1,104	98.2	80.1	6.61
32年度	702.5	100.0	31,894.8	97.4	1,075	97.4	78.2	6.61
33年度	702.5	100.0	31,001.8	97.2	1,045	97.2	76.0	6.61

【前提】(1)FCC設備能力：平成26年度までは実績を採用。27年度以降は現在把握している情報を元に想定
(2)FCC通油量：FCC稼働率から逆算で算出
(3)FCC稼働率：平成27年度は直近3年間の平均値。28年度以降は据え置き
(4)FCCのC₃留分得率：平成28年度下期、29年度は直近3年間の平均値、30年度以降は据え置き

1－2－10 大口鉄鋼用ＬＰガス需要実績と想定（平成25～33年度）

（単位：1,000トン）

年度／会社	25年度 上期	25年度 下期	25年度 年度	26年度 上期	26年度 下期	26年度 年度	27年度 上期	27年度 下期	27年度 年度	28年度 上期	28年度 下期	28年度 年度	29年度 上期	29年度 下期	29年度 年度	30年度	31年度	32年度	33年度
A社	7	7	14	12	17	29	14	12	26	9	9	18	9	8	17	17	17	17	17
B社	8	3	11	7	8	15	27	13	40	34	1	35	14	12	26	26	26	26	26
C社	14	9	23	15	11	26	13	14	27	11	11	22	11	11	22	22	22	22	22
D社	―	―	―	―	―	―	―	―	―	―	―	―	―	―	―	―	―	―	―
E社	9	8	17	8	10	18	8	8	16	10	11	21	9	12	21	21	21	21	21
合計	38	27	65	42	46	88	62	47	109	64	32	96	43	43	86	86	86	86	86

1－2－11 電力用ＬＰガス需要実績と想定（平成25～33年度）

（単位：1,000トン）

年度／会社	25年度 上期	25年度 下期	25年度 年度	26年度 上期	26年度 下期	26年度 年度	27年度 上期	27年度 下期	27年度 年度	28年度 上期	28年度 下期	28年度 年度	29年度 上期	29年度 下期	29年度 年度	30年度	31年度	32年度	33年度
X社	346	306	652	188	110	298	127	39	166						需要見通しは行っていない				
Y社	0	2	2	0	3	3	1	1	2										
合計	346	308	654	188	113	301	128	40	168										

2. 平成28年度ＬＰガス需給実績

2-1　平成28年度ＬＰガス生産・輸入・販売・在庫の品種別総括表　　　　　　（単位：トン）

部門別	品種別	プ ロ パ ン	ブ タ ン	計
供給	石 油 精 製	1,606,227	721,130	2,327,357
	石 油 化 学	47,575	242,165	289,740
	輸　　　入	8,671,621	1,825,160	10,496,781
	合　　計	10,325,423	2,788,455	13,113,878
販売	家 庭 業 務 用	7,591,013	8	7,591,021
	工 業 用	1,226,577	1,563,521	2,790,098
	都 市 ガ ス 用	1,070,216	142,423	1,212,639
	自 動 車 用	70,353	708,287	778,640
	一 般 用 計	9,958,159	2,414,239	12,372,398
	化 学 原 料 用	921,199	819,431	1,740,630
	電 力 用	225,516	75,449	300,965
	特 殊 用 計	1,146,715	894,880	2,041,595
	合　　計	11,104,874	3,309,119	14,413,993
在庫	初　在　庫	1,043,727	674,599	1,718,326
	末　在　庫	57,502	78,905	136,407
	内訳　一次基地	36,297	73,251	109,548
	二次基地	21,205	5,654	26,859

注：経済産業省、日本ＬＰガス協会資料により作成。以下同様。

（参考）供給部門別構成比及び対前年度比

区分 部門別	27年度			28年度		
	トン	構成比 (%)	対前年度比 (%)	トン	構成比 (%)	対前年度比 (%)
石 油 精 製	2,564,666	19.12	111.14	2,327,357	17.75	90.75
石 油 化 学	308,387	2.30	118.75	289,740	2.21	93.95
輸　　　入	10,540,545	78.58	91.57	10,496,781	80.04	99.58
合　　計	13,413,598	100.00	95.28	13,113,878	100.00	97.77

２－１－１　平成28年度ＬＰガス生産・輸入・販売・在庫、期別・品種別内訳

(単位：トン)

部門	品種	平成28年度上期（平成28年4～9月）			平成28年度下期（平成28年10月～29年3月）		
		プロパン	ブタン	計	プロパン	ブタン	計
供給	石油精製	787,364	506,952	1,294,316	818,863	214,178	1,033,041
	石油化学	20,231	119,490	139,721	27,344	122,675	150,019
	輸入	4,018,410	911,532	4,929,942	4,653,211	913,628	5,566,839
	合計	4,826,005	1,537,974	6,363,979	5,499,418	1,250,481	6,749,899
販売	家庭業務用	3,086,121	0	3,086,121	4,504,892	8	4,504,900
	工業用	546,085	741,177	1,287,262	680,492	822,344	1,502,836
	都市ガス用	417,963	56,506	474,469	652,253	85,917	738,170
	自動車用	31,708	370,053	401,761	38,645	338,234	376,879
	一般用計	4,081,877	1,167,736	5,249,613	5,876,282	1,246,503	7,122,785
売	化学原料用	427,461	447,652	875,113	493,738	371,779	865,517
	電力用	65,241	23,521	88,762	160,275	51,928	212,203
	特殊用計	492,702	471,173	963,875	654,013	423,707	1,077,720
	合計	4,574,579	1,638,909	6,213,488	6,530,295	1,670,210	8,200,505
在庫	初在庫	1,043,727	674,599	1,718,326	1,528,690	719,622	2,248,312
	末在庫	567,777	302,253	870,030	57,502	78,905	136,407
	内訳 一次基地	547,146	296,725	843,871	36,297	73,251	109,548
	内訳 二次基地	20,631	5,528	26,159	21,205	5,654	26,859

2-1-2　LPガス国内生産量の推移（原油処理量、得率、平成25～28年度）

年度別		月別	4月	5月	6月	7月	8月	9月	上期	10月	11月	12月	1月	2月	3月	下期	年度
25	原油処理量	千kℓ	16,565	15,209	15,057	16,387	17,660	16,214	97,092	15,098	16,736	18,218	18,279	16,538	17,738	102,607	199,699
	LPG生産量	千トン	325	311	326	354	368	338	2,022	212	261	335	328	275	315	1,727	3,748
	得率	%	3.56	3.72	3.93	3.93	3.79	3.79	3.79	2.55	2.84	3.34	3.27	3.03	3.23	3.06	3.41
26	原油処理量	千kℓ	15,955	14,590	12,513	15,374	16,297	15,662	90,391	14,853	15,753	17,305	17,574	16,081	16,757	98,323	188,714
	LPG生産量	千トン	298	295	227	283	329	308	1,741	245	230	262	249	272	280	1,539	3,280
	得率	%	3.40	3.68	3.29	3.34	3.68	3.58	3.50	3.00	2.65	2.76	2.58	3.08	3.04	2.85	3.16
27	原油処理量	千kℓ	15,966	14,826	12,752	15,676	17,256	15,340	91,816	15,048	15,219	16,783	17,186	16,010	16,988	97,234	189,050
	LPG生産量	千トン	309	281	225	399	430	337	1,979	228	219	243	262	235	287	1,473	3,452
	得率	%	3.52	3.44	3.21	4.62	4.53	3.99	3.92	2.75	2.62	2.64	2.77	2.66	3.07	2.75	3.32
28	原油処理量	千kℓ	16,322	15,474	14,241	15,750	16,707	14,904	93,399	14,424	14,977	17,809	17,057	15,755	15,791	95,812	189,211
	LPG生産量	千トン	318	302	249	280	304	261	1,715	168	205	242	282	255	306	1,457	3,172
	得率	%	3.55	3.55	3.18	3.24	3.31	3.19	3.34	2.11	2.49	2.47	3.01	2.94	3.52	2.76	3.05
28/27	原油処理量	%	102.2	104.4	111.7	100.5	96.8	97.2	101.7	95.9	98.4	106.1	99.3	98.4	93.0	98.5	100.1
	LPG生産量	%	103.2	107.7	110.5	70.4	70.8	77.7	86.7	73.6	93.5	99.2	107.8	108.7	106.7	98.9	91.9
	得率	%	100.9	103.2	99.0	70.0	73.1	80.0	85.2	76.8	95.0	93.5	108.6	110.4	114.7	100.4	91.8

出典：［原油処理量］資源エネルギー庁 石油統計速報、［LPガス生産量］日本LPガス協会需給月報

2-1-3　LPガス生産・輸入・二次基地別出荷実績（平成27年度）

（単位：トン、構成比％）

地区名	都道府県名	タンクローリー			コースタルタンカー			パイプ等			合　計		
		プロパン	ブタン	計	プロパン	ブタン	計	プロパン	ブタン	計	プロパン	ブタン	計
生産基地 北海道	北海道	137,308	22,113	159,421	1,111	1,847	2,958	55	0	55	138,474	23,960	162,434
構成比		99.2	92.3	98.1	0.8	7.7	1.8	0.0	0.0	0.0	85.2	14.8	100.0
東　北	青森、岩手、宮城、秋田、山形、福島	0	0	0	0	0	0	0	0	0	0	0	0
構成比		—	—	—	—	—	—	—	—	—	—	—	—
関　東	茨城、栃木、群馬、埼玉、千葉、東京、神奈川、山梨、長野、新潟、静岡	72,152	42,703	114,855	151,240	143,870	295,110	158,685	57,529	216,214	382,077	244,102	626,179
構成比		18.9	17.5	18.3	39.6	58.9	47.1	41.5	23.6	34.5	61.0	39.0	100.0
中　部	愛知、三重、岐阜、富山、石川	40,587	32,533	73,120	22,570	62,855	85,425	0	6,974	6,974	63,157	102,362	165,519
構成比		64.3	31.8	44.2	35.7	61.4	51.6	—	6.8	4.2	38.2	61.8	100.0
近　畿	福井、滋賀、京都、大阪、兵庫、奈良、和歌山	140,144	25,704	165,848	12,649	40,401	53,050	0	0	0	152,793	66,105	218,898
構成比		91.7	38.9	75.8	8.3	61.1	24.2	—	—	—	69.8	30.2	100.0
中　国	岡山、広島、山口、鳥取、島根	354,941	86,822	441,763	94,047	42,051	136,098	0	28,123	28,123	448,988	156,996	605,984
構成比		79.1	55.3	72.9	20.9	26.8	22.5	—	17.9	4.6	74.1	25.9	100.0
四　国	徳島、香川、愛媛、高知	34,762	26,283	61,045	16,725	164,388	181,113	0	0	0	51,487	190,671	242,158
構成比		67.5	13.8	25.2	32.5	86.2	74.8	—	—	—	21.3	78.7	100.0
九　州	福岡、佐賀、長崎、熊本、大分、宮崎、鹿児島、沖縄	17,022	13,359	30,381	36,413	3,133	39,546	0	0	0	53,435	16,492	69,927
構成比		31.9	81.0	43.4	68.1	19.0	56.6	—	—	—	76.4	23.6	100.0
合　計		796,916	249,517	1,046,433	334,755	458,545	793,300	158,740	92,626	251,366	1,290,411	800,688	2,091,099
構成比		61.8	31.2	50.0	25.9	57.3	37.9	12.3	11.6	12.0	61.7	38.3	100.0
輸入基地 北海道	北海道	0	0	0	0	0	0	0	0	0	0	0	0
構成比		—	—	—	—	—	—	—	—	—	—	—	—
東　北	青森、岩手、宮城、秋田、山形、福島	302,850	13,488	316,338	244,828	1,054	245,882	6,559	88,905	95,464	554,237	103,447	657,684
構成比		54.6	13.0	48.1	44.2	1.0	37.4	1.2	85.9	14.5	84.3	15.7	100.0
関　東	茨城、栃木、群馬、埼玉、千葉、東京、神奈川、山梨、長野、新潟、静岡	2,465,386	471,269	2,936,655	463,939	124,642	588,581	75,620	153,357	228,977	3,004,945	749,268	3,754,213
構成比		82.0	62.9	78.2	15.4	16.6	15.7	2.5	20.5	6.1	80.0	20.0	100.0
中　部	愛知、三重、岐阜、富山、石川	997,556	254,123	1,251,679	184,615	46,129	230,744	263,787	86,038	349,825	1,445,958	386,290	1,832,248
構成比		69.0	65.8	68.3	12.8	11.9	12.6	18.2	22.3	19.1	78.9	21.1	100.0
近　畿	福井、滋賀、京都、大阪、兵庫、奈良、和歌山	381,045	235,308	616,353	65,471	23,565	89,036	108,126	65,608	173,734	554,642	324,481	879,123
構成比		68.7	72.5	70.1	11.8	7.3	10.1	19.5	20.2	19.8	63.1	36.9	100.0
中　国	岡山、広島、山口、鳥取、島根	399,704	48,031	447,735	177,317	8,094	185,411	0	90,746	90,746	577,021	146,871	723,892
構成比		69.3	32.7	61.9	30.7	5.5	25.6	—	61.8	12.5	79.7	20.3	100.0
四　国	徳島、香川、愛媛、高知	281,062	33,806	314,868	83,360	28,880	112,240	3,532	6,611	10,143	367,954	69,297	437,251
構成比		76.4	48.8	72.0	22.7	41.7	25.7	1.0	9.5	2.3	84.2	15.8	100.0
九　州	福岡、佐賀、長崎、熊本、大分、宮崎、鹿児島、沖縄	486,512	91,755	578,267	454,209	51,364	505,573	63,783	31,933	95,716	1,004,504	175,052	1,179,556
構成比		48.4	52.4	49.0	45.2	29.3	42.9	6.3	18.2	8.1	85.2	14.8	100.0
合　計		5,314,115	1,147,780	6,461,895	1,673,739	283,728	1,957,467	521,407	523,198	1,044,605	7,509,261	1,954,706	9,463,967
構成比		70.8	58.7	68.3	22.3	14.5	20.7	6.9	26.8	11.0	79.3	20.7	100.0
二次基地 北海道	北海道	194,707	0	194,707	0	0	0	35,752	0	35,752	230,459	0	230,459
構成比		84.5	—	84.5	—	—	—	15.5	—	15.5	100.0	—	100.0
東　北	青森、岩手、宮城、秋田、山形、福島	68,021	2,676	70,697	0	0	0	2,282	0	2,282	70,303	2,676	72,979
構成比		96.8	100.0	96.9	—	—	—	3.2	—	3.1	96.3	3.7	100.0
関　東	茨城、栃木、群馬、埼玉、千葉、東京、神奈川、山梨、長野、新潟、静岡	1,067,369	93,278	1,160,647	0	0	0	27,945	160	28,105	1,095,314	93,438	1,188,752
構成比		97.4	99.8	97.6	—	—	—	2.6	0.2	2.4	92.1	7.9	100.0
中　部	愛知、三重、岐阜、富山、石川	255,376	65,349	320,725	0	0	0	36,665	4,365	41,030	292,041	69,714	361,755
構成比		87.4	93.7	88.7	—	—	—	12.6	6.3	11.3	80.7	19.3	100.0
近　畿	福井、滋賀、京都、大阪、兵庫、奈良、和歌山	0	0	0	0	0	0	0	0	0	0	0	0
構成比		—	—	—	—	—	—	—	—	—	—	—	—
中　国	岡山、広島、山口、鳥取、島根	54,567	15,383	69,950	0	0	0	52,292	14,297	66,589	106,859	29,680	136,539
構成比		51.1	51.8	51.2	—	—	—	48.9	48.2	48.8	78.3	21.7	100.0
四　国	徳島、香川、愛媛、高知	49,773	3,780	53,553	0	0	0	9,204	0	9,204	58,977	3,780	62,757
構成比		84.4	100.0	85.3	—	—	—	15.6	—	14.7	94.0	6.0	100.0
九　州	福岡、佐賀、長崎、熊本、大分、宮崎、鹿児島、沖縄	423,453	72,499	495,952	0	1,380	1,380	46,165	439	46,604	469,618	74,318	543,936
構成比		90.2	97.6	91.2	—	1.9	0.3	9.8	0.6	8.6	86.3	13.7	100.0
合　計		2,113,266	252,965	2,366,231	0	1,380	1,380	210,305	19,261	229,566	2,323,571	273,606	2,597,177
構成比		90.9	92.5	91.1	—	0.5	0.1	9.1	7.0	8.8	89.5	10.5	100.0

2－2　平成28年度ＬＰガス各社別生産実績

2－2－1　石油精製各社各社別ＬＰガス生産実績（平成28年度上・下期別、品種別）

（単位：トン）

期別／品種別　会社名	上期			下期			年度		
	プロパン	ブタン	計	プロパン	ブタン	計	プロパン	ブタン	計
アストモスエネルギー	37,583	−57,022	−19,439	59,095	−83,413	−24,318	96,678	−140,435	−43,757
コスモ石油	74,170	24,405	98,575	90,041	43,612	133,653	164,211	68,017	232,228
東燃ゼネラル石油	195,327	181,801	377,128	197,599	46,953	244,552	392,926	228,754	621,680
エスケイ産業	1,381	4,688	6,069	1,456	4,663	6,119	2,837	9,351	12,188
太陽石油	18,058	88,297	106,355	25,830	116,506	142,336	43,888	204,803	248,691
ＪＸエネルギー	191,275	106,180	297,455	202,326	−6,433	195,893	393,601	99,747	493,348
極東石油工業	34,054	24,524	58,578	19,917	11,780	31,697	53,971	36,304	90,275
西部石油	35,441	36,486	71,927	44,674	36,482	81,156	80,115	72,968	153,083
東亜石油	55,885	22,675	78,560	26,250	419	26,669	82,135	23,094	105,229
昭和四日市石油	82,582	29,696	112,278	76,979	15,574	92,553	159,561	45,270	204,831
その他	61,608	45,222	106,830	74,696	28,035	102,731	136,304	73,257	209,561
合　計	787,364	506,952	1,294,316	818,863	214,178	1,033,041	1,606,227	721,130	2,327,357

注：経済産業省、日本ＬＰガス協会資料により作成。

2－3 ＬＰガス輸入各社別・輸入国別・ソース別輸入実績（平成28年度）

2－3－1 輸入各社別輸入実績（平成28年度）

(単位：トン)

期別　品種別　会社名	上　期			下　期			年　度		
	プロパン	ブタン	計	プロパン	ブタン	計	プロパン	ブタン	計
アストモスエネルギー	1,258,203	296,620	1,554,823	1,334,019	312,557	1,646,576	2,592,222	609,177	3,201,399
ＥＮＥＯＳグローブ	954,522	214,639	1,169,161	1,250,772	255,294	1,506,066	2,205,294	469,933	2,675,227
ジ ク シ ス	774,030	116,692	890,722	905,620	189,650	1,095,270	1,679,650	306,342	1,985,992
岩 谷 産 業	352,787	50,055	402,842	352,836	47,417	400,253	705,623	97,472	803,095
ジャパンガスエナジー	477,714	94,002	571,716	546,865	33,196	580,061	1,024,579	127,198	1,151,777
全国農業協同組合連合会	21,595	1,625	23,220	29,648	1,473	31,121	51,243	3,098	54,341
東 京 ガ ス	179,559		179,559	233,451		233,451	413,010	0	413,010
そ の 他		137,899	137,899		74,041	74,041	0	211,940	211,940
合 計	4,018,410	911,532	4,929,942	4,653,211	913,628	5,566,839	8,671,621	1,825,160	10,496,781

2－3－2　輸入各社別・ソース別輸入実績（平成28年度）

（単位：トン）

会社	品種	サウジアラビア	クウェート	カタール	アブダビ	中東計	オーストラリア	東ティモール	アルジェリア	ノルウェー	パナマ	アメリカ	合計
アストモスエネルギー	P	305,085	162,745	497,821	187,585	1,153,236	56,545	109,338	44,820	23,039	122,164	1,083,080	2,592,222
	B	95,346	70,046	113,086	95,537	374,015	51,205	123,226				60,731	609,177
	計	400,431	232,791	610,907	283,122	1,527,251	107,750	232,564	44,820	23,039	122,164	1,143,811	3,201,399
ENEOSグローブ	P	194,609	454,543	188,869	331,661	1,169,682	63,460		45,438	33,883		892,831	2,205,294
	B	137,642	69,290	58,557	125,971	391,460	66,432			12,041			469,933
	計	332,251	523,833	247,426	457,632	1,561,142	129,892	0	45,438	45,924	0	892,831	2,675,227
ジクシス	P	131,537	85,464	192,612	433,551	843,164			69,922	24,386	18,972	723,206	1,679,650
	B	101,109	33,610	32,480	139,143	306,342							306,342
	計	232,646	119,074	225,092	572,694	1,149,506	0	0	69,922	24,386	18,972	723,206	1,985,992
岩谷産業	P	45,127	120,905	161,071	88,872	415,975		47,221				242,427	705,623
	B	21,328	6,649	21,352	33,453	82,782		14,690					97,472
	計	66,455	127,554	182,423	122,325	498,757	0	61,911	0	0	0	242,427	803,095
ジャパンガスエナジー	P	23,173	100,445	115,811	190,008	429,437				22,619		572,523	1,024,579
	B		44,664	23,706	58,828	127,198							127,198
	計	23,173	145,109	139,517	248,836	556,635	0	0	0	22,619	0	572,523	1,151,777
全国農業協同組合連合会	P	13,832	4,000	15,210	13,795	46,837		4,406					51,243
	B	1,073	250	726	525	2,574		524					3,098
	計	14,905	4,250	15,936	14,320	49,411	0	4,930	0	0	0	0	54,341
東京ガス	P	3,969		124,879	7,543	136,391	15,720				59,049	201,850	413,010
	B					0							0
	計	3,969	0	124,879	7,543	136,391	15,720	0	0	0	59,049	201,850	413,010
昭和電工	P					0							0
	B	3,973	47,723	70,752	54,845	177,293	34,647						211,940
	計	3,973	47,723	70,752	54,845	177,293	34,647	0	0	0	0	0	211,940
合計	P	717,332	928,102	1,296,273	1,253,015	4,194,722	135,725	160,965	160,180	103,927	200,185	3,715,917	8,671,621
	B	360,471	272,232	320,659	508,302	1,461,664	152,284	138,440		12,041	0	60,731	1,825,160
	計	1,077,803	1,200,334	1,616,932	1,761,317	5,656,386	288,009	299,405	160,180	115,968	200,185	3,776,648	10,496,781

2－3－3　国別・月別輸入量（平成28年度）

（単位：トン）

輸出国	上期							下期							年度計	構成比(%)
	4月	5月	6月	7月	8月	9月	計	10月	11月	12月	1月	2月	3月	計		
サウジアラビア	45,908	71,053	89,212	155,876	147,738	123,162	632,949	93,556	36,019	49,215	156,414	44,992	64,658	444,854	1,077,803	10.3
クウェート	138,014	134,361	90,594	64,405	122,675		550,049	132,675	60,903	123,559	122,796	142,535	67,817	650,285	1,200,334	11.4
アブダビ	86,459	138,261	189,710	148,006	245,367	80,173	887,976	162,049	302,165	79,048	158,282	68,639	103,158	873,341	1,761,317	16.8
UAE ドバイ	0	0	0	0	0	0	0	0	0	0	0	0	0	0	0	－
小計	86,459	138,261	189,710	148,006	245,367	80,173	887,976	162,049	302,165	79,048	158,282	68,639	103,158	873,341	1,761,317	16.8
カタール	230,184	196,247	89,007	223,474	189,321	126,857	1,055,090	191,997	70,717	86,745	46,338	67,933	98,112	561,842	1,616,932	15.4
中東 計	500,565	539,922	458,523	591,761	705,101	330,192	3,126,064	580,277	469,804	338,567	483,830	324,099	333,745	2,530,322	5,656,386	53.9
オーストラリア	0	10,612	26,332	44,544		82,094	163,582	50,702	32,603	41,122	0	0	0	124,427	288,009	2.7
東ティモール	0	0	27,175	15,606	42,166	42,543	127,490	42,987	0	43,338	0	0	43,133	129,458	256,948	2.4
アルジェリア	0	22,708	46,901	0	0	0	69,609	45,751	21,877	22,943	0	42,457	0	133,028	202,637	1.9
ノルウェー	44,469	24,386	24,074	0	0	0	92,929	0	0	0	0	0	23,039	23,039	115,968	1.1
アメリカ	297,884	63,076	290,669	336,406	137,588	68,538	1,194,161	172,639	215,554	393,945	482,951	647,165	670,233	2,582,487	3,776,648	36.0
パナマ	72,354	83,753	0	0	0	0	156,107	0	44,078	0	0	0	0	44,078	200,185	1.9
合計	915,272	744,457	873,674	988,317	884,855	523,367	4,929,942	892,356	783,916	839,915	966,781	1,013,721	1,070,150	5,566,839	10,496,781	100.0

2-4 LPガス元売各社別・期別・品種別・用途別販売実績（平成28年度）
2-4-1 元売各社別・期別・品種別販売実績（平成28年度）

（単位：トン）

期別 品種別 会社名	上　期			下　期			年　度			構成比 （％）
	プロパン	ブタン	計	プロパン	ブタン	計	プロパン	ブタン	計	
アストモスエネルギー	1,124,031	373,753	1,497,784	1,564,224	345,509	1,909,733	2,688,255	719,262	3,407,517	23.6
ＥＮＥＯＳグループ	993,842	236,751	1,230,593	1,552,380	353,184	1,905,564	2,546,222	589,935	3,136,157	21.8
ジ ク シ ス	859,235	350,465	1,209,700	1,202,358	316,724	1,519,082	2,061,593	667,189	2,728,782	18.9
岩 谷 産 業	303,914	43,077	346,991	426,802	43,287	470,089	730,716	86,364	817,080	5.7
ジャパンガスエナジー	562,846	204,059	766,905	838,960	201,931	1,040,891	1,401,806	405,990	1,807,796	12.5
エ ス ケ イ 産 業	3,634	5,632	9,266	4,243	6,262	10,505	7,877	11,894	19,771	0.1
キ グ ナ ス 液 化 ガ ス	39,244	16,246	55,490	54,536	14,017	68,553	93,780	30,263	124,043	0.9
全国農業協同組合連合会	48,563	4,293	52,856	87,625	5,038	92,663	136,188	9,331	145,519	1.0
太 陽 石 油	21,269	84,787	106,056	24,647	116,633	141,280	45,916	201,420	247,336	1.7
東 京 ガ ス	266,766	0	266,766	389,002	0	389,002	655,768	0	655,768	4.5
極 東 石 油 工 業	20,422	0	20,422	14,814	0	14,814	35,236	0	35,236	0.2
そ の 他	330,813	319,846	650,659	370,704	267,625	638,329	701,517	587,471	1,288,988	8.9
合 計	4,574,579	1,638,909	6,213,488	6,530,295	1,670,210	8,200,505	11,104,874	3,309,119	14,413,993	100.0

2−4−2 元売会社別・用途別販売実績総括（平成28年度）

（単位：トン）

部門別 会社名	家庭業務用	工業用	都市ガス用	自動車用	化学原料用	電力用	販売計
アストモスエネルギー	1,811,744	739,518	329,062	186,002	154,396	186,795	3,407,517
ＥＮＥＯＳグループ	1,945,608	653,423	214,678	212,165	24,796	85,487	3,136,157
ジ ク シ ス	1,657,662	603,277	110,426	187,405	141,329	28,683	2,728,782
岩 谷 産 業	562,280	235,596	8,542	10,662	0	0	817,080
ジャパンガスエナジー	1,124,233	387,060	103,217	143,376	49,910	0	1,807,796
エ ス ケ イ 産 業	5,172	10,559	2,502	1,538	0	0	19,771
キ グ ナ ス 液 化 ガ ス	82,657	4,417	10,278	26,691	0	0	124,043
全国農業協同組合連合会	135,369	7,398	2,752	0	0	0	145,519
太 陽 石 油	36,757	148,850	4,459	10,801	46,469	0	247,336
東 京 ガ ス	229,045	0	426,723	0	0	0	655,768
極 東 石 油 工 業	0	0	0	0	35,236	0	35,236
そ の 他	494	0	0	0	1,288,494	0	1,288,988
合 計	7,591,021	2,790,098	1,212,639	778,640	1,740,630	300,965	14,413,993

(1)平成28年度上期元売各社別・用途別販売実績

(単位：トン)

部門別 会社名	家庭業務用	工業用	都市ガス用	自動車用	化学原料用	電力用	販売計
アストモスエネルギー	738,190	352,519	136,264	95,349	86,910	88,552	1,497,784
ＥＮＥＯＳグローブ	775,820	268,858	71,231	106,600	8,084	0	1,230,593
ジ ク シ ス	691,750	306,893	45,764	104,743	60,340	210	1,209,700
岩 谷 産 業	233,082	104,193	4,272	5,444	0	0	346,991
ジャパンガスエナジー	452,964	182,981	32,909	69,623	28,428	0	766,905
エ ス ケ イ 産 業	2,443	4,982	1,089	752	0	0	9,266
キ グ ナ ス 液 化 ガ ス	36,114	2,600	2,862	13,914	0	0	55,490
全国農業協同組合連合会	48,178	3,166	1,512	0	0	0	52,856
太 陽 石 油	17,121	61,070	2,053	5,336	20,476	0	106,056
東 京 ガ ス	90,253	0	176,513	0	0	0	266,766
極 東 石 油 工 業	0	0	0	0	20,422	0	20,422
そ の 他	206	0	0	0	650,453	0	650,659
合 計	3,086,121	1,287,262	474,469	401,761	875,113	88,762	6,213,488

(2)平成28年度下期元売各社別・用途別販売実績

(単位：トン)

会社名　　部門別	家庭業務用	工業用	都市ガス用	自動車用	化学原料用	電力用	販売計
アストモスエネルギー	1,073,554	386,999	192,798	90,653	67,486	98,243	1,909,733
ＥＮＥＯＳグローブ	1,169,788	384,565	143,447	105,565	16,712	85,487	1,905,564
ジクシス	965,912	296,384	64,662	82,662	80,989	28,473	1,519,082
岩谷産業	329,198	131,403	4,270	5,218	0	0	470,089
ジャパンガスエナジー	671,269	204,079	70,308	73,753	21,482	0	1,040,891
エスケイ産業	2,729	5,577	1,413	786	0	0	10,505
キグナス液化ガス	46,543	1,817	7,416	12,777	0	0	68,553
全国農業協同組合連合会	87,191	4,232	1,240	0	0	0	92,663
太陽石油	19,636	87,780	2,406	5,465	25,993	0	141,280
東京ガス	138,792	0	250,210	0	0	0	389,002
極東石油工業	0	0	0	0	14,814	0	14,814
その他	288	0	0	0	638,041	0	638,329
合計	4,504,900	1,502,836	738,170	376,879	865,517	212,203	8,200,505

2-5 LPガス地方別・用途別・品種別販売実績（平成28年度）

2-5-1 都道府県別・用途別・品種別販売実績（平成28年度）

局	都道府県	家庭業務用 プロパン	家庭業務用 ブタン	家庭業務用 計	工業用 プロパン	工業用 ブタン	工業用 計	都市ガス用 プロパン	都市ガス用 ブタン	都市ガス用 計
	北 海 道	312,538	0	312,538	41,893	9,115	51,008	32,426	0	32,426
東北	青 森	103,610	0	103,610	8,201	96	8,297	5,201	0	5,201
	岩 手	105,191	0	105,191	22,633	0	22,633	3,502	0	3,502
	宮 城	191,043	0	191,043	27,688	89,338	117,026	33	8,498	8,531
	秋 田	71,244	0	71,244	5,050	14	5,064	871	0	871
	山 形	82,831	0	82,831	14,307	321	14,628	1,845	247	2,092
	福 島	152,425	8	152,433	39,880	3,265	43,145	852	1,102	1,954
	[小 計]	706,344	8	706,352	117,759	93,034	210,793	12,304	9,847	22,151
関東	茨 城	170,375	0	170,375	45,289	34,533	79,822	18,230	606	18,836
	栃 木	76,350	0	76,350	33,036	15,873	48,909	0	130	130
	群 馬	162,521	0	162,521	15,119	22,999	38,118	102	3,357	3,459
	埼 玉	431,689	0	431,689	30,533	29,461	59,994	225	2,865	3,090
	千 葉	312,412	0	312,412	44,866	28,241	73,107	61,206	5,586	66,792
	東 京	617,400	0	617,400	45,308	196,686	241,994	427,542	3,381	430,923
	神 奈 川	640,622	0	640,622	15,753	69,615	85,368	152,094	551	152,645
	新 潟	95,703	0	95,703	15,885	11,680	27,565	80,981	719	81,700
	長 野	110,941	0	110,941	11,493	3,630	15,123	2,848	0	2,848
	山 梨	38,274	0	38,274	4,707	4,913	9,620	5,087	16	5,103
	静 岡	329,996	0	329,996	36,192	62,231	98,423	43,125	1,191	44,316
	[小 計]	2,986,283	0	2,986,283	298,181	479,862	778,043	791,440	18,402	809,842
中部	愛 知	619,361	0	619,361	65,226	324,241	389,467	86,741	351	87,092
	岐 阜	125,858	0	125,858	14,613	52,038	66,651	0	58	58
	三 重	129,815	0	129,815	11,903	28,447	40,350	21,794	0	21,794
	富 山	88,884	0	88,884	113,225	16,846	130,071	1,817	3,068	4,885
	石 川	119,233	0	119,233	55,713	12,201	67,914	3,462	450	3,912
	[小 計]	1,083,151	0	1,083,151	260,680	433,773	694,453	113,814	3,927	117,741
近畿	福 井	56,580	0	56,580	17,499	30,723	48,222	264	874	1,138
	滋 賀	71,231	0	71,231	13,369	37,658	51,027	0	0	0
	京 都	65,969	0	65,969	6,057	23,622	29,679	0	0	0
	大 阪	164,941	0	164,941	26,871	67,199	94,070	40,555	43,395	83,950
	兵 庫	228,932	0	228,932	38,532	61,957	100,489	1,648	37,835	39,483
	奈 良	35,849	0	35,849	937	2,455	3,392	0	0	0
	和 歌 山	51,964	0	51,964	2,736	3,214	5,950	168	0	168
	[小 計]	675,466	0	675,466	106,001	226,828	332,829	42,635	82,104	124,739
中国	岡 山	158,521	0	158,521	71,519	26,049	97,568	12,122	1,350	13,472
	広 島	167,970	0	167,970	33,733	32,673	66,406	501	6,210	6,711
	山 口	100,115	0	100,115	18,713	64,605	83,318	0	10,186	10,186
	鳥 取	25,571	0	25,571	2,912	10	2,922	1,391	0	1,391
	島 根	72,983	0	72,983	32,290	4,257	36,547	0	0	0
	[小 計]	525,160	0	525,160	159,167	127,594	286,761	14,014	17,746	31,760
四国	徳 島	36,948	0	36,948	583	2,263	2,846	0	1,131	1,131
	香 川	114,544	0	114,544	23,791	25,320	49,111	3,169	0	3,169
	愛 媛	115,104	0	115,104	46,098	54,681	100,779	2,707	621	3,328
	高 知	46,398	0	46,398	3,542	1,795	5,337	3,773	0	3,773
	[小 計]	312,994	0	312,994	74,014	84,059	158,073	9,649	1,752	11,401
九州	福 岡	319,482	0	319,482	72,102	48,339	120,441	33,313	2,915	36,228
	佐 賀	73,805	0	73,805	9,623	11,662	21,285	0	267	267
	長 崎	120,186	0	120,186	10,771	14,949	25,720	1,956	1,935	3,891
	熊 本	78,921	0	78,921	15,990	8,273	24,263	2,322	2,956	5,278
	大 分	97,464	0	97,464	44,885	18,645	63,530	96	0	96
	宮 崎	36,199	0	36,199	2,985	1,288	4,273	924	572	1,496
	鹿 児 島	128,727	0	128,727	12,526	6,047	18,573	14,009	0	14,009
	沖 縄	134,293	0	134,293	0	53	53	1,314	0	1,314
	[小 計]	989,077	0	989,077	168,882	109,256	278,138	53,934	8,645	62,579
合 計		7,591,013	8	7,591,021	1,226,577	1,563,521	2,790,098	1,070,216	142,423	1,212,639

注：(1)経済産業省、日本LPガス協会資料により作成。以下同様。(2)工業用には大口用を含む。

自動車用			化学原料用			電力用			合　計		
プロパン	ブタン	計	プロパン	ブタン	計	プロパン	ブタン	計	プロパン	ブタン	計
18,842	32,790	51,632	0	0	0	0	0	0	405,699	41,905	447,604
7,692	6	7,698	0	0	0	0	0	0	124,704	102	124,806
1,367	154	1,521	0	0	0	0	0	0	132,693	154	132,847
3,355	16,497	19,852	0	0	0	0	0	0	222,119	114,333	336,452
3,013	172	3,185	0	0	0	0	0	0	80,178	186	80,364
1,107	1,584	2,691	0	0	0	0	0	0	100,090	2,152	102,242
558	4,037	4,595	0	0	0	0	0	0	193,715	8,412	202,127
17,092	22,450	39,542	0	0	0	0	0	0	853,499	125,339	978,838
1,866	14,430	16,296	91,273	83,969	175,242	0	0	0	327,033	133,538	460,571
253	2,178	2,431	0	0	0	0	0	0	109,639	18,181	127,820
259	13,879	14,138	0	0	0	0	0	0	178,001	40,235	218,236
874	17,900	18,774	0	0	0	0	0	0	463,321	50,226	513,547
2,515	31,251	33,766	254,183	264,817	519,000	207,241	65,041	272,282	882,423	394,936	1,277,359
5,201	174,363	179,564	46,734	0	46,734	10,398	10,408	20,806	1,152,583	384,838	1,537,421
3,130	74,911	78,041	91,904	0	91,904	0	0	0	903,503	145,077	1,048,580
1,633	8,357	9,990	0	0	0	5,999	0	5,999	200,201	20,756	220,957
34	2,225	2,259	0	0	0	0	0	0	125,316	5,855	131,171
0	740	740	0	0	0	0	0	0	48,068	5,669	53,737
394	5,911	6,305	0	0	0	0	0	0	409,707	69,333	479,040
16,159	346,145	362,304	484,094	348,786	832,880	223,638	75,449	299,087	4,799,795	1,268,644	6,068,439
1,352	17,022	18,374	0	0	0	0	0	0	772,680	341,614	1,114,294
181	2,699	2,880	0	0	0	0	0	0	140,652	54,795	195,447
141	1,898	2,039	132,699	792	133,491	0	0	0	296,352	31,137	327,489
284	1,111	1,395	0	0	0	0	0	0	204,210	21,025	225,235
1,057	7,938	8,995	0	0	0	0	0	0	179,465	20,589	200,054
3,015	30,668	33,683	132,699	792	133,491	0	0	0	1,593,359	469,160	2,062,519
206	743	949	0	0	0	0	0	0	74,549	32,340	106,889
73	1,415	1,488	0	48	48	0	0	0	84,673	39,121	123,794
202	14,765	14,967	0	0	0	0	0	0	72,228	38,387	110,615
1,651	65,676	67,327	81,328	59,196	140,524	0	0	0	315,346	235,466	550,812
639	57,323	57,962	123,253	0	123,253	1,878	0	1,878	394,882	157,115	551,997
81	2,597	2,678	0	511	511	0	0	0	36,867	5,563	42,430
0	2,399	2,399	0	551	551	0	0	0	54,868	6,164	61,032
2,852	144,918	147,770	204,581	60,306	264,887	1,878	0	1,878	1,033,413	514,156	1,547,569
133	10,882	11,015	3,788	52,820	56,608	0	0	0	246,083	91,101	337,184
428	18,134	18,562	15,168	650	15,818	0	0	0	217,800	57,667	275,467
2,252	4,920	7,172	1,620	19,941	21,561	0	0	0	122,700	99,652	222,352
20	2,265	2,285	0	0	0	0	0	0	29,894	2,275	32,169
70	364	434	0	0	0	0	0	0	105,343	4,621	109,964
2,903	36,565	39,468	20,576	73,411	93,987	0	0	0	721,820	255,316	977,136
0	1,897	1,897	0	0	0	0	0	0	37,531	5,291	42,822
326	5,160	5,486	0	0	0	0	0	0	141,830	30,480	172,310
130	7,544	7,674	34,256	30,048	64,304	0	0	0	198,295	92,894	291,189
132	2,480	2,612	0	0	0	0	0	0	53,845	4,275	58,120
588	17,081	17,669	34,256	30,048	64,304	0	0	0	431,501	132,940	564,441
1,469	26,050	27,519	0	0	0	0	0	0	426,366	77,304	503,670
354	4,337	4,691	0	0	0	0	0	0	83,782	16,266	100,048
105	4,052	4,157	0	0	0	0	0	0	133,018	20,936	153,954
445	6,867	7,312	0	0	0	0	0	0	97,678	18,096	115,774
961	4,587	5,548	44,993	306,088	351,081	0	0	0	188,399	329,320	517,719
600	1,861	2,461	0	0	0	0	0	0	40,708	3,721	44,429
4,956	6,121	11,077	0	0	0	0	0	0	160,218	12,168	172,386
12	23,795	23,807	0	0	0	0	0	0	135,619	23,848	159,467
8,902	77,670	86,572	44,993	306,088	351,081	0	0	0	1,265,788	501,659	1,767,447
70,353	708,287	778,640	921,199	819,431	1,740,630	225,516	75,449	300,965	11,104,874	3,309,119	14,413,993

2－5－2　ＬＰガス地方別・用途別・品種別販売実績（平成28年度）

（単位：トン）

地域別	品種別	家庭業務用	工業用	都市ガス用	自動車用	化学原料用	電力用	合　計
北海道	プロパン	312,538	41,893	32,426	18,842			405,699
	ブタン		9,115		32,790			41,905
	計	312,538	51,008	32,426	51,632	0	0	447,604
東　北	プロパン	706,344	117,759	12,304	17,092			853,499
	ブタン	8	93,034	9,847	22,450			125,339
	計	706,352	210,793	22,151	39,542	0	0	978,838
関　東	プロパン	2,986,283	298,181	791,440	16,159	484,094	223,638	4,799,795
	ブタン		479,862	18,402	346,145	348,786	75,449	1,268,644
	計	2,986,283	778,043	809,842	362,304	832,880	299,087	6,068,439
中　部	プロパン	1,083,151	260,680	113,814	3,015	132,699		1,593,359
	ブタン		433,773	3,927	30,668	792		469,160
	計	1,083,151	694,453	117,741	33,683	133,491	0	2,062,519
近　畿	プロパン	675,466	106,001	42,635	2,852	204,581	1,878	1,033,413
	ブタン		226,828	82,104	144,918	60,306		514,156
	計	675,466	332,829	124,739	147,770	264,887	1,878	1,547,569
中　国	プロパン	525,160	159,167	14,014	2,903	20,576		721,820
	ブタン		127,594	17,746	36,565	73,411		255,316
	計	525,160	286,761	31,760	39,468	93,987	0	977,136
四　国	プロパン	312,994	74,014	9,649	588	34,256		431,501
	ブタン		84,059	1,752	17,081	30,048		132,940
	計	312,994	158,073	11,401	17,669	64,304	0	564,441
九　州	プロパン	989,077	168,882	53,934	8,902	44,993		1,265,788
	ブタン		109,256	8,645	77,670	306,088		501,659
	計	989,077	278,138	62,579	86,572	351,081	0	1,767,447
全国計	プロパン	7,591,013	1,226,577	1,070,216	70,353	921,199	225,516	11,104,874
	ブタン	8	1,563,521	142,423	708,287	819,431	75,449	3,309,119
	計	7,591,021	2,790,098	1,212,639	778,640	1,740,630	300,965	14,413,993

第2編
流通と価格

1．LPガス輸入価格

1－1　LPガス輸入価格（FOB）、為替レート、CIF価格の推移（平成18～29年度）

年度・月	区　分	FOB価格（ドル/トン）プロパン	ブタン	平均為替レート（通関統計、円/ドル）	CIF（通関統計）（円/トン）
18	上　期	497.83	495.67	115.45	61,560
	下　期	497.83	505.33	118.52	64,925
	年　度	497.83	500.50	116.98	63,243
19	上　期	566.17	585.33	119.44	70,873
	下　期	786.67	801.67	110.09	88,006
	年　度	676.42	693.50	114.67	79,610
20	上　期	851.67	879.17	105.37	94,545
	下　期	495.83	495.00	95.82	57,483
	年　度	673.75	687.08	100.34	75,005
21	上　期	454.17	485.83	95.92	46,951
	下　期	693.33	695.00	90.16	61,716
	年　度	573.75	590.42	92.97	54,518
22	上　期	656.67	661.67	89.44	62,849
	下　期	821.67	840.00	82.63	69,341
	年　度	739.17	750.83	86.03	66,103
23	上　期	852.50	902.50	80.08	73,668
	下　期	890.83	929.17	77.97	72,393
	年　度	871.67	915.83	78.96	72,994
24	上　期	800.00	830.00	79.76	72,355
	下　期	974.17	944.17	86.07	88,073
	年　度	887.08	887.08	82.88	80,124
25	上　期	789.17	810.83	98.52	84,619
	下　期	938.33	975.00	101.51	100,119
	年　度	863.75	892.92	100.17	93,157
26	上　期	793.33	821.67	102.52	89,583
	下　期	545.00	557.50	116.41	72,800
	年　度	669.17	689.58	110.00	80,547
27	4月	460.00	470.00	119.90	63,896
	5月	465.00	475.00	119.46	62,128
	6月	405.00	440.00	122.95	62,495
	7月	395.00	425.00	123.04	57,635
	8月	365.00	400.00	124.15	56,928
	9月	315.00	345.00	120.98	51,215
	上　期	400.83	425.83	121.71	59,364
	10月	360.00	365.00	119.99	49,017
	11月	395.00	435.00	121.21	52,883
	12月	460.00	475.00	122.67	56,142
	1月	345.00	390.00	119.59	54,556
	2月	285.00	315.00	117.43	43,723
	3月	290.00	320.00	113.14	38,056
	下　期	355.83	383.33	118.51	48,078
	年　度	378.33	404.58	119.89	52,953
28	4月	320.00	350.00	111.27	39,689
	5月	325.00	380.00	108.92	40,108
	6月	330.00	365.00	108.44	39,815
	7月	295.00	310.00	103.08	38,020
	8月	285.00	290.00	103.35	35,317
	9月	295.00	320.00	101.87	35,581
	上　期	308.33	335.83	106.09	37,986
	10月	340.00	370.00	102.42	36,290
	11月	390.00	440.00	104.99	41,830
	12月	380.00	420.00	113.04	48,045
	1月	435.00	495.00	116.45	52,746
	2月	510.00	600.00	113.42	56,843
	3月	480.00	600.00	113.77	60,413
	下　期	422.50	487.50	110.87	49,791
	年　度	365.42	411.67	108.76	44,584
29	4月	430.00	490.00	110.94	54,888
	5月	385.00	390.00	111.52	51,625
	6月	385.00	390.00	110.88	47,255
	7月	345.00	365.00	112.41	46,530
	8月	420.00	460.00	110.78	46,811
	9月	480.00	500.00	109.48	51,825
	10月	575.00	580.00	112.40	60,467
	11月	575.00	580.00	113.53	66,683
	12月	590.00	570.00	112.42	68,926

注：(1)　FOB価格（Free On Board＝本船渡し価格）はサウジアラビア（サウジアラムコ＝サウジアラビア国営石油会社）のCP価格（Contract Prices＝通告価格）。
　　(2)　CIF価格（Cost Insurance and Freight＝国内入着価格）は財務省の通関統計をベースとした。すべて確報値とした。
　　(3)　為替レートは財務省通関統計の平均価格。

1－2 平成28年度ＬＰガス・ＣＩＦ価格（国内入着価格）の推移（相手国別、月別）
総合計（貿易統計）

輸入相手国別		月別	4 月	5 月	6 月	7 月	8 月	9 月	上 期
サウジアラビア	輸入量	t	50,238	26,473	100,752	58,848	209,539	121,042	566,892
	金 額	千円	1,877,038	1,043,650	4,005,329	2,175,454	7,712,526	4,590,936	21,404,933
	ＣＩＦ	円/t	37,363	39,423	39,754	36,967	36,807	37,928	37,758
クウェート	輸入量	t	106,240	108,534	82,193	91,928	96,359	25,904	511,158
	金 額	千円	4,154,442	4,410,488	3,325,991	3,402,693	3,369,623	833,251	19,496,488
	ＣＩＦ	円/t	39,104	40,637	40,466	37,015	34,969	32,167	38,142
カ タ ー ル	輸入量	t	153,927	182,554	174,273	120,470	242,016	132,818	1,006,058
	金 額	千円	5,929,571	7,294,023	7,044,117	4,644,040	8,204,084	4,409,831	37,525,666
	ＣＩＦ	円/t	38,522	39,955	40,420	38,549	33,899	33,202	37,300
Ｕ Ａ Ｅ	輸入量	t	96,381	133,233	157,606	149,495	203,862	113,326	853,903
	金 額	千円	3,772,258	5,446,807	6,275,560	5,631,243	7,356,474	3,827,791	32,310,133
	ＣＩＦ	円/t	39,139	40,882	39,818	37,668	36,086	33,777	37,838
オーストラリア	輸入量	t	0	2,000	44,821	60,695	60,536	86,568	254,620
	金 額	千円	0	81,865	1,954,520	2,305,342	2,125,719	2,940,862	9,408,308
	ＣＩＦ	円/t		40,933	43,607	37,982	35,115	33,972	36,950
アルジェリア	輸入量	t	0	22,707	46,899	0	0	0	69,606
	金 額	千円	0	975,174	1,791,373	0	0	0	2,766,547
	ＣＩＦ	円/t	0	42,946	38,196	0	0	0	39,746
アメリカ	輸入量	t	219,409	213,731	276,390	198,801	285,841	90,920	1,285,092
	金 額	千円	8,981,910	8,276,750	10,617,736	7,638,483	9,856,417	3,380,976	48,752,272
	ＣＩＦ	円/t	40,937	38,725	38,416	38,423	34,482	37,186	37,937
ノルウェー	輸入量	t	22,618	46,233	0	24,072	0	0	92,923
	金 額	千円	865,498	1,736,594	0	857,570	0	0	3,459,662
	ＣＩＦ	円/t	38,266	37,562	0	35,625	0	0	37,231
韓 国	輸入量	t	1,590	1,868	1,391	478	1,490	2,282	9,099
	金 額	千円	230,142	292,548	182,039	120,935	202,743	385,784	1,414,191
	ＣＩＦ	円/t	144,743	156,610	130,869	253,002	136,069	169,055	155,423
中 国	輸入量	t	0	3	14	12	2	4	35
	金 額	千円	0	3,102	12,979	3,077	779	1,520	21,457
	ＣＩＦ	円/t	0	1,034,000	927,071	256,417	389,500	380,000	613,057
そ の 他	輸入量	t	0	6	0	361	0	7	374
	金 額	千円	2,710	12,038	0	31,529	7,867	12,234	66,378
	ＣＩＦ	円/t	0	2,006,333	0	87,338		1,747,714	177,481
合 計	輸入量	t	650,403	737,342	884,339	705,160	1,099,645	572,871	4,649,760
	金 額	千円	25,813,569	29,573,039	35,209,644	26,810,366	38,836,232	20,383,185	176,626,035
	ＣＩＦ	円/t	39,689	40,108	39,815	38,020	35,317	35,581	37,986
為替レート（円／＄）			111.27	108.92	108.44	103.08	103.35	101.87	106.09
プ ロ パ ン	輸入量	t	576,394	652,738	726,648	535,224	895,806	392,908	3,779,718
	金 額	千円	22,587,522	25,728,686	28,368,779	20,145,118	31,228,975	13,789,640	141,848,720
	ＣＩＦ	円/t	39,188	39,417	39,041	37,639	34,861	35,096	37,529
ブ タ ン	輸入量	t	73,959	84,528	157,677	169,936	203,831	179,956	869,887
	金 額	千円	3,208,428	3,810,439	6,827,886	6,664,516	7,593,551	6,582,605	34,687,425
	ＣＩＦ	円/t	43,381	45,079	43,303	39,218	37,254	36,579	39,876
プ ロ パ ン or ブ タ ン	輸入量	t	50	76	14	0	8	7	155
	金 額	千円	17,619	33,914	12,979	732	13,706	10,940	89,890
	ＣＩＦ	円/t	352,380	446,237	927,071	0	1,713,250	1,562,857	579,935

注：(1)財務省通関統計（日本貿易月表）により作成。4〜12月は確定値、1〜3月は確報値 (2)ＣＩＦ価格（Cost Insurance and Freight price）はＦＯＢ価格（本船渡し価格）、フレート（運賃）、保険を加えたもので国内入着価格にあたる (3)ＵＡＥはアラブ首長国連邦。

10 月	11 月	12 月	1 月	2 月	3 月	下 期	年 度
120,132	55,603	27,418	179,810	39,562	109,139	531,664	1,098,556
4,280,374	2,400,306	1,309,219	9,741,265	2,406,482	7,011,884	27,149,530	48,554,463
35,631	43,169	47,750	54,175	60,828	64,247	51,065	44,198
98,020	126,363	154,515	129,774	149,470	70,514	728,656	1,239,814
3,421,186	4,964,391	7,438,203	6,419,645	8,540,619	4,398,891	35,182,935	54,679,423
34,903	39,287	48,139	49,468	57,139	62,383	48,285	44,103
256,589	80,579	92,146	58,404	42,397	119,393	649,508	1,655,566
9,593,705	3,395,521	4,287,886	2,918,170	2,304,293	7,412,742	29,912,317	67,437,983
37,389	42,139	46,554	49,965	54,350	62,087	46,054	40,734
167,754	306,921	155,987	146,693	93,146	88,314	958,815	1,812,718
5,922,698	12,805,015	7,925,931	8,058,455	5,092,374	5,372,206	45,176,679	77,486,812
35,306	41,721	50,811	54,934	54,671	60,831	47,117	42,746
83,501	89,499	63,139	33,397	36,917	3,090	309,543	564,163
2,977,427	3,644,458	3,135,844	1,774,629	2,197,141	174,058	13,903,557	23,311,865
35,657	40,721	49,666	53,137	59,516	56,329	44,916	41,321
45,750	0	44,818	0	0	0	90,568	160,174
1,770,147	0	1,913,863	0	0	0	3,684,010	6,450,557
38,692		42,703	0	0	0	40,677	40,272
134,668	296,825	419,368	442,656	579,276	714,163	2,586,956	3,872,048
4,544,588	12,338,121	19,567,827	23,164,777	32,666,593	42,065,919	134,347,825	183,100,097
33,747	41,567	46,660	52,331	56,392	58,902	51,933	47,288
0	0	0	0	0	23,039	23,039	115,962
0	0	0	0	0	1,474,004	1,474,004	4,933,666
0	0	0	0	0	63,979	63,979	42,546
2,647	2,925	2,172	1,760	2,218	1,917	13,639	22,738
475,966	533,282	515,404	265,789	384,807	319,658	2,494,906	3,909,097
179,813	182,319	237,295	151,016	173,493	166,749	182,924	171,919
8	8	4	2	2	1	25	60
2,246	4,591	2,017	979	841	1,033	11,707	33,164
280,750	573,875	504,250	489,500	420,500	1,033,000	468,280	552,733
0	0	2	3	0	0	5	379
1,506	17,921	5,820	6,696	8,662	10,621	51,226	117,604
0	0	2,910,000	2,232,000	0	0	10,245,200	310,301
909,069	958,723	959,569	992,499	942,988	1,129,570	5,892,418	10,542,178
32,989,843	40,103,606	46,102,014	52,350,405	53,601,812	68,241,016	293,388,696	470,014,731
36,290	41,830	48,045	52,746	56,843	60,413	49,791	44,584
102.42	104.99	113.04	116.45	113.42	113.77	110.87	108.76
713,283	746,649	758,560	796,244	846,172	1,025,795	4,886,703	8,666,421
25,276,575	30,516,984	35,405,583	41,370,679	47,452,929	60,801,247	240,823,997	382,672,717
35,437	40,872	46,675	51,957	56,080	59,272	49,281	44,156
195,775	212,072	201,007	196,252	96,812	103,774	1,005,692	1,875,579
7,706,191	9,576,289	10,690,370	10,973,030	6,138,623	7,431,395	52,515,898	87,203,323
39,362	45,156	53,184	55,913	63,408	71,611	52,219	46,494
11	2	2	3	4	1	23	178
7,077	10,333	6,061	6,696	10,260	8,374	48,801	138,691
643,364	5,166,500	3,030,500	2,232,000	2,565,000	8,374,000	2,121,783	779,163

2. 全国LPガス市況調査　（経済産業省・資源エネルギー庁、平成28年12月～平成29年12月）

2-1　小売店へのLPガス卸売価格及び分布状況（平成28年12月～平成29年12月）

区別／月別	値幅(円／kg) 64以下	65～69	70～74	75～79	80～84	85～89	90～94	95～99	100～104	105～109	110～114	115～119	120～124	125～129	130～134	135以上	平均単価(円／kg)
平成28年12月 (%)	1.6	1.9	2.7	4.7	5.8	7.0	6.6	8.6	8.9	12.1	9.3	7.4	6.2	3.5	3.9	9.7	107.4
平成29年2月 (%)	1.6	0.4	2.7	0.8	1.6	4.3	4.7	7.0	9.4	7.8	8.2	5.5	11.7	8.6	5.1	20.7	118.1
4月 (%)	—	—	1.8	1.1	1.8	5.1	6.5	5.8	9.5	6.9	8.4	10.2	8.4	9.5	5.5	19.6	117.9
6月 (%)	0.4	0.4	4.2	3.4	3.8	5.3	6.4	8.7	8.3	10.2	8.7	10.2	7.6	6.4	4.2	11.7	109.4
8月 (%)	0.4	0.7	3.0	2.2	5.2	6.3	7.4	8.5	7.4	11.1	7.8	11.9	5.2	6.7	3.0	13.3	109.9

区別／月別	値幅(円／kg) 84以下	85～89	90～94	95～99	100～104	105～109	110～114	115～119	120～124	125～129	130～134	135～139	140～144	145～149	150～154	155以上	平均単価(円／kg)
10月 (%)	4.9	2.6	3.0	5.6	5.2	6.3	11.6	8.6	7.8	11.2	6.7	6.3	7.8	3.0	2.6	6.7	121.3

区別／月別	値幅(円／kg) 64以下	65～69	70～74	75～79	80～84	85～89	90～94	95～99	100～104	105～109	110～114	115～119	120～124	125～129	130～134	135以上	平均単価(円／kg)
12月 (%)	1.1	1.1	2.6	5.2	3.4	6.0	6.7	8.2	6.0	8.6	10.8	9.3	7.1	7.1	3.4	13.4	130.6

注：「小売店へのLPガス卸売価格」には消費税は含まれていない。小売店所有の容器で小売店店頭へ持ち届ける場合の正味価格（容器代を含みます）

2－2　家庭用ＬＰガス小売価格（平成28年12月～平成29年12月）
2－2－1　平成28年12月末現在の家庭用ＬＰガス小売価格

(単位：円)

経済産業局 都府県	今回調査 家庭用				対前回調査 家庭用			
	5㎥	10㎥	20㎥	50㎥	5㎥	10㎥	20㎥	50㎥
北海道局	5,936	9,615	16,379	35,381	－8	［－9］	＋17	＋23	＋38
青　森	5,436	8,959	15,771	35,546	＋8	［＋44］	＋19	＋25	＋160
岩　手	5,262	8,512	14,562	30,783	＋23	［＋25］	＋27	＋62	＋162
宮　城	4,731	7,644	13,190	28,256	－1	［－28］	－6	－8	＋37
秋　田	5,072	8,228	14,077	29,749	－2	［－14］	－3	＋16	＋76
山　形	5,235	8,564	14,864	31,387	＋3	［－4］	＋5	－19	－108
福　島	4,874	7,836	13,406	28,819	＋1	［＋28］	＋28	＋48	＋59
東　北　局	5,061	8,218	14,188	30,452	＋5	［＋7］	＋12	＋20	＋54
茨　城	4,392	7,032	11,977	25,452	－14	［－9］	－6	－5	－1
栃　木	4,310	6,879	11,707	24,821	＋2	［＋5］	－2	－7	－56
群　馬	4,419	7,017	11,985	25,568	－7	［＋41］	＋5	＋5	－15
埼　玉	4,282	6,811	11,758	25,729	－9	［＋13］	－6	－4	－19
千　葉	4,357	6,945	11,893	25,533	＋5	［＋42］	＋20	＋50	＋66
東　京	4,283	6,809	11,780	25,430	－5	［＋37］	－3	＋23	＋37
（除伊豆諸島）	4,229	6,707	11,586	24,946	－5	［＋22］	－4	＋25	＋40
神奈川	4,267	6,749	11,644	25,376	－3	［＋41］	－5	－10	－12
新　潟	5,006	7,980	13,719	29,847	－1	［－10］	－1	－3	－11
（除佐渡）	4,963	7,876	13,508	29,355	－2	［－9］	－3	－7	－22
長　野	4,697	7,475	12,674	27,308	＋12	［＋17］	＋8	＋8	＋60
山　梨	4,529	7,244	12,476	27,068	＋1	［＋91］	＋4	＋1	＋150
静　岡	4,614	7,257	12,308	26,048	－8	［－21］	－15	－34	－12
関　東　局	4,446	7,071	12,111	26,063	－3	［＋24］	0	＋2	＋6
愛　知	4,479	7,003	11,785	24,867	＋10	［＋25］	＋17	＋25	＋57
岐　阜	4,568	7,143	12,105	25,615	－7	［－48］	－35	－75	－196
三　重	4,511	6,987	11,647	24,147	＋6	［－7］	＋13	＋27	＋61
富　山	5,106	8,047	13,440	27,580	＋8	［－42］	＋17	＋33	＋100
石　川	4,871	7,794	13,288	28,041	＋10	［＋10］	＋19	＋39	＋97
中　部　局	4,650	7,293	12,283	25,737	＋5	［－23］	＋5	＋5	＋9
福　井	4,901	7,834	13,352	27,925	＋5	［＋7］	＋10	＋15	＋51
滋　賀	4,588	7,251	12,288	25,742	＋24	［＋28］	＋49	＋97	＋225
京　都	4,689	7,431	12,653	27,015	＋7	［＋20］	＋20	＋51	＋145
奈　良	4,455	7,011	11,959	25,732	＋12	［＋32］	＋26	＋51	＋102
大　阪	4,368	7,058	12,181	26,512	－1	［＋34］	＋21	＋29	＋67
兵　庫	4,874	7,680	12,864	27,111	＋11	［＋34］	＋21	＋36	＋114
和歌山	4,585	7,135	11,871	24,996	－2	［－9］	－4	－3	－28
近　畿　局	4,642	7,352	12,462	26,479	＋7	［＋29］	＋19	＋35	＋88
鳥　取	5,011	8,006	13,678	28,841	－3	［－11］	－5	－12	－35
島　根	5,127	8,104	13,757	29,594	＋3	［＋69］	－1	－31	－72
（除隠岐）	5,110	8,079	13,710	29,380	＋3	［＋38］	－1	－15	－81
岡　山	5,086	7,986	13,437	28,100	＋10	［＋4］	＋4	－7	－117
広　島	4,850	7,380	12,158	25,281	＋13	［＋5］	＋16	＋67	＋192
山　口	5,095	8,053	13,595	27,956	－1	［＋13］	＋16	＋52	＋141
中　国　局	5,028	7,881	13,261	27,782	＋6	［＋18］	＋7	＋17	＋23
徳　島	4,563	7,224	12,200	25,315	＋25	［＋17］	＋38	＋66	＋55
香　川	4,766	7,585	12,940	27,759	＋3	［＋27］	＋5	＋9	＋2
愛　媛	4,718	7,528	12,817	27,088	＋8	［－8］	＋23	＋33	＋82
高　知	4,600	7,272	12,243	25,505	＋8	［＋17］	＋16	＋31	＋63
四　国　局	4,668	7,417	12,584	26,515	＋11	［＋8］	＋21	＋35	＋53
福　岡	4,832	7,533	12,349	24,887	＋28	［＋74］	＋57	＋104	＋238
佐　賀	4,919	7,703	12,653	26,192	＋21	［＋32］	＋70	＋25	＋220
長　崎	4,876	7,818	13,274	27,392	＋27	［＋120］	＋50	＋60	＋121
（除対馬五島）	4,820	7,723	13,034	26,370	＋7	［＋116］	＋31	＋32	＋28
熊　本	4,754	7,546	12,580	25,168	＋16	［＋19］	＋29	＋63	＋222
大　分	4,693	7,450	12,515	25,581	＋8	［＋18］	＋15	＋17	＋112
宮　崎	4,721	7,747	13,203	26,763	＋9	［＋101］	＋26	＋61	＋130
鹿児島	4,698	7,512	12,621	26,451	＋24	［＋38］	＋43	＋82	＋171
（除奄美熊毛）	4,645	7,385	12,274	25,418	＋24	［＋50］	＋43	＋85	＋149
九　州　局	4,787	7,599	12,679	25,855	＋21	［＋60］	＋43	＋68	＋185
沖縄総合事務局	4,700	7,577	12,906	27,732	＋18	［＋5］	＋36	＋74	＋217
（除宮古八重山等）	4,750	7,676	13,086	28,059	＋14	［＋28］	＋28	＋55	＋165
全　　国	4,743	7,548	12,828	27,176	＋5		＋13	＋22	＋53
（対前年同月比）		(98.0)				［＋9］	＋21	＋35	＋70］
（除離島）	4,739	7,539	12,807	27,116	＋4		＋12	＋21	＋50

注：前回調査増減は、今回・前回のいずれにも回答があった同一店の調査票のみを対象に差額を算出。また、全国欄の〔　〕内は、
　　今回・前回に回答のあった全ての調査票を対象に差額を算出。

２－２－２　平成29年２月末現在の家庭用ＬＰガス小売価格

（単位：円）

経済産業局都府県	今回調査 家庭用				対前回調査 家庭用			
	5㎥	10㎥	20㎥	50㎥	5㎥	10㎥	20㎥	50㎥
北海道局	5,969	9,680	16,526	35,850	＋17	[＋65]	＋31	＋58	＋148
青　森	5,450	8,993	15,817	35,619	＋7	[＋34]	＋19	＋15	＋16
岩　手	5,286	8,555	14,675	30,835	＋14	[＋43]	＋32	＋90	＋82
宮　城	4,747	7,681	13,253	28,242	＋4	[＋37]	＋11	＋27	－49
秋　田	5,092	8,264	14,188	30,084	＋14	[＋36]	＋25	＋76	＋278
山　形	5,244	8,591	14,932	31,521	＋10	[＋27]	＋21	＋56	＋101
福　島	4,883	7,858	13,498	29,124	0	[＋22]	＋3	＋14	＋82
東　北　局	5,072	8,243	14,252	30,551	＋7	[＋25]	＋17	＋41	＋68
茨　城	4,397	7,047	12,016	25,660	－5	[＋15]	＋3	＋18	＋186
栃　木	4,308	6,874	11,718	24,774	＋5	[－5]	＋15	＋46	＋60
群　馬	4,427	7,043	12,012	25,571	＋5	[＋26]	＋19	＋19	＋57
埼　玉	4,304	6,838	11,808	25,827	＋20	[＋27]	＋25	＋56	＋197
千　葉	4,360	6,941	11,875	25,523	＋4	[－4]	－3	－28	－8
東　京	4,249	6,765	11,701	25,121	＋13	[－44]	＋18	＋29	＋67
（除伊豆諸島）	4,218	6,707	11,593	24,854	＋14	[＋0]	＋18	＋30	＋69
神奈川	4,258	6,740	11,648	25,395	＋5	[－9]	＋10	＋18	＋44
新　潟	5,017	8,001	13,764	29,809	＋1	[＋21]	＋2	＋4	－105
（除佐渡）	4,972	7,895	13,550	29,329	0	[＋19]	－1	－2	－97
長　野	4,696	7,490	12,725	27,366	＋10	[＋15]	＋35	＋85	＋173
山　梨	4,483	7,188	12,395	26,831	－13	[－56]	－15	－30	－123
静　岡	4,617	7,265	12,319	25,753	＋3	[＋8]	＋12	＋26	－270
関　東　局	4,444	7,071	12,117	26,027	＋6	[＋0]	＋12	＋25	＋40
愛　知	4,473	7,000	11,777	24,837	－4	[－3]	＋9	＋22	＋44
岐　阜	4,549	7,117	12,065	25,487	－17	[－26]	－31	－56	－168
三　重	4,525	7,024	11,726	24,328	＋16	[＋37]	＋40	＋91	＋226
富　山	5,151	8,147	13,652	27,877	＋19	[＋100]	＋41	＋57	＋64
石　川	4,917	7,887	13,493	28,729	＋42	[＋93]	＋78	＋156	＋429
中　部　局	4,664	7,328	12,357	25,880	＋6	[＋35]	＋19	＋39	＋80
福　井	4,928	7,911	13,452	28,028	＋20	[＋77]	＋77	＋83	＋3
滋　賀	4,689	7,407	12,554	26,600	＋82	[＋156]	＋160	＋299	＋750
京　都	4,697	7,445	12,683	27,083	＋9	[＋14]	＋19	＋37	＋85
奈　良	4,480	7,067	12,085	26,053	＋26	[＋56]	＋51	＋103	＋266
大　阪	4,361	7,009	12,163	26,496	＋32	[－49]	－5	＋42	＋54
兵　庫	4,896	7,723	12,941	27,306	＋23	[＋43]	＋52	＋99	＋247
和歌山	4,616	7,192	11,966	25,373	＋18	[＋57]	＋36	＋79	＋220
近　畿　局	4,665	7,389	12,536	26,694	＋27	[＋37]	＋47	＋93	＋202
鳥　取	5,011	8,031	13,752	29,120	0	[＋25]	＋24	＋74	＋280
島　根	5,107	8,067	13,698	29,449	＋1	[－37]	＋2	＋4	＋16
（除隠岐）	5,121	8,105	13,775	29,591	＋1	[＋26]	＋2	＋4	＋17
岡　山	5,097	8,001	13,445	28,043	＋18	[＋15]	＋30	＋58	＋91
広　島	4,858	7,394	12,154	25,312	＋20	[＋14]	＋38	＋41	＋96
山　口	5,123	8,113	13,683	28,194	＋28	[＋60]	＋59	＋87	＋229
中　国　局	5,032	7,889	13,261	27,786	＋15	[＋8]	＋33	＋55	＋139
徳　島	4,581	7,264	12,321	25,610	＋17	[＋40]	＋38	＋106	＋238
香　川	4,752	7,563	12,862	27,433	＋9	[－22]	＋28	＋35	－27
愛　媛	4,741	7,582	12,942	27,127	＋17	[＋54]	＋35	＋80	－43
高　知	4,624	7,319	12,337	25,684	＋17	[＋47]	＋30	＋56	＋43
四　国　局	4,680	7,445	12,648	26,539	＋15	[＋28]	＋33	＋72	＋48
福　岡	4,874	7,606	12,493	25,143	＋32	[＋73]	＋63	＋144	＋179
佐　賀	4,981	7,793	12,803	26,726	＋55	[＋90]	＋86	＋145	＋345
長　崎	4,889	7,838	13,306	27,619	＋11	[＋20]	＋22	＋30	＋216
（除対馬五島）	4,836	7,745	13,071	26,656	＋12	[＋22]	＋22	＋27	＋242
熊　本	4,788	7,603	12,631	25,232	＋17	[＋57]	＋37	＋61	＋216
大　分	4,693	7,442	12,514	25,546	＋13	[－8]	＋27	＋85	＋186
宮　崎	4,732	7,775	13,252	26,869	＋20	[＋28]	＋40	＋80	＋244
鹿児島	4,730	7,548	12,704	26,794	＋31	[＋36]	＋45	＋126	＋279
（除奄美熊毛）	4,683	7,436	12,406	25,669	＋31	[＋51]	＋43	＋129	＋277
九　州　局	4,817	7,647	12,765	26,074	＋25	[＋48]	＋47	＋100	＋227
沖縄総合事務局	4,731	7,600	12,923	27,755	＋22	[＋23]	＋42	＋85	＋150
（除宮古八重山等）	4,780	7,691	13,081	28,051	＋16	[＋15]	＋33	＋66	＋127
全　　国	4,752	7,566	12,869	27,253	＋13		＋26	＋53	＋106
（対前年同月比）		(98.5)			[＋9		＋18	＋41	＋77]
（除離島）	4,748	7,559	12,852	27,201	＋13		＋26	＋53	＋106

2-2-3　平成29年4月末現在の家庭用LPガス小売価格　(単位：円)

経済産業局 都府県	今回調査 家庭用				対前回調査 家庭用				
	5㎥	10㎥	20㎥	50㎥	5㎥	10㎥	10㎥	20㎥	50㎥
北海道局	5,943	9,561	16,365	35,418	＋21	[−119]	−15	−55	−225
青　森	5,431	8,950	15,751	35,113	＋11	[−43]	＋25	＋94	＋89
岩　手	5,323	8,656	14,842	31,259	＋35	[＋101]	＋93	＋155	＋314
宮　城	4,751	7,693	13,275	28,375	−3	[＋12]	＋3	＋6	＋105
秋　田	5,122	8,356	14,421	30,808	＋43	[＋92]	＋103	＋210	＋539
山　形	5,270	8,655	15,067	31,954	＋39	[＋64]	＋76	＋157	＋310
福　島	4,924	7,946	13,673	29,355	＋26	[＋88]	＋56	＋127	＋211
東 北 局	5,097	8,302	14,374	30,881	＋23	[＋59]	＋53	＋113	＋234
茨　城	4,397	7,023	11,948	25,441	＋12	[−24]	＋23	＋38	＋120
栃　木	4,326	6,912	11,760	25,024	＋4	[＋38]	＋14	−2	＋113
群　馬	4,430	7,039	11,997	25,730	＋9	[−4]	＋17	−4	＋111
埼　玉	4,296	6,836	11,837	26,038	−6	[−2]	＋8	＋19	＋116
千　葉	4,379	6,972	11,958	25,804	＋18	[＋31]	＋40	＋73	＋146
東　京	4,224	6,728	11,622	25,055	＋8	[−37]	＋18	＋23	＋5
(除伊豆諸島)	4,180	6,645	11,462	24,646	＋9	[−62]	＋19	＋25	＋6
神奈川	4,271	6,781	11,692	25,550	＋17	[＋41]	＋35	＋54	＋103
新　潟	5,024	8,016	13,779	29,960	＋35	[＋15]	＋68	＋123	＋414
(除佐渡)	4,958	7,868	13,490	29,227	＋13	[−27]	＋27	＋45	＋164
長　野	4,704	7,509	12,722	27,532	＋20	[＋19]	＋40	＋41	＋186
山　梨	4,495	7,207	12,414	26,831	＋13	[＋19]	＋29	＋55	＋104
静　岡	4,596	7,231	12,258	25,927	−26	[−34]	−48	−80	−161
関 東 局	4,451	7,085	12,131	26,160	＋9	[＋14]	＋21	＋30	＋116
愛　知	4,489	7,017	11,789	24,779	＋5	[＋17]	＋4	＋11	−45
岐　阜	4,551	7,132	12,033	25,502	−3	[＋15]	＋5	−56	−86
三　重	4,540	7,075	11,829	24,553	＋35	[＋51]	＋73	＋116	＋255
富　山	5,165	8,163	13,635	28,044	＋35	[＋16]	＋69	＋113	＋353
石　川	4,960	7,908	13,486	28,542	＋32	[＋21]	＋28	＋64	＋118
中 部 局	4,673	7,339	12,347	25,867	＋17	[＋11]	＋30	＋37	＋80
福　井	4,980	7,981	13,527	28,220	＋26	[＋70]	＋30	＋63	＋362
滋　賀	4,668	7,406	12,526	26,327	＋1	[−1]	＋8	＋18	＋15
京　都	4,739	7,529	12,835	27,420	＋7	[＋84]	＋19	＋46	＋116
奈　良	4,512	7,113	12,148	26,193	＋11	[＋46]	＋19	＋41	＋114
大　阪	4,424	7,132	12,310	26,962	−14	[＋123]	＋23	−22	＋19
兵　庫	4,905	7,735	12,957	27,325	＋24	[＋12]	＋35	＋68	＋188
和歌山	4,634	7,215	12,011	25,551	＋16	[＋23]	＋20	＋38	＋116
近 畿 局	4,694	7,439	12,600	26,858	＋11	[＋50]	＋24	＋37	＋137
鳥　取	5,029	8,064	13,771	29,397	＋19	[＋33]	＋32	＋18	＋110
島　根	5,165	8,174	13,877	29,750	＋66	[＋107]	＋137	＋266	＋643
(除隠岐)	5,179	8,217	13,958	29,930	＋69	[＋112]	＋142	＋276	＋666
岡　山	5,056	7,964	13,338	27,855	−22	[−37]	−18	−37	−36
広　島	4,862	7,416	12,223	25,435	＋2	[＋22]	＋4	＋27	−38
山　口	5,144	8,112	13,702	28,459	−9	[−1]	−35	−53	−80
中 国 局	5,038	7,905	13,282	27,902	＋5	[＋16]	＋13	＋26	＋71
徳　島	4,591	7,300	12,374	25,744	＋13	[＋36]	＋39	＋66	＋79
香　川	4,801	7,666	13,060	27,973	＋28	[＋103]	＋58	＋107	＋343
愛　媛	4,769	7,622	12,974	27,308	＋4	[＋40]	−5	−33	＋1
高　知	4,610	7,318	12,305	25,774	＋22	[−1]	＋43	＋84	＋274
四 国 局	4,699	7,490	12,708	26,770	＋15	[＋45]	＋31	＋48	＋157
福　岡	4,903	7,663	12,586	25,348	＋24	[＋57]	＋36	＋44	＋183
佐　賀	4,948	7,726	12,710	26,491	−17	[−67]	−39	−18	−45
長　崎	4,866	7,765	13,085	27,066	＋16	[−73]	＋32	＋56	＋56
(除対馬五島)	4,821	7,667	12,805	26,109	＋14	[−78]	＋28	＋47	＋121
熊　本	4,810	7,669	12,771	25,560	＋14	[＋66]	＋28	＋64	＋144
大　分	4,707	7,472	12,538	25,682	＋24	[＋30]	＋43	＋74	＋240
宮　崎	4,757	7,816	13,318	27,003	＋27	[＋41]	＋54	＋67	＋124
鹿児島	4,707	7,569	12,794	27,340	＋19	[＋21]	＋52	＋64	＋341
(除奄美熊毛)	4,648	7,430	12,427	26,049	＋21	[−6]	＋60	＋71	＋400
九 州 局	4,826	7,669	12,801	26,219	＋17	[＋22]	＋32	＋51	＋158
沖縄総合事務局	4,764	7,693	13,150	28,259	＋59	[＋93]	＋118	＋237	＋621
(除宮古八重山等)	4,805	7,765	13,261	28,412	＋68	[＋74]	＋136	＋273	＋719
全　国	4,769	7,598	12,918	27,413	＋14		＋27	＋44	＋125
(対前年同月比)		(100.5)			[＋17		＋32	＋49	＋160]
(除離島)	4,765	7,588	12,896	27,345	＋13		＋26	＋42	＋118

２－２－４　平成29年６月末現在の家庭用ＬＰガス小売価格

(単位：円)

経済産業局 都 府 県	今 回 調 査 家 庭 用				対 前 回 調 査 家 庭 用			
	5 ㎥	10㎥	20㎥	50㎥	5 ㎥	10㎥	20㎥	50㎥
北 海 道 局	5,983	9,639	16,524	35,604	＋27	[＋78]	＋49	＋79	－52
青　森	5,423	8,922	15,701	35,154	－13	[－28]	－27	－38	＋67
岩　手	5,314	8,635	14,810	31,275	－2	[－21]	－15	－45	－23
宮　城	4,746	7,685	13,227	28,359	＋7	[－8]	＋8	－13	＋25
秋　田	5,090	8,284	14,264	30,424	＋10	[－72]	－3	－20	－63
山　形	5,268	8,628	14,991	31,960	－4	[－27]	－30	－85	－34
福　島	4,907	7,927	13,603	29,164	－13	[－19]	－8	－40	－72
東 北 局	5,088	8,283	14,319	30,792	－4	[－19]	－12	－41	－18
茨　城	4,423	7,069	12,018	25,575	－6	[＋46]	－9	－23	－24
栃　木	4,315	6,893	11,742	24,887	－16	[－19]	－22	－12	－74
群　馬	4,424	7,030	11,984	25,692	－15	[－9]	－25	－39	－28
埼　玉	4,307	6,864	11,840	25,975	＋3	[＋28]	＋2	－16	－64
千　葉	4,371	6,962	11,928	25,628	－12	[－10]	－29	－63	－185
東　京	4,251	6,791	11,769	25,496	－2	[＋63]	－5	－9	＋11
(除伊豆諸島)	4,206	6,708	11,614	25,103	－2	[＋63]	－5	－10	＋12
神奈川	4,270	6,783	11,708	25,564	－24	[＋2]	－37	－55	－151
新　潟	5,013	7,990	13,715	29,759	－9	[－26]	－17	－48	－201
(除佐渡)	4,948	7,845	13,424	29,049	－8	[－23]	－15	－45	－178
長　野	4,700	7,496	12,727	27,356	－5	[－13]	－17	－5	－195
山　梨	4,481	7,191	12,400	26,895	－11	[－16]	－15	－23	＋6
静　岡	4,601	7,244	12,308	25,970	－2	[＋13]	－2	＋18	－24
関 東 局	4,456	7,095	12,151	26,152	－9	[＋10]	－16	－26	－88
愛　知	4,471	6,976	11,714	24,624	－16	[－41]	－37	－76	－168
岐　阜	4,518	7,079	12,000	25,402	－16	[－53]	－33	－15	－46
三　重	4,535	7,041	11,765	24,394	－8	[－34]	－50	－104	－265
富　山	5,180	8,214	13,790	28,041	－16	[＋51]	－16	－18	－71
石　川	4,981	7,970	13,599	28,668	－22	[＋62]	－4	－22	－57
中 部 局	4,665	7,324	12,342	25,772	－15	[－15]	－31	－52	－131
福　井	4,939	7,925	13,435	28,132	－21	[－56]	－29	－68	－223
滋　賀	4,704	7,422	12,529	26,314	－14	[＋16]	－37	－81	－211
京　都	4,698	7,460	12,706	27,085	－26	[－69]	－45	－89	－227
奈　良	4,510	7,103	12,126	26,109	－9	[－10]	－18	－36	－113
大　阪	4,451	7,125	12,310	26,794	＋22	[－7]	＋5	＋32	－6
兵　庫	4,894	7,719	12,920	27,253	－17	[－16]	－32	－81	－217
和歌山	4,663	7,265	12,093	25,672	＋26	[＋50]	＋52	＋96	＋203
近 畿 局	4,694	7,429	12,580	26,777	－3	[－10]	－12	－26	－101
鳥　取	5,030	8,068	13,785	29,219	－3	[＋4]	＋3	0	＋5
島　根	5,132	8,112	13,759	29,579	－14	[－62]	－29	－55	－82
(除隠岐)	5,161	8,185	13,910	29,897	－16	[－32]	－32	－60	－91
岡　山	5,074	7,964	13,380	27,920	＋21	[＋0]	＋18	＋76	＋142
広　島	4,886	7,439	12,268	25,456	0	[＋23]	－6	－1	－47
山　口	5,146	8,111	13,682	28,366	＋7	[－1]	－20	－26	－58
中 国 局	5,041	7,894	13,266	27,817	＋4	[－11]	－5	＋6	＋2
徳　島	4,607	7,333	12,383	25,822	＋12	[＋33]	＋24	－21	－17
香　川	4,783	7,629	13,008	27,978	－4	[－37]	－8	＋3	＋18
愛　媛	4,766	7,622	12,987	27,430	＋5	[＋0]	＋12	＋23	＋61
高　知	4,680	7,414	12,472	26,203	－5	[＋96]	－11	－23	－104
四 国 局	4,712	7,508	12,734	26,905	＋3	[＋18]	＋6	－2	0
福　岡	4,875	7,592	12,475	25,096	－34	[－71]	－70	－114	－307
佐　賀	4,922	7,660	12,575	26,190	－12	[－66]	－48	－120	－291
長　崎	4,859	7,812	13,222	27,519	－11	[＋47]	＋22	＋80	＋276
(除対馬五島)	4,809	7,719	12,954	26,595	－14	[＋52]	＋27	＋100	＋343
熊　本	4,801	7,642	12,741	25,470	－3	[－27]	－10	－18	－42
大　分	4,673	7,411	12,408	25,371	－10	[－61]	－18	－50	－112
宮　崎	4,754	7,821	13,340	27,091	－7	[＋5]	－16	－14	－71
鹿児島	4,721	7,565	12,743	27,041	－24	[－4]	－54	－128	－406
(除奄美熊毛)	4,669	7,432	12,369	25,640	－21	[＋2]	－52	－127	－426
九 州 局	4,814	7,639	12,745	26,080	－18	[－30]	－34	－59	－158
沖縄総合事務局	4,786	7,706	13,139	28,212	＋12	[＋13]	＋4	＋8	＋19
(除宮古八重山等)	4,836	7,803	13,277	28,397	＋14	[＋38]	＋17	＋23	＋40
全　　国	4,772	7,599	12,920	27,386	－6		－13	－26	－80
(対前年同月比)		(100.5)			[＋3		＋1	＋2	－27]
(除離島)	4,768	7,590	12,899	27,322	－6		－13	－26	－78

2－2－5　平成29年8月末現在の家庭用ＬＰガス小売価格　　　　　　　　　　　(単位：円)

経済産業局 都府県	今回調査 家庭用				対前回調査 家庭用			
	5㎥	10㎥	20㎥	50㎥	5㎥	10㎥	20㎥	50㎥
北 海 道 局	5,982	9,631	16,489	35,575	0	[－8]	－4	－41	－3
青　森	5,429	8,937	15,725	34,945	－1	[＋15]	＋5	＋13	－133
岩　手	5,295	8,596	14,691	30,995	－5	[－39]	－15	－47	－60
宮　城	4,763	7,718	13,308	28,450	0	[＋33]	＋4	＋36	＋17
秋　田	5,110	8,311	14,317	30,522	－1	[＋27]	－4	－16	－97
山　形	5,269	8,620	14,996	32,077	－2	[－8]	－18	－20	－81
福　島	4,888	7,897	13,590	29,356	－30	[－30]	－54	－82	－122
東 北 局	5,085	8,275	14,314	30,800	－9	[－8]	－18	－23	－80
茨　城	4,388	7,003	11,897	25,293	－10	[－66]	－16	－35	－130
栃　木	4,305	6,885	11,737	24,902	－9	[－8]	－10	－17	－25
群　馬	4,409	7,015	11,958	25,541	－8	[－15]	－8	－19	－52
埼　玉	4,302	6,849	11,809	25,897	－11	[－15]	－19	－33	－60
千　葉	4,373	6,959	11,906	25,671	＋8	[－3]	＋3	－22	－23
東　京	4,230	6,747	11,693	25,373	－9	[－44]	－17	－25	－61
（除伊豆諸島）	4,186	6,666	11,540	24,993	－10	[－42]	－18	－27	－66
神奈川	4,256	6,766	11,670	25,467	－11	[－17]	－13	－30	－77
新　潟	4,999	7,969	13,687	29,733	－15	[－21]	－22	－30	－44
（除佐渡）	4,932	7,821	13,392	29,014	－16	[－24]	－23	－30	－45
長　野	4,677	7,447	12,610	26,999	－16	[－49]	－32	－72	－200
山　梨	4,475	7,191	12,400	26,833	－6	[＋0]	－11	－22	－56
静　岡	4,585	7,213	12,240	25,878	－7	[－31]	－12	－35	－50
関 東 局	4,438	7,066	12,096	26,037	－8	[－29]	－14	－30	－68
愛　知	4,453	6,954	11,690	24,541	－25	[－22]	－33	－43	－87
岐　阜	4,538	7,100	12,022	25,378	＋1	[＋21]	＋3	＋4	－35
三　重	4,531	7,030	11,722	24,276	－18	[－11]	－40	－81	－207
富　山	5,174	8,192	13,749	28,185	－7	[－22]	－18	－5	＋33
石　川	4,945	7,909	13,479	28,441	－9	[－61]	－19	－45	－161
中 部 局	4,658	7,310	12,311	25,716	－13	[－14]	－22	－34	－91
福　井	4,935	7,937	13,478	28,250	＋3	[＋12]	＋6	＋11	＋34
滋　賀	4,670	7,376	12,450	26,072	－11	[－46]	－15	－22	－54
京　都	4,708	7,467	12,698	27,019	0	[＋7]	－6	－19	－53
奈　良	4,503	7,088	12,096	26,104	＋3	[－15]	0	＋1	＋9
大　阪	4,449	7,145	12,332	26,916	－5	[＋20]	－1	－13	－47
兵　庫	4,902	7,737	12,957	27,330	－5	[＋18]	－10	－21	－51
和歌山	4,631	7,211	12,000	25,404	－23	[－54]	－44	－81	－240
近 畿 局	4,690	7,428	12,576	26,766	－6	[－1]	－10	－22	－62
鳥　取	5,022	8,056	13,776	29,475	－2	[－12]	－2	＋40	＋78
島　根	5,119	8,125	13,771	29,556	－8	[＋13]	－15	－30	－110
（除隠岐）	5,152	8,162	13,849	29,665	－8	[－23]	－16	－33	－122
岡　山	5,090	7,981	13,411	28,103	－1	[＋17]	－3	－7	＋56
広　島	4,878	7,411	12,199	25,277	－7	[－28]	－14	－30	－41
山　口	5,124	8,107	13,719	28,604	－15	[－4]	＋4	＋42	＋215
中 国 局	5,038	7,896	13,276	27,921	－6	[＋2]	－6	0	＋43
徳　島	4,580	7,272	12,312	25,539	－33	[－61]	－66	－71	－244
香　川	4,799	7,670	13,095	28,181	－6	[＋41]	－1	－3	－10
愛　媛	4,745	7,602	13,005	27,383	－3	[－20]	－5	－11	－29
高　知	4,696	7,447	12,477	26,285	－5	[＋33]	－10	－29	－120
四 国 局	4,705	7,501	12,735	26,891	－12	[－7]	－21	－28	－97
福　岡	4,871	7,595	12,467	25,074	－5	[＋3]	－11	－31	－82
佐　賀	4,915	7,666	12,618	26,211	－21	[＋6]	－12	＋28	＋11
長　崎	4,813	7,671	12,921	26,774	－47	[－141]	－117	－240	－541
（除対馬五島）	4,758	7,556	12,610	25,803	－58	[－163]	－145	－298	－662
熊　本	4,800	7,641	12,697	25,424	＋1	[－1]	＋3	－36	－60
大　分	4,650	7,369	12,366	25,318	－13	[－42]	－15	－27	－35
宮　崎	4,752	7,796	13,284	26,768	－6	[－25]	－41	－98	－176
鹿児島	4,696	7,521	12,673	26,837	－11	[－44]	－26	－53	－116
（除奄美熊毛）	4,634	7,380	12,288	25,328	－12	[－52]	－28	－60	－132
九 州 局	4,799	7,608	12,681	25,912	－13	[－31]	－30	－66	－144
沖縄総合事務局	4,785	7,698	13,162	28,350	＋3	[－8]	－18	－36	－93
（除宮古八重山等）	4,820	7,801	13,318	28,598	－12	[－2]	－14	－28	－75
全　　国	4,759	7,576	12,879	27,307	－9		－16	－31	－71
（対前年同月比）		(100.5)			[－13		－23	－41	－79]
（除離島）	4,754	7,567	12,856	27,239	－9		－16	－31	－72

－75－

２－２－６　平成29年10月末現在の家庭用ＬＰガス小売価格

（単位：円）

経済産業局 都府県	今回調査 家庭用				対前回調査 家庭用			
	5㎥	10㎥	20㎥	50㎥	5㎥	10㎥	20㎥	50㎥
北海道局	6,001	9,667	16,453	35,701	＋8	[＋36]	＋26	＋19	＋156
青　森	5,405	8,903	15,627	34,939	－8	[－34]	－9	－72	－4
岩　手	5,313	8,638	14,808	31,226	＋11	[＋42]	＋41	＋111	＋154
宮　城	4,762	7,715	13,276	28,534	＋9	[－3]	＋16	－5	－40
秋　田	5,097	8,288	14,257	30,532	－1	[－23]	＋2	－4	＋60
山　形	5,282	8,643	15,036	31,927	＋11	[＋23]	＋27	＋74	＋137
福　島	4,897	7,912	13,525	29,052	＋10	[＋15]	＋22	－33	－129
東 北 局	5,090	8,287	14,304	30,762	＋6	[＋12]	＋18	＋7	＋9
茨　城	4,409	7,034	11,968	25,451	＋9	[＋31]	＋11	＋34	＋116
栃　木	4,316	6,898	11,742	24,961	＋13	[＋13]	＋17	＋23	＋63
群　馬	4,396	6,997	11,940	25,459	＋5	[－18]	＋8	＋21	＋39
埼　玉	4,309	6,859	11,830	26,028	＋5	[＋10]	＋7	＋19	＋86
千　葉	4,393	6,975	11,931	25,630	＋6	[＋16]	＋8	＋26	＋12
東　京	4,248	6,768	11,725	25,426	＋14	[＋21]	＋17	＋31	＋42
（除伊豆諸島）	4,205	6,688	11,573	25,044	＋15	[＋22]	＋19	＋33	＋45
神奈川	4,258	6,771	11,684	25,506	＋9	[＋5]	＋17	＋36	＋60
新　潟	5,001	7,974	13,706	29,770	0	[＋5]	＋2	＋13	＋32
（除佐渡）	4,931	7,820	13,400	29,026	－2	[－1]	－2	＋6	＋16
長　野	4,698	7,484	12,699	27,282	＋16	[＋37]	＋29	＋56	＋173
山　梨	4,530	7,273	12,542	27,131	＋13	[＋82]	＋23	＋48	＋98
静　岡	4,584	7,196	12,221	25,838	－4	[－17]	－8	＋1	＋14
関 東 局	4,450	7,082	12,127	26,111	＋7	[＋16]	＋11	＋26	＋64
愛　知	4,466	6,961	11,690	24,585	＋8	[＋7]	＋6	－12	－23
岐　阜	4,543	7,098	12,018	25,452	＋7	[－2]	0	－16	－26
三　重	4,533	7,041	11,773	24,346	＋2	[＋11]	＋9	＋43	＋76
富　山	5,147	8,119	13,628	27,972	－6	[－73]	－30	－31	－20
石　川	4,991	7,993	13,640	28,737	＋22	[＋84]	＋45	＋92	＋206
中 部 局	4,667	7,316	12,327	25,784	＋7	[＋6]	＋5	＋9	＋27
福　井	4,933	7,916	13,458	28,208	＋17	[－21]	＋34	＋75	＋128
滋　賀	4,665	7,394	12,496	26,222	＋24	[＋18]	＋44	＋81	＋176
京　都	4,738	7,528	12,781	27,237	＋24	[＋61]	＋46	＋90	＋217
奈　良	4,520	7,121	12,147	26,159	＋8	[＋33]	＋17	＋38	＋97
大　阪	4,426	7,108	12,269	26,745	＋22	[－37]	＋31	＋46	＋97
兵　庫	4,893	7,720	12,948	27,291	＋4	[－17]	＋11	＋40	＋70
和歌山	4,645	7,244	12,074	25,654	＋14	[＋33]	＋28	＋48	＋175
近 畿 局	4,692	7,435	12,595	26,813	＋15	[＋7]	＋27	＋56	＋128
鳥　取	5,049	8,110	13,886	29,408	＋26	[＋54]	＋54	＋111	＋209
島　根	5,160	8,162	13,864	29,762	＋24	[＋37]	－6	－2	－27
（除隠岐）	5,154	8,167	13,858	29,680	＋2	[＋5]	＋5	＋9	＋15
岡　山	5,098	8,010	13,429	28,074	＋21	[＋29]	＋47	＋63	＋114
広　島	4,895	7,456	12,282	25,469	＋17	[＋45]	＋45	＋83	＋238
山　口	5,133	8,148	13,797	28,930	＋12	[＋41]	＋41	＋68	＋232
中 国 局	5,055	7,935	13,346	28,041	＋20	[＋39]	＋39	＋67	＋162
徳　島	4,593	7,303	12,389	25,972	＋18	[＋31]	＋37	＋87	＋410
香　川	4,781	7,646	13,008	27,981	＋1	[－24]	＋9	－12	－5
愛　媛	4,778	7,641	13,036	27,434	＋26	[＋39]	＋45	＋73	＋129
高　知	4,658	7,380	12,423	26,239	＋15	[－67]	＋30	＋69	＋329
四 国 局	4,707	7,503	12,739	26,943	＋16	[＋2]	＋31	＋56	＋211
福　岡	4,881	7,619	12,535	25,333	＋29	[＋24]	＋64	＋125	＋339
佐　賀	4,937	7,700	12,689	26,512	＋26	[＋34]	＋44	＋56	＋205
長　崎	4,835	7,739	13,012	26,972	＋25	[＋68]	＋66	＋82	＋168
（除対馬五島）	4,791	7,650	12,744	25,974	＋38	[＋94]	＋96	＋130	＋180
熊　本	4,831	7,692	12,807	25,771	＋30	[＋51]	＋51	＋111	＋347
大　分	4,674	7,423	12,447	25,399	0	[＋54]	0	＋10	－3
宮　崎	4,776	7,822	13,355	26,893	＋26	[＋26]	＋56	＋123	＋119
鹿児島	4,744	7,598	12,809	27,024	＋52	[＋77]	＋105	＋233	＋612
（除奄美熊毛）	4,700	7,497	12,536	25,952	＋57	[＋117]	＋113	＋258	＋688
九 州 局	4,823	7,655	12,776	26,143	＋29	[＋47]	＋60	＋115	＋288
沖縄総合事務局	4,795	7,716	13,192	28,428	＋13	[＋18]	＋24	＋45	＋113
（除宮古八重山等）	4,831	7,819	13,354	28,701	＋15	[＋18]	＋30	＋61	＋159
全　　国	4,773	7,600	12,916	27,410	＋12		＋24	＋42	＋109
（対前年同月比）		(101.0)			[＋14]	＋24		＋37	＋103]
（除離島）	4,768	7,591	12,895	27,345	＋12		＋24	＋42	＋110

経済産業局 都府県	今回調査 家庭用				対前回調査 家庭用			
	5㎥	10㎥	20㎥	50㎥	5㎥	10㎥	20㎥	50㎥
北海道局	5,990	9,684	16,566	35,783	+28	[+17]	+57	+152	+346
青　森	5,438	8,999	15,865	35,231	+8	[+96]	+56	+173	+349
岩　手	5,368	8,751	15,072	31,902	+44	[+113]	+74	+165	+463
宮　城	4,770	7,744	13,337	28,551	+15	[+29]	+29	+60	+219
秋　田	5,157	8,421	14,520	31,044	+50	[+133]	+111	+213	+443
山　形	5,318	8,718	15,189	32,406	+30	[+75]	+60	+126	+384
福　島	4,938	7,979	13,718	29,536	+37	[+67]	+64	+199	+438
東　北　局	5,124	8,361	14,481	31,125	+29	[+74]	+61	+153	+377
茨　城	4,434	7,086	12,027	25,652	+26	[+52]	+49	+62	+190
栃　木	4,367	6,992	11,955	25,517	+36	[+94]	+68	+161	+437
群　馬	4,426	7,047	12,025	25,616	+28	[+50]	+51	+93	+178
埼　玉	4,316	6,894	11,912	26,193	+12	[+35]	+43	+82	+152
千　葉	4,411	7,014	11,993	25,800	+11	[+39]	+22	+33	+135
東　京	4,239	6,771	11,733	25,501	+18	[+3]	+40	+79	+281
（除伊豆諸島）	4,210	6,717	11,634	25,280	+19	[+29]	+43	+84	+298
神奈川	4,292	6,827	11,789	25,794	+27	[+56]	+50	+98	+285
新　潟	5,046	8,066	13,878	30,110	+40	[+92]	+83	+153	+291
（除佐渡）	4,963	7,886	13,521	29,317	+28	[+66]	+56	+100	+243
長　野	4,727	7,553	12,832	27,648	+41	[+69]	+85	+171	+464
山　梨	4,484	7,212	12,425	26,974	−5	[−61]	+10	0	+39
静　岡	4,602	7,229	12,298	26,045	+27	[+33]	+32	+64	+158
関　東　局	4,471	7,127	12,215	26,339	+25	[+45]	+50	+94	+241
愛　知	4,481	6,984	11,765	24,747	+5	[+23]	+12	+54	+119
岐　阜	4,581	7,173	12,167	25,765	+43	[+75]	+87	+177	+411
三　重	4,555	7,077	11,847	24,540	+32	[+36]	+57	+111	+304
富　山	5,179	8,200	13,788	28,265	+30	[+81]	+77	+158	+365
石　川	5,062	8,124	13,899	29,396	+67	[+131]	+127	+250	+674
中　部　局	4,699	7,377	12,458	26,077	+31	[+61]	+63	+134	+332
福　井	5,009	8,060	13,751	28,716	+47	[+144]	+93	+215	+514
滋　賀	4,722	7,506	12,717	26,735	+42	[+112]	+90	+188	+432
京　都	4,786	7,615	13,000	27,791	+55	[+87]	+106	+219	+574
奈　良	4,548	7,178	12,277	26,521	+25	[+57]	+55	+125	+352
大　阪	4,474	7,176	12,352	26,915	+8	[+68]	+16	+38	+90
兵　庫	4,924	7,786	13,089	27,614	+35	[+66]	+69	+136	+295
和歌山	4,668	7,268	12,147	25,753	+19	[+24]	+22	+64	+62
近　畿　局	4,732	7,507	12,745	27,139	+31	[+72]	+60	+131	+304
鳥　取	5,108	8,221	14,134	30,036	+62	[+111]	+120	+266	+548
島　根	5,179	8,195	13,857	29,654	+35	[+33]	+80	+108	+194
（除隠岐）	5,196	8,243	13,975	29,780	+39	[+76]	+77	+132	+168
岡　山	5,101	8,020	13,456	28,128	+13	[+10]	+27	+58	+122
広　島	4,917	7,489	12,360	25,747	+17	[+33]	+20	+51	+193
山　口	5,161	8,219	13,903	29,224	+31	[+71]	+70	+95	+191
中　国　局	5,078	7,979	13,423	28,235	+28	[+44]	+55	+102	+226
徳　島	4,636	7,380	12,533	26,262	+33	[+77]	+60	+116	+236
香　川	4,861	7,799	13,304	28,573	+76	[+153]	+155	+295	+642
愛　媛	4,801	7,716	13,164	27,756	+10	[+75]	+46	+72	+178
高　知	4,693	7,455	12,566	26,617	+19	[+75]	+47	+98	+237
四　国　局	4,751	7,597	12,914	27,343	+32	[+94]	+73	+137	+308
福　岡	4,941	7,712	12,714	25,782	+49	[+93]	+81	+163	+416
佐　賀	4,998	7,830	12,976	27,190	+63	[+130]	+126	+263	+582
長　崎	4,938	7,989	13,539	28,068	+88	[+250]	+234	+511	+1,089
（除対馬五島）	4,895	7,924	13,328	27,259	+87	[+274]	+255	+572	+1,305
熊　本	4,829	7,683	12,803	25,843	+16	[−9]	+26	+51	+211
大　分	4,680	7,451	12,521	25,800	+30	[+28]	+78	+167	+589
宮　崎	4,796	7,871	13,457	27,238	+36	[+49]	+67	+129	+342
鹿児島	4,806	7,716	13,013	27,680	+45	[+118]	+87	+147	+448
（除奄美熊毛）	4,754	7,594	12,671	26,347	+50	[+97]	+95	+158	+500
九　州　局	4,871	7,751	12,972	26,642	+47	[+96]	+98	+201	+512
沖縄総合事務局	4,857	7,830	13,408	29,028	+67	[+114]	+118	+226	+659
（除宮古八重山等）	4,898	7,943	13,587	29,351	+71	[+124]	+124	+238	+707
全　国	4,802	7,661	13,046	27,705	+31	+63		+131	+322
（対前年同月比）		(101.5)			[+29	+61		+130	+295]
（除離島）	4,797	7,651	13,024	27,642	+30	+62		+130	+322

経済産業局 都道府県	平成25年						平成26年						2月	4月
	2月	4月	6月	8月	10月	12月	2月	4月	6月	8月	10月	12月		
北海道局	9,464	9,453	9,486	9,448	9,498	9,555	9,464	9,453	10,065	10,034	9,995	9,999	9,923	9,825
青森県	8,744	8,807	8,783	8,769	8,786	8,854	8,744	8,807	9,352	9,345	9,363	9,363	9,284	9,231
岩手県	8,390	8,428	8,419	8,459	8,410	8,498	8,390	8,428	8,928	8,952	8,956	8,922	8,745	8,782
宮城県	7,731	7,873	7,867	7,862	7,832	7,874	7,731	7,873	8,193	8,170	8,187	8,169	8,050	7,991
秋田県	8,176	8,199	8,204	8,179	8,205	8,256	8,176	8,199	8,809	8,756	8,817	8,770	8,669	8,524
山形県	8,583	8,571	8,575	8,612	8,605	8,596	8,583	8,571	8,993	9,043	9,020	8,995	8,894	8,877
福島県	7,866	7,837	7,891	7,883	7,924	7,930	7,866	7,837	8,364	8,386	8,401	8,339	8,221	8,152
東　北　局	8,212	8,237	8,236	8,241	8,243	8,284	8,212	8,237	8,716	8,726	8,738	8,708	8,581	8,513
茨城県	7,078	7,049	7,071	7,043	7,078	7,115	7,078	7,049	7,478	7,458	7,448	7,448	7,315	7,244
栃木県	6,887	6,892	6,870	6,919	6,918	6,984	6,887	6,892	7,261	7,265	7,264	7,271	7,185	7,067
群馬県	7,019	7,090	7,052	7,054	7,098	7,069	7,019	7,090	7,465	7,455	7,444	7,451	7,307	7,280
埼玉県	6,693	6,719	6,737	6,717	6,755	6,747	6,693	6,719	7,190	7,195	7,225	7,190	7,086	7,070
千葉県	6,765	6,691	6,738	6,731	6,761	6,793	6,765	6,691	7,174	7,210	7,166	7,162	7,066	7,090
東京都	6,756	6,664	6,678	6,700	6,756	6,765	6,756	6,664	7,043	7,124	7,142	7,121	7,062	6,992
（除伊豆諸島）	6,701	6,610	6,631	6,650	6,705	6,714	6,701	6,610	6,980	7,045	7,062	7,028	6,978	6,913
神奈川県	6,804	6,797	6,817	6,781	6,832	6,854	6,804	6,797	7,251	7,248	7,236	7,234	7,073	6,951
新潟県	7,897	7,930	7,947	7,948	7,956	7,967	7,897	7,930	8,421	8,412	8,404	8,436	8,328	8,221
（除佐渡）	7,821	7,859	7,878	7,865	7,868	7,882	7,821	7,859	8,313	8,307	8,292	8,323	8,230	8,119
長野県	7,503	7,521	7,473	7,501	7,513	7,558	7,503	7,521	8,002	7,980	7,961	7,919	7,810	7,783
山梨県	7,063	7,120	7,056	7,075	7,078	7,179	7,063	7,120	7,575	7,610	7,625	7,518	7,518	7,349
静岡県	7,333	7,344	7,355	7,331	7,353	7,431	7,333	7,344	7,867	7,891	7,878	7,846	7,728	7,632
関　東　局	7,054	7,047	7,048	7,048	7,075	7,106	7,054	7,047	7,476	7,490	7,479	7,470	7,362	7,295
愛知県	7,182	7,221	7,209	7,221	7,228	7,278	7,182	7,221	7,640	7,662	7,688	7,659	7,540	7,449
岐阜県	7,246	7,228	7,248	7,243	7,250	7,286	7,246	7,228	7,779	7,782	7,782	7,767	7,655	7,514
三重県	7,314	7,314	7,286	7,289	7,304	7,324	7,314	7,314	7,787	7,737	7,736	7,730	7,616	7,521
富山県	8,137	8,130	8,132	8,163	8,173	8,159	8,137	8,130	8,662	8,670	8,637	8,553	8,391	8,379
石川県	7,883	7,869	7,859	7,860	7,887	7,987	7,883	7,869	8,450	8,411	8,441	8,388	8,283	8,107
中　部　局	7,454	7,474	7,463	7,473	7,485	7,522	7,454	7,474	7,941	7,942	7,942	7,917	7,795	7,676
福井県	7,780	7,841	7,792	7,819	7,825	7,946	7,780	7,841	8,173	8,172	8,202	8,181	7,995	8,035
滋賀県	7,421	7,428	7,367	7,308	7,396	7,490	7,421	7,428	7,803	7,788	7,854	7,775	7,607	7,592
京都府	7,452	7,504	7,441	7,501	7,497	7,532	7,452	7,504	7,927	7,933	7,939	7,862	7,742	7,679
奈良県	7,174	7,101	7,125	7,097	7,128	7,167	7,174	7,101	7,297	7,301	7,285	7,285	7,223	7,236
大阪府	7,016	7,077	7,042	7,068	7,095	7,131	7,016	7,077	7,414	7,422	7,424	7,455	7,285	7,259
兵庫県	7,816	7,788	7,756	7,781	7,795	7,826	7,816	7,788	8,066	8,065	8,031	8,042	7,920	7,892
和歌山県	7,201	7,225	7,218	7,196	7,196	7,276	7,201	7,225	7,606	7,578	7,552	7,568	7,479	7,423
近　畿　局	7,429	7,449	7,416	7,423	7,446	7,500	7,429	7,449	7,750	7,746	7,740	7,735	7,605	7,582
鳥取県	7,966	7,977	7,951	7,979	7,978	7,982	7,966	7,977	8,582	8,552	8,541	8,523	8,408	8,374
島根県	7,935	7,933	7,972	7,929	7,993	8,078	7,935	7,933	8,543	8,587	8,571	8,520	8,405	8,320
（除隠岐）	7,937	7,936	7,988	7,940	8,003	8,098	7,937	7,936	8,566	8,573	8,559	8,543	8,412	8,375
岡山県	8,010	8,047	7,977	8,021	8,055	8,113	8,010	8,047	8,526	8,522	8,555	8,561	8,447	8,320
広島県	7,422	7,425	7,422	7,418	7,454	7,508	7,422	7,425	7,944	7,929	7,940	7,896	7,765	7,657
山口県	7,953	7,964	8,012	7,986	8,026	8,031	7,953	7,964	8,493	8,490	8,481	8,435	8,243	8,226
中　国　局	7,819	7,840	7,826	7,826	7,863	7,907	7,819	7,840	8,358	8,357	8,364	8,334	8,201	8,123
徳島県	7,153	7,231	7,188	7,247	7,243	7,337	7,153	7,231	7,790	7,749	7,759	7,738	7,613	7,577
香川県	7,529	7,566	7,566	7,556	7,579	7,625	7,529	7,566	7,990	7,996	8,016	7,853	7,905	7,810
愛媛県	7,476	7,439	7,436	7,436	7,464	7,476	7,476	7,439	8,055	8,030	8,003	8,048	7,912	7,815
高知県	7,228	7,144	7,149	7,204	7,206	7,221	7,228	7,144	7,699	7,723	7,701	7,704	7,571	7,507
四　国　局	7,359	7,359	7,348	7,371	7,384	7,425	7,359	7,359	7,913	7,897	7,892	7,869	7,783	7,714
福岡県	7,627	7,661	7,631	7,643	7,642	7,778	7,627	7,661	8,105	8,102	8,066	8,038	7,927	7,867
佐賀県	7,584	7,631	7,633	7,605	7,667	7,678	7,584	7,631	8,115	8,166	8,142	8,102	8,055	7,952
長崎県	7,717	7,733	7,734	7,764	7,803	7,877	7,717	7,733	8,325	8,279	8,260	8,212	8,086	8,020
（除対馬五島）	7,617	7,633	7,627	7,646	7,665	7,740	7,617	7,633	8,194	8,138	8,104	8,046	7,911	7,872
熊本県	7,611	7,559	7,569	7,550	7,568	7,675	7,611	7,559	7,954	7,930	7,960	7,944	7,833	7,883
大分県	7,447	7,467	7,480	7,469	7,464	7,545	7,447	7,467	7,908	7,895	7,899	7,905	7,784	7,788
宮崎県	7,662	7,721	7,624	7,635	7,730	7,843	7,662	7,721	8,262	8,212	8,203	8,150	8,090	8,040
鹿児島県	7,544	7,530	7,515	7,554	7,613	7,660	7,544	7,530	8,036	8,015	8,006	7,931	7,834	7,868
（除奄美熊毛）	7,433	7,428	7,435	7,460	7,507	7,592	7,433	7,428	7,929	7,903	7,890	7,849	7,687	7,678
九　州　局	7,607	7,616	7,601	7,608	7,639	7,727	7,607	7,616	8,096	8,081	8,067	8,033	7,933	7,906
沖　縄　局	7,481	7,568	7,527	7,519	7,493	7,619	7,481	7,568	8,103	8,085	8,177	8,126	7,917	7,752
（除宮古八重山等）	7,502	7,577	7,529	7,519	7,545	7,648	7,502	7,577	8,173	8,126	8,167	8,102	7,928	7,837
全　国　計	7,553	7,566	7,559	7,559	7,585	7,635	7,553	7,566	8,033	8,039	8,030	8,016	7,897	7,811
除く島部	7,547	7,559	7,552	7,552	7,578	7,628	7,547	7,559	8,025	8,030	8,021	8,007	7,887	7,803

平成27年				平成28年						平成29年					
6月	8月	10月	12月	2月	4月	6月	8月	10月	12月	2月	4月	6月	8月	10月	12月
9,819	9,773	9,751	9,696	9,694	9,694	9,670	9,624	9,624	9,615	9,680	9,561	9,639	9,631	9,667	9,684
9,234	9,187	9,164	9,157	9,113	8,952	8,955	8,960	8,915	8,959	8,993	8,950	8,922	8,937	8,903	8,999
8,757	8,690	8,639	8,678	8,591	8,502	8,508	8,496	8,487	8,512	8,555	8,656	8,635	8,596	8,638	8,751
8,017	8,010	7,944	7,954	7,876	7,666	7,704	7,633	7,672	7,644	7,681	7,693	7,685	7,718	7,715	7,744
8,503	8,455	8,431	8,401	8,388	8,300	8,271	8,252	8,242	8,228	8,264	8,356	8,284	8,311	8,288	8,421
8,886	8,856	8,818	8,798	8,786	8,537	8,511	8,540	8,568	8,564	8,591	8,655	8,628	8,620	8,643	8,718
8,169	8,081	8,024	8,030	7,989	7,826	7,845	7,862	7,808	7,836	7,858	7,946	7,927	7,897	7,912	7,979
8,524	8,474	8,418	8,436	8,385	8,217	8,226	8,218	8,211	8,218	8,243	8,302	8,283	8,275	8,287	8,361
7,262	7,263	7,224	7,177	7,180	7,056	7,057	7,031	7,041	7,032	7,047	7,023	7,069	7,003	7,034	7,086
7,062	7,045	6,989	6,969	6,978	6,865	6,860	6,868	6,874	6,879	6,874	6,912	6,893	6,885	6,898	6,992
7,267	7,224	7,180	7,179	7,114	7,008	7,013	6,998	6,976	7,017	7,043	7,039	7,030	7,015	6,997	7,047
7,035	7,011	6,986	6,963	6,883	6,820	6,833	6,780	6,798	6,811	6,838	6,836	6,864	6,849	6,859	6,894
7,064	7,060	7,036	7,021	6,968	6,906	6,958	6,931	6,903	6,945	6,941	6,972	6,962	6,959	6,975	7,014
7,013	6,978	6,854	6,903	6,856	6,740	6,758	6,758	6,772	6,809	6,765	6,728	6,791	6,747	6,768	6,771
6,933	6,900	6,784	6,816	6,770	6,660	6,672	6,672	6,685	6,707	6,707	6,645	6,708	6,666	6,688	6,717
6,977	6,919	6,840	6,806	6,839	6,747	6,729	6,708	6,708	6,749	6,740	6,781	6,783	6,766	6,771	6,827
8,224	8,215	8,203	8,136	8,124	8,018	8,007	8,003	7,990	7,980	8,001	8,016	7,990	7,969	7,974	8,066
8,136	8,123	8,103	8,044	8,040	7,912	7,914	7,908	7,885	7,876	7,895	7,868	7,845	7,821	7,820	7,886
7,752	7,713	7,603	7,581	7,576	7,541	7,508	7,478	7,458	7,475	7,490	7,509	7,496	7,447	7,484	7,553
7,368	7,357	7,336	7,355	7,415	7,275	7,183	7,218	7,153	7,244	7,188	7,207	7,191	7,191	7,273	7,212
7,626	7,570	7,456	7,469	7,392	7,320	7,302	7,288	7,278	7,257	7,265	7,231	7,244	7,213	7,196	7,229
7,294	7,261	7,200	7,189	7,166	7,076	7,072	7,054	7,047	7,071	7,071	7,085	7,095	7,066	7,082	7,127
7,426	7,387	7,348	7,289	7,240	7,125	7,062	7,041	6,978	7,003	7,000	7,017	6,976	6,954	6,961	6,984
7,506	7,496	7,439	7,384	7,339	7,244	7,211	7,206	7,191	7,143	7,117	7,132	7,079	7,100	7,098	7,173
7,469	7,399	7,329	7,281	7,260	7,061	7,026	6,991	6,994	6,987	7,024	7,075	7,041	7,030	7,041	7,077
8,358	8,352	8,272	8,288	8,248	8,095	8,097	8,103	8,089	8,047	8,147	8,163	8,214	8,192	8,119	8,200
8,176	8,138	8,069	7,943	7,995	7,823	7,748	7,785	7,784	7,794	7,887	7,908	7,970	7,909	7,993	8,124
7,660	7,626	7,570	7,509	7,488	7,389	7,349	7,348	7,316	7,293	7,328	7,339	7,324	7,310	7,316	7,377
8,058	7,996	7,938	7,930	7,887	7,884	7,905	7,859	7,827	7,834	7,911	7,981	7,925	7,937	7,916	8,060
7,539	7,536	7,475	7,457	7,411	7,326	7,224	7,253	7,223	7,251	7,407	7,406	7,422	7,376	7,394	7,506
7,615	7,629	7,601	7,524	7,578	7,445	7,483	7,435	7,411	7,431	7,445	7,529	7,460	7,467	7,528	7,615
7,220	7,202	7,184	7,109	7,137	7,037	6,987	6,999	6,979	7,011	7,067	7,113	7,103	7,088	7,121	7,178
7,282	7,241	7,264	7,202	7,199	7,128	7,100	7,072	7,024	7,058	7,009	7,132	7,125	7,145	7,108	7,176
7,883	7,854	7,830	7,850	7,761	7,675	7,643	7,650	7,646	7,680	7,723	7,735	7,719	7,737	7,720	7,786
7,386	7,361	7,375	7,344	7,269	7,223	7,257	7,146	7,144	7,135	7,192	7,215	7,265	7,211	7,244	7,268
7,565	7,540	7,524	7,486	7,461	7,387	7,375	7,348	7,323	7,352	7,389	7,439	7,429	7,428	7,435	7,507
8,315	8,300	8,271	8,252	8,248	8,057	8,029	8,035	8,017	8,006	8,031	8,064	8,068	8,056	8,110	8,221
8,311	8,251	8,215	8,151	8,112	8,202	8,106	8,065	8,035	8,104	8,067	8,174	8,112	8,125	8,162	8,195
8,354	8,306	8,233	8,195	8,178	8,200	8,133	8,087	8,041	8,079	8,105	8,217	8,185	8,162	8,167	8,243
8,305	8,294	8,206	8,242	8,210	8,015	7,994	8,003	7,982	7,986	8,001	7,964	7,964	7,981	8,010	8,020
7,686	7,674	7,534	7,537	7,558	7,442	7,409	7,401	7,375	7,380	7,394	7,416	7,439	7,411	7,456	7,489
8,215	8,236	8,157	8,177	8,111	8,056	8,036	8,036	8,040	8,053	8,113	8,112	8,111	8,107	8,148	8,219
8,112	8,098	8,012	8,015	7,993	7,909	7,880	7,878	7,863	7,881	7,889	7,905	7,894	7,896	7,935	7,979
7,710	7,589	7,557	7,541	7,506	7,282	7,273	7,251	7,207	7,224	7,264	7,300	7,333	7,272	7,303	7,380
7,802	7,763	7,727	7,716	7,712	7,542	7,537	7,572	7,558	7,585	7,563	7,666	7,629	7,670	7,646	7,799
7,817	7,766	7,792	7,751	7,726	7,579	7,569	7,536	7,536	7,528	7,582	7,622	7,622	7,602	7,641	7,716
7,531	7,501	7,444	7,349	7,336	7,281	7,247	7,247	7,255	7,272	7,319	7,318	7,414	7,447	7,380	7,455
7,738	7,675	7,658	7,622	7,602	7,437	7,421	7,419	7,409	7,417	7,445	7,490	7,508	7,501	7,503	7,597
7,827	7,794	7,729	7,732	7,712	7,524	7,522	7,478	7,459	7,533	7,606	7,663	7,592	7,595	7,619	7,712
7,971	7,936	7,853	7,813	7,675	7,642	7,704	7,749	7,671	7,703	7,793	7,726	7,660	7,666	7,700	7,830
8,022	8,003	7,820	7,830	7,885	7,716	7,746	7,693	7,698	7,818	7,838	7,765	7,812	7,671	7,739	7,989
7,875	7,850	7,667	7,689	7,775	7,615	7,658	7,595	7,607	7,723	7,745	7,667	7,719	7,556	7,650	7,924
7,829	7,794	7,756	7,686	7,709	7,550	7,556	7,520	7,527	7,546	7,603	7,669	7,642	7,641	7,692	7,683
7,771	7,737	7,749	7,715	7,739	7,487	7,435	7,445	7,432	7,450	7,442	7,472	7,411	7,369	7,423	7,451
7,970	7,920	7,874	7,929	7,882	7,730	7,739	7,690	7,646	7,747	7,775	7,816	7,821	7,796	7,822	7,871
7,810	7,778	7,687	7,718	7,681	7,511	7,479	7,461	7,474	7,512	7,548	7,569	7,565	7,521	7,598	7,716
7,622	7,608	7,553	7,537	7,497	7,332	7,350	7,343	7,335	7,385	7,436	7,430	7,432	7,380	7,497	7,594
7,869	7,838	7,763	7,760	7,741	7,581	7,581	7,553	7,539	7,599	7,647	7,669	7,639	7,608	7,655	7,751
7,928	7,897	7,769	7,742	7,768	7,601	7,550	7,638	7,572	7,577	7,600	7,693	7,706	7,698	7,716	7,830
7,922	7,940	7,816	7,781	7,814	7,643	7,653	7,702	7,648	7,676	7,691	7,765	7,803	7,801	7,819	7,943
7,808	7,774	7,722	7,702	7,679	7,562	7,558	7,540	7,527	7,548	7,566	7,598	7,599	7,576	7,600	7,661
7,798	7,766	7,715	7,694	7,671	7,552	7,550	7,531	7,518	7,539	7,559	7,588	7,590	7,567	7,591	7,651

3. LPガス主要流通事業者ランキング（年間販売量4,000t以上）

3-1　LPガス主要流通事業者販売量ランキング（平成28年度販売実績ベース）

事業者名	本社所在地	年間販売量（t）	家庭業務用（t）	一般工業用（t）	自動車用（t）	その他（t）	直売消費者数	（内簡易ガス）	充填所	充填所（併スタ）数	オートガススタンド	LPガス主要仕入先
岩谷産業(株)	大阪・東京	1,696,000	—	—	—	—	890,000	—	—	—	—	中東・米国・ENEOSグループ・ジクシス
日本瓦斯(株)	東京	639,000	296,000	—	—	343,000	1,200,553	78,838	—	5	1	兼松ペトロ・ENEOSグループ
伊藤忠エネクス(株)	東京	546,477	302,309	49,742	100,380	94,046	1,080,000	12,000	16	15	17	JGE
シナネンホールディングス(株)	東京	490,150	—	—	—	—	—	—	—	—	—	ENEOSグループ・アストモス・ジクシス
伊丹産業(株)	伊丹市	460,000	—	—	—	—	—	—	7	29	12	アストモス・ジクシス
東邦液化ガス(株)	名古屋市	450,000	—	—	—	—	358,000	41,140	6	5	8	ジクシス・JXTG・アストモス他
(株)ミツウロコ	東京	395,000	—	—	—	—	—	—	—	—	—	ジクシス・ENEOSグループ
大陽日酸(株)	東京	380,000	28,000	340,000	12,000	—	102,000	—	21	6	1	アストモス・ジクシス
全国農業協同組合連合会	東京	378,000	—	—	—	—	—	—	—	—	—	アストモス・ENEOSグループ・ジクシス
(株)サイサン	さいたま市	367,300	301,300	52,900	13,000	100	289,370	37,129	3	14	9	JGE・ENEOSグループ・ジクシス
東京ガスエネルギー(株)	東京	337,075	24,474	6,816	39,945	265,840	61,712	12,455	3	2	—	東京ガス
(株)TOKAI	静岡市	303,171	168,290	110,813	4,602	19,467	587,875	14,457	17	6	—	アストモス・ジクシス・ENEOSグループ・JGE
(株)エネアーク	東京	292,000	—	—	—	—	—	—	—	—	—	JGE・日商LP・エネクス
三愛石油(株)	東京	284,000	—	—	—	—	86,000	—	14	—	—	ENEOSグループ
兼松ペトロ(株)	東京	270,000	—	—	—	—	—	—	—	—	—	ジクシス・ENEOSグループ・アストモス
ガステックサービス(株)	豊橋市	254,000	124,000	72,000	12,000	46,000	217,000	15,000	3	2	—	ENEOSグループ・アストモス・JGE
(株)エネコア	福岡市	248,000	—	—	—	—	102,700	5,700	—	—	—	エネクス
シナネン(株)	東京	230,000	—	—	—	—	—	—	—	—	—	ENEOSグループ・ジクシス・JGE・アストモス
エア・ウォーター(株)	大阪市	220,300	—	—	—	—	200,000	—	—	—	—	アストモス・ENEOSグループ
(株)エネサンスホールディングス	東京	216,000	—	—	—	—	—	—	—	—	—	ジクシス・ENEOSグループ・アストモス・EMG他
日通商事(株)	東京	206,800	182,800	10,000	14,000	—	124,000	3,200	21	18	1	ENEOSグループ・アストモス
セントラル石油瓦斯(株)	東京	190,365	—	—	—	—	—	—	—	—	—	ジクシス
鈴与商事(株)	静岡市	190,000	70,000	28,000	5,000	87,000	100,000	2,000	7	1	1	アストモス・ENEOSグループ他
大陽日酸エネルギー(株)	愛知蟹江町	181,601	107,588	68,100	5,913	—	76,452	799	4	10	1	大陽日酸
ENEOSグローブエナジー(株)	横浜市	178,000	145,000	14,000	9,000	2,000	178,000	4,400	—	2	2	岩谷・ジクシス・ENEOSグループ・アストモス・東ガスエネ
レモンガス(株)	平塚市	170,000	—	—	—	—	320,000	10,000	8	22	3	ENEOSグループ
カメイ(株)	仙台市	160,000	125,000	24,000	1,000	—	100,000	—	4	1	1	ENEOSグループ・東ガスエネ・ジクシス
ミライフ(株)	東京	150,000	—	—	—	—	210,000	10,000	10	6	2	ENEOSグループ・ジクシス
		150,000	—	—	—	—	150,000	—	—	—	—	アストモス・ENEOSグループ・ジクシス

事業者名	本社所在地	年間販売量(t)	家庭業務用(t)	一般工業用(t)	自動車用(t)	その他(t)	直売消費者数	(内簡易ガス)	充填所	充填所(併スタ)	オートガススタンド	LPガス主要仕入先
西部ガスエネルギー(株)	福岡粕屋町	149,629	－	－	－	－	124,299	58,172	1	－	－	ENEOSグローブ・アストモス・ジクシス
三ッ輪産業(株)	東京	148,000	147,200	－	800	－	56,000	600	4	2	2	ジクシス・アストモス・東ガスエネ
伊藤忠エネクスホームライフ関東(株)	東京	135,400	84,900	2,400	48,100	－	67,223	2,966	4	3	5	エネクス
北日本物産(株)	富山市	132,000	109,240	22,400	360	－	－	－	－	12	1	アストモス
豊通エネルギー(株)	名古屋市	130,000	12,000	15,000	6,000	97,000	15,600	－	－	1	－	ジクシス
アストモスリテイリング(株)	東京	115,000	90,000	15,000	10,000	－	175,000	2,000	3	10	4	アストモス
北海道エア・ウォーター(株)	札幌市	113,931	80,752	18,772	9,915	4,492	156,923	3,538	1	－	－	エア・ウォーター
堀川産業(株)	草加市	110,000	－	－	－	－	230,000	－	5	3	－	アストモス・ジクシス
(株)ツバメガスフロンティア	福岡市	110,000	－	－	－	－	43,503	961	4	－	－	ジクシス
(株)Misumi	鹿児島市	109,900	81,200	20,200	8,500	－	41,000	2,900	4	6	3	ENEOSグローブ
静岡ガスエネルギー(株)	静岡市	107,886	43,078	10,933	281	－	7,100	2,020	2	1	－	キグナス・ジクシス・セントラル
橋本産業(株)	東京	100,000	－	－	－	－	－	－	14	6	1	ENEOSグローブ・アストモス・ジクシス・JGE
大阪ガスLPG(株)	大阪市	93,000	93,000	－	－	－	－	－	5	－	－	JGE
(株)エネサンス関東	東京	90,000	－	－	－	－	30,000	268	5	5	1	ジクシス他
冨士クラスタ(株)	東京	86,000	59,000	500	26,000	500	－	－	－	2	1	ジクシス・ENEOSグローブ
広島ガスプロパン(株)	広島海田町	85,528	50,270	21,809	13,449	－	165,725	11,150	4	6	7	ENEOSグローブ・アストモス・岩谷・ジクシス
サリン(株)	長野山形村	80,000	80,000	－	－	－	－	－	5	7	3	ジクシス
(株)マルエイ	岐阜市	79,200	53,900	10,200	1,900	13,200	65,000	4,000	3	4	1	アストモス・JGE
大丸エナウィン(株)	大阪市	78,000	37,000	3,850	1,900	35,250	66,900	5,900	6	1	－	ENEOSグローブ・ジクシス・JGE他
三愛オブリガス東日本(株)	東京	75,000	－	－	－	－	29,000	367	6	－	－	三愛
福岡酸素(株)	久留米市	75,000	－	－	－	－	－	－	－	－	－	アストモス
三愛オブリガス九州(株)	福岡市	70,327	－	－	－	－	－	－	－	－	－	三愛
四国ガス燃料(株)	今治市	70,000	47,186	22,421	393	－	131,803	12,380	5	2	2	アストモス・ジクシス
ニイミ産業(株)	名古屋市	63,000	18,000	44,000	1,000	－	30,000	1,000	3	2	2	ジクシス・アストモス
ミライフ西日本(株)	大阪市	63,000	60,000	－	3,000	－	33,000	－	2	2	1	ジクシス・アストモス・ENEOSグローブ
田邊工業(株)	東京	62,000	10,000	6,000	1,000	45,000	15,000	－	5	3	2	アストモス・ENEOSグローブ・ジクシス
岡谷酸素(株)	岡谷市	61,105	－	－	－	－	30,000	－	－	8	2	大陽日酸・豊通
サカキ産業(株)	富山市	60,100	23,100	36,890	110	－	7,350	205	2	1	1	JGE・ENEOSグローブ・大陽日酸
山陰酸素工業(株)	米子市	58,637	30,860	26,516	1,261	－	25,223	784	1	2	3	JGE・アストモス他

事業者名	本社所在地	年間販売量(t)	家庭業務用(t)	一般工業用(t)	自動車用(t)	その他(t)	直売消費者数	(内簡易ガス)	充填所	充填所(併スタ)	オートガススタンド	LPガス主要仕入先
浅 野 産 業 (株)	岡山市	56,900	-	-	-	-	-	-	-	5	2	JGE・ENEOSグループ
グリーンガス福井 (株)	福井市	55,000	-	-	-	-	-	-	-	5	2	アストモス
東 上 ガ ス (株)	志木市	54,000	-	-	-	-	82,000	9,900	2	2	1	ジクシス・アストモス・JGE
三 谷 商 事 (株)	福井市	53,000	-	-	-	-	-	-	3	-	1	アストモス
日本プロパンガス (株)	丸亀市	53,000	8,917	5,242	-	38,841	30,000	473	-	8	-	ジクシス・JGE
東邦アセチレン (株)	多賀城市	51,000	-	3,200	1,700	46,100	-	-	6	-	-	ENEOSグループ・アストモス
エネサンス北海道 (株)	札幌市	50,000	-	-	-	-	-	-	-	-	2	ジクシス・アストモス・ENEOSグループ・JXTG・JGE他
関 彰 商 事 (株)	筑西市	50,000	-	-	-	-	-	-	-	5	-	ENEOSグループ
日 東 エネルギー (株)	東 京	50,000	-	-	-	-	-	-	2	-	-	ENEOSグループ・ジクシス
(株)ガ ス パ ル	東 京	49,836	49,836	-	-	-	279,135	-	2	5	-	岩谷・ミツウロコ・カメイ他
ヤ マ サ 総 業 (株)	名古屋市	46,420	41,000	5,420	-	-	-	-	3	2	-	ENEOSグループ
日 本 ス コ ム	豊橋市	45,000	40,000	4,980	20	-	31,367	92	3	-	-	三愛
大陽日酸ガス&ウェルディング (株)	大阪市	45,000	1,500	3,000	2,000	38,500	4,000	80	5	-	-	大陽日酸・JGE・アストモス
伊藤忠エネクスホームライフ西日本 (株)	広島市	44,257	-	-	-	-	93,000	1,800	3	4	2	エネクス
日 本 海 ガ ス (株)	富山市	43,909	6,587	21,548	-	15,774	35,424	9,437	1	-	-	ENEOSグループ
伊藤忠エネクスホームライフ中部 (株)	名古屋市	43,710	37,324	2,896	3,490	-	23,334	42	3	1	3	エネクス
新 日 本 ガ ス (株)	岐阜市	43,677	34,125	9,484	68	-	53,530	1,775	4	2	-	JGE・ジクシス・豊通
河 原 実 業 (株)	東 京	43,148	42,992	155	1	-	123,053	3,372	2	-	-	JGE
日 米 礦 油 (株)	大阪市	42,657	34,168	2,045	1,759	4,685	38,900	1,900	3	3	1	ENEOSグループ
上 原 成 商 事 (株)	京都市	42,000	22,300	12,300	7,400	-	13,600	-	2	3	2	ジクシス
ミライフ東日本 (株)	仙台市	41,550	41,132	-	418	-	51,600	-	7	-	-	アストモス・ENEOSグループ
東部液化石油 (株)	東 京	40,448	21,949	10,133	167	8,199	88,000	15,200	2	-	-	ENEOSグループ・JGE・アストモス・ジクシス他
名古屋プロパン瓦斯 (株)	名古屋市	40,000	-	-	-	-	20,460	1,518	3	1	1	ジクシス・ENEOSグループ
宇 野 酸 業 (株)	越前市	38,620	2,730	34,220	1,670	-	-	-	4	2	-	ENEOSグループ
富 士 エネルギー (株)	東 京	38,500	-	-	38,500	-	-	-	-	-	3	ENEOSグループ
大 和 石 油 ガ ス (株)	大阪市	37,445	3,322	28,538	5,585	500	1,500	-	1	-	3	ジクシス・JGE・全農・豊通エネ・三徳商事
イ ワ タ ニ 近 畿 (株)	大阪市	37,100	31,000	2,850	2,750	-	85,000	4,700	5	-	-	岩谷
西 日 本 液 化 ガ ス (株)	下関市	36,180	30,180	5,350	650	-	60,000	1,820	5	2	2	アストモス
(株) 巴 商 会	東 京	35,144	-	-	-	-	-	-	-	-	-	北日本物産・JGE・岩谷、大陽日酸、トーエル他

事業者名	本社所在地	年間販売量(t)	家庭業務用(t)	一般工業用(t)	自動車用(t)	その他(t)	直売消費者数	(内簡易ガス)	充填所	充填所(併スタ)	オートガススタンド	LPガス主要仕入先
㈱エネサンス東北	仙台市	35,000	—	—	—	—	—	—	1	3	3	ジクシス他
㈱りゅうせき	浦添市	34,000	—	—	—	—	—	—	4	—	1	ENEOSグループ
エネジン㈱	浜松市	33,666	21,499	4,851	3,460	3,856	44,257	736	1	1	3	花川エネ・エネクスHL関東・ジクシス・ENEOSグループ
イワタニ東北㈱	仙台市	33,500	28,790	1,830	2,880	—	63,000	760	—	—	1	岩谷
富士ツバメ㈱	静岡市	33,500	—	—	—	—	20,000	—	3	—	—	ジクシス
東京オート㈱	東京	33,162	—	—	33,162	—	—	—	—	—	4	東ガスエネ
山川㈱	京都市	33,040	—	—	—	—	—	—	2	—	—	ジクシス
ツバメ産業㈱	大阪市	32,000	—	—	—	—	—	—	—	1	—	ジクシス
朝日ガスエナジー㈱	四日市市	31,749	18,572	12,491	334	352	25,000	7,874	2	2	—	岩谷・ジクシス・JGE
カマタ㈱	福岡市	30,800	—	—	—	—	—	—	1	3	—	ENEOSグループ
北ガスジェネックス㈱	札幌市	30,000	27,000	3,000	—	—	79,402	39,283	—	—	—	ENEOSグループ
イワタニ関東㈱	さいたま市	30,000	—	—	—	—	72,000	2,000	—	—	1	岩谷
東京日石オートガス㈱	東京	28,400	—	—	28,400	—	—	—	—	—	2	ENEOSグループ
静岡県経済連	静岡市	28,150	26,330	1,820	—	—	300	—	3	—	—	全農
㈱渡商会	横浜市	28,000	—	—	—	—	154	120	1	—	—	ジクシス・アストモス
ダイネン㈱	姫路市	28,000	—	—	—	—	—	—	—	—	—	JGE・ENEOSグループ
かもガス㈱	船橋市	27,600	—	—	—	—	50,700	5,000	3	—	—	南悠商社
イワタニ九州㈱	福岡市	27,000	—	—	—	—	80,000	2,000	—	—	—	岩谷
アイ・エス・ガスシステム㈱	船橋市	26,760	25,995	765	—	—	75,723	865	3	—	—	アストモス・岩谷・ENEOSグループ
北海道エナジティック㈱	札幌市	26,700	—	—	—	—	—	—	4	2	2	ENEOSグループ
㈱ダイプロ	大分市	26,657	21,586	—	5,071	—	2,239	2,239	1	2	2	ENEOSグループ
㈱日本エナルギー	八王子市	26,000	26,000	—	—	—	—	—	2	—	—	東ガスエネ・ミライフ・岩谷
沖縄協同ガス㈱	沖縄八重瀬町	25,798	25,798	—	—	—	—	—	5	—	—	全農
㈱ニューフ ガス日本	鹿児島市	25,614	21,198	2,921	1,495	—	58,157	9,852	1	4	—	ENEOSグループ
関東エア・ウォーター㈱	東京	25,600	14,600	10,000	150	850	30,000	—	2	—	—	アストモス
札幌アポロ石油㈱	札幌市	25,500	—	—	—	—	—	—	2	—	—	アストモス
マルハ産業㈱	仙台市	25,378	—	—	—	—	—	—	—	1	—	ENEOSグループ・アストモス・ジクシス
㈱サンワ	前橋市	25,000	12,000	5,300	—	7,800	13,000	—	4	—	—	アストモス
名古屋シェル石油販売㈱	名古屋市	25,000	—	25,000	—	—	—	—	—	—	—	ジクシス

事業者名	本社所在地	年間販売量(t)	家庭業務用(t)	一般工業用(t)	自動車用(t)	その他(t)	直売消費者数	(内簡易ガス)	充填所	充填所(併スタ)	オートガススタンド	LPガス主要仕入先
伊藤忠エネクスホームライフ関西㈱	大阪市	25,000	16,500	1,500	7,000	—	30,000	900	—	7	1	エネクス
四国岩谷産業㈱	高松市	24,964	17,170	273	195	7,326	35,526	643	4	1	—	岩谷
㈱エルピオ	市川市	24,700	23,800	400	—	500	69,950	—	2	2	1	JGE・ENEOSグループ
アジア商事㈱	東京	24,500	—	—	24,500	—	—	—	1	1	1	JXTG
フジオックス㈱	東京	24,000	21,000	1,800	200	1,000	18,600	3,600	—	1	—	大陽日酸・岩谷
小池化学㈱	東京	23,801	2,762	4,698	—	16,341	5,650	1,005	1	—	—	アストモス
㈱花川エネルギーセンター	浜松市	23,343	22,343	—	—	—	—	—	1	—	—	ENEOSグループ・ジクシス・エネクス
山代ガス㈱	佐賀市	23,300	12,300	10,110	890	—	15,000	1,051	1	2	—	アストモス・ENEOSグループ
グッドライフサーブ関東㈱	横浜市	23,000	—	—	—	—	36,000	—	1	—	—	ガスデック
帝燃産業㈱	茨木市	22,854	19,284	3,042	528	—	59,000	4,104	1	1	—	ジクシス・トーヨーエナジー
日本ガス興業㈱	沼津市	22,656	18,188	4,151	317	—	21,208	909	3	2	—	JGE・ジクシス
八光商事㈱	大阪市	22,422	—	—	22,422	—	—	—	—	—	5	JGE
伊藤忠エネクスホームライフ東北㈱	仙台市	22,000	20,000	—	—	—	19,100	300	3	—	—	JGE
イワタニ山陽㈱	広島市	21,546	20,296	1,079	—	172	95,845	3,251	1	1	1	岩谷
三愛オブリガス中国㈱	倉敷市	21,334	21,334	—	—	—	8,500	—	1	1	—	三愛
エニックス石油㈱	浦添市	21,000	21,000	—	—	—	—	—	1	1	7	アストモス
山形カガス酸㈱	山形市	20,590	11,532	8,374	166	518	14,178	2,690	2	—	1	アストモス・東邦アセチレン
カニエJAPAN㈱	愛知蟹江町	20,500	19,568	932	—	—	88,736	7,347	1	1	—	JGE・岩谷・大陽日酸・セントラル
石井燃商㈱	四日市市	20,300	20,300	—	—	—	—	—	2	—	1	ジクシス
イワタニ東海㈱	瑞穂市	20,230	16,355	3,191	684	—	50,466	493	1	—	1	岩谷
北陸天然ガス興業㈱	新潟市	20,101	5,296	2,708	—	12,097	1,144	345	1	—	—	ジクシス・アストモス
垣見油化㈱	東京	20,000	20,000	—	—	—	5,000	80	1	1	—	ENEOSグループ
全農岐阜県本部	岐阜市	20,000	20,000	—	—	—	—	—	—	—	—	全農
北酸㈱	富山市	20,000	10,950	8,700	350	—	8,000	240	—	—	—	ENEOSグループ
㈱シェル石油大阪発売所	大阪市	20,000	—	—	19,500	—	—	—	—	—	1	ジクシス
全農広島県本部	広島市	19,997	19,982	15	—	—	68,618	6,081	3	—	—	全農
富国興産㈱	札幌市	19,500	—	—	—	—	—	—	—	—	—	ENEOSグループ
㈱スナガ	みどり市	19,500	—	—	—	—	—	—	1	1	—	ジクシス
全農長野県本部	長野市	19,500	—	—	—	—	440	—	1	—	—	全農

事業者名	本社所在地	年間販売量（t）	家庭業務用（t）	一般工業用（t）	自動車用（t）	その他（t）	直売消費者数	（内簡易ガス）	充填所	充填所（併スタ）	オートガススタンド	ＬＰガス主要仕入先
高橋石油㈱	高松市	19,246	-	-	-	-	-	-	1	2	-	ジクシス
イワタニ北陸㈱	野々市市	19,200	17,200	1,200	800	-	53,200	1,100	2	2	-	岩谷
㈱三ッウ	川西市	19,100	-	-	-	-	-	-	-	2	1	アストモス
沖縄県農業協同組合	那覇市	19,007	19,007	-	-	-	-	-	3	-	-	全農
富士産業㈱	東京	19,000	-	-	-	-	60,000	-	2	-	-	ＪＧＥ・ＥＮＥＯＳグループ・ジクシス
愛知県経済連	名古屋市	19,000	-	-	-	-	69,000	-	3	-	-	全農
㈱エネサンス九州	佐賀市	19,000	-	-	-	-	-	-	-	3	-	ジクシス他
トモエロプ㈱	東京	18,739	16,410	1,956	-	-	59,376	962	-	-	-	巴商会・湘南ＬＰＧ・北日本物産・大陽日酸
三木産業㈱	姫路市	18,708	-	-	-	-	-	-	-	3	-	アストモス
イワタニ福島㈱	郡山市	18,440	17,530	770	140	-	28,700	376	2	1	-	岩谷
日本オートガス㈱	東京	18,215	-	-	18,215	-	-	-	-	-	1	ＪＧＥ・ＥＮＥＯＳグループ
㈱キョーワ	福岡市	18,000	16,200	-	1,800	-	-	-	3	-	2	アストモス
㈱キョーロ	京都市	17,837	16,500	1,300	37	-	20,000	1,700	4	-	-	ＪＸＴＧ
全農石川県本部	金沢市	17,745	17,745	-	-	-	-	-	-	-	-	全農
ネクスト・ワン㈱	加古川市	17,543	14,234	1,771	1,538	-	8,631	629	3	2	1	アストモス・ジクシス他
㈱ジェイエイコープ	鹿児島市	17,500	17,500	-	-	-	-	-	3	-	-	全農
ヤサカ商事㈱	京都市	17,440	6,650	90	10,700	-	3,550	-	1	-	2	アストモス・トーヨーエナジー
四国石油㈱	高松市	17,224	-	-	-	-	-	-	-	1	-	ジクシス
日商プロパン石油㈱	札幌市	17,000	17,000	-	-	-	8,000	950	9	6	2	ＥＮＥＯＳグループ
㈱カネコ商会	新潟市	16,800	13,070	3,600	130	-	7,300	1,000	1	2	-	ジクシス・セントラル・ＥＮＥＯＳグループ
ダイヤ燃商㈱	津市	16,720	14,348	2,284	88	-	24,933	437	-	1	1	エネアーク
山文商事㈱	大阪市	16,632	-	-	-	-	-	-	-	-	-	ＥＮＥＯＳグループ
全農神奈川県本部	平塚市	16,600	16,600	-	-	-	-	-	1	-	-	全農
八戸液化ガス㈱	八戸市	16,276	14,301	1,379	596	-	20,921	3,355	2	-	1	ＥＮＥＯＳグループ
九州石油ガス㈱	福岡粕屋町	16,248	15,727	521	-	-	22,811	1,030	2	-	-	ＥＮＥＯＳグループ
東京無線オートガス協同組合	東京	16,000	-	-	16,000	-	-	-	-	-	1	ＥＮＥＯＳグループ
日新商事㈱	東京	16,000	-	-	-	-	-	-	-	-	-	ＥＮＥＯＳグループ
永商燃	岡山市	16,000	11,000	4,500	500	-	17,000	-	2	1	-	ジクシス・ＪＧＥ・岩谷
高山石油ガス㈱	下松市	15,930	12,200	500	1,430	1,800	22,000	550	2	4	-	ＥＮＥＯＳグループ

事業者名	本社所在地	年間販売量(t)	家庭業務用(t)	一般工業用(t)	自動車用(t)	その他(t)	直売消費者数	売(内簡易ガス)	充填所	充填所(併スタ)	オートガススタンド	LPガス主要仕入先
長野プロパンガス㈱	上田市	15,740	-	-	-	-	-	-	-	2	-	エネアーク
イワタニ首都圏㈱	川崎市	15,710	12,828	1,650	1,232	-	44,377	1,936	-	-	-	岩谷
若松ガス㈱	会津若松市	15,536	12,481	690	578	1,787	21,284	4,081	1	3	-	ジクシス
㈱八大	横浜市	15,500	15,500	-	-	-	-	-	1	1	-	ENEOSグローブ
タロガス㈱	秋田市	15,142	12,368	2,774	-	-	13,755	-	2	1	-	JGE
東洋瓦斯㈱	大分市	15,092	3,964	81	-	11,047	4,472	473	1	1	-	ENEOSグローブ
イワタニ長野㈱	長野市	15,000	-	-	-	-	33,000	-	-	-	-	岩谷
村瀬産業㈱	岐阜市	15,000	15,000	-	-	-	-	-	-	-	-	ジクシス
全農滋賀県本部	大津市	15,000	15,000	-	-	-	2,000	900	1	-	-	全農
東彩ガス㈱	越谷市	14,941	14,542	399	-	-	58,554	2,385	-	-	-	ニチガス
吉武産業㈱	北九州市	14,820	14,640	180	-	-	22,540	-	2	-	-	アストモス・ENEOSグローブ・ジクシス他
オータキ大多喜ガス㈱(H30.1大多喜ガス㈱に統合)	茂原市	14,777	14,774	-	-	-	5,916	697	-	1	-	ENEOSグローブ・アストモス
㈱シンセイ	川口市	14,500	13,960	500	40	-	25,100	-	2	1	-	アストモス
㈱ワ田ガス	瀬戸市	14,290	-	-	-	-	-	-	-	-	-	ジクシス
三ッ矢物産	東京	14,257	-	-	13,995	262	-	-	-	-	2	JGE・岩谷・三愛
福岡ライフエナジー㈱	久留米市	14,124	14,000	-	-	-	51,000	-	-	-	-	全農
イワタニ北海道㈱	札幌市	14,000	14,000	-	-	-	-	-	-	1	-	岩谷
大飼産業㈱	名古屋市	14,000	14,000	-	-	-	-	-	1	1	-	JGE・アストモス他
㈱エネサンス中部	愛知蟹江町	14,000	-	13,850	-	-	-	-	1	-	-	ジクシス他
ニックス㈱	多治見市	14,000	150	-	-	-	90	-	1	-	-	東邦液化
食協㈱	広島市	14,000	7,500	5,800	590	150	12,500	286	1	1	1	アストモス
ヤナギグループ	東京	13,800	5,500	-	8,300	-	5,600	-	-	1	1	ミライフ・ニチガス・トーヨーエナジー
岡山ガスエネルギー㈱	岡山市	13,766	-	-	-	-	-	-	-	1	1	岡山ガス
昭洋商事㈱	多治見市	13,700	1,258	12,442	1,500	-	4,320	75	1	-	1	ジクシス・東邦液化・JGE
日の丸産業㈱	広島市	13,500	11,000	-	1,500	-	8,500	-	-	1	1	ジクシス・ENEOSグローブ
JAえひめエネルギー㈱	松山市	13,457	-	-	-	-	-	-	-	-	-	全農
㈱JAライフサポート佐賀	神埼市	13,435	-	-	-	-	29,880	102	-	-	1	全農
南九州マルヰ㈱	熊本市	13,380	10,983	1,446	951	-	46,046	605	1	-	-	岩谷
扇港興産㈱	神戸市	13,250	-	-	-	-	-	-	1	-	1	アストモス

事業者名	本社所在地	年間販売量(t)	家庭業務用(t)	一般工業用(t)	自動車用(t)	その他(t)	直売消費者数	(内簡易ガス)	充填所	充填所(併スタ)	オートガススタンド	LPガス主要仕入先
上野ガス㈱	伊賀市	13,204	8,734	3,841	609	17	17,765	2,612	—	2	2	ENEOSグループ・セントラル・三重交通
㈱丸八	魚津市	13,100	12,630	—	470	—	19,000	1,355	—	2	2	JGE・セントラル・東邦液化
全農エネルギー㈱	東京	13,021	13,021	—	—	—	65,982	—	3	—	—	全農
熊本ケミカルプロパン㈱	熊本市	13,018	13,018	—	—	—	—	—	5	—	—	県経済連
東愛知ガス供給ネット㈱	豊川市	13,000	—	—	—	—	—	—	1	—	—	東邦液化
㈱フジプロ	知立市	13,000	5,900	4,450	2,650	—	10,000	616	—	1	2	JGE
大一ガス㈱	松山市	13,000	—	—	—	—	34,200	1,148	—	—	—	大陽石油
中島商事㈱	東近江市	12,950	8,650	4,300	136	—	13,130	—	1	1	—	ジクシス
遠藤商事㈱	山形市	12,878	11,166	1,400	—	312	11,851	1,802	1	1	—	ENEOSグループ
㈱チヨーダ	長崎市	12,851	9,743	1,587	1,521	—	15,505	2,356	1	1	1	ENEOSグループ・アストモス
㈱クレックス	千葉市	12,800	—	—	—	—	—	—	—	—	—	アストモス
土佐ガス㈱	高知市	12,800	—	—	—	—	—	—	1	2	2	JGE・ENEOSグループ
㈱ヒサキ	高知市	12,700	—	—	—	—	—	—	—	3	3	アストモス・ENEOSグループ
南国殖産㈱	鹿児島市	12,700	—	—	—	—	—	—	—	—	—	アストモス
マルキ産業㈱	那覇市	12,604	10,451	924	1,229	—	68,000	3,600	2	1	1	岩谷
㈱いちたかガスワン	札幌市	12,603	—	—	—	—	49,898	—	1	1	1	ENEOSグループ
大和物産㈱	東京	12,585	—	—	12,585	—	160	—	—	—	2	ENEOSグループ・ジクシス・郵船商事
熊本県経済連	熊本市	12,585	—	—	—	—	—	—	5	—	—	全農
横井石油㈱	坂出市	12,500	—	—	—	—	—	—	—	—	—	ENEOSグループ
共和商事㈱	相生市	12,435	—	—	—	—	—	—	2	3	3	アストモス
梶野産業㈱	岸和田市	12,300	—	—	—	—	15,071	—	—	1	1	ジクシス・岩谷
ヤマリョー㈱	山形市	12,230	6,065	5,962	203	—	—	767	—	3	3	アストモス
全農長崎県本部	長崎市	12,200	12,200	—	—	—	—	—	—	—	—	全農
コーアガスデリック㈱	福岡市	12,185	69	—	12,116	—	—	—	—	1	1	ENEOSグループ
サーンガス共和㈱	倉敷市	12,172	9,765	1,532	875	—	8,168	—	1	1	1	大陽日酸・岩谷・伊丹・アストモス
㈱タクナジー	東近江市	12,006	—	—	—	—	—	—	—	—	1	ジクシス
田島燃料㈱	狭山市	12,000	11,000	1,000	—	—	5,000	900	1	1	1	キグナス・ジクシス
ツルミエネルギー㈱	さいたま市	12,000	11,000	—	1,000	—	14,000	—	1	1	1	アストモス
㈱榊原	船橋市	12,000	—	—	—	—	—	—	1	—	—	アストモス

事業者名	本社所在地	年間販売量(t)	家庭業務用(t)	一般工業用(t)	自動車用(t)	その他(t)	直売消費者数	(内簡易ガス)	充填所	充填所(併スタ)	オートガススタンド	ＬＰガス主要仕入先
ダイワエネルギー㈱	和歌山市	12,000	—	—	—	—	—	—	—	—	—	アストモス
愛媛日商プロパン㈱	愛媛松前町	12,000	5,700	1,180	20	5,100	7,050	—	—	1	1	ＪＧＥ
エネックス㈱	宇部市	11,954	—	—	—	—	—	—	—	1	—	ジクシス
㈱ダイニ山陰	松江市	11,862	—	—	—	—	22,502	1,389	—	—	2	岩谷
㈱門田商店	東京	11,860	—	—	—	—	—	—	—	—	—	ＥＮＥＯＳグローブ
㈱スタン	徳島市	11,800	—	—	—	—	—	—	2	2	1	ジクシス
新潟サンリン㈱	新潟市	11,742	5,707	586	515	4,934	7,343	288	3	3	3	ＥＮＥＯＳグローブ・アストモス・全農・ジクシス
根本石油㈱	郡山市	11,500	6,100	1,340	4,060	—	5,000	—	—	1	2	ＪＧＥ・アストモス・ジクシス
全農埼玉県本部	さいたま市	11,470	11,440	30	—	—	3,000	—	1	—	—	全農
㈱スタンダード石油大阪発売所	大阪市	11,400	400	—	11,000	—	—	—	1	1	2	ジクシス
イワタニ島根㈱	大田市	11,400	—	—	—	—	—	—	—	—	—	岩谷
仙台プロパン㈱	多賀城市	11,225	10,079	1,146	—	—	23,084	7,651	1	1	—	アストモス
ダイイチガスコム㈱	岡崎市	11,184	11,032	149	3	—	10,912	—	1	1	—	日本ガスコム
熊本石油㈱	熊本市	11,093	7,872	—	3,222	—	5,903	—	—	6	3	アストモス・ＥＮＥＯＳグローブ
山三ガス㈱	所沢市	11,000	—	—	—	—	18,000	—	1	1	—	ジクシス
清水燃料㈱	青梅市	11,000	—	—	—	—	—	—	—	—	—	ＥＮＥＯＳグローブ
㈱シャイニングサービス	船橋市	11,000	—	—	—	—	—	—	—	—	—	ＥＮＥＯＳグローブ・アストモス・エネサンス・岩谷
ヤマサン㈱	宇部市	11,000	7,494	1,761	1,218	527	16,679	402	1	2	1	ＥＮＥＯＳグローブ
全農山形県本部	山形市	10,958	10,958	—	—	—	—	—	2	—	—	全農
赤尾商事㈱	高崎市	10,912	—	—	—	—	—	—	—	—	—	アストモス
㈱成田セラミックバーナー工業所	瀬戸市	10,800	—	—	—	—	—	—	—	—	—	東邦液化
松村物産㈱	金沢市	10,800	—	—	—	—	—	—	1	—	1	ＪＧＥ・大陽日酸
新日本瓦斯㈱	北本市	10,707	6,572	4,133	—	—	33,780	2,139	—	—	2	ニチガス
石黒商事㈱	土岐市	10,669	2,931	7,738	—	—	5,854	305	1	—	—	ジクシス・東邦液化
和歌山県農協連	和歌山市	10,437	—	—	—	—	—	—	—	—	—	全農・岩谷
美濃加茂ガス㈱	美濃加茂市	10,419	8,264	1,867	288	—	14,238	233	1	1	1	東邦液化・アストモス
町田ガス㈱	町田市	10,290	—	—	—	—	—	—	—	—	—	エネクス・ＥＮＥＯＳグローブ
㈱山口三	秋田市	10,240	8,708	1,532	—	—	7,200	—	1	1	1	アストモス

事業者名	本社所在地	年間販売量(t)	家庭業務用(t)	一般工業用(t)	自動車用(t)	その他(t)	直売消費者数	(内簡易ガス)	充填所	充填所(併スタ)	オートガススタンド	LPガス主要仕入先
三谷産業イー・シー(株)	野々市市	10,220	6,691	3,529	—	—	31,815	269	—	—	—	ENEOSグループ
福井県経済連	福井市	10,200	10,030	170	—	—	45,570	2,256	3	—	—	全農
全農岩手県本部	盛岡市	10,127	10,127	—	—	—	—	—	1	—	—	全農
増田石油(株)	福岡市	10,120	—	—	—	—	—	—	—	—	—	ジクシス
ヤマ平(株)	多治見市	10,107	—	—	—	—	—	—	—	—	1	ENEOSグループ
小平(株)	鹿児島市	10,050	9,350	450	250	—	5,000	—	1	2	1	JGE・アストモス
宮崎液化ガス(株)	宮崎市	10,006	6,950	674	77	2,304	24,546	6,780	1	2	—	エコア
富士オート(株)	東京	10,000	—	—	10,000	—	—	—	—	1	1	アストモス
湘南瓦斯(株)	横須賀市	10,000	—	—	—	—	—	—	—	—	—	—
東横化学(株)	川崎市	10,000	7,000	3,000	—	—	3,500	—	1	—	—	ジクシス・アストモス
愛予液化ガス(株)	今治市	9,932	—	—	—	—	—	—	1	1	1	大陽石油・アストモス
奥村商会	横浜市	9,898	—	—	—	—	13,450	567	—	1	1	東ガスエネ
伊勢液化(株)	伊勢崎市	9,891	3,772	4,602	—	1,517	5,027	479	1	—	1	ジクシス
日本ガスエネルギー(株)	鹿児島市	9,880	—	—	26	99	9,400	—	1	1	—	日本ガス
富士瓦斯(株)	東京	9,800	9,675	—	—	—	7,697	1,060	—	1	1	アストモス・JGE・ジクシス・東ガスエネ
(株)マルヰ	加賀市	9,786	7,794	1,640	352	—	18,102	4,027	—	1	1	岩谷
大垣ガス(株)	大垣市	9,769	6,598	2,975	196	—	—	—	—	1	—	セントラル・東邦液化・岩谷
池田エルピービーガス(株)	池田市	9,700	9,700	—	—	—	—	—	—	—	—	伊丹
(株)りゅうせきエネプロ	那覇市	9,694	7,192	228	2,274	—	31,813	3,891	1	1	1	りゅうせき
(株)シンバマ	藤岡市	9,600	—	—	—	—	—	—	—	—	—	JGE
九州酸素(株)	飯塚市	9,600	—	—	—	—	—	—	1	1	—	大陽日酸
西川燃料(株)	御所市	9,570	—	—	—	—	—	—	1	1	1	アストモス
福井ツバメ商事(株)	福井市	9,500	—	—	—	—	—	—	1	1	1	ジクシス
東濃石油(株)	瑞浪市	9,463	1,932	7,410	121	—	3,097	1,095	1	—	1	ジクシス
八戸燃料(株)	八戸市	9,416	—	—	—	—	5,126	161	—	1	1	岩谷
(株)丸新	新潟市	9,300	—	—	—	—	—	—	1	—	1	アストモス
中部エア・ウォーター(株)	名古屋市	9,300	1,960	7,330	10	—	870	—	1	—	—	エア・ウォーター
全農高知県本部	高知市	9,260	—	—	—	—	—	—	2	—	—	全農
プロパンガス(株)	羽生市	9,200	—	—	—	—	9,000	170	1	—	—	ENEOSグループ

事業者名	本社所在地	年間販売量(t)	家庭業務用(t)	一般工業用(t)	自動車用(t)	その他(t)	直売消費者数	(内簡易ガス)	充填所	充填所(併スタ)	オートガススタンド	LPガス主要仕入先
栄月(株)	福井市	9,100	3,390	5,760	—	—	3,940	1,000	—	—	—	ENEOSグローブ・JGE
高山産業(株)	岡山市	9,050	6,100	2,950	—	—	14,100	128	—	—	—	ENEOSグローブ・岩谷
伊藤忠エネクスホームライフ北海道(株)	札幌市	9,000	—	—	—	—	9,000	—	1	—	—	JGE
大和燃料(株)	愛知美浜町	9,000	—	—	—	—	—	—	—	1	—	アストモス
三河商事(株)	豊田市	8,918	—	1,290	—	—	—	—	—	1	—	東邦液化
北日本ガス(株)	小山市	8,907	6,809	—	—	808	26,833	1,787	—	—	—	ニチガス
大平熔材(株)	秋田市	8,900	—	—	—	—	—	—	—	—	—	東邦アセチレン
(株)JAエルサポート	宇都宮市	8,853	7,433	—	—	1,420	37,453	434	1	—	—	全農
エネロ(株)	松山市	8,824	7,449	774	601	—	9,057	765	—	2	—	ジクシス・JGE
日商ガス開発(株)	大阪市	8,800	—	—	—	—	—	—	—	—	—	JGE・大陽日酸
全農京都府本部	京都市	8,660	8,660	—	—	—	23,000	2,700	2	—	—	全農
南埼玉液化ガス(株)	八潮市	8,563	8,563	—	—	—	—	—	—	1	—	大陽日酸
AOIエネルギーソリューション(株)	福井市	8,500	8,500	—	—	—	—	—	1	—	—	岩谷
全農群馬県本部	前橋市	8,400	8,400	—	—	—	60	—	1	—	—	全農
大洋ガステック(株)	福岡市	8,364	679	153	3,350	4,182	3,462	—	—	1	1	エニコア・三愛
北良(株)	北上市	8,360	4,970	2,700	690	—	950	950	1	1	1	大陽日酸・ENEOSグローブ
つばめガス(株)	岡山市	8,300	8,200	100	—	—	34,000	—	—	1	—	三愛・アストモス
日東物産(株)	南アルプス市	8,230	—	—	—	—	—	—	—	1	—	ジクシス
東北実業(株)	郡山市	8,179	8,179	—	—	—	—	—	—	4	—	ジクシス
(株)JOMOプロ関東	前橋市	8,157	6,489	153	309	1,206	14,199	730	2	2	—	JXTG
全農兵庫県本部	神戸市	8,149	6,893	1,256	—	—	28	—	—	—	—	全農
(株)昭和	小田原市	8,141	6,831	265	960	34	9,602	271	1	—	—	ENEOSグローブ
昭和ガス(株)	埼玉三芳町	8,000	8,000	—	—	—	22,000	3,600	1	—	—	ジクシス・キグナス・JGE
(株)サンガ三	横須賀市	8,000	7,900	100	—	—	12,000	—	1	—	—	アストモス
(株)エネサンス新潟	新潟市	8,000	—	—	—	—	—	—	1	—	—	ジクシス他
松倉商事(株)	大和高田市	8,000	6,800	—	400	800	6,000	500	1	—	—	ジクシス
丸善商事(株)	徳島市	8,000	8,000	—	—	—	—	—	—	3	—	ジクシス
高知エネルギー(株)	高知市	8,000	7,800	100	100	—	4,000	—	—	2	—	アストモス・ジクシス

事業者名	本社所在地	年間販売量 (t)	家庭業務用 (t)	一般工業用 (t)	自動車用 (t)	その他 (t)	直売消費者数	(内簡易ガス)	充填所	充填所 (併スタ)	オートガススタンド	LPガス主要仕入先
ヤマモトエナジー販売㈱	恵那市	7,971	-	-	131	-	6,000	100	-	2	-	アストモス・JGE
大東石油㈱	神戸市	7,906	-	-	-	-	-	-	-	-	3	ENEOSグローブ
全農岡山県本部	岡山市	7,819	7,819	-	-	-	-	-	1	-	-	全農
会津ガス㈱	会津若松市	7,800	3,900	1,200	200	2,500	9,400	500	1	-	-	カメイ
全農山梨県本部	甲府市	7,700	7,700	-	-	-	-	-	1	-	-	全農
岩本石油㈱	和歌山市	7,654	-	-	-	-	-	-	-	-	-	JGE・大丸・エネサンス
全農福島県本部	福島市	7,583	7,583	-	-	-	-	-	-	-	-	全農
中部プロパン㈱	多治見市	7,500	-	-	-	-	-	-	1	-	-	JGE
大阪オートガス㈱	大阪市	7,500	-	-	7,500	-	-	-	-	-	1	JGE・伊丹・岩谷・サーンテック・ジクシス
東日本ガス㈱	取手市	7,440	6,207	885	187	161	24,931	-	1	1	1	ニチガス
㈱JA香川県エネルギーサービス	高松市	7,421	-	-	-	-	-	-	1	1	-	全農
両備エネシス㈱	岡山市	7,400	2,200	700	4,000	500	5,500	1,700	1	1	1	アストモス
都城液化ガス㈱	都城市	7,400	-	-	-	-	-	-	1	-	-	大陽日酸
泉金産業㈱	盛岡市	7,365	6,867	275	223	-	17,819	2,415	1	3	-	ENEOSグローブ
北日本燃料㈱	札幌市	7,312	5,843	178	1,291	-	9,796	-	2	2	-	岩谷
㈱横原プロパン商会	三次市	7,300	6,710	260	330	-	-	-	-	2	-	ENEOSグローブ・JGE
㈱東山	京都市	7,200	4,800	1,400	1,000	-	5,000	-	-	2	3	ジクシス・ENEOSグローブ他
ジェイエイ徳島燃料サービス㈱	徳島市	7,198	4,846	2,317	19	16	1,919	383	1	1	-	全農
興亜ガス開発㈱	岩国市	7,129	2,620	1,800	607	2,102	8,917	1,293	1	1	1	ENEOSグローブ
白ゆり商事㈱	仙台市	7,047	6,872	175	-	-	12,399	-	1	-	-	ジクシス
水沢ガス㈱	奥州市	7,000	-	-	-	-	-	-	-	-	-	ジクシス
エナジー・ワン㈱	松山市	7,000	-	-	-	-	-	-	-	1	-	ジクシス
吉村アクティブ産業㈱	福岡市	7,000	-	-	-	-	-	-	1	-	-	JGE
㈱白石	那覇市	7,000	-	-	-	-	-	-	2	-	-	JGE
ユニオンフォレスト㈱	呉市	6,992	-	-	-	-	-	-	1	-	2	大陽日酸・岩谷他
三重石商事㈱	四日市市	6,959	-	-	-	-	-	-	-	-	-	ジクシス
イワタニ鹿児島㈱	鹿児島市	6,921	6,445	468	-	8	-	-	1	-	-	岩谷
宇田川㈱	取手市	6,920	-	-	-	-	-	-	1	-	1	ENEOSグローブ
三河品川燃料㈱	碧南市	6,900	-	-	-	-	-	-	-	1	2	ジクシス

事業者名	本社所在地	年間販売量(t)	家庭業務用(t)	一般工業用(t)	自動車用(t)	その他(t)	直売消費者数	(内簡易ガス)	充填所	充填所(併スタ)	オートガススタンド	LPガス主要仕入先
㈱伊藤商会	多治見市	6,844	—	—	—	—	—	—	1	—	—	ジクシス
甲賀協同ガス㈱	甲賀市	6,836	6,347	336	153	—	14,114	2,933	—	1	—	岩谷・全農
㈱丸片ガス	北上市	6,814	—	—	—	—	—	—	1	1	1	岩谷・アストモス
富士燃料㈱	都城市	6,809	—	—	—	—	—	—	1	—	1	都城液化
静岡資材㈱	静岡市	6,801	3,684	771	660	1,686	10,000	230	1	2	1	ジクシス
㈱全農ライフ茨城	茨城茨城町	6,800	—	—	—	—	—	—	—	—	—	全農
名港液化ガス	名古屋市	6,800	—	—	—	—	—	—	1	1	—	JGE
㈱亜東プロパン商事	有田市	6,722	6,138	584	—	—	9,900	—	—	1	—	ジクシス他
東京プロパンガス㈱	小平市	6,700	6,700	—	—	—	21,000	100	—	1	—	JGE・東京ガスエネ
今治プロパンガス㈱	今治市	6,620	4,000	2,400	220	—	4,900	113	1	1	—	アストモス
㈱数久ガス	岸和田市	6,600	3,700	2,900	—	—	—	—	1	—	1	JGE・伊丹
新屋石油㈱	南あわじ市	6,528	—	—	—	—	—	—	1	—	—	岩谷
北海道セントラルガス㈱	札幌市	6,500	6,500	—	—	—	—	—	2	—	1	セントラル
㈱堀江商事	千葉市	6,500	—	—	—	—	—	—	2	—	—	ＥＮＥＯＳグループ
島商㈱	岐阜市	6,500	—	—	—	—	—	—	—	—	—	ジクシス
荘内ガス㈱	酒田市	6,460	3,330	2,800	330	—	5,711	—	1	2	—	東邦アセチレン
㈱シンサナミ	横浜市	6,450	—	—	—	—	—	—	—	—	—	アストモス
山田日之出ガス㈱	下松市	6,400	3,200	—	—	3,200	15,200	1,100	1	—	—	アストモス
群馬燃料㈱	太田市	6,389	4,470	719	1,200	—	6,190	330	1	1	—	ＥＮＥＯＳグループ・三愛石油
全農宮城県本部	仙台市	6,383	6,383	—	—	—	—	—	2	—	—	全農
越後プロパン㈱	新潟市	6,300	5,100	1,200	—	—	—	—	—	—	—	—
全農富山県本部	富山市	6,300	6,300	—	—	—	—	—	2	—	—	全農
全農三重県本部	津市	6,297	—	—	—	—	—	—	1	—	—	全農
イワタニ山梨㈱	甲斐市	6,261	1,334	440	—	4,487	10,218	—	—	—	—	岩谷
イビデンケミカル㈱	大垣市	6,239	797	5,442	—	—	—	—	1	—	—	大陽日酸
㈱下出商会	奈良市	6,200	—	—	—	—	—	—	—	—	—	ジクシス・アストモス
㈱はまだや	倉敷市	6,200	—	—	—	—	—	—	—	2	—	アストモス
内外プロパン㈱	高松市	6,200	—	—	—	—	—	—	—	—	—	JGE
大分県米穀卸㈱	大分市	6,200	—	—	—	—	—	—	3	—	—	キグナス

事業者名	本社所在地	年間販売量(t)	家庭業務用(t)	一般工業用(t)	自動車用(t)	その他(t)	直売消費者数	(内簡易ガス)	充填所	充填所(併スタ)	オートガススタンド	LPガス主要仕入先
㈱ガスパル九州	福岡市	6,114	6,114	—	—	—	39,973	—	—	—	—	エコア・岩谷・共栄他
京浜燃料㈱	東京	6,100	—	—	—	—	—	—	—	—	—	東ガスエネ
奈良県農協	奈良市	6,098	—	—	—	—	—	—	2	—	—	全農
アポロ産興㈱	伊賀市	6,078	2,926	1,654	261	1,237	3,202	—	—	1	—	アストモス
㈱三ッ輪商会	釧路市	6,061	—	—	—	—	—	—	—	—	1	岩谷
高松産業㈱	北九州市	6,011	—	—	—	—	13,000	6,400	1	1	1	ツバメガス・セントラル
総武産業㈱	旭川市	6,000	—	—	—	—	—	—	—	1	1	ENEOSグループ・ジクシス
河野商事㈱	横浜市	6,000	6,000	—	—	—	17,000	—	—	—	—	日通商事・レモン・マルエイ・トーエル・セントラル
㈱ケンガス	高知市	6,000	—	—	—	—	—	—	—	—	—	アストモス・ジクシス
酒見燃料㈱	大牟田市	6,000	—	—	—	—	—	—	—	—	—	キグナス
大洋産業㈱	奄美市	6,000	—	—	—	—	6,794	6,794	—	—	—	—
厚木ガス㈱	厚木市	5,986	—	—	—	—	6,507	2,014	—	—	—	—
盛岡ガス燃料㈱	盛岡市	5,973	5,202	206	565	—	16,052	1,275	1	1	1	アストモス
高知日商プロパン㈱	高知市	5,969	5,621	—	347	—	11,400	—	—	3	1	日商LP
阪神瓦斯産業㈱	尼崎市	5,945	5,725	113	107	—	3,797	245	1	1	1	伊丹・大陽日酸
丸江	小田原市	5,922	5,922	—	—	—	16,300	302	—	—	1	ENEOSグループ
丸久	山武市	5,900	—	—	—	—	—	—	—	—	1	ENEOSグループ
大坂エネルギー㈱	能美市	5,900	4,585	700	615	—	8,000	1,500	2	2	2	ENEOSグループ
三友㈱	防府市	5,855	—	—	—	—	—	—	1	1	—	アストモス
太陽ガス㈱	日置市	5,821	5,736	85	—	—	18,000	2,460	—	—	—	小平
日本ホームガス協業組合	広島海田町	5,819	5,819	—	—	—	—	—	1	1	—	JGE
小池酸素工業㈱	東京	5,800	—	—	—	—	—	—	—	—	—	小池化学
福協同斯㈱	福山市	5,800	—	—	—	—	—	—	1	1	—	福山市農協
エネックス㈱	東村山市	5,774	—	—	—	—	20,000	2,200	—	5	—	JGE・東ガスエネ・サイサン
宮崎県経済連	宮崎市	5,768	5,768	—	—	—	—	—	1	1	—	全農
日ノ丸産業㈱	鳥取市	5,700	—	—	—	—	9,300	660	—	2	—	ENEOSグループ
吉田商事㈱	奄美市	5,700	—	—	—	—	—	—	2	—	—	ENEOSグループ
ミライフ北海道㈱	札幌市	5,600	—	—	—	—	7,700	—	1	—	—	シナネン

事業者名	本社所在地	年間販売重量(t)	家庭業務用(t)	一般工業用(t)	自動車用(t)	その他(t)	直売消費者数	(内簡易ガス)	充填所	充填所(併スタ)	オートガススタンド	LPガス主要仕入先
岩手液化ガス㈱	二戸市	5,576	5,576	—	—	—	1,300	—	1	—	—	八戸液化ガス
三宝物産㈱	仙台市	5,570	5,210	300	60	—	4,800	96	1	—	—	ジクシス
ハヤシカネエネルギー㈱	長崎市	5,530	5,530	—	—	—	—	—	1	—	—	アストモス
㈱サントー	横浜市	5,500	5,500	—	—	—	—	—	1	—	—	ENEOSグループ・アストモス
浜松液化ガス㈱	浜松市	5,500	5,500	—	—	—	—	—	1	—	—	ジクシス
㈱フジプロ	静岡清水町	5,500	5,500	—	—	—	—	—	1	—	—	ENEOSグループ・ジクシス
荒木燃料㈱	松江市	5,440	4,172	1,268	—	—	4,078	—	1	—	—	山陰酸素・伊丹
宇島瓦斯㈱	豊前市	5,401	2,299	610	0.5	2,492	8,110	120	—	1	—	アストモス・セントラル
エコ・ガス㈱	海南市	5,400	5,400	—	—	—	—	—	1	—	—	ジクシス
宮崎商事㈱	徳島市	5,359	4,315	373	671	—	10,500	—	—	3	—	伊丹
富士酸素工業㈱	富士市	5,352	—	—	—	—	—	—	1	—	—	ENEOSグループ・JGE
加古川瓦斯㈱	加古川市	5,325	4,608	39	646	32	4,400	484	—	1	1	ENEOSグループ・伊丹
オカショウ㈱	東京	5,300	—	—	5,300	—	—	—	—	—	1	キグナス・トーヨーエナジー
㈱旭マルキ瓦斯	宮崎門川町	5,300	4,282	996	22	—	14,144	1,105	2	1	1	岩谷
東京ガス山梨㈱	甲府市	5,241	—	—	—	—	12,267	2,251	1	—	—	東ガスエネ
山光石油㈱	甲府市	5,180	5,180	—	—	—	—	—	1	—	—	アストモス
興北プロパン㈱	福井市	5,180	3,448	701	1,031	—	270	—	1	—	—	ENEOSグループ・JGE
関西ガス㈱	神戸市	5,165	5,100	—	—	—	—	—	—	1	—	アストモス
全農東京都本部	東京	5,100	5,100	—	—	—	10,000	400	1	—	—	全農
小笠原商事㈱	山形市	5,096	4,818	—	280	—	6,458	318	1	1	1	JGE・国際帝石
光伸ガス㈱	大分市	5,084	4,779	305	—	—	7,000	360	—	—	—	アストモス
全農山口県本部	山口市	5,071	5,071	—	—	—	—	—	—	—	—	全農
フジホームサービス㈱	浜松市	5,035	2,575	533	—	1,927	4,096	—	—	—	—	ジクシス
池見石油店	函館市	5,000	4,650	—	350	—	5,960	—	1	—	—	アストモス・日通
福島日石㈱	会津若松市	5,000	5,000	—	—	—	8,300	—	1	—	1	ENEOSグループ
㈱三島トレン	水戸市	5,000	5,000	—	—	—	—	—	—	1	1	エネクス・ENEOSグループ他
武陽液化ガス㈱	福生市	5,000	5,000	—	—	—	—	—	1	—	—	—
大洋石油ガス㈱	横浜市	5,000	5,000	—	—	—	—	—	—	1	—	JGE
㈱松屋	長野軽井沢町	5,000	5,000	—	—	—	6,000	—	—	1	—	ジクシス・JGE・エネサンス

事業者名	本社所在地	年間販売量(t)	家庭業務用(t)	一般工業用(t)	自動車用(t)	その他(t)	直売消費者数	(内簡易ガス)	充填所	充填所(併スタ)	オートガススタンド	LPガス主要仕入先
(株)イワタニ三重	津　市	5,000	4,800	200	—	—	—	—	—	—	—	岩谷
(株)中村燃料商店	高岡市	5,000	—	—	—	—	—	—	—	1	—	アストモス
(株)ダイワ	姫路市	5,000	—	—	—	—	12,887	132	2	—	—	共和商事・ダイネン
広島ガス東中国(株)	福山市	5,000	—	—	—	—	16,584	237	—	1	1	広ガスプロパン
四国アセチレン工業(株)	丸亀市	5,000	600	4,000	400	—	50	—	—	3	—	JGE・エネクス・アストモス
宮古ガス(株)	宮古島市	5,000	—	—	—	—	—	—	1	—	—	エッカ石油
第一エネルギー設備(株)	越谷市	4,987	4,982	5	—	—	16,273	206	—	—	—	JGE
名張近鉄ガス(株)	名張市	4,984	4,530	276	178	—	10,340	6,743	—	1	—	エネアーク・トーヨーエナジー
水島ガス(株)	倉敷市	4,932	2,294	2,073	565	—	5,158	480	—	1	1	東邦液化・アストモス・ENEOSグローブ
(株)飯干商事	延岡市	4,870	—	—	—	—	—	—	—	—	—	アストモス・ENEOSグローブ
共同瓦斯(株)	四国中央市	4,818	4,523	295	—	—	14,854	—	—	1	—	ジクシス
(株)ミヤレン	宇都宮市	4,800	—	—	—	—	—	—	—	—	—	—
つくば石油(株)	つくば市	4,800	—	—	—	—	—	—	—	2	—	JGE
東綱商事(株)	東　京	4,800	—	—	—	—	—	—	—	—	—	ENEOSグローブ
盈進商事(株)	東　京	4,800	—	—	4,800	—	—	—	—	1	1	三愛
愛媛ベニー(株)	愛媛松前町	4,800	—	—	—	—	—	—	—	1	—	ENEOSグローブ
広島ガス西中国(株)	広島市	4,785	4,708	77	—	—	13,957	668	—	—	—	広ガスプロパン
(株)ダイプロ北部販売	宇佐市	4,785	2,417	2,305	57	6	9,996	52	—	1	—	ダイプロ
田島石油(株)	狭山市	4,702	—	—	—	—	—	—	1	—	—	キグナス
福島セントラルガス(株)	福島矢吹町	4,645	4,645	—	—	—	4,190	32	1	—	—	岩谷・ジクシス
南紀プロパンガス(株)	新宮市	4,617	4,576	41	199	—	5,750	391	—	2	—	アストモス
(株)カナジュウ・コーポレーション	横浜市	4,574	4,574	—	—	—	21,000	—	—	—	—	—
常総ガス(株)	常総市	4,520	—	—	—	—	1,650	80	—	1	—	ジクシス
広島ガス東部(株)	広島府中町	4,517	4,468	49	—	—	16,369	528	—	1	—	広ガスプロパン
ユニオン商事(株)	桑名市	4,509	—	—	—	—	—	—	—	—	—	ジクシス
三和液化ガス(株)	河内長野市	4,500	4,500	—	—	—	—	—	—	1	—	ENEOSグローブ・大陽日酸
北海道日通プロパン販売(株)	札幌市	4,481	2,360	227	156	1,738	24,017	—	1	1	—	日通商事
厚木プロパンガス協同組合	厚木市	4,474	4,474	—	—	—	—	—	1	—	—	エネクス
(株)トーセキ	東　京	4,471	4,471	—	—	—	—	—	—	—	—	東ガスエネ

事業者名	本社所在地	年間販売量（ t ）	家庭業務用（ t ）	一般工業用（ t ）	自動車用（ t ）	その他（ t ）	直　売消費者数	（内簡易ガス）	充填所	充填所（併スタ）	オートガススタンド	ＬＰガス主要仕入先
関西プロパン瓦斯 ㈱	津　市	4,465	2,876	1,059	530	―	6,788	841	―	3	―	ジクシス
日交商事 ㈱	大阪市	4,455	―	―	―	―	―	―	―	2	1	ジクシス
㈱カナエル	横浜市	4,425	4,425	―	―	―	15,000	―	―	―	―	岩谷・トーエル・大洋石油ガス
大和マキガス ㈱	岡山市	4,400	4,093	307	―	―	―	―	1	1	―	岩谷
全農青森県本部	青森市	4,358	4,358	―	―	―	―	―	1	―	―	全農
北村産業 ㈱	大東市	4,351	―	―	―	―	―	―	1	―	―	岩谷
明石石油 ㈱	浜松市	4,347	―	―	―	―	―	―	―	―	―	岩谷・アストモス
大平産業 ㈱	高萩市	4,320	―	―	―	―	―	―	―	―	―	アストモス
共栄液化瓦斯 ㈱	中津川市	4,315	―	―	―	―	―	―	―	―	―	アストモス
山陽液化ガス ㈱	高砂市	4,300	―	―	―	―	―	―	―	―	―	―
カイ協和産業 ㈱	札幌市	4,231	―	―	―	―	―	―	2	―	―	アストモス
吉田瓦斯 ㈱	富士吉田市	4,202	―	―	―	―	―	―	1	―	―	静岡ガスエネ
㈱福井商会	奈良市	4,200	―	―	―	―	―	―	―	―	―	アストモス
井上商工 ㈱	鹿児島市	4,184	3,709	―	475	―	9,638	134	―	4	―	ＪＸ
和泉オーク ㈱	久留米市	4,126	4,126	―	―	―	12,000	―	1	―	―	ＥＮＥＯＳグループ
㈱いわせ	岩見沢市	4,121	―	―	―	―	―	―	1	―	―	ＥＮＥＯＳグループ
大崎産業 ㈱	海南市	4,102	4,102	―	―	―	7,740	320	2	―	―	ジクシス
㈱東酸	青森市	4,100	1,820	600	10	1,670	7,000	275	―	―	―	東邦アセチレン
北信ガス ㈱	中野市	4,100	3,500	350	150	―	15,000	820	―	1	―	ＪＧＥ
オブリック ㈱	富士宮市	4,065	2,647	1,074	154	―	4,459	25	―	―	―	ＥＮＥＯＳグループ
山形ガス燃料 ㈱	山形市	4,062	2,213	386	767	696	4,394	1,002	1	―	1	ジクシス・アストモス・エネサンス
興栄燃料 ㈱	千葉市	4,013	3,929	―	84	―	5,721	―	1	―	―	ＪＧＥ
前側石油 ㈱	函館市	4,000	―	―	―	―	―	―	―	―	1	ＪＧＥ
湘南液化ガス ㈱	鎌倉市	4,000	―	―	―	―	10,000	120	3	1	―	ＥＮＥＯＳグループ・東ガスエネ
㈱新潟ケンベイ	新潟市	4,000	―	―	―	―	1,900	―	2	―	―	アストモス
㈱ミツジ	大阪市	4,000	―	―	―	―	―	―	―	―	―	ＥＮＥＯＳグループ・ジクシス

注：(1)データは、石油化学新聞社（プロパン・ブタンニュース）が独自の行ったアンケート調査をベースとした（調査時点＝2017年10～12月）。アンケートに回答がない企業については、独自の取材・調査・調査に
　　よった。また、調査不能の場合は、2017年ＬＰガス資料年報（VOL.52）及び「ＬＰガス事業者大相撲番付」（プロパン・ブタンニュース2018年1月1日付掲載）の数値を横並び採用した。
(2)対象企業は、事前調査による年間ＬＰガス販売量4,000 t 以上の企業を原則とした。掲載事業者数は487。
(3)所在地は、本社所在地とし市を原則とした。
(4)年間販売量、用途別内訳などは各社の計上方法、また調査方法が異なることがあって必ずしも一致しないケースがある。
(5)年間販売量、直売消費者数はグループ会社を含む。

3－2 全国経済産業局別・ＬＰガス主要流通事業者販売量ランキング（平成28年度販売実績ベース）

事業者名	本社所在地	年間販売量(t)	直売消費者数	資本金(百万円)	決算月	従業員数	うちLPガス部門	業績(百万円) 売上高	営業利益	経常利益	当期利益	部門別売上高(百万円) ＬＰガス	機器	工事	その他	主な営業地域
<北海道経済産業局管内>																
エア・ウォーター㈱	大阪市	220,300	200,000	32,263	3月	12,580	—	670,536	41,341	41,251	22,337	—	—	—	—	北海道・東北・関東・中部
北海道エア・ウォーター㈱	札幌市	113,931	156,923	300	3月	712	387	66,840	4,263	4,934	3,537	17,198	4,545	1,430	43,667	北海道
㈱エネサンス北海道	札幌市	50,000	—	250	12月	327	327	—	—	—	—	—	—	—	—	北海道
北ガスジェネックス㈱	札幌市	30,000	79,402	80	3月	179	—	7,137	76	147	90	5,353	280	188	1,316	北海道
北海道エナジティック㈱	札幌市	26,700	—	200	3月	281	—	34,337	—	—	—	—	—	—	—	北海道
札幌アポロ石油㈱	札幌市	25,500	—	25	3月	—	—	—	—	—	—	—	—	—	—	北海道
富国興産㈱	札幌市	19,500	—	80	3月	49	49	—	—	—	—	—	—	—	—	北海道
日商プロパン石油㈱	札幌市	17,000	8,000	60	3月	131	—	11,797	48	101	△75	—	—	—	—	北海道
イワタニ北海道㈱	札幌市	14,000	51,000	100	3月	186	131	6,642	—	—	—	—	—	—	—	北海道
㈱いちたかガスワン	札幌市	12,603	49,898	95	6月	268	—	9,001	600	614	462	3,068	218	—	5,933	北海道
伊藤忠エネクスホームライフ北海道㈱	札幌市	9,000	9,000	43	3月	52	52	5,273	63	70	95	1,340	1,800	—	2,120	北海道
北日本燃料㈱	札幌市	7,312	9,796	20	6月	83	83	2,039	—	—	—	1,115	145	98	681	北海道
北海道セントラルガス㈱	札幌市	6,500	—	40	3月	45	45	—	—	—	—	—	—	—	—	北海道
㈱三ッ輪商会	釧路市	6,061	—	90	3月	131	—	—	—	—	—	—	—	—	—	北海道
ミライフ北海道㈱	札幌市	5,600	7,700	10	3月	50	40	3,822	—	—	—	909	218	53	2,642	北海道
池見石油㈱	函館市	5,000	5,960	10	5月	50	—	—	—	—	—	—	—	—	—	北海道
北海道日通プロパン販売㈱	札幌市	4,481	24,017	30	3月	132	132	3,038	△4	11	2	1,459	379	—	1,200	北海道
カクイ石油協和業㈱	札幌市	4,231	—	10	10月	65	32	—	—	—	—	—	—	—	—	北海道
㈱いわせき	岩見沢市	4,121	—	25	3月	81	79	4,849	—	—	98	—	—	—	—	北海道
前側石油㈱	函館市	4,000	—	80	9月	138	—	—	—	—	—	—	—	—	—	北海道
<東北経済産業局管内>																
カメイ㈱	仙台市	150,000	210,000	8,132	3月	1,848	450	423,469	11,453	12,447	9,282	20,000	5,700	—	—	全国
東邦アセチレン㈱	多賀城市	51,000	51,000	2,261	3月	145	18	17,279	661	988	728	3,357	1,576	—	1,032	北海道・東北・関東・信越
ミライフ東日本㈱	仙台市	41,550	51,600	200	3月	181	—	19,865	333	462	318	5,959	1,272	294	12,340	東北
㈱エネサンス東北	仙台市	35,000	—	50	12月	243	243	—	—	—	—	—	—	—	—	東北
イワタニ東北㈱	仙台市	33,500	63,000	150	3月	246	157	7,060	2,680	332	214	4,525	505	139	1,891	宮城・青森・秋田・岩手・山形
マルハ産業㈱	仙台市	25,378	—	80	5月	135	—	—	—	—	—	—	—	—	—	北海道・東北・茨城
伊藤忠エネクスホームライフ東北㈱	仙台市	22,000	19,100	80	3月	135	135	5,900	190	198	125	2,900	1,400	100	1,500	東北
山形酸素㈱	山形市	20,590	14,178	100	9月	192	38	7,873	—	—	—	2,241	551	289	4,792	山形
イワタニ福島㈱	郡山市	18,440	28,700	25	3月	112	112	3,725	1,350	97	—	2,863	700	—	162	福島

事業者名	本社所在地	年間販売量(t)	直売消費者数	資本金(百万円)	決算月	従業員数	〃内LPガス関係	業績(百万円) 売上高	営業利益	経常利益	当期利益	部門別売上高(百万円) LPガス	機器	工事	その他	主な営業地域
八戸液化ガス㈱	八戸市	16,276	20,921	95	3月	110	81	4,040	98	45	56	2,064	459	55	1,462	青森
若松瓦斯㈱	会津若松市	15,536	21,284	470	12月	163	67	5,242	667	686	450	2,263	192	47	2,740	福島
タプロ㈱	秋田市	15,142	13,755	30	11月	72	72	2,932	89	123	60	1,747	994	—	181	秋田
遠藤商事㈱	山形市	12,878	11,851	99	2月	209	47	21,462	218	385	218	1,479	402	58	218	山形
ヤマヨ―㈱	山形市	12,230	15,071	80	3月	190	58	14,203	287	274	169	1,702	624	202	11,675	山形
根本石油㈱	郡山市	11,500	5,000	30	3月	124	30	1,950	22	28	35	1,396	41	42	156	福島
仙台ブロパン㈱	多賀城市	11,225	23,084	50	3月	91	91	—	—	—	—	1,544	122	77	207	宮城
全農山形県本部	山形市	10,958	—	—	3月	—	—	—	—	—	—	—	—	—	420	山形
㈱岩手山	秋田市	10,240	7,200	60	3月	255	49	15,123	166	158	102	1,008	450	42	—	秋田
全農岩手県本部	盛岡市	10,127	—	—	3月	—	—	—	—	—	—	—	—	—	—	岩手
八戸燃料㈱	八戸市	9,416	5,126	27.5	3月	132	28	7,875	166	158	102	1,012	68	30	6,765	青森
大平熔材㈱	秋田市	8,900	—	45	3月	53	21	1,381	—	—	—	539	42	31	769	秋田
北良実業㈱	北上市	8,360	950	10	5月	54	—	2,789	206	208	199	—	—	—	—	岩手
東北ガス㈱	郡山市	8,179	—	50	12月	54	40	3,444	—	—	—	1,106	103	1,762	473	福島
会津ガス㈱	会津若松市	7,800	9,400	40	9月	78	—	3,444	176	212	45	1,353	265	80	370	福島
全農福島県本部	福島市	7,583	—	—	3月	96	96	2,068	246	216	50	1,195	282	143	166	福島
泉金物産㈱	盛岡市	7,365	17,819	10	5月	77	77	1,786	161	163	148	811	277	123	1,422	岩手
白石商事㈱	仙台市	7,047	12,399	39	5月	—	—	2,633	—	—	—	1,252	206	—	—	宮城
水ゆりガス㈱	奥州市	7,000	7,000	45	3月	54	62	2,362	52	52	62	510	15	20	884	岩手
丸片ガス㈱	北上市	6,814	6,814	10	3月	80	—	605	41	46	5	691	150	2	78	岩手
荘内ガス㈱	酒田市	6,460	5,711	84	3月	83	—	890	121	145	89	1,365	265	143	49	山形・秋田
全農宮城県本部	仙台市	6,383	—	—	3月	—	—	—	—	—	—	—	—	—	480	宮城
盛岡ガス燃料㈱	盛岡市	5,973	16,052	12	3月	62	17	3,081	145	212	148	1,195	282	80	370	岩手
岩手宝液化ガス㈱	二戸市	5,576	1,300	10	3月	17	—	605	6	7	5	510	15	2	78	岩手
三宝物産㈱	仙台市	5,570	4,800	18	6月	26	17	890	32	46	31	691	150	—	49	宮城
小原商事㈱	山形市	5,096	6,458	10	7月	34	26	3,081	214	228	148	1,365	85	107	480	山形
福島日石㈱	会津若松市	5,000	8,300	258	6月	60	53	1,366	15	20	9	765	88	65	448	福島・山形
福島セントラルガス㈱	福島矢吹町	4,645	4,190	10	3月	26	26	919	31	31	15	556	300	15	63	福島
全農青森県本部	青森市	4,358	—	—	3月	—	—	—	—	—	—	—	—	—	—	福島
㈱東酸	青森市	4,100	7,000	75	3月	114	36	5,100	1,280	182	95	760	210	40	10	青森
山形ガス燃料㈱	山形市	4,062	4,394	20	12月	33	15	1,177	21	29	9	572	88	21	496	山形

<関東経済産業局管内>

事業者名	本社所在地	年間販売量(t)	直売消費者数	資本金(百万円)	決算月	従業員数	うちLPガス部門	売上高	営業利益	経常利益	当期利益	LPガス	機器	工事	その他	主な営業地域
岩谷産業(株)	大阪・東京	1,696,000	890,000	20,096	3月	1,487	—	588,045	25,038	26,834	16,546	—	—	—	—	全国
日本瓦斯(株)	東京	639,000	1,200,553	7,070	3月	789	—	109,536	12,201	12,176	6,913	105,675	—	—	3,861	関東
伊藤忠エネクス(株)	東京	546,477	1,080,000	19,878	3月	5,958	1,594	1,028,939	19,678	—	12,745	24,017	2,057	—	—	全国
シナネンホールディングス(株)	東京	490,150	—	15630	3月	1,552	—	218,242	2,934	3,424	2,584	—	—	—	—	北海道・東北・関東・中部・近畿
(株)ミツウロコ	東京	395,000	—	10	3月	913	—	—	—	—	—	—	—	—	—	—
大陽日酸(株)	東京	380,000	102,000	37,344	3月	1,231	37	581,586	53,664	36,212	34,300	—	3,870	—	—	全国
全国農業協同組合連合会	東京	378,000	—	115,252	3月	7,544	—	4,598,100	—	—	—	—	—	—	—	全国
(株)サイサン	さいたま市	367,300	289,370	95.4	8月	1,259	771	66,552	1,806	2,145	1,614	32,055	3,384	2,512	28,601	関東・東北・中部
東京ガスエネルギー(株)	東京	337,075	61,712	1,000	3月	279	—	—	—	—	—	—	—	—	—	関東
(株)TOKAI	静岡市	303,171	587,875	14,004	3月	1,430	1,117	178,631	12,750	12,775	7,422	44,582	12,619	8,843	21,903	関東・福島・愛知
(株)エネアーク	東京	292,000	—	1,040	3月	—	—	—	—	—	—	—	—	—	—	関東・中部・近畿
三愛石油(株)	東京	284,000	86,000	10,127	3月	475	—	655,668	8,972	9,844	5,939	—	—	—	—	関東・中国・九州
兼松ペトロ(株)	東京	270,000	—	1,000	3月	—	—	109,885	—	666	434	—	—	—	—	全国
シナネン(株)	東京	230,000	—	300	3月	112	—	—	—	—	—	—	—	—	—	全国
(株)エコアシステムホールディングス	東京	216,000	—	115.8	12月	54	54	42,925	—	1,227	—	—	—	—	—	—
日通商事(株)	東京	206,800	124,000	4,000	3月	2,306	259	349,429	8,018	8,756	6,059	14,802	5,298	—	3,719	北海道・東北・関東・中部・北陸・九州
セントラル石油瓦斯(株)	東京	190,365	—	463	3月	71	—	18,046	—	—	301	18,400	—	—	—	北海道・秋田・福島・栃木・神奈川・富山・愛知
鈴与商事(株)	静岡市	190,000	100,000	2,000	8月	500	160	112,000	—	—	—	—	—	—	—	静岡・山梨・長野・愛知
(株)トーエル	横浜市	178,000	178,000	767	4月	457	—	21,906	1,964	2,119	1,298	—	—	—	—	神奈川・東京・埼玉・茨城
ENEOSグローブエナジー(株)	東京	170,000	320,000	300	3月	1,500	1,500	38,000	2,700	2,900	2,900	27,000	4,000	1,000	6,000	全国
レモンガス(株)	平塚市	160,000	100,000	20	8月	700	570	2,000	—	—	—	—	—	—	—	東京・神奈川・埼玉
三ッ輪産業(株)	東京	150,000	150,000	300	3月	471	45,000	—	—	—	—	—	—	—	—	関東
伊藤忠エネクスライフ関東(株)	東京	148,000	56,000	300	9月	240	190	—	—	—	—	—	—	—	—	関東
アストモスリテイリング(株)	東京	135,400	67,223	330	3月	369	743	17,200	228	262	144	13,080	2,100	790	1,230	東京・千葉・茨城・神奈川
堀川産業(株)	草加市	115,000	175,000	300	12月	743	580	22,623	305	3,842	—	7,189	614	92	112	北海道・栃木・茨城・千葉・埼玉・神奈川・群馬・東京・長野・福島・愛知
静岡ガスエネルギー(株)	静岡市	110,000	230,000	605	9月	640	192	8,009	—	385	249	—	—	—	—	静岡
橋本産業(株)	東京	107,886	7,100	240	12月	192	—	—	—	—	—	—	—	—	—	全国
(株)エネサンス関東	東京	100,000	100,000	97	5月	412	340	7,600	150	140	80	—	—	—	—	関東
冨士ガスタ(株)	東京	90,000	30,000	100	12月	340	180	—	—	—	—	—	—	—	—	関東
サンリン(株)	東京	86,000	—	90	8月	270	—	25,585	907	1,126	688	5,190	560	250	1,600	埼玉・群馬・栃木・静岡・神奈川・茨城
サングリン(株)	長野山形村	80,000	—	1,512	3月	374	—	—	—	—	—	—	—	—	—	長野・富山
三愛オブリガス東日本(株)	東京	75,000	29,000	80	3月	100	100	—	—	—	—	—	—	—	—	—

（注）従業員数欄の「うちLPガス部門」、業績欄は 売上高・営業利益・経常利益・当期利益（百万円）、部門別売上高欄は LPガス・機器・工事・その他（百万円）。

事業者名	本社所在地	年間販売量(t)	直売消費者数	資本金(百万円)	決算月	従業員数	うちLPガス関係	売上高	営業利益	経常利益	当期利益	LPガス	機器	工事	その他	主な営業地域
田邊工業㈱	東京	62,000	15,000	20	5月	240	—	8,700	310	270	292	5,000	190	50	—	神奈川・栃木・埼玉・千葉・愛知
岡谷酸業㈱	岡谷市	61,105	30,000	45	11月	413	112	19,440	—	—	—	7,552	—	—	—	長野・新潟・群馬
東上ガス㈱	志木市	54,000	82,000	316	3月	217	—	—	—	—	—	—	—	—	—	関東1都7県
関彰商事㈱	筑西市	50,000	—	90	9月	630	440	10,500	—	—	—	—	—	—	—	茨城・福島
日東エネルギーパス㈱	東京	50,000	279,135	40	3月	670	670	23,597	3,805	3,751	1,056	17,406	216	1,464	4,511	東京・埼玉・千葉・茨城・群馬・栃木
河原ガス実業㈱	東京	49,836	123,053	120	3月	543	532	11,773	636	566	508	9,447	882	291	1,153	全国（北海道・九州除く）
東部液化石油㈱	東京	43,148	88,000	20	8月	277	277	8,816	1,535	1,628	1,084	7,420	1,058	83	255	関東
富士エネルギー化㈱	東京	40,448	—	30	12月	277	—	—	—	—	—	—	—	—	—	秋田・福島・茨城他
㈱巴商会	東京	38,500	—	24	9月	820	168	63,429	1,510	1,866	2,250	1,162	6,264	8,276	48,889	東京・埼玉・神奈川
エネジン㈱	浜松市	35,144	44,257	75	8月	208	—	6,829	209	261	166	5,023	673	801	285	全国
富士ツバメガス㈱	静岡市	33,666	20,000	90	9月	100	62	2,938	27	30	20	4,100	—	30	20	静岡
東京オート関東㈱	静岡市	33,500	—	48	3月	62	—	7,718	—	—	—	2,938	27	—	—	東京
イワタニ関東㈱	さいたま市	33,162	72,000	20	3月	185	23	—	△147	—	—	—	800	—	100	埼玉・栃木・茨城・群馬・千葉
東京日石オートガス㈱	東京	30,000	—	427	3月	25	15	148,659	—	86	—	2,870	—	—	—	東京・神奈川
静岡県経済連	静岡市	28,400	300	95	3月	310	30	4,240	—	—	—	3,550	400	60	230	静岡
㈱渡商会	横浜市	28,150	154	3,659	4月	158	189	7,334	—	39	9	5,559	916	859	—	全国
かもめガス㈱	船橋市	28,000	50,700	20	9月	224	323	—	—	—	62	3,751	—	—	—	千葉・茨城
アイ・エス・ガスシステム㈱	船橋市	28,000	75,723	70.4	2月	372	—	24,200	—	—	—	3,400	1,500	190	859	千葉・茨城
日本エネルギー㈱	八王子市	27,600	—	480	3月	60	60	12,644	—	—	—	1,988	—	—	—	関東
関東エアー・ウォーター㈱	東京	26,760	30,000	20	3月	150	27	6,000	—	—	—	911	649	19	35	東京・埼玉・千葉・新潟
㈱サンリン	前橋市	26,000	13,000	350	6月	158	46	—	300	334	224	1,840	75	—	29	群馬・埼玉
㈱エルピオ	市川市	25,600	69,950	70	10月	46	90	10,589	175	196	62	1,351	—	—	51	関東
フジガス㈱	東京	25,000	18,600	98.5	3月	120	—	9,911	67	60	80	2,834	29	36	—	東京・神奈川・埼玉
フジオックス㈱	東京	24,700	5,650	80	3月	122	15	1,869	100	38	1,758	—	—	—	—	関東
小池化学㈱	東京	24,500	—	100	11月	16	120	5,000	—	—	154	—	—	—	—	埼玉
㈱花川エネルギーセンター	浜松市	24,000	36,000	200	3月	65	10	5,082	207	241	—	—	—	—	—	静岡
グッドライフ関東㈱	横浜市	23,801	21,208	90	9月	150	—	1,467	—	—	—	—	—	—	—	神奈川
日本ガス興業㈱	沼津市	23,343	1,144	80	3月	—	—	—	—	—	—	—	—	—	—	静岡
北陸天然ガス興業㈱	新潟市	23,000	5,000	98	3月	—	—	8,480	—	—	—	—	—	—	—	新潟
垣見油化㈱	東京	22,656	—	70	9月	—	—	—	—	—	—	—	—	—	—	東京・埼玉
㈱スナガ	みどり市	20,101	440	100	4月	150	—	—	—	—	—	—	—	—	—	群馬・栃木
全農長野県本部	長野市	19,500	—	40	3月	396	120	282,300	—	—	—	—	—	—	1,045	長野

事業者名	本社所在地	年間販売量（t）	直売消費者数	資本金（百万円）	決算月	従業員数	うちLPガス関係	売上高	営業利益	経常利益	当期利益	LPガス	機器	工事	その他	主な営業地域
富士産業（株）	東京	19,000	60,000	50	6月	237	—	4,837	—	—	—	—	—	—	—	東京・埼玉・千葉・茨城・群馬
トモブロ（株）	東京	18,739	59,376	20	9月	143	138	4,811	286	181	70	3,922	500	76	200	東京・神奈川・山梨・千葉・群馬・埼玉
日本オートガス（株）	東京	18,215	—	20	5月	—	—	—	—	—	—	—	—	—	—	東京
（株）カネコ商会	新潟市	16,800	7,300	100	9月	130	27	9,660	—	—	—	1,640	400	—	50	新潟・山形・福島・青森
全農神奈川県本部	平塚市	16,600	—	—	3月	235	20	—	—	—	—	—	—	—	—	神奈川
東京無線オートガス協同組合	東京	16,000	—	—	—	—	—	—	—	—	—	—	—	—	—	東京
日新商事（株）	東京	16,000	—	3,624	3月	369	—	—	—	—	—	—	—	—	—	関東・福島
長野プロパンガス（株）	上田市	15,740	—	25	3月	94	—	—	—	—	—	—	—	—	—	長野
イワタニ首都圏（株）	川崎市	15,710	44,377	300	3月	135	128	4,392	—	—	—	3,236	505	183	468	神奈川・静岡
（株）大三八	横浜市	15,500	33,000	176	5月	86	—	—	—	—	—	—	—	—	—	神奈川
イワタニ長野（株）	長野市	15,000	—	90	3月	262	70	—	—	—	—	—	—	—	—	長野
東一タガス産業（株）（H30.1大多喜ガス（株）に統合）	越谷市	14,941	58,554	450	3月	25	16	22,590	2,379	2,400	1,683	3,020	459	22	448	関東
オーライト（株）	茂原市	14,777	5,916	50	12月	140	81	1,667	81	82	55	1,154	40	25	182	千葉
三ツ矢物産（株）	川口市	14,500	25,100	25.6	4月	111	53	6,896	404	399	265	2,262	452	15	632	埼玉
ヤナギグループ	東京	14,257	—	80	3月	78	46	1,744	71	61	13	1,112	—	—	323	東京・茨城
全農エネルギー（株）	東京	13,800	5,600	20	9月	1,116	140	2,660	—	80	—	2,271	393	—	—	東京・茨城
（株）レックス	千葉市	13,021	65,982	4,550	3月	147	20	2,996	45.3	39.3	△129	—	—	—	—	秋田・山口・茨城
大和物産（株）	東京	12,800	—	582	3月	58	25	—	—	—	—	—	—	—	—	関東・福島・宮城・北海道
原（株）	船橋市	12,585	160	30	3月	120	—	2,118	21	20	16	969	846	—	301	東京
田島燃料（株）	狭山市	12,000	—	10	3月	25	40	—	—	—	—	—	—	—	—	千葉
ツルミエネルギー（株）	さいたま市	12,000	5,000	10	8月	40	—	—	—	—	—	—	—	—	—	埼玉
（株）門商店	東京	12,000	14,000	60	3月	138	—	—	—	—	—	—	—	—	—	埼玉
新潟サンリン（株）	新潟市	11,860	7,343	40	8月	62	134	6,427	244	279	163	1,449	503	—	4,475	東京・千葉・茨城・静岡
全農埼玉県本部	さいたま市	11,742	3,000	400	3月	130	—	—	—	—	—	1,000	520	65	85	新潟・山形
清水燃料（株）	青梅市	11,470	—	—	3月	110	—	—	—	—	—	—	—	—	—	埼玉
（株）シャイニングサービス	船橋市	11,000	18,000	15	1月	134	—	—	—	—	—	—	—	—	—	東京
山三ガス（株）	所沢市	11,000	—	44	3月	118	—	—	—	—	—	—	—	—	—	関東1都4県
赤尾商事（株）	高崎市	11,000	—	24	3月	158	—	—	—	—	—	—	—	—	—	関東
新日本瓦斯（株）	北本市	10,912	33,780	64	3月	—	—	14,600	—	—	—	—	—	—	—	群馬
町田ガス（株）	町田市	10,707	—	400	5月	—	—	10,949	608	617	438	1,834	693	3	—	埼玉
（株）湘南菱油瓦斯	横須賀市	10,290	—	30	1月	—	—	—	—	—	—	—	—	—	—	東京・神奈川・埼玉

— 101 —

事業者名	本社所在地	年間販売量(t)	直売消費者数	資本金(百万円)	決算月	従業員数(社員/LP加入)	業績(百万円) 売上高	営業利益	経常利益	当期利益	部門別売上高(百万円) LPガス	機器	工事	その他	主な営業地域
東横化学㈱	川崎市	10,000	3,500	90	3月	405 / 20	34,548	1,102	1,133	682	600	250	250	1,100	関東・九州
富士オート㈱	東京	10,000	—	10	9月	18 / 18	—	—	—	—	—	—	—	—	東京
㈱興村商会	横浜市	9,898	13,450	48.5	6月	106 / —	—	—	—	—	—	—	—	—	神奈川
伊勢崎瓦斯化㈱	伊勢崎市	9,891	5,027	30	3月	24 / 24	1,104	24	59	37	967	63	16	58	群馬
富士シヤ㈱	東京	9,800	9,400	43	2月	121 / 121	2,388	31	136	65	1,190	697	188	313	東京・神奈川
㈱藤岡瓦斯	藤岡市	9,600	—	24	5月	50 / 38	—	—	—	—	—	—	—	—	群馬・埼玉
新丸㈱	新潟市	9,300	—	50	3月	51 / 38	—	—	—	—	—	—	—	—	新潟
㈱日本プロパンガス	羽生市	9,200	9,000	20	3月	75 / 50	—	—	—	—	—	—	—	70	埼玉・栃木・群馬・茨城
北日本ガス㈱	小山市	8,907	26,833	400	3月	117 / 21	8,694	350	321	239	1,549	124	6	47	栃木
JAエルサポート㈱	宇都宮市	8,853	37,453	1,101	3月	319 / 96	11,915	256	284	178	2,102	145	243	—	栃木
埼玉化ガス㈱	八潮市	8,563	60	20	3月	1 / 1	—	—	—	—	—	—	—	—	埼玉
全農群馬県本部	前橋市	8,400	—	—	3月	250 / 30	—	—	—	—	—	—	—	—	群馬
全農物産㈱	南アルプス市	8,230	—	30	9月	53 / 20	1,636	—	—	—	1,404	167	26	238	山梨
日東㈱	前橋市	8,157	14,199	50	3月	100 / 75	1,835	96	103	59	1,155	134	109	502	群馬・埼玉・栃木・山梨
JOMOプロ関東㈱	前橋市	8,141	9,602	10	3月	74 / 57	1,900	131	146	116	—	—	—	—	神奈川
川古㈱	小田原市	8,000	—	20	12月	42 / 42	—	—	—	—	—	—	—	—	新潟
エネサンス新潟㈱	新潟市	8,000	12,000	16	7月	85 / —	—	—	—	—	—	—	—	—	神奈川
㈱サガ	横須賀市	8,000	22,000	10	9月	100 / 10	—	—	—	—	—	—	—	—	埼玉
昭和㈱	埼玉三芳町	8,000	8,000	—	3月	140 / —	2,223	63	83	76	1,662	230	16	315	山梨
全農山梨県本部	甲府市	7,700	7,700	400	3月	172 / 46	10,143	1,011	1,023	719	1,239	618	3	32	茨城・千葉・埼玉
日本ガス㈱	取手市	7,440	24,931	2,484	9月	346 / —	5,268	59	107	111	1,129	—	—	—	茨城・千葉
宇田川㈱	取手市	6,920	10,000	92	12月	88 / 36	—	—	—	—	—	—	—	—	静岡
静岡資材㈱	静岡市	6,801	—	100	12月	146 / —	1,813	116	161	69	1,473	305	—	35	茨城
㈱全農ライフ茨城	茨城茨城町	6,800	21,000	50	3月	80 / 80	—	—	—	—	—	—	—	—	関東
東京プロパンガス㈱	小平市	6,700	—	96	8月	120 / —	1,261	38	26	25	850	180	3	228	千葉
堀江商店	千葉市	6,500	—	50	3月	64 / 45	—	—	—	—	—	—	—	—	神奈川・山梨
㈱シンナ	横浜市	6,450	6,190	60	6月	37 / 25	1,075	4	0.4	△1.6	843	162	48	22	群馬
群馬燃料㈱	太田市	6,389	—	20	3月	— / —	—	—	—	—	—	—	—	—	新潟
越後プロパン㈱	新潟市	6,300	10,218	10	12月	25 / 23	—	—	—	—	—	—	—	—	山梨
イワタニ山梨㈱	甲斐市	6,261	—	12	3月	120 / 76	—	—	—	—	—	—	—	—	埼玉・群馬
京浜燃料㈱	東京	6,100	17,000	31	8月	— / —	—	—	—	—	—	—	—	—	神奈川
河野商事㈱	横浜市	6,000	—	10	6月	— / —	—	—	—	—	—	—	—	—	千葉
武産業㈱	旭市	6,000	—	324	12月	— / —	—	—	—	—	—	—	—	—	神奈川
厚木ガス㈱	厚木市	5,986	6,507	324	12月	115 / —	10,108	—	—	207	—	—	—	—	神奈川

事業者名	本社所在地	年間販売量(t)	直売消費者数	資本金(百万円)	決算月	従業員数	うちLPガス販売	売上高	営業利益	経常利益	当期利益	LPガス	機器	工事	その他	主な営業地域
㈱ 丸 江	小田原市	5,922	16,300	24	8月	60	30	2,267	21	20	21	737	—	—	—	神奈川
㈱ 川 久	山武市	5,900	—	50	8月	—	—	—	—	—	—	—	—	—	—	千葉
小 池 酸 素 工 業 ㈱	東 京	5,800	—	4,028	3月	336	—	42,639	—	1,852	1,268	—	—	—	—	関東
エ ネ ッ ク ス ㈱	東村山市	5,774	—	25	7月	120	—	—	—	—	—	—	—	—	—	東京・神奈川・千葉・茨城
㈱ サ ン ト ミ ー	横浜市	5,500	—	125	3月	139	—	—	—	—	—	—	—	—	—	神奈川・埼玉・千葉
浜 松 液 化 ガ ス ㈱	浜松市	5,500	—	20	8月	—	—	—	—	—	—	—	—	—	—	静岡
㈱ フ ジ プ ロ	静岡清水町	5,500	—	20	—	6	—	—	—	—	—	—	—	—	—	静岡
富 士 酸 素 工 業 ㈱	富士市	5,352	—	22	9月	88	24	2,761	△33	—	2	—	—	—	1	静岡
㈱ オ カ シ ョ	東 京	5,300	—	10	9月	21	21	705	28	1.1	0.8	—	—	—	—	東京
東 京 ガ ス 山 梨 ㈱	甲府市	5,241	12,267	428	3月	132	21	5,664	209	229	225	865	106	—	19	山梨
山 光 石 油 ㈱	甲府市	5,180	—	10	3月	61	—	—	—	—	—	—	—	—	—	山梨
全 農 東 京 都 本 部	立川市	5,100	10,000	—	3月	110	35	—	—	—	—	—	—	—	—	東京
フ ジ ホ ー ム サ ー ビ ス ㈱	浜松市	5,035	4,096	50	3月	32	16	1,024	43	46	28	644	20	5	355	静岡・愛知
大 洋 石 油 ㈱	横浜市	5,000	—	10	4月	—	—	—	—	—	—	—	—	—	—	神奈川
武 陽 液 化 ガ ス ㈱	福生市	5,000	—	10	—	15	—	—	—	—	—	—	—	—	—	東京
松 屋	長野軽井沢町	5,000	6,000	36	12月	57	27	1,708	135	142	106	—	—	—	28	長野
㈱ ミ ン ト	水戸市	5,000	—	20	3月	30	—	1,148	—	21	—	61	7	—	4	茨城
第 一 エ ネ ル ギ ー 設 備 ㈱	越谷市	4,987	16,273	10	3月	133	63	—	—	—	—	—	—	—	—	埼玉・千葉・東京・茨城
盈 進 商 事 ㈱	東 京	4,800	—	60	9月	18	16	700	13	9	3	690	—	—	10	東京
つ く ば 石 油 ㈱	つくば市	4,800	—	10	—	47	7	—	—	—	—	—	—	—	—	茨城
東 郷 商 事 ㈱	東 京	4,800	—	100	—	—	—	—	—	—	—	—	—	—	—	茨城・岩手・北海道
㈱ ミ ャ レ ン	宇都宮市	4,702	—	10	9月	12	10	—	—	—	—	—	—	—	—	栃木
田 島 石 油 ㈱	狭山市	4,574	—	80	9月	—	—	—	—	—	—	—	—	—	—	埼玉
㈱ カ ナ ジ ュ ウ・コ ー ポ レ ー シ ョ ン	横浜市	4,520	21,000	10	9月	59	41	3,151	82	67	38	1,274	255	357	—	神奈川
常 総 ガ ス ㈱	常総市	4,474	1,650	73	8月	22	22	—	—	—	—	—	—	—	—	茨城
厚 木 プ ロ パ ン ガ ス 協 同 組 合	厚木市	4,471	—	—	3月	7	7	—	—	—	—	—	—	—	—	神奈川
㈱ ト ー セ キ	東 京	4,425	15,000	20	9月	23	23	1,011	29	25	17	—	—	—	—	東京・千葉・茨城・埼玉
㈱ カ ナ ル	横浜市	4,347	—	10	7月	70	15	—	—	—	—	—	—	—	—	神奈川
明 石 石 産 ㈱	浜松市	4,320	—	245	3月	85	—	—	—	—	—	—	—	—	—	静岡
大 平 石 油 ㈱	高萩市	4,202	—	45	9月	35	34	—	—	—	—	—	—	—	—	茨城・福島
吉 田 瓦 斯 ㈱	富士吉田市	4,100	15,000	80	12月	43	20	—	—	—	—	—	—	—	—	山梨
北 信 ガ ス ㈱	中野市	4,100	—	30	4月	34	—	—	—	—	—	—	—	—	—	長野
オ ブ リ ッ ク ㈱	富士宮市	4,065	4,459	10	3月	54	20	1,646	—	—	—	695	108	—	843	静岡

事業者名	本社所在地	年間販売量(t)	直売消費者数	資本金(百万円)	決算月	従業員数	うちLPガス関係	業績 売上高(百万円)	営業利益	経常利益	当期利益	部門別売上高 LPガス(百万円)	機器	工事	その他	主な営業地域
興栄燃料㈱	千葉市	4,013	5,721	10.5	3月	81	26	7,537	80	108	70	585	44	10	173	千葉
湘南液化ガス㈱	鎌倉市	4,000	10,000	50	7月	34	31	900	—	—	—	—	—	—	—	神奈川
㈱新潟ケンベイ	新潟市	4,000	1,900	460	3月	200	32	36,902	382	421	408	—	—	—	—	新潟
＜中部経済産業局管内＞																
東邦液化ガス㈱	名古屋市	450,000	358,000	480	3月	612	—	57,414	—	2,131	1,434	44,437	2,488	603	1,577	愛知・岐阜・三重
ガスデックサービス㈱	豊橋市	254,000	217,000	5,180	11月	834	682	44,970	1,530	1,960	420	24,690	7,460	関連機器含む	12,820	東海4県・広島・宮城
大陽日酸エネルギー㈱	愛知蟹江町	181,601	76,452	100	3月	398	398	18,904	1,660	1,695	1,038	16,475	2,313	116	—	東北・関東・中国・四国・九州
北日本物産㈱	富山市	132,000	—	200	4月	250	230	15,000	320	500	300	9,338	2,237	536	2,889	北陸3県・滋賀・岐阜・長野
豊通エネルギー㈱	名古屋市	130,000	15,600	310	3月	174	51	80,306	610	675	473	7,500	4,000	—	3,500	愛知・岐阜・三重・神奈川・岡山
㈱ニチエー	岐阜市	79,200	65,000	426	3月	269	—	15,000	—	—	—	—	—	—	—	岐阜・愛知・三重
ニイガキ産業㈱	名古屋市	63,000	30,000	100	12月	96	70	10,500	270	360	230	3,648	296	530	191	愛知・岐阜・三重・京都
サカエ産業㈱	富山市	60,100	7,350	88	2月	263	71	13,553	190	279	264	4,300	—	—	8,900	富山・石川・新潟
ヤマサ総業㈱	名古屋市	46,420	—	96	3月	163	134	13,200	—	—	—	4,400	680	110	1,162	愛知・岐阜・長野
日本ガスコム㈱	豊橋市	45,000	31,367	250	3月	46	36	6,352	748	819	507	—	—	—	—	愛知・岐阜・静岡
日本海ガス㈱	富山市	43,909	35,424	679	12月	281	66	21,830	543	687	478	4,511	1,020	—	—	富山・石川
伊藤忠エネクスホームライフ中部㈱	名古屋市	43,710	23,334	80	3月	165	—	6,535	280	312	197	5,642	852	80	924	愛知・三重・石川・福井・岐阜
新日本ガス㈱	岐阜市	43,677	53,530	90	2月	182	155	7,843	△124	165	77	3,722	3,674	359	990	岐阜・愛知・三重・滋賀
名古屋ブロパン瓦斯㈱	名古屋市	40,000	20,460	42.75	1月	180	110	4,131	—	—	—	—	—	—	—	愛知・岐阜・三重
朝日ガスエナジー㈱	四日市市	31,749	25,000	145	9月	220	—	7,917	288	267	148	6,427	312	—	521	三重・愛知・岐阜・三重
名古屋シェル石油販売㈱	名古屋市	25,000	—	50	9月	—	—	—	—	—	—	—	—	—	—	愛知・岐阜・神奈川・三重
カニエJAPAN㈱	愛知蟹江町	20,500	88,736	10	7月	181	181	7,242	608	527	470	4,329	805	411	503	愛知・三重・岐阜・神奈川・埼玉・東京・宮城
石井燃商㈱	四日市市	20,300	—	38	6月	85	—	—	—	—	—	1,700	—	—	—	三重
イワタニ東海㈱	瑞穂市	20,230	50,466	200	3月	165	83	5,780	323	362	241	4,165	—	—	200	愛知・岐阜
全農岐阜県本部	岐阜市	20,000	—	—	3月	—	—	—	—	—	—	2,071	—	—	—	岐阜
北酸㈱	富山市	20,000	8,000	47	9月	140	31	12,881	2,021	305	165	—	200	100	—	富山
イワタニ北陸㈱	野々市市	19,200	53,200	102.5	3月	142	135	5,446	345	379	254	—	777	57	447	石川・福井・富山
愛知県経済連	名古屋市	19,000	69,000	5,533	3月	—	—	306,253	—	—	—	—	—	—	—	愛知
全農石川県本部	金沢市	17,745	—	177	3月	—	—	—	—	—	—	—	—	—	—	石川
ダイヤ商業㈱	津市	16,720	24,933	26	8月	155	140	2,947	128	154	60	—	—	—	—	三重
村瀬イセワ産㈱	岐阜市	15,000	—	—	—	—	—	—	—	—	—	—	—	—	—	岐阜・愛知
㈱セト田ガス	瀬戸市	14,290	—	—	—	—	—	—	—	—	—	—	—	—	—	愛知
大飼産業㈱	名古屋市	14,000	—	48	3月	96	—	—	—	—	—	—	—	—	—	愛知・岐阜

事業者名	本社所在地	年間販売量(t)	直売消費者数	資本金(百万円)	決算月	従業員数	〃うちLPガス部門	業績(百万円) 売上高	営業利益	経常利益	当期利益	部門別売上高(百万円) LPガス	機器	工事	その他	主な営業地域
㈱エネサンス中部	愛知蟹江町	14,000	—	10	12月	70	70	—	—	—	—	—	—	—	—	中部
ユニック商事㈱	多治見市	14,000	90	12	7月	8	—	2,143	△3	11	△12	806	1	2	1,334	岐阜・愛知
昭洋商事㈱	多治見市	13,700	4,320	96	12月	55	12	4,406	342	372	237	—	351	—	76	岐阜
上野㈱	伊賀市	13,204	17,765	132	3月	76	—	2,362	△67	54	49	1,809	289	264	—	三重
丸八	魚津市	13,100	19,000	25	9月	114	43	4,749	—	—	—	2,458	—	—	—	富山
東愛知ガス供給ネット㈱	豊川市	13,000	—	100	7月	37	37	1,344	86	89	54	1,075	227	—	42	愛知
愛知ジブプロ㈱	知立市	13,000	10,000	30	9月	64	52	2,099	124	136	42	—	—	—	—	愛知
ダイイチガスコム㈱	岡崎市	11,184	10,912	30	3月	40	40	1,606	213	225	133	1,338	99	—	149	愛知・岐阜
㈱成田セラミックバーナー工業所	瀬戸市	10,800	—	10	4月	10	—	—	—	—	—	—	—	—	—	愛知・岐阜
松村物産㈱	金沢市	10,800	—	60	12月	178	—	—	—	—	—	—	—	—	—	石川
石黒商事㈱	土岐市	10,669	5,854	24	12月	108	36	3,124	185	172	158	1,172	91	30	—	岐阜
美濃加茂ガス㈱	美濃加茂市	10,419	14,238	30	3月	46	46	2,327	81	93	59	1,900	211	37	179	岐阜
三谷産業イー・シー㈱	野々市市	10,220	31,815	360	3月	112	67	11,852	539	601	605	3,534	43	514	7,761	石川・富山
ヤマキ	加賀市	10,107	7,697	80	11月	30	12	1,654	13	18	486	1,069	221	230	134	岐阜
㈱大垣ガス	大垣市	9,786	18,102	80	9月	39	—	6,635	327	335	205	1,769	332	246	4,288	石川
東濃石油㈱	瑞浪市	9,769	3,097	242	12月	114	59	2,146	42	46	26	—	—	—	2	中部
中部エア・ウォーター㈱	名古屋市	9,463	870	16	3月	52	10	10,818	1,036	1,055	700	492	118	—	316	岐阜
大和燃料㈱	愛知美浜町	9,300	—	350	3月	101	—	—	—	—	—	—	—	—	—	愛知
三河商事㈱	豊田市	9,000	6,000	24	8月	18	18	5,529	387	612	124	2,358	1,426	1,429	—	愛知
ヤマモトナショナル販売㈱	恵那市	8,918	—	45	5月	198	100	1,152	29	40	—	875	—	—	—	愛知
中部プロパン㈱	多治見市	7,971	—	10	4月	36	36	—	—	—	—	—	—	—	—	岐阜
三重石商事㈱	四日市市	7,500	—	10	10月	46	—	—	—	—	—	—	—	—	—	岐阜
三河川品燃料㈱	碧南市	6,959	—	30	3月	100	—	—	—	—	—	—	—	—	—	三重
伊藤商会	多治見市	6,900	—	18	—	38	—	—	—	—	—	—	—	—	—	愛知
㈱名港液化ガス	名古屋市	6,844	—	50	9月	26	26	—	—	—	—	—	—	—	—	岐阜
島商事㈱	岐阜市	6,800	—	15	3月	31	—	—	—	—	—	—	—	—	—	愛知・岐阜
全農富山県本部	富山市	6,500	—	—	3月	—	—	—	—	—	—	—	—	—	—	愛知・岐阜
全農三重県本部	津市	6,300	—	—	3月	150	5	—	—	—	—	—	—	—	—	富山
アポロ産業㈱	伊賀市	6,297	3,202	90	3月	31	—	1,557	51	59	80	535	45	318	9	三重
大城エネルギー㈱	能美市	6,078	8,000	75	3月	65	59	1,500	39	58	28	880	150	110	360	石川
イワタニ三重㈱	津市	5,900	—	50	3月	59	57	—	—	—	—	—	—	—	—	三重
㈱中村燃料商店	高岡市	5,000	—	50	3月	49	—	—	—	—	—	—	—	—	—	富山

<近畿経済産業局管内>

事業者名	本社所在地	年間販売量(t)	直売消費者数	資本金(百万円)	決算月	従業員数	うちLPガス関連	売上高	営業利益	経常利益	当期利益	LPガス	機器	工事	その他	主な営業地域
名張近鉄ガス㈱	名張市	4,984	10,340	100	12月	118	-	3,768	206	218	153	830	542	93	2,303	三重
ユニオン商事㈱	桑名市	4,509	-	10	3月	-	-	-	-	-	-	-	-	-	-	三重
関西プロパン瓦斯㈱	津市	4,465	6,788	36	1月	47	42	960	71	72	25	789	104	10	56	三重
共栄液化瓦斯㈱	中津川市	4,315	-	-	-	-	-	-	-	-	-	-	-	-	-	岐阜
伊丹産業㈱	伊丹市	460,000	-	50	12月	1,390	930	109,578	3,282	3,715	565	-	-	-	-	近畿・福井・岡山・広島・高知・長野
大阪ガスLPG㈱	大阪市	93,000	-	100	3月	399	399	-	-	-	-	-	-	-	-	近畿2府4県
大丸エナウィン㈱	大阪市	78,000	66,900	870.5	3月	360	206	15,250	819	867	574	8,280	2,630	-	4,340	近畿・茨城・香川
ミライフ西日本㈱	大阪市	63,000	33,000	90	3月	223	-	15,500	-	-	-	-	-	-	-	関西・中部・北陸・四国・九州
クリーンガス福井㈱	福井市	55,000	-	-	-	-	-	-	-	-	-	-	-	-	-	福井
三谷商事㈱	福井市	53,000	-	5,008	3月	490	-	361,399	16,476	17,740	10,459	-	-	-	-	福井・石川・滋賀・徳島・千葉
大陽日酸ガス&ウェルディング㈱	大阪市	45,000	4,000	150	3月	400	20	21,213	445	529	381	3,272	544	1,245	16,152	愛知・大阪・徳島・山口
日米礦油㈱	大阪市	42,657	38,900	255	3月	416	107	31,672	1,898	2,149	1,640	3,765	524	36	98	近畿・九州・北陸
上原成商㈱	京都市	42,000	13,600	5,549	3月	396	78	75,007	427	804	540	4,201	673	-	-	京都・滋賀・大阪
宇野酸素㈱	越前市	38,620	-	50	3月	317	36	14,878	752	827	530	2,646	53	-	97	富山・石川・福井
大和石油ガス㈱	大阪市	37,445	1,500	12	1月	27	23	2,094	40	62	33	1,876	53	41	124	大阪・奈良・和歌山・福井・滋賀・愛知・三重・広島・愛媛
イワタニ近畿㈱	大阪市	37,100	85,000	208	3月	230	224	8,200	3,680	398	400	6,500	1,250	300	150	近畿2府4県
山川㈱	京都市	33,040	-	10	3月	-	-	-	-	-	-	-	-	-	-	京都・滋賀
ツバメ産業㈱	大阪市	32,000	-	26	10月	30	27	-	-	-	-	-	-	-	-	大阪・奈良・徳島
ダイネン㈱	姫路市	28,000	-	213	3月	240	96	-	310	-	-	-	-	-	-	兵庫
伊藤忠エネクスホームライフ関西㈱	大阪市	25,000	30,000	60	3月	176	176	5,490	310	332	208	3,500	620	80	1,290	近畿
帝燃産業㈱	茨木市	22,854	59,000	45	9月	154	118	-	-	-	-	-	-	-	-	大阪・京都・兵庫
八光商事㈱	大阪市	22,422	-	48	1月	43	-	-	-	-	-	-	-	-	-	大阪・和歌山
㈱シェル石油大阪発売所	大阪市	20,000	-	450	1月	300	-	-	-	-	-	-	-	-	-	大阪・兵庫・奈良・東京
㈱ミツウワ	川西市	19,100	-	48	6月	154	50	-	-	-	-	-	-	-	-	兵庫・大阪
三木産業㈱	姫路市	18,708	-	10	3月	-	-	-	-	-	-	-	-	-	-	兵庫
㈱キョートプロ	京都市	17,837	20,000	60	3月	98	-	3,210	188	208	136	2,476	384	128	222	京都・滋賀・福井
ネクスト・ワン㈱	加古川市	17,543	8,631	45	12月	222	46	13,524	2,648	308	-	2,747	184	122	-	兵庫・大阪・岡山・群馬
ヤサカ商事㈱	京都市	17,440	3,550	15	9月	21	16	1,677	4.6	25.7	23.5	1,351	101	43	-	京都
山文商事㈱	大津市	16,632	-	200	9月	434	-	84,000	-	-	-	-	-	-	-	近畿・中部他
全農滋賀県本部	大津市	15,000	2,000	-	3月	146	28	2,500	-	-	-	1,900	530	70	-	滋賀
局港興産㈱	神戸市	13,250	-	41	8月	-	-	-	-	-	-	-	-	-	-	兵庫

事業者名	本社所在地	年間販売量(t)	直売消費者数	資本金(百万円)	決算月	従業員数	うちLPガス関係	業績(百万円) 売上高	営業利益	経常利益	当期利益	部門別売上高(百万円) LPガス	機器	工事	その他	主な営業地域
中島商事㈱	東近江市	12,950	13,130	40	3月	98	38	4,927	14	46	39	1,057	401	340	3,129	滋賀
共和商事㈱	相生市	12,435	—	12	8月	—	—	—	—	—	—	—	—	—	—	兵庫
梶野産業㈱	岸和田市	12,300	—	16	—	—	—	—	—	—	—	—	—	—	—	大阪
㈱ダイナベーナジー	東近江市	12,006	—	10	3月	50	28	—	—	—	—	—	—	—	—	滋賀
ダイワエネルギー㈱	和歌山市	12,000	—	10	8月	—	—	—	—	—	—	—	—	—	—	和歌山
㈱スタンダード石油大阪発売所	大阪市	11,400	—	198	3月	39	2	27,926	193	247	—	—	—	—	—	大阪
和歌山県農協連	和歌山市	10,437	—	4,497	3月	200	—	147,705	—	—	—	—	—	—	—	和歌山
福井県経済連	福井市	10,200	45,570	3,708	3月	368	24	93,670	110	20	296	1,431	610	—	—	福井
池田エルピーガス㈱	池田市	9,700	—	10	9月	35	—	—	—	—	—	—	—	—	—	大阪
西川燃料㈱	御所市	9,570	—	20	—	35	—	—	—	—	—	—	—	—	—	奈良
福井ツバメ商事㈱	福井市	9,500	—	51	3月	56	56	—	—	—	—	—	—	—	—	福井
栄月㈱	福井市	9,100	3,940	100	9月	140	12	8,650	—	—	—	765	59	—	—	福井
日商ガス開発㈱	大阪市	8,800	—	10	3月	30	—	—	—	—	—	—	—	—	—	大阪・京都・滋賀
全農京都府本部	京都市	8,660	23,000	—	3月	400	65	42,923	—	—	—	1,790	472	—	223	京都
AOIエネルギーソリューション㈱	福井市	8,500	—	20	3月	20	20	—	—	—	—	—	—	—	—	福井
全農兵庫県本部	神戸市	8,149	28	—	3月	352	36	—	—	—	—	925	330	—	—	兵庫
松倉商事㈱	大和高田市	8,000	6,000	30	8月	43	43	1,200	—	—	—	960	60	60	120	奈良
大東石油㈱	神戸市	7,906	—	40	3月	25	20	—	—	—	—	—	—	—	—	兵庫
岩本石油㈱	和歌山市	7,654	—	40	9月	130	—	—	—	—	—	—	—	—	—	和歌山
大阪ガスオート東㈱	大阪市	7,500	—	10	9月	18	6	—	—	—	—	—	—	—	—	大阪
㈱山東	京都市	7,200	5,000	30	7月	100	35	3,200	—	—	—	1,500	70	20	1,610	京都・滋賀
甲賀同ガス㈱	甲賀市	6,836	14,114	210	3月	45	45	1,523	41	50	38	1,067	105	25	326	滋賀
㈱東亜プロパン商事	有田市	6,722	9,900	10	9月	24	21	1,041	36	35	32	—	—	—	—	和歌山
㈱薮久石油	岸和田市	6,600	—	30	6月	50	30	1,500	—	90	90	90	20	30	—	大阪
新屋㈱	南あわじ市	6,528	—	40	3月	27	5	—	—	—	—	—	—	—	—	兵庫
イビデン三カル㈱	大垣市	6,239	—	137	3月	38	7	3,868.90	177.6	199.2	135.6	442.9	—	—	—	岐阜・大阪
㈱下出商会	奈良市	6,200	—	10	—	22	—	—	—	—	—	—	—	—	—	奈良
奈良県農協	奈良市	6,098	—	—	3月	1,825	—	—	—	—	—	—	—	—	—	奈良
阪神石油㈱	尼崎市	5,945	3,797	30	6月	96	40	8,195	91	99	54	—	—	—	—	兵庫
エコガス㈱	海南市	5,400	—	20	8月	33	33	667	△56	△50	△34	578	29	46	14	和歌山
加古川ガス㈱	加古川市	5,325	4,400	100	8月	8	8	412	—	—	—	360	29	—	23	兵庫
興北プロパン㈱	福井市	5,180	270	25	12月	8	8	—	—	—	—	—	—	—	—	福井

事業者名	本社所在地	年間販売量（t）	直売消費者数	資本金（百万円）	決算月	従業員数	内LPガス関係	業績（百万円） 売上高	営業利益	経常利益	当期利益	部門別売上高（百万円） LPガス	機器	工事	その他	主な営業地域
関　西　ガ　ス㈱	神戸市	5,165	—	45	9月	22	15	—	—	—	—	—	—	—	—	兵庫
㈱ダ　イ　ワ	姫路市	5,000	12,887	50	3月	68	27	—	—	—	—	—	—	—	—	兵庫
南紀プロパンガス㈱	新宮市	4,617	5,750	42	3月	54	45	1,039	—	3	2	641	239	101	58	和歌山・三重・奈良
三　和　液　化㈱	河内長野市	4,500	—	10	3月	30	—	—	—	—	—	—	—	—	—	大阪・和歌山
日　交　商　事㈱	大阪市	4,455	—	45	5月	65	—	—	—	—	—	—	—	—	—	大阪・京都・鳥取
北　村　産　業㈱	大東市	4,351	—	10	7月	25	—	—	—	—	—	—	—	—	—	大阪・奈良・和歌山
山　陽　液　化㈱	高砂市	4,300	—	—	—	44	—	—	—	—	—	—	—	—	—	兵庫
㈱福　井　商　会	奈良市	4,200	—	10	7月	—	—	—	—	—	—	—	—	—	—	奈良
大　崎　産　業㈱	海南市	4,102	7,740	26	3月	44	—	1,011	43	48	29	800	181	17	13	和歌山
㈱ミ　ス　ジ	大阪市	4,000	—	45	3月	—	—	—	—	—	—	—	—	—	—	大阪

＜中国経済産業局管内＞

事業者名	本社所在地	年間販売量（t）	直売消費者数	資本金（百万円）	決算月	従業員数	内LPガス関係	業績（百万円） 売上高	営業利益	経常利益	当期利益	部門別売上高（百万円） LPガス	機器	工事	その他	主な営業地域
広島ガスプロパン㈱	広島海田町	85,528	165,725	300	3月	91	91	9,210	218	360	253	7,142	1,287	87	694	中国
山陰酸素工業㈱	米子市	58,637	25,223	130	3月	306	109	16,479	637	721	137	3,740	1,500	1,123	—	鳥取・島根
浅　野　産　業㈱	岡山市	56,900	—	20	6月	450	—	12,100	—	—	—	—	—	—	—	岡山・広島・島根
伊藤忠エネクスホームライフ西日本㈱	広島市	44,257	93,000	450	3月	348	348	7,002	—	—	—	5,475	726	193	608	中国・香川・徳島・愛媛
西日本液化ガス㈱	下関市	36,180	60,000	50	12月	276	276	7,421	425	472	310	5,818	867	474	262	山口・福岡・大分・宮崎・広島
イ　ワ　タ　ニ　山　陽㈱	広島市	21,546	95,845	173	3月	251	251	62,750	366	—	118	1,858	962	—	—	広島・岡山・山口
三愛オブリガス中国㈱	倉敷市	21,334	8,500	20	3月	37	37	2,819	279	305	181	2,379	440	—	—	岡山・広島・山口・兵庫
全　農　広　島　県　本　部	広島市	19,997	68,618	—	3月	158	28	—	—	—	—	—	—	—	—	広島
高　丸　石　油㈱	下松市	16,000	17,000	60	3月	90	90	2,794	100	169	155	2,451	233	5	105	岡山
食　　協	広島市	15,930	22,000	20	9月	170	155	2,560	610	—	—	1,250	300	—	—	広島
岡山ガスエネルギー㈱	岡山市	14,000	12,500	100	3月	148	32	1,451	20	18	22	1,250	128	73	—	岡山
日　の　丸　産　業㈱	広島市	13,766	—	20	12月	17	17	—	—	—	—	—	—	—	—	広島
サ　ー　ン　ガ　ス　共　和㈱	宇部市	13,500	8,500	17.5	9月	60	25	—	130	—	—	—	—	—	—	山口
エ　ネ　ッ　ク　ス㈱	松江市	12,172	8,168	10	3月	45	45	3,069	—	147	90	2,158	326	44	541	広島
イ　ワ　タ　ニ　山　陰㈱	大田市	11,954	—	10	3月	55	51	1,952	229	278	175	1,495	97	34	326	岡山
イ　ワ　タ　ニ　島　根㈱	宇部市	11,862	22,502	100	3月	84	80	5,791	101	76	42	764	725	55	—	島根・鳥取
ヤ　マ　サ　ン　ガ　ス㈱	岡山市	11,400	8,500	111	3月	181	80	—	—	—	—	—	—	—	—	島根
南　山　産　業㈱	岡山市	11,000	16,679	20	3月	75	75	—	—	—	—	—	—	—	—	山口
つ　ば　め　ガ　ス㈱	岡山市	9,050	14,100	40	1月	176	98	—	—	—	—	—	—	—	—	岡山・広島・徳島・愛媛
山　陰　酸　素	岡山市	8,300	34,000	100	3月	103	98	—	—	—	—	—	—	—	—	岡山・広島
全　農　岡　山　県　本　部	岡山市	7,819	—	—	3月	290	15	—	—	—	—	—	—	—	—	岡山

事業者名	本社所在地	年間販売量(t)	直売消費者数	資本金(百万円)	決算月	従業員数	うちLPガス部門	業績(百万円) 売上高	営業利益	経常利益	当期利益	部門別売上高(百万円) LPガス	機器	工事	その他	主な営業地域
㈱備両エネシス	岡山市	7,400	5,500	90	1月	210	37	18,788	206	291	181	488	85	5	3	岡山
㈱横備原プロパン商会	三次市	7,300	—	20	3月	50	36	—	—	—	—	—	—	—	—	広島・島根
興亜ガス開発㈱	岩国市	7,129	8,917	68	3月	55	55	1,096	—	—	—	—	—	—	—	山口
ユニオンフォレスト㈱	呉市	6,992	—	34	9月	65	25	—	—	—	—	—	—	—	—	広島
山田日之出ガス㈱	下松市	6,400	15,200	64	12月	80	80	1,225	59	63	40	1,000	104	42	23	山口
㈱はまだ	倉敷市	6,200	—	15	2月	33	33	—	—	—	—	—	—	—	—	岡山
㈱三友	防府市	5,855	—	21	3月	285	—	—	—	—	—	—	—	—	—	山口
日本ホーム瓦斯協業組合	広島海田町	5,819	—	51	5月	12	12	563	1	2	1	456	29	—	78	広島
㈱斯協同	福山市	5,800	20,000	20	3月	65	65	1,686	136	170	105	1,478	166	42	—	広島
日ノ丸産業㈱	鳥取市	5,700	9,300	180	6月	240	35	—	—	—	—	—	—	—	—	鳥取・島根
荒木燃料㈱	松江市	5,440	4,078	13	8月	28	28	1,161	78	63	41	586	40	—	228	島根・鳥取
全農山口県本部	山口市	5,071	—	1,198	3月	250	14	87,119	—	—	—	—	—	—	—	山口
水島ガス中国㈱	福山市	5,000	16,584	50	12月	73	60	1,829	—	—	—	1,370	360	3	95	広島・岡山
広島ガス西中国㈱	倉敷市	4,932	5,158	225	3月	79	16	5,406	80	122	122	613	80	3	10	岡山
広島ガス東中部㈱	広島市	4,785	13,957	50	12月	92	47	2,506	67	103	101	1,264	897	206	139	広島・山口
広島ガス東部㈱	広島府中町	4,517	16,369	32	12月	68	30	2,754	351	375	187	1,304	1,163	15	272	広島
大和マルヰガス㈱	岡山市	4,400	—	10	11月	44	44	1,049	39	52	34	—	—	—	—	岡山
<四国経済産業局管内>																
四国ガス燃料㈱	今治市	70,000	131,803	40	12月	191	191	10,694	851	1,010	648	9,393	882	224	195	四国
日本プロパンガス㈱	丸亀市	53,000	30,000	97.5	3月	114	114	—	—	—	—	—	—	—	—	香川・徳島・愛媛
四国岩谷産業㈱	高松市	24,964	35,526	400	3月	142	110	4,393	—	—	—	3,203	928	14	248	四国
高橋石油㈱	高松市	19,246	—	30	7月	158	47	—	—	—	—	—	—	—	—	香川
四国石油㈱	高松市	17,224	—	20	3月	95	37	—	—	—	—	—	—	—	—	四国
JAえひめエネルギー㈱	松山市	13,457	—	100	3月	52	52	—	—	—	—	—	—	—	—	愛媛
大一ガス㈱	松山市	13,000	34,200	10	6月	184	151	5,200	—	—	—	—	—	—	—	愛媛
土佐ガス㈱	高知市	12,800	—	50	5月	148	—	—	—	—	—	—	—	—	—	高知
㈱ヒワサキ	高知市	12,700	—	38	3月	65	9	—	—	—	—	—	—	—	—	高知
横井石油㈱	坂出市	12,500	—	15	3月	110	—	—	—	—	—	—	—	—	—	香川・高知
愛媛日商プロパン㈱	愛媛松前町	12,000	7,050	20	3月	31	31	968	30	61	36	793	106	—	69	愛媛
水化㈱	徳島市	11,800	—	10	3月	67	48	—	—	—	—	—	—	—	—	徳島
東予農ガス㈱	今治市	9,932	—	99	3月	—	—	—	—	—	—	—	—	—	—	愛媛
全農高知県本部	高知市	9,260	—	1,000	3月	180	7	—	—	—	—	—	—	—	—	高知

事業者名	本社所在地	年間販売量(t)	直売消費者数	資本金(百万円)	決算月	従業員数	内LPガス関係	業績(百万円) 売上高	営業利益	経常利益	当期利益	部門別売上高(百万円) LPガス	機器	工事	その他	主な営業地域
エネロ㈱	松山市	8,824	9,057	22	6月	45	45	1,758	103	93	72	1,071	135	358	194	愛媛
高知エネルギー㈱	高知市	8,000	4,000	96	3月	20	20	1,000	—	—	—	800	200	—	—	高知
丸善商事㈱	徳島市	8,000	—	35	3月	150	—	—	—	—	—	—	—	—	—	徳島
㈱JA香川県エネルギーサービス	高松市	7,421	1,919	2,140	3月	287	5	—	—	—	—	—	—	—	—	香川
ジェイエイ徳島燃料サービス㈱	徳島市	7,198	—	30	3月	30	18	1,279	33	33	22	670	107	165	—	徳島
エナジー・ワン㈱	松山市	7,000	—	10	8月	70	50	432	—	—	—	230	—	—	—	愛媛
今治プロパンガス㈱	今治市	6,620	4,900	20	3月	10	10	—	—	—	—	—	—	—	—	愛媛
内外プロパン㈱	高松市	6,200	—	10	4月	49	—	—	—	—	—	—	—	—	—	香川
㈱ケンガス	高知市	6,000	—	—	—	—	—	—	—	—	—	—	—	—	—	高知
高知日商プロパン㈱	高知市	5,969	11,400	50	3月	65	65	1,210	46	48	—	941	194	—	73	高知
宮崎商事㈱	徳島市	5,359	10,500	10	8月	75	75	1,166	9	42	27	977	101	26	62	徳島
四国アセチレン工業㈱	丸亀市	5,000	50	50	3月	93	12	3,357	36	79	46	1,000	10	60	2,197	四国・岡山・兵庫
共同瓦斯㈱	四国中央市	4,818	14,854	85	6月	86	63	1,471	28	96	91	1,126	48	6	291	愛媛
愛媛ベニー㈱	愛媛松前町	4,800	—	30	12月	15	15	—	—	—	—	—	—	—	—	愛媛

＜九州経済産業局管内＞

事業者名	本社所在地	年間販売量(t)	直売消費者数	資本金(百万円)	決算月	従業員数	内LPガス関係	業績(百万円) 売上高	営業利益	経常利益	当期利益	部門別売上高(百万円) LPガス	機器	工事	その他	主な営業地域
㈱エコア	福岡市	248,000	102,700	480	3月	431	431	32,300	—	—	—	—	—	—	—	九州
西部ガスエネルギー㈱	福岡粕屋町	149,629	124,299	480	3月	370	—	17,861	478	674	370	14,439	2,426	996	—	福岡
㈱ツバメガスフロンティア	福岡市	110,000	43,503	50	7月	84	84	—	—	—	—	—	—	—	—	九州・山口
㈱Misumi	鹿児島市	109,900	41,000	1,691	3月	400	134	49,831	958	1,290	492	8,924	952	66	—	鹿児島・宮崎・熊本
福岡酸素㈱	久留米市	75,000	—	360	11月	380	—	9,082	—	—	—	—	—	—	—	九州
三愛オブリガス九州㈱	福岡市	70,327	—	100	3月	159	133	—	—	—	—	—	—	—	—	九州
㈱りゅうせき	浦添市	34,000	—	1,050	3月	133	—	—	—	—	—	—	—	—	—	沖縄
カクイ九州㈱	福岡市	30,800	—	50	6月	81	78	—	—	—	—	—	—	—	—	福岡・大分・熊本・鹿児島
イワタニ九州㈱	福岡市	27,000	80,000	150	3月	192	192	—	—	—	—	—	—	—	—	福岡・佐賀・長崎・大分
㈱プロパン	大分市	26,657	2,239	50	2月	65	65	3,051	106	139	98	1,760	911	19	361	大分
沖縄協同ガス㈱	沖縄(重瀬)	25,798	—	100	3月	111	111	—	—	—	—	—	—	—	—	沖縄
㈱コーア日本	鹿児島市	25,614	58,157	50	4月	233	233	4,642	198	260	158	3,856	384	31	371	鹿児島
山代ガス㈱	佐賀市	23,300	15,000	22	9月	151	113	3,638	136	210	175	2,525	801	181	131	佐賀・福岡
エッカ石油協同組合	浦添市	21,000	—	179	12月	339	—	12,881	—	—	—	—	—	—	—	沖縄
沖縄県農業協同組合	那覇市	19,007	—	19,226	3月	2,868	—	—	—	—	—	—	—	—	—	沖縄
沖縄エネサンス九州㈱	佐賀市	19,000	—	80	12月	133	133	—	—	—	—	—	—	—	—	九州
㈱サンワ	福岡市	18,000	—	30	8月	19	19	—	—	—	—	—	—	—	—	福岡

事業者名	本社所在地	年間販売量(t)	直売消費者数	資本金(百万円)	決算月	従業員数	内LPガス関係	業績(百万円) 売上高	営業利益	経常利益	当期利益	部門別売上高(百万円) LPガス	機器	工事	その他	主な営業地域
㈱ジェイエイエコパル	鹿児島市	17,500	—	59	4月	145	104	—	—	—	—	—	—	—	—	鹿児島
九州石油ガス㈱	福岡粕屋町	16,248	22,811	40	3月	153	129	3,409	96	106	41	2,307	693	—	410	福岡・熊本・長崎・佐賀
東洋瓦斯㈱	大分市	15,092	4,472	125	3月	22	—	1,103	21	21	12	1,032	20	13	38	大分
吉武産業㈱	北九州市	14,820	22,540	80	3月	120	90	3,277	231	282	152	2,280	425	122	449	福岡・大分・熊本
福岡ライフエナジー㈱	久留米市	14,124	—	270	3月	180	130	3,517	238	55	30	2,162	90	1,150	115	福岡
㈱ＪＡライフサポート佐賀	神埼市	13,435	29,880	20	3月	140	65	3,573	225	212	135	3,017	379	80	97	佐賀
南九州マルキ㈱	熊本市	13,380	46,046	61.5	3月	121	121	—	—	—	—	—	—	—	—	熊本・宮崎
熊本クミアイプロパン㈱	熊本市	13,018	—	70	3月	71	71	—	—	—	—	—	—	—	—	熊本
㈱チョープロ	長崎市	12,851	15,505	30	12月	207	168	4,098	15	115	38	1,956	173	669	1,300	長崎
南国殖産㈱	鹿児島市	12,700	68,000	500	9月	899	111	—	—	—	—	—	—	—	729	鹿児島・熊本
マルキ産業㈱	那覇市	12,604	—	91.5	3月	122	—	3,218	315	348	220	2,300	144	45	—	沖縄
熊本県経済連	熊本市	12,585	—	4,017	3月	—	—	—	—	—	—	—	—	—	—	熊本
全農長崎県本部	長崎市	12,200	—	—	3月	—	—	—	—	—	—	—	—	—	—	長崎
コーアガスステック㈱	福岡市	12,185	—	45	3月	50	—	1,517	70	—	—	—	—	—	—	福岡
熊本石油㈱	熊本市	11,093	5,903	180	2月	186	87	4,047	88	92	40	1,180	162	—	143	熊本
増田石油㈱	福岡市	10,120	—	100	12月	158	—	—	—	—	—	—	—	—	—	長崎・福岡・鹿児島
小平㈱	鹿児島市	10,050	5,000	10	10月	80	30	3,300	690	30	—	1,000	248	—	38	鹿児島
宮崎液化ガス㈱	宮崎市	10,006	24,546	20	3月	35	35	1,579	24	36	24	1,472	71	19	16	宮崎
日本ガスエネルギー㈱	鹿児島市	9,880	—	50	3月	40	37	—	—	—	—	—	—	—	—	鹿児島
㈱りゅうせきエネオプ	那覇市	9,694	31,813	100	3月	144	75	2,924	171	189	112	2,203	389	39	293	沖縄
九州酸素㈱	飯塚市	9,600	—	20	3月	33	17	—	—	—	—	—	—	—	—	福岡
大洋ガスック㈱	福岡市	8,364	3,462	22	9月	24	24	850	3	7	6	850	—	—	—	福岡
都城液化ガス㈱	都城市	7,400	—	10	3月	5	3	—	—	—	—	—	—	—	—	宮崎
㈱白石	那覇市	7,000	—	42	1月	120	—	—	—	—	—	—	—	—	—	沖縄
吉村アクティブ産業㈱	福岡市	7,000	—	30	3月	47	47	—	—	—	—	—	—	—	—	福岡
イワタニ三鹿児島㈱	鹿児島市	6,921	—	25	3月	31	31	1,104	—	—	—	828	259	17	—	鹿児島
富士燃料㈱	都城市	6,809	—	220	3月	91	—	—	—	—	—	—	—	—	—	宮崎
大分県農業㈱	大分市	6,200	—	50	3月	—	—	—	—	—	—	—	—	—	—	大分
㈱ガスパル九州	福岡市	6,114	39,973	110	3月	110	110	2,748	480	396	41	2,500	—	248	—	九州
高見米燃㈱	北九州市	6,011	13,000	50	3月	104	65	—	—	—	—	—	—	—	—	福岡
酒見産業㈱	大牟田市	6,000	6,794	—	—	15	—	—	—	—	—	—	—	—	—	福岡
大洋産業㈱	奄美市	6,000	6,000	20	—	—	—	—	—	—	—	—	—	—	—	鹿児島
太陽ガス㈱	日置市	5,821	18,000	80	7月	45	41	1,300	19	30	21	1,053	214	23	6	鹿児島

事業者名	本社所在地	年間販売量（t）	直売消費者数	資本金（百万円）	決算月	従業員数	うちLPガス関係	業績（百万円）売上高	営業利益	経常利益	当期利益	部門別売上高（百万円）LPガス	機器	工事	その他	主な営業地域
宮 崎 県 経 済 連	宮崎市	5,768	-	18,197	3月	436	10	-	-	-	-	-	-	-	-	宮崎
吉 田 商 事 （株）	奄美市	5,700	-	10	-	43	-	-	-	-	-	-	-	-	-	鹿児島
ハヤシカネエネルギー（株）	長崎市	5,530	-	20	-	35	-	-	-	-	-	-	-	-	-	長崎
宇 島 瓦 斯 （株）	豊前市	5,401	8,110	10	3月	42	42	1,131	17	36	34	1,044	65	8	14	福岡・大分
旭 マ ル キ ガ ス （株）	宮崎門川町	5,300	14,144	35	3月	43	32	1,194	59	83	50	877	138	23	-	宮崎
光 伸 ガ ス （株）	大分市	5,084	7,000	205	4月	46	46	895	27	52	12	692	111	77	14	大分
宮 古 ガ ス （株）	宮古島市	5,000	-	30	3月	11	6	-	-	-	-	-	-	-	-	沖縄
（株）飯 干 商 事	延岡市	4,870	-	25	5月	35	-	-	-	-	-	-	-	-	-	宮崎
（株）ダ イ ブ ロ 北 部 販 売	宇佐市	4,785	9,996	44	2月	37	34	1,040	43	47	30	739	90	151	60	大分
井 上 商 工 （株）	鹿児島市	4,184	9,638	50	3月	30	30	1,667	483	47	-	-	-	-	-	鹿児島
（株）和 泉 オ ー ク ス	久留米市	4,126	12,000	3	7月	38	28	121	-	-	-	63	41	12	5	福岡

注：(1)連結決算企業の業績については連結ベースの数字を採用した。(2)主な営業地域は原則として都道府県別単位で表記した。

4．都道府県別世帯数、都市ガス・ＬＰガス消費世帯数

区分 都道府県別	全世帯数（H29年1月）	都市ガス（H28年3月）					ＬＰガス消費世帯数（推定）（H29年10月）
		供給区域内世帯数（戸）	メーター取付個数（個）	メーター調定個数（個）	供給区域内普及率（％）		
北 海 道	2,761,826	1,628,694	860,415	730,200	52.8		1,399,000
青 森	589,887	187,069	67,557	56,892	36.1		439,000
岩 手	523,065	151,379	67,723	57,900	44.7		410,000
宮 城	980,808	619,522	379,758	341,810	61.3		538,000
秋 田	426,020	152,086	114,186	101,900	75.1		259,000
山 形	411,919	116,878	66,560	59,466	56.9		301,000
福 島	779,244	271,024	141,383	123,807	52.2		572,000
茨 城	1,221,978	453,940	221,998	195,332	48.9		762,000
栃 木	817,370	318,680	127,709	108,547	40.1		545,000
群 馬	831,970	382,302	166,208	146,904	43.5		550,000
埼 玉	3,212,080	2,650,623	1,517,737	1,387,494	57.3		1,308,000
千 葉	2,811,702	2,351,384	1,868,210	1,690,909	79.5		749,000
東 京	6,994,147	6,461,399	6,936,605	6,102,511	107.4		476,000
神 奈 川	4,236,072	3,840,133	2,916,878	2,637,328	76.0		1,079,000
新 潟	890,293	696,070	650,156	587,100	93.4		260,000
山 梨	356,363	80,828	37,188	31,481	46.0		289,000
長 野	861,074	358,262	178,067	164,653	49.7		636,000
静 岡	1,557,733	1,002,304	558,202	497,473	55.7		785,000
愛 知	3,214,669	2,781,253	2,188,957	1,913,581	78.7		984,000
岐 阜	809,888	375,679	159,529	131,224	42.5		572,000
三 重	782,840	370,754	194,329	165,857	52.4		486,000
富 山	414,865	160,205	91,676	76,218	57.2		243,000
石 川	478,395	192,775	80,691	73,420	41.9		282,000
福 井	289,825	72,407	33,157	28,963	45.8		189,000
滋 賀	566,148	313,681	180,995	164,127	57.7		262,000
京 都	1,202,380	996,698	989,452	851,680	99.3		223,000
大 阪	4,223,735	4,136,260	4,120,217	3,492,473	99.6		282,000
兵 庫	2,507,945	2,074,413	1,818,172	1,560,375	87.6		509,000
奈 良	587,413	467,211	317,314	277,496	67.9		180,000
和 歌 山	440,150	158,225	66,824	53,816	42.2		251,000
鳥 取	235,502	86,242	34,710	31,698	40.2		148,000
島 根	288,790	69,108	27,732	24,641	40.1		215,000
岡 山	835,989	397,580	171,729	145,771	43.2		483,000
広 島	1,300,322	749,783	462,122	421,374	61.6		627,000
山 口	659,804	324,997	180,223	158,779	55.5		346,000
愛 媛	651,763	189,994	82,160	72,306	43.2		469,000
香 川	436,123	158,148	98,008	83,246	62.0		247,000
高 知	352,694	95,561	47,514	40,700	49.7		267,000
徳 島	334,117	71,006	42,438	35,355	59.8		209,000
福 岡	2,371,459	1,346,239	934,923	845,314	69.4		1,114,000
佐 賀	328,015	106,888	46,895	39,791	43.9		204,000
長 崎	635,020	288,859	198,390	179,479	68.7		335,000
熊 本	770,607	267,542	130,943	117,352	48.9		474,000
大 分	533,406	197,497	78,828	68,194	39.9		366,000
宮 崎	521,627	165,560	81,442	71,514	49.2		322,000
鹿 児 島	807,169	316,297	178,975	149,578	56.6		516,000
沖 縄	632,826	181,879	64,873	56,824	35.7		499,000
合 計	57,477,037	38,835,318	29,979,758	26,352,853	77.2		22,661,000

注：(1)世帯数は総務省資料。
　　(2)都市ガスは日本ガス協会資料。供給区域内普及率はメーター取付個数ベース。
　　(3)ＬＰガス消費世帯数は、全国ＬＰガス保安共済事業団の契約戸数などをベースにした。

5．全国ＬＰガス登録販売事業者(企業)数・認定保安機関数

5－1　全国ＬＰガス登録販売事業者（企業）数・認定保安機関数（平成29年3月末現在）

区分 所管	企業数	前年比	認定保安機関数	前年比
本　　　省	52	1	83	−2
産業保安監督部	172	−6	468	−5
都　道　府　県	18,800	−485	18,889	−460
計	19,024	−490	19,440	−467

注：経済産業省まとめ。以下同様

5－2　本省所管ＬＰガス登録販売事業者（企業）数・認定保安機関数

区分 期間	企業数	認定保安機関数
平成28年3月末現在	51	85
平成29年3月末現在	52	83

5－3　産業保安監督部所管登録販売事業者（企業）数・認定保安機関数

区分 所管	平成28年3月末現在		平成29年3月末現在	
	企業数	認定保安機関数	企業数	認定保安機関数
北　海　道	0	0	0	0
関東・東北（東北支部）	14	28	13	27
関東・東北	90	226	88	220
中部・近畿	16	50	14	50
中部・近畿（近畿支部）	19	66	17	66
中国・四国	12	35	12	36
中国・四国（四国支部）	3	7	3	7
九　　　州	24	61	25	62
那　　　覇	0	0	0	0
合　　計	178	473	172	468

5－4　ＬＰガス登録販売事業者数・認定保安機関数・ゴールド保安認定販売事業者数・充填事業者数（平成29年3月末現在）

項目 行政庁	平成28年3月末現在								平成29年3月末現在							
	登録事業者数	前年比	認定保安機関数	前年比	認定販売事業者	前年比	充填事業者数	前年比	登録事業者数	前年比	認定保安機関数	前年比	ゴールド保安認定販売事業者	前年比	充填事業者数	前年比
北海道	1,190	−16	1,222	−28	2	0	46	0	1,156	−34	1,196	−26	3	1	46	0
青森	404	−5	420	−6	1	0	18	−1	396	−8	415	−5	1	0	18	0
岩手	326	−4	349	−2	5	0	17	−1	322	−4	339	−10	4	−1	17	0
宮城	518	−12	510	−14	4	0	20	0	506	−12	500	−10	3	−1	23	3
秋田	207	−5	221	−4	1	0	12	0	201	−6	214	−7	1	0	11	−1
山形	339	−7	357	−7	5	0	20	−2	331	−8	352	−5	5	0	21	1
福島	629	−8	641	−5	8	−4	17	0	613	−16	625	−16	10	2	17	0
茨城	870	−22	866	−23	1	0	21	1	836	−34	836	−30	2	1	25	4
栃木	589	−24	583	−24	11	−1	20	0	585	−4	560	−23	10	−1	20	0
群馬	500	−26	512	−9	11	0	22	1	493	−7	487	−25	11	0	22	0
埼玉	917	−50	876	−30	11	0	40	3	886	−31	845	−31	11	0	37	−3
千葉	660	−24	654	−14	1	0	24	−1	653	−7	652	−2	1	0	23	−1
東京	554	−12	525	−10	1	0	17	0	543	−11	515	−10	1	0	15	−2
神奈川	608	−14	588	−13	1	0	27	1	595	−13	567	−21	1	0	25	−2
新潟	452	−7	451	−9	3	1	22	1	439	−13	443	−8	3	0	20	−2
山梨	254	−3	256	−2	4	0	12	0	251	−3	253	−3	4	0	12	0
長野	432	−18	422	−18	16	−1	22	0	417	−15	414	−8	11	−5	23	1
静岡	585	−12	590	−12	3	0	35	−2	575	−10	583	−7	3	0	35	0
富山	277	−3	270	−3	3	0	13	1	267	−10	259	−11	3	0	13	0
石川	246	−5	249	−7	2	0	12	−1	244	−2	246	−3	2	0	11	−1
岐阜	428	−5	410	−27	17	0	31	3	412	−16	411	1	16	−1	31	0
愛知	609	−27	617	−22	8	−1	26	1	584	−25	595	−22	8	0	31	5
三重	371	−10	389	−19	12	0	27	1	357	−14	380	−9	12	0	25	−2
福井	296	−27	291	−23	4	0	7	0	292	−4	284	−7	4	0	7	0
滋賀	196	−3	195	−4	4	−1	14	0	193	−3	194	−1	4	0	14	0
京都	250	−15	240	−15	3	0	14	0	236	−14	223	−17	3	0	13	−1
大阪	529	−31	452	−100	5	0	22	6	519	−10	474	22	4	−1	15	−7
兵庫	472	−10	482	−11	12	−4	34	1	454	−18	463	−19	11	−1	34	0
奈良	323	−18	306	−12	1	0	7	0	314	−9	296	−10	1	0	6	−1
和歌山	369	−6	378	−4	3	0	13	0	362	−7	372	−6	3	0	14	1
鳥取	110	−7	113	−11	5	0	1	0	105	−5	108	−5	5	0	4	3
島根	127	0	157	0	1	0	17	0	105	−22	114	−43	0	−1	16	0
岡山	332	−10	343	−13	9	−1	29	4	326	−6	336	−7	11	2	30	1
広島	363	−4	364	−11	14	1	21	−4	352	−11	354	−10	13	−1	20	−1
山口	241	−5	249	−6	1	0	14	0	230	−11	238	−11	1	0	14	0
徳島	275	8	279	3	1	1	11	2	269	−6	269	−10	1	0	11	0
香川	235	−3	236	−5	0	0	13	2	231	−4	231	−5	0	0	13	0
愛媛	358	−9	372	−9	5	−1	23	1	348	−10	360	−12	5	0	23	0
高知	230	−2	240	−5	1	0	6	−1	225	−5	235	−5	1	0	6	0
福岡	706	−34	706	−40	4	2	39	−1	696	−10	703	−3	3	−1	40	1
佐賀	157	−3	155	−3	2	0	13	0	152	−5	150	−5	2	0	13	0
長崎	288	−10	298	−6	1	0	9	0	284	−4	292	−6	1	0	9	0
熊本	427	−7	438	−9	0	0	18	−1	420	−7	429	−9	0	0	13	−5
大分	240	−5	253	−5	6	0	23	0	231	−9	244	−9	6	0	23	0
宮崎	230	−13	243	−16	1	0	18	−1	230	0	248	5	1	0	18	0
鹿児島	376	−4	387	−4	4	−1	23	−2	374	−2	385	−2	4	0	23	0
沖縄	190	0	194	3	1	0	9	0	190	0	200	6	1	0	10	1
計	19,285	−537	19,349	−606	213	−10	919	10	18,800	−485	18,889	−460	205	−8	910	−9
関東・東北(東北支部)	14	0	28	0	0	0	—	—	13	−1	27	−1	0	0	—	—
関東・東北	90	−5	226	−5	0	0	—	—	88	−2	220	−6	3	3	—	—
中部・近畿	16	0	50	0	2	0	—	—	14	−2	50	0	2	0	—	—
中部・近畿(近畿支部)	19	−2	66	−2	2	0	—	—	17	−2	66	0	2	0	—	—
中国・四国	12	−2	35	−1	1	0	—	—	12	0	36	1	2	1	—	—
中国・四国(四国支部)	3	−1	7	−1	2	0	—	—	3	0	7	0	0	−2	—	—
九州	24	−1	61	−2	0	0	—	—	25	1	62	1	2	2	—	—
計	178	−11	473	−12	7	0	—	—	172	−6	468	−5	11	4	—	—
本省	51	0	85	3	8	0	—	—	52	1	83	−2	9	1	—	—
計	19,514	−548	19,907	−615	228	−10	919	10	19,024	−490	19,440	−467	225	−3	910	−9

都道府県　経済産業省　産業保安監督部

6. ＬＰガス元売業界再編の流れ

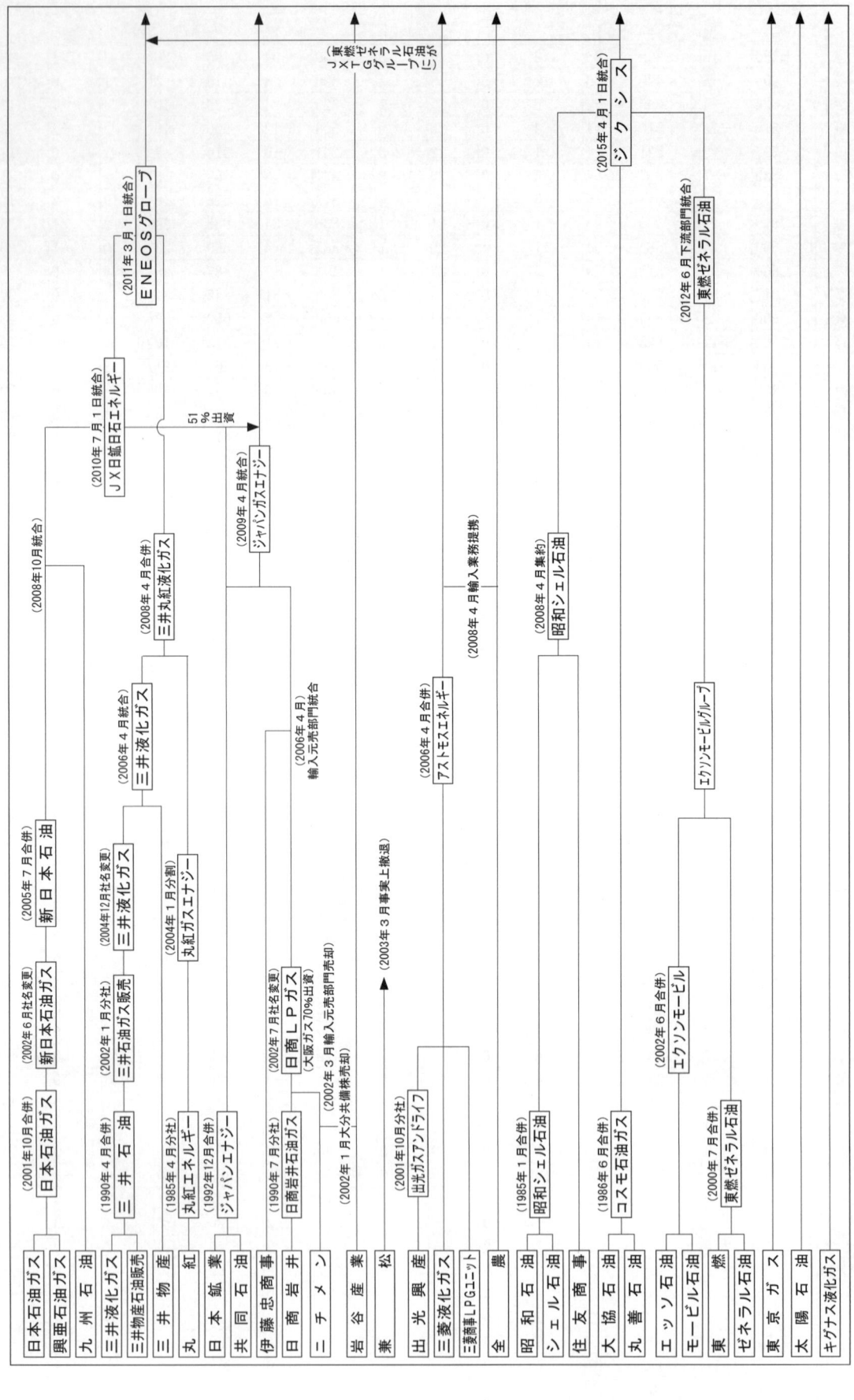

注）石油化学新聞社作成（禁無断転載）

［ジクシスの議決権比率］東燃ゼネラル石油が2017年4月1日付でＪＸＴＧグループ入りしたことに伴い、ジクシスの株主議決権比率はコスモエネルギーホールディングス、住友商事、昭和シェル石油が33.3％ずつとなったが、2017年12月19日付でコスモと住商40％ずつ、昭和シェル20％に変更。

第3編
設　備

1. LPガス生産・輸入・販売設備状況

1-1 石油精製会社別・装置別石油精製設備 （平成29年4月現在）

（単位：バレル/日）

会　社　名	製油所名	常圧蒸留	減圧蒸留	接触改質	接触分解	重質油分解	灯軽油脱硫	アルキレーション
JXTGエネルギー	仙台	145,000	60,000	54,000	—	43,000	34,000	9,000
	千葉	129,000	83,000	28,000	—	34,000	83,500	—
	川崎	235,000	123,000	56,000	92,000	34,500	171,000	10,000
	根岸	270,000	130,000	50,000	80,000	20,000	139,500	9,000
	知多	—	40,000	23,500	17,000	—	48,000	—
	堺	135,000	70,000	34,000	46,000	—	90,200	—
	和歌山	127,500	74,000	23,000	39,000	—	82,000	3,600
	水島A	140,000	77,000	22,640	46,000	—	93,400	9,308
	水島B	180,200	109,000	46,000	49,000	30,000	125,400	9,000
	麻里布	120,000	75,000	24,000	30,000	22,000	48,000	—
	大分	136,000	66,000	30,000	—	28,000	73,000	—
	小計	1,617,700	907,000	391,140	399,000	211,500	988,000	49,908
鹿島石油	鹿島	197,100	50,000	22,000	35,500	—	119,000	—
大阪国際石油精製	大阪	115,000	60,000	17,000	29,000	—	46,000	8,000
出光興産	北海道	150,000	24,000	18,000	—	33,000	61,500	—
	千葉	190,000	66,000	17,000	45,000	—	127,000	—
	愛知	160,000	16,000	20,000	—	50,000	83,000	10,000
	小計	500,000	106,000	55,000	45,000	83,000	271,500	10,000
東亜石油	京浜	70,000	58,000	18,600	42,000	27,000	89,000	—
昭和四日市石油	四日市	255,000	105,000	70,800	—	61,000	103,500	17,000
西部石油	山口	120,000	44,000	27,500	28,000	—	57,000	—
富士石油	袖ケ浦	143,000	60,000	29,900	39,000	33,000	67,500	4,400
コスモ石油	千葉	177,000	60,000	42,500	40,000	—	139,000	—
	四日市	86,000	74,000	21,500	31,000	—	75,000	—
	堺	100,000	45,000	8,000	24,000	29,000	57,500	8,000
	小計	363,000	179,000	72,000	95,000	29,000	271,500	8,000
太陽石油	四国	138,000	30,000	37,000	—	32,000	48,000	6,000
合　　計		3,518,800	1,599,000	740,940	712,500	476,500	2,061,000	103,308
基　数　計		29	32	40	20	14	81	12

注：(1)石油連盟資料により作成。本表の能力は、すべて設計能力で示してある。
　　(2)鹿島石油鹿島製油所の常圧蒸留装置能力にはコンデンセートスプリッターの処理能力を含む。

1-2 LPガス生産基地設備状況
1-2-1 LPガス生産基地タンク能力（平成27年9月現在）

（単位：トン）

会社名	工場名	所在地	プロパン 実貯蔵能力	基	小計	ブタン 実貯蔵能力	基	小計	合計	施設利用会社
出光興産	北海道製油所	北海道苫小牧市真砂町25-1	高 1,500	4	6,000	高 1,700	3	5,100	11,100	アストモスエネルギー
			計	4	6,000	計	3	5,100		
	千葉製油所	千葉県市原市姉ヶ崎海岸2-1	輸入基地参照							
	愛知製油所	愛知県知多市南浜町11	輸入基地参照							
	徳山事業所	山口県周南市新宮町1-1	高			高 130	1	130	6,130	アストモスエネルギー
			高 1,000	3	3,000	高 1,000	3	3,000		
			計	3	3,000	計	4	3,130		
コスモ石油	千葉製油所	千葉県市原市五井海岸2	高 980	4	3,920	高 2,670	2	5,340	25,610	ジクシス
			高 700	1	700	高 2,600	2	5,200		
			高 790	1	790	高 1,010	6	6,060		
			高 720	5	3,600					
			計	11	9,010	計	10	16,600		
	四日市製油所	三重県四日市市大脇町1-1	高 130	2	260	高 870	1	870	17,726	
			高 910	6	5,460	高 1,856	6	11,136		
			計	8	5,720	計	7	12,006		
	堺製油所	大阪府堺市築港新町3-16	高			高 60	2	120	21,980	
			高 680	2	1,360	高 850	4	3,400		
			高 760	5	3,800	高 1,190	2	2,380		
			高 1,040	2	2,080	高 1,470	4	5,880		
						高 1,480	2	2,960		
			計	9	7,240	計	14	14,740		
JXエネルギー	知多製油所	愛知県知多市北浜町25	高 610	4	2,440	高 1,150	3	3,450	5,890	ジャパンガスエナジー
			計	4	2,440	計	3	3,450		
	水島製油所B工場	岡山県倉敷市潮通り2-1	輸入基地参照							ENEOSグローブ
	室蘭製油所	北海道室蘭市陣屋町1-172	高 1,280	3	3,840	高 1,460	3	4,380	8,220	
			計	3	3,840	計	3	4,380		
	仙台製油所	宮城県仙台市宮城野区港5-1-1	高 900	1	900				2,230	
			高 1,330	1	1,330					
			計	2	2,230					
	根岸製油所	神奈川県横浜市磯子区鳳町1-1	高 715	1	715	高 913	1	913	8,935	
			高 855	2	1,710	高 925	1	925		
			高 891	1	891	高 1,079	1	1,079		
						高 2,702	1	2,702		
			計	4	3,316	計	4	5,619		
	大阪製油所	大阪府高石市高砂2-1	高 1,200	3	3,600	高 2,400	1	2,400	6,000	
			計	3	3,600	計	1	2,400		
	水島製油所A工場	岡山県倉敷市水島海岸通り4-2	高 800	2	1,600	高 690	1	690	2,290	
			計	2	1,600	計	1	690		
	麻里布製油所	山口県玖珂郡和木町和木6-1-1	高 1,300	3	3,900	高 500	1	500	11,400	
						高 750	2	1,500		
						高 1,500	2	3,000		
						高 2,500	1	2,500		
			計	3	3,900	計	6	7,500		
	大分製油所	大分県大分市一の洲1-1	低 5,100	1	5,100	低 5,800	1	5,800	15,040	
			高 255	2	510	高 290	1	290		
			高 1,020	1	1,020	高 1,160	2	2,320		
			計	4	6,630	計	4	8,410		

会社名	工場名	所在地	プロパン				ブタン				合計	施設利用会社
				実貯蔵能力	基	小計		実貯蔵能力	基	小計		
東燃ゼネラル石油	千葉製油所	千葉県市原市千種海岸1	高	1,300	1	1,300	高	260	1	260	3,840	ENEOSグローブ ジクシス
							高	780	1	780		
							高	1,500	1	1,500		
			計		1	1,300	計		3	2,540		
	川崎工場	神奈川県川崎市川崎区浮島町7-1	低	9,389	1	9,389	低	9,838	1	9,838	28,360	ジクシス
			高	544	2	1,088	高	47	2	94		
			高	718	1	718	高	255	1	255		
			高	939	1	939	高	813	2	1,626		
							高	939	1	939		
							高	1,294	1	1,294		
							高	2,180	1	2,180		
			計		5	12,134	計		9	16,226		
	堺工場	大阪府堺市築港浜寺町1					輸入基地参照						
	和歌山工場	和歌山県有田市初島町浜1000	低	8,498	1	8,498	低	9,504	1	9,504	22,526	ジクシス
			高	200	1	200	高	254	1	254		
			高	1,305	2	2,610	高	1,460	1	1,460		
			計		4	11,308	計		3	11,218		
太陽石油	四国事業所	愛媛県今治市菊間町種4070-2	高	200	1	200	高	1,000	3	3,000	7,200	太陽石油
			高	500	2	1,000	高	2,000	1	2,000		
			高	1,000	1	1,000						
			計		4	2,200	計		4	5,000		
鹿島石油	鹿島製油所	茨城県神栖市東和田4	高	916	2	1,832	高	982	2	1,964	14,960	ジャパンガスエナジー
			高	936	3	2,808	高	1,058	2	2,116		
							高	1,560	4	6,240		
			計		5	4,640	計		8	10,320		
東亜石油	京浜製油所	神奈川県川崎市川崎区水江町3-1	高	275	2	550	高	285	1	285	8,854	東亜石油
			高	832	3	2,496	高	900	2	1,800		
			高	900	2	1,800	高	1,015	1	1,015		
			高	908	1	908						
			計		8	5,754	計		4	3,100		
富士石油	袖ヶ浦製油所	千葉県袖ヶ浦市北袖1	高	210	1	210	高	225	4	900	10,195	富士石油
			高	675	5	3,375	高	755	3	2,265		
			高	905	1	905	高	1,015	1	1,015		
							高	1,525	1	1,525		
			計		7	4,490	計		9	5,705		
昭和四日市石油	四日市製油所	三重県四日市市塩浜町1	高	700	3	2,100	高	800	3	2,400	4,500	昭和シェル石油 ジクシス
			計		3	2,100	計		3	2,400		
和歌山石油精製	海南工場	和歌山県海南市藤白758					高	289	1	289	1,040	和歌山石油精製
							高	751	1	751		
							計		2	1,040		
西部石油	山口製油所	山口県山陽小野田市西沖5	高	510	1	510	高	1,160	1	1,160	8,840	西部石油
			高	850	1	850	高	1,450	1	1,450		
			高	1,020	1	1,020	高	2,320	1	2,320		
			高	1,530	1	1,530						
			計		4	3,910	計		3	4,930		
エスケイ産業	勇払LPガス製造所	北海道苫小牧市沼ノ端134-109	高	70	2	140	高	70	5	350	490	エスケイ産業
			計		2	140	計		5	350		
	見附ガス化学工場	新潟県見附市葛巻2-5-35	高	2.5	2	5	高	10	2	20	530	エスケイ産業
			高	50	2	100	高	15	1	15		
							高	20	1	20		
							高	50	6	300		
							高	70	1	70		
			計		4	105	計		11	425		
合計	生産基地 29ヶ所		低		3	22,987	低		3	25,142	48,129	
			高		104	83,620	高		121	122,137	205,757	
			計		107	106,607	計		124	147,279	253,886	

※平成29年4月、JXエネルギーと東燃ゼネラル石油が合併し、JXTGエネルギーに商号変更。以下同様

1－2－2　ＬＰガス生産基地受払設備能力（平成27年9月末現在）

会社	工場名	項目	区分	単位	タンクローリー			コースタルタンカー			パイプ等		
					P	B	併用	P	B	併用	P	B	併用
出光興産	北海道製油所	受入・払出口数	受入	口						1			
			払出	口			4			1			
		受払量一口当り	受入	t/h						260			
			払出	t/h			45			260			
	千葉製油所	受入・払出口数	受入	口	輸入基地参照								
			払出	口									
		受払量一口当り	受入	t/h									
			払出	t/h									
	愛知製油所	受入・払出口数	受入	口	輸入基地参照								
			払出	口									
		受払量一口当り	受入	t/h									
			払出	t/h									
	徳山事業所	受入・払出口数	受入	口						2		1	
			払出	口	1	1	1			2			
		受払量一口当り	受入	t/h						250		25	
			払出	t/h	40	40	40			200			
コスモ石油	千葉製油所	受入・払出口数	受入	口						1	2	1	
			払出	口			5			1	3	2	
		受払量一口当り	受入	t/h						150	5	7.5	
			払出	t/h			24			250	16	25	
	四日市製油所	受入・払出口数	受入	口				1	1			1	
			払出	口				1	1		1	1	
		受払量一口当り	受入	t/h				130	145			4	
			払出	t/h				208	232		10	16	
	堺製油所	受入・払出口数	受入	口	1			3	3				
			払出	口	5	3		3	3				
		受払量一口当り	受入	t/h	30			150	175				
			払出	t/h	30	35		150	175				
JXエネルギー	知多製油所	受入・払出口数	受入	口						1			
			払出	口	2	2	2			1			
		受払量一口当り	受入	t/h						200			
			払出	t/h	60	60	60			200			
	水島製油所 B 工場	受入・払出口数	受入	口	輸入基地参照								
			払出	口									
		受払量一口当り	受入	t/h									
			払出	t/h									
	室蘭製油所	受入・払出口数	受入	口						1			
			払出	口	2	3				1			
		受払量一口当り	受入	t/h									
			払出	t/h	30	35		125	145				
	仙台製油所	受入・払出口数	受入	口	輸入基地参照								
			払出	口									
		受払量一口当り	受入	t/h									
			払出	t/h									
	根岸製油所	受入・払出口数	受入	口						1			
			払出	口				1		1			
		受払量一口当り	受入	t/h						150			
			払出	t/h				150		150			
	大阪製油所	受入・払出口数	受入	口						1	1	1	
			払出	口	5	4				1			
		受払量一口当り	受入	t/h				150	150		200	60	
			払出	t/h	38	38		177	173				
	水島製油所 A 工場	受入・払出口数	受入	口									
			払出	口	4	2							
		受払量一口当り	受入	t/h									
			払出	t/h	25	29							
	麻里布製油所	受入・払出口数	受入	口				1	1				
			払出	口			3	1	1		1	1	
		受払量一口当り	受入	t/h				160	180				
			払出	t/h	35	40		150	150		4	4	
	大分製油所	受入・払出口数	受入	口						1			
			払出	口	4	2				1		1	
		受払量一口当り	受入	t/h						200			
			払出	t/h	20	20				110		5.8	

会社	工場名	項目	区分	単位	タンクローリー P	タンクローリー B	タンクローリー 併用	コースタルタンカー P	コースタルタンカー B	コースタルタンカー 併用	パイプ等 P	パイプ等 B	パイプ等 併用
東燃ゼネラル石油	千葉製油所（製油所）	受入・払出口数	受入	口						1			
			払出										
		受払量一口当り	受入	t／h				250	280				
			払出										
	川崎工場（製油所）	受入・払出口数	受入	口						2			
			払出		7					2			
		受払量一口当り	受入	t／h				本船能力					
			払出		40					200			
	堺工場	受入・払出口数	受入	口	輸入基地参照								
			払出										
		受払量一口当り	受入	t／h									
			払出										
	和歌山工場	受入・払出口数	受入	口									
			払出		2	2				1			
		受払量一口当り	受入	t／h									
			払出		30	34				150			
太陽石油	四国事業所	受入・払出口数	受入	口				1	1				
			払出				3	1	1				
		受払量一口当り	受入	t／h				200	200				
			払出				30	200	200				
鹿島石油	鹿島製油所	受入・払出口数	受入	口									
			払出		2	3		1	1		1	1	
		受払量一口当り	受入	t／h									
			払出		20	20		156	118		34	29	
東亜石油	京浜製油所	受入・払出口数	受入	口									
			払出		6	6		1	1				
		受払量一口当り	受入	t／h									
			払出		35	35		156	171				
富士石油	袖ヶ浦製油所	受入・払出口数	受入	口									
			払出				6	1	1		1	1	
		受払量一口当り	受入	t／h									
			払出				40	250	250		26	18	
昭和四日市石油	四日市製油所	受入・払出口数	受入	口				1	1				
			払出		3	1	3	1	1		1		
		受払量一口当り	受入	t／h				100	100				
			払出		45	45	45	100	130		6		
和歌山石油精製	海南工場	受入・払出口数	受入	口									
			払出										
		受払量一口当り	受入	t／h									
			払出										
西部石油	山口製油所	受入・払出口数	受入	口									
			払出				3	1		2	1	1	
		受払量一口当り	受入	t／h									
			払出		150	150		261		273	15	6	
エスケイ産業	勇払LPガス製造所	受入・払出口数	受入	口			2						
			払出			1	2						
		受払量一口当り	受入	t／h			15.8						
			払出			15.8	15.8						
	見附ガス化学工場	受入・払出口数	受入	口			1						
			払出		2	4							
		受払量一口当り	受入	t／h		10							
			払出		15	10							

1－3　ＬＰガス輸入基地設備状況

1－3－1　輸入基地タンク能力推移（各年３月末／９月末現在）

（単位：トン）

年　度　別	プ　ロ　パ　ン	ブ　タ　ン	計
7	2,356,958	1,719,736	4,076,694
8	2,356,958	1,719,736	4,076,694
9	2,291,797	1,601,051	3,892,848
10	2,180,788	1,607,092	3,787,880
11	2,210,788	1,607,092	3,817,880
12	2,222,665	1,621,217	3,843,882
13	2,204,723	1,624,247	3,828,970
14	2,224,973	1,604,247	3,829,220
15	2,224,723	1,604,247	3,828,970
16	2,224,113	1,604,247	3,828,360
17	2,245,523	1,566,991	3,812,514
18	2,208,369	1,568,664	3,777,033
19	2,208,369	1,553,964	3,762,333
20	2,205,067	1,479,094	3,684,161
21	2,205,067	1,479,094	3,684,161
22	2,217,012	1,467,044	3,684,056
23	2,216,624	1,400,501	3,617,125
24	2,206,118	1,439,145	3,645,263
25	2,215,308	1,403,535	3,618,843
26	2,158,936	1,340,335	3,499,271
27	2,187,707	1,338,033	3,525,740

注：(1)日本ＬＰガス協会資料により作成。以下同様。（平成９年度以降は実貯蔵能力ベース、それ以前は設計能力ベース）
　　(2)15年度以降は９月末

1－3－2　メーカー別輸入基地タンク能力推移（平成27年９月現在）

（単位：トン）

会　社　名	タンク能力	会　社　名	タンク能力
出　光　興　産	466,138	ジ　ク　シ　ス	79,370
ＴＭターミナル	60,900	東　京　ガ　ス	165,288
波方ターミナル	181,500	鹿　島　石　油	216,070
ＥＮＥＯＳグローブ	471,080	鹿島液化ガス共同備蓄	226,900
ENEOSグローブガスターミナル	256,305	四日市エルピージー基地	248,876
丸　紅エネックス	80,000	九州液化瓦斯福島基地	161,345
東燃ゼネラル石油	339,473	大分液化ガス共同備蓄	216,440
岩谷液化ガスターミナル	82,940		
ＪＸエネルギー	42,825		
日　鉱液化ガス	99,810		
全農エネルギー	130,480	合　　計	3,525,740

注：低温タンク、高圧タンク含む。（実貯蔵能力ベース）
※平成29年４月、JXエネルギーと東燃ゼネラル石油が合併し、JXTGエネルギーに商号変更。以下同様

1-3-3　ＬＰガス輸入基地タンク能力（平成27年9月現在）

会社名	工場名	所在地	プロパン	実貯蔵能力	基	小計	ブタン	実貯蔵能力	基	小計	合計	施設利用社
出光興産	千葉製油所	千葉県市原市姉ケ崎海岸2-1	低	14,862	1	14,862	低	14,687	2	29,374	162,236	
			低	49,000	1	49,000	低	49,000	1	49,000		
			高	2,000	3	6,000	高	1,000	8	8,000		
							高	1,500	4	6,000		
			計		5	69,862	計		15	92,374		
	愛知製油所	愛知県知多市南浜町11	低	15,047	3	45,141	低	15,000	1	15,000	188,102	
			低	30,020	2	60,040	低	20,017	3	60,051		
			高	500	1	500	高	1,228	1	1,228		
			高	1,502	1	1,502	高	2,320	2	4,640		
			計		7	107,183	計		7	80,919		アストモスエネルギー
	徳山事業所	山口県周南市新宮町1-1	低	29,000	2	58,000	低	28,900	2	57,800	115,800	
			計		2	58,000	計		2	57,800		
ティ・エム・ターミナル	神戸事業所	兵庫県神戸市東灘区御影兵町6	低	19,350	2	38,700	低	20,000	1	20,000	60,900	
			高	100	1	100	高	100	1	100		
			高	500	1	500	高	300	1	300		
							高	1,200	1	1,200		
			計		4	39,300	計		4	21,600		
波方ターミナル	波方基地	愛媛県今治市波方町宮崎甲600	低	45,000	3	135,000	低	45,000	1	45,000	181,500	
			高	500	2	1,000	高	500	1	500		
			計		5	136,000	計		2	45,500		
ENEOSグローブ	仙台ガスターミナル	宮城県仙台市宮城野区港5-1-1	低	35,000	2	70,000	低	15,000	1	15,000	195,000	ENEOSグローブ アストモスエネルギー
			低	45,000	1	45,000	低	20,000	1	20,000		
							低	45,000	1	45,000		
			計		3	115,000	計		3	80,000		
	川崎ガスターミナル	神奈川県川崎市川崎区浮島町10-3	低	13,000	1	13,000	低	3,600	1	3,600	66,330	
			低	23,000	1	23,000	低	7,000	1	7,000		
							低	13,000	1	13,000		
			高	500	1	500	高	350	1	350		
			高	1,000	1	1,000	高	580	1	580		
			高	1,500	1	1,500	高	2,800	1	2,800		ENEOSグローブ
			計		5	39,000	計		6	27,330		
	大阪ガスターミナル	大阪府高石市高砂1-1	低	22,200	1	22,200	低	25,300	1	25,300	209,750	
			低	24,400	2	48,800	低	37,800	2	75,600		
			低	36,600	1	36,600						
			高	230	1	230	高	240	1	240		
			高	80	1	80	高	270	1	270		
			高	430	1	430						
			計		6	108,340	計		5	101,410		
ENEOSグローブ ガスターミナル	青森ガスターミナル	青森県青森市大字野内字浦島84-1	低	11,800	1	11,800					42,045	
			低	29,600	1	29,600						
			高	45	1	45						
			高	600	1	600						
			計		4	42,045						
	新潟ガスターミナル	新潟県北蒲原郡聖籠町東港2-1624-3	低	45,000	1	45,000	低	45,000	1	45,000	90,100	ENEOSグローブ
			高	50	1	50	高	50	1	50		
			計		2	45,050	計		2	45,050		
	七尾ガスターミナル	石川県七尾市三室町150部29	低	30,000	1	30,000	低	15,000	1	15,000	45,500	
			高	300	1	300	高	200	1	200		
			計		2	30,300	計		2	15,200		
	唐津ガスターミナル	佐賀県唐津市西大島町20-1	低	15,000	1	15,000	低	13,000	1	13,000	78,660	
			低	20,000	1	20,000	低	30,000	1	30,000		
			高	20	2	40						
			高	600	1	600	高	20	1	20		
			計		5	35,640	計		3	43,020		
丸紅エネックス	千葉ターミナル	千葉県千葉市美浜区新港235	低	20,000	1	20,000	低	30,000	1	30,000	80,000	ENEOSグローブ
			低	30,000	1	30,000						
			計		2	50,000	計		1	30,000		
東燃ゼネラル石油	千葉製油所	千葉県市原市千種海岸1	低	44,500	2	89,000	低	44,500	2	89,000	178,000	ENEOSグローブ ジクシス
			計		2	89,000	計		2	89,000		
	川崎工場	神奈川県川崎市川崎区浮島6-1	低	43,000	1	43,000	低	5,000	2	10,000	80,300	
							低	26,000	1	26,000		
			高	100	2	200	高	100	4	400		
			高	200	1	200						
			高	500	1	500						
			計		5	43,900	計		7	36,400		ジクシス
	堺工場	大阪府堺市築港浜寺町1	低	21,400	2	42,800	低	35,520	1	35,520	81,173	
			高	60	1	60	高	65	1	65		
			高	200	1	200	高	120	1	120		
			高	969	1	969	高	230	1	230		
							高	1,209	1	1,209		
			計		5	44,029	計		5	37,144		
岩谷液化ガスターミナル	堺LPG輸入ターミナル	大阪府堺市西区築港新町2-7-4	低	20,000	3	60,000	低	20,000	1	20,000	82,940	岩谷産業
			高	440	1	440	高	500	1	500		
			高	1,000	1	1,000	高	1,000	1	1,000		
			計		5	61,440	計		3	21,500		
JXエネルギー	川崎LPG基地	神奈川県川崎市川崎区水江町5-1	低	20,000	1	20,000	低	20,000	1	20,000	42,825	ジャパンガスエナジー
			高	75	1	75	高	500	2	1,000		
			高	250	1	250						
			高	750	2	1,500						
			計		5	21,825	計		3	21,000		

会社名	工場名	所在地	プロパン 区分	実貯蔵能力	基	小計	ブタン 区分	実貯蔵能力	基	小計	合計	施設利用社
日鉱液化ガス	水島輸入基地	岡山県倉敷市潮通り2-1	低	19,000	1	19,000	低	15,000	1	15,000	99,810	ジャパンガスエナジー 岩谷産業
			低	19,500	3	58,500						
			高	230	1	230	高	860	2	1,720		
			高	260	1	260	高	1,500	1	1,500		
			高	750	3	2,250						
			高	1,350	1	1,350						
			計		10	81,590	計		4	18,220		
全農エネルギー	坂出LPガス輸入基地	香川県坂出市林田町字番屋前4285	低	30,000	1	30,000	低	20,000	1	20,000	130,480	全国農業協同組合連合会 アストモスエネルギー
			低	40,000	2	80,000						
			高	200	2	400	高	40	2	80		
			計		5	110,400	計		3	20,080		
ジクシス	碧南LPG基地	愛知県碧南市港南町2-1	低	25,530	2	51,060	低	26,210	1	26,210	79,370	ジクシス
			高	700	2	1,400	高	700	1	700		
			計		4	52,460	計		2	26,910		
東京ガス	根岸LNG基地	神奈川県横浜市磯子区新磯子町34	低	33,869	2	67,738					67,738	東京ガス アストモスエネルギー
			計		2	67,738						
	袖ヶ浦LNG基地	千葉県袖ヶ浦市中袖1-1	低	32,900	1	32,900					35,800	
			高	1,450	2	2,900						
			計		3	35,800						
	扇島LNG基地	神奈川県横浜市鶴見区扇島4-1	低	32,500	1	32,500					32,500	東京ガス
			計		1	32,500						
	日立LNG基地	茨城県日立市留町字北河原2985-5	低	29,250	1	29,250					29,250	
			計		1	29,250						
鹿島石油	鹿島調合工場	茨城県神栖市東和田4	低	9,800	2	19,600	低	36,500	1	36,500	216,070	ジャパンガスエナジー
			低	34,600	2	69,200	低	43,500	1	43,500		
			低	42,650	1	42,650						
			高	1,080	2	2,160	高	1,230	2	2,460		
			計		7	133,610	計		4	82,460		
鹿島液化ガス共同備蓄	鹿島事業所	茨城県神栖市奥野谷6223-65	低	45,010	3	135,030	低	45,005	2	90,010	226,900	岩谷産業 ジクシス
			高	440	2	880	高	490	2	980		
			計		5	135,910	計		4	90,990		
四日市エルピージー基地	霞事業所	三重県四日市市霞1-22	低	39,878	1	39,878	低	40,004	1	40,004	248,876	ジクシス ジャパンガスエナジー 伊藤忠商事
			低	39,921	1	39,921	低	44,869	1	44,869		
			低	39,950	2	79,900						
			高	1,013	2	2,026	高	1,139	2	2,278		
			計		6	161,725	計		4	87,151		
九州液化瓦斯福島基地		長崎県松浦市福島町塩浜免58-2	低	40,000	2	80,000	低	40,000	2	80,000	161,345	ENEOSグローブ アストモスエネルギー
			高	425	2	850	高	495	1	495		
			計		4	80,850	計		3	80,495		
大分液化ガス共同備蓄	大分事業所	大分県大分市大字日吉原1-6	低	43,000	3	129,000	低	43,000	2	86,000	216,440	ジクシス 岩谷産業
			高	480	2	960	高	480	1	480		
			計		5	129,960	計		3	86,480		

会社名	工場名	所在地	プロパン 区分	実貯蔵能力	基	小計	ブタン 区分	実貯蔵能力	基	小計	合計	用途
ユーザー基地 国際石油開発帝石	直江津LNG基地	新潟県上越市八千浦12	低	25,100	1	25,100					27,300	LNG熱量調整用
			高	1,100	2	2,200						
			計		3	27,300						
東京電力	姉崎発電所	千葉県市原市姉崎海岸3	低	31,212	2	62,424	低	21,420	4	85,680	194,922	火力発電所燃料用
			低	23,409	2	46,818						
			計		4	109,242	計		4	85,680		
住友化学工業	袖ヶ浦LPG基地	千葉県袖ケ浦市北袖9	低	20,000	2	40,000	低	20,000	1	20,000	104,700	化学原料用
							低	43,000	1	43,000		
			高	500	1	500	高	200	1	200		
			高	1,000	1	1,000						
			計		4	41,500	計		3	63,200		
神戸製鋼所	加古川製鉄所	兵庫県加古川市金沢町1					低	30,000	2	60,000	61,000	製鉄所燃料用
							高	1,000	1	1,000		
							計		3	61,000		
三井化学	大阪工業所	大阪府高石市高砂町1-6					低	12,000	3	36,000	60,000	化学原料用
							低	24,000	1	24,000		
							計		4	60,000		
昭和電工	大分コンビナート	大分県大分市大字中ノ洲2	低	40,000	1	40,000	低	40,000	1	40,000	80,750	化学原料用
			高	250	2	500	高	250	1	250		
			計		3	40,500	計		2	40,250		

合計		プロパン 区分		基	小計	ブタン 区分		基	小計	合計
	輸入基地 30ヶ所	低		71	2,151,670	低		46	1,296,338	3,448,008
		高		57	36,037	高		53	41,695	77,732
		計		128	2,187,707	計		99	1,338,033	3,525,740
合計	ユーザー基地 6ヶ所	低		8	214,342	低		13	308,680	523,022
		高		6	4,200	高		3	1,450	5,650
		計		14	218,542	計		16	310,130	528,672
		低		79	2,366,012	低		59	1,605,018	3,971,030
		高		63	40,237	高		56	43,145	83,382
		計		142	2,406,249	計		115	1,648,163	4,054,412

1－3－4　ＬＰガス輸入基地受払設備能力（平成27年9月現在）

会社名	工場名	項目	区分	単位	輸入船 P	輸入船 B	輸入船 併用	タンクローリー P	タンクローリー B	タンクローリー 併用	コースタルタンカー P	コースタルタンカー B	コースタルタンカー 併用	パイプ等 P	パイプ等 B	パイプ等 併用
出光興産	千葉製油所	受入・払出口数	受入	口	1	1							2			
			払出							11			2			
		受払量一口当り	受入	t/h	1,500	1,500							240			
			払出							45			240			
	愛知製油所	受入・払出口数	受入	口	1	1							2			
			払出							12			2	1	1	
		受払量一口当り	受入	t/h	1,000	1,000					150	170				
			払出							40	150	170		70	80	
	徳山事業所	受入・払出口数	受入	口			1						2			
			払出							2			2		1	
		受払量一口当り	受入	t/h			1,200									
			払出							40			250		25	
ティ・エム・ターミナル	神戸事業所	受入・払出口数	受入	口	2	1										
			払出					7	2	3	3	3	2			
		受払量一口当り	受入	t/h	700	800										
			払出					30	30	30	200	200	200			
波方ターミナル	波方基地	受入・払出口数	受入	口			1						3			
			払出				1			5			3			
		受払量一口当り	受入	t/h	1,350	1,350					80	80				
			払出		1,000	1,000		64	90		300	370				
ENEOSグローブ	仙台ガスターミナル	受入・払出口数	受入	口	2	1										
			払出					7		5			2		1	
		受払量一口当り	受入	t/h	1,100	1,100										
			払出					40		40			300		50	
	川崎ガスターミナル	受入・払出口数	受入	口			1	2					1	1	1	
			払出					16					1	2	2	
		受払量一口当り	受入	t/h			1,000	30					100	60	100	
			払出					30			260	400		30	55	
	大阪ガスターミナル	受入・払出口数	受入	口			1	2					2			
			払出					2					2	2	2	
		受払量一口当り	受入	t/h			1,000	30					500			
			払出					30					500	300	215	
ENEOSグローブガスターミナル	青森ガスターミナル	受入・払出口数	受入	口	1											
			払出					6			1			1		
		受払量一口当り	受入	t/h	1,400										
			払出					30			200			20		
	新潟ガスターミナル	受入・払出口数	受入	口			1									
			払出					5			1					
		受払量一口当り	受入	t/h			1,000									
			払出					30			300					
	七尾ガスターミナル	受入・払出口数	受入	口	1	1										
			払出					7			1					
		受払量一口当り	受入	t/h	1,200	1,200										
			払出					35			300	300				
	唐津ガスターミナル	受入・払出口数	受入	口	1	1										
			払出					6			1					
		受払量一口当り	受入	t/h	1,000	1,000										
			払出					35			300	230				
丸紅エネックス	千葉ターミナル	受入・払出口数	受入	口	1	1										
			払出					16			1					
		受払量一口当り	受入	t/h	1,500	1,500										
			払出					25	30		240	300				
東燃ゼネラル石油	千葉工場	受入・払出口数	受入	口	1	1										
			払出					13					3		1	
		受払量一口当り	受入	t/h	1,450	1,495										
			払出					40			300	300			100	
	川崎工場	受入・払出口数	受入	口			1				1				1	
			払出					10	1	6	1	1			2	
		受払量一口当り	受入	t/h			1,000				100				20	
			払出					40	40	40	100	80			80	
	堺工場	受入・払出口数	受入	口			1									
			払出					2	2	7			2			1
		受払量一口当り	受入	t/h			1,000									
			払出					22.5	22.5	22.5	180	200				20
岩谷液化ガスターミナル	堺LPG輸入ターミナル	受入・払出口数	受入	口	1	1		1					1			
			払出					4	2	7			1	11	1	
		受払量一口当り	受入	t/h	1,500	1,500		17			150	150				
			払出					40	40	40	300	300		20	4	
JXエネルギー	川崎LPG基地	受入・払出口数	受入	口									1	1	1	
			払出					18					1	1	1	
		受払量一口当り	受入	t/h	1,000	1,000							200	100	100	
			払出					45					200	100	100	
日鉱液化ガス	水島輸入基地	受入・払出口数	受入	口	1		1				2	2			1	
			払出					10	4		2	2			1	
		受払量一口当り	受入	t/h	1,000		800				150	150			2.2	
			払出					26	17		150	150			2.3	
全農エネルギー	坂出LPガス輸入基地	受入・払出口数	受入	口	1	1										
			払出					3		4			2	1	1	
		受払量一口当り	受入	t/h	1,500	1,500										
			払出					50		50			300	50	50	

会社名	工場名	項目	区分	単位	輸入船			タンクローリー			コースタルタンカー			パイプ等		
					P	B	併用	P	B	併用	P	B	併用	P	B	併用
ジクシス	碧南LPG基地	受入・払出口数	受入	口			1									
			払出							15			2			
		受払量一口当り	受入	t／h			1,000									
			払出							40			290			
東京ガス	根岸LNG基地	受入・払出口数	受入	口	1											
			払出													
		受払量一口当り	受入	t／h	1,220											
			払出													
	袖ヶ浦LNG基地	受入・払出口数	受入	口	1											
			払出													
		受払量一口当り	受入	t／h	1,220											
			払出													
	扇島LNG基地	受入・払出口数	受入	口	1											
			払出													
		受払量一口当り	受入	t／h	1,250											
			払出													
	日立LNG基地	受入・払出口数	受入	口	1											
			払出													
		受払量一口当り	受入	t／h	1,290											
			払出													
鹿島石油	鹿島調合工場	受入・払出口数	受入	口	1	1										
			払出					6	2		2			1	1	
		受払量一口当り	受入	t／h	1,200	1,200										
			払出					40	40		330	380		75	85	
鹿島液化ガス共同備蓄	鹿島事業所	受入・払出口数	受入	口	1	1										
			払出							12			3			
		受払量一口当り	受入	t／h	1,200	1,200										
			払出							37			300			
四日市エルピージー基地	霞事業所	受入・払出口数	受入	口	1	1								2		1
			払出					2	1	15			2	2	1	
		受払量一口当り	受入	t／h	1,250	1,250										
			払出					50	50	50			450			
九州液化瓦斯福島基地		受入・払出口数	受入	口	1	1										
			払出							10			2			
		受払量一口当り	受入	t／h	1,000	1,000										
			払出					25	30				600			
大分液化ガス共同備蓄	大分事業所	受入・払出口数	受入	口	1	1										
			払出					7	7		3	3				
		受払量一口当り	受入	t／h	1,200	1,200										
			払出					30	30		450	450				
住友化学工業	袖ヶ浦LPG基地	受入・払出口数	受入	口			1									
			払出					5	5		1	1				1
		受払量一口当り	受入	t／h	1,200	1,200										
			払出					120	60		240	240				60
昭和電工	大分コンビナート	受入・払出口数	受入	口	1	1										
			払出					5	2		1			1	3	
		受払量一口当り	受入	t／h	1,200	1,200										
			払出					30	25		200	250		30	25	

1-4 LPガスオーシャンタンカー一覧（平成29年1月現在）

NO	船名	積載能力(t)	積載能力(㎥)	建造年月	船籍	備考
1	Adriatic Gas	12,171	22,129	2015.01	デンマーク	
2	Agol	13,200	24,000	1982.06	マーシャル諸島共和国	Last ex name:Maharshi Labhatreya
3	Al Barrah	19,250	35,000	2007.01	サウジアラビア	
4	Al Jabirah	19,250	35,000	2007.03	サウジアラビア	
5	Al Wukir	45,349	82,452	2008.12	マーシャル諸島共和国	
6	Albert	46,225	84,046	2014.06	パナマ	
7	Albert Ⅱ	46,200	84,000	2016.12	パナマ	
8	Alessandro Volta	20,900	38,000	2006.07	イタリア	Last ex name:Maersk Jade
9	Almajedah	12,678	23,051	2004.11	カタール	
10	Almarona	12,678	23,051	2004.05	カタール	
11	Alpha	42,404	77,098	2005.01	香港	Last ex name:Jeanne-Marie
12	Alrar	32,650	59,364	2004.09	リベリア	
13	Anafi	19,535	35,518	2009.02	ギリシャ	
14	Annapurna	12,623	22,950	1991.04	インド	
15	Antwerpen	19,373	35,223	2005.11	香港	
16	Apoda	11,399	20,726	1997.04	インドネシア	Last ex name:Kurzeme
17	Aquamarine Progress	45,802	83,277	2010.01	シンガポール	
18	Artemis	45,195	82,173	2003.06	香港	Last ex name:Hellas Argosy
19	Astomos Earth	45,884	83,426	2012.08	パナマ	
20	Astomos Venus	45,820	83,309	2016.03	パナマ	
21	Atlantic Gas	12,171	22,129	2014.10	デンマーク	
22	Aurora Balder	46,200	84,000	2016.03	マーシャル諸島共和国	
23	Aurora Brage	46,200	84,000	2016.04	マーシャル諸島共和国	
24	Aurora Capricorn	45,100	82,000	2009.03	マーシャル諸島共和国	Last ex name:Prospect
25	Aurora Freyja	46,200	84,000	2016.06	マーシャル諸島共和国	
26	Aurora Frigg	46,200	84,000	2016.08	マーシャル諸島共和国	
27	Aurora Leo	45,100	82,000	2008.02	マーシャル諸島共和国	Last ex name:Mill Reef
28	Aurora Njord	46,200	84,000	2016.03	マーシャル諸島共和国	
29	Aurora Taurus	45,100	82,000	2008.06	マーシャル諸島共和国	Last ex name:Mill House
30	Aurora Var	46,200	84,000	2016.03	マーシャル諸島共和国	
31	Avance	45,210	82,200	2003.01	マーシャル諸島共和国	Last ex name:Stolt Avence
32	Ayame	45,798	83,269	2010.04	シンガポール	
33	Bakken Lady	20,977	38,140	2015.11	シンガポール	
34	Balearic Gas	12,171	22,129	2015.05	ノルウェー	
35	Bastogne	19,376	35,229	2002.11	ベルギー	Last ex name:BW Hugin
36	Berga Ⅱ	19,250	35,000	2010.09	アルジェリア	
37	Berge Nantong	45,234	82,244	2006.08	香港	
38	Berge Ningbo	45,239	82,252	2006.02	香港	
39	Berge Summit	43,168	78,488	1990.06	バハマ	Last ex name:Sunny Hope
40	Bering Gas	12,171	22,129	2016.09	デンマーク	
41	Berlian Ekuator	19,490	35,436	2004.01	パナマ	
42	Breeze	45,650	83,000	2015.04	マーシャル諸島共和国	
43	British Commerce	45,799	83,270	2006.11	マン島(イギリス領)	
44	British Councillor	45,799	83,270	2007.07	マン島(イギリス領)	
45	British Courage	45,799	83,270	2006.09	マン島(イギリス領)	
46	Brugge Venture	19,492	35,440	1997.05	香港	
47	Brussels	19,250	35,000	1997.11	ベルギー	Last ex name:Oxfordshire
48	Bu Sidra	45,349	82,452	2008.05	マーシャル諸島共和国	
49	Bunga Kemboja	13,750	25,000	1998.10	マーシャル諸島共和国	Last ex name:Carli Bay
50	BW Aries	46,307	84,195	2014.11	マン島(イギリス領)	
51	BW Austria	46,538	84,614	2009.03	ノルウェー	
52	BW Birch	45,260	82,291	2007.09	マン島(イギリス領)	Last ex name:Maersk Virtue
53	BW Boss	46,383	84,333	2001.12	バハマ	Last ex name:Fomosagas Bright
54	BW Broker	44,076	80,138	2007.07	リベリア	
55	BW Carina	46,307	84,195	2015.02	マン島(イギリス領)	
56	BW Cedar	45,260	82,291	2007.07	マン島(イギリス領)	Last ex name:Maersk Visual
57	BW Confidence	45,799	83,270	2006.03	マン島(イギリス領)	Last ex name:British Confidence
58	BW Denise	43,203	78,551	2001.02	ノルウェー	Last ex name:Berge Denise

NO	船名	積載能力 (t)	積載能力 (㎥)	建造年月	船籍	備考
59	BW Empress	43,399	78,908	2005.04	マン島(イギリス領)	Last ex name:Yuyo Berge
60	BW Energy	45,210	82,200	2002.09	マン島(イギリス領)	Last ex name:Dynamic Energy
61	BW Gemini	46,307	84,195	2015.03	マン島(イギリス領)	
62	BW Havis	31,468	57,214	1993.04	ノルウェー	Last ex name:Havis
63	BW Helios	31,438	57,160	1992.07	ノルウェー	Last ex name:Helios
64	BW Kyoto	45,814	83,298	2010.11	シンガポール	
65	BW Leo	46,307	84,195	2015.04	マン島(イギリス領)	
66	BW Liberty	46,528	84,597	2007.11	ノルウェー	Last ex name:Flanders Liberty
67	BW Libra	46,307	84,195	2015.08	マン島(イギリス領)	
68	BW Lord	46,538	84,614	2008.09	ノルウェー	
69	BW Loyalty	46,547	84,631	2008.03	ノルウェー	Last ex name:Flanders Loyalty
70	BW Magellan	46,200	84,000	2016.10	マン島(イギリス領)	
71	BW Malacca	46,200	84,000	2016.11	マン島(イギリス領)	
72	BW Maple	45,260	82,291	2007.10	マン島(イギリス領)	Last ex name:Maersk Value
73	BW Nantes	32,639	59,343	2003.10	バミューダ諸島	Last ex name:Berge Nantes
74	BW Nice	32,639	59,343	2003.09	バミューダ諸島	Last ex name:Berge Nice
75	BW Oak	45,260	82,291	2008.01	マン島(イギリス領)	Last ex name:Maersk Venture
76	BW Orion	46,307	84,195	2015.10	マン島(イギリス領)	
77	BW Pine	44,086	80,156	2011.03	マン島(イギリス領)	Last ex name:Maersk Tuas
78	BW Prince	45,100	82,000	2007.11	ノルウェー	
79	BW Princess	45,311	82,383	2008.05	ノルウェー	
80	BW Sakura	43,396	78,901	2010.01	マン島(イギリス領)	Last ex name:Vermilion First
81	BW Tokyo	45,799	83,270	2009.04	シンガポール	
82	BW Trader	43,247	78,631	2006.03	シンガポール	Last ex name:Berge Trader
83	BW Tucana	46,307	84,195	2016.04	マン島(イギリス領)	
84	BW Vision	45,210	82,200	2001.09	バハマ	Last ex name:Dynamic Vision
85	BW Volans	46,307	84,195	2016.05	マン島(イギリス領)	
86	Cambridge	19,353	35,188	2006.02	リベリア	Last ex name:Camberley
87	Captain John NP	45,232	82,240	2007.03	バハマ	
88	Captain Markos NL	45,239	82,252	2006.11	バハマ	
89	Captain Nicholas NL	45,260	82,291	2008.07	バハマ	
90	Caravelle	46,269	84,126	2016.02	バハマ	
91	Carmen	41,465	75,390	1993.03	パナマ	Last ex name:Sam Russ
92	Celtic Gas	12,171	22,129	2015.06	デンマーク	
93	Challenger	46,269	84,126	2015.12	バハマ	
94	Champlain	46,200	84,000	2016.02	フランス	
95	Chaparral	46,269	84,126	2015.11	バハマ	
96	Cheyenne	46,269	84,126	2015.10	バハマ	
97	Chinook	45,650	83,000	2015.09	マーシャル諸島共和国	
98	Clermont	46,269	84,126	2015.10	バハマ	
99	Clipper	43,192	78,530	1992.03	インドネシア	Last ex name:BW Clipper
100	Clipper Jupiter	33,125	60,228	2015.04	ノルウェー	
101	Clipper Mars	32,999	59,999	2008.11	ノルウェー	
102	Clipper Moon	32,639	59,343	2003.12	ノルウェー	
103	Clipper Neptun	32,999	59,999	2008.10	ノルウェー	
104	Clipper Odin	21,176	38,501	2005.10	ノルウェー	Last ex name:Odin
105	Clipper Orion	32,999	59,999	2008.05	ノルウェー	
106	Clipper Posh	46,200	84,000	2013.12	ノルウェー	
107	Clipper Quito	46,200	84,000	2013.06	ノルウェー	
108	Clipper Saturn	33,125	60,228	2015.06	ノルウェー	
109	Clipper Sirius	41,258	75,014	2008.09	ノルウェー	
110	Clipper Sky	32,650	59,364	2004.03	ノルウェー	
111	Clipper Star	32,639	59,343	2003.03	ノルウェー	
112	Clipper Sun	45,247	82,268	2008.04	ノルウェー	
113	Clipper Venus	33,125	60,228	2015.08	ノルウェー	
114	Clipper Victory	41,258	75,014	2009.01	ノルウェー	
115	Cobra	46,269	84,126	2015.07	バハマ	
116	Comet	46,228	84,050	2014.07	バハマ	
117	Commander	46,200	84,000	2015.11	バハマ	

NO	船名	積載能力 (t)	積載能力 (㎥)	建造年月	船籍	備考
118	Commodore	46,269	84,126	2015.09	バハマ	
119	Concorde	46,200	84,000	2015.06	バハマ	
120	Constellation	46,200	84,000	2015.09	バハマ	
121	Constitution	46,269	84,126	2015.08	バハマ	
122	Continental	46,269	84,126	2015.07	バハマ	
123	Copernicus	46,200	84,000	2015.11	バハマ	
124	Corsair	46,228	84,050	2014.09	バハマ	
125	Corvette	46,228	84,050	2015.01	バハマ	
126	Cougar	46,269	84,126	2015.06	バハマ	
127	Courcheville	15,359	27,926	1989.10	ベルギー	Last ex name:Nyhall
128	Cratis	46,280	84,146	2015.10	バハマ	
129	Cresques	46,280	84,146	2015.09	バハマ	
130	Crystal Marine	44,076	80,138	2003.06	シンガポール	
131	Crystal Sunrise	45,317	82,394	2013.11	シンガポール	
132	Djanet	46,200	84,000	2000.10	リベリア	
133	Dorset	44,112	80,203	2011.11	イギリス	
134	Eagle Ford Lady	20,977	38,140	2016.01	シンガポール	
135	Empery	11,550	21,000	2016.08	シンガポール	エチレン /LPG
136	Energy Orpheus	43,174	78,498	1993.01	パナマ	
137	Ernest N	32,999	59,999	2009.03	リベリア	
138	Essex	19,365	35,209	2009.11	リベリア	
139	Ethana Crystal	47,850	87,000	2016.11	マーシャル諸島共和国	エチレン /LPG
140	Ethana Emerald	47,850	87,000	2016.12	マーシャル諸島共和国	エチレン /LPG
141	Eupen	21,429	38,961	1999.03	ベルギー	
142	Everrich 10	43,154	78,462	1995.12	パナマ	Last ex name:Gas Scorpio
143	Everrich 8	41,462	75,386	1990.07	ベトナム	Last ex name:Jag Vidhi
144	Fountain River	43,740	79,527	1997.11	パナマ	
145	Fritzi N	45,100	82,000	2009.03	リベリア	
146	Fuji Gas	20,598	37,450	1995.09	インド	Last ex name:Eeklo
147	G Symphony	45,801	83,274	2011.11	パナマ	
148	G.Arete	45,321	82,401	2013.06	パナマ	
149	G.Commander	43,163	78,479	1995.11	韓国	Last ex name:G.Leader
150	G.Forever	45,100	82,000	2008.10	パナマ	
151	G.Paragon	45,321	82,401	2013.09	パナマ	
152	G.Swan	45,321	82,401	2013.03	パナマ	
153	Galaxy River	45,315	82,391	2014.06	パナマ	
154	Gas Al Gurain	43,161	78,475	1993.06	クウェート	
155	Gas Al Kuwait Ⅱ	45,241	82,257	2007.04	クウェート	
156	Gas Al Mutlaa	43,161	78,475	1993.03	クウェート	
157	Gas Al Negeh	45,241	82,257	2007.12	クウェート	
158	Gas Alkhaleej	45,100	82,000	2008.09	パナマ	
159	Gas Aries	45,650	83,000	2016.03	香港	
160	Gas Beauty Ⅰ	41,624	75,680	1982.05	パナマ	Last ex name:BW Strand
161	Gas Bery Ⅰ	44,109	80,199	2010.09	香港	Last ex name:Devon
162	Gas Capricorn	43,414	78,935	2003.06	リベリア	
163	Gas Cat	15,439	28,070	1990.04	パナマ	Last ex name:Chaconia
164	Gas Cobia	19,250	35,000	2011.02	マーシャル諸島共和国	
165	Gas Columbia	19,481	35,420	1997.07	韓国	
166	Gas Commerce	43,138	78,432	1999.11	パナマ	Last ex name:Great Tribune
167	Gas Courage	45,247	82,267	2003.04	パナマ	Last ex name:Hellas Nautilus
168	Gas Crystal	43,162	78,476	1991.02	パナマ	Last ex name:Point
169	Gas Diana	43,388	78,888	2000.06	リベリア	
170	Gas Friend	43,402	78,912	2005.12	パナマ	
171	Gas Grouper	19,250	35,000	2009.06	マーシャル諸島共和国	
172	Gas Jasmine	41,362	75,203	1990.12	パナマ	Last ex name:Crystal Mermaid
173	Gas Jenny	41,444	75,353	1991.07	パナマ	Last ex name:Map
174	Gas Komodo	43,199	78,543	1991.03	インドネシア	Last ex name:Commander N
175	Gas Leo	45,650	83,000	2016.06	香港	
176	Gas Line	19,282	35,058	1993.07	パナマ	Last ex name:Tielrode
177	Gas Magic	15,389	27,980	1989.06	パナマ	Last ex name:Gas Mahi

NO	船名	積載能力 (t)	積載能力 (㎥)	建造年月	船籍	備考
178	Gas Manta	19,250	35,000	2011.01	マーシャル諸島共和国	
179	Gas Miracle	46,349	84,270	1996.05	パナマ	Last ex name:Flamders Tenacity
180	Gas Power	43,402	78,912	2012.02	パナマ	
181	Gas Quantum	19,304	35,098	2013.03	パナマ	
182	Gas Ray	19,355	35,191	2003.08	マーシャル諸島共和国	Last ex name:Gas Oriental
183	Gas Snapper	19,250	35,000	2009.10	マーシャル諸島共和国	
184	Gas Spirit I	41,626	75,683	1980.03	パナマ	Last ex name:Berge Spirit
185	Gas Star	46,279	84,144	2014.01	パナマ	
186	Gas Summit	46,279	84,144	2014.09	パナマ	
187	Gas Taurus	45,650	83,000	2016.01	香港	同名船あり
188	Gas Taurus	43,407	78,921	2001.06	リベリア	同名船あり
189	Gas Tigers	46,200	84,000	2016.05	パナマ	
190	Gas Walio	12,739	23,162	2011.11	インドネシア	
191	Gas Widuri	12,739	23,162	2011.10	インドネシア	
192	Gaschem Beluga	19,800	36,000	2016.11	リベリア	エチレン /LPG
193	Gaschem Bremen	19,356	35,193	2010.10	リベリア	
194	Gaschem Hamburg	19,356	35,193	2010.08	リベリア	
195	Gaschem Stade	19,356	35,193	2010.12	リベリア	
196	Gaz Fraternity	12,517	22,758	2010.02	パナマ	
197	Gaz Millennium	12,464	22,662	2002.03	パナマ	
198	Gaz Providence	12,517	22,759	2010.06	パナマ	
199	Gaz Serenity	12,417	22,577	2010.05	パナマ	
200	Gaz Supplier	43,166	78,484	1990.12	パナマ	Last ex name:Gas Leo
201	Gaz Unity	42,510	77,290	1982.06	パナマ	Last ex name:Lily Pacific
202	George N	32,999	59,999	2009.02	リベリア	
203	Globe Atlas	45,650	83,000	2016.09	パナマ	
204	Grace River	43,732	79,513	2002.10	パナマ	
205	Hassi Messaound 2	32,666	59,392	2005.03	リベリア	
206	Hellas Apollo	33,000	60,000	2016.09	マルタ	
207	Hellas Eagle	33,000	60,000	2016.07	マルタ	
208	Hellas Fos	45,294	82,352	2008.02	マルタ	
209	Hellas Gladiator	46,200	84,000	2016.01	マルタ	
210	Hellas Glory	45,312	82,385	2008.05	マルタ	
211	Hellas Hercules	46,200	84,000	2015.10	マルタ	
212	Hellas Poseidon	46,200	84,000	2015.10	マルタ	
213	Hellas Serenity	45,342	82,440	2008.09	マルタ	
214	Hellas Sparta	46,200	84,000	2016.03	マルタ	
215	Hisui	44,109	80,199	2010.01	マーシャル諸島共和国	
216	IGLC Anka	20,900	38,000	2013.11	パナマ	
217	IGLC Dicle	20,900	38,000	2013.11	パナマ	
218	Immanuel Schulte	11,406	20,738	2009.01	マン島 (イギリス領)	
219	Iris Glory	46,035	83,700	2008.03	マーシャル諸島共和国	
220	Irmgard Schulte	11,330	20,600	2009.06	マン島 (イギリス領)	Last ex name:Churun Meru
221	Isis Gas	44,374	80,680	1985.06	パナマ	Last ex name:Iris Gas
222	Jag Vidhi	43,177	78,503	1996.01	インド	Last ex name:Gas Vision
223	Jag Vishnu	41,462	75,386	1994.03	インド	Last ex name:JA Sunshine
224	Jenny N	32,999	59,999	2009.06	リベリア	
225	Jia Yuan	46,200	84,000	2016.10	マーシャル諸島共和国	
226	Jo	13,217	24,030	1980.10	セントキッツ・ネイビス連邦	Last ex name:Jose Colomo
227	Js lneos Ingenuity	15,161	27,566	2015.07	デンマーク	LNG/ エチレン /LPG
228	Js lneos Innovation	15,161	27,566	2016.12	マルタ	LNG/ エチレン /LPG
229	Js lneos Insight	15,161	27,566	2015.05	デンマーク	LNG/ エチレン /LPG
230	Js lneos Inspiration	15,161	27,566	2016.01	シンガポール	LNG/ エチレン /LPG
231	Js lneos Intrepid	15,161	27,566	2015.10	デンマーク	LNG/ エチレン /LPG
232	Kailash Gas	47,205	85,827	1992.12	パナマ	Last ex name:Flanders Harmony
233	Kaprijke	21,123	38,405	2015.09	ベルギー	
234	Karoline N	41,250	75,000	2009.02	リベリア	
235	Kent	19,437	35,340	2007.06	リベリア	
236	Kikyo	45,100	82,000	2010.05	香港	
237	Knokke	21,123	38,405	2016.02	ベルギー	

NO	船名	積載能力 (t)	積載能力 (㎥)	建造年月	船籍	備考
238	Kobai	45,100	82,000	2009.12	香港	
239	Kodaijisan	45,242	82,258	2003.10	パナマ	
240	Kontich	21,123	38,405	2016.07	ベルギー	
241	Kortrijk	21,123	38,405	2016.11	ベルギー	
242	Laperouse	12,429	22,599	2008.09	マルタ	
243	Lavender Passage	43,148	78,451	1996.07	パナマ	
244	Legend Prosperity	45,856	83,375	2016.01	パナマ	
245	Leo Green	45,816	83,301	2016.06	パナマ	
246	Leo Sunrise	19,365	35,209	2014.08	シンガポール	
247	Leto Providence	43,399	78,908	2003.12	シンガポール	
248	Levant	45,650	83,000	2015.08	マーシャル諸島共和国	
249	Libramont	20,900	38,000	2006.05	ベルギー	
250	Linden Pride	43,401	78,911	2001.01	パナマ	
251	Lotus Gas	44,102	80,186	2008.10	パナマ	
252	Lubara	45,349	82,452	2009.03	マーシャル諸島共和国	
253	Lucina Providence	43,394	78,898	2008.12	パナマ	
254	Luigi Lagrange	20,900	38,000	2006.01	イタリア	Last ex name:Maersk Jewel
255	Lycaste Peace	43,420	78,945	2003.02	パナマ	
256	Maharshi Bhardwaj	42,154	76,644	1992.10	インド	Last ex name:Nordanger
257	Maharshi Bhavatreya	19,601	35,639	1991.05	インド	Last ex name:Jakob Maersk
258	Maharshi Dattatreya	13,272	24,131	1983.09	インド	Last ex name:Zeebrugge
259	Maharshi Devatreya	19,601	35,639	1990.11	インド	Last ex name:Jane Maersk
260	Maharshi Krishnatreya	19,601	35,639	1991.03	インド	Last ex name:Jessie Maersk
261	Maharshi Mahatreya	19,601	35,639	1991.07	インド	Last ex name:Jesper Maersk
262	Maharshi Shivatreya	13,228	24,050	1984.06	インドネシア	Last ex name:Hermion
263	Maharshi Shubhatreya	24,019	43,670	1982.05	インド	Last ex name:Libin
264	Maharshi Vamadeva	31,468	57,214	1991.04	インド	Last ex name:Helice
265	Maharshi Vishwamitra	46,383	84,333	2001.08	インド	Last ex name:BW Borg
266	Manifesto	45,209	82,198	2013.05	シンガポール	
267	Manitoba	20,900	38,000	2016.10	リベリア	
268	Maple3	11,385	20,700	1993.02	リベリア	Last ex name:Maersk Houston
269	Mar Pacifico	20,598	37,450	1996.01	ペルー	Last ex name:Pacificgas
270	Marcellus Lady	20,977	38,140	2016.02	シンガポール	
271	Mariner	11,496	20,902	2000.10	インドネシア	Last ex name:Navigator Mariner
272	Marola	20,515	37,300	2003.11	イタリア	
273	Marycam Swan	12,422	22,585	2009.03	パナマ	
274	Mathraki	12,624	22,952	2003.01	ギリシャ	Last ex name:Mado
275	Ming Long	41,362	75,203	1992.01	タイ	Last ex name:Senna Jumbo
276	Ming Ming	43,165	78,482	1991.10	タイ	Last ex name:Pacific Century
277	Ming Zhu	42,762	77,749	1987.03	タイ	Last ex name:Schumi
278	Mistral	45,723	83,133	2015.01	マーシャル諸島共和国	
279	Monsoon	45,723	83,133	2015.01	マーシャル諸島共和国	
280	Morston	45,220	82,218	2013.03	シンガポール	
281	Motivator	45,227	82,231	2013.01	シンガポール	
282	Musanah	45,811	83,293	2009.10	パナマ	
283	Nadeshiko Gas	44,084	80,152	2013.01	パナマ	
284	Nanga Parbat	12,623	22,950	1991.01	インド	
285	Nashwan	12,427	22,595	2008.06	シンガポール	
286	Navigator Aries	11,303	20,550	2008.08	インドネシア	
287	Navigator Atlas	11,561	21,020	2014.06	リベリア	エチレン/LPG
288	Navigator Aurora	20,515	37,300	2016.08	リベリア	エチレン/LPG
289	Navigator Capricorn	11,303	20,550	2008.10	リベリア	Last ex name:Maersk Harmony
290	Navigator Centauri	12,105	22,009	2015.08	リベリア	
291	Navigator Ceres	12,105	22,009	2015.10	リベリア	
292	Navigator Ceto	12,105	22,009	2016.01	リベリア	
293	Navigator Copernico	12,105	22,009	2016.04	リベリア	
294	Navigator Eclipse	20,515	37,300	2016.10	リベリア	エチレン/LPG
295	Navigator Europa	11,561	21,020	2014.10	リベリア	エチレン/LPG
296	Navigator Galaxy	12,375	22,500	2011.08	リベリア	Last ex name:Maersk Galaxy
297	Navigator Gemini	11,303	20,550	2009.03	リベリア	

NO	船名	積載能力(t)	積載能力(㎥)	建造年月	船籍	備考
298	Navigator Genesis	12,431	22,601	2011.06	リベリア	Last ex name:Maersk Genesis
299	Navigator Global	12,427	22,594	2011.10	インドネシア	Last ex name:Maersk Global
300	Navigator Glory	12,433	22,605	2010.06	リベリア	Last ex name:Maersk Glory
301	Navigator Grace	12,433	22,605	2010.08	リベリア	Last ex name:Maersk Grace
302	Navigator Gusto	12,375	22,500	2011.04	リベリア	Last ex name:Maersk Gusto
303	Navigator Leo	11,457	20,831	2011.09	リベリア	
304	Navigator Libra	11,457	20,831	2012.02	リベリア	
305	Navigator Magellan	11,510	20,928	1998.09	リベリア	Last ex name:Maersk Humber
306	Navigator Mars	12,147	22,085	2000.04	リベリア	エチレン /LPG
307	Navigator Neptune	12,147	22,085	2000.12	リベリア	エチレン /LPG
308	Navigator Oberon	11,561	21,020	2014.12	リベリア	エチレン /LPG
309	Navigator Pegasus	12,216	22,211	2009.06	リベリア	Last ex name:Desert Orchid
310	Navigator Phoenix	12,222	22,221	2009.08	リベリア	Last ex name:Dancing Brave
311	Navigator Pluto	12,147	22,085	2000.11	インドネシア	エチレン /LPG
312	Navigator Saturn	12,147	22,085	2000.11	リベリア	エチレン /LPG
313	Navigator Scorpio	11,303	20,550	2009.07	リベリア	Last ex name:Maersk Heritage
314	Navigator Taurus	11,303	20,550	2009.09	リベリア	
315	Navigator Triton	11,561	21,020	2015.01	リベリア	エチレン /LPG
316	Navigator Umbrio	11,561	21,020	2015.04	リベリア	エチレン /LPG
317	Navigator Venus	12,147	22,085	2000.09	リベリア	エチレン /LPG
318	Navigator Virgo	11,303	20,550	2009.11	リベリア	Last ex name:Maersk Honour
319	Nijinsky	12,427	22,595	2008.03	シンガポール	
320	Nisyros	19,535	35,518	2009.04	ギリシャ	
321	Nordic Gas	11,385	20,700	1994.03	シンガポール	Last ex name:Henriette Maersk
322	Nordic River	20,900	38,000	2007.05	パナマ	
323	Nova Scotia	20,900	38,000	2016.11	リベリア	
324	NS Challenger	43,196	78,539	1992.11	インドネシア	Last ex name:BW Challenger
325	NS Frontier	45,210	82,200	2016.11	パナマ	
326	Nusa Bright	43,192	78,530	1991.10	インドネシア	Last ex name:BW Captain
327	Ocean Gas	45,100	82,000	2008.10	パナマ	
328	Ocean Orchid	43,627	79,321	2001.03	シンガポール	
329	Oriental Jubilee	46,231	84,056	2016.06	香港	
330	Oriental Queen	45,388	82,524	2004.08	香港	
331	Pacific Binzhou	46,200	84,000	2016.08	香港	
332	Pacific Dongying	46,200	84,000	2016.08	香港	
333	Pacific Qingdao	46,200	84,000	2016.06	香港	
334	Pacific Rizhao	46,200	84,000	2016.04	香港	
335	Pacific Weihai	46,200	84,000	2016.03	香港	
336	Pacific Yantai	46,200	84,000	2016.07	香港	
337	Palanimala Gas	41,359	75,198	1992.09	インド	Last ex name:Benny Princess
338	Pampero	45,650	83,000	2015.10	マーシャル諸島共和国	
339	Passat	45,650	83,000	2015.06	マーシャル諸島共和国	
340	Pazifik	33,130	60,237	2005.01	ジブラルタル	Last ex name:Pacific
341	Permian Lady	20,977	38,140	2016.04	シンガポール	
342	Perseverance V	46,273	84,133	2015.07	シンガポール	
343	Pertamina Gas1	45,100	82,000	2013.09	インドネシア	
344	Pertamina Gas2	45,100	82,000	2014.05	インドネシア	
345	Pointis	46,200	84,000	2016.03	フランス	
346	Polar	33,119	60,216	2004.10	ジブラルタル	Last ex name:BW Herdis
347	Prins Alexander	19,532	35,512	2002.11	マーシャル諸島共和国	Last ex name:Rene
348	Progress	45,100	82,000	2009.01	シンガポール	
349	Promise	46,208	84,014	2009.01	マーシャル諸島共和国	Last ex name:Maran Gas Knossos
350	Providence	46,257	84,104	2008.07	マーシャル諸島共和国	Last ex name:Maran Gas Vergina
351	Pupuk Indonesia	11,385	20,700	1994.01	インドネシア	Last ex name:Baltic Gas
352	Queen Zenobia	12,536	22,792	2002.06	リベリア	
353	Raggiana	11,399	20,726	1997.07	インドネシア	Last ex name:Vidzeme
354	Reggane	46,200	84,000	1999.12	リベリア	
355	Reimei	44,108	80,196	2007.12	バハマ	

NO	船名	積載能力 (t)	積載能力 (m³)	建造年月	船籍	備考
356	Rhourd el Adra	12,375	22,500	2007.08	アルジェリア	
357	Rhourd el Fares	19,250	35,000	2010.11	アルジェリア	
358	Rhourd el Hamra	12,624	22,952	2008.10	アルジェリア	
359	Rhourd Enouss	32,666	59,392	2004.12	リベリア	
360	Ronald N	41,250	75,000	2008.10	リベリア	
361	Rose Gas	19,362	35,204	2007.04	パナマ	
362	Sabrimala Gas	19,282	35,058	1994.04	インド	Last ex name:Temse
363	Sakura Gas	45,861	83,384	2013.01	パナマ	
364	Saltram	46,243	84,078	2015.07	シンガポール	
365	Sanko Independence	19,250	35,000	2008.08	リベリア	
366	Sanko Innovator	19,250	35,000	2008.08	リベリア	
367	Sansovino	46,243	84,078	2016.05	シンガポール	
368	SCF Tobolsk	19,370	35,219	2006.12	リベリア	
369	SCF Tomsk	19,371	35,220	2007.01	リベリア	
370	Sea Bird	46,200	84,000	2015.11	シンガポール	
371	Sea Danuta	43,203	78,551	2000.11	リベリア	Last ex name:BW Danuta
372	Sea Dolphin	43,124	78,408	1990.12	リベリア	Last ex name:DL Calla
373	Sea Dragon	43,158	78,469	1993.07	リベリア	Last ex name:Oval Nova
374	Secreto	46,200	84,000	2016.01	シンガポール	
375	Senna Princess	12,612	22,931	1991.08	タイ	Last ex name:Jag Viraj
376	Serjeant	46,243	84,078	2015.09	シンガポール	
377	Shaamit	46,200	84,000	2016.04	シンガポール	
378	Shahrastani	46,200	84,000	2016.03	シンガポール	
379	Shergar	46,200	84,000	2016.01	シンガポール	
380	Sibur Tobol	11,399	20,725	2013.09	リベリア	
381	Sibur Voronezh	11,303	20,550	2013.07	リベリア	
382	Silvio	46,243	84,078	2016.03	シンガポール	
383	Sinndar	46,200	84,000	2016.06	シンガポール	
384	Sirocco	45,650	83,000	2015.07	マーシャル諸島共和国	
385	Sisouli Prem	43,168	78,488	1992.12	インド	Last ex name:Maharshi Vishwamitra
386	Skarpov	41,694	75,807	1979.03	セントキッツ・ネイビス連邦	Last ex name:Symphony
387	Sloman Ariadne	11,402	20,731	2011.12	アンティグア・バーブーダ	
388	Solaro	20,523	37,314	1996.05	イタリア	
389	Sombeke	20,900	38,000	2006.10	ベルギー	Last ex name:BW Sombeke
390	Spread Eagle	46,243	84,078	2016.01	シンガポール	
391	Standorf	18,490	33,619	1990.11	パナマ	Last ex name:Paracas
392	Sumire Gas	45,210	82,200	2016.03	パナマ	
393	Summit River	44,093	80,169	2008.07	パナマ	
394	Summit Terra	42,900	78,000	2000.06	フランス	Last ex name:Anne-Laure
395	Sun Aries	43,149	78,452	1991.06	韓国	Last ex name:Gas Aries
396	Sunny Bright	43,405	78,918	2004.05	パナマ	
397	Sunny Green	43,179	78,507	1992.03	パナマ	
398	Sunny Joy	43,381	78,874	2000.10	パナマ	
399	Sunny Vista	45,833	83,332	2013.02	日本	
400	Sunstar	46,243	84,078	2016.06	シンガポール	
401	Surville	19,561	35,566	2014.03	フランス	
402	Sylvie	19,250	35,000	2007.03	香港	
403	Symi	19,377	35,231	2012.02	ギリシャ	
404	Takao Gas	41,447	75,358	1993.03	インド	Last ex name:Gas Sapphire
405	Telendos	19,535	35,518	2010.01	ギリシャ	
406	Tenacity Ⅳ	46,200	84,000	2016.07	シンガポール	
407	Thetis Glory	46,035	83,700	2008.04	マーシャル諸島共和国	
408	Tilos	19,535	35,518	2009.08	ギリシャ	
409	Tirumala Gas	11,385	20,700	1993.03	インド	Last ex name:Arctic Gas
410	Touraine	21,450	39,000	1996.10	香港	Last ex name:Antwerpen Venture
411	Toyosu Maru	43,154	78,462	1997.01	日本	
412	Umm Laqhab	45,349	82,452	2008.07	マーシャル諸島共和国	
413	Venus Glory	46,035	83,700	2008.07	マーシャル諸島共和国	

NO	船名	積載能力 (t)	積載能力 (㎥)	建造年月	船籍	備考
414	Verrazane	19,561	35,566	2013.10	フランス	
415	Viking River	21,152	38,458	2007.07	パナマ	
416	Waasmunster	20,963	38,115	2014.04	ベルギー	
417	Waregem	20,963	38,115	2014.10	ベルギー	
418	Warinsart	20,963	38,115	2014.06	ベルギー	
419	Warisoulx	20,968	38,124	2015.01	ベルギー	
420	Yamabuki	45,100	82,000	2010.03	香港	
421	Yara Aesa	20,900	38,000	2016.07	ノルウェー	
422	Yara Freya	20,900	38,000	2016.09	ノルウェー	
423	Yara Kara	11,330	20,600	2016.06	ノルウェー	
424	Yara Nauma	11,330	20,600	2016.08	ノルウェー	
425	Yara Sela	11,330	20,600	2016.11	ノルウェー	
426	Yuhsan	43,411	78,929	2002.01	パナマ	
427	Yuhsho	42,900	78,000	1999.02	パナマ	
428	Yuricosmos	43,399	78,907	2010.07	パナマ	
429	Yuyo	43,404	78,916	2008.03	パナマ	
430	Yuyo Spirits	43,396	78,902	2009.09	パナマ	

注：「The Gas Carrier Register 2017」より作成
※ 積載能力 10,000 トン以上の LPG 船をカウント

1－5　ＬＰガス二次基地設備状況
1－5－1　ＬＰガス二次基地タンク能力（平成27年9月末現在）

（単位：トン）

会 社 名	工 場 名	所 在 地		プロパン 実貯蔵能力	基	小 計		ブタン 実貯蔵能力	基	小 計	合 計	施設利用会社
アストモスエネルギー	八戸ターミナル	青森県八戸市豊洲2-15	高	500	2	1,000					1,000	アストモスエネルギー
			計		2	1,000						
	市川ターミナル	千葉県市川市高谷新町6-2	高	890	1	890	高	750	1	750	2,790	
			高	1,150	1	1,150						
			計		2	2,040	計		1	750		
	金沢ターミナル	石川県金沢市大野町4-ソの6	高	500	2	1,000	高	1,000	1	1,000	3,000	
			高	1,000	1	1,000						
			計		3	2,000	計		1	1,000		
	門司ターミナル	福岡県北九州市門司区新門司2-8-1	高	770	2	1,540	高	900	1	900	2,440	
			計		2	1,540	計		1	900		
コスモ石油	坂出物流基地	香川県坂出市番の洲緑町1-1	高	640	1	640					2,400	ジクシス
			高	1,760	1	1,760						
			計		2	2,400						
コスモ松山石油	松山工場	愛媛県松山市大可賀3-580	高	45	1	45	高	900	1	900	2,835	
			高	90	1	90						
			高	900	2	1,800						
			計		4	1,935	計		1	900		
ＪＸエネルギー	大井川ＬＰガス基地	静岡県志太郡大井川町利右衛門2726-366	高	700	1	700	高	800	1	800	1,500	ジャパンガスエナジー
			計		1	700	計		1	800		
	鹿児島ＬＰガス基地	鹿児島県鹿児島市宇宿2-3-24	高	500	2	1,000	高	300	1	300	1,300	
			計		2	1,000	計		1	300		
ENEOSグローブガスターミナル	石狩ガスターミナル	北海道石狩市新港中央4-3740-6	高	870	1	870					3,670	ENEOSグローブ
			高	1,400	2	2,800						
			計		3	3,670						
	秋田ガスターミナル	秋田県秋田市上崎港相染町字浜ナシ山9-2	高	760	2	1,520					1,520	
			計		2	1,520						
	川内ガスターミナル	鹿児島県川内市港町字唐山6120-5	高	600	2	1,200	高	400	1	400	1,600	
			計		2	1,200	計		1	400		
太平洋石炭販売輸送	釧路基地	北海道釧路市知人町3-18	高	800	1	800					2,200	ENEOSグローブ エア・ウォーター
			高	1,400	1	1,400						
			計		2	2,200						
ジクシス	清水油槽所	静岡県静岡市清水区横砂2252-1	高	600	1	600	高	500	1	500	1,100	ジクシス
			計		1	600	計		1	500		
岩谷産業	横浜液化ガスターミナル	神奈川県横浜市鶴見区大黒町12-14	高	830	1	830	高	980	1	980	2,680	岩谷産業
			高	870	1	870						
			計		2	1,700	計		1	980		
	平田LPGターミナル	島根県出雲市小津町1319-1	高	300	1	300	高	337	1	337	1,237	
			高	600	1	600						
			計		2	900	計		1	337		
	佐敷工場	沖縄県南城市佐敷字仲伊保162	高	50	3	150	高	50	1	50	1,520	
			高	500	1	500						
			高	820	1	820						
			計		5	1,470	計		1	50		
苫小牧埠頭	苫小牧基地	北海道苫小牧市真砂町20	高	950	1	950					950	アストモスエネルギー
			計		1	950						
エア・ウォーター	函館LPG基地	北海道北斗市七重浜1-3-2	高	800	2	1,600					1,600	エア・ウォーター アストモスエネルギー
			計		2	1,600						
	稚内LPG基地	北海道稚内市新港町1-43	高	300	1	300					800	エア・ウォーター ENEOSグローブ ジャパンガスエナジー
			高	500	1	500						
			計		2	800						
岩手県オイルターミナル		岩手県釜石市大平町4-1-4	高	730	2	1,460					1,460	ENEOSグローブ
			計		2	1,460						
鈴与	ガスターミナル	静岡県静岡市清水区若松横砂2252-12	高	508	1	1,016	高	594	1	594	1,610	鈴与商事
			計		2	1,016	計		1	594		
東海造船運輸	大井川基地	静岡県焼津市利右衛門2727-2	高	900	1	900	高	900	1	900	2,740	東海造船運輸
			高	940	1	940						
			計		2	1,840	計		1	900		
東邦液化ガス	名港LPG基地	愛知県名古屋市港区潮見町37-46	高	79	1	79	高	93	2	186	5,219	東邦液化ガス
			高	1,138	1	1,138	高	832	1	832		
			高	799	2	1,599	高	1,386	1	1,386		
			計		4	2,816	計		4	2,404		
	三河湾ガスターミナル	愛知県田原市緑が浜1号11-1	高	5	1	5	高	1,037	1	1,037	3,703	ガステックサービス
			高	887	3	2,661						
			計		4	2,666	計		1	1,037		

会社名	工場名	所在地	プロパン 実貯蔵能力	基	小計	ブタン 実貯蔵能力	基	小計	合計	施設利用会社
廣島エルピーガスターミナル		広島県広島市南区月見町2244-18	高 300	1	300				800	ジクシス ジャパンガスエナジー 大陽日酸
			高 500	1	500					
			計	2	800					
広島ガス	廿日市工場海田基地	広島県安芸郡海田町明神町2-118	高 1,000	2	2,000	高 990	1	990	4,490	広島ガス
						高 1,500	1	1,500		
			計	2	2,000	計	2	2,490		
吉田石油店	水出製造所	香川県三豊郡詫間町大字松崎2805-2	高 100	3	300	高 100	2	200	1,000	吉田石油店
			高 500	1	500					
			計	4	800	計	2	200		
日本プロパンガス	詫間工場	香川県三豊郡詫間町詫間6902	高 500	2	1,000	高 500	2	1,000	2,000	日本プロパンガス
			計	2	1,000	計	2	1,000		
愛媛日商プロパン	松前基地	愛媛県伊予郡松前町筒井1266	高 200	2	400	高 60	2	120	520	愛媛日商プロパン
			計	2	400	計	2	120		
高知エネルギー	高知工場	高知県高知市仁井田3636-30	高 150	1	150				650	高知エネルギー
			高 500	1	500					
			計	2	650					
西部ガスエネルギー	福岡LPGターミナル	福岡県福岡市東区東浜2-9-118	高 650	1	650	高 3,000	1	3,000	4,550	ENEOSグローブ アストモスエネルギー 西部ガス
			高 900	1	900					
			計	2	1,550	計	1	3,000		
ツバメガスフロンティア	福岡第一工場	福岡県福岡市中央区荒津2-3-50	高 400	1	400	高 400	1	400	1,400	ツバメガスフロンティア
			高 600	1	600					
			計	2	1,000	計	1	400		
エコア	長崎ガス基地	長崎県長崎市小ケ倉町1-1022	高 600	2	1,200	高 600	1	600	1,800	エコア
			計	2	1,200	計	1	600		
Misumi	八代海上基地	熊本県八代市大島5059	高 200	2	400				700	Misumi
			高 300	1	300					
			計	3	700					
	宮崎海上基地	宮崎県宮崎市小戸町92-14	高 300	1	300	高 200	1	200	757	
			高 250	1	250	高 7	1	7		
			計	2	550	計	2	207		
	鹿児島海上基地	鹿児島県鹿児島市南栄3-31	高 500	1	500	高 7	1	7	1,657	
			高 800	1	800	高 350	1	350		
			計	2	1,300	計	2	357		
	種子島海上基地	鹿児島県西之表市栄町13	高 30	3	90				90	
			計	3	90					
日米礦油	鹿児島LPガスターミナル	鹿児島県鹿児島市宇宿2-5-7	高 450	1	450				1,200	日米礦油
			高 750	1	750					
			計	2	1,200					
南西石油	西原製油所	沖縄県中頭郡西原町小那覇858	高 500	1	500	高 500	1	500	3,000	南西石油
			高 1,000	1	1,000	高 1,000	1	1,000		
			計	2	1,500	計	2	1,500		
沖縄出光		沖縄県うるま市与那城平安座6559	高 370	2	740	高 860	3	2,580	4,520	アストモスエネルギー
			高 600	2	1,200					
			計	4	1,940	計	3	2,580		
合計	二次基地40ヶ所		低 0	0	0	低 0	0	0	0	
			高 94	94	55,703	高 38	38	24,306	80,008	
			計	94	55,703	計	38	24,306	80,008	

※平成29年4月、JXエネルギーと東燃ゼネラル石油が合併し、JXTGエネルギーに商号変更。以下同様

1−5−2　ＬＰガス二次基地受払設備能力（平成27年9月末現在）

会社名	工場名	項目	区分	単位	タンクローリー P	タンクローリー B	タンクローリー 併用	コースタルタンカー P	コースタルタンカー B	コースタルタンカー 併用	パイプ等 P	パイプ等 B	パイプ等 併用
アストモスエネルギー	八戸ターミナル	受入・払出口数	受入	口				1					
			払出	口	3								
		受払量一口当り	受入	t／h									
			払出	t／h	44								
	市川ターミナル	受入・払出口数	受入	口						1			
			払出	口	6		4						
		受払量一口当り	受入	t／h									
			払出	t／h	75		75						
	金沢ターミナル	受入・払出口数	受入	口						1			
			払出	口	2		4						
		受払量一口当り	受入	t／h									
			払出	t／h	46		46						
	門司ターミナル	受入・払出口数	受入	口						1			
			払出	口	4	2							
		受払量一口当り	受入	t／h									
			払出	t／h	61	52							
コスモ石油	坂出物流基地	受入・払出口数	受入	口				1					
			払出	口	6								
		受払量一口当り	受入	t／h				275					
			払出	t／h	30								
コスモ松山石油	松山工場	受入・払出口数	受入	口				1	1				
			払出	口	1	1					1		
		受払量一口当り	受入	t／h				135	165				
			払出	t／h	25	25					20		
JXエネルギー	大井川LPガス基地	受入・払出口数	受入	口						2			
			払出	口			2						
		受払量一口当り	受入	t／h						200			
			払出	t／h			50						
	鹿児島LPガス基地	受入・払出口数	受入	口						1			
			払出	口			3						
		受払量一口当り	受入	t／h						200			
			払出	t／h			45						
ENEOSグローブガスターミナル	石狩ガスターミナル	受入・払出口数	受入	口				1					
			払出	口	5						2		
		受払量一口当り	受入	t／h				300					
			払出	t／h	24						65		
	秋田ガスターミナル	受入・払出口数	受入	口				1					
			払出	口	3								
		受払量一口当り	受入	t／h				150					
			払出	t／h	24								
	川内ガスターミナル	受入・払出口数	受入	口						1			
			払出	口			2						
		受払量一口当り	受入	t／h				160	180				
			払出	t／h			25						
太平洋石炭販売輸送	釧路基地	受入・払出口数	受入	口				1					
			払出	口	5								
		受払量一口当り	受入	t／h				200					
			払出	t／h	25								
ジクシス	清水油槽所	受入・払出口数	受入	口						1			
			払出	口			3						
		受払量一口当り	受入	t／h						180			
			払出	t／h			40						
岩谷産業	横浜液化ガスターミナル	受入・払出口数	受入	口						1			
			払出	口			6						34
		受払量一口当り	受入	t／h						270			
			払出	t／h			40						24
	平田LPGターミナル	受入・払出口数	受入	口						1			
			払出	口	1	1					1		1
		受払量一口当り	受入	t／h						180			
			払出	t／h	30	30					3		3
	佐敷工場	受入・払出口数	受入	口						1			
			払出	口			2						
		受払量一口当り	受入	t／h						150			
			払出	t／h			30						
苫小牧埠頭	苫小牧基地	受入・払出口数	受入	口				1					
			払出	口	2								
		受払量一口当り	受入	t／h									
			払出	t／h	30								

会社名	工場名	項目	区分	単位	タンクローリー P	タンクローリー B	タンクローリー 併用	コースタルタンカー P	コースタルタンカー B	コースタルタンカー 併用	パイプ等 P	パイプ等 B	パイプ等 併用
エア・ウォーター	函館LPG基地	受入・払出口数	受入	口				1					
			払出	口	3						1		
		受払量一口当り	受入	t／h				160					
			払出	t／h	38						5.8		
	稚内LPG基地	受入・払出口数	受入	口				1					
			払出	口	1								
		受払量一口当り	受入	t／h				250					
			払出	t／h	25								
岩手県オイルターミナル		受入・払出口数	受入	口				1					
			払出	口	3								
		受払量一口当り	受入	t／h				250					
			払出	t／h	25								
鈴与	ガスターミナル	受入・払出口数	受入	口							1		
			払出	口	2	2	1						1
		受払量一口当り	受入	t／h							200		
			払出	t／h	35	39	18						5
東海造船運輸	大井川基地	受入・払出口数	受入	口							2		
			払出	口		5							
		受払量一口当り	受入	t／h							270		
			払出	t／h		25							
東邦液化ガス	名港LPG基地	受入・払出口数	受入	口				1			1		
			払出	口	7	5							
		受払量一口当り	受入	t／h			10	200	250				
			払出	t／h	20	20							
三河湾ガスターミナル		受入・払出口数	受入	口				1			1		
			払出	口		5							
		受払量一口当り	受入	t／h			10			350			
			払出	t／h		40							
廣島エルピーガスターミナル		受入・払出口数	受入	口							1		
			払出	口	2						2		
		受払量一口当り	受入	t／h				160					
			払出	t／h	25						10		
広島ガス	廿日市工場 海田基地	受入・払出口数	受入	口							2		
			払出	口	2	2					1	1	
		受払量一口当り	受入	t／h							200		
			払出	t／h	21	24					21	24	
吉田石油店	水出製造所	受入・払出口数	受入	口	1			1					
			払出	口	1								
		受払量一口当り	受入	t／h	32			100					
			払出	t／h	32								
日本プロパンガス	詫間工場	受入・払出口数	受入	口				1	1				
			払出	口	2	1							
		受払量一口当り	受入	t／h				200	200				
			払出	t／h	22	22							
愛媛日商プロパン	松前基地	受入・払出口数	受入	口							1		
			払出	口	1		1						4
		受払量一口当り	受入	t／h				200	200				
			払出	t／h	12		12						8
高知エネルギー	高知工場	受入・払出口数	受入	口	1			1					
			払出	口									
		受払量一口当り	受入	t／h	12			170					
			払出	t／h	25								
西部ガスエネルギー	福岡LPGターミナル	受入・払出口数	受入	口				1	1				
			払出	口		4					1		
		受払量一口当り	受入	t／h				200	200				
			払出	t／h		30					20		
ツバメガスフロンティア	福岡第一工場	受入・払出口数	受入	口							1		
			払出	口		4							
		受払量一口当り	受入	t／h							170		
			払出	t／h		20							
エコア	長崎ガス基地	受入・払出口数	受入	口							1		
			払出	口		3					12	2	
		受払量一口当り	受入	t／h				200					
			払出	t／h		23					1	0.5	

会　社　名	工　場　名	項　目	区分	単位	タンクローリー			コースタルタンカー			パイプ等		
					P	B	併用	P	B	併用	P	B	併用
Misumi	八代海上基地	受入・払出口数	受入	口				1					
			払出		1								
		受払量一口当り	受入	t / h				240					
			払出		10								
	宮崎海上基地	受入・払出口数	受入	口						1			
			払出							2			
		受払量一口当り	受入	t / h						220			
			払出							26			
	鹿児島海上基地	受入・払出口数	受入	口						1			
			払出		1					2			
		受払量一口当り	受入	t / h						250			
			払出		19					20			
	種子島海上基地	受入・払出口数	受入	口									
			払出								2		
		受払量一口当り	受入	t / h									
			払出								5		
日米礦油	鹿児島LPガスターミナル	受入・払出口数	受入	口				1					
			払出		2						10		
		受払量一口当り	受入	t / h				180					
			払出		40						1.2		
南西石油	西原製油所	受入・払出口数	受入	口						1			
			払出		2	1				1			
		受払量一口当り	受入	t / h						61			
			払出		36	30				86			
沖縄出光	沖縄油槽所	受入・払出口数	受入	口				1	1				
			払出		1	1		1	1				
		受払量一口当り	受入	t / h				100	100				
			払出		50	57		100	100				

1-6 LPガス国内輸送設備保有状況

1-6-1 LPガスコースタルタンカー保有状況（平成29年1月現在）

船舶番号	船　名	総トン数	㎥	竣工年月	船　主	運　航　者
128019	＃10神福丸	696.00	1,524	1986.10	牧野海運	イイノガストランスポート
132573	あさひえーす	697.00	1,247	1990.08	松盛汽船	上野トランステック
132925	芳泉丸	999.00	1,728	1992.11	日本ガスライン	日本ガスライン
132958	＃11幸秀丸	699.00	1,247	1993.03	藤井綱海運	コスモ海運
133597	興星丸	697.00	1,247	1993.10	辰和海運	鶴見サンマリン
133652	＃5新宝丸	695.00	1,245	1994.03	島津商事	鶴見サンマリン
133894	＃12光新丸	999.00	1,729	1993.06	宮崎海運	NSユナイテッドタンカー
133980	征和丸	999.00	1,726	1994.12	松田海運	昭和日タン
133987	＃7いづみ丸	995.00	1,726	1995.10	旭友海運	太平洋沿海汽船
134038	＃23博晴丸	699.00	1,247	1993.10	海晴産業	田渕海運
134499	昭祇丸	698.00	1,246	1994.12	昭祇汽船	鶴見サンマリン
134640	成邦丸	999.00	1,723	1996.02	四宮タンカー	イイノガストランスポート
134783	＃18光邦丸	999.00	1,722	1998.01	イイノガストランスポート	イイノガストランスポート
134883	＃11オーバルエルビー	749.00	1,345	1995.08	和泉海運	鶴見サンマリン
134889	幸泉丸	999.00	1,830	1996.10	木村海運	日本ガスライン
135080	＃7徳誉丸	996.00	1,777	1995.12	四宮タンカー	熊澤海運
135326	＃21日吉丸	998.00	1,833	2000.11	日吉海運	田渕海運
135495	＃12いづみ丸	749.00	1,410	1998.11	宝国海運	日本ガスライン
135558	＃18ぷろぱん丸	743.00	1,433	1998.10	宮崎海運	共和産業海運
135578	睦洋丸	695.00	1,248	1996.08	成和海運	鶴見サンマリン
135602	日幸丸	998.00	1,729	1997.01	和泉海運	鶴見サンマリン
135885	新ぷろぱん丸	749.00	1,270	1996.08	共和産業海運	共和産業海運
135982	＃37博晴丸	998.00	1,832	2013.08	海晴産業	海晴産業
135994	＃21光邦丸	999.00	1,841	1998.01	イイノガストランスポート	イイノガストランスポート
136011	俊邦丸	999.00	1,829	2004.05	イイノガストランスポート	イイノガストランスポート
136157	＃21徳誉丸	749.00	1,462	1998.01	岩崎汽船	熊澤海運
136158	いづみ丸	499.00	955	2000.11	白石海運	日本ガスライン
136193	＃25博晴丸	749.00	1,510	2003.05	大柿海運	田渕海運
136361	＃12金洋丸	749.00	1,410	1998.10	金力汽船	日本ガスライン
136382	星泉丸	999.00	1,828	1998.10	恒徳汽船	鶴見サンマリン

船舶番号	船　　名	総トン数	㎥	竣工年月	船　　　　主	運　航　者
136565	＃15博　晴　丸	749.00	1,510	2003.09	明　正　海　運	田　渕　海　運
137020	＃15光　新　丸	749.00	1,462	1991.02	豊　洋　海　運	NSユナイテッドタンカー
140211	＃17いづみ丸	999.00	1,830	2005.10	恒　徳　汽　船	日本ガスライン
140227	東　栄　丸	749.00	1,458	2005.07	アトラスマリン	アトラスマリン
140233	＃21光　新　丸	749.00	1,461	2005.11	宮　崎　海　運	NSユナイテッドタンカー
140255	＃15徳　誉　丸	749.00	1,464	2005.01	岩　崎　汽　船	熊　澤　海　運
140318	＃23光　新　丸	749.00	1,461	2006.05	豊　洋　海　運	NSユナイテッドタンカー
140364	福　正　丸	749.00	1,459	2006.08	福　正　汽　船	上野トランステック
140473	秀　邦　丸	999.00	1,828	2008.04	四宮タンカー	イイノガストランスポート
140571	＃18いづみ丸	999.00	1,832	2007.10	日本ガスライン	日本ガスライン
140701	海　邦　丸	749.00	1,250	2008.02	イイノガストランスポート	イイノガストランスポート
140861	＃20いづみ丸	747.00	1,464	2008.10	昭　祇　汽　船	日本ガスライン
140927	松　隆　丸	748.00	1,510	2008.12	松　盛　汽　船	田　渕　海　運
140982	桃　邦　丸	749.00	1,443	2009.03	イイノガストランスポート	イイノガストランスポート
141020	FORTUNE QINTET	995.00	1,829	2004.01	イイノガストランスポート	イイノガストランスポート
141216	明　正　丸	749.00	1,450	2010.03	明　正　海　運	田　渕　海　運
141302	広　祥　丸	749.00	1,459	2010.05	大　柿　海　運	田　渕　海　運
141321	＃10いづみ丸	749.00	1,564	2010.10	日本ガスライン	日本ガスライン
141457	友　邦　丸	749.00	1,449	2011.04	新　宝　海　運	旭タンカー
141462	＃13光　新　丸	749.00	1,509	2011.06	宮　崎　海　運	NSユナイテッドタンカー
141467	＃15金　洋　丸	749.00	1,514	2011.09	多　田　海　運	日本ガスライン
141501	まりんえーす	749.00	1,510	2011.07	松　盛　汽　船	上野トランステック
141631	＃3ぷろぱん丸	745.00	1,508	2012.03	宮　崎　海　運	共和産業海運
141709	＃3内　海　丸	994.00	1,833	2012.07	内　海　汽　船	鶴見サンマリン
141794	＃22いづみ丸	999.00	1,829	2012.11	恒　徳　汽　船	日本ガスライン
142183	上　鷹　丸	749.00	1,513	2012.06	松　田　海　運	上野トランステック
	56隻	46,246.00	86,298			

出典：全国内航タンカー海運組合「特殊タンク船明細書」

1－6－2　タンク車、タンクローリー台数推移

（単位：台）

各年3月末現在	タンク車	タンクローリー						
		～5.0トン	7.5トン	8.0トン	9.0トン	9.5トン	10トン～	合　計
1974（S.49）	820							2,609
1975（S.50）	750	88	2,397		213		63	2,761
1976（S.51）	695	75	2,394		218		75	2,762
1977（S.52）	695	50	2,531		232		63	2,876
1978（S.53）	610	58	2,556		265		59	2,948
1979（S.54）	510	46	2,621		334		83	3,084
1980（S.55）	424	35	2,743		358		80	3,216
1981（S.56）	394	53	2,857		391		69	3,370
1982（S.57）	360	54	2,946		409		77	3,486
1983（S.58）	313	64	3,015		501		73	3,653
1984（S.59）	304	59	3,112		490		76	3,737
1985（S.60）	287	59	3,340		519		96	4,014
1986（S.61）	264	59	3,337		517		94	4,007
1987（S.62）	245	71	3,117	204	439	92	152	4,075
1988（S.63）	231	74	3,037	270	428	95	141	4,045
1989（H.1）	226	96	2,793	545	391	149	175	4,149
1990（H.2）	152	87	2,700	755	424	155	242	4,363
1991（H.3）	131	81	2,527	844	377	181	264	4,274
1992（H.4）	123	95	2,300	1,083	353	201	294	4,326
1993（H.5）	123	96	2,176	1,215	342	224	351	4,404
1994（H.6）	123	167	2,076	1,392	323	263	358	4,579
1995（H.7）	123	120	1,885	1,453	358	284	411	4,511
1996（H.8）	123	104	1,723	1,605	354	287	530	4,723
1997（H.9）	123	101	1,534	1,615	383	299	638	4,570
1998（H.10）	123	109	1,429	1,694	411	282	703	4,628
1999（H.11）	123	130	1,249	1,669	396	275	801	4,520
2000（H.12）	10	209	1,187	1,674	389	281	898	4,638
2001（H.13）	10	663	1,076	1,646	392	290	943	5,010
2002（H.14）	6	740	969	1,606	407	266	1,049	5,037
2003（H.15）	6	777	733	1,567	349	254	1,044	4,724
2004（H.16）	4	1,181	654	1,542	388	246	1,160	5,171
2005（H.17）	4	1,312	559	1,465	388	270	1,278	5,272
2006（H.18）	4	1,430	546	1,370	426	240	1,325	5,337
2007（H.19）	－	1,502	465	1,262	437	253	1,374	5,293
2008（H.20）	－	1,612	395	1,177	432	230	1,348	5,194

	民生用バルク	～7.0トン	7.5トン	8.0トン	9.0トン	9.5トン	10.0～11.5トン	11.5～13.4トン	合　計
2009（H.21）	1,690	180	319	1,058	408	205	971	361	5,192
2010（H.22）	1,747	65	265	982	387	222	1,050	343	5,061
2011（H.23）	1,837	55	237	945	389	247	1,024	368	5,102
2012（H.24）	1,958	59	212	861	420	230	1,071	349	5,160

	民生用バルク	5.0トン未満	5.0～8.4トン	8.5トン以上	トレーラー	合　計
2013（H.25）	2,139	338	1,027	1,738	323	5,565
2014（H.26）	2,257	1,643	1,170	1,890	382	5,085
2015（H.27）	2,406	1,573	1,041	1,908	345	4,867
2016（H.28）	2,484	1,631	997	2,048	381	5,057

注(1)　タンク車台数：私有貨車コンテナ協会資料。形式は「タキ25000」
　(2)　タンクローリー台数：1974年（S.49年）までは通産省化学工業局保安課調査。規模別は不明。
　　　　　1975年（S.50年）以降は日本LPガス協会調査。
　　　　　1987年（S.62年）以降、規模別をさらに細分化調査。
　　　　　1990年（H.2年）以降、バルクローリーを含む。
　　　　　1995年（H.7年）以降、トレーラーを含む。

1-6-3 都道府県別LPガスタンクローリー台数（平成28年）

産業局	県名	事業所数	タンクローリー 5.0t未満	タンクローリー 5.0~8.4t	タンクローリー 8.5t以上	タンクローリー (小計)	バルクローリー 民生用 5.0t未満	バルクローリー 民生用 5.0~8.4t	バルクローリー 民生用 8.5t以上	バルクローリー 工業用 5.0t未満	バルクローリー 工業用 5.0~8.4t	バルクローリー 工業用 8.5t以上	バルクローリー 民生・工業兼用 5.0t未満	バルクローリー 民生・工業兼用 5.0~8.4t	バルクローリー 民生・工業兼用 8.5t以上	バルクローリー (小計)	トレーラー	合計	民生用バルクローリー出荷累計
北海道	北海道	54	5	34	20	59	30	4	7	2	14	7	71	37	23	189	41	289	111
	小 計	54	5	34	20	59	30	4	7	2	14	7	71	37	23	189	41	289	111
東 北	青 森	22	0	17	18	35	3	1	0	0	2	1	18	5	0	29	8	72	43
	秋 田	17	0	9	3	12	3	1	0	0	3	0	15	3	2	28	0	40	29
	岩 手	15	3	1	6	10	3	1	0	0	1	0	18	0	0	23	5	38	40
	山 形	13	8	2	7	17	8	1	0	0	4	0	9	1	1	27	0	44	42
	福 島	25	0	4	14	18	7	0	0	0	0	0	29	1	1	38	0	56	56
	宮 城	24	2	19	53	74	7	2	1	0	15	14	26	6	11	82	36	192	40
	計	116	13	52	101	166	31	6	1	0	25	19	115	16	14	227	49	442	250
関 東	茨 城	35	0	25	64	89	25	0	0	1	27	12	18	5	2	90	14	193	70
	栃 木	13	0	5	11	16	5	0	2	2	2	7	13	5	0	36	8	60	54
	群 馬	36	2	6	19	25	18	0	1	0	10	0	20	0	3	49	22	96	48
	埼 玉	30	7	32	72	106	26	11	0	2	31	18	20	10	3	123	21	250	103
	千 葉	41	0	24	189	220	30	0	2	3	21	27	22	15	2	120	65	405	101
	東 京	14	0	12	56	68	18	3	0	0	1	0	3	0	0	25	7	100	67
	神奈川	48	0	17	142	159	10	1	1	1	11	6	35	4	4	68	60	287	107
	山 梨	15	3	2	3	5	5	0	0	1	8	0	20	0	0	26	8	39	28
	新 潟	18	7	7	31	41	5	0	0	0	8	6	23	5	0	47	5	93	55
	長 野	28	2	7	10	12	13	0	0	1	0	0	67	0	2	83	4	99	124
	静 岡	43	5	16	45	66	31	0	0	1	12	10	60	15	12	140	1	207	133
	計	321	19	146	642	807	186	15	6	10	123	86	301	59	21	807	215	1,829	890
中 部	愛 知	47	3	45	157	205	34	2	4	0	16	20	18	17	11	122	16	343	105
	岐 阜	26	0	7	51	58	4	1	1	0	6	6	23	5	10	56	2	116	66
	三 重	24	3	7	26	36	5	0	1	1	7	2	17	10	5	48	2	86	46
	富 山	14	0	0	12	12	13	0	0	1	1	5	18	2	9	49	3	64	40
	石 川	17	0	6	33	39	17	0	0	0	7	9	7	3	8	51	0	90	26
	計	128	6	65	279	350	73	3	6	2	37	42	83	37	43	326	23	699	283
近 畿	京 都	5	0	4	6	6	4	0	0	0	0	0	4	0	0	8	0	14	25
	奈 良	8	0	1	9	13	4	0	0	0	0	0	5	0	0	9	1	23	12
	福 井	13	0	41	41	42	4	0	4	4	1	3	6	0	3	15	1	58	17
	滋 賀	4	4	10	10	10	0	0	3	3	0	0	2	1	0	10	0	20	34
	大 阪	25	0	28	86	118	9	0	0	0	4	2	25	2	0	42	9	169	52
	兵 庫	21	0	31	54	85	18	0	0	0	2	2	35	6	6	58	4	147	81
	和歌山	16	0	11	6	17	15	0	0	0	0	0	8	0	0	23	0	40	37
	計	92	4	75	212	291	55	0	7	7	7	7	85	3	3	165	18	474	258
中 国	鳥 取	8	0	1	0	1	4	0	0	0	0	0	8	1	1	13	0	14	14
	島 根	12	1	1	13	15	10	4	0	3	6	1	13	0	0	33	0	48	34
	岡 山	27	1	5	40	46	12	0	2	0	3	11	22	2	4	56	3	105	57
	広 島	18	0	9	37	46	12	2	0	0	0	0	24	6	18	64	7	117	70
	山 口	21	0	18	23	41	5	4	0	0	4	3	20	0	0	55	0	96	47
	計	86	2	34	113	149	38	10	2	3	13	15	87	9	22	221	10	380	222
四 国	徳 島	12	0	3	23	26	18	0	1	0	0	1	6	0	1	15	1	42	17
	香 川	23	0	6	32	38	8	0	1	1	4	3	24	0	1	47	1	86	45
	愛 媛	26	1	16	27	44	6	0	1	0	0	1	17	1	3	34	5	83	35
	高 知	7	0	0	4	4	12	0	0	0	0	0	6	1	0	11	0	15	12
	計	68	1	25	86	112	38	0	3	1	4	5	53	2	5	107	7	226	109
九 州	福 岡	54	0	28	88	116	18	1	0	0	7	6	57	7	7	105	1	222	116
	佐 賀	18	0	6	24	30	8	0	0	1	7	1	11	3	0	31	7	68	21
	長 崎	15	1	6	14	20	6	0	0	0	6	2	13	0	0	27	2	49	22
	熊 本	22	0	2	5	7	12	0	0	0	0	1	20	0	0	20	0	40	31
	大 分	30	0	15	55	70	9	3	0	3	3	2	25	6	8	62	3	135	42
	宮 崎	18	0	0	11	11	10	1	0	1	5	0	3	0	0	32	3	46	38
	鹿児島	41	0	13	19	32	42	2	2	2	6	2	42	6	0	70	2	104	63
	計	198	0	70	216	286	72	7	10	3	30	14	187	22	15	360	18	664	333
沖 縄	沖 縄	16	0	8	12	20	21	0	0	1	4	0	7	1	0	34	0	54	28
	小 計	16	0	8	12	20	21	0	0	1	4	0	7	1	0	34	0	54	28
合	計	1,079	50	509	1,681	2,240	564	45	29	28	257	195	989	186	143	2,436	381	5,057	2,484

（民生用 計）638　（工業用 計）480　（民生・工業兼用 計）1,318

1-6-4 LPガスタンクローリー台数推移（1997～2016年度）

（単位：所、台）

民生用バルクローリー出荷累計

年	民生用バルクローリー出荷累計
2016	2,484
2015	2,406
2014	2,257
2013	2,139

2013～2016年度

年	事業所数	合計	タンクローリー 民生用 5.0t未満	5.0～8.4t	8.5t以上	小計	バルクローリー 民生用 5.0t未満	5.0～8.4t	8.5t以上	民生用計	工業用 5.0t未満	5.0～8.4t	8.5t以上	工業用計	民生・工業兼用 5.0t未満	5.0～8.4t	8.5t以上	民生・工業兼用計	小計	トレーラー
2016	1,079	5,057	50	509	1,681	2,240	564	45	29	638	28	257	195	480	989	186	143	1,318	2,436	381
2015	1,047	4,867	39	549	1,585	2,173	524	40	28	592	41	229	159	429	969	223	136	1,328	2,349	345
2014	1,055	5,085	89	630	1,572	2,291	613	43	34	690	29	300	159	488	912	197	125	1,234	2,412	382
2013	403	3,426	3	570	1,449	2,022	179	52	42	273	14	255	152	421	142	150	95	387	1,081	323

2009～2012年度（民生用バルク除く内訳）

項目／年度	事業数	民生用バルク	合計 ローリー	合計 バルク	7.0t以下 ローリー	7.0t以下 トレーラー	7.0t以下 バルク	7.5t ローリー	7.5t バルク	8.0t ローリー	8.0t バルク	8.0t トレーラー	9.0t ローリー	9.0t バルク	9.0t トレーラー	9.5t ローリー	9.5t バルク	9.5t トレーラー	10.0t～11.5t ローリー	10.0t～11.5t バルク	10.0t～11.5t トレーラー	11.5t～16.0t ローリー	11.5t～16.0t バルク	11.5t～16.0t トレーラー
2012	422	1,958	2,171	672	5	359	54	52	160	623	238	0	326	93	1	193	31	1	946	93	32	26	3	320
2011	432	1,837	2,235	662	8	368	47	78	159	696	248	1	301	88	5	213	31	0	876	88	60	63	1	304
2010	434	1,747	2,241	660	17	413	48	75	190	746	232	4	310	72	1	195	22	5	863	95	92	35	1	307
2009	455	1,690	2,447	679	129	376	51	101	218	832	223	3	334	71	0	194	10	3	804	104	63	53	2	306

1997～2008年度（保有台数）

項目／年度	事業所数（左欄）	事業所数（右欄）	～5.0t ローリー	～5.0t バルク	合計(7.5t～) ローリー	合計(7.5t～) トレーラー	7.5t ローリー	7.5t トレーラー	7.5t バルク	8.0t ローリー	8.0t バルク	9.0t ローリー	9.0t バルク	9.0t トレーラー	9.5t ローリー	9.5t バルク	9.5t トレーラー	10t～11.5t ローリー	10t～11.5t バルク	10t～11.5t トレーラー	11.5t～13.4t ローリー	11.5t～13.4t バルク	11.5t～13.4t トレーラー	営業用	自家用	移動監視者数
2008	474	554	-	1,612	2,491	693	398	124	271	958	215	350	81	4	206	24	1	807	99	73	46	3	320			
2007	485	569	-	1,502	2,673	678	440	178	287	1,041	206	370	62	15	226	25	5	778	86	82	80	12	336			
2006	501	567	-	1,430	2,797	2,084	456	240	306	1,166	194	352	73	10	232	8	1	739	72	119	68	1	326			
2005	513	538	-	1,312	2,826	1,974	472	243	316	1,254	192	320	68	19	256	8	0	698	78	82	55	0	365			
2004	526	531	-	1,181	2,901	1,807	463	312	342	1,377	164	326	53	1	228	14	9	616	53	103	42	0	346			
2003	547	495	-	777	2,944	1,355	425	402	331	1,422	145	300	47	-	246	8	2	532	47	101	42	0	322			
2002	664		1	739	3,268	1,315	454	606	363	1,484	122	366	40	-	257	7	1	507	44	123	47	-	328	4,798	239	7,349
2001	678		1	662	3,361	1,200	449	698	378	1,554	92	360	32	-	284	6	0	435	30	126	29	-	323	4,780	230	7,355
2000	685		11	198	3,489	703	446	808	379	1,582	92	354	27	-	268	7	8	432	-	127	34	-	305	4,418	220	7,402
1999	664		16	114	3,458	633	429	863	386	1,565	104	371	23	-	268	6	2	345	-	115	30	-	311	4,339	226	7,535
1998	674		21	88	3,652	567	408	1,071	358	1,604	90	384	25	-	276	6	2	269	-	118	27	-	289	4,402	226	7,449
1997	666		26	75	3,669	481	420	1,209	325	1,552	63	365	13	-	284	5	5	211	-	145	22	-	260	4,314	256	7,401

注：2003～2008年の事業所数で、左欄は7.5t以上のローリー、トレーラーを保有している事業者。右欄は5.0t以下のバルクローリー車を保有している事業者。

1－7．ＬＰガス製造事業所（充填所）貯蔵設備（タンク）保有状況 （平成29年9月末）

都道府県名	件数	規模(t)	都道府県名	件数	規模(t)	都道府県名	件数	規模(t)
北海道	115	11,633	山　梨	19	766	島　根	32	2,463
青　森	40	3,216	静　岡	82	5,940	広　島	47	4,484
秋　田	27	2,420	愛　知	82	3,581	山　口	40	1,257
岩　手	48	3,295	三　重	41	1,808	徳　島	24	896
山　形	37	1,263	岐　阜	61	3,300	香　川	35	5,534
宮　城	43	1,445	富　山	27	1,548	高　知	29	2,082
福　島	54	1,879	石　川	28	1,125	愛　媛	50	2,952
茨　城	68	6,550	福　井	24	1,008	福　岡	73	7,369
栃　木	52	1,736	滋　賀	24	1,167	佐　賀	21	1,458
群　馬	44	2,271	京　都	30	1,273	長　崎	27	5,208
埼　玉	88	4,857	奈　良	27	942	大　分	34	1,037
千　葉	71	5,497	和歌山	23	829	熊　本	41	2,120
東　京	29	1,228	大　阪	29	1,144	宮　崎	43	1,935
神奈川	53	5,396	兵　庫	69	3,420	鹿児島	55	9,219
新　潟	53	2,208	鳥　取	15	853	沖　縄	33	9,489
長　野	65	3,055	岡　山	56	9,133	全国計	2,108	153,288

事 業 所 名	所 在 地	規　模(t)	
〔北 海 道〕			
東邦北海道(株)札幌事業所	札幌市清田区美しが丘三条9－1－25	20×1	
北日本燃料(株)札幌営業所	札幌市清田区北野二条3－11－7	20×1	
(株)エネルギー・サプライ	札幌市西区二十四軒1－1－1－27	20×2	
日通商事(株)札幌ＬＰガス充填所	札幌市西区二十四軒四条1－ 1－8	20×2 0.5×1	10×1
エア・ウォーター・テクノサプライ(株)札幌ハローガスセンター	札幌市西区発寒十五条13－2－30	50×2	
(株)ホームガスセンター北海道　発寒ＬＰガス供給センター	札幌市西区発寒十四条14－1－60	30×1	
マルハ産業(株)札幌営業所	札幌市西区二十四軒二条1丁目1－30	25×1	15×1
(株)ホームガスセンター北海道　白石ＬＰガス供給センター	札幌市白石区菊水上町四条4－95	60×2	
北海道セントラルガス(株)　札幌センター	札幌市白石区中央一条4－3－76	15×2	
(株)エネサンス北海道物流　白石工場	札幌市白石区平和通13丁目北17	30×1	
伊藤忠エネクスホームライフ北海道(株)白石充填所	札幌市白石区本通19丁目北1－58	15×2	5×1
(株)エネルギーサプライ　石狩センター	石狩市新港中央4丁3740－11	20×2	2.9×1
ＥＮＥＯＳグローブガスターミナル(株)石狩ガスターミナル	石狩市新港中央4丁3740－6	1400×2	870×1
北燃商事(株)燃料事業部恵庭センター	恵庭市戸磯345－3	20×2	1×1
東綱商事(株)恵庭営業所	恵庭市戸磯345－7	20×1	
(株)ホームエネルギー北海道　石狩センター	石狩市新港南3－705－4	30×2	
北海道ミツウロコ(株)北広島事業所	北広島市共栄23－1	20×1	
エア・ウォーター・テクノサプライ(株)大曲ハローガスセンター	北広島市大曲工業団地2－4－2	60×1 20×1	30×1
(株)エネルギーサプライ	北広島市大曲工業団地2－4－6	20×2	
(株)ホームガスセンター北海道　輪厚ＬＰガス供給センター	北広島市輪厚2－2	30×1	
(株)エネサンス北海道　千歳オートガススタンド	千歳市北信濃776－3	20×1	
エア・ウォーター・テクノサプライ(株)函館ハローガスセンター	北斗市七重浜1丁目3－2	800×2	
(株)いちたかガスワン　函館支店	北斗市七重浜1丁目8－12	15×1	
(株)ホームエネルギー北海道　函館センター	北斗市七重浜7丁目6－3	20×2	
日商プロパン石油(株)函館工場	北斗市七重浜8丁目8－24	20×1	
(株)エネサンス北海道　函館工場	北斗市追分3丁目6－1	30×2	15×1
富国産業(株)森営業所	茅部郡森町字森川町291	10×1	
日通商事(株)函館ＬＰガス充填所	亀田郡七飯町字中島208－1	20×1	0.5×2
道南エア・ウォーター(株)八雲ハローガスセンター	二海郡八雲町字立岩55－21	20×1	
富国産業(株)函館営業所	函館市広野町2－3	10×1	
(株)池見石油店　ＬＰガス事業所	函館市西桔梗町511	30×1	20×1
(株)三洋石油商会　江差充填所	檜山郡江差町字砂川9	15×1	
北日本燃料(株)倶知安営業所	虻田郡倶知安町字琴平139－2	15×1	10×1

※一部輸入基地・二次基地を含む。都道府県の規模は高圧タンク分のみとし、小数点以下四捨五入した。

事 業 所 名	所 在 地	規 模(t)	
永井石油(株)岩内LPG事業所	岩内郡共和町リヤムナイ54−12	15×1	
日商プロパン石油(株)余市工場	余市郡余市町栄町450−2	20×1	10×1
小樽ガスセンター(株)小樽LPガス工場	小樽市手宮1−6−3	20×2	
北日本燃料(株)小樽営業所	小樽市色内3−3−1	12×2	
東邦北海道(株)小樽事業所	小樽市忍路1−162−1	20×1	
日通商事(株)秩父別LPガス充填所	雨竜郡秩父別町字一已1204	30×1	
(株)芦別モータース	芦別市上芦別町20	10×1	
(株)植田組充填所	芦別市上芦別町212	10×1	
第一興産(株)新十津川LPG充填所	樺戸郡新十津川町字中央20−12	15×1	10×1
北海道エナジティック(株)岩見沢営業所	岩見沢市岡山129−25	20×1	3.5×1
岩見沢液化ガス(株)	岩見沢市三条東14−9	10×1	7×1
北燃商事(株)燃料事業部岩見沢センター	岩見沢市東町313−2	50×1	20×1
(株)エネサンス北海道岩見沢工場	岩見沢市南町九条4−3−4	20×1	
(株)三星　燃料販売・商事部　自工商事	砂川市空知太西一条5−1−2	20×1	
(株)三栄液化瓦斯	砂川市三砂町54−4	30×1	
日通商事(株)三笠LPガス充填所	三笠市岡山178−14	20×1	
西出興業(株)赤平LPGプラント	赤平市東大町548	20×1	
美唄ガス(株)供給センター	美唄市西四条南5−3−1	10×1	
(株)いわせき　第一充填工場	夕張郡栗山町日の出236	20×1	
エア・ウォーター・テクノサプライ(株)滝川LPガスセンター	滝川市流通団地2−2−38	50×1	
(株)旭川ガスチャージセンター	旭川市永山北3条10−2−12	30×1	15×1
日商プロパン石油(株)旭川工場	旭川市永山北1条11−55−7	20×1	10×1
エア・ウォーター・テクノサプライ(株)旭川ハローガスセンター	旭川市永山北2条6−2−32	30×2	10×1
		2.9×1	
第一ガス(株)	旭川市東旭川北3−6−5−2	20×1	10×1
北海道日通プロパン販売(株)士別営業所	士別市西五条13丁目1193−20	10×2	
(協)北部ガスセンター	士別市南町東三区472−60	15×2	
日商プロパン石油(株)富良野工場	富良野市南町5−41	20×2	
名寄北炭(株)	名寄市東二条北3丁目	7×2	
日商プロパン石油(株)名寄工場	名寄市字徳田277−2	20×1	10×1
北海道エナジティック(株)留萌営業所	留萌市栄町1丁目7−28	20×1	
日商プロパン石油(株)留萌工場	留萌市潮静2丁目1−5	20×1	10×1
(協)浜頓別プロパンセンター	枝幸郡浜頓別町福智2丁目29番地	20×1	
そうべいプロパン(株)	稚内市開運2−2−5	20×1	10×1
(株)エネサンス北海道　稚内工場	稚内市朝日5−5−1	20×1	
(株)ホクタン	稚内市緑1−1−5	30×1	20×1
(株)ホームエネルギー北海道　北見センター	北見市端野町三区454−5	20×2	
伊藤忠エネクスホームライフ北海道(株)オホーツク北見営業所	北見市留辺蘂町字昭栄445−6	15×1	
北海道エナジティック(株)北見営業所	北見市小泉394−1	20×1	
北海道アストモスガス(株)北見充填所	北見市東相内町309	50×2	
(株)エネサンス北海道　北見工場	北見市豊地22−18	30×1	15×1
(株)北光興産	網走郡美幌町字報徳67−15	30×1	
エア・ウォーター・テクノサプライ(株)美幌センター	網走郡美幌町美里8−8	20×2	
日商プロパン石油(株)網走工場	網走市新町2−8−11	20×1	10×1
網走アポロ石油(株)網走充填所	網走市大曲1−14−12	15×1	
(株)JAえんゆう　遠軽高圧ガス充填施設	紋別郡遠軽町東町1−4−17	15×1	
(有)加藤プロパンガス店	紋別郡雄武町字雄武67−3	20×1	
エア・ウォーター・テクノサプライ(株)紋別ハローガスセンター	紋別市元紋別63	30×1	
エア・ウォーター・テクノサプライ(株)室蘭ハローガスセンター	室蘭市港北町1−2−20	200×1	50×1
北日本燃料(株)室蘭営業所　伊達LPGセンター	伊達市舟岡町214−3	10×1	
北海道セントラルガス(株)室蘭センター	室蘭市港北1−1−1	20×1	
北海道エナジテック(株)登別充填所	登別市栄町4−33−1	20×1	
ミライフ北海道(株)　苫小牧基地	苫小牧市一本松町7−8	15×2	
(株)たいせい	苫小牧市錦岡87−2	20×1	
(株)北海道総合ガスセンター　苫小牧LPガス工場	苫小牧市字沼の端2−77	40×2	
日高エア・ウォーター(株)静内ハローガスセンター	日高郡新ひだか町静内神森153−1	15×1	
日商プロパン石油(株)静内支店　浦河工場	浦河郡浦河町字東町ちのみ4−186−3	20×1	
(株)武岡商店　浦河LPGプラント	浦河郡浦河町字緑町105−4	10×1	
(株)武岡商店　富川LPGプラント	沙流郡日高町字平賀136−1	10×1	
(株)エネサンス北海道　帯広工場	河西郡芽室町東芽室基線4−4	40×1	
日通商事(株)帯広LPG充填所	河東郡音更町木野西通8−1	30×1	
士幌町農業協同組合充填所	河東郡士幌町字上士幌西1線160	30×1	
(株)もりずみ　充填所	河東郡鹿追町仲町4−1	10×1	
日商プロパン石油(株)帯広工場	帯広市西七条南11−11	10×2	
帯広ツバメ石油(株)帯広LPガス事業所	帯広市西十条南11−4	20×1	
熱原輸送(株)西帯広事業所	帯広市西二十五条南1−6−11	30×1	20×1
北海道エナジティック(株)帯広営業所	帯広市西二十条南1−14−10	20×1	
エア・ウォーター・テクノサプライ(株)帯広センター	帯広市西二十二条南1−3	20×2	15×1
(株)ホームエネルギー北海道　とかちセンター	中川郡幕別町札内みずほ町143−112	20×2	
太平洋石炭販売輸送(株)釧路LPG基地	釧路市知人町2−26	1400×1	800×1
		500×1	
熱原釧路(株)液化石油ガス釧路工場	釧路郡釧路町字別保原野南25線57−92	15×2	
日通商事(株)釧路LPガス充填所	釧路市貝塚3丁目5−26	20×1	
(株)ホームエネルギー北海道　釧路センター	釧路市星ヶ浦南1丁目1−10	20×2	0.5×2
(株)弟子屈プロパン	川上郡弟子屈町泉5丁目4−1	10×1	
マルコメ商事(株)	川上郡標茶町字平和9丁目11番	15×1	

事 業 所 名	所 在 地	規 模 (t)	
(株)ヒシサン　エルピーガスセンター	根室市昭和町4－422	20×1	15×1
メーコー商事(株)充填所	根室市西浜町7－50	15×1	
泉プロパン(株)	根室市敷島町2－35	20×1	
酪農協販商事(株)	標津郡中標津町北中9番地46	15×1	
北海道エア・ウォーター(株)中標津ハローガスセンター	標津郡中標津町東四十一条北1－1	30×1	
イワタニ北海道(株)中標津営業所	標津郡中標津町緑町南3－3	20×1	
(有)山崎孝商店	目梨郡羅臼町知昭町11－1	10×1	
(有)伊藤プロパン	野付郡別海町別海鶴舞町55	15×1	

〔青 森 県〕

事 業 所 名	所 在 地	規 模 (t)	
ＥＮＥＯＳグローブエナジー(株)北日本支社青森支店	青森市問屋町2－1－11	15×1	10×2
ロジトライ東北(株)青森事業所	青森市大字新城字平岡151－776	30×1	
カメイ(株)青森ガスターミナル	青森市富田4－28－38	20×2	
ＥＮＥＯＳグローブエナジー(株)北日本支社青森支店青森事業所	青森市大字野内字浦島84－1	20×1	10×1
ＥＮＥＯＳグローブガスターミナル(株)青森ガスターミナル	青森市大字野内字浦島84－1	30000×1 800×1	12000×1 50×1
(株)ホームエネルギー東北　青森センター	青森市大字金浜字伊吹74－1	20×2	
日通商事(株)青森ＬＰガス事業所浪岡ＬＰガス充填所	青森市浪岡大字女鹿沢字西花岡12－17	20×2	0.5×1
アストモスリテイリング(株)東北カンパニー青森充填所	青森市浪岡大字大釈迦字前田76－1	30×1	20×1
(株)弘善商会	弘前市川先4－8－1	30×1 0.5×1	20×1
(株)工藤熊五郎商店	弘前市大字藤代5－1－1	20×2	
ミライフ東日本(株)弘前店	弘前市大字山崎1－10－1	20×2	0.5×1
マルハ産業(株)　弘前営業所	弘前市大字城東5－23－1	30×1	
(株)東酸　弘前事業所	弘前市大字神田4－2－11	30×1	
(株)弘前燃料	弘前市大字高田3－7－6	10×2	
ロジトライ東北(株)弘前事業所	弘前市大字高田4－3－8	20×1	
(株)角弘　弘前燃料センター	弘前市大字向外瀬字豊田223－1	20×3	0.5×1
(株)工藤酸素店	弘前市大字金属町3－3	15×1	10×1
青森つばめプロパン販売(株)	八戸市大字十日市字上樋田30	20×2	
北日本アセチレン(株)	八戸市北インター工業団地1－8－8	30×2 1×1	2.9×1
(株)八戸アストモスターミナル	八戸市豊洲2－15	500×2	
カメイ物流サービス(株)カメイ八戸ガスターミナル	八戸市豊洲2番38	30×2	
黒石ガス(株)	黒石市八甲74－1	20×1	15×1
(有)須藤善石油店　黒石エルピージー充填所	黒石市追子野木2－236－1	20×1	
陸奥高圧ガス(株)	五所川原市字栄町50	15×1	
(株)ホームエネルギー東北　五所川原センター	五所川原市鎌谷町507番地6	20×2	
十和田ガス(株)	十和田市大字赤沼字下平577	20×2	
(株)タナカ設備	十和田市大字洞内字後野330－1	15×1	
全国農業協同組合連合会青森県本部　県南エルピガスセンター	十和田市大字大沢田字池ノ平18－2	15×2	
三光石油瓦斯(株)	三沢市南町3－31－2928	20×1	15×1
(有)太田ブラザー商会	三沢市平畑1－10－23，25	10×1	
(株)三沢液化ガス	三沢市大字三沢字猫又22－111	20×1	
(有)下北ガス	むつ市南赤川町10－27	15×2	
ＥＮＥＯＳグローブエナジー(株)北日本支社五所川原支店	つがる市柏下古川字亀井29－3	30×1	
ＥＮＥＯＳグローブエナジー(株)北日本支社八戸支店五戸営業所	三戸郡五戸町大字豊間内字地蔵平1－647	30×2	
ウトウ(株)	三戸郡三戸町大字目時字中野83	10×1	
(株)サンガス	三戸郡三戸町大字川守田字東張渡21－1	20×1	
はちえきペトロサービス(株)東充填所	三戸郡階上町大字道仏字耳ヶ吠33－11	20×2	
(株)上北燃料	上北郡東北町上北北3－32－89	20×1	10×1
八戸液化ガス(株)北部充填所	上北郡七戸町字荒熊内66－151	50×2	
伊藤忠エネクスホームライフ東北(株)青森支店おいらせセンター	上北郡おいらせ町青葉5－50－1727	20×1	

〔秋 田 県〕

事 業 所 名	所 在 地	規 模 (t)	
日通商事(株)秋田充てん所	秋田市新屋沖田町1－1	15×2	
太平熔材(株)秋田営業所	秋田市土崎港相染町字浜ナシ山7－6	30×1	
(株)エネックスＥＮＥＯＳグローブガスターミナル秋田ガスターミナル	秋田市土崎港相染町字浜ナシ山9－2	800×2	
タプロス(株)秋田充填所	秋田市寺内字神屋敷295－48	20×1	
マルハ産業(株)秋田営業所	秋田市寺内字大小路207－6	30×1	
東部液化石油(株)秋田工場	秋田市河辺戸島字七曲台120－4	20×2	
(株)ホームエネルギー東北　秋田センター	秋田市寺内後城322－2	20×2	
ＥＮＥＯＳグローブエナジー(株)能代充填所	能代市字下悪戸11－2	20×1	10×1
(株)ホームエネルギー東北　能代センター	能代市字下悪戸120－1	20×1	
(株)山二　横手充填所	横手市安田字八王寺108－7	30×1	15×1
タプロス(株)横手充填所	横手市外目字三ツ塚山159－1	20×2	
全農エネルギー(株)県南ＬＰガスセンター	横手市睦成字七日市72－1	15×2	
日通商事(株)十文字充てん所	横手市十文字町佐賀会字石川原106	20×1	
北秋商事(株)	大館市板子石境124	30×1	10×1
(株)工藤米治商店　ＬＰガス充てん所	大館市二井田字菖蒲沼208	30×1	
太平熔材(株)大館営業所	大館市池内字中台278	20×1	15×1
ＥＮＥＯＳグローブエナジー(株)大館充填所	大館市川口字上野89－2	20×1	
カメイ(株)大館ガスターミナル	大館市釈迦内字街道上36	15×2	
荘内ガス(株)本荘営業所	由利本荘市石脇字田尻3	15×1	10×1
太平熔材(株)湯沢営業所	湯沢市成沢字横山17－1	15×2	
(株)高田屋	湯沢市字小豆田9－3	20×2	

事　業　所　名	所　在　地	規　模（t）	
鈴木商事(株)日の出工場	大仙市大曲日の出町2－3－3	20×2	10×1
(株)本間　本間プロパンＬＰガス充填所	大仙市戸地谷字大和田216－1	20×1	10×1
ハタリキ(株)十和田南充填所	鹿角市十和田錦木字向谷地9－1	20×1	
日通商事(株)鷹巣充てん所	北秋田市七日市字ケン越岱11－4	15×1	
(株)山二　昭和ＬＰガス充填所	潟上市昭和乱橋字開上関田62	20×1	15×1
(株)谷口石油　角館ＬＰガス供給センター	仙北市角館町上菅沢53－1	15×1	10×1

〔岩　手　県〕

事　業　所　名	所　在　地	規　模（t）	
泉金物産(株)盛岡支店	盛岡市厨川1－15－46	20×1	
ミライフ東日本(株)盛岡店	盛岡市みたけ2－1－24	30×2	
カメイ(株)盛岡ガスターミナル	盛岡市湯沢第10地割48－40	30×2	
東邦スワン(株)	盛岡市盛岡駅西通2－3－10	15×1	10×1
イワタニ東北(株)盛岡支店	盛岡市下太田中47－1	15×2	
岩手共同ガス(株)	盛岡市仙北2－6－6	15×1	
釜石瓦斯(株)ＬＰガス製造所	釜石市松原町3－1－19	15×2	
ミライフ東日本(株)釜石店	釜石市鵜住居町9－4－1	15×2	
岩手県オイルターミナル(株)	釜石市大平町4－1－4	870×2	
泉金物産(株)宮古支店	宮古市上鼻2－1－25	20×2	
(株)丸光商事　宮古ＬＰガス充填所	宮古市根市第2地割33－2	15×1	
東邦岩手(株)宮古営業所	宮古市赤前第4地割108－3	20×1	
(株)森燃	一関市真柴字中田87	20×2	10×1
カメイ(株)一関ガスターミナル	一関市赤荻字桜町175	30×2	
(有)佐甚商店	一関市大東町摺沢字大森115－1	20×1	
カンリョウ(株)千厩充填工場	一関市千厩町千厩字上駒場106－5	15×1	
東海プロパン(株)大船渡充填所	大船渡市盛町字中道下2－26	20×1	15×1
(有)石川ガス	大船渡市盛町字二本枠23－4	15×1	10×1
気仙郡漁業協同組合連合会プロパン充填所	大船渡市大船渡町字上平16－2	20×1	
(株)八木又商店	大船渡市大船渡町字地の森61－10	20×1	
ミライフ東日本(株)大船渡店	大船渡市大船渡町字砂森1－18	20×1	
水沢ガス(株)南充填所	奥州市水沢区山崎町14－1	10×2	
水沢ガス(株)北充填所	奥州市水沢区佐倉河字中ノ町64	20×2	
泉金物産(株)県南営業所	奥州市水沢区真城字中林下18	30×1	
ロジトライ東北(株)水沢事業所	奥州市水沢区真城字町下101－5	30×1	
花巻ガス(株)	花巻市材木町17－37	20×2	
全国農業協同組合連合会岩手県本部　岩手クミアイプロパンセンター	花巻市二枚橋第5地割120－1	20×2	
(株)丸片ガス	北上市村崎野20地割80	20×2	
カメイ(株)花北ガスターミナル	北上市村崎野19地割127－2	20×1	10×1
北良(株)	北上市幸ヶ丘1－9－32	15×1	
協同組合北上エルピーガスセンター	北上市藤沢17地割147－1	20×1	
東綱商事(株)北上営業所	北上市北工業団地7－9	20×3	
北良(株)ガスセンター	北上市和賀町後藤2地割106－160	50×2	
(株)細谷地	久慈市長内町第17地割100－10	20×1	15×1
ＥＮＥＯＳグローブエナジー(株)北日本支社八戸支店久慈営業所	久慈市大沢第8地割2－3	15×1	
マルヰ産業(株)ＬＰガス充填所	遠野市青笹町青笹第4地割58－2	20×1	
東海プロパン(株)高田営業所	陸前高田市米崎町字中田225－1	20×1	
岩手液化ガス(株)	二戸市金田一字上田面76－1	20×2	
二戸ガス(株)	二戸市堀野字長地18	20×2	10×1
泉金物産(株)八幡平ガス営業所	八幡平市平舘第25地割55－4	20×1	
物産石油瓦斯岩手販売(株)	滝沢市巣子1031－5	20×1	
盛岡ガス燃料(株)滝沢ＬＰＧ充填所	滝沢市湯舟沢491－1	30×2	
日通商事(株)日詰充填所	紫波郡紫波町南日詰字箱清水127－1	20×2	
東邦岩手(株)本店営業所	紫波郡矢巾町大字藤沢第10地割136	40×1	
マルハ産業(株)盛岡営業所	紫波郡矢巾町大字西徳田第8地割字堰根15－1	30×1	
(株)ホームエネルギー東北　盛岡センター	紫波郡矢巾町大字広宮沢第1地割字上山276	30×2	
泉金商事(株)	下閉伊郡岩泉町岩泉字中野32－7	20×1	
大陽日酸(株)東北支社岩手ガスセンター	胆沢郡金ヶ崎町西根森山4－6	10×1	

〔山　形　県〕

事　業　所　名	所　在　地	規　模（t）	
橋本産業(株)山形営業所	山形市大字松原760	30×1	
(株)千代田商事　山形ガスセンター	山形市浜崎19	20×2	0.5×1
(株)ホームエネルギー東北　山形センター	山形市大字漆山字柴崎220	20×2	
(株)エフエス二一	山形市大字漆山字石田2413－4	50×2	
山形ガス燃料(株)白山充てん所	山形市白山2－7－1	30×1	
伊藤忠エネクスホームライフ東北(株)山形支店	山形市若宮2－6－28	20×1	
蔵王温泉ガス(株)	山形市蔵王温泉堰神681－1	15×2	
(株)コマレオガスセンター	米沢市中田町字川崎前川原1－4776－1	15×1	
(株)米沢共同ガス	米沢市窪田町窪田字大豆田1340	30×1	
山形酸素(株)米沢営業所	米沢市八幡原3－446－17	20×1	
カメイ(株)米沢ガスターミナル	米沢市窪田町窪田字下紀之国田1073－5	20×1	
小笠原商事(株)ＬＰＧ米沢充てん所	米沢市東大通3－8－26	20×2	
(株)トガシス	鶴岡市みどり町17－32	30×1	
荘内ガス(株)鶴岡事業所	鶴岡市宝田3－1－5	15×2	
新潟サンリン(株)庄内支店	鶴岡市文下字沼田5－1	20×2	2.9×1
		0.5×1	
カメイ(株)鶴岡ガスターミナル	鶴岡市茅原町28－51	20×1	15×1
全国農業協同組合連合会山形県本部庄内くみあいプロパンセンター	酒田市広栄町1－3－1	30×2	

事 業 所 名	所 在 地	規 模（ t ）	
橋本産業(株)酒田営業所	酒田市東両羽町4－6	20×1	
イワタニ東北(株)酒田センター	酒田市宮海字明治446	20×1	
荘内ガス(株)北港充填工場	酒田市松美町2－39	20×2	
山形酸素(株)新庄営業所	新庄市福田字福田山711－161	20×1	
(株)シンプロ	新庄市大字鳥越字向平1475－13	15×1	
日通商事(株)新庄ＬＰガス充填所	新庄市大字鳥越字駒場1488	15×1	
遠藤商事(株)ＬＰＧ寒河江営業所	寒河江市大字西根字谷地田110	20×2	
ヤマリョー(株)上山営業所	上山市大字金谷字安信111－1	20×2	0.5×2
エナジー山形(株)上山ＬＰガス充填所	上山市金瓶字水上188－2	15×2	
ヤマリョー(株)長井営業所	長井市緑町8－37	20×1	10×1
全国農業協同組合連合会山形県本部　ＬＰガス長井充てん所	長井市時庭字向158	20×2	
日通商事(株)長井ＬＰガス充填所	長井市泉字福田2269－1	20×1	
カメイ(株)山形ガスターミナル	天童市石鳥居1－1－154	30×2	
(株)くみあい燃料センター　ＬＰガス事業所	天童市糠塚2－10－30	30×1	10×1
(株)野川ガス住宅設備	天童市万代1－2	20×1	
日通商事(株)神町ＬＰガス充填所	東根市神町西2－1－41	30×2	0.5×1
全国農業協同組合連合会山形県本部　ＬＰガス東根充填所	東根市大字東根字白金5137－2	20×2	
ヤマリョー(株)東根営業所	東根市大字若木字七窪129－1	20×2	
小国ガスエネルギー(株)	西置賜郡小国町大字岩井沢字中道南弐433－3	10×1	
(株)喜助　白鷹営業所	西置賜郡白鷹町大字荒砥甲字旗揚1383	15×1	10×1
〔宮 城 県〕			
(株)アストモスガスセンター東北	仙台市宮城野区扇町1－7－8	30×2	0.5×1
伊藤忠エネクスホームライフ東北(株)宮城支店	仙台市宮城野区扇町3－1－35	20×2	
ＥＮＥＯＳグローブエナジー(株)仙台支店	仙台市宮城野区扇町3－6－20	25×1	22×2
		0.5×2	
ミライフ東日本(株)仙台支店仙台基地	仙台市宮城野区扇町4－7－30	20×2	
(株)ホームエネルギー東北　仙台ガスセンター	仙台市若林区卸町東4－2－8	20×4	
東北エア・ウォーター(株)仙台ＬＰＧ工場	仙台市若林区卸町東1－1－3	20×1	
(株)岩城屋商店ガスセンター	石巻市わかば2－9	20×1	10×1
カガク興商(株)	石巻市湊字隠里山11－1	20×2	0.5×2
橋本産業(株)石巻営業所	石巻市鹿又字道の前63－1	15×1	
ミライフ東日本(株)仙台支店石巻基地	石巻市鹿又字山下西37－3	20×1	
(株)赤間商会　ＬＰＧセンター	石巻市八幡町2－8－5	20×1	
河北産業高圧(株)	石巻市小船越字山畑442	2.5×1	1×1
カメイ物流サービス(株)カメイ塩釜ガスターミナル	塩釜市貞山通2－9－1	50×1	30×1
		20×1	2.5×1
		2×1	
(株)ホームエネルギー東北　古川センター	大崎市古川江合本町3－4－1	20×1	10×1
(株)エネサンス東北　古川支店	大崎市古川穂波2－3－14	15×1	10×2
(株)アベキ　液化石油ガス古川事業所	大崎市古川狐塚字西田71	13×1	10×2
ロジトライ東北(株)古川事業所	大崎市古川沢田字立海道68－9	30×1	
ワタヒョウ(株)田尻充填所	大崎市田尻沼部字要害5	20×2	
(株)ホームエネルギー東北　気仙沼センター	気仙沼市東中才92－5	20×1	
カメイ(株)気仙沼ガスターミナル	気仙沼市東中才139	20×1	
(株)気仙沼商会　松岩充填所	気仙沼市松崎中瀬247	30×1	
(株)カネダイ　大谷ＬＰガス充填所	気仙沼市本吉町日門71－2	20×1	
上西産業(株)ＬＰＧ充填所	白石市堂場前105	15×1	
(株)白石モーター	白石市大平中目字八ツ森脇3－1	15×1	
橋本産業(株)白石営業所	白石市福岡深谷字三本松59－2	20×1	
白ゆり商事(株)	名取市増田9－2－2	20×1	
協業組合角田市ガスセンター	角田市角田字町田229	15×1	0.5×1
仙台プロパン(株)	多賀城市栄3－4－2	20×2	
(株)エネサンス東北　多賀城サービスセンター	多賀城市栄4－2－8	30×1	20×1
日通商事(株)岩沼ＬＰガス充填所	岩沼市土ヶ崎2－3－1	20×2	0.5×2
ワタヒョウ(株)岩沼ＬＰガス充填所	岩沼市押分字須賀原106－23	30×1	15×1
三宝物産(株)岩沼ＬＰＧステーション	岩沼市押分字須賀原159	30×2	0.5×2
(株)トキワ　東北支店ガスグループ中田店	登米市中田町上沼字南桜場515	20×1	
(株)エネサンス東北　登米支店	登米市中田町石森字表57－1	20×1	15×1
(株)佐利燃料部	登米市迫町佐沼字中江4－5－6	15×1	
熊谷燃料住設(株)	登米市迫町佐沼字北散田120－1	15×1	
全国農業協同組合連合会宮城県本部　県北プロパンガスセンター	登米市豊里町平林111－22	20×2	
(株)ガス＆ライフ	東松島市矢本字中谷地8－1	20×2	
マルハ産業(株)築館営業所	栗原市築館宮野中央1－5－1	20×1	
ミライフ東日本(株)仙台支店一関基地	栗原市金成有壁大日前49－14	20×2	
(株)アストモスガスセンター東北仙南営業所	柴田郡大河原町字中の倉165	15×2	
(株)成文	遠田郡涌谷町字蔵人沖名77	15×1	10×1
全国農業協同組合連合会宮城県本部　県南プロパンガスセンター	亘理郡亘理町逢隈田沢字神明47－4	20×2	
〔福 島 県〕			
山正酸素(株)	福島市三河北町9－66	10×1	
福島日石(株)福島営業所	福島市笹木野字金谷東29	30×1	
東北実業(株)福島支店	福島市鎌田字樋口3－4	10×3	
若松ガス(株)福島支店	福島市上鳥渡字街道南25－1	35×1	
(株)アストモスガスセンター福島　福島営業所	福島市瀬上町字中新田3－1	20×3	2.9×1
		1×1	

事　業　所　名	所　在　地	規　模（t）	
若松ガス(株)駅前充填所	会津若松市扇町112－1	50×1	20×1
東北実業(株)会津支店	会津若松市門田町大字堤沢字道西16	20×1	
ＥＮＥＯＳグローブエナジー(株)福島支店	会津若松市町北町大字始字深町80－1	25×1	10×1
会津ガス(株)	会津若松市神指町南四合字オノ神325－1	30×2	10×1
		2.9×2	
佐藤燃料(株)	郡山市方八町2－1－37	15×2	
ミライフ東日本(株)郡山卸店	郡山市南1－23	20×1	15×1
東邦福島(有)郡山支社	郡山市横塚3－12－16	20×3	0.5×2
イワタニ福島(株)郡山支店	郡山市田村町下行合字田ノ保下1－20	20×2	
東北実業(株)郡山支店	郡山市田村町金屋字川久保41	20×1	15×1
(株)新白河エルピーガス供給センター	白河市字中明山2－63	50×1	
東白商事(株)白河支店	白河市大字泉田字池ノ上115	15×1	3×1
		2×1	
白河商事(株)	白河市和尚壇山2－21	30×1	
(株)エネサンス東北　福島原町支店	南相馬市原町区上北高平字上北沢163－1	20×1	10×1
イワタニ福島(株)原町支店	南相馬市原町区青葉町1－154	20×1	
(株)アストモスガスセンター福島　原町営業所	南相馬市原町区金沢字物見山124－6	20×1	10×1
東白商事(株)相馬支店	南相馬市鹿島区角川原字前川原109－1	0.5×2	
(株)喜久屋商店	須賀川市館取町216	10×1	7×1
関彰商事(株)須賀川ＬＰＧセンター	須賀川市横山町90	20×2	0.5×1
須賀川瓦斯(株)ＬＰＧ供給センター	須賀川市高久田境72－4	30×1	
(株)アストモスガスセンター福島　喜多方営業所	喜多方市豊川町高堂太字堂畑1427	20×1	10×1
		0.5×2	
ロジトライ東北(株)会津事業所	喜多方市塩川町御殿場6－134	20×1	
東北実業(株)相馬支店	相馬市馬場野福迫141	15×1	
(株)ＴＯＫＡＩ　福島支店	二本松市向作田46－1	20×1	15×1
佐藤鉄工産業(株)	いわき市平字月見町8	15×1	10×1
太平産業(株)勿来工場	いわき市錦町蛭田67	10×1	
東北エア・ウォーター(株)いわきＬＰＧ工場	いわき市泉町玉露2－10－7	20×1	
イワタニ福島(株)いわき支店	いわき市泉町下川字八合91－2	20×1	
佐藤燃料(株)いわきＬＰガス充填所	いわき市泉町下川字境ノ町4－1	15×2	
阿部商事(株)いわきＬＰＧ充填所	いわき市平上高久字片岡38	20×1	
カメイ物流サービス(株)カメイいわき総合ガスターミナル	いわき市常磐岩ヶ岡町沢目66－4	30×1	20×2
(株)いわき共同ガスセンター	いわき市小名浜野田字柳町41－27	20×1	10×1
関彰商事(株)いわきＬＰＧセンター	いわき市小名浜字高田町31－5	20×1	10×1
		0.5×1	
(株)イチハラサンリン	いわき市平中神谷字十二所1－2	15×1	
(有)箱崎商店　福島県ＬＰガス供給センター	田村市船引町大字船引字上中田6－1	20×1	
日通商事(株)郡山支店郡山ＬＰガス事業所本宮ＬＰガス充填所	本宮市本宮字栄田97	30×2	2×1
		0.5×1	
橋本産業(株)福島営業所	本宮市本宮字石塚20	30×1	
ロジトライ東北(株)本宮事業所	本宮市荒井字恵向60－12	30×3	
カメイ(株)郡山物流センター	本宮市糠沢字水上21－1	30×2	
三和石油ガス(株)	伊達市野崎36	30×1	
福島液化ガス工業(株)伊達工場	伊達市伏黒字西本場1－1	30×1	15×1
		0.5×2	
ミライフ東日本(株)福島卸店	伊達市岡沼65－1	20×1	
(株)リフレクシダ	田村郡小野町大字小野新町字中通1	10×1	
福島セントラルガス(株)	西白河郡矢吹町赤沢831	30×1	20×1
根本石油(株)矢吹支店	西白河郡矢吹町赤沢876	20×3	
福陽ガス(株)矢吹充填工場	西白河郡矢吹町字大池93－5	20×1	
東白商事(株)ＬＰガス充填所	東白川郡塙町大字台宿字台宿166	20×1	
日通商事(株)郡山支店郡山ＬＰガス事業所浪江ＬＰガス充填所	双葉郡浪江町大字田尻字東畑91	20×1	
若松ガス(株)猪苗代支店	耶麻郡猪苗代町大字堅田字門上1170－6	20×1	15×1
若松ガス(株)坂下支店	河沼郡会津坂下町大字新舘字大西578	20×1	
〔茨　城　県〕			
関東プロパン瓦斯(株)水戸営業所	水戸市吉沢町567	50×1	30×2
		15×1	
(株)ミトレン	水戸市柵町1－1－25	10×1	7×1
関東エア・ウォーター(株)水戸ＬＰＧ工場	水戸市平須町1816	30×1	20×1
橋本産業(株)水戸営業所	水戸市笠原町1476－1	20×1	10×1
(株)ミトレン　河和田営業所	水戸市河和田字長谷原4381－17	10×3	
(株)明治商会　日立充填所	日立市千石町4－4－5	15×1	10×1
カメイ物流サービス(株)カメイ日立ガスターミナル	日立市東金沢町3－6－25	15×2	
ロジトライ(株)日立事業所	日立市諏訪町字山田1086－2	20×1	
日立中央ガス協業組合	日立市川尻町4－11－5	15×1	
東京ガスエネルギー(株)茨城支社	日立市留町1270－54	20×2	15×1
(株)トーエル　土浦工場	土浦市上高津字沼下330－1	15×1	10×1
関彰商事(株)土浦ＬＰＧセンター	土浦市上坂田1436	35×1	10×1
		0.5×1	
ミライフ(株)茨城支店下坂田基地	土浦市下坂田1758	20×1	
アストモスリテイリング(株)関東カンパニー石岡工場	石岡市東府中23－4	20×1	10×1
関彰商事(株)下館ＬＰＧセンター	筑西市玉戸字山ヶ島1012－6	30×2	20×1
		0.5×1	
(株)下館ホームガスセンター	筑西市横島290－5	20×1	

事　業　所　名	所　在　地	規　模（t）	
中央石油(株)筑波支店	筑西市井上1169－16	30×1	15×1
(株)ホームエネルギー東関東　竜ヶ崎センター	龍ヶ崎市大徳町1518	20×2	
(株)サイサン　下妻営業所	下妻市北大宝205－1	35×1	10×1
青木商事(株)	常総市諏訪町3126－1	10×2	
全農エネルギー(株)関東ＬＰガス事業所	常総市大輪町満蔵1960	30×1	20×1
(株)三和商会　筑波工場	常総市大生郷町字中丸6138－12	20×1	
(株)常総ガス	常総市若宮戸字井戸田664	30×2	20×1
		0.5×1	
東栄興産(株)常陸太田充填所	常陸太田市小沢町字砂方2385	20×2	
太平産業(株)高萩ＬＰガスサービスセンター	高萩市安良川字岩本891－1	20×1	15×1
マルハ産業(株)北茨城工場	北茨城市関本町関本中2820	30×1	
関彰商事(株)北茨城ＬＰＧセンター	北茨城市中郷町日棚字宝壺644－41	30×1	20×1
		0.5×1	
協業組合茨城中央ガス	笠間市本戸字宮後4253－5	20×1	
東日本ガス(株)取手センター	取手市井野15	50×1	20×1
つくばね石油(株)取手ＬＰガス充填所	取手市野々井1475	15×1	10×1
堀川産業(株)茨城工場	取手市清水井堀添175	20×1	
宇田川(株)藤代ＬＰガスセンター	取手市米田744－1	10×2	
塚本産業(株)	牛久市牛久町3300	20×1	10×1
東部液化石油(株)つくば工場	牛久市猪子町20	30×2	
日東燃料工業(株)茨城ガスセンター	つくば市南中妻506－1	30×1	20×1
		2.4×1	
つくばね石油(株)学園オートガススタンド	つくば市大字倉掛字上新地脇881－3	10×1	
大和プロパン(株)	ひたちなか市西十三奉行11537－7	15×1	
(株)サイサン　ひたちなか営業所	ひたちなか市東石川字宝端3600－4	10×2	
伊藤忠エネクスホームライフ関東(株)茨城支店	ひたちなか市長砂636	20×1	10×2
かもめガス(株)ひたちなかＬＰＧセンター	ひたちなか市山崎170	30×1	
(株)エネサンスサービス　鹿嶋事業所	鹿嶋市泉川字北本山1487－6	20×1	
(株)鹿島製油　鹿島充填所	鹿嶋市大船津2691	10×2	
(株)水郷ガスセンター	潮来市茂木字仲倉335－1	30×1	10×1
茨城通運(株)大宮充填工場	常陸大宮市工業団地26－1	30×1	
ミライフ(株)茨城支店常陸基地	常陸大宮市工業団地651－1	30×1	
日通商事(株)那珂ＬＰガス充填所	那珂市菅谷4458－81	25×1	20×1
(株)ホームエネルギー東関東　茨城センター	那珂市向山1257	20×2	
大丸エナウィン(株)関東支店	かすみがうら市上稲吉山神1791－12	20×1	
(株)サイサン　かすみがうら営業所	かすみがうら市下稲吉2671－5	30×1	10×1
		1×1	
東綱商事(株)土浦営業所	かすみがうら市宍倉5707	40×1	30×1
		15×1	
東邦金属工業(株)つくば工場	かすみがうら市深谷24－5	20×1	
鹿島液化ガス共同備蓄(株)鹿島事業所	神栖市奥野谷6223－65	490×2	440×2
鹿島石油(株)鹿島製油所	神栖市東和田4	1160×2	
(株)ミヤウチ	鉾田市畑田2149－3	10×1	
(株)渡辺石油　ＬＰＧ充填所	鉾田市柏熊996－2	20×1	10×1
(有)臼井もき商店	桜川市真壁町亀熊1937	10×1	
ミライフ(株)茨城支店三和基地	古河市南間中橋14－5	30×1	
ロジトライ(株)古河事業所	古河市大和田965	20×2	
(株)小野里商店　丘里営業所	古河市丘里11	50×1	20×1
大陽日酸エネルギー(株)関東支社古河支店	古河市大堤1500	20×2	
(株)ＴＯＫＡＩ　茨城支店	小美玉市柴高735	20×1	15×1
大陽日酸エネルギー(株)関東支社水戸支店	小美玉市西郷地1763－1	30×1	15×1
田邊工業(株)東海工場	那珂郡東海村村松字平原3132－3	30×2	
(株)アメザワ	東茨城郡大洗町大貫町123－2	10×1	2.9×1
(株)全農ライフ茨城　クミアイガスセンター水戸	東茨城郡茨城町下土師字高山1952	20×2	
(株)サイサン　土浦営業所	稲敷郡阿見町小池651－1	20×1	10×1
アイ・エス・ガステム(株)美浦配送センター	稲敷郡美浦村郷中2837－3	30×1	
(株)大森燃料　ＬＰＧ充填工場	久慈郡大子町上岡字田野河原1310－27	10×1	
〔栃　木　県〕			
(株)ＪＡエルサポート	宇都宮市川田町1033－2	20×1	15×1
(株)ジェイエイサンテクノス	宇都宮市川田町1026－1	17.5×2	
(株)ＴＯＫＡＩ　宇都宮工場	宇都宮市川田町1080	25×1	10×1
橋本産業(株)宇都宮営業所	宇都宮市下荒針町2678	25×1	20×1
アストモスリテイリング(株)関東カンパニー宇都宮営業所	宇都宮市平出町3530－2	20×2	
(株)ミヤレン	宇都宮市吉野2－8－12	7×1	
堀川産業(株)宇都宮工場	宇都宮市針ヶ谷町502－1	20×2	
ロジトライ(株)宇都宮事業所	宇都宮市中岡本町2857－8	33×1	30×2
日通商事(株)宇都宮ＬＰガス事業所岡本充填所	宇都宮市下岡本町1902	20×2	
日本瓦斯運輸整備(株)宇都宮センター	宇都宮市高松町赤坂966－3	20×1	
大陽日酸エネルギー(株)関東支社足利支店	足利市町山1731－10	30×3	
ガスネット(株)	足利市問屋町1753－7	30×1	20×2
足利ガス(株)	足利市錦町27－1		
(株)石澤商店　ＬＰガス充填工場	栃木市大宮町2190－1	20×1	10×1
ロジトライ(株)栃木事業所	栃木市平柳町1－21－11	20×1	17×1
(有)栃木高圧ガス	栃木市国府町32	20×1	15×1
(株)イイジマ　皆川充填工場	栃木市皆川城内町825－1	15×1	

事　業　所　名	所　在　地	規　模（t）	
(協)栃木エルピーガスセンター	栃木市野中町1229－1	15×2	
須田商事(株)	栃木市大平町下皆川301－3	23×1	16×1
(株)小野里商店　佐野営業所	佐野市並木町1371	20×1	15×1
ミライフ(株)群馬支店佐野基地	佐野市石塚町2424－1	15×2	
田邊工業(株)佐野工場	佐野市西浦町587－11	30×3	
ホクブトランスポート(株)栃木支店	佐野市上羽田町字深田402		
(株)ホームエネルギー首都圏　鹿沼センター	鹿沼市茂呂北町2545－13	30×2	
上都賀プロパンガス協同組合	鹿沼市口栗野107	15×1	
栃木県プロパンガス商業協同組合	日光市野口638－1	20×1	15×1
(株)エネサンスサービス　栃木事業所	日光市猪倉字向台437－2	20×2	
(株)サイサン　日光営業所	日光市倉ヶ崎117－4	10×2	
セントラル石油瓦斯(株)小山センター	小山市花垣町2－11－22	50×2	
(株)トチネン　ガスターミナル	小山市出井1235－6	20×3	
(株)ホームエネルギー首都圏　小山センター	小山市大字梁2075－6	35×2	30×2
(株)TOKAI　小山支店	小山市粟宮1155－1	22×1	
(有)カネエキ	小山市大字向野961－1		
真岡液化ガス協同組合	真岡市石島954	20×1	10×1
野州商事(株)	大田原市上石上1799－2	20×1	15×1
(有)東北液化ガス運輸	大田原市上石上1571－9		
栃木液化ガス(株)	大田原市紫塚1－14－13	20×2	
(株)ヤマグチ　LPガス充てん所	矢板市鹿島町7－18	10×1	
(株)スミスケ	矢板市針生71－3	15×1	
ミライフ(株)栃木支店矢板基地	矢板市片岡2343	20×1	
(株)TOKAI　那須支店	那須塩原市上中野字東通り489－1	20×1	15×1
日星石油(株)関谷事業所	那須塩原市関谷1637	20×2	10×1
(株)コープエナジー	那須烏山市愛宕台3067－1	15×1	
烏山プロパン(株)	那須烏山市大桶805	15×2	
ミライフ(株)栃木支店栃木基地	下野市下古山3261－4	15×3	
(株)セントラルガスセンター　宇都宮センター	塩谷郡高根沢町宝積寺2134－1		
(株)サイサン　那須営業所	那須郡那須町大字高久甲566－1	20×1	10×1
(株)セントラルガスセンター　那須センター	那須郡那須町大字漆塚203－1	20×3	
(有)永井商店	芳賀郡茂木町北高岡1820－5	15×1	10×1
東上ガス(株)栃木支店	芳賀郡芳賀町芳賀台62－19	23×2	20×2
(株)柳田運輸	芳賀郡芳賀町芳賀台62－19		
(有)小荷田商店	下都賀郡岩舟町大字畳岡6		

〔群　馬　県〕

事　業　所　名	所　在　地	規　模（t）	
関東プロパン瓦斯(株)	前橋市天川大島町291	30×1　10×1	20×1
(株)JOMOプロ関東　本社	前橋市関根町2－9－11	20×1	10×1
松島ガス(株)前橋営業所	前橋市六供町1124	15×1	10×1
ロジトライ(株)前橋事業所	前橋市大渡町1－10－5	20×2	
末広ガス(株)	前橋市泉沢町1250－10	30×1	
橋本産業(株)前橋営業所	前橋市清野町10	20×2	
全国農業協同組合連合会群馬県本部　LPガスセンター	前橋市西大室町271－7	30×2	
ENEOSグローブエナジー(株)関東支社群馬支店	高崎市日高町133	20×2	
(株)高崎ガスターミナル	高崎市井野町1042－1	30×1	
(株)ホームエネルギー首都圏　高崎センター	高崎市倉賀野町1857－1	20×2	
群馬自動車燃料販売(株)高崎充填所	高崎市上並榎町370	15×1	
協業組合第一ガス	高崎市上豊岡町570－2	20×1	
高崎ガス供給センター事業協同組合	高崎市上豊岡町558－4	20×1　10×1	15×1
(株)三愛ガスサプライ関東　高崎事業所	高崎市小八木町312	20×1	15×1
赤尾商事(株)高崎ガス充填所	高崎市塚田町164－1	20×2	
(株)サンワ　吉井工場	高崎市吉井町小串174	20×1	
桐生プロパンガス(株)	桐生市仲町3－6－32	15×2	
ロジトライ(株)伊勢崎事業所	伊勢崎市中央町14－21	20×1	15×2
小池酸素工業(株)群馬工場	伊勢崎市長沼町西河原222－1	20×2	
伊勢崎液化(株)	伊勢崎市日乃出町108	60×2　3.5×1	20×1
群馬燃料(株)本社充填所	太田市新島町963	15×1	
群馬燃料(株)宝泉充填所	太田市西新町104	35×1　15×1	20×1
カメイ(株)太田ガスターミナル	太田市吉沢町1059－13	20×1	15×1
ミライフ(株)群馬支店群馬基地	太田市新田小金井町295	20×1	15×1
日東燃料工業(株)群馬ガスセンター	太田市新田木崎町1470－1	30×2　2.45(バルク貯槽)	
(株)群馬共同ガスセンター	太田市新田木崎町1738－1	20×1	
(株)サンワ　沼田工場	沼田市屋形原町広瀬506	30×1	20×1
(株)JOMOプロ関東　沼田支店	沼田市石墨町1753－1	30×1	
両毛丸善(株)館林LPG基地	館林市下早川田町250－1	80×3	70×3
日通商事(株)前橋LPガス事業所	渋川市八木原1195	20×1	15×1
カンサン(株)渋川事業所	渋川市中村1118	20×2	
ロジトライ(株)渋川事業所	渋川市中郷1274	20×1	
伊香保ガス(株)	渋川市伊香保町伊香保549－19	15×1	10×1
(株)シバヤマ　白石充填所	藤岡市白石1551－1	20×2	15×1

事　業　所　名	所　在　地	規　模（t）	
伊藤石油ガス(株)	富岡市富岡2740	15×1	
上毛天然瓦斯工業(株)北関東事業所	安中市松井田町八城1332－3	30×1	20×1
ロジトライ(株)高崎事業所	安中市板鼻52－1	20×2	
(株)ホームエネルギー首都圏　桐生センター	みどり市笠懸町鹿1063－3	20×1	
(株)スナガ　大間々工場	みどり市大間々町大間々1757－4	25×2	10×1
(株)徳永　吾妻工場	吾妻郡中之条町青山528	20×2	
(株)サンワ　吉岡工場	北群馬郡吉岡町陣場487	20×2	
橋本産業(株)館林工場	邑楽郡明和町中谷330	50×1	20×1
(株)サンワ　邑楽工場	邑楽郡邑楽町篠塚1333－1	30×3	
(株)エネサンスサービス　群馬事業所	佐波郡玉村町大字川井53－5	30×1	20×2

〔埼　玉　県〕

(株)三愛ガスサプライ関東　浦和事業所	さいたま市桜区田島10－6－15	20×1	15×1
ツルミエネルギー(株)	さいたま市南区四谷2－11－20	20×1	10×2
(株)アストモスガスセンター埼玉大宮事業所	さいたま市見沼区大字大谷2001	15×2	
ロジトライ(株)大宮事業所	さいたま市見沼区大字御蔵1228	20×1	15×1
佐藤興産(株)	さいたま市大宮区三橋1－1006	30×1	15×2
(株)ホームエネルギー首都圏　岩槻センター	さいたま市岩槻区大字掛7914－4	20×2	
中央ガス(株)岩槻充填所	さいたま市岩槻区大字加倉坂下288－1	15×1	
(有)戸田商店	川越市山田1679	15×1	
横川石油ガス(株)	川越市山田958	20×1	10×1
(株)ホームエネルギー首都圏　川越ガスセンター	川越市的場字東下川原1735－1	30×2	
(株)ＴＯＫＡＩ　川越支店	川越市芳野台1－103－21	30×1	
ロジトライ(株)熊谷事業所	熊谷市代1	20×2	10×1
(株)イーストジャパンアップ	熊谷市御稜威ヶ原1－8	15×1 0.5×1	2.9×2
下妻液化ガス(株)熊谷工場	熊谷市御稜威ヶ原字東山284－8	20×2	
北日本物産(株)熊谷営業所	熊谷市御稜威ヶ原字東山284－9	30×2 0.5×2	20×1
両元産業(株)関東支店バルク処理センター	熊谷市佐谷田字飯塚619－2	20×1	5×1
(株)シライシ　ホームエネルギー事業本部	川口市柳崎1－31－23	20×2	
(株)外塚商店	川口市栄町1－15－2	10×1	5×1
大陽日酸エネルギー(株)関東支社埼京支店	川口市弥平4－12－2	30×1	20×1
(株)ＪＯＭＯプロ関東　埼玉支店	行田市藤原町1－8－1	30×2	15×1
(株)ホームエネルギー首都圏　行田センター	行田市藤原町1－18－1	20×2	
(株)小野里商店　行田営業所	行田市大字持田字油免2228	20×1	
ちちぶ農業協同組合　太田ガス充填所	秩父市太田字杉原2440	20×1	
下妻液化ガス(株)秩父荒川充填所	秩父市荒川日野184	20×1	
グッドライフサーラ関東(株)埼玉支店所沢営業所	所沢市小手指台8－3	25×1 2.9×1	5×1
(株)三愛ガスサプライ関東　本庄事業所	本庄市下野堂614	20×2	
東松山ガス(株)	東松山市御茶山町2－6	20×1	15×1
(株)Ｊシリンダーサービス東松山工場	東松山市新郷75－1	2.5×1	0.5×1
ロジトライ(株)東松山事業所	東松山市新郷88－3	20×2	
レモンガス(株)埼玉支店	東松山市新郷88－43	33×1	30×2
(株)東武商会	春日部市梅田1－2－66	20×1	
ＥＮＥＯＳグローブエナジー(株)新狭山充填所	狭山市新狭山1－5－5	20×3	
(株)シライシ　埼玉西支店	狭山市新狭山1－12－9	20×2	
武蔵エナジックセンター(株)狭山事業所	狭山市広瀬台2－1－1	50×2 0.5×1	2.3×1
(株)シライシ　埼玉北事業所	羽生市大沼2－19	30×1	
アロハガス(株)ガスターミナル	羽生市大字小須賀字西新田500	30×2	
堀川産業(株)羽生工場	羽生市町屋字本村325－1	15×2 0.5×2	2.9×2
日通太田運輸(株)	羽生市秀安476	1×2	
(株)エネサンスサービス　深谷事業所	深谷市東方1476	20×2	
田島石油(株)熊谷事業所	深谷市瀬山558	20×1	15×1
エルピー産業(株)埼玉工場	深谷市折之口1812－1	2.9×2	
(株)サイサンガステクノ	上尾市平方領々家639	76×1 2.9×2	65×8
(株)鈴商総合ガスセンター	上尾市大字平塚73	30×1	
堀川産業(株)草加工場	草加市神明2－3－39	20×2	
堀川産業(株)草加第二工場	草加市花栗3－28－7	20×2	10×1
三ツ輪産業(株)首都圏支店草加営業所	草加市稲荷1－9－13	40×2	
堀川産業(株)越谷工場	越谷市増森1－6－1	15×2	10×1
(株)神谷燃料　増森充填所	越谷市増森1－243－1	20×1	15×1
(株)アルトス　越谷事業所	越谷市新川町1－35	15×2	
フジオックス(株)越谷工場	越谷市大間野町5－10	20×3	2.9×1
東京ガスエネルギー(株)戸田カスタマーステーション	戸田市新曽南4－2－3	20×1	15×1
日東燃料工業(株)埼玉ガスセンター	戸田市美女木1210	40×1	
東上ガス(株)首都圏統轄支店	富士見市水谷東3－9－1	70×2	50×2
河原実業(株)入間充填工場	入間市宮寺2783－1	15×1	
東京プロパンガス(株)入間事業所	入間市大字寺竹1154	15×2	0.5×2
武蔵エナジックセンター(株)入間事業所	入間市大字上藤沢744－1	25×1	20×1
(株)吉原燃料店　ＬＰガス充填所	入間市小谷田1－1－36	15×1	
(株)内田商店　朝霞営業所	朝霞市栄町3－4－13	15×2	

事業所名	所在地	規模（t）	
武蔵エナジックセンター(株)新座事業所	新座市畑中1－24－5	20×2	
三和富士オートガス(株)	新座市馬場1－13－6	10×2	
ロジトライ(株)久喜事業所	久喜市樋ノ口字大野15－4	30×2	20×1
日本瓦斯(株)埼玉工場	久喜市菖蒲町菖蒲6000－2	50×2	15×1
関口産業(株)菖蒲充てん所	久喜市菖蒲町三箇545	20×1	10×1
ツルミエネルギー(株)東埼玉営業所	久喜市高柳1616－1	20×1	
大洋液化ガス(株)埼玉工場	北本市大字深井8－13	20×2	10×4
南埼液化ガス(株)	八潮市大字大曽根1151－1	30×1	20×1
		10×1	
富士産業(株)八潮営業所	八潮市鶴ヶ曽根419	20×2	
河原実業(株)八潮充填工場	八潮市大字浮塚字橋戸39	30×1	
武州瓦斯(株)エコ・ステーション坂戸	坂戸市千代田5－5－4	15×2	
堀川産業(株)幸手工場	幸手市上高野1061	20×1	10×1
田島燃料(株)日高充填基地	日高市大字田波目字新田脇391－1	20×2	
(株)サイサン　日高営業所	日高市高萩993－5	24×1	9.56×1
(株)アストモスガスセンター埼玉吉川ＬＰガス充填所	吉川市大字川藤字五畝1808	30×4	
小池化学(株)吹上工場	鴻巣市袋字窪882	30×1	20×1
		15×2	10×2
		7×1	
(株)原田運輸	鴻巣市屈巣619	20×1	15×1
		3×2	
(株)アルトス　騎西事業所	加須市戸崎311－10	30×1	20×1
日通商事(株)埼玉ＬＰガス充填所	北足立郡伊奈町西小針7－4－2	20×2	18×1
ミライフ(株)埼玉支店松伏基地	北葛飾郡松伏町ゆめみ野東4－3－11	30×2	20×1
ＥＮＥＯＳグローブエナジー(株)埼玉東営業所	北葛飾郡杉戸町大字本郷1166	20×3	
(株)福寿屋	秩父郡横瀬町横瀬4282－1	20×1	10×1
ロジトライ(株)秩父事業所	秩父郡皆野町大字皆野字毛無塚119－1	20×2	
昭和ガス(株)三芳総合サービスセンター	入間郡三芳町上富264	20×1	
東上ガス(株)埼玉西部支店	入間郡三芳町大字上富1943－4	40×1	20×2
(株)アルトス　川島事業所	比企郡川島町山ヶ谷戸270－1	70×2	30×1
東上ガス(株)吉見支店	比企郡吉見町北吉見2570－1	20×2	2.7×1
武州産業(株)嵐山事業所	比企郡嵐山町花見台10－1	50×1	
山二ガス(株)嵐山花見台充填工場	比企郡嵐山町花見台10－5	30×2	
(株)京葉ミツイガス　北関東事業所	大里郡寄居町用土5920－1	50×3	25×1
〔千　葉　県〕			
日通商事(株)東京支店千葉ＬＰガス事業所	千葉市稲毛区長沼町308	20×1	15×1
ロジトライ(株)千葉事業所	千葉市稲毛区長沼町335－9	30×2	15×1
高圧ガス工業(株)千葉工場	千葉市稲毛区長沼原町668	20×3	
日東燃料工業(株)千葉ガスセンター	千葉市稲毛区山王町306－2	30×1	
(株)アストモスガスセンター千葉	千葉市稲毛区六方町211－7	20×3	
日本瓦斯(株)千葉工場	千葉市美浜区新港223－1	15×2	0.9×1
		0.3×1	
(株)飯田富蔵商店	銚子市西小川町64－2	20×1	
銚子燃料(株)	銚子市松岸町3－383	20×1	
銚子エルピーガス事業協同組合	銚子市高神原町4758	20×1	
(株)市川アストモスターミナル	市川市高谷新町6－2	1150×1	890×1
		750×1	
かもめガス(株)市川ＬＰＧセンター	市川市二俣新町18	30×1	
(株)スギモト	市川市柏井町4－323	30×2	
(株)シャイニングサービス　船橋工場	船橋市神保町278	20×2	10×1
		0.5×1	
(株)榊原	船橋市中野木1－16－3	20×1	15×1
アイ・エス・ガステム(株)船橋配送センター	船橋市藤原3－16－17	20×1	15×1
館山造船(株)ＬＰＧ充填所	館山市館山796	15×1	
房州瓦斯(株)	館山市館山1365	15×1	
(株)堀江商店石油瓦斯部館山営業所	館山市船形574－27	20×1	
丸高石油(株)	館山市沼979	20×1	15×1
		0.5×2	
ＥＮＥＯＳグローブエナジー(株)千葉支店	木更津市潮浜2－6－7	15×2	
日東燃料工業(株)松戸ガスセンター	松戸市上本郷74	20×1	
ハートネット東関東(株)松戸センター	松戸市串崎新田63－10	20×1	
野田ガス(株)ＬＰガス充填所	野田市宮崎36	22.6×1	20×1
ロジトライ(株)野田事業所	野田市蕃昌字稲荷松20－2	20×1	
(株)京葉ミツイガス　野田事業所	野田市西高野237－1	50×3	20×5
		3×1	
大多喜ガス(株)ＬＰガス事業部	茂原市茂原661	20×1	13.6×1
(有)島田商会	成田市馬場42	20×1	10×1
かもめガスネット・サービス(株)東総ＬＰＧセンター	成田市吉岡字西ノ向1217	20×1	
(株)三愛ガスサプライ関東千葉事業所	佐倉市石川熊野堂591	20×1	15×1
(株)安藤	東金市台方花輪前236－26	10×2	
八日市場瓦斯(株)	匝瑳市八日市場ハ891	20×1	15×1
ロジトライ(株)旭事業所	旭市鎌数字川西2－10365－1	20×1	
(株)エネサンスサービス　柏事業所	柏市高田字中ノ台1063	30×3	
(株)稲葉製作所　柏工場	柏市金山1000	15×1	
斎藤液化ガス(株)	勝浦市新官333－1	15×2	

事　業　所　名	所　在　地	規　模（t）	
川岸産業(株)	市原市五井9059	20×1	
(株)ＴＯＫＡＩ　市原支店	市原市五井南海岸44－1	20×2	
(株)ホームエネルギー東関東　千葉牛久センター	市原市牛久字下大塚212	30×2	
興栄燃料(株)八幡浦ＬＰＧ基地	市原市八幡浦1－13	20×2	
(株)丸美商店	市原市姉崎857－1	10×1	
小池酸素工業(株)千葉工場	市原市八幡海岸通り47	20×2	
(株)サイサン　八千代営業所	八千代市大和田新田1151	20×3	
(株)ニチミガステクノステーション	八千代市大和田新田字長兵衛野739－1	20×2	
橋本産業(株)千葉営業所	八千代市吉橋字西内野1832	20×1	15×1
(有)天津天然瓦斯営業所	鴨川市八色59－1	15×1	10×1
半沢ガス工業(有)	鴨川市滑谷757－1	15×1	
丸高石油(株)鴨川営業所	鴨川市花房460	10×2	
ミライフ(株)千葉支店房総基地	鴨川市浜萩字児ヶ沢928－1	20×1	
(株)ＪＡエネルギー千葉　県南ＬＰガスセンター	君津市戸崎字大倉2417－12	20×2	
(有)君津プロパンガス商会	富津市岩瀬1116	15×1	
新協酸素(株)	富津市下飯野605	15×1	
(株)池田商店	富津市上後276－1	15×1	
陽品運輸倉庫(株)袖ヶ浦事業所	袖ヶ浦市南袖65－1	10×2	2.5×1
(株)京葉ミツイガス	袖ヶ浦市南袖66－6	50×1	30×1
アイ・エス・ガステム(株)八街配送センター	八街市八街い187－80	20×2	0.5×1
八街ガス(株)清水ヶ丘工場	八街市八街に53	15×2	
(株)ファインエナジー　千葉営業所	八街市大谷流841	20×2	
フジテック(株)	白井市中149－15	20×1	15×2
		10×1	1×2
(株)ホームエネルギー東関東　千葉センター	白井市中字中台302－1	20×2	
(株)アストモスガスセンター千葉　白井事業所	白井市平塚字水上台2776－3	30×2	0.5×1
ミライフ(株)千葉支店富里基地	富里市美沢8－1	50×2	
(株)川久	山武市蓮沼ロ1855	20×2	
香取産業(株)	香取市富田1154	2×2	0.5×1
長島セントラルガス(株)	香取市大根1856－1	30×1	
臼井水産(有)	南房総市千倉町平舘740	10×1	
(株)ニチミガステクノステーション千葉支店成田営業所	山武郡芝山町岩山字土手附2263－13	20×2	
日東燃料工業(株)茂原ガスセンター	長生郡長生村七井土1457－1	30×1	15×1
ハートネット東関東(株)矢口センター	印旛郡栄町矢口神明2－2－1	30×2	
田邊工業(株)香取工場	香取郡東庄町笹川い5630－101	30×1	10×1
(株)ＪＡエネルギー千葉　ＬＰガスセンター	香取郡多古町飯笹字登戸703－2	20×2	
(株)ＴＯＫＡＩ　勝山営業所	安房郡鋸南町下佐久間906－1	10×1	
〔東　京　都〕			
ミライフ(株)東京支店城東基地	江東区枝川3－8－12	15×2	
富士エネルギー(株)目黒営業所	目黒区目黒1－24－2	20×1	
大田市場石油(株)	大田区東海3－2－9	10×1	
富士瓦斯(株)	世田谷区上祖師谷4－36－16	15×2	
日東燃料工業(株)	足立区六木1－19－13	20×2	
(株)ヤナギ	足立区千住曙町37－33	15×1	10×1
		5×1	
(株)アストモスガスセンター千葉　東東京営業所	葛飾区西新小岩3－1－1	30×1	
日通商事(株)八王子ＬＰガス充填所	八王子市左入町684－1	20×3	
(株)日本エネルギー　八王子充填工場	八王子市左入町700－1	20×1	15×1
(株)日本エネルギー　ＭＩＹＡＭＡブルーガス・センター	八王子市美山町2161－28	20×2	
清水燃料(株)今井充填所	青梅市今井3－6－16	17.5×2	
青梅ガス(株)	青梅市末広町2－10	15×1	
ロジトライ(株)府中事業所	府中市晴見町2－33－7	15×1	10×2
(株)エネサンスサービス　府中事業所	府中市四谷5－36－11	10×1	2.9×1
全国農業協同組合連合会東京都本部　昭島ＬＰガス充てん所	昭島市武蔵野2－6－5	17.5×2	
東京燃料林産(株)東京西支店	昭島市武蔵野2－6－25	20×1	15×1
		0.5×1	
橋本産業(株)多摩営業所	昭島市武蔵野2－11－23	35×2	
アストモスリテイリング(株)関東カンパニー町田工場	町田市鶴間7－31－1	20×1	10×1
日本瓦斯(株)町田工場	町田市鶴間8－21－1	60×2	30×1
日本瓦斯(株)田無工場	西東京市芝久保町1－24－22	20×2	15×1
東京ガスエネルギー(株)西部支社	西東京市柳沢2－19－20	15×2	
(株)ホームエネルギー西関東　東京センター	福生市武蔵野台1－27－1	20×4	
三ツ輪産業(株)多摩ＬＰＧプラント	福生市熊川1598－5	20×1	
(株)ＴＯＫＡＩ　多摩支店	武蔵村山市伊奈平2－92－2	20×2	
伊吹石油ガス(株)	羽村市五ノ神357	20×2	
ロジトライ(株)福生事業所	羽村市神明台4－7－1	30×1	
垣見油化(株)瑞穂充填所	西多摩郡瑞穂町殿ヶ谷458	70×2	
(株)エネサンスサービス　西東京事業所	西多摩郡瑞穂町大字二本木441	20×2	10×1
(名)菊池弘商店	八丈島八丈町大賀郷1257	50kg容器	
〔神　奈　川　県〕			
横浜液化ガスターミナル(株)	横浜市鶴見区大黒町12－14	980×2	870×1
三ッ輪産業(株)横浜ＬＰＧプラント	横浜市神奈川区守屋町2－6	30×2	
ロジトライ関東(株)横浜事業所	横浜市都筑区川向町689	20×1	15×1
(株)ファインエナジー　横浜営業所	横浜市都筑区東方町1698	20×3	

事　業　所　名	所　在　地	規　模（t）	
レモンガス(株)横浜支店	横浜市緑区三保町593－1	44×2	
(株)マルエイ　横浜支店	横浜市緑区上山1－3－2	30×2	20×1
		0.5×1	
大洋石油ガス(株)	横浜市栄区上郷町1761	15×1	10×1
町田ガス(株)神奈川事業所	横浜市瀬谷区北町13－1	20×2	
(株)大八　金沢充填所	横浜市金沢区幸浦2－5－1	20×2	10×1
		0.5×1	
日新商事(株)川崎事業所	川崎市川崎区浮島町10－13	60×1	50×1
(株)エネサンスサービス　東京事業所	川崎市多摩区寺尾台1－22－2	20×2	
(株)セントラルガスセンター　横須賀ガスセンター	横須賀市内川1－2－15	20×2	
(株)湘南菱油瓦斯	横須賀市内川1－8－10	20×2	10×1
日新商事(株)横須賀営業所	横須賀市野比4－3－9	20×1	
グッドライフサーラ関東(株)横須賀配送センター	横須賀市武1－3－12	20×1	
(株)サガミ	横須賀市衣笠町45－19	20×1	
レモンガス(株)本社	平塚市高根1	20×1	
アジア商事(株)平塚供給センター	平塚市横内2098	30×1	
(株)セントラルガスセンター　湘南センター	平塚市久領堤1－14	60×1	20×3
橋本産業(株)平塚営業所	平塚市四之宮1－7－3	20×1	
高圧ガス工業(株)神奈川工場	平塚市東豊田548	15×2	
ミライフ(株)　神奈川支店藤沢基地	藤沢市大庭8150－1	15×1	
(株)エネサンスサービス　藤沢事業所	藤沢市大庭8221	30×1	20×2
(株)イワサワ　藤沢ガスセンター	藤沢市遠藤2001－1	20×2	
藤沢市ガス事業協同組合	藤沢市菖蒲沢1415－2	15×1	10×2
(株)ホームエネルギー西関東　小田原センター	小田原市久野3760	20×2	
三ッ輪産業(株)小田原ＬＰＧプラント	小田原市荻窪254	20×2	
(株)古川	小田原市寿町1－2－32	20×3	
レモンガス(株)小田原充填所	小田原市曽比2760	20×2	
西湘ガス産業(株)	小田原市扇町1－30－11	20×2	
(株)ＴＯＫＡＩ　小田原支店	小田原市扇町4－7－30	20×2	
平沢商事(株)飯泉充填所	小田原市飯泉1377	15×3	
(株)サガミ　湘南支店	茅ヶ崎市堤434	20×2	10×1
ミライフ(株)神奈川支店橋原基地	相模原市中央区下九沢1096	30×1	15×2
		0.5×1	
東横化学(株)関東支社相模原事業所	相模原市中央区宮下2－2－17	20×2	
ロジトライ関東(株)相模原事業所	相模原市中央区宮下2－16－22	25×2	
田邊工業(株)相模工場	相模原市中央区小山1－1－10	40×2	20×1
三ッ輪産業(株)相模原ＬＰＧプラント	相模原市中央区東淵野辺4－16－25	20×1	10×2
		0.9×1	
北日本物産(株)相模原営業所	相模原市緑区西橋本3－11－7	20×2	
日本瓦斯(株)津久井工場	相模原市緑区根小屋1392	20×2	1×1
		0.3×1	
(株)トーエル	厚木市上依知2924	20×4	2.9×2
伊藤忠エネクスホームライフ関東(株)神奈川支社	厚木市金田1321	30×2	2.9×2
日通商事(株)横浜支店綾瀬ＬＰガス充填所	綾瀬市深谷上8－17－28	20×3	
ＥＮＥＯＳグローブエナジー(株)神奈川支店	綾瀬市吉岡東3－8－39	30×1	20×1
(株)湘南エルピージーセンター	伊勢原市鈴川22	30×2	20×1
		10×1	
東京ガスエネルギー(株)神奈川支社	大和市深見台3－4－40	20×1	15×1
大陽日酸エネルギー(株)関東支社神奈川支店	海老名市門沢橋3－7－17	40×1	20×1
全国農業協同組合連合会神奈川県本部　ＪＡ全農かながわ　かながわガスセンター	海老名市河原口730	60×1	20×1
(株)ＴＯＫＡＩ　神奈川充填所	海老名市下今泉1－20－19	30×1	
(株)エネサンスサービス　座間事業所	座間市小松原1－10－27	20×2	10×1
(株)ガスネット	南足柄市和田河原字向河原1253	30×2	2.5×1
井村ガス(株)	高座郡寒川町倉見1901	20×1	
足柄プロパンガス協同組合	足柄上郡山北町向原2688－1	30×1	0.5×1
〔新　潟　県〕			
村松瓦斯水道(株)水原営業所	阿賀野市市野山字大野246－1	15×2	
(株)柴田屋商店　水原営業所	阿賀野市上中字和田屋敷71－1	15×1	10×1
(株)トカン　吉田営業所	燕市吉田下中野267－1	10×2	
分水プロパン(株)	燕市新興野9－21	15×1	
あいせき(株)	燕市八王寺2552	20×2	
阿部精麦(株)	加茂市寿町3－17	34.3×1	30.2×1
(株)マルボシ	魚沼市井口新田243－4	10×1	
(株)カネコ商会　魚沼営業所	魚沼市七日市新田字姥石369－1	20×2	
(株)岡部商事　堀之内充填所	魚沼市堀之内3450	12×1	
エスケイ産業(株)見附ガス化学工場	見附市葛巻2－5－35	70×1	50×8
		20×1	15×1
		11.5×1	10×2
村松瓦斯水道(株)	五泉市本田屋765	30×1	20×1
(株)和田商会　日石ガス佐渡ターミナル	佐渡市野沢字嶋の腰112	33×1	
(株)エネサンス新潟　佐渡営業所	佐渡市秋津379－1	20×1	
(株)佐渡商会	佐渡市梅津693	20×1	
(株)ライフコメリ	三条市大字下須頃1079－1	40×1	15×2
(株)安藤プロパン	三条市大字代官島川原271－1	20×1	10×1
		0.5×1	

事　業　所　名	所　在　地	規　模（ t ）	
(株)サイサン　糸魚川営業所	糸魚川市大字大野字横戸420－1	15×1	
(株)カネコ商会	十日町市丑1784	20×1	
(株)村山商会	十日町市高山字上島子690－1	20×1	10×1
新潟サンリン(株)十日町営業所	十日町市高山字塚下719－1	20×2	
(株)新潟ケンベイ　十日町ガスセンター	十日町市上島子730	30×1	
(株)村熊商店	十日町市大字高山656－1	20×1	
頸城運送倉庫(株)浦川原充填所	上越市浦川原区顕聖寺63－11	10×1	
新潟サンリン(株)直江津支店	上越市春日新田4－3－5	20×2	10×1
北日本物産(株)上越営業所	上越市頸城区下吉字本田77－4	30×2	1×1
岡谷酸素(株)上越営業所	上越市福橋前田744－2	15.03×1	
(株)ジョーサン　工業ガス三和事業所	上越市三和区稲原133－11	30×1	
(株)エネサンス新潟	新潟市江南区曙町2－8－1	15×1	10×1
		7×1	
(株)新津ガスセンター	新潟市秋葉区滝谷町1－29	10×2	
蒲原瓦斯(株)	新潟市西蒲区巻甲4111	10×1	
(株)高圧技研	新潟市西区四ツ郷屋2614－1	10×1	2.9×1
橋本産業(株)新潟営業所	新潟市東区榎町130	50×1	18×1
		15.028×1	
北陸天然瓦斯興業(株)下木戸事業所	新潟市東区下木戸1－2－45	15×2	
新プロ産業(株)	新潟市北区神谷内2927－6	15×1	10×1
(株)丸新　ライフエネルギー事業部新発田充填所	新発田市佐々木2240－5	28.02×1	12.47×1
(株)ナカムラ　新発田支店	新発田市富塚町1－2－27	10×2	
(株)新野商店　新発田充填工場	新発田市富塚町3－1－30	15×1	10×1
北日本物産(株)新発田営業所	新発田市豊町1－4－10	30×1	
(株)新野商店　坂町充填工場	村上市坂町字提下537	15×1	10×1
		0.5×2	
(株)ムラネン	村上市緑町1－2－2	20×1	
(有)カネダイ川崎商店	村上市緑町2－3－10	17×1	
新潟サンリン(株)長岡支店	長岡市下条町野々入801	20×2	2.9×1
		0.5×3	
(株)内藤倉吉商店　タウンガス事業部	長岡市大島新町4－甲1137－2	30×1	
北日本物産(株)長岡営業所	長岡市中之島字藤山3879	30×2	0.5×1
(株)シマキュウ	長岡市原町1－5－15	20.008×1	
(株)カネコ商会　湯沢営業所	南魚沼郡湯沢町大字湯沢字中島川原1712－1	15×1	
新潟サンリン(株)六日町支店	南魚沼市四十日字南原2871－1	20×2	
(株)ホームエネルギー新潟　六日町センター	南魚沼市美佐島1853	20×1	
(株)新潟ケンベイ　六日町ガスセンター	南魚沼市六日町802－5	20×1	
(株)サイサン　柏崎営業所	柏崎市東長浜町8－17	30×1	20×1
		15×1	
(株)カネコ商会　新潟営業所	北蒲原郡聖籠町位守町160－40	15×1	
ＥＮＥＯＳグローブガスターミナル(株)新潟ガスターミナル	北蒲原郡聖籠町東港2－1624－2	60.9×2	
新潟サンリン(株)新井支店	妙高市美守2－12－18	20×1	

〔長　野　県〕

事　業　所　名	所　在　地	規　模（ t ）	
サンリン(株)長池充填所	長野市大字北長池字山王南沖2004－1	50×2	
信濃ガス協同組合	長野市稲葉北村前沖2552－1	15×1	10×2
(株)ホームエネルギー長野　長野センター	長野市大字東和田749	20×1	15×1
長野ガス(株)	長野市大字高田字藤倉1516	30×1	
(株)ＪＡアグリエール長野　長野営業所	長野市松代町大字東寺尾字松原東3285－1	50×2	2.9×1
サンリン(株)長野オートガススタンド	長野市鶴賀緑町1024－3	25×1	
岡谷酸素(株)長野営業所	長野市大字中越1－1－1	2.85×1	
(株)サイサン　松本営業所	松本市大字島内川原1666	30×1	10×1
松本事業(株)	松本市大字島内権現堂8039	20×2	
サンリン(株)松本支店	松本市大手1－7－12	20×1	
松本ガス(株)	松本市渚2－7－9	50×1	30×1
(株)鈴与ガスあんしんネット松本事業所	松本市大字笹賀7127－2	30×2	
岡谷酸素(株)松本営業所	松本市市場6－20	50×4	20×1
サンリン(株)上田支店	上田市林之郷字上川原568	20×2	
長野プロパンガス(株)塩田工場	上田市大字富士山2412－6	50×1	20×1
(株)北澤商会	上田市大字古里字大畑2022－7	10×2	
(株)武重商会　上田充填所	上田市大字築地522	20×2	1×1
上田ガス(株)	上田市天神4－29－3	15×1	2.9×1
伊丹産業(株)長野工場	上田市長瀬2866	20×1	15×1
(株)ホームエネルギー長野　上田センター	上田市長瀬1077－8	15×2	
岡谷酸素(株)岡谷営業所	岡谷市湖畔2－3－7	10×3	
飯田瓦斯(株)	飯田市鼎西鼎82－1	20×1	10×1
安全ガス(株)	飯田市伊賀良大瀬木4110	20×1	10×1
		0.5×1	
(株)下伊那エルピーガスセンター　座光寺基地	飯田市座光寺3720－1	30×2	20×1
		0.5×1	
(株)ホームエネルギー長野　飯田センター	飯田市山本112－2	20×1	
信州ガス(株)	飯田市箕瀬町3－2700	20×1	
山久プロパン(株)	須坂市臥竜6－24－8	20×1	8×1
長野日石ガス(株)	小諸市市町4－2－25	20×2	
サンリン(株)佐久平支店	小諸市御影新田字和和田2712－1	30×2	20×1
		2.9×2	

事 業 所 名	所 在 地	規 模(t)	
東信燃料(株)	小諸市赤坂1－3－10	10×1	
日通商事(株)沢渡LPガス充填所	伊那市大字西春近字下河原5292	20×2	
上伊那ガス燃料(株)	伊那市大字福島273	50×2	
サンリン(株)上伊那支店	駒ヶ根市大字赤穂字大徳原14－15	30×1	10×1
北信ガス(株)	中野市大字西条156	30×1	15×1
		0.5×1	
サンリン(株)中野支店	中野市大字新井字若宮境336	20×2	
大町ガス(株)	大町市大町4729	15×1	
(株)サイサン　大町営業所	大町市平7467	20×2	
飯山燃料協同組合	飯山市大字木島601－1	20×1	
サンリン(株)諏訪支店	茅野市ちの字古川188－1	20×3	
長野プロパンガス(株)塩尻支店	塩尻市大字広丘野村1613	25×1	20×1
		10×1	2.9×1
サンリン(株)塩尻支店	塩尻市大字広丘野村字角前1843	50×3	2.9×2
ヤマサ總業(株)長野支店	塩尻市大字広丘野村字高田235	20×2	
橋本産業(株)松本営業所	塩尻市大字広丘吉田字道西700－1	20×2	
堀川産業(株)長野工場	千曲市大字屋代字城之内1406	20×1	10×1
岡谷酸素(株)長野南営業所	千曲市大字屋代字上河原4158－1	50×2	20×1
		2.9×1	
サンリン(株)戸倉オートガススタンド	千曲市戸倉上徳間十夜河原503	10×1	
佐久プロパンガス協同組合	佐久市大字猿久保字宇馬窪235－2	25×1	20×1
岡谷酸素(株)佐久営業所	佐久市塩名田字廣ヶ町700	30×1	20×1
		10×1	1×1
(株)サイサン　東御営業所	東御市滋野乙1624	20×1	15×1
ミヤバラガス(株)	東御市和4651	15×2	
サンリン(株)穂高支店	安曇野市穂高牧176－9	50×1	20×1
(株)ライフコメリ　長野営業所	安曇野市穂高北穂高2316	30×1	20×1
フジプロ・エネケーション(株)	安曇野市豊科4903－1	20×1	
(株)ホームエネルギー長野　松本センター	安曇野市豊科高家163	20×1	15×1
(株)松屋　ガスセンター	北佐久郡御代田町大字馬瀬口字分杭1598－1	15×2	
軽井沢ガス(株)	北佐久郡軽井沢町大字長倉2696－1	10×2	
岡谷酸素(株)諏訪南営業所	諏訪郡富士見町富士見251－1	30×1	20×1
		2.9×1	2.35×1
岡谷酸素(株)伊那営業所	上伊那郡箕輪町大字福与1036	21×2	
ヤマサ總業(株)南信営業所	上伊那郡宮田村西大久保5415	20×2	
岡谷酸素(株)飯田営業所	下伊那郡高森町下市田3200－3	20×2	
岡谷酸素(株)木曽営業所	木曽郡木曽町福島7086	20×1	10×1
(株)エマ商会	木曽郡上松町大字荻原字下小路2003	15×1	
サンリン(株)大北支店	北安曇郡松川村字東川原5723	20×2	
サンリン(株)大北支店白馬ガスセンター	北安曇郡白馬村大字神城字川原24198－1	20×1	10×1
サンリン(株)山形基地	東筑摩郡山形村字下本郷4082－5	50×1	20×1

〔山 梨 県〕

事 業 所 名	所 在 地	規 模(t)	
東京ガス山梨(株)	甲府市朝気2－2－3	30×1	20×1
(株)鈴与ガスあんしんネット甲府事業所	甲府市朝気3－22－10	60×2	20×2
三ツ輪産業(株)甲府LPGプラント	甲府市横根町180－1	20×1	10×1
山梨品川燃料(株)	甲府市朝日1－1－16	20×1	
山光石油(株)	甲府市青葉町7－30	20×2	10×1
ENEOSグローブエナジー(株)関東支社山梨支店	甲府市下曽根町2643－1	30×2	
吉田瓦斯(株)	富士吉田市下吉田6－5－1	50×1	
(株)JOMOプロ関東　山梨支店	甲州市塩山下塩後394	15×1	10×1
富岳物産(株)	都留市小形山15－6	20×2	10×1
山梨プロパン(株)	山梨市東308	15×1	10×1
日通商事(株)韮崎LPガス充填所	韮崎市龍岡町下条南割489－1	20×1	15×1
日本瓦斯(株)甲府工場	南アルプス市上今諏訪字北原1138－1	30×1	
日東物産(株)今諏訪事業所	南アルプス市下今諏訪423	20×2	10×1
全国農業協同組合連合会山梨県本部　LPガスセンター	南アルプス市下高砂816	20×2	1×1
山梨流通(株)本社事業所	中央市布施1357	25×1	10×1
中部ライフエナジー(株)	南巨摩郡増穂町最勝寺1260	20×1	10×1
富士観光開発(株)	南都留郡富士河口湖町船津5626	20×1	
登り坂石油(株)	南都留郡富士河口湖村小立字扇枝6910－2	20×1	
山梨流通(株)都留事業所	南都留郡西桂町小沼194	30×1	

〔静 岡 県〕

事 業 所 名	所 在 地	規 模(t)	
川野ガス(株)	静岡市葵区建穂2－12－14	20×1	
(株)TOKAI　静岡配送センター	静岡市葵区古庄2－20－25	10×3	
静岡酸素(株)	静岡市駿河区曲金5－16－6	20×1	
静岡ガスエネルギー(株)中部支店静岡工場	静岡市駿河区池田28	50×1	30×1
(株)ホームエネルギー静岡　静岡支店	静岡市清水区七ツ新屋373	30×1	20×1
富士ツバメ(株)静清支店	静岡市清水区草薙北3－25	15×2	
鈴与(株)清水充填所	静岡市清水区横砂2252－12	500×3	
(株)TOKAI　清水支店	静岡市清水区袖師町816－1	15×1	
エルネット静岡(株)	静岡市清水区鳥坂531	15×2	
静岡ガスエネルギー(株)東部支店富士川工場	静岡市清水区蒲原5011－6	20×1	15×1
富士ツバメ(株)浜松支店	浜松市東区有玉南町1833－2	15×2	
(株)鈴与ガスあんしんネット　浜松事業所	浜松市東区竜光町88－1	50×1	30×1

事 業 所 名	所 在 地	規 模（t）	
(株)ＴＯＫＡＩ　浜松支店	浜松市東区宮竹町506－1	20×1	10×2
ガスウェーブ(株)	浜松市西区篠原町17988－1	20×2	
(株)花川エネルギーセンター	浜松市西区桜台1－10－1	60×3	30×1
ガステックサービス(株)浜松南配送センター	浜松市南区倉松町4016	60×3	
ガステックサービス(株)浜北配送センター	浜松市浜北区尾野2784－1	30×2	
三愛オブリガス東日本(株)東海支店	浜松市浜北区平口5584－18	20×3	
(株)ＴＯＫＡＩ　浜北支店	浜松市浜北区高畑311	10×2	3×1
(株)鈴与ガスあんしんネット　三島事業所	沼津市大岡1	30×2	
日本ガス興業(株)沼津充填所	沼津市大岡422	20×1	
日本ガス興業(株)原基地	沼津市原430	50×2	10×1
(株)ウシオガス	沼津市原2606－29	20×1	
富士ツバメ(株)沼津支店	沼津市植田20	15×2	
駿河ガス(株)	沼津市泉町16－31	10×2	
(株)ＴＯＫＡＩ　熱海支店	熱海市上多賀598－3	10×1	
国益燃料(有)	三島市谷田1734	15×2	
富士宮プロパンガス(協)	富士宮市青木327－22	20×1	10×1
(株)ＴＯＫＡＩ　富士宮支店	富士宮市万野原新田3551－1	15×2	
(業)富士宮ガス供給センター	富士宮市三園平689	15×1	
岡重(株)	富士宮市ひばりが丘698	20×1	10×1
エネジン(株)伊東支店	伊東市富戸1097	20×1	10×1
(株)マルヰエナジー　ステーションＬＰＧ	伊東市宇佐美1132－25	26×1	10×1
伊東瓦斯(株)	伊東市湯川548－4	60×1	20×2
(株)ツチヤコーポレーションガス部	島田市細島2059	15×2	
日本ガス興業(株)大井充填所	島田市金谷河原763－3	20×1	15×1
川根ガス(株)	島田市川根町家山字大和田新地4168－1	15×1	
(株)ＴＯＫＡＩ　中遠支店	磐田市岩井字西原1907－264	20×1	
(株)サイサン　ガスワンパーク磐田	磐田市西貝塚字六通559－1	20×4	
富士酸素工業(株)	富士市津田221	20×2	
(株)鈴与ガスあんしんネット　富士事業所	富士市大渕2670	20×2	
レモンガス(株)静岡支店	富士市五貫島1234	30×2	
(株)ＴＯＫＡＩ　富士東配送センター	富士市中里2608－58	30×1 3×1	10×1
(株)トーシンホームガス	富士市青島195	20×2	
(株)ホームエネルギー静岡　掛川センター	掛川市伊達方960－1	20×1	
エネジン(株)中遠支店	掛川市中400－1	20×1	
ガステックサービス(株)中遠配送センター	掛川市細田219－1	30×1	20×1
静岡資材(株)掛川充填所	掛川市下垂木2338－1	20×1	10×1
静岡資材(株)岡部販売支店	藤枝市岡部町岡部1513－1	20×2	
静岡資材(株)藤枝充填工場	藤枝市志太1－5－38	20×1	15×1
ＪＡ御殿場協同サービス　ＬＰガス充填所	御殿場市板妻字高塚629－8	20×2	3×1
(株)カジマヤ	御殿場市ぐみ沢120－5	20×1	10×1
(株)ＴＯＫＡＩ　御殿場支店	御殿場市新橋249－1	20×1	
(株)門倉商店　静岡支店	袋井市高尾2081	1×2	
(株)セントラルガスセンター　遠州センター	袋井市高尾2084－1	20×2	
三愛オブリガス東日本(株)袋井営業所	袋井市春岡1218－15	10×2	
静岡県経済連袋井プロパンガス充填所	袋井市堀越444－1	30×1	
豊田肥料(株)	袋井市広岡1389－1	20×1	
静岡県経済連下田プロパンガス充填所	下田市吉佐美1455－1	20×1	15×1
杉本工業(株)	下田市6－37－44	20×1	15×1
下田ガス(株)	下田市中467	15×1	
(株)ＴＯＫＡＩ　駿東配送センター	裾野市桃園72－1	15×1 3×1	10×1
(株)ＴＯＫＡＩ　田方配送センター	伊豆の国市中皆沢横田627－1	20×2	
(株)ホームエネルギー静岡　伊豆センター	伊豆の国市南江間686－1	20×1	
富士ツバメ(株)榛原支店	牧之原市波津2－94	10×1	
(株)サイサン　牧之原営業所	牧之原市須々木2633－93	20×1	10×1
静岡県経済連大井川プロパンガス充填所	焼津市相川1223－2	40×1	
東海ガス(株)ＬＰＧ課充填所	焼津市五ケ堀之内363－1	20×1	10×1
焼津ガス(株)	焼津市浜当目1－12－1	10×2	
(株)サイサン　大井川港ＬＰガスセンター	焼津市利右衛門2726－366	700×2	10×1
明石産業(株)湖西充填所	湖西市新居町中之郷2299－2	20×1	3×1
(株)ガスコムサプライ	湖西市新居町中之郷4113	20×2	
(株)サガミシード　松崎ＬＰＧ販売所	賀茂郡松崎町江奈634－3	10×1	
坂本ガス(株)	賀茂郡東伊豆町奈良本1265－29	15×1	
(株)クリタ	賀茂郡東伊豆町稲取3010－65	15×1	
(株)鈴与ガスあんしんネット　西伊豆事業所	賀茂郡西伊豆町仁科419－6	15×1	
サガミシード(株)ホームエネルギー部沼津営業所	駿東郡長泉町東野11－1	20×1	15×1
沼津酸素工業(株)	駿東郡清水町柿田954	20×1	2×1
(株)フジプロ　沼津支店	駿東郡清水町八幡22－1	20×3	
(業)日和ガス田方供給センター	田方郡函南町肥田327	15×1	10×1
(株)ＴＯＫＡＩ　榛原支店	榛原郡吉田町住吉1170－1	10×2	
静岡ガスエネルギー(株)西部支店吉田工場	榛原郡吉田町住吉4292－2	20×2	

〔愛 知 県〕

事 業 所 名	所 在 地	規 模（t）	
大陽日酸ガス＆ウェルディング(株)名古屋支店	名古屋市守山区大字下志段味字西嶋2433－1	20×1	10×1
犬飼産業(株)野立橋充填所	名古屋市中川区清川町3－1　14地先中川運河中幹線28－1	15×2	

事 業 所 名	所 在 地	規 模（t）	
ロジトライ中部(株)名古屋事業所	名古屋市中川区広川町5－1	10×2	
(株)名港液化ガス	名古屋市中川区東起町4－143	20×1	10×1
(株)小野興業　九号地充填所	名古屋市港区潮見町37－21	20×2	15×1
		10×1	
大雄(株)名古屋充填所	名古屋市港区潮見町37－30	30×2	
ミライフ西日本(株)中部支店名古屋基地	名古屋市港区中川本町1－1	20×1	
名古屋エネルギー(株)	名古屋市西区十方町74	15×1	
ジェイエイ・トービス(株)豊橋LPガス充填所	豊橋市西幸町字笠松92－1	20×2	
東邦液化ガス(株)岡崎充てん所	岡崎市柱町字下地69	20×2	10×1
中部エア・ウォーター(株)岡崎事業所	岡崎市筒針町字河原74－2	20×2	
名古屋プロパン瓦斯(株)岡崎支店	岡崎市美合町下ノ端1	20×2	
(株)ホームエネルギー東海　岡崎センター	岡崎市岡町字棚田18	20×3	
ジェイエイ・トービス(株)西三河LPガス充填所	岡崎市下佐々木町字下藤野99－1	30×1	20×1
(株)鈴与ガスあんしんネット　岡崎事業所	岡崎市大樹寺1－12－1	20×2	
愛知高圧(株)	岡崎市須渕町字京田26	2×2	
ダイイチガスコム(株)	岡崎市丸山町字丸山腰1番地4	15×1	
丸菱商事(株)一宮充填所	一宮市千秋町町屋字堀添18－1	20×2	
(株)成田セラミックバーナー工業所　穴田充てん所	瀬戸市穴田町973	30×3	20×1
鈴一物産(株)	瀬戸市弁天町71	30×1	20×2
		10×1	
丸美瀬戸燃料(株)	瀬戸市川北町1－1	10×1	7.5×1
ニイミ産業(株)半田支店	半田市亀崎町5－226	20×1	15×1
ニイミ産業(株)本部	春日井市松河戸町段下1360	30×2	20×1
		1×1	
春日井ガスセンター(株)	春日井市上田楽町字北条2596－1	15×3	
ガステックサービス(株)豊川配送センター	豊川市蔵子1－27－23	15×1	
(株)鈴与ガスあんしんネット　豊川事業所	豊川市白鳥町原溝100	20×3	
明石吉田屋産業(株)東三河支店	豊川市宿町野川1－10	20×2	
(株)エネサンス中部　東三河営業所	豊川市宿町野川55	30×2	20×1
東愛知ガス供給ネット(株)	豊川市御津町佐脇浜二号地1番8	30×2	
(株)宇佐美プロパン　津島充填所	津島市宇治町字小船戸1	30×2	
三河品川燃料(株)	碧南市浅間町5－39	10×1	
(株)クリーンガスセンター　碧南事業所	碧南市港本町4－22	20×2	
(株)ガステクノサーブ	刈谷市中島町3－76－1	15×2	
三河商事(株)	豊田市森町2－17	20×1	15×2
豊通エネルギー(株)	豊田市生駒町横山106	50×2	30×1
		20×1	
伊藤忠エネクスホームライフ中部(株)豊田センター	豊田市御船町山の神56－201	20×2	
トヨタ自動車(株)本社技術部	豊田市トヨタ町5	15×1	10×1
ヤマサ總業(株)豊田事業所	豊田市西中山町向イ原49	30×2	
アストモスリテイリング(株)中部カンパニー藤岡営業所	豊田市北一色町吉原756－46	30×3	
明石吉田屋産業(株)西三河支店	安城市藤井町新切28－1	30×1	
ヤマサ總業(株)愛知東支店	安城市橋目町中茶臼52	30×2	
大浜燃料(株)西尾充填所	西尾市山下町東八幡山67－1	15×1	10×1
ガステックサービス(株)西三河配送センター	西尾市米津町入船2－58	30×2	20×1
ヤマサ總業(株)一色充てん所	西尾市一色町一色亥新田269番地	20×1	
名古屋田邊(株)蒲郡充てん所	蒲郡市浜町50	15×1	10×1
(有)榎本プロパン	蒲郡市浜町84	20×2	
東海液化瓦斯(株)	蒲郡市松原町20－7	20×1	
(株)コンプロ産工　形原充填所	蒲郡市形原町角穴28	20×1	
犬山ガスサービス(株)	犬山市犬山字中野2	20×1	
(株)稲葉製作所　犬山工場	犬山市大字羽黒新田字笹野1	20×1	15×1
(株)稲葉エネクス	常滑市古場字高ノ城127	10×2	
両元産業(株)	常滑市大曽町5－13	2.9×1	1.7×2
ヤマサ總業(株)愛知西支店	江南市東野町神田6	30×2	
名古屋プロパン瓦斯(株)小牧支店	小牧市大字東田中字上池1251	30×2	20×2
(株)エス・アイ東海	稲沢市下津森町1－1	30×3	2.9×1
(株)マルエイ　名古屋支店	稲沢市赤池西出町116	30×1	
(株)あみや商事　新城充填所	新城市大宮字清水1－9	20×2	10×1
日本ガスコム(株)新城営業所	新城市大野字上貝津18－2	10×1	
武一(株)	東海市加木屋町石田1－2	20×1	15×2
		10×1	
丸菱商事(株)大府充填所	大府市横根町坊主山1－133	20×2	
大日本アガ(株)大府事業所	大府市長草町亀池1－7	20×1	10×1
高圧ガス工業(株)名古屋工場	大府市北崎町駒場66	20×3	
知多高圧ガス(株)本社工場	知多市新刀池2－14	30×1	20×2
(株)フジプロ	知立市牛田町遠新切48	30×1	20×1
		15×1	
玉屋プロパン(株)	日進市岩崎町向イ田	20×2	
松井産業(株)	田原市田原町松下9－20	10×1	
東邦液化ガス(株)八開充てん所	愛西市江西町寺南62－3	30×1	
東桜ガステック(株)	清須市清洲3－8－6	7×1	
新日本ガス(株)尾張支店	北名古屋市鍛冶ヶ一色西2－207	20×1	10×1
ジェイエイ・トービス(株)尾張LPガス充填所	北名古屋市鍛冶ヶ一色端須賀22、22－1	20×2	
伊藤忠エネクスホームライフ中部(株)名古屋センター	北名古屋市六ツ師高台118－1	30×1	
名古屋プロパン瓦斯(株)弥富支店	弥富市六條町大山18	20×1	10×1

事　業　所　名	所　在　地	規　模（t）	
（株）三好ガス	みよし市三好町上砂後5－5	20×2	2.9×2
東邦液化ガス（株）三好充てん所	みよし市根浦町7－1－8	30×1	
太洋商事（株）	あま市七宝町桂川向790	15×2	
大陽日酸エネルギー（株）中部支社名古屋支店	海部郡蟹江町蟹江本町エノ割3－1	30×2	
海部南部プロパン販売（協）	海部郡蟹江町大字蟹江新田字下芝切179	30×1	10×1
松屋（株）	海部郡蟹江町城1－267	0.5×6	
（株）クリーンガスセンター　岡崎事業所	額田郡幸田町大字坂崎字丸池30	20×1	
武豊ガス（有）	知多郡武豊町字里中139	20×1	
大和燃料（株）	知多郡美浜町大字河和字亀ヶ坪159－109	20×1	15×1
（株）エネチタ　阿久比充填所	知多郡阿久比町大字草木字上外六3－1	30×2	

〔三　重　県〕

事　業　所　名	所　在　地	規　模（t）	
ダイヤ燃商（株）中勢充てん所	津市高茶屋7－5－52	30×1	20×1
		15×1	0.5×2
関西プロパン瓦斯（株）	津市末広町10－16	15×1	10×1
東邦液化ガス（株）津充てん所	津市雲出鋼管町6－2	30×2	
（株）マルエイ　津支店	津市雲出長常町字九ノ割1255－10	40×1	30×1
全国農業協同組合連合会三重県本部　中央ガスセンター	津市戸木町機ノ前4276－3	30×3	
（株）ホームエネルギー東海　四日市センター	四日市市午起2－4－13	30×1	20×1
ニイミ産業（株）四日市支店	四日市市羽津古新田2827	20×2	
三重品川産業（株）	四日市市大井手2－5－17	10×2	2.9×1
（株）マルエイ　四日市支店	四日市市采女町字春雨3210－12	20×1	15×1
		0.5×2	
（株）ナルカワ	四日市市垂坂町字梶屋道1397－3	20×2	
（株）日興	四日市市新正3－11－8	15×1	10×2
（有）大玉商会	伊勢市中須町620	15×1	10×1
三重交通商事（株）伊勢液化ガス営業所	伊勢市鹿海町字圓坊1443	20×1	15×1
（有）白髭商店　伊勢充填所	伊勢市上野町字掛橋2099－2	20×1	
（株）ホームエネルギー東海　伊勢センター	伊勢市小俣町湯田486－1	20×2	
鈴定ガス販売（株）	松阪市大口字新地1510－8	20×2	
朝日ガスエナジー（株）松阪ガスセンター	松阪市嬉野天花寺町647	20×3	
高圧ガス工業（株）三重工場	桑名市能部818	20×2	10×1
川瀬産業（株）	桑名市大字和泉524	10×2	
上野ガス（株）	伊賀市上野茅町2706	50×1	20×3
アポロ興産（株）	伊賀市四十九町1140	20×2	
東邦液化ガス（株）鈴鹿充てん所	鈴鹿市河田町789	20×2	5×1
朝日ガスエナジー（株）鈴鹿ガスセンター	鈴鹿市安塚町1350－193	20×1	15×1
大陽日酸エネルギー（株）中部支社三重支店	鈴鹿市一ノ宮町1159	30×2	20×1
名張近鉄ガス（株）八幡製造所	名張市八幡1232－1	50×3	20×1
関西プロパン瓦斯（株）尾鷲営業所	尾鷲市南浦矢ノ川長尾1987－13	20×1	
上野ガス（株）亀山支店	亀山市椿世町547－1	20×1	15×1
北勢瓦斯（株）	いなべ市北勢町別名223	20×1	
石井燃商（株）員弁充填所	いなべ市北勢町麻生田1272	15×1	2.9×1
東邦液化ガス（株）志摩充てん所	志摩市磯部町沓掛7－2	20×2	
関西プロパン瓦斯（株）志摩営業所	志摩市阿児町鵜方2944	15×1	10×1
志摩ガス協業組合	志摩市志摩町越賀2815－5	15×2	
南紀プロパンガス（株）熊野営業所	熊野市木本町1182	0.5×8	
東邦液化ガス（株）川越充てん所	三重郡川越町大字高松字川下1332	30×2	
東海ミツウロコ（株）四日市営業所	三重郡川越町大字高松字葭野1532－1	20×1	10×1
石川商事（株）	三重郡川越町南福崎中古川655	30×1	
川越ガス（株）	三重郡川越町大字当新田623	20×1	15×1
朝日エンジニアリング（株）	三重郡菰野町大字竹成2234－4	20×2	15×1
		2.9×2	
名古屋プロパン瓦斯（株）伊勢支店	多気郡明和町新茶屋460	20×1	15×1
甲陽商事（株）多気充てん工場	多気郡多気町大字土羽字平林1117	20×2	
日通エネルギー東海（株）	度会郡大紀町滝原924－2	20×1	

〔岐　阜　県〕

事　業　所　名	所　在　地	規　模（t）	
（株）マルエイ　岐阜支店	岐阜市切通7－17－6	30×1	20×2
		2×1	
大陽日酸エネルギー（株）中部支社岐阜支店	岐阜市切通7－17－13	30×2	
（株）ホームエネルギー東海　岐阜センター	岐阜市木田5－55－2	20×3	
（株）村瀬産業　長良充填所	岐阜市長良1－23	20×1	
岐阜県ＪＡビジネスサポート（株）岐阜営業所	岐阜市蔵前2－1－12	30×2	
東邦液化ガス（株）エコステーション岐阜	岐阜市加納坂井町2	15×1	
新日本ガス（株）大垣支店	大垣市小野4－364－1	20×2	
大垣ガス（株）	大垣市寺内町3－67	50×1	30×2
		20×2	0.5×1
（株）大丸	大垣市荒川町610－1	20×1	15×1
		10×1	
岐阜県ＪＡビジネスサポート（株）西濃営業所	大垣市上屋町2－29－1	20×2	
ガステックサービス（株）大垣支店	大垣市草道島町39	15×1	10×1
（株）大橋プロパン	大垣市本今3－42	20×1	0.5×1
（株）ヒダエルピーヂーグループ	高山市石浦町2－447	20×1	10×1
斐太石油（株）高山充填所	高山市下岡本町1484	20×1	
岐阜県ＪＡビジネスサポート（株）飛騨営業所燃料センター	高山市国府町上広字瀬和田63	30×2	15×1

事 業 所 名	所 在 地	規 模（t）	
東邦液化ガス(株)多治見充てん所	多治見市東町1－57	20×3	
東鉄商事(株)多治見ＬＰガス充填所	多治見市平和町1－163	10×2	
(株)エネサンス中部　多治見営業所	多治見市大原町8－4－1	30×2	
ヤマカ(株)日石ヨーネン東濃ターミナル	多治見市京町4－23	20×3	15×1
(株)伊藤商会ＬＰＧ充填所	多治見市高根町4－22	20×1	15×1
中部プロパン(株)供給管理センター	多治見市笠原町4022－44	50×2	15×2
関液化石油ガス(協)	関市西本郷通り5－1－1	30×1	15×1
		1×1	
ヤマモトエナジー販売(株)中津川営業所	中津川市かやの木2576－1	20×2	
共栄液化瓦斯(株)	中津川市千旦林814－2	40×1	20×1
(有)山卯商店　山卯ガス充填基地	美濃市極楽寺字一本杉293－7	20×1	10×1
東濃石油(株)益見充填工場	瑞浪市土岐町7987	20×2	10×1
山十商事(株)	瑞浪市陶町水上829	15×2	
山本プロパン瓦斯(株)恵那営業所	恵那市大井町1213－1	20×1	
東邦液化ガス(株)恵那充てん所	恵那市大井町2018－40	30×1	
美濃加茂ガス(株)	美濃加茂市前平町1－65	50×2	15×3
昭洋商事(株)ＬＰガス東濃充填所	土岐市下石町西山304－349	30×3	
新日本ガス(株)東濃支店	土岐市下石町西山304－522	30×3	15×1
山勝ガス(株)	土岐市駄知町地京平95－2－1	10×1	
東海ミツウロコ(株)東濃営業所	土岐市土岐津町土岐口1619－3	30×1	20×1
石黒商事(株)東濃エネルギーセンター	土岐市土岐津町土岐口字砦山705－4	50×2	20×1
大陽日酸エネルギー(株)中部支社東濃支店	土岐市土岐津町土岐口字中山1372－1	30×2	
ニイミ産業(株)土岐支店	土岐市土岐津町土岐口字鴨ヶ池1318－8	30×1	20×1
新日ガス(株)各務原支店	各務原市蘇原花園町2－45－2	20×3	10×1
ロジトライ中部(株)岐阜営業所	各務原市鵜沼三ツ池町6－433	30×1	20×2
東邦液化ガス(株)各務原充填所	各務原市鵜沼各務原町7－13－1	50×3	
犬飼産業(株)可児営業所	可児市川合2020－1	30×4	2.9×2
岐阜県ＪＡビジネスサポート(株)可児営業所	可児市川合2620－1	15×2	
東邦液化ガス(株)可児充てん所	可児市大森字立石1570－3	30×2	
岐阜エルピーガス供給センター(株)	瑞穂市田之上7	20×2	
ＥＮＥＯＳグローブエナジー(株)瑞穂営業所	瑞穂市別府2288－1	20×3	
新日本ガス(株)益田支店	下呂市萩原町宮田1472－3	20×1	
下呂興産(株)東上田充填所	下呂市東上田2121－5	15×1	
(株)マルエイ　郡上支店	郡上市大和町神路字カバ島1877－3	20×2	
郡上ガス(株)	郡上市白鳥町向小駄良760－4	15×3	
(株)東亜	山県市松尾字道東3－29	30×1	
新日本ガス(株)海津支店	海津市海津町札野二番縄552	20×3	
(株)マルエイ　南濃支店	海津市海津町西小島字杭東143	20×1	15×1
アルプス薬品工業(株)上野工場	飛騨市古川町上野8	30×1	
(株)村瀬産業シェル石油岐阜ＬＰＧ充填所	羽島郡岐南町平成5－107	30×2	20×1
		0.5×1	
ＥＮＥＯＳグローブエナジー(株)中部支社岐阜支店	羽島郡笠松町緑町68	20×1	15×1
		5×1	
(株)カネキ立川ガス	揖斐郡池田町八幡字四美田221－1	15×1	10×1
(株)川甚　大野充填所	揖斐郡大野町大字加納字六反田西1362－1	20×2	15×1
(株)ホームエネルギー東海　東濃センター	加茂郡八百津町上野字東中国700－12	30×3	
日通商事(株)坂祝ＬＰガス充填所	加茂郡坂祝町大字取組783	20×1	
ヤマサ總業(株)岐阜営業所	加茂郡川辺町下川辺字中島61－1	20×2	
(有)高田商店	安八郡安八町大明神宮裏111－1		

〔富 山 県〕

事 業 所 名	所 在 地	規 模（t）	
全国農業協同組合連合会富山県本部　中央ＬＰガスセンター	富山市興人町字立割1－1	30×3	2.9×1
		0.5×1	
サカヰ産業(株)富山総合ガスセンター	富山市高木2481－6	70×1	30×3
(株)北国エネルギー	富山市上赤江町2－3－33	30×1	20×1
		15×1	
宇野酸素(株)富山営業所	富山市永久町1－2	15×3	
イワタニ北陸(株)富山支店	富山市萩原34	15×2	
(株)テルサウェイズ本社営業所	富山市中大久保349	60×2	
サンリン(株)富山支社	富山市婦中町萩島3251－1	20×2	
北日本物産(株)富山充填所	富山市境野新29番4	50×3	2.9×1
日本海ガス(株)岩瀬工場	富山市上野新町1－43	20×2	
北陸熱原(株)	高岡市内免2－8－55	20×3	
富山セントラルガス(株)富山センター	高岡市荻布字川開678－5	30×2	
和光商事(株)	高岡市六家1209	15×2	
戸出合同ガス協業組合	高岡市戸出栄町25	15×1	
富山日石ガスセンター(株)	射水市三ケ2191－2	30×1	20×1
		10×1	
橋本産業(株)射水出張所	射水市小島755	30×1	20×1
(株)中村燃料商店　大島エネルギーセンター	射水市北高木14－6	30×1	20×2
(株)丸八	魚津市北鬼江364	20×3	3.5×2
(株)三ノ宮燃料	氷見市柳田字中田624	20×1	15×1
(株)清水住設　阿尾充填所	氷見市阿尾30	20×1	15×1
日通商事(株)富山ＬＰガス事業所	滑川市辰野211	20×2	
(株)ホームエネルギー北陸　黒部センター	黒部市沓掛字道上割2000－16	20×2	
イワタニ北陸ガスセンター(株)	砺波市下中条133	30×2	20×1

事　業　所　名	所　在　地	規　模（t）	
（株）丸八　砺波営業所	砺波市苗加61－1	10×2	
全国農業協同組合連合会富山県本部　砺波ＬＰガスセンター	砺波市中野679	20×2	
（株）ガスコムノムラ	南砺市田中402	20×1	
中越産業（株）福野充填工場	南砺市川除新110	20×2	
北日本物産（株）富山東営業所	下新川郡入善町上飯野100	20×2	

〔石　川　県〕

金沢ガス開発（株）	金沢市百坂町イー1	30×2	
金沢市農業協同組合燃料課	金沢市松寺町未62	20×1	
北日本物産（株）金沢支店	金沢市大野町4－ソー6－3	10×2	
（株）ホームエネルギー北陸　金沢センター	金沢市大野町4－ソー7－1	30×2	
金沢サプライセンター（株）	金沢市大野町4－ソー8	30×2	20×1
伊丹産業（株）金沢工場	金沢市大野町4－ソー13	20×2	
宇野酸素（株）七尾営業所	七尾市古府町い部10	10×2	
（株）上村産業	七尾市津向町ト107－3	15×1	
北日本物産（株）七尾営業所	七尾市鶴浜町に部24	30×1	20×1
（株）ホームエネルギー北陸　小松センター	小松市矢田野町19－55－1	30×2	20×1
宇野酸素（株）小松営業所	小松市一ツ針イ19－1	15×2	
（有）山上石油	輪島市山岸町ろ部51	20×1	10×1
ミライフ西日本（株）珠洲店	珠洲市宝立町春日野丙21－1	20×1	
珠洲市農協ガスセンター	珠洲市若山町出田36－16－1	20×1	
（有）北陸プロパンガス商会	加賀市永井町49－19	15×1	
（株）加賀ガスサービスセンター	加賀市加茂町291－1	30×2	20×1
全国農業協同組合連合会石川県本部　羽咋ＬＰガス供給センター	羽咋市中川町へ48	20×2	
ミライフ西日本（株）羽咋店	羽咋市新保町下128	15×1	
ＥＮＥＯＳグローブエナジー（株）中部支社石川支店	白山市四ツ屋町1061－1	20×2	15×1
サカヰ産業（株）松任充填工場	白山市下柏野町950－1	20×2	15×1
橋本産業（株）金沢営業所	白山市水島町1234	20×2	
大城エネルギー（株）根上支店	能美市大浜町ヤ65	30×3	
大城エネルギー（株）高松支店	かほく市高松37	15×1	10×1
全国農業協同組合連合会石川県本部　加賀ＬＰガス供給センター	能美郡川北町朝日天1	30×2	
日通商事（株）金沢支店北陸ＬＰガス事業所	河北郡津幡町字清水へ398－1	30×1	15×1
ＥＮＥＯＳグローブエナジー（株）中部支社能越支店羽咋営業所	羽咋郡宝達志水町柳瀬ヨ25	20×1	
全国農業協同組合連合会石川県本部　穴水ＬＰガス供給センター	鳳珠郡穴水町川島ヤ1－4	20×1	
（株）上野喜八商店日石ガス宇出津充填所	鳳珠郡能登町羽根4－35	20×1	

〔福　井　県〕

エナジーサポートセンター（株）南福井充填所	福井市花堂東1－13－6	30×3	
ＥＮＥＯＳグローブエナジー（株）中部支社福井支店	福井市高木西1－303	20×2	15×1
興北プロパン（株）福井基地	福井市浅水町105－3	30×3	0.5×1
福井ツバメ商事（株）	福井市豊岡1－14－20	15×4	
（有）太陽プロパン	福井市上中町20－10	30×1	10×2
		0.5×2	
北日本物産（株）福井充填所	福井市八重巻町13字国安3－1	30×3	
福井県経済連嶺北ガスセンター	福井市開発5－208	20×1	15×1
ＡＯＩエネルギーソリューション（株）ガスサービスセンター	福井市川合鷲塚町48－1	20×2	15×1
三谷商事（株）敦賀支店	敦賀市河原町2－2	15×2	
イワタニ北陸（株）敦賀支店	敦賀市木ノ芽町	20×2	
ＥＮＥＯＳグローブエナジー（株）中部支社福井嶺南支店	敦賀市櫛川85号茶甲花1－3	20×2	15×1
宇野酸素（株）敦賀営業所	敦賀市布田町83－7－1	10×1	
ＥＮＥＯＳグローブエナジー（株）中部支社福井支店武生営業所	越前市村国2－4－10	20×1	10×1
（株）ホームエネルギー北陸　福井センター	越前市粟田部町79－1－5	20×2	
イワタニ北陸（株）若狭営業所	小浜市甲ヶ崎1－5－1	20×1	
ＥＮＥＯＳグローブエナジー（株）中部支社福井嶺南支店小浜営業所	小浜市和久里31	20×1	10×1
ＥＮＥＯＳグローブエナジー（株）中部支社福井支店大野営業所	大野市中野町4丁目101	15×1	10×1
日通プロパン住設（株）堂本ＬＰＧ充填工場	大野市堂本27－58－1	20×1	
勝山商事（株）寺尾充填所	勝山市村岡町浄土寺35字木戸口4－1	15×1	
宇野酸素（株）丹南営業所	鯖江市石田上町19	15×2	
宇野酸素（株）三国工場	坂井市三国町新保61－2－1	15×2	
福井ガスセンター（株）	坂井市坂井町大味62－6	15×2	
ＥＮＥＯＳグローブエナジー（株）中部支社福井支店鯖江営業所	丹生郡越前町気比庄14－4	20×1	15×1
福井県経済連　嶺南ガスセンター	三方上中郡若狭町三方150号山脇3－1	20×2	1×1

〔滋　賀　県〕

（株）東山　大津事業所	大津市大谷町16－5	20×1	10×1
岩谷瓦斯（株）イワタニ水素ステーション大津	大津市富士見台5－9	20×1	
彦根ホームガス（株）	彦根市佐和山町山田206－1	20×1	7×1
森脇産業（株）長浜工場	長浜市新庄馬場町315	30×1	20×2
北日本物産（株）長浜営業所	長浜市曽根町東山森1803	30×2	
（株）東山　近江八幡事業所	近江八幡市馬淵町1682	20×1	10×1
山川（株）滋賀支店	守山市荒見町針本435	20×2	
（株）キョウプロ　守山工場	守山市勝部5丁目1－12	20×1	15×1
上原成商事（株）守山エネルギーセンター	守山市勝部6丁目5－1	20×2	
甲賀協同ガス（株）	甲賀市水口町ひのきが丘12番地	70×2	20×2
信楽ガス（株）	甲賀市信楽町西349－9	20×3	
（株）キョウプロ　甲西工場	湖南市吉永433	15×2	

事　業　所　名	所　在　地	規　模（t）	
坂本油化(株)滋賀充填所	湖南市岩根字南山田1615－1	20×1	10×1
ＤＯＷＡサーモエンジニアリング(株)滋賀工場	湖南市下田1848－10	15×1	
伊丹産業(株)滋賀工場	野洲市小篠原844－1	30×1	15×1
全国農業協同組合連合会滋賀県本部　野洲燃料センター	野洲市小篠原1-8	60×2	
大丸エナウィン(株)湖南支店	野洲市三上1221－1	25×1	15×1
みのりガス	野洲市南櫻柳葉5番地	20×1	10×1
中島商事(株)	東近江市宮荘町61－5	20×1	15×1
		10×1	
(株)タナベエナジー	東近江市伊庭町291－2	10×3	
北日本物産(株)八日市営業所	東近江市上大森町1881	30×1	15×1
(株)キョウプロ　今津営業所	高島市今津町北仰字清水上395－1	20×1	15×1
高島ガス(株)	高島市安曇川町常盤木1105－3	20×1	
大丸エナウィン(株)滋賀支店	愛知郡愛荘町長野380	30×1	20×3

〔京　都　府〕

事　業　所　名	所　在　地	規　模（t）	
(株)ホームエネルギー近畿　京都センター	京都市南区吉祥院石原堂の後町31	23×1	20×1
		2.6×1	
(株)キョウプロ　吉祥院工場	京都市南区吉祥院石原東ノ口44－1	30×2	20×1
京都液化ガス(株)	京都市南区吉祥院宮の西町32	20×2	
上原成商事(株)京都工場	京都市伏見区下鳥羽南柳長62	20×3	
日交商事(株)福知山営業所	福知山市土師宮町1－170	20×2	
福知山小谷産業(株)	福知山市字狭間4－3	20×1	15×1
丹後瓦斯(株)和田工場	舞鶴市字和田280	20×1	
伊丹産業(株)舞鶴工場	舞鶴市大字長浜801－3	20×3	
江守石油(株)ＬＰガス充填所	舞鶴市字北吸小字北吹249	15×1	
舞鶴小谷産業(株)	舞鶴市字上福井95－7	20×1	
(株)ホームエネルギー近畿　京都北センター	綾部市味方町鷲谷33	20×2	
上原成商事(株)京都北支店液化石油ガス綾部工場	綾部市井倉町日渡10－1	20×1	10×1
大阪ガスＬＰＧ(株)京滋支社	宇治市槙島町中川原127	20×1	15×1
伊藤忠エネクスホームライフ関西(株)京阪営業所	宇治市槙島町目川197	15×1	10×1
小谷産業(株)宮津充填所	宮津市字須津小字霞口2504	30×1	
丹後瓦斯(株)宮津工場	宮津市字須津小字芋谷226－4	20×1	15×1
伊藤忠エネクスホームライフ関西(株)京都営業所	亀岡市千代川町川関森ヶ下77－2	15×2	
ヤサカ商事(株)亀岡営業所	亀岡市大井町並河3－14－1	20×2	
(株)山城ガス	城陽市市辺西川原78	20×2	
ミライフ西日本(株)京滋支店京都基地	長岡京市馬場六ノ坪1	30×2	20×1
伊丹産業(株)京都工場	八幡市上津屋尼ヶ池43	40×4	
帝燃産業(株)田辺充填所	京田辺市草内当ノ木1－4	15×3	
中山商事(株)菅工場	京丹後市峰山町菅868	20×2	
全国農業協同組合連合会京都府本部　ＬＰガス丹後充填所	京丹後市峰山町字二箇小字佐古田1482	20×1	
ミライフ西日本(株)京滋支店京都城南基地	木津川市山城町綺田川久保4	20×1	
高橋商事(株)山城ＬＰガス充填所	木津川市山城町椿井落合22－1	20×3	
全国農業協同組合連合会京都府本部　クミアイプロパン総合センター	南丹市園部町上木崎年ノ森3	20×2	
大陽日酸ガス＆ウェルディング(株)京滋支店	久世郡久御山町田井新荒見95	10×2	
山川(株)ガス事業部京都支店	久世郡久御山町森中内54－2	30×1	20×1
伊丹産業(株)野田川工場	与謝郡与謝野町石川6436	20×1	

〔奈　良　県〕

事　業　所　名	所　在　地	規　模（t）	
(株)西井商店	奈良市南京終町5－223－1	15×1	10×2
(株)下出商会	奈良市神殿町392	20×1	7×1
大和石油ガス(株)奈良支店	奈良市神殿町677	20×1	10×1
		7×1	
(株)福井商会	奈良市柏木町177	20×1	15×1
		10×1	
(株)加藤商会	奈良市今市町46－1	20×2	15×1
松倉商事(株)	大和高田市大谷470	20×3	
大丸エナウィン(株)奈良営業所	大和高田市今里川合方96－8	20×2	
大阪ガスＬＰＧ(株)中央支社奈良支店	天理市西井戸堂町452	20×2	10×1
伊藤忠エネクスホームライフ関西(株)奈良支店	天理市庵治町202－1	20×1	10×1
(株)高橋商店	橿原市栄和町14	20×2	
伊丹産業(株)桜井工場	桜井市谷6	20×1	15×1
三和石油ガス(株)	桜井市三輪767－1	20×1	10×1
中美燃料(株)	五條市三在町542	20×1	
(株)森脇商店	五條市三在町336	20×1	
(株)真秀コールド・フーズ	五條市住川町888－9	15×1	
伊丹産業(株)五條工場	五條市住川町888－37	30×2	
西川燃料(株)	御所市櫛羅116	20×1	15×1
北川燃料住専店	御所市小林41	15×1	
ロジトライ関西(株)奈良事業所	生駒市北田原町1544－1	30×1	
共立産業(株)	宇陀市大字陀平尾410	10×2	
エネライフ・コミュニティー(株)	宇陀市榛原福地399	10×2	
松田石油(株)	生駒郡安堵町東安堵1153	20×2	
奈良県農業協同組合ＬＰガス供給センター	磯城郡田原本町千代391－1	46×1	30×1
		15×1	
大和協同ガス(株)	北葛城郡広陵町大野85－1	20×2	
北仙産業(株)	吉野郡大淀町新野340－1	10×1	7×1

事　業　所　名	所　在　地	規　模(t)	
オケタ石油(株)	吉野郡大淀町桧垣本87	20×1	
東商店	吉野郡十津川村平谷57－2	15×1	
〔和　歌　山　県〕			
ダイワエネルギー(株)和歌山充填所	和歌山市布施屋758－1	30×1	20×2
大阪ガスLPG(株)和歌山支社	和歌山市小倉457	30×2	20×1
エコガス(株)和歌山営業所	和歌山市船所43	30×1	
(株)ホームエネルギー近畿　和歌山センター	和歌山市田尻514－1	20×2	
大丸エナウィン(株)和歌山支店	和歌山市三葛518	20×1	15×1
(株)ヤマスギ	新宮市三輪崎2195－1	15×1	
鈴木石油(株)新宮液化石油ガス充填所	新宮市佐野625－12	20×2	
南紀プロパンガス(株)	新宮市清水元1－1－9	30×1	15×2
嶋田石油(株)海南LPG充填所	海南市且来1384－7	20×1	
大崎産業(株)下津LPGセンター	海南市下津町方635	15×1	
南紀ガス(株)	田辺市下三栖11－18	15×2	
伊藤忠エネクスホームライフ関西(株)紀州支店田辺営業所	田辺市下三栖1475－137	20×2	15×1
(株)ホームエネルギー近畿　田辺センター	田辺市芳養松原2－31－10	30×1	20×1
伊藤忠エネクスホームライフ関西(株)御坊営業所	御坊市塩屋町北塩屋1399－4	15×2	
伊丹産業(株)橋本工場	橋本市小原田14－1	15×1	
(株)東亜プロパン商事	有田市宮崎町368－1	15×2	
紀州高圧(株)	有田市辻堂311－1	20×1	15×1
		0.5×1	
粉河ガス(株)	紀の川市東野9－3	20×1	7×1
		1×1	0.5×1
大崎産業(株)貴志川LPGセンター	紀の川市貴志川町北415	20×1	15×1
(株)大上石油店	紀の川市中井阪389	20×1	15×1
(株)モリカワ　LPガス充填所	東牟婁郡那智勝浦町宇久井80－1	15×1	
ダイワエネルギー(株)勝浦営業所	東牟婁郡那智勝浦町下里626－1	30×1	
白浜ガス(株)	西牟婁郡白浜町2703－1	15×1	10×2
〔大　阪　府〕			
梅田オートガス(株)	大阪市福島区福島5－4－21	10×2	
日交商事(株)大阪営業所　弁天町エコ・ステーション	大阪市港区弁天2－12－2	30×1	20×1
スタンダードサービス(株)長柄充填所	大阪市北区長柄東2－11－16	15×2	10×1
ガスワークオカゲ(株)	堺市東区草尾574－2	10×1	
(株)シェル石油大阪発売所　堺石原LPG事業所	堺市東区石原町1－118	50×1	30×1
		20×1	
大陽日酸ガス＆ウェルディング(株)堺支店	堺市中区楢葉211	20×2	15×1
梶野産業(株)	岸和田市港緑町7－2	30×2	10×1
大丸エナウィン(株)大阪支店	岸和田市西大路町213	20×1	12.6×1
(株)藪久ガス	岸和田市畑町646	15×1	
アストモスリテイリング(株)関西カンパニー岸和田営業所	岸和田市臨海町18	20×1	15×1
池田エルピーガス(株)	池田市豊島南2－10－15	15×2	
伊丹産業(株)セルフ高槻エコ・ステーション	高槻市辻子2－1－21	8×2	
坂本油化(株)高槻充填所	高槻市柱本3－5－1	20×1	
上原成商事(株)エネルギー特約部液化ガス大阪支店	枚方市堂山東町8－5	20×1	15×1
(株)シェル石油大阪発売所　茨木LPG事業所	茨木市郡5－7－26	15×1	10×1
大栄産業(株)	茨木市白川2－3－38	20×1	
ミライフ西日本(株)関西支店八尾基地	八尾市福栄町3－16－1	20×1	15×1
(株)オクジ　泉佐野工場	泉佐野市葵町4－4－27	20×1	10×1
三和液化ガス(株)	河内長野市原町4－5－5	20×1	10×1
大阪ガスLPG(株)中央支社大阪北支店	大東市三箇2－2－14	30×2	20×1
(株)ホームエネルギー近畿　大阪東センター	大東市氷野4－1－25	30×3	
伊丹産業(株)和泉工場	和泉市テクノステージ3－11－1	20×3	
ツバメ産業(株)	柏原市円明町1000－8	15×3	
伊丹産業(株)門真支店	門真市東田町4－18	20×2	8×1
(株)ガナップ　門真充填所	門真市殿島町11－1	10×2	
イビデンケミカル(株)ガス事業部高石事業所	高石市高砂3－79	15×4	
アストモスリテイリング(株)関西カンパニー東大阪支店	東大阪市今米2－9－49	20×1	12.6×1
泉州燃料(株)貝塚基地	貝塚市森952－1	20×1	
大丸エナウィン(株)大阪支店泉南工場	阪南市箱作2232－1	20×1	
〔兵　庫　県〕			
伊丹産業(株)道場工場	神戸市北区道場町塩田2082	20×2	
伊丹産業(株)三田工場	神戸市北区長尾町宅原1752－1	30×2	
ネクストワン(株)明石営業所	神戸市西区伊川谷町潤和字大日853－1	15×1	10×1
ＥＮＥＯＳグローブエナジー(株)西日本支社神戸支店	神戸市西区伊川谷町潤和字大日862－1	20×1	10×1
伊藤忠エネクスホームライフ関西(株)神戸支店	神戸市西区玉津町田中567	15×1	
伊丹産業(株)神戸工場	神戸市西区見津が丘1－7－4	30×3	
関西ガス(株)	神戸市西区森友4丁目31	15×3	
扇港興産(株)神戸充てん所	神戸市灘区都通1－1－6	12×1	
三木ガス販売(株)姫路工場	姫路市白浜町宇佐崎南2－51	40×1	20×2
播磨エナジック(株)	姫路市林田町林谷字南山946－47	40×2	
タツミ産業(株)	姫路市英賀字東浜甲1944－2	20×1	
タツミ産業(株)第二工場	姫路市英賀字東浜甲1962	7×1	
北野産業(株)	姫路市神屋町3－37－4	15×2	

事　業　所　名	所　在　地	規　模（t）	
大阪ガスＬＰＧ(株)兵庫支社姫路事業所	姫路市飾西字富山747－8	30×1	20×1
		10×1	
兵庫酸素(株)	姫路市下手野1－8－10	20×1	
十全商会(株)姫路工場	姫路市飾磨区玉地96	15×1	10×1
横田ガス(株)	姫路市飾磨区中島真鶴上1202－17	20×1	15×1
		10×1	
(株)ホームエネルギー近畿　姫路センター	姫路市大津区勘兵衛町3－2－1	20×2	
共和商事(株)姫路営業所	姫路市大津区真砂町33－1	20×1	10×1
伊丹産業(株)福崎工場	姫路市香寺町溝口980	20×3	
伊丹産業(株)尼崎工場	尼崎市猪谷寺3－4－8	30×1	20×2
大陽日酸ガス＆ウェルディング(株)尼崎支店	尼崎市元浜町1－95	20×2	
樽岡石油(株)	尼崎市東園田町8－77	20×1	
(株)ホームエネルギー近畿　明石センター	明石市大久保町江井島北端1687－2	20×3	
共和商事(株)若狭野基地	相生市若狭野町若狭野下河原15	20×1	
共和商事(株)本社	相生市那波大浜町1－8	15×1	
但馬米穀(株)ガスセンター	豊岡市中郷字テツギ谷174－4	20×2	
三和商事(株)	豊岡市正法寺628	23×1	12×1
全国農業協同組合連合会兵庫県本部　但馬ＬＰガス充填所	豊岡市神美台30	20×4	
伊丹産業(株)豊岡工場	豊岡市神美台30	20×4	
(株)中村商店	豊岡市出石町町分355	20×1	10×1
(株)しき島ガスワン	加古川市別府町港町1－2	20×3	
加古川ガス(株)宗佐工場	加古川市八幡町宗佐1011－1	30×2	
阪神瓦斯産業(株)加古川営業所	加古川市野口町良野957	20×2	
ネクストガス(株)	加古川市神野町石守字丸山680－13	20×3	15×1
伊丹産業(株)加古川工場	加古川市西神吉町宮前字氏庵垣内796－1	20×1	10×1
伊丹産業(株)龍野工場	たつの市龍野町日山80－1	20×1	10×2
伊丹産業(株)赤穂工場	赤穂市目坂1	20×2	
播磨西エナジック(株)	赤穂市加里屋1120－124	30×1	
伊丹産業(株)西脇工場	西脇市郷瀬町487－1	20×1	15×1
(株)ホームエネルギー近畿　東播磨センター	西脇市黒田庄町前坂字仮ノ坪1540	20×2	
阪神瓦斯産業(株)三木営業所	三木市福井八幡谷2119－2	30×1	15×1
マツバ産業(株)	高砂市高砂町向島1474－44	20×2	
伊丹産業(株)高砂工場	高砂市阿弥陀町魚橋551	20×1	10×1
(株)ミツワ	川西市久代2－2－1	20×3	
伊丹産業(株)小野工場	小野市高田町1774－1	20×2	15×1
扇港興産(株)小野支店	小野市高田町1834	20×2	
三木ガス販売(株)加西工場	加西市鎮岩町古鎮岩301	20×2	10×1
伊丹産業(株)加西容器検査所	加西市畑町1611	10×1	6.5×1
伊丹産業(株)篠山工場	篠山市大沢字岩鼻ノ坪235	30×1	20×1
三木ガス販売(株)山崎工場	宍粟市山崎町千本屋字大久保138	20×2	15×1
伊丹産業(株)津名工場	淡路市木曽上1512	30×1	20×1
丸善産業(株)	淡路市津名町佐野1876	15×2	
ハミーガス(株)	淡路市津名町中田字大池奥2979－3	20×2	
伊丹産業(株)東浦工場	淡路市久留麻802－2	30×1	
井本産業(株)	南あわじ市中条中筋1615	20×1	15×1
		10×1	
新屋石油(株)	南あわじ市湊新島1349	200×2	
(株)ホームエネルギー淡路　西淡工場	南あわじ市湊新島1352	70×1	30×2
伊丹産業(株)福良工場	南あわじ市阿万塩屋四郎右ヱ門2580	53×3	
兵庫熔材(株)	朝来市和田山町枚田244	20×1	15×1
(株)ホームエネルギー近畿　和田山センター	朝来市和田山町駅北12－4	20×2	
伊丹産業(株)氷上工場	丹波市氷上町横田622－4	30×1	20×1
(株)ミツワ　丹波支店	丹波市柏原町柏原2146－1	30×1	15×2
共和商事(株)上郡営業所	赤穂郡上郡町字谷筋の8	10×1	
藤田酸素工業(株)播磨事業所	加古郡播磨町新島22	20×1	
共和商事(株)佐用営業所	佐用郡佐用町早瀬899	10×2	
伊藤忠エネクスホームライフ関西(株)姫路営業所	神崎郡福崎町西田原123－1	20×1	10×1
寺田ガス(株)	美方郡香美町香住区森字ハタヤ343－1	20×1	
上島プロパン(株)	美方郡新温泉町浜坂464－2	15×1	
〔鳥　取　県〕			
日ノ丸産業(株)湖山瓦斯基地	鳥取市五反田町1	15×1	
(株)エネルギーセンター鳥取	鳥取市五反田町2	50×2	1×2
山陰酸素工業(株)鳥取支店	鳥取市叶字下井原108－1	30×1	20×1
(株)ホームエネルギー山陰　鳥取センター	鳥取市湖山町東3－32	20×2	
米子煉炭(有)	米子市米原1－1－31	30×1	
米子エルピーガスセンター(株)	米子市二本木藪之後427－1	20×2	
(株)ホームエネルギー山陰　米子センター	米子市蚊屋256－1	20×1	15×1
山陰ＬＰガス共同ターミナル(株)	米子市旗ヶ崎2146	50×2	
山陰酸素工業(株)米子支店	米子市旗ヶ崎2202－1	60×3	30×2
伊藤忠エネクスホームライフ西日本(株)倉吉製造所	倉吉市上井町1－60－2	20×2	
全国農業協同組合連合会鳥取県本部　燃料センター	倉吉市清谷町2－136	30×2	20×1
		1×1	
米子煉炭(有)倉吉ＬＰＧステーション	倉吉市伊木210	20×1	
堀田石油(株)境港ＬＰＧ充填所	境港市中野ふ頭用地	15×2	
(株)国森石油店	東伯郡赤碕町赤碕字茶山2002	10×1	

事　業　所　名	所　在　地	規　模（t）	
東伯ガス産業(株)	東伯郡東伯町徳万731	20×1	
〔岡　山　県〕			
(株)ホームエネルギー山陽　岡山センター	岡山市南区豊浜町3－34	20×2	
(株)両備エネシス　豊浜ガス事業所	岡山市南区豊浜町11－46	15×2	
浅野産業(株)岡山総合事業所	岡山市南区豊浜町13－58	20×3	11×1
		0.5×3	
エルピーガス販売(株)	岡山市南区浦安本町53	20×2	
岡山ガスエネルギー(株)	岡山市南区築港栄町7－27	15×2	3×2
		1×2	
岡山エルピージーセンター(株)	岡山市南区妹尾2860－1	50×1	20×1
横山石油(株)	岡山市南区海岸通り2－5－22	30×2	1×1
伊丹産業(株)岡山工場	岡山市南区海岸通り2－7－11	22×1	
(株)永燃　東岡山工場	岡山市中区神下429－2	2×2	0.5×1
山陽ガス(株)	岡山市東区上道北方211	20×1	15×1
		13×1	1×1
ライフォス(株)東岡山工場	岡山市東区鉄145	22×1	
大和マルキガス(株)	岡山市北区中撫川14	20×2	
田中実業(株)岡山営業所	岡山市北区平野825	20×1	10×1
メタコート工業(株)岡山工場	岡山市御津高津120－11	50×1	30×1
ＪＸＴＧエネルギー(株)水島製油所	倉敷市潮通2－1	1500×1	1350×1
		860×2	750×3
		260×1	230×1
赤澤屋液化瓦斯販売(株)	倉敷市玉島阿賀崎1－5－5	10×1	
上野油業(株)本社工場	倉敷市玉島八島1302	30×1	10×1
難波プロパン(株)	倉敷市玉島八島1868	15×1	10×1
浅野産業(株)水島事業所	倉敷市水島川崎通1－1－7	20×2	
(株)サンセキ　児島充填所	倉敷市福江1308－1	20×3	0.9×1
サーンガス共和(株)	倉敷市中島字中新田3	20×1	15×1
(株)はまだや	倉敷市児島通生1267－1	20×2	10×1
		0.9×1	
倉敷液化ガス(株)	倉敷市四十瀬45－1	10×2	
三備管工(株)水島工場	倉敷市南畝3－10－19	0.5×1	
水島高圧瓦斯(株)	倉敷市南畝3－10－20	15×2	
水島液化ガス(株)	倉敷市中畝1－1－1	20×2	15×1
倉敷ガス工業(株)	倉敷市連島町鶴新田2652－1	30×1	0.5×1
田中実業(株)津山営業所	津山市川崎1940	15×2	0.5×1
(株)ホームエネルギー山陽　津山センター	津山市川崎1965－1	20×1	
(株)セキサン	津山市林田町8－1	20×1	10×2
木村ガス商事(株)	津山市福田601	30×2	0.9×1
ツチダ産業(株)高野支店	津山市高野山西2103	20×1	15×1
浅野産業(株)玉野事業所	玉野市玉原3－20－6	15×2	
玉野興産(株)	玉野市宇野1－41－1	15×1	10×1
(株)はまだや　玉野工場	玉野市田井1－6－3	10×1	
高圧ガス工業(株)岡山工場	玉野市田井4－38－6	15×1	
ライフォス(株)玉野工場	玉野市槌ヶ原1289	20×1	10×1
		0.5×1	
(株)マスヒラガス	笠岡市笠岡3127－1	15×1	10×1
(株)阪本熊治郎商店	笠岡市東大戸字平4466－1	10×2	
細羽石油(株)	井原市西江原町8601－1	20×1	
(株)角藤田	総社市真壁1546	15×1	
備北液化ガス販売(株)	高梁市段町749	15×1	10×1
田中実業(株)新見営業所	新見市正田270	15×1	
伊丹産業(株)新見工場	新見市新見315－1	20×1	
岡山エア・ウォーター(株)	備前市香登西787	15×1	10×1
(株)橋本石油店	備前市東片上1154－2	15×1	10×2
吉延石油(株)	備前市閑谷持手川南1753	20×1	
浅野産業(株)真庭事業所	真庭市開田381	20×1	10×1
		0.5×1	
田中実業(株)真庭営業所	真庭市勝山779－1	10×2	
東真産業(株)勝山充填所	真庭市横部328	15×2	
(有)ガスタ松原	真庭市久世2398－7	0.5×2	
浅野産業(株)井原事業所	井原市芳井町梶江11	20×1	15×1
上野油業(株)里庄工場	浅口郡里庄町浜中837－2	30×2	10×1
備中ガス(株)	小田郡矢掛町小田6485	20×2	0.9×1
矢掛マルキ(株)	小田郡矢掛町矢掛1871－1	20×1	
伊丹産業(株)津山工場	勝田郡勝央町黒坂485－1	20×2	
〔島　根　県〕			
中石産業(株)石油ＬＰＧ松江基地	松江市福原町字竹崎1－22	20×1	10×1
イワタニ山陰(株)松江支店	松江市学園2－16－37	6×2	
橋本産業(株)松江営業所	松江市八幡町字灘大土手外796－18	30×1	
荒木燃料(株)	松江市八幡町字灘大土手外796－33	15×2	
(株)エルピーガスセンター松江	松江市東長江町902－43	30×2	
イワタニ島根(株)浜田支店	浜田市熱田町1429－1	20×3	
浜田ＬＰガス(協)容器検査所	浜田市熱田町1457	0.5×2	

事 業 所 名	所 在 地	規 模（t）	
ＪＡしまね　出雲地区本部　ＬＰガスセンター	出雲市高松町字三作675－1	20×1	
山陰酸素工業(株)出雲支店	出雲市長浜町457－8	60×1	
松江石油(株)出雲営業所	出雲市今市町1186－3	20×1	
森田産業(株)	出雲市白枝町238	19×1	
瀧川産業(株)容器検査所	出雲市大津町648－1	0.5×2	
(株)ホームエネルギー山陰　平田ターミナル	出雲市小津町1319－1	300×4	
ＪＡしまね　斐川地区本部　ＬＰガスセンター	出雲市斐川町福富844	20×1	15×1
イワタニ島根(株)益田支店	益田市あけぼの東町10－1	20×2	
新光プロパン瓦斯(株)西益田支店	益田市神田町ロ537	20×1	
(株)石見ガスセンター	益田市遠田町1954	15×1	10×1
イワタニ島根(株)静間事業所	大田市静間町1053	20×1	15×1
伊藤忠エネクスホームライフ西日本(株)大田製造所	大田市大田町大田イ2756－3	20×1	
広島ガスエナジー(株)安来充てん所	安来市黒井田町731	30×1	15×1
		0.5×2	
山陰酸素工業(株)安来支店	安来市安来町1054－1	60×3	50×2
		20×1	
(協)さんそ　容器検査所	安来市亀島町2－1	2.9×2	
伊藤忠エネクスホームライフ西日本(株)石見営業所	江津市都野津町2276	20×1	7×1
イワタニ島根(株)江津支店	江津市渡津町978－8	20×1	
島根県農業協同組合　雲南地区本部ＬＰガスセンター	雲南市木次町山方231－31	30×1	
山陰酸素工業(株)雲南支店	雲南市木次町里方1079－6	20×1	
(株)井谷明盛堂	雲南市木次町新市364	0.5×1	
島根県エルピーガス事業協同組合　容器検査所	雲南市加茂町岩倉48－3	0.5×2	
島根県農業協同組合島根おおち地区本部ＬＰガスセンター	邑智郡邑南町井原1413－1	30×1	
島前ガス(株)	隠岐郡西ノ島町大字美田1986－20	60×2	
隠岐エネルギー(協)	隠岐郡隠岐の島町飯田有田27－11	65×2	
新光プロパン瓦斯(株)	鹿足郡吉賀町朝倉1451－1	15×1	

〔広 島 県〕

事 業 所 名	所 在 地	規 模（t）	
サーンエネクス広島(株)ガスセンター	広島市西区商工センター8－4－21	19×1	15×1
日の丸産業(株)ＬＰガス充てん所	広島市南区上東雲町18－35	30×2	20×1
廣島エルピーガスターミナル(株)	広島市南区月見町2244－18	500×1	300×1
		30×1	
(株)槇原プロパン商会　広島支店	広島市南区宇品海岸3－5－33	30×2	23×1
全農広島県本部　広島ＬＰガス充填所	広島市安佐北区安佐町大字飯室字国丸2800－1	20×2	
日本ホームガス協業組合　安佐センター	広島市安佐北区安佐町大字久地字堀切山563－6	30×2	2×1
		1×1	
可部ガス販売(株)	広島市安佐北区可部南1－4－35	20×1	10×1
中国三愛ガスサプライ(株)広島事業所	広島市佐伯区八幡1－29－6	10×2	
大陽日酸エネルギー(株)中四国支社呉支店	呉市広白岳6－1－26	20×1	15×1
(有)大崎下島ガス	呉市豊町久比63	10×1	
高圧ガス工業(株)広島工場	呉市安浦町三津口4－2－12	20×1	15×1
中国ガス機器(株)	呉市音戸町田原1－12－6	15×1	7×1
久野島産業(株)	竹原市下野町東上条2794－29	20×1	
全農広島県本部　三原ＬＰガス充填所	三原市新倉2－5－1	20×1	10×1
伊藤忠エネクスホームライフ西日本(株)備後ガスセンター	三原市木原4－19－1	20×1	10×2
青木プロパン(株)充填工場	尾道市向島町2038－1	20×1	10×1
因の島ガス(株)棚子山プロパン基地	尾道市因島重井町通り谷5378	15×1	
因の島ガス(株)本社工場	尾道市因島中庄町西浦2010	20×1	15×1
瀬戸田燃料(株)	尾道市瀬戸田町中野脇下30－3	20×1	
広川エナス(株)尾道支店　ガス住設グループ	尾道市古浜町2－53	10×1	
(株)ホームエネルギー山陽　福山センター	福山市瀬戸町大字山北字宮ノ後513	20×1	
信菱液化ガス(株)福山充填所	福山市南本庄1－6－1	15×2	
(株)協同瓦斯　ＬＰガス充てん基地	福山市一文字町3－2	30×1	20×2
中国三愛ガスサプライ(株)福山事業所	福山市新浜町2－1－28	20×2	
(株)アストモスガスセンター広島　福山営業所	福山市御幸町大字中津原字廿軒屋1703－1	20×2	
藤井商事(株)福山工場	福山市箕沖町105－3	15×2	10×3
(株)ガスエナジーヤブタ　福山北充填所	福山市千田町3－56—31	20×1	10×1
広島ガスプロパン(株)福山ＬＰＧ物流センター	福山市千田町4－12－20	50×2	20×1
		2×1	1×1
信菱液化ガス(株)神辺工場	福山市神辺町大字川北字南ノ丁1529－1	20×2	0.5×2
広島県東部プロパンガス協同組合	府中市中須町1233－2	15×2	
旭ガス協業組合	府中市本山町530－131	20×1	
(有)赤木プロパン商会	府中市上下町深江横山86－2	20×1	0.5×1
全農広島県本部　三次ＬＰガス充填所	三次市十日市西6－8－33	20×2	
(株)槇原プロパン商会　槇原ガスセンター	三次市四拾貫町110－1	30×3	20×1
		0.5×2	
長岡商事(株)	庄原市是松町5020－40	20×2	0.5×1
広島ガス住設(株)	庄原市東城町新福代3	15×1	0.5×1
(株)ホームエネルギー山陽　東広島センター	東広島市西条吉行東2－2－36	20×2	
ＥＮＥＯＳグローブエナジー(株)東広島営業所	東広島市黒瀬町宗近柳国88－1	20×1	
三保産業(株)広島工場	東広島市河内町入野字獅子伏山1297－93	2.9×1	1×1
松田ガス(株)ＬＰガス工場	東広島市安芸津町大字風早3170	20×2	
エルピーネット広島西(株)	廿日市市木材港北9－20	50×2	1×1
		0.5×1	

事 業 所 名	所 在 地	規 模(t)	
エコライフ(広島ガス高田販売(株))	安芸高田市吉田町常友669	20×1 0.5×1	10×1
(有)小畠商店	江田島市能美町中町4216	20×1	0.5×2
ヒラタコーポレーション(株)江田島工場	江田島市江田島町江南1－2－8	20×1 0.5×2	10×1
広島ガスプロパン(株)広島ＬＰＧ物流センター	安芸郡海田町明神町2－118	400×2 2×1	50×2 1×1
広島瓦斯販売(株)千代田充填所	山県郡北広島町大字有田字塚ノ本935	15×1 2.9×1	10×1
大崎瓦斯(株)	豊田郡大崎上島町東野4147－3	20×2	
〔山　口　県〕			
山口・アポロガス(株)山口営業所	山口市旭通り2－9－63	15×1	
ヤマサンガス(株)山口ガスターミナル	山口市吉敷下東3－5－1	20×1	15×1
山口中央農業協同組合ＬＰＧ充填所	山口市維新公園3－11－5	20×1	
西日本液化ガス(株)防府支店山口充填所	山口市大内千坊4－7－1	20×1	
全農エネルギー(株)山口ＬＰガスセンター	山口市佐山字物流産業団地南1200－1	30×2	
(株)ホームエネルギー山陽　山口センター	山口市佐山字村山747－6	30×2	
高山石油ガス(株)小郡充填所	山口市小郡上郷2296－45	20×1	
西日本液化ガス(株)下関支店	下関市長府扇町3－30	50×2	
藤井物産(株)	下関市長府野久留米町6－41	15×1 0.5×2	2.9×1
(株)エルピーガス下関	下関市長府松小田東町2－47	20×1	10×1
岸石油瓦斯(株)武久高圧ガス製造所	下関市武久町2－13－9	10×1	
ヤマサンガス(株)下関営業所	下関市彦島老町3－1－25	15×2	
高山石油ガス(株)宇部支店	宇部市神原町2－6－68	10×1	0.5×1
ヤマサンガス(株)宇部ターミナル	宇部市大字妻崎開作1849－8	40×2 0.5×1	2.9×1
山口・アポロガス(株)宇部営業所	宇部市南浜町1－1－1	20×1	10×1
中央ガス協同組合	宇部市神原町2－8－52	15×2	
エネックス(株)	宇部市大字東須恵3861－2	20×2	5×1
西日本液化ガス(株)萩支店	萩市大字椿326－1	20×2	
イワタニ山陽(株)萩営業所	萩市大字椿字立川2322－1	30×1	15×1
服部産業(株)萩充填工場	萩市川上字下亀瀬1547－1	15×1	
(株)三友新田分室	防府市大字新田字西中の町166	20×1 2.9×1	15×1
高山石油ガス(株)防府充填所	防府市大字植松字土手附72	20×1	
高山石油ガス(株)	下松市大字平田111	20×2	15×1
山田日之出ガス(株)	下松市大字平田550－2	20×1	
(株)ホームエネルギー山陽　下松センター	下松市望町5－1－1	20×1	15×1
西日本液化ガス(株)周南支店	下松市葉山2－904－9	50×2	2.9×1
興亜ガス開発(株)岩国工場	岩国市装束町5－3－30	12.5×2 0.5×1	5×1
岩洋商事(株)	岩国市室ノ木町1－9－16	10×1	
高山石油ガス(株)岩国充填所	岩国市関戸字大内迫口747－1	15×1	
伊藤忠エネクスホームライフ西日本(株)岩国ガスセンター	岩国市周東町上久原字下田308－3	20×2	
小野田液化石油ガス(協)	山陽小野田市大字東高泊1561	20×1	2.5×1
(株)大工燃料工業所　長門充てん所	長門市東深川1856－1	20×1	
大隅石油(株)ＬＰガス充填所	長門市仙崎堤尻295－1	10×1	
藤井物産(株)油谷充てん工場	長門市油谷久富字松崎48－3	15×1	
高山石油ガス(株)柳井充填所	柳井市余田2329	15×1	
(株)河村商店	美祢市大嶺町東分字前田416－1	15×1	
(株)南陽プロパン	周南市桶川町6－11	15×1	
大陽日酸ガス＆ウェルディング(株)山口支店	玖珂郡和木町関ヶ浜字道夕原1193	20×1	15×1
小松物産(株)	大島郡周防大島町大字小松開作字友貞1015－9	10×1	
晃和興産(株)	熊毛郡平生町横割598－1	15×1	
〔徳　島　県〕			
丸善商事(株)万代充填所	徳島市万代町7－23	20×2	
宮崎商事(株)	徳島市八万町大坪20－5	20×2	
神原ミツウロコ(株)	徳島市南沖洲1－7－9	20×2	
徳島市農協ガスセンター	徳島市国府町西矢野590	20×1	
徳島石油(株)国府ＬＰＧ充填所	徳島市国府町早渕839	20×2	
(株)中岸商店　鳴門工場	鳴門市大津町矢倉四ノ越15－1	20×2	
徳南ガス(株)	小松島市大林町字宮の本103－2	10×1	
(株)阿波酸素	小松島市金磯町8－113	10×2	
(株)スタン　阿南事業所	阿南市橘町幸野107	30×1	20×1
丸善商事(株)鴨島充填所	吉野川市鴨島町牛島字先須賀1	20×1	
日本プロパンガス(株)池田工場	三好市白池字井ノ久保1611	30×1	
ＪＡ徳島燃料サービス(株)土成ＬＰガスセンター	阿波市土成殿開65－1	30×1 1×1	20×1
宮崎商事(株)阿波工場	阿波市上喜来字岸の下832－15	20×2	
藤田商事(株)脇町充填所	美馬市脇町大字猪尻字建神社下南146－1	15×1	10×1
徳島液化ガス(株)美馬工場	美馬市脇町大字猪尻字建神社下南156－1	15×2	
(株)ホームエネルギー四国　徳島センター	板野郡松茂町満穂字満穂開拓472	20×3	
四国ガス燃料(株)徳島営業所	板野郡松茂町笹木野八山開拓23	50×1	30×1

事　業　所　名	所　在　地	規　模（t）	
藤田商事(株)徳島充填所	板野郡松茂町笹木野八山開拓158－1	20×1	15×1
日プロ徳島(株)	板野郡藍住町東中富字大塚傍示21	30×2	
(株)スタン　徳島北事業所	板野郡上板町引野字野神西18	40×1	
丸善商事(株)南部充填所	海部郡海陽町宍喰浦字那佐2－1	30×1	
宮崎商事(株)牟岐工場	海部郡牟岐町内妻古江95－1	20×1	
川原プロパン(有)	三好郡東みよし町西庄字井関125	15×2	
四国アセチレン工業(株)徳島工場	名西郡石井町藍畑字西覚円1100	30×1	15×1

〔香　川　県〕

事　業　所　名	所　在　地	規　模（t）	
四国ガス燃料(株)高松営業所	高松市朝日町4－19－1	35×1	30×2
四国日通プロパン販売(株)	高松市朝日町4－496－114	20×1	
内外プロパン(株)	高松市朝日町4－20－1	20×3	
高松LPガス販売協同組合	高松市朝日町4－23－1	20×1	0.5×2
大同ガス産業(株)朝日町工場	高松市朝日町4－24－1	60×1	30×1
		20×1	15×1
		10×1	2.8×1
高橋石油(株)	高松市三条町50－3	20×2	10×1
		2.8×1	
日本プロパンガス(株)高松工場	高松市円座町字西村81－1	15×2	10×1
(株)藤田商店　高松支店	高松市鹿角町878－1	20×1	
香川第一エルピーガス協同組合	高松市庵治町字丸山6391－134	30×1	
伊藤忠エネクスホームライフ西日本(株)香川営業所	高松市香南町由佐824－1	20×1	1×2
日本プロパンガス(株)	丸亀市昭和町14	30×1	20×1
		15×1	0.5×1
四国アセチレン工業(株)丸亀工場	丸亀市川西町南1	10×3	
四国石油(株)中讃営業所	丸亀市綾歌町岡田東字下土居400	30×1	20×1
ジクシス(株)丸亀充てん所	丸亀市昭和町15	20×2	
横井石油(株)	坂出市昭和町2－6－18	80×5	
高橋石油(株)坂出油槽所	坂出市昭和町2－7－5	300×2	
四国岩谷産業(株)坂出工場	坂出市昭和町2－7－9	300×1	20×3
(株)JA香川県オートエナジー　JAガスセンター	坂出市林田町字番屋前4285	10×2	
(株)藤田商店	観音寺市坂本町5－4－5	18×2	
三宅産業(株)LPガス工場	観音寺市出作町字荒神岡1204－1	20×1	15×1
日本プロパンガス(株)志度工場	さぬき市小田947	30×1	20×1
(株)JA香川県オートエナジー　大川充填所	さぬき市造田野間田824	20×1	
竹本石油(株)	東かがわ市湊1308－2	30×1	
内外プロパン(株)東讃営業所	東かがわ市馬篠94－1	20×1	
大同ガス産業(株)三本松営業所	東かがわ市水主4692	20×1	
内外プロパン(株)西讃営業所	三豊市高瀬町下勝間六ツ松1399－1	20×1	
(株)吉田石油店　液化石油ガス製造所	三豊市詫間町松崎水出2805－2	500×1	100×5
		0.5×1	
日本プロパンガス(株)詫間LPG基地	三豊市詫間町詫間松下6902	500×4	2.5×1
		0.5×2	
大陽日酸エネルギー(株)中四国支社四国支店	仲多度郡まんのう町長尾字川原1140－3	20×1	15×1
農協商事(株)仲南LPガス充填所	仲多度郡まんのう町買田277－1	20×1	
横井石油(株)小豆営業所	小豆郡土庄町字谷の奥乙1177	20×1	10×1
小豆島プロパンガス(株)	小豆郡小豆島町池田字柿之木谷3836	20×2	
小豆島マルキプロパン(株)	小豆郡小豆島町池田字柿之木谷3918－1	20×1	
高橋石油(株)東充填所	木田郡三木町井戸二条2468	20×1	
大同ガス産業(株)南営業所	綾歌郡綾川町陶1749－3	20×2	10×1

〔高　知　県〕

事　業　所　名	所　在　地	規　模（t）	
(株)ホームエネルギー四国　高知センター	高知市横浜1531	30×1	20×1
土佐ガス(株)横浜工場	高知市横浜ミソタ721	30×2	
高知エネルギー(株)高知工場	高知市仁井田3636－30	500×1	150×1
四国ガス燃料(株)高知充填所	高知市仁井田字新築4586－1	50×2	
(株)ヒワサキ　中の島充填所	高知市中の島2－75	250×1	30×1
(株)くろしおガスセンター	高知市一宮2826	30×2	15×1
高知日商プロパン(株)	高知市五台山4983	80×1	60×2
伊丹産業(株)高知支店	高知市五台山4992－2	20×3	
四国ガス燃料(株)高知営業所	高知市五台山4993－1	50×2	
土佐ガス(株)北萩町オートガススタンド	高知市北萩町1－7－27	15×1	
イーアンドイー(株)高知駅前通りオートガススタンド	高知市北本町3－4－18	20×1	
(株)長尾ガス	宿毛市和田字峯ノ山3991－4	20×1	
高知日商プロパン(株)中村営業所	四万十市井沢921	30×1	
(株)柿谷プロパン	四万十市具同北相ノ沢6200－4	30×1	20×1
(株)アストモスガスセンター四国　中村営業所	四万十市古津賀2558	20×1	
高知日商プロパン(株)安芸営業所	安芸市川北字新町甲1631	20×1	
土佐ガス(株)清水工場	土佐清水市加久見砂間876	20×1	
(株)JAエナジーこうち　LPガス西部充填所	須崎市多ノ郷字清宗甲3751－13	20×1	
(有)鍋島燃料店	室戸市領家629	20×1	
イーアンドイー(株)南国営業所	南国市物部高川原620－1	20×2	
伊丹産業(株)南国営業所南国LPガススタンド	南国市明見字五台山分803－4	15×1	
(株)JAエナジーこうち　LPガス東部充填所	香南市香我美町上分字小柳574－1	20×2	
高知エネルギー(株)奈半利工場	安芸郡奈半利町乙3765－3	27×1	
四万十農業協同組合充填所	高岡郡四万十町東大奈路字丸山513	20×1	

事　業　所　名	所　在　地	規　模（t）	
土佐ガス(株)窪川工場	高岡郡四万十町榊山町10－20	20×1	
(有)高知マルイプロパン	高岡郡越知町越知甲3161	20×1	
(有)嶺北ガス	長岡郡本山町本山9－2	20×1	
太陽石油販売(株)春野充填所	吾川郡春野町弘岡下字高樋橋詰3600－1	20×1	15×1
横井石販(株)高知基地	吾川郡いの町1428	30×1	20×1
〔愛　媛　県〕			
(株)ホームエネルギー四国　松山センター	松山市谷町甲80	20×3	
ＥＮＥＯＳグローブエナジー(株)四国支社松山支店	松山市南吉田町2576	30×1	20×1
		0.5×1	
大一ガス(株)高岡事業所	松山市高岡町148	30×1	
タイヨー商事(株)	松山市高岡町148	20×2	
(株)小笠原工業所	松山市空港通5－10－3	20×1	2×1
エネロ(株)第二工場	松山市東石井町5－11－25	30×1	1×1
エネロ(株)第一工場	松山市東石井町5－12－25	20×1	
えひめガスターミナル(株)	松山市西垣生町1800－7	50×2	2.9×2
(株)松山生協　垣生充填所	松山市西垣生町2874	30×1	1×1
エナジー・ワン(株)	松山市大可賀3－1453－11	30×2	15×1
		2.9×1	
今治プロパンガス(株)	今治市阿方甲295	50×1	20×1
		10×1	2.5×1
		1×1	
西日本石油瓦斯(株)	今治市東村南1－7－3	20×2	
(株)しまなみ流通センター	今治市東村南1－10－32	20×2	
東予液化ガス(株)本社工場	今治市東鳥生町5－59	50×2	
(株)ジェイエイ越智今治大三島ＬＰガスセンター	今治市大三島町大字台211	15×1	
上浦ガス(有)	今治市上浦町井口5853	15×1	
(株)大島ガスセンター	今治市吉海町本庄326	50×1	1×1
四国ガスＬＰＧ販売(株)	今治市クリエイティブヒルズ2番地5	50×2	20×2
		2.9×2	
四国ガス燃料(株)宇和島営業所	宇和島市明倫町1－1－16	30×2	20×1
葛西産業(株)ＬＰガス充填基地	宇和島市高串字畑坂丙66－1	30×1	
三原産業(株)ガス事業部	宇和島市高串字中窪2－50－1	20×1	15×1
(株)亀岡商店	宇和島市坂下津甲407－19	350×1	150×1
		20×1	1×1
		0.5×1	
山脇プロパン(有)ＬＰガス充填所	八幡浜市大字松柏字引地338－5	0.05×3	
太陽石油販売(株)八幡浜充填所	八幡浜市五反田2番1423－1	20×1	
(有)新地商店　保内充填所	八幡浜市保内町川之石1－2－1	20×1	
(株)宏栄産業	新居浜市多喜浜6－6－6	20×1	
四国プロパンガス(株)	新居浜市萩生字本郷719－1	20×1	
四国ガス燃料(株)新居浜営業所	新居浜市萩生1142	30×1	
日プロ愛媛(株)	新居浜市観音原町甲2－1	20×3	
正起ガス(株)	新居浜市観音原町甲6－7	30×2	
朝日ガス(株)西条営業所	西条市船屋乙5－6	30×1	
四国アセチレン工業(株)西条事業所	西条市ひうち字西ひうち3－9	30×1	15×1
		10×2	
共同瓦斯(株)西条充填所	西条市ひうち字西ひうち3－40	30×1	20×2
フジエネルギー(有)	西条市福武甲890	15×1	
藤田商事(株)愛媛工場ＬＰガス充填所	西条市北条1200－2	15×2	
藤岡ガス(有)	西条市周布1688－2	15×1	
山内石油(株)	西条市石田288－1	15×1	
エネロ(株)大洲営業所	大洲市東大洲1041－2	30×1	15×1
		0.5×1	
南予プロパン(株)	大洲市新谷乙514	20×1	
(有)宮部商店	大洲市平野町野田3990	20×1	
矢野ガス(株)	大洲市長浜町上老松6－1	15×1	
東予ガス(株)	四国中央市妻島町字中新開86－1	15×1	10×1
田中商事(有)	四国中央市三島金子1丁目字金子2200－11	20×1	10×1
福泉(株)伊予充填所	伊予市宮下字松ノ下270－1	20×1	
河野石油店	西予市宇和町小原666	20×1	
ＪＡえひめ南　南宇和充填所	南宇和郡愛南町御荘平城3644	15×2	1×1
南宇和ガス燃料(株)	南宇和郡愛南町蓮乗寺9－2	20×1	
愛媛ベニー(株)	伊予郡松前町大字北川原1625－1	20×2	
四国ガス燃料(株)松前充填所	伊予郡松前町大字北川原七宝1628－1	30×2	
愛媛日商プロパン(株)	伊予郡松前町大字筒井1266－1	200×2	60×2
〔福　岡　県〕			
(株)ツバメガスフロンティア　福岡第二工場	福岡市中央区荒津2－3－28	20×2	2.5×1
(株)ツバメガスフロンティア　福岡第一工場	福岡市中央区荒津2－3－50	600×1	400×2
(株)三愛ガスサービス　福岡南事業所	福岡市博多区月隈4－1－2	15×2	
吉村アクティブ産業(株)	福岡市博多区上月隈字4－4－5	20×1	15×1
フクエキ(株)	福岡市東区原田1－30－55	20×1	
福岡ＬＰＧセンター(株)福岡東事業所	福岡市東区東浜2－9－18	2.5×2	
福岡ＬＰＧターミナル(株)	福岡市東区東浜2－9－118	900×1	
(株)三愛ガスサービス　福岡事業所	福岡市西区飯盛キシノ上238－4	20×2	

事業所名	所在地	規模(t)	
(株)エコア　八幡充填所	北九州市八幡西区夕原町11－18	20×1	15×1
八幡瓦斯(株)	北九州市八幡西区夕原町12－7	20×3	2.5×1
吉武産業(株)北九州支店	北九州市八幡西区築地町14－20	20×1	
(株)ホームエネルギー九州　小倉センター	北九州市小倉北区高浜1－4－30	20×4	
エア・ウォーター(株)小倉工場	北九州市小倉北区許斐町1	70×2	
西日本液化ガス(株)小倉支店	北九州市小倉南区新曽根5－35	20×2	
福岡酸素(株)小倉支社	北九州市小倉南区新曽根5－40	15×1	
(株)ツバメガスフロンティア　北九州支店	北九州市小倉南区新曽根9－13	30×2	
福岡ライフエナジー(株)北九州事業センター	北九州市小倉南区新曽根12－20	30×2	0.5×1
(株)エダムラ　門司LPGターミナル	北九州市門司区新門司2－8－1	920×1	770×2
白鳥石油瓦斯(株)	北九州市門司区新門司2－9－3	20×1	
(株)新光	北九州市若松区南二島3－4－1	30×1	
宇島瓦斯(株)門司営業所	北九州市門司区小森江1－95－62	20×1	15×1
福岡酸素(株)久留米支社	久留米市宮の陣町若松字栗ノ瀬1－7	20×1	15×1
(株)和泉オークス	久留米市野中町1055－1	15×1	10×2
アストモスリテイリング(株)九州カンパニー久留米支店	久留米市荒木町荒木1977－1	30×2	20×1
(株)佐々木東商店	久留米市京町209	15×1	
久留米エル・ピー・ガス(株)	久留米市国分町1519	15×2	
福岡ライフエナジー(株)久留米事業センター	久留米市善導寺町木塚蒲口197－4	30×2	0.5×1
両筑産業(株)	久留米市山川神代3－10－32	20×1	15×2
酒見燃料(株)大牟田LPG充填配送センター	大牟田市新開町2－82	20×1	15×1
(株)平川燃料　液化石油ガス充てん所	大牟田市健老町371	20×1	15×1
(株)肥筑大牟田LPG充填所	大牟田市北磯町2－160	15×2	
九石プロパンガス(株)	直方市大字上境2742－1	15×1	
(株)エコア　飯塚充填所	飯塚市大字下三緒字中古賀808	30×1	15×1
龍王ガス(株)	飯塚市横田826－3	10×2	
九州酸素(株)	飯塚市大字目尾398	20×1	15×1
秋元液化ガス(株)	飯塚市大字目尾境田515－84	15×1	2.9×1
飯塚日通プロパンガス(株)	飯塚市南尾245	10×2	
(株)アイプロ　飯塚ガスセンター	飯塚市平恒477－7	20×1	
(株)コーアガス筑豊	飯塚市平垣511－5	15×2	
福豊帝酸(株)筑豊工場	飯塚市頴田町佐与1480－1	15×1	
(有)九州北部ガスセンター	飯塚市勢田2566－2	15×2	
大内田産業(株)平塚工場	飯塚市平塚427－1	15×2 1.5×2	2.9×1
(株)ホームエネルギー九州　筑豊センター	田川市大字弓削田530－5	20×2	
合同ガス(株)	田川市大字伊田2824	20×2	
(株)エコア　田川充填所	田川市伊加利1805－24	30×2	
九州石油ガス(株)甘木支店	朝倉市頓田703	15×1	
八女食糧販売(株)	八女市大字納楚691	15×1	
(株)中村	八女市大字龍ヶ原263	20×1	10×1
(株)大鼉商事	筑後市大字野町378－1	15×1	10×1
筑後ガスセンター(株)	筑後市大字久富字一丁畑1328－2	50×2	
三猪郡食糧販売協同組合LPG充てん所	大川市大字大橋249	10×2	
すえまつ興産(株)長木充填所	行橋市大字長木字小口迫281－1	30×1	20×1
大陽日酸エネルギー(株)九州支社東九州支店豊前営業所	豊前市大字宇島606－5	30×2	
(有)前田商会	筑紫野市大字紫2－12－16	10×1	
(株)エコア　大野城充填所	大野城市東大利4－5－33	20×1	15×1
カマタ(株)福岡支店	大野城市御笠川6－2－8	20×1	15×1
日通エネルギー九州(株)福岡支店赤間ガスターミナル	宗像市栄町165－1	20×2	0.5×1
(株)三愛ガスサービス北九州事業所	宗像市大字光岡字小牟田80	20×1	15×1
福岡LPGセンター(株)福岡西事業所	糸島市二丈松末字横尾882－12	15×2	
大協瓦斯(株)	柳川市三橋町大字柳川1035	15×1	10×1
(株)ヒラカワ	柳川市大和町塩塚1327	10×2	
(株)GASGASエネルギー	田川郡川崎町池尻877－7	20×1 0.5×2	3×1
(株)ホームエネルギー九州　福岡センター	糟屋郡志免町別府東3－1－7	50×2	
西部ガスエネルギー(株)北九州支店鞍手充填所	鞍手郡鞍手町大字中山字幸の浦3362－1	30×2	
福岡LPGセンター(株)福岡南事業所	朝倉郡筑前町野町1699－1	30×2	
吉武産業(株)苅田支店	京都郡苅田町神田町3－17－16	20×1	
協和産業(株)苅田ガス工場	京都郡苅田町大字苅田字松浦3787－42	30×1	
オリオンガス(株)	嘉穂郡桂川町大字瀬戸128－1	15×1	
(株)ホームエネルギー九州　福岡北センター	遠賀郡遠賀町鬼津2145－1	20×1	
名神産業(株)	遠賀郡岡垣町海老津2－8－1	15×1	
高松産業(株)LPGセンター	遠賀郡水巻町猪熊10－2－25	20×1	10×1
渡辺プロパンガス(株)広川高圧ガスセンター	八女郡広川町新代1332	20×1	10×1
(株)アイコーホームサービス八女営業所	八女郡広川町大字藤田1403－1	20×2	
〔佐　賀　県〕			
(株)エネサンス九州　佐賀事業所	佐賀市兵庫町大字渕1558－1	20×2	
(株)エコア　佐賀充填所	佐賀市北川副町大字光法1459	20×1	10×1
山代ガス(株)	佐賀市鍋島町大字八戸2153－1	30×1	20×2
(株)ホームエネルギー九州　佐賀センター	佐賀市久保泉町大字上和泉字信泉1191－18	30×3	0.5×1
ＥＮＥＯＳグローブガスターミナル(株)唐津ガスターミナル	唐津市西大島町20－1	600×1	20×3
山代ガス鳥栖(株)	鳥栖市飯田町574－4	15×2	
(株)サンテック	鳥栖市西新町1428	15×2	

事　業　所　名	所　在　地	規　模（ t ）	
(株)ＪＡライフサポート佐賀　伊万里営業所	伊万里市南波多町府招459－1	30×1	20×1
		1×1	
川井産業(株)伊万里充填所	伊万里市大坪町白野	15×1	10×1
福岡酸素(株)伊万里支社	伊万里市立花町2380－1	20×1	15×1
日通エネルギー九州(株)佐賀支店伊万里ガスターミナル	伊万里市二里町大里乙1705－1	20×1	10×1
ＥＮＥＯＳグローブエナジー(株)九州支社武雄支店	武雄市武雄町大字武雄1825	20×2	
岡村高圧工業(株)	武雄市武雄町大字武雄4027－1	10×1	1.5×1
(株)エネサンス九州　鹿島事業所	鹿島市古枝字神宮司甲266－1	20×2	
(有)鹿島プロパン	鹿島市大字重ノ木川良籠甲40	10×1	
(株)行武燃料	小城市三日月町久米2088	10×1	
(株)中部ガス	小城市牛津町牛津77－1	15×1	
(株)三愛ガスサービス佐賀事業所	神埼市神埼町田道ヶ里2306	50×3	
(有)中原商会　ＬＰガス充填所	嬉野市嬉野町大字下宿甲1477－2	15×1	
(有)福田商会	嬉野市嬉野町大字下宿乙1626－1～3	10×1	5×1
山代ガス(株)西有田工場	西松浦郡有田町上内野丙3404－6	20×2	

〔長　崎　県〕

事　業　所　名	所　在　地	規　模（ t ）	
(株)エコア長崎ターミナル	長崎市小ヶ倉町1－1022	600×3	
西海エルピーガスセンター(株)	佐世保市千尽町4－9	50×1	20×1
(株)エネライフ長崎　佐世保事業所	佐世保市早苗町73番1	30×1	20×1
(株)トイチヤ　ＬＰガスセンター	佐世保市小佐々町黒石339－47	20×1	
ＥＮＥＯＳグローブエナジー(株)島原ＬＰＧ基地	島原市弁天町2－7353－3	30×1	15×1
ＥＮＥＯＳグローブエナジー(株)長崎ガスターミナル	諫早市津久葉町5－90	30×1	20×1
日通エネルギー九州(株)長崎中央ガスターミナル	諫早市仲沖町262－1	20×2	
西日本高圧瓦斯(株)長崎事業所	諫早市小野町1006	15×1	
(株)ホームエネルギー九州　大村センター	大村市小路口町745	20×3	
日通エネルギー九州(株)長崎支店大村ガスターミナル	大村市協和町832	10×2	2.9×1
才津プロパン(株)	五島市吉久木町字中牛木場1468	20×1	0.5×1
(株)五島エルピーガスセンター	五島市岐宿町岐宿3133	200×2	
(株)平戸ガスセンター	平戸市戸石川町字一ツ石88－3	15×1	
吉野石油プロパン(株)	松浦市志佐町浦免555	20×1	15×1
九州液化瓦斯福島基地(株)　（※）	松浦市福島町塩浜免58－2	500×3	
マツハヤ(株)対馬ＬＰガス充填所	対馬市厳原町小浦104－2	20×1	
弘和輸送(株)対馬充填所	対馬市美津島町緒方向平290	350×1	70×1
(株)大島商事	西海市大島町字間瀬先1806－1、1804	20×1	
(有)アカイケ	南島原市加津佐町乙865－2	10×1	
南高ガスセンター(株)	雲仙市瑞穂町西郷丙872－19	15×2	
(株)昇運	壱岐市郷ノ浦町渡良南触井良坂1130	100×2	
川添石油(株)ＬＰガス充填所	壱岐市郷ノ浦町東触宮の上1172－2	20×1	
(株)エネライフ長崎　長崎事業所	西彼杵郡時津町久留里郷1439－58	30×2	10×1
アストモスリテイリング(株)九州カンパニー長崎支店	東彼杵郡波佐見町稗木場郷下の谷536－4	20×2	
(有)吉村プロパン	南松浦郡新上五島町三日ノ浦郷1－131	100×1	50×1
		30×1	
(株)エネサンス九州　佐世保事業所	北松浦郡佐々町沖田免16－3	20×1	15×1
(株)三愛ガスサービス　佐世保事業所	北松浦郡佐々町口石免字園山1056－2	20×1	

〔大　分　県〕

事　業　所　名	所　在　地	規　模（ t ）	
(株)ホームエネルギー九州　大分センター	大分市豊海1－8－11	30×2	20×1
大分県米穀卸(株)5号地充填所	大分市豊海5－3－11	20×1	15×1
(株)ダイプロ　大分工場	大分市豊海5－4－7	20×1	10×2
(株)豊後プロパン	大分市青崎1－10－61	15×2	0.5×1
大徳物産(株)志村事業所	大分市青崎1－4－9	20×1	15×1
東洋瓦斯(株)本社工場	大分市大字三佐字大新田1354－5	30×2	
(株)ガスエネルギー大分	大分市大字駄原字豊久北通2898－1	50×2	2.5×1
大陽日酸エネルギー(株)九州支社東九州支店大分営業所	別府市大字北石垣字古寺1451－1	12×1	
(株)丸三燃料	中津市大字下池永840－2	10×1	
(株)山国商会	中津市沖代町1－3－1	15×1	10×1
大分県米穀卸(株)中津充填所	中津市中殿町3－9－6	15×1	10×1
(株)ふれあいガスセンター	中津市大字田尻崎6－8	20×1	15×1
日田エルピーガス協同組合	日田市大字友田963－1	20×1	15×1
		10×2	
日田石油販売(株)水目充填所	日田市大字北豆田字寺の迫1332－3	10×1	
石田産業(株)	日田市天瀬町馬原2105－4	15×1	10×1
カマタ(株)大分支店	日田市天瀬町女子畑387－1	20×1	15×1
(株)ダイプロ南部販売　上岡事業部	佐伯市大字鶴望字ドケヤ171	15×2	
(株)佐伯エネルギーセンター	佐伯市東町26－10	15×1	10×1
江藤酸素(株)佐伯事業所	佐伯市東町26－24	10×1	
(株)山作	佐伯市駅前2－9－7	7×1	
(株)板井林業	臼杵市大字臼杵字洲崎72－266	15×1	
(有)土居燃料	竹田市大字挾田670	20×2	
(株)ジェイケイケイ竹田ＬＰＧ充填工場	竹田市大字挾田1451－1	30×1	15×1
二豊液化ガス協同組合高田工場	豊後高田市大字界228	30×1	20×1
(有)三重野燃料	杵築市大字猪尾779－4	15×1	10×1
杵築石油(資)	杵築市大字守江1274－2	20×1	
(株)ダイプロ北部販売本社	宇佐市大字山下1490－1	20×1	
大分液化ガス(株)	宇佐市大字石田212	20×1	15×1

※高圧タンクのみ掲載

事　業　所　名	所　在　地	規　模（t）	
長洲ガス(有)	宇佐市大字江須賀1972	20×1	
(株)ごとう　三重充填所	豊後大野市三重町赤嶺字大原1153－30	10×1	
(株)大谷商会	由布市湯布院町大字川南242－1	10×1	
(株)ダイプロ別杵国東販売　安岐事業所	国東市安岐町塩屋335	15×1	10×1
国見液化ガス(株)	国東市国見町伊美2248	15×1	
玖珠液化ガス協業組合	玖珠郡玖珠町大字山田86	15×1	10×1

〔熊　本　県〕

事　業　所　名	所　在　地	規　模（t）	
熊本石油(株)熊本充填センター	熊本市西区上熊本2－8－36	25×1	10×1
(株)エコア　熊本充填所	熊本市中央区萩原町1－4	30×2	
(株)熊本ＬＰＧセンター	熊本市中央区萩原町14－1	50×2	
九州石油ガス(株)熊本オフィス	熊本市東区長嶺東6－30－27	20×2	
(株)Ｍｉｓｕｍｉ　熊本充填工場	熊本市東区長嶺南6－6－40	15×2	
(株)三愛ガスサービス　熊本事業所	熊本市東区戸島町881－1	20×2	
熊本クミアイプロパン(株)城北配送センター	熊本市北区植木町石川字柿平240－3	30×2	
堀石油ガス(株)植木ＬＰＧ充填所	熊本市北区植木町鞍掛字牛相71－1	15×2	
(株)ホームエネルギー南九州　熊本センター	熊本市南区城南町今吉野1264－1	30×2	20×1
(株)Ｍｉｓｕｍｉ　八代海上基地	八代市大島町5059	300×1	200×2
(有)大和商事	八代市新開町3－80	40×1	10×2
(株)城南プロパンガス商会	八代市旭中央通17－9	7×1	
福岡酸素(株)八代出張所	八代市郡築一番町1－1	15×1	
熊本石油(株)人吉充填所	人吉市中青井町字間町404－2	30×1	10×1
(株)Ｍｉｓｕｍｉ　人吉充填所	人吉市中青井町373－2	15×1	
南九州マルヰ(株)人吉支店	人吉市下漆田町1707－1	20×1	
(株)フォーネストガス	荒尾市万田字境崎1545	53×1	30×2
(株)有明液化瓦斯	荒尾市平山2086	15×1	
(株)Ｍｉｓｕｍｉ　水俣充填所	水俣市長野町530－1	20×1	10×1
熊本石油(株)天草充填所	天草市港町2－13	20×1	10×1
本渡液化ガス(株)供給センター	天草市佐伊津町字水の元3413－11	20×1	
本渡マルヰ(株)本町充填工場	天草市本町大字下河内字長田1327－1	20×1	
天草石油(株)佐伊津充填所	天草市佐伊津町字四ツ枝1171－1	20×1	
天草エネルギー(株)ＬＰＧステーション	天草市楠浦町掛場134－2	10×1	
熊本クミアイプロパン(株)天草配送センター	天草市枦宇土町122	20×1	
熊本石油(株)牛深充填所	天草市牛深町辰ヶ越214－1	20×1	
(株)ホームエネルギー南九州　山鹿センター	山鹿市古閑字辻1352－1	20×2	
鹿本農業協同組合ＬＰガス充填基地	山鹿市杉字吉原869	20×2	
熊本石油(株)宇土充填所	宇土市三拾町野原139	30×3	
日通エネルギー九州(株)熊本支店宇土ガスターミナル	宇土市三拾町野原155	30×1	20×1
熊本石油(株)阿蘇充填所	阿蘇市黒川1499	10×1	
フルキ石油(株)	阿蘇市一の宮町宮地4732	20×1	
熊本クミアイプロパン(株)阿蘇配送センター	阿蘇市一の宮町大字坂梨字北豆塚2467－1	20×1	
熊本クミアイプロパン(株)城南配送センター	宇城市松橋町浦川内802－1	20×2	
(有)三光産業　ＬＰＧ充填所	玉名郡南関町関外目字松田1510	20×1	
内村酸素(株)有明ガスセンター	玉名郡長洲町清源寺字川西620－1	20×1	10×1
(株)小国資源開発　小国ガスサービスセンター	阿蘇郡小国町宮原2756	15×1	10×1
ＥＮＥＯＳグローブエナジー(株)九州支社熊本支店	菊池郡菊陽町原水5592－4	20×1	15×1
		10×1	
熊本県エネルギー開発(有)	上益城郡嘉島町鯰字中鶴2138	15×2	
(資)ひげや　ＬＰガス充填工場	下益城郡美里町永富字森の前2300	10×1	
熊本クミアイプロパン(株)球磨配送センター	球磨郡あさぎり町免田西2592－7	20×1	

〔宮　崎　県〕

事　業　所　名	所　在　地	規　模（t）	
(株)Ｍｉｓｕｍｉ　宮崎海上基地	宮崎市小戸町92－14	300×1	250×1
		200×1	7×1
(株)ツバメガスフロンティア　宮崎支店	宮崎市吉村町久保田甲918	20×1	
福井プロパン商事(株)宮崎充填所	宮崎市大字瓜生野字垂門3695	30×1	
東亜ガス(株)	宮崎市祇園2－58	15×1	
西日本液化ガス(株)宮崎支店	宮崎市大字小松字前田2696－1	20×1	
大陽日酸エネルギー(株)九州支社南九州支店	宮崎市村角町白拍子1154－1	30×1	
宮崎県エルピーガス商業組合	宮崎市大字赤江字飛江田774	10×1	5×1
宮崎合同ガス協同組合	宮崎市大字赤江字飛江田782－1	20×2	
宮崎液化ガス(株)宮崎製造所	宮崎市大字赤江字飛江田868－13	20×2	
(株)宮崎プロパン	宮崎市大字赤江字飛江田878－1	20×2	
(株)ホームエネルギー南九州　宮崎センター	宮崎市佐土原町下田島10200	20×2	2.9×1
(株)飯干商事　宮崎営業所	宮崎市佐土原町下田島20010	30×1	
宮崎県経済農業協同組合連合会クミアイプロパンセンター	宮崎市高岡町浦之名字山田3153	40×2	
(株)Ｍｉｓｕｍｉ　志和池充填所	都城市丸谷町2402	30×1	20×1
都城液化ガス(株)	都城市吉尾町12－1	50×1	30×1
三和プロパン(株)	都城市早鈴町1615	15×1	0.5×2
江夏石油(株)都城ガスセンター	都城市都北町7678	15×1	
東洋興産(株)乙房充てん所	都城市乙房町187－2	20×1	
小平(株)宮崎支店　都城充填所	都城市神之山町1833	15×1	
(株)ホームエネルギー南九州　都城センター	都城市神之山町1857	20×2	
アストモスリテイリング(株)九州カンパニー都城支店	都城市今町9069	20×1	15×1
(株)宮崎プロパン　都城支店	都城市立野町3775－2	20×1	
(株)飯干商事　延岡営業所	延岡市別府町3572	30×1	20×1

事　業　所　名	所　在　地	規　模（ t ）	
㈱ツバメガス宮崎北部カンパニー	延岡市昭和町３－27	15×1	
宮崎液化ガス㈱日南製造所	日南市瀬貝２－１－48	15×1	
日南石油㈱日南充てん所	日南市上平野町２－４－14	10×1	
日南マルヰガス㈱	日南市大字平野1485－1	20×1	
西日本液化ガス㈱宮崎支店日南営業所	日南市西弁分２－７－６	20×1	
㈱サカプロ	小林市北西方165－2	20×1	15×1
旭マルヰガス㈱県南工場	小林市北西方1575	20×1	
濱田燃料㈱	小林市真方南小林原445	15×2	
児玉商事㈱	小林市細野1342－1	20×1	
日通エネルギー九州㈱小林ガスターミナル	小林市堤3235－2	15×1	
東洋プロパン瓦斯㈱日向充てん所	日向市大字日知屋字亀川17330	20×1	10×1
㈱エコア　日向充填所	日向市大字日知屋字椎木ヶ花14822－6	20×1	15×1
㈱協同サービス	日向市大字財光寺字松立1489	20×1	
白石石油㈱	えびの市大字杉水流字諏訪前105	20×1	2.9×1
㈱Ｍｉｓｕｍｉ　えびの容器検査所	えびの市大字永山字樋ノ木945	15×1	3×1
㈱エコア　西都充填所	西都市大字調殿字中島1394－2	15×1	
南九州液化ガス㈱	串間市大字南方河内山2588－1	20×1	
㈱ホームエネルギーアサヒ	東臼杵郡門川町大字門川尾末字淀原10836－1	20×2	2.9×1
㈱飯干商事　高千穂営業所	西臼杵郡高千穂町三田井6509－1	15×1	
日通エネルギー九州㈱宮崎支店三股ガスターミナル	北諸県郡三股町大字樺山4558	15×1	
〔鹿 児 島 県〕			
アストモスリテイリング㈱九州カンパニー鹿児島支店	鹿児島市伊敷町4602	20×1	15×1
㈱コーアガス日本　鹿児島工場	鹿児島市宇宿２－１－13	20×1	15×1
㈱ニヤクコーポレーション　鹿児島ＬＰガス基地	鹿児島市宇宿２－３－24	500×2	300×1
日米礦油㈱鹿児島支店　鹿児島ＬＰガスターミナル	鹿児島市宇宿２－５－７	750×1	450×1
カマタ㈱鹿児島支店	鹿児島市錦江町11－22	20×1	15×1
南九州ガスターミナル㈱	鹿児島市谷山港３－４－１	20×1	
㈱Ｍｉｓｕｍｉ　鹿児島工場	鹿児島市南栄３－31	800×1	500×1
		350×1	
㈱ホームエネルギー南九州　鹿屋センター	鹿屋市串良町有里8273－3	20×1	10×1
日米礦油㈱鹿児島支店大隅営業所	鹿屋市串良町有里字水喰5720－7	30×2	
㈱Ｍｉｓｕｍｉ　鹿屋充填所	鹿屋市札元２－3826－8	20×1	15×1
㈱レモンガスかごしま　鹿屋支店	鹿屋市大浦町11423－1	20×3	
秋元ガス㈱	鹿屋市田崎町717	30×1	
㈲萩原工業所	枕崎市栄中町639	15×1	10×1
㈱旭ガス	枕崎市立神北町547	30×1	15×1
㈱はしコーポレーション　阿久根充填所	阿久根市塩浜町１－13	15×2	
福岡酸素㈱肥薩営業所	出水市境町840	13×1	
㈱はしコーポレーション　出水充填所	出水市境町856	31×1	20×1
㈱ツバメガスフロンティア　指宿営業所	指宿市新西方下丸2693	20×2	
㈱Ｍｉｓｕｍｉ　西之表工場	西之表市栄町13	30×3	
㈱サンエストランテック ENEOSグローブガスターミナル　川内ガスターミナル	薩摩川内市港町字唐山6120－5	600×2	400×1
北薩ガス㈱	薩摩川内市勝目町4103	20×1	15×1
蔵元液化ガス㈱	薩摩川内市上甑町中野846－1	20×1	
㈱コーアガス日本　川内支店	薩摩川内市大小路町3447	20×1	10×1
日米礦油㈱鹿児島支店川内営業所	薩摩川内市中郷町5036－1	20×2	
平野商事㈱	薩摩川内市樋脇町塔之原10809－1	15×1	
小平㈱伊集院充填所	日置市伊集院町徳重３－８－２	30×1	20×1
カネダ設備ガス㈱	曽於市財部町南俣24－5	20×1	
井上商工㈱大隅営業所	曽於市大隅町岩川7309	15×1	
㈱コーアガス日本　国分工場	霧島市国分下井字鶴崎2363－4	30×2	
㈱Ｍｉｓｕｍｉ　国分充填所	霧島市国分広瀬１－22－28	20×1	
日米礦油㈱鹿児島支店国分営業所	霧島市国分中央１－19－73	20×2	
小平㈱串木野充填所	いちき串木野市西薩町17－12	30×3	
㈱コーアガス日本　串木野ＬＰＧステーション	いちき串木野市日出町11842	30×2	
井上商工㈱南薩営業所	南さつま市加世田川畑12386	20×1	
吉田商事㈱名瀬ＬＰＧステーション	奄美市名瀬鳩浜町342	15×1	
奄美大島エルピーガス協同組合	奄美市名瀬佐大熊町2462	70×4	60×1
㈱ジェイエイエコパル　南薩充填所	南九州市知覧町永里14584－1	30×2	
大口ガス㈱	伊佐市原田1000	30×1	20×1
井上商工㈱姶良営業所	姶良市加治木町反土51	10×2	
㈱アイネットエナジー南九州	姶良市加治木町木田字江湖1179－1	20×2	
㈱ホームエネルギー南九州　鹿児島センター	姶良市平松字中洲3335	20×1	
㈱ジェイエイエコパル　北薩充填所	薩摩郡さつま町久富木4519	30×2	
㈱共栄　宮之城支店	薩摩郡さつま町船木81	15×1	
カホクガス㈱	薩摩郡さつま町柏原3441－2	20×1	
㈱ジェイエイエコパル　大隅充填所	曽於郡大崎町野方3142－4	30×2	
南九州液化ガス㈱	肝属郡東串良町池之原1200	30×1	20×1
		15×1	
日米礦油㈱鹿児島支店種子島ＬＰＧ充填所	熊毛郡南種子町島間67－8	60×2	
屋久島液化ガス共業組合	熊毛郡屋久島町安房446－6	60×2	
富士燃料㈱大隅営業所	志布志市有明町野井倉8238	15×1	
富田商事㈱	大島郡瀬戸内町手安田之又原911	10×1	
吉田商事㈱龍郷ＬＰＧ基地	大島郡龍郷町久場阿丹崎	200×1	50×9
㈱文化商会	大島郡喜界町赤連字山水2967	60×2	

事 業 所 名	所 在 地	規 模（ t ）	
(株)徳之島エルピーガス	大島郡徳之島町亀徳字兼久晴2184－83	70×2	60×2
永良部ガス事業協同組合	大島郡和泊町手々知名512－138	50×2	40×2
与論ガス(株)	大島郡与論町立長334	40×2	
〔沖 縄 県〕			
宮古ガス(株)	宮古島市字西仲宗根2－39	85×4	70×2
(株)りゅうせきロジコム　宮古共同ＬＰ充填所	宮古島市字西仲宗根2－40	200×2	
(有)島三産業	宮古島市伊良部池間添2370－10	60×2	15×1
(株)りゅうせきロジコム　八重山物流センター	石垣市美崎町6	100×1	30×5
(株)先島ガス	石垣市美崎町6－6	30×8	
八重山殖産(株)	石垣市字白保287－14	10×1	
沖縄協同ガス(株)中部営業所	沖縄市知花4－1－1	30×1	
(株)りゅうせきロジコム　中部物流センター	沖縄市知花4－32－32	30×1	
マルヰ産業(株)中部支店	沖縄市知花4－48－13	20×1	0.5×1
ひまわりガス(株)	沖縄市知花4－49－6	20×1	
(株)白石　具志川充填所	うるま市字安慶名1029	15×1	
(株)東江ガス	うるま市字田場925	20×1	10×1
(株)互恵石油瓦斯	うるま市字田場778	15×1	
沖縄出光(株)	うるま市与那城平安座6559	860×3	600×2
		370×2	
宜野湾ガス(株)	宜野湾市長田1－4－1	20×1	
中央ガス工業(株)	浦添市牧港4－15－2	20×1	
沖縄石油ガス(株)	浦添市前田1726－1	15×1	10×1
(株)りゅうせきロジコム　浦添物流センター	浦添市勢理客4－20－6	30×2	10×1
		0.5×2	
(株)協和ガス	浦添市港川512－27	20×1	10×1
		0.5×1	
浦添ガス工業(株)	浦添市港川500－15	20×1	
沖縄協同ガス(株)北部営業所	名護市我部祖河1035－1	50×1	
(株)りゅうせきロジコム　北部物流センター	名護市字安和881	50×1	
マルヰ産業(株)糸満事業所	糸満市西崎町4－8－9	20×1	0.5×1
(株)白石　南部営業所	豊見城市字与根50－52	10×1	
マルヰ産業(株)佐敷工場	南城市佐敷仲伊保162	950×1	850×1
		500×1	50×4
マルヰ産業(株)西原支店	中頭郡西原町小那覇1184－2	20×1	0.5×1
沖縄ガス(株)ＬＰＧ西原充填所	中頭郡西原町字小那覇493－1	59×2	
エッカ石油(株)西原ＬＰガス充填所	中頭郡西原町字小那覇1219	20×1	15×1
比謝川ガス(株)	中頭郡読谷村古堅473	20×1	
沖縄協同ガス(株)南部営業所(八重瀬)	島尻郡八重瀬町外間115－1	30×1	2.9×1
		0.5×1	
久米島ガス(株)	島尻郡久米島町嘉手苅833	30×7	
(有)具志頭給油所	島尻郡八重瀬町具志頭631	10×2	
ＪＡおきなわ　伊江ＬＰガス充填所	国頭郡伊江村字川平161－1	20×1	

2．LＰガス容器生産・再検査所

2－1　LＰガス容器生産状況

2－1－1　容器生産推移（平成22〜28年度）

（単位：本）

項　　目	平成22	平成23	平成24	平成25	平成26	平成27	平成28
4	96,369	118,419	98,004	100,248	125,821	108,843	152,037
5	85,386	82,650	82,791	91,292	114,373	106,351	125,720
6	90,016	64,114	84,933	82,815	107,837	99,236	115,308
4－6計	271,771	265,183	265,728	274,355	348,031	314,430	393,065
7	72,743	53,359	67,618	84,785	92,680	90,597	101,847
8	68,064	66,016	79,560	84,992	91,232	116,454	102,665
9	81,667	100,896	126,281	125,675	154,046	144,047	171,928
7－9計	222,474	220,271	273,459	295,452	337,958	351,098	376,440
上　期　計	494,245	485,454	539,187	569,807	685,989	665,528	769,505
10	98,706	151,370	153,604	154,890	190,288	196,610	179,247
11	162,338	199,740	174,706	200,495	212,249	217,714	210,259
12	169,738	197,916	176,509	212,680	193,169	216,175	228,144
10－12計	430,782	549,026	504,819	568,065	595,706	630,499	617,650
1	115,996	186,703	135,117	188,327	166,238	184,544	189,256
2	124,852	165,413	115,754	177,073	158,053	189,456	192,104
3	166,981	146,074	112,248	172,863	165,185	172,427	193,428
1－3計	407,829	498,190	363,119	538,263	489,476	546,427	574,788
下　期　計	838,611	1,047,216	867,938	1,106,328	1,085,182	1,176,926	1,192,438
年　度　計	1,332,856	1,532,670	1,407,125	1,676,135	1,771,171	1,842,454	1,961,943
前年度比（％）	△5.0	15.0	△8.2	19.1	5.7	4.0	6.5

注：(1)溶接中小容器のみ（10kg以下・20kg以下・50kg以下・500kg以下・自動車用）。
　　(2)アルミ容器含む。
　　(3)日本溶接容器工業会資料より作成。以下同様。

2－1－2　容器種別生産推移（平成22〜28年度）

（単位：本，％）

種　別 年度別	10kg以下 本　数	10kg以下 構成比	20kg以下 本　数	20kg以下 構成比	50kg以下 本　数	50kg以下 構成比	500kg以下 本　数	500kg以下 構成比	自動車用 本　数	自動車用 構成比	計 本　数	計 構成比
平成22年	114,680	8.6	542,875	40.7	663,020	49.7	79	0.006	12,202	0.9	1,332,856	100.0
前年度比	△10.4		24.9		△19.7		27.4		△15.1		△5.0	
平成23年	107,573	7.0	612,515	40.0	796,719	52.0	138	0.01	15,725	1.0	1,532,670	100.0
前年度比	△6.2		12.8		20.2		74.7		28.9		15.0	
平成24年	103,877	7.4	614,620	43.7	669,924	47.6	158	0.01	18,546	1.3	1,407,125	100.0
前年度比	△3.4		0.3		△15.9		14.5		17.9		△8.2	
平成25年	81,783	4.9	675,017	40.3	897,365	53.5	137	0.01	21,833	1.3	1,676,135	100.0
前年度比	△21.3		9.8		34.0		△13.3		17.7		19.1	
平成26年	81,149	4.6	651,660	36.8	1,016,730	57.4	207	0.01	21,425	1.2	1,771,171	100.0
前年度比	△0.8		△3.5		13.3		51.1		△1.9		5.7	
平成27年	72,036	3.9	636,401	34.5	1,114,480	60.5	188	0.01	19,349	1.1	1,842,454	100.0
前年度比	△11.2		△2.3		9.6		△9.2		△9.7		4.0	
平成28年	71,337	3.6	690,406	35.2	1,180,417	60.2	208	0.01	19,575	1.0	1,961,943	100.0
前年度比	△1.0		8.5		5.9		10.6		1.2		6.5	

注：溶接中小容器「10kg以下」は2kg・5kg・8kg容器を、「50kg以下」は30kg容器をそれぞれ含んでいる。

２－１－３　平成28年度容器種別・月別生産状況

（単位：本）

項　　目	10kg以下	20kg以下	50kg以下	500kg以下	自動車用	計
平成28年4月	3,950	50,378	96,791	19	899	152,037
5	5,212	49,580	69,600	37	1,291	125,720
6	6,985	38,250	68,350	27	1,696	115,308
7	4,504	36,250	58,819	8	2,266	101,847
8	5,141	43,850	51,660	11	2,003	102,665
9	7,829	58,549	103,400	25	2,125	171,928
10	6,659	64,550	106,600	11	1,427	179,247
11	5,340	71,650	131,199	34	2,036	210,259
12	4,362	89,350	133,150	12	1,270	228,144
平成29年1月	7,179	64,849	116,000	19	1,209	189,256
2	6,740	60,950	122,698	5	1,711	192,104
3	7,436	62,200	122,150	0	1,642	193,428
合　　計	71,337	690,406	1,180,417	208	19,575	1,961,943

２－１－４　LPガスバルク貯槽生産推移（平成25年～28年）

種別／年	バルク貯槽（単位：基）									バルク容器（単位：本）			
	50kg以下	100kg以下	150kg以下	200kg以下	300kg以下	500kg以下	1,000kg未満	合　計	前年比%	70kg以下	150kg以下	合　計	前年比%
平成25年	0	0	561	152	3,411	2,564	2,522	9,210		0	0	0	
平成26年	0	0	575	174	4,466	2,796	2,656	10,667		0	0	0	
平成27年	0	0	435	98	4,032	2,573	2,832	9,970		0	0	0	

種別／月	バルク貯槽（単位：基）									バルク容器（単位：本）			
	50kg以下	100kg以下	150kg以下	200kg以下	300kg以下	500kg以下	1,000kg未満	合　計	前年同月比%	70kg以下	150kg以下	合　計	前年同月比%
28年1月	0	0	30	0	274	96	251	651	75.6	0	0	0	—
2月	0	0	24	30	593	346	230	1,223	90.6	0	0	0	—
3月	0	0	0	0	410	208	245	863	112.4	0	0	0	—
4月	0	0	30	0	274	264	167	735	96.7	0	0	0	—
5月	0	0	39	30	186	164	168	587	75.4	0	0	0	—
6月	0	0	78	0	271	310	139	798	89.6	0	0	0	—
7月	0	0	9	30	347	212	151	749	111.3	0	0	0	—
8月	0	0	36	0	351	288	175	850	102.9	0	0	0	—
9月	0	0	42	0	191	172	191	596	104.6	0	0	0	—
10月	0	0	3	30	272	345	222	872	111.7	0	0	0	—
11月	0	0	9	0	367	176	341	893	128.5	0	0	0	—
12月	0	0	39	0	418	397	143	997	98.1	0	0	0	
合　計	0	0	339	120	3,954	2,978	2,423	9,814		0	0	0	
前年合計比（%）	—	—	77.9	122.4	98.1	115.7	85.6	98.4		—	—	—	

（注）バルク貯槽は海外生産分も含む。

２－２．ＬＰガス容器再検査所分布状況（平成29年９月末）

都道府県名	件 数	都道府県名	件 数	都道府県名	件 数
北 海 道	19	山 梨	1	島 根	5
青 森	3	静 岡	6	広 島	13
秋 田	3	愛 知	7	山 口	7
岩 手	5	三 重	5	徳 島	4
山 形	3	岐 阜	3	香 川	6
宮 城	5	富 山	4	高 知	5
福 島	4	石 川	3	愛 媛	10
茨 城	7	福 井	2	福 岡	5
栃 木	2	滋 賀	2	佐 賀	4
群 馬	4	京 都	3	長 崎	3
埼 玉	9	奈 良	4	大 分	3
千 葉	7	和 歌 山	4	熊 本	3
東 京	1	大 阪	2	宮 崎	3
神 奈 川	3	兵 庫	15	鹿 児 島	6
新 潟	5	鳥 取	1	沖 縄	4
長 野	2	岡 山	11	全 国 計	236

事 業 所 名	所 在 地	
〔北 海 道〕		
大陽日酸北海道(株)発寒工場　容器検査所	札幌市西区発寒十六条13丁目７－１	(兼)
北燃商事(株)燃料事業部　恵庭センター	恵庭市戸磯345－3	(専)
北海道エア・ウォーター・エンジニアリング(株)札幌大型容器検査所	北広島市大曲工業団地７丁目３－２	(兼)
エア・ウォーター・テクノサプライ(株)札幌ガスセンター	北広島市大曲工業団地７丁目３－２	(兼)
エルピー産業(株)石狩工場	石狩市新港南３－700－41	(専)
エア・ウォーター・テクノサプライ(株)函館ハローガスセンター	北斗市七重浜１丁目３－２	(専)
日通商事(株)函館容器検査所	亀田郡七飯町字中島208－1	(専)
函館酸素株式会社　本社工場	函館市浅野町１－３	(兼)
北海道エナジティック(株)容器検査所	岩見沢市岡山町129－25	(専)
エア・ウォーター・テクノサプライ(株)旭川ハローガスセンター	旭川市永山北２条６丁目２－32	(専)
第一ガス(株)	旭川市東旭川町北３条６丁目５－２	(専)
(有)加藤プロパンガス店	紋別郡雄武町字雄武67－3	(専)
北海道エア・ウォーター・エンジニアリング(株)苫小牧大型容器検査所	苫小牧市沼の端43－2	(兼)
エア・ウォーター・テクノサプライ(株)帯広センター	帯広市西二十二条南１丁目３	(兼)
熱原輸送(株)容器検査所	帯広市西二十五条南１丁目６－11	(兼)
日通商事(株)釧路容器検査所	釧路市貝塚３丁目５－26	(兼)
(株)ホームエネルギー北海道　釧路容器検査所	釧路市星ヶ浦南１丁目１－10	(専)
エア・ウォーター・テクノサプライ(株)　釧路ガスセンター	釧路市寿４丁目３－10	(兼)
泉プロパン(株)	根室市敷島町２－35	(専)
〔青 森 県〕		
(有)弘前容器検査所	弘前市大字小沢字大開205－116	(専)
北日本アセチレン(株)	八戸市北インター工業団地１丁目８－８	(兼)
みちのく容器検査(株)	三戸郡五戸町大字豊間内字地蔵平１－1031	(専)
〔秋 田 県〕		
(株)秋田県南高圧ガス保安センター	大仙市大曲日の出町２－３－３	(専)
ハタリキ(株)容器検査所	鹿角市十和田錦木字袖ヶ口41－6	(専)
(株)秋田耐圧センター	潟上市昭和大久保字北野蓮沼前山１－35	(兼)
〔岩 手 県〕		
東北酸素(株)	一関市山目町３－５－24	(兼)
岩手工業(株)	大船渡市盛町字田中島27－13	(兼)
水沢ガス(株)	奥州市水沢区佐倉河字中ノ町64	(専)
全国農業協同組合連合会岩手県本部　岩手クミアイプロパンセンター	花巻市二枚橋５地割120－1	(専)

※ (専)＝ＬＰガス容器専用、(兼)＝一般高圧ガス容器と兼用

事　業　所　名	所　在　地	
日通商事(株)日詰充填所	紫波郡紫波町南日詰字箱清水127－1	(専)
〔山　形　県〕		
菊地鉱業(株)	山形市大字十文字字関所2032	(兼)
新潟サンリン(株)庄内容器検査所	鶴岡市文下字沼田5－1	(専)
ヤマリョー(株)上山営業所	上山市金谷字安信111－1	(専)
〔宮　城　県〕		
(株)石油ガス工事	白石市福岡長袋字箱堰2－1	(兼)
東邦アセチレン(株)多賀城工場	多賀城市栄2－4－1	(兼)
東北ヨーケン(株)	大崎市古川沢田字立海道68－9	(専)
(株)マルビシ高圧	大崎市岩出山字重蔵87－3	(専)
河北産業高圧(株)	石巻市小船越字山畑442	(専)
〔福　島　県〕		
東邦福島(株)郡山支社	郡山市横塚3－12－16	(兼)
東白商事(株)白河支店	白河市大字泉田字池ノ上115	(専)
日通商事(株)本宮ＬＰガス充填工場	本宮市栄田97	(専)
東白商事(株)相馬支店	南相馬市鹿島区角川原字前川原109－1	(専)
〔茨　城　県〕		
高圧昭和ボンベ(株)土浦工場	土浦市北神立町4－1	(兼)
(有)中屋高圧容器検査所	常陸太田市花房町1142－1	(専)
(株)小野里商店　丘里営業所	古河市丘里11	(専)
大陽日酸エネルギー(株)関東支社古河支店	古河市大堤1500	(専)
丸大産業(株)	那珂市額田東郷880－1	(専)
(株)ＴＯＫＡＩ　茨城支店	小美玉市柴高735	(専)
全農エネルギー(株)関東ＬＰガス事業所	常総市大輪町1960	(専)
〔栃　木　県〕		
(株)宇都宮プロパン容器検査工場	宇都宮市築瀬町1540	(専)
(株)高圧容器検査所	足利市真砂町48	(兼)
〔群　馬　県〕		
群馬県高圧容器整備(協)	前橋市鳥取町151－1	(専)
関東アセチレン工業(株)	渋川市中村1110	(兼)
上毛天然瓦斯工業(株)北関東事業所	安中市松井田町八城1332番3	(兼)
(株)日本エネルギー群馬容器検査工場	みどり市東町小夜戸201	(専)
〔埼　玉　県〕		
(株)イーストジャパンアップ	熊谷市御稜威ケ原1－8	(専)
北日本物産(株)熊谷営業所	熊谷市御稜威ケ原字東山284－9	(専)
堀川産業(株)羽生容器検査所	羽生市大字町屋字本村325－1	(専)
エルピー産業(株)埼玉工場	深谷市折之口1812－1	(専)
(株)サイサンガステクノ	上尾市平方領々家639	(専)
大洋液化ガス(株)	北本市深井8－13	(兼)
(株)原田運輸	鴻巣市屈巣619	(兼)
(株)Ｊシリンダーサービス　東松山工場	東松山市大字信号75－1	(兼)
(株)Ｊシリンダーサービス　川島工場	比企郡川島町大字山ケ谷戸270－1	(専)
〔千　葉　県〕		
(株)カネダ工作所	千葉市中央区宮崎町585	(兼)
丸高石油(株)	館山市沼979	(専)
日東燃料工業(株)市原営業所	市原市江子田岩谷前144	(専)
陽品ガスエンジニアリング(株)	市原市五井5945－1	(兼)
フジテック(株)	白井市中149－15	(専)
香取産業(株)	香取市富田1154	(兼)
アイ・エス・ガステム(株)八街配送センター	八街市八街い187－80	(専)
〔東　京　都〕		
(株)日本エネルギー　ＭＩＹＡＭＡブルーガス・センター	八王子市美山町2161－28	(専)
〔神　奈　川　県〕		
極東運輸(株)	川崎市川崎区塩浜3－24－64	(兼)
(株)トーエル	厚木市上依知2924	(専)
(株)Ｊシリンダーサービス　厚木工場	厚木市金田1321	(専)
〔新　潟　県〕		
(株)コバヨウ　新潟工場	新潟市北区新崎293－20	(兼)
(株)高圧技研	新潟市西区四ツ郷屋2614－1	(兼)
新潟サンリン(株)長岡支店容器検査所	長岡市下条町字野々入801	(専)
北日本物産(株)上越営業所	上越市頸城区下吉字本田77－4	(専)
(株)新野商店　容器検査所	村上市坂町字堤下537	(専)
〔長　野　県〕		
(株)武重商会　上田充填所	上田市大字築地522	(専)

事 業 所 名	所 在 地	
ヨーケン(株)	安曇野市穂高牧179－4	(専)
〔山 梨 県〕		
(株)山梨高圧容器検査所	南アルプス市下高砂224	(専)
〔静 岡 県〕		
(株)ＴＯＫＡＩ　容器検査所	富士市中里2608－58	(専)
(株)門倉商店　静岡支店	袋井市高尾2081－1	(専)
中部高圧(株)	島田市金谷河原756－1	(専)
不二高圧(株)	焼津市下江留437－16	(兼)
沼津高圧ガス産業(株)	駿東郡清水町柿田956	(専)
大静高圧(株)	駿東部長泉町本宿291－1	(兼)
〔愛 知 県〕		
日本車輌製造(株)輸機・インフラ本部	豊川市穂ノ原2－20	(兼)
(株)ガス検中部　豊橋事業所	豊橋市神野新田町字ヘノ割3－1	(専)
愛知高圧(株)	岡崎市須渕町字京田26	(専)
ニイミ産業(株)本部	春日井市松河戸町段下1360	(専)
両元産業(株)	常滑市大曽町5－13	(専)
武一(株)知多容器検査所	知多市岡田字美城ケ根10	(専)
(株)三好ガス	みよし市三好町上砂後5－5	(専)
〔三 重 県〕		
(株)マルエイ四日市支店	四日市市采女町字春雨3210－12	(専)
三保産業(株)中部工場	四日市市南小松町字西野2572－1	(兼)
(有)ヤマサン容器検査場	いなべ市大安町大字平塚1963	(専)
朝日エンジニアリング(株)	三重郡菰野町大字竹成2234－4	(兼)
(有)南三重容器検査所	度会郡南伊勢町飯満561－3	(専)
〔岐 阜 県〕		
(有)笠原商事	関市池尻字田島1904－1	(専)
犬飼産業(株)可児営業所	可児市川合2020－1	(専)
島商事(株)容器検査所	加茂郡坂祝町黒岩字イヤ洞10－1	(専)
〔富 山 県〕		
全国農業協同組合連合会富山県本部　中央ＬＰガスセンター	富山市興人町字立割1－1	(専)
長岡工業(株)	富山市婦中町速星451	(兼)
北日本物産(株)富山充填所	富山市境野新29－4	(専)
中越産業(株)福野充填工場	南砺市川除新110	(専)
〔石 川 県〕		
北日本物産(株)金沢支店	金沢市大野町4－ソ6－3	(専)
コーシン産業(株)	小松市矢田野町19－50	(兼)
大城エネルギー(株)	能美市大浜町ヤ65	(専)
〔福 井 県〕		
(有)太陽プロパン　容器検査所	福井市上中町20－10	(専)
三保産業(株)福井工場	吉田郡永平寺町松岡小畑40字蛇谷6－4	(兼)
〔滋 賀 県〕		
三保産業(株)滋賀工場	栗東市大橋7－2－61	(兼)
全国農業協同組合連合会滋賀県本部　野洲燃料センター	野洲市小篠原奥山1－8	(専)
〔京 都 府〕		
三保産業(株)綾部工場	綾部市味方町鷲谷2	(兼)
小谷産業(株)耐圧検査所	宮津市字須津小字楸ノ谷2550	(専)
三保産業(株)京都工場	城陽市富野長谷山2－1	(兼)
〔奈 良 県〕		
大阪容器(株)	奈良市北之庄西町1－8－13	(兼)
(株)関西高圧容器検査所	奈良市都祁白石町1221	(専)
(有)サンズ	大和高田市出179	(専)
三保産業(株)奈良工場	天理市永原町2	(兼)
〔和 歌 山 県〕		
新宮酸素(株)	新宮市新宮3572	(兼)
紀州高圧(株)	有田市辻堂311－1	(専)
粉河ガス(株)	紀の川市東野9－3	(専)
三保産業(株)和歌山工場	紀の川市杉原字下嶋306－52	(兼)
〔大 阪 府〕		
関西化成品輸送(株)	大阪市此花区島屋6－1－135	(兼)
三保産業(株)大阪工場	堺市西区築港新町3－52	(兼)
〔兵 庫 県〕		
関西ガス(株)	神戸市西区森友4－31	(専)

事　業　所　名	所　在　地	
三木ガス販売(株)姫路工場	姫路市白浜町宇佐崎南2－51	(専)
(株)大淀高圧	尼崎市次屋3－6－27	(兼)
大陽日酸ガス＆ウェルディング(株)尼崎支店	尼崎市元浜町1－95	(兼)
日本特装(株)	伊丹市東有岡3－236	(兼)
(株)しき島ガスワン	加古川市別府町港町1－2	(専)
ネクストガス(株)	加古川市神野町石守字丸山680－13	(兼)
小村産業(株)	加古川市平岡町西谷126	(専)
伊丹産業(株)加西容器検査所	加西市畑町1611	(専)
井本産業(株)容器検査所	南あわじ市中条中筋1616	(専)
マルヰ産業(株)	南あわじ市神代国衙1028－2	(専)
(株)ホームエネルギー近畿　東播磨センター	西脇市黒田庄町前坂1540	(専)
三保産業(株)兵庫工場	宍粟市山崎町五十波1064－7	(兼)
寺田ガス(株)	美方郡香美町香住区森字ハタヤ343－1	(専)
共和商事(株)佐用営業所	佐用郡佐用町早瀬字オケ鼻899	(専)

〔鳥　取　県〕

全国農業協同組合連合会鳥取県本部　倉吉検査所	倉吉市清谷2－136	(専)

〔岡　山　県〕

大和酸素(株)	岡山市北区中撫川14	(兼)
浅野産業(株)	岡山市北区大内田761－1	(専)
山陽ガス(株)	岡山市東区上道北方211	(専)
はまだや容器検査(株)	倉敷市児島通生1257	(専)
(株)サンセキ　児島事業所	倉敷市福江1308－1	(専)
三備管工(株)水島工場	倉敷市南畝3－10－19	(専)
倉敷ガス工業(株)	倉敷市連島町鶴新田2652－1	(専)
(有)ガスタ松原	真庭市久世2398－7	(専)
ツチダ産業(株)高野支店	津山市高野山西2103	(兼)
備中ガス(株)容器検査所	小田郡矢掛町小田6485	(専)
上野油業(株)里庄容器検査工場	浅口郡里庄町浜中鳥越837－2	(専)

〔島　根　県〕

浜田エルピーガス(協)容器検査所	浜田市熱田町1457	(専)
瀧川産業(株)容器検査所	出雲市大津町648－1	(専)
広島ガスエナジー(株)容器検査所	安来市黒井田町731	(専)
(協)さんそ容器検査所	安来市亀島町2－1	(兼)
島根県エルピーガス事業協同組合容器検査所	雲南市加茂町岩倉48－3	(専)

〔広　島　県〕

日本ホームガス　安佐センター	広島市安佐北区安佐町久地掘切山563－6	(専)
中国工業(株)呉第二工場容器検査所	呉市広名田1－5－5	(専)
三和興産(株)	福山市大門町津之下3013	(兼)
(有)赤木プロパン商会	府中市上下町深江横山86－2	(専)
槇原ガスセンター	三次市四拾貫町110－1	(専)
広島ガス住設(株)	庄原市東城町新福代3	(専)
(有)六郷容器検査所	東広島市八本松町大字原10883－36	(兼)
三保産業(株)広島工場	東広島市河内町入野1297－93	(専)
食協(株)西部容器検査所	廿日市市木材港北9－20	(専)
広島ガス高田販売(株)	安芸高田市吉田町常友669	(専)
(有)小畠商店	江田島市能美町中町字水野元4216	(専)
ヒラタ　コーポレーション(株)江田島工場	江田島市江田島町江南1－2－8	(専)
広島瓦斯販売(株)容器検査所	山県郡北広島町有田935	(専)

〔山　口　県〕

藤井物産(株)	下関市長府野久留米町6－41	(専)
ヤマサンガス(株)	宇部市妻崎開作1849－8	(専)
三保産業(株)山口工場	宇部市大字山中字甲石700－7	(兼)
(株)三友	防府市大字新田字西中の町166	(専)
高山石油ガス(株)容器検査所	下松市大字末武下字西沖680－20	(専)
小野田液化石油ガス(協)昭和容器検査所	山陽小野田市大字東高泊1561	(専)
エネックス(株)ＬＰＧ容器検査センター	山陽小野田市大字小野田入道石1135－106	(専)

〔徳　島　県〕

丸善商事(株)プロパン部容器検査所	徳島市万代町7－23	(専)
徳島県ＬＰガス容器再検査協同組合	吉野川市鴨島町牛島字西篠前2214	(専)
川原プロパン(有)	三好郡東みよし町西庄字井関125	(専)
宮崎商事(株)阿波工場	阿波郡市場町大字上喜来字岸の下832－15	(専)

〔香　川　県〕

内外プロパン(株)	高松市朝日町4－20－1	(専)
菱讃ガス(株)	高松市朝日町4－23－1	(専)
大同ガス産業(株)	高松市朝日町4－24－1	(専)
高橋石油(株)坂出営業所	坂出市昭和町2－7－5	(専)
四国物産(株)観音寺充填所	観音寺市柞田町上出甲288－1	(専)
日本プロパンガス(株)	三豊市詫間町詫間字松下6902	(専)

事 業 所 名	所 在 地	
〔高　知　県〕		
高知日商プロパン(株)	高知市五台山4983	(専)
高知エネルギー(株)容器検査所	高知市仁井田3636－30	(専)
土佐ガス(株)横浜工場	高知市横浜ミソタ721	(専)
(株)柿谷プロパン中村マルヰ容器検査所	四万十市具同北相ノ沢6200－4	(専)
(株)JAエナジーこうち	香南市香我美町上分字小柳574－1	(専)
〔愛　媛　県〕		
(株)小笠原工業所	松山市空港通5－10－3	(兼)
エナジー・ワン(株)	松山市大可賀3－1453－11	(専)
JAえひめエネルギー(株)	松山市西垣生町1800－7	(専)
今治プロパンガス(株)	今治市阿方甲295	(専)
(株)大島ガスセンター	今治市吉海町本庄326	(専)
四国ガスLPG販売(株)	今治市クリエイティブヒルズ2番地5	(専)
(株)亀岡商店	宇和島市坂下津甲407－19	(専)
三保産業(株)四国工場	新居浜市黒島1－5－28	(兼)
藤岡ガス(有)	西条市周布1688－2	(専)
エネロ(株)大洲営業所	大洲市東大洲1041－1	(専)
〔福　岡　県〕		
北九州高圧容器検査(株)	田川市大字伊田2824	(専)
大内田産業(株)	飯塚市平塚427－1	(専)
(株)BFGエンジニアリング	糟屋郡粕屋町駕与丁1－5－1	(専)
(株)福岡大型容器検査所	糟屋郡須恵町大字上須恵字野間1301－3	(兼)
(株)GASGASエネルギー	田川郡川崎町池尻877－7	(専)
〔佐　賀　県〕		
岡村高圧工業(株)	武雄市武雄町大字武雄4027－1	(専)
(株)九州ガス技研	鳥栖市西新町1428－388	(兼)
(株)九州エルピー	三養基郡みやき町大字白壁4305－2	(兼)
(株)佐賀総合ガスセンター	神埼郡吉野ヶ里町立野643－2	(兼)
〔長　崎　県〕		
西日本高圧瓦斯(株)長崎事業所	諫早市小野町1006	(兼)
日通エネルギー九州(株)長崎支店大村容器検査所	大村市協和町832	(専)
才津プロパン(株)	五島市吉久木町中牛木場1468	(専)
〔大　分　県〕		
(株)オーケーガス・ウチダ	大分市片島409	(専)
光伸ガス(株)容器検査所	大分市大字下判田3799－1	(専)
大分県コーアガス事業協同組合志村検査所	大分市青崎1－5－2	(専)
〔熊　本　県〕		
(株)九州高圧容器検査所	熊本市北区龍田町弓削601－4	(専)
(有)小林工業所	宇城市松橋町内田344－3	(専)
熊本高圧工業(株)	菊池郡菊陽町津久礼2678	(専)
〔宮　崎　県〕		
宮崎県エルピーガス商業組合容器検査所	宮崎市大字赤江字飛江田774	(専)
(株)都城容器検査所	都城市早鈴町1615	(専)
(株)Misumi　えびの容器検査所	えびの市大字永山字樋ノ木945	(専)
〔鹿　児　島　県〕		
小平(株)串木野充填所	いちき串木野市西薩町17－12	(専)
(株)コーアガス日本　容器再検査工場	いちき串木野市日出町11842	(専)
吉田商事(株)名瀬LPGステーション	奄美市名瀬鳩浜町342	(専)
九州高圧(株)	南九州市川辺町清水9860	(専)
南九州液化ガス(株)	肝属郡東串良町池之原1200	(専)
(株)徳之島エルピーガス	大島郡徳之島町亀徳字兼久晴2184－83	(専)
〔沖　縄　県〕		
ひまわりガス(株)	沖縄市知花4－49－6	(専)
(株)沖縄ヨーケンサービス	浦添市勢理客4－20－6	(専)
中央ガス工業(株)	浦添市牧港4－15－2	(兼)
沖縄協同ガス(株)容器検査所	島尻郡八重瀬町字外間115－1	(専)

3. LPガス消費者用供給機器状況

3－1 平成28年度国家検定・自主検査合格数

区分	28年4月	5月	6月	7月	8月	9月	10月	11月	12月	29年1月	2月	3月	累計	前年同期比%	計画達成率%
ガス栓 1口ホース	22,251	18,968	22,347	28,367	20,616	19,707	18,985	32,272	22,331	22,326	20,209	20,724	269,103		
1口コンセント	1,259	2,258	5,547	2,974	2,472	4,709	3,630	3,550	5,346	3,739	3,989	4,679	44,152		
2口ホース	11,836	13,169	10,205	5,952	9,619	13,427	11,997	9,667	13,930	9,587	9,159	10,752	129,300		
2口コンセント	965	1,497	1,687	599	470	550	975	720	1,569	0	478	1,425	10,935		
ベアタイプ	1,303	3,236	776	1,743	1,758	994	691	730	2,910	297	1,490	1,043	16,971		
ボックスタイプ	6,406	4,218	5,850	7,557	5,418	7,352	9,343	11,040	8,016	9,886	7,057	7,447	89,590		
ヒューズ 小計	44,020	43,346	46,412	47,192	40,353	46,739	45,621	57,979	54,102	45,835	42,382	46,070	560,051	99.7	103.7
ねじ用 (A)	17,340	13,734	11,710	14,621	12,360	16,585	14,581	10,310	10,101	6,047	10,391	14,365	152,145		
ねじ用 (B)	132,101	132,843	142,927	128,103	119,092	116,221	118,519	123,443	114,025	101,279	122,717	136,726	1,487,996	115.0	121.7
可とう管 (A)	22,693	19,918	21,222	19,493	17,256	25,975	20,257	15,627	21,907	13,831	20,994	31,177	250,350		
フレキ&ヒューズ	4,616	1,350	2,981	3,124	1,292	2,803	1,659	2,591	5,008	514	1,988	1,408	29,334		
可とう管 (B)	63,952	50,413	69,868	63,447	56,717	55,585	63,643	71,355	59,707	58,843	75,262	72,981	761,773	108.2	110.0
計	284,722	261,604	295,120	275,980	247,070	263,908	264,280	281,305	264,850	226,349	273,734	302,727	3,241,649	109.9	114.7
単段調整器 5キロ以下	21,655	23,706	22,750	18,350	18,897	18,530	19,127	16,340	11,787	16,910	16,318	20,422	224,792	121.2%	95.7%
〃 6キロ以上	3,236	3,717	3,109	2,480	2,812	1,996	2,676	2,256	1,553	2,310	2,327	3,183	31,655	111.0%	105.5%
計	24,891	27,423	25,859	20,830	21,709	20,526	21,803	18,596	13,340	19,220	18,645	23,605	256,447	119.8%	96.8%
自動切替式調整器(10キロ以下)	104,141	112,530	132,098	109,571	111,130	108,017	94,775	83,310	62,025	98,112	88,807	118,105	1,222,621	119.8%	93.3%
(11キロ以上)	10,916	10,251	12,084	11,915	9,658	10,940	10,638	9,315	6,533	10,472	9,884	12,064	124,670	102.8%	94.4%
計	115,057	122,781	144,182	121,486	120,788	118,957	105,413	92,625	68,558	108,584	98,691	130,169	1,347,291	118.0%	93.4%
二段減圧式調整器	2,145	2,603	3,238	3,037	2,599	2,876	2,731	1,973	2,349	3,331	2,809	2,743	32,434	94.6%	90.1%
圧力調整器 計	142,093	152,807	173,279	145,353	145,096	142,359	129,947	113,194	84,247	131,135	120,145	156,517	1,636,172	117.7%	93.8%
高圧ホース 連結用	12,681	10,266	9,899	9,858	9,290	8,361	8,195	8,809	7,455	10,193	8,486	9,617	113,110	108.6%	105.7%
〃 集合用	284,092	316,138	342,889	313,530	299,177	302,824	246,783	220,282	159,524	281,590	256,552	339,572	3,362,953	115.5%	95.6%
高圧ホース 計	296,773	326,404	352,788	323,388	308,467	311,185	254,978	229,091	166,979	291,783	265,038	349,189	3,476,063	115.2%	95.9%
継手金具付低圧ホース	27,817	31,339	30,006	28,575	37,554	25,809	15,683	13,910	10,096	20,729	21,263	24,616	287,397	113.9%	87.9%
燃焼器用ホース(ねじ接続)	28,941	31,500	11,431	20,014	25,700	32,512	23,377	30,223	28,018	33,369	34,054	36,707	335,846	105.2%	103.0%
〃 (迅速継手付)	7,492	4,594	3,274	1,832	3,501	6,096	3,910	2,740	11,145	6,217	2,500	5,434	58,735	54.5%	55.9%
燃焼器用ホース 計	36,433	36,094	14,705	21,846	29,201	38,608	27,287	32,963	39,163	39,586	36,554	42,141	394,581	92.4%	91.6%
ホースバンド	510,000	210,000	570,000	510,000	210,000	510,000	510,000	510,000	510,000	210,000	540,000	330,000	5,130,000	123.9%	115.7%
ガス放出防止器	0	0	0	1,700	0	2,000	347	600	500	500	0	600	7,377	94.0%	92.2%
耐震自動ガス遮断器	0	1,130	0	0	0	0	1,000	0	0	0	0	0	1,000	50.0%	100.0%
配管用フレキ管 (m)	430,080	427,050	438,930	507,510	533,250	433,440	634,500	465,120	492,630	367,290	614,130	520,530	5,864,460	114.9%	115.3%
配管用継手	191,300	282,958	245,264	226,558	266,678	136,376	356,239	275,984	284,878	206,553	185,844	167,582	2,826,214	111.8%	117.6%
金属フレキシブルホース	65,742	58,166	41,127	34,399	42,991	37,419	72,708	47,390	59,751	35,411	44,296	42,759	582,159	102.2%	101.1%
逆止弁付根元バルブ	78,487	8,500	85,000	8,500	85,500	8,500	77,500	8,500	59,500	8,500	58,500	22,500	509,487	109.8%	102.1%
ガス漏れ警報遮断装置	497	579	532	618	414	509	619	483	588	460	582	601	6,482	88.1%	81.0%
漏洩検知部	9,030	9,300	10,227	8,130	9,090	7,310	4,616	6,180	4,740	7,560	9,090	8,150	93,423	99.9%	97.3%
マイコンメーター	203,252	235,906	277,779	370,545	234,873	281,850	225,986	216,375	131,047	221,193	287,306	277,217	2,963,329	148.7%	108.2%
合計	2,276,226	2,041,837	2,534,757	2,463,102	2,150,184	2,199,273	2,575,690	2,201,095	2,108,969	1,767,049	2,456,482	2,245,129	27,019,793	117.8%	108.9%

3－2　平成28年度マイコンメーター生産実績（平成28年度マイコンメーター第2検査合格数内訳）

機種	検満期間	28年4月	5月	6月	7月	8月	9月	10月	11月	12月	29年1月	2月	3月	累計
L型	10年	0	0	0	0	0	0	0	0	0	0	0	0	0
S型	10年	171,073	193,721	229,497	321,218	191,802	239,064	187,100	175,701	88,667	166,430	245,491	223,656	2,433,420
S4型	10年	0	700	720	0	600	600	0	600	0	420	440	440	4,520
S型・S4型合計		171,073	194,421	230,217	321,218	192,402	239,664	187,100	176,301	88,667	166,850	245,931	224,096	2,437,940
SB型	7年	1,890	1,210	2,130	750	870	1,083	1,720	750	0	1,040	1,260	1,390	14,093
SB型	10年	1,390	1,693	1,450	980	1,130	970	700	1,190	400	940	740	920	12,503
SB型合計		3,280	2,903	3,580	1,730	2,000	2,053	2,420	1,940	400	1,980	2,000	2,310	26,596
E型	10年	24,547	33,815	40,258	43,211	36,555	36,458	33,457	34,667	38,708	49,239	34,268	46,778	451,961
E4型	10年	1,869	2,299	1,633	2,134	1,600	1,818	1,180	1,847	1,768	1,395	2,830	1,975	22,348
E型・E4型合計		26,416	36,114	41,891	45,345	38,155	38,276	34,637	36,514	40,476	50,634	37,098	48,753	474,309
EB型	7年	819	874	924	825	718	756	732	678	594	684	852	956	9,412
EB型	10年	1,664	1,594	1,167	1,427	1,598	1,101	1,097	942	910	1,045	1,425	1,102	15,072
EB型合計		2,483	2,468	2,091	2,252	2,316	1,857	1,829	1,620	1,504	1,729	2,277	2,058	24,484
マイコンメーター　合計		203,252	235,906	277,779	370,545	234,873	281,850	225,986	216,375	131,047	221,193	287,306	277,217	2,963,329

第4編
利　用

1．民生用エネルギー需要の推移

1－1 家計消費支出における光熱費の推移（1世帯当たり年間支出金額、平成17年度～28年度）

（単位：円、％）

年度	項目	電気	都市ガス	LPガス	灯油	その他	ガソリン	合計
17年度	合計	94,691	32,774	25,345	16,470	297	56,261	225,838
	構成比	41.9	14.5	11.2	7.3	0.1	24.9	100.0
	対前年伸び率	99.2	103.9	95.1	143.9	101.0	109.9	104.3
18年度	合計	96,667	34,281	26,113	19,544	330	60,130	237,065
	構成比	40.8	14.5	11.0	8.2	0.1	25.4	100.0
	対前年伸び率	102.1	104.6	103.0	118.7	111.1	106.9	105.0
19年度	合計	94,947	33,483	25,806	17,438	274	60,231	232,179
	構成比	40.9	14.4	11.1	7.5	0.1	25.9	100.0
	対前年伸び率	98.2	97.7	98.8	89.2	83.0	100.2	97.9
20年度	合計	100,641	34,912	27,875	19,340	308	67,979	251,055
	構成比	40.1	13.9	11.1	7.7	0.1	27.1	100.0
	対前年伸び率	106.0	104.3	108.0	110.9	112.4	112.9	108.1
21年度	合計	98,527	34,992	25,116	13,050	329	52,123	224,137
	構成比	44.0	15.6	11.2	5.8	0.1	23.3	100.0
	対前年伸び率	97.9	100.2	90.1	67.5	106.8	76.7	89.3
22年度	合計	101,048	33,413	24,073	15,089	315	57,305	231,243
	構成比	43.7	14.4	10.4	6.5	0.1	24.8	100.0
	対前年伸び率	102.6	95.5	95.8	115.6	95.7	109.9	103.2
23年度	合計	98,260	33,512	23,997	18,404	337	59,512	234,022
	構成比	42.0	14.3	10.3	7.9	0.1	25.4	100.0
	対前年伸び率	97.2	100.3	99.7	122.0	107.0	103.9	101.2
24年度	合計	104,370	35,955	23,479	19,004	340	60,521	243,669
	構成比	42.8	14.8	9.6	7.8	0.1	24.8	100.0
	対前年伸び率	106.2	107.3	97.8	103.3	100.9	101.7	104.1
25年度	合計	109,415	36,723	22,084	18,554	357	62,969	250,102
	構成比	43.7	14.7	8.8	7.4	0.1	25.2	100.0
	対前年伸び率	104.8	102.1	94.1	97.6	105.0	104.0	102.6
26年度	合計	113,663	37,122	22,547	17,891	348	62,791	254,362
	構成比	44.7	14.6	8.9	7.0	0.1	24.7	100.0
	対前年伸び率	103.9	101.1	102.1	96.4	97.5	99.7	101.7
27年度	合計	112,036	37,426	21,530	12,595	332	51,358	235,277
	構成比	44.0	14.7	8.5	5.0	0.1	20.2	92.5
	対前年伸び率	98.6	100.8	95.5	70.4	95.4	81.8	92.5
28年度	合計	102,710	32,103	19,327	9,995	339	43,510	207,984
	構成比	40.9	12.8	7.7	4.0	0.1	17.3	82.8
	対前年伸び率	91.7	85.8	89.8	79.4	102.1	84.7	88.4

注：（1）家計消費支出の光熱費推移は総務省統計局の「家計調査年報」をベースに作成したもの。
（2）平成12年度からの項目変更で、「その他」は石炭・まき・れん炭・木炭・豆炭・カートリッジ式ガスボンベ等となった。

1-2 家庭用エネルギー需要の推移（平成13年度～27年度）

	灯油 千kl	LPガス 千トン	都市ガス 10⁶m³	電力 10⁶kWh	太陽熱 TJ	バイオマス TJ	熱 TJ
平成13年度	12,043	5,246	10,047	257,185	30,396	1,874	1,266
14	12,792	5,258	10,367	265,861	30,140	1,725	1,283
15	11,291	5,487	10,398	261,594	25,870	1,454	1,330
16	11,800	5,012	10,136	273,923	23,568	1,187	1,316
17	12,789	4,961	9,733	283,080	23,023	994	1,326
18	11,354	4,889	9,574	279,594	21,839	999	1,286
19	10,820	5,003	9,655	290,999	20,600	949	1,352
20	9,990	4,626	9,424	286,189	19,670	961	1,342
21	9,760	4,450	9,396	286,016	17,897	883	1,318
22	10,562	4,698	9,531	305,265	16,516	1,000	1,283
23	10,196	4,263	9,522	290,209	15,125	942	1,220
24	9,746	4,492	9,520	287,343	13,741	758	1,204
25	9,221	4,422	10,154	285,180	12,441	746	1,170
26	9,497	4,204	9,791	270,856	11,297		1,123
27	8,911	4,119	9,473	267,520	10,320		1,102

1-3 カロリーベースでみた家庭用エネルギー需要の推移（平成13年度～27年度）

	灯油 TJ	構成比(%)	LPガス TJ	構成比(%)	都市ガス TJ	構成比(%)	電力 TJ	構成比(%)	太陽熱 TJ	構成比(%)	バイオマス TJ	構成比(%)	熱 TJ	構成比(%)	合計 TJ
平成13年度	442,631	21.23	266,154	12.77	412,915	19.81	925,866	44.41	33,955	1.63	1,874	0.09	1,266	0.06	2,084,661
14	470,140	21.80	266,679	12.36	426,102	19.76	957,098	44.38	33,810	1.57	1,725	0.08	1,283	0.06	2,156,837
15	414,921	19.81	278,451	13.30	427,373	20.41	941,739	44.97	29,056	1.39	1,454	0.07	1,330	0.06	2,094,324
16	433,558	20.46	254,238	11.99	416,574	19.65	986,123	46.52	26,573	1.25	1,187	0.06	1,316	0.06	2,119,569
17	469,849	21.31	251,728	11.42	436,024	19.78	1,019,088	46.22	25,845	1.17	994	0.05	1,326	0.06	2,204,854
18	417,105	19.60	248,098	11.66	428,895	20.16	1,006,538	47.30	25,009	1.18	999	0.05	1,286	0.06	2,127,930
19	397,466	18.42	253,779	11.76	432,563	20.05	1,047,597	48.56	23,689	1.10	949	0.04	1,351	0.06	2,157,394
20	366,881	17.65	234,683	11.29	422,192	20.31	1,030,280	49.55	22,759	1.09	960	0.05	1,342	0.06	2,079,097
21	358,418	17.42	225,720	10.97	420,937	20.46	1,029,656	50.04	20,532	1.00	883	0.04	1,318	0.06	2,057,464
22	387,950	17.85	238,510	10.97	426,970	19.64	1,098,953	50.55	19,235	0.88	1,000	0.05	1,282	0.06	2,173,900
23	374,546	17.99	216,425	10.39	426,588	20.49	1,044,751	50.17	17,947	0.86	942	0.05	1,220	0.06	2,082,419
24	358,006	17.34	228,093	11.04	426,479	20.65	1,034,434	50.09	16,160	0.78	758	0.04	1,204	0.06	2,065,134
25	336,520	16.72	221,431	11.00	409,674	20.36	1,026,648	51.02	15,868	0.79	882	0.04	1,170	0.06	2,012,193
26	314,515	16.24	202,731	10.47	417,296	21.55	986,178	50.92	13,988	0.72	871	0.04	1,123	0.06	1,936,702
27	292,440	15.61	200,410	10.70	402,213	21.47	963,497	51.43	12,876	0.69	855	0.05	1,102	0.06	1,873,393

出典：資源エネルギー庁「総合エネルギー統計」

2. 工業用LPガス利用状況

2－1 工業用エネルギー源別消費量の推移 (平成20～28年度)

（単位：GJ, %）

エネルギー源別 年度・期別	A (灯・軽・A重油) 消費量	シェア	伸び率	B (B・C重油) 消費量	シェア	伸び率	C (電力) 消費量	シェア	伸び率	D (都市ガス) 消費量	シェア	伸び率	E (石炭) 消費量	シェア	伸び率	F (LPG) 消費量	シェア	伸び率	計 消費量	シェア	伸び率
平成20上期	264,289	17.5	80.7	97,738	6.5	78.0	328,144	21.8	102.2	441,058	29.2	106.4	282,651	18.7	104.6	94,691	6.3	95.5	1,508,571	100.0	96.8
下期	298,652	20.7	70.2	96,329	6.7	73.7	267,087	18.5	84.7	397,304	27.6	90.3	290,328	20.1	87.3	91,440	6.3	91.2	1,441,140	100.0	82.6
計	562,941	19.1	74.8	194,067	6.6	75.8	595,231	20.2	93.5	838,362	28.4	98.1	572,979	19.4	95.1	186,131	6.3	93.3	2,949,711	100.0	89.3
平成21上期	270,486	20.3	102.3	80,335	6.0	82.2	279,095	20.9	85.1	388,628	29.2	88.1	228,916	17.2	81.0	84,836	6.4	89.6	1,332,296	100.0	88.3
下期	346,338	22.3	116.0	83,269	5.4	86.4	281,070	18.1	105.2	439,603	28.3	110.6	306,371	19.8	105.5	94,438	6.1	103.3	1,551,089	100.0	107.6
計	616,824	21.4	109.6	163,604	5.7	84.3	560,165	19.4	94.1	828,231	28.7	98.8	535,287	18.6	93.4	179,274	6.2	96.3	2,883,385	100.0	97.8
平成22上期	292,373	19.6	108.1	79,852	5.4	99.4	307,869	20.7	110.3	446,200	30.0	114.8	270,148	18.1	118.0	92,151	6.2	108.6	1,488,593	100.0	111.7
下期	317,415	20.6	91.6	78,879	5.1	94.7	289,613	18.7	103.0	458,170	29.5	104.2	311,482	20.1	101.7	84,226	5.4	89.2	1,539,785	100.0	99.3
計	609,788	20.1	98.9	158,731	5.2	97.0	597,482	19.7	106.7	904,370	29.9	109.2	581,630	19.2	108.7	176,377	5.8	98.4	3,028,378	100.0	105.0
平成23上期	242,413	17.0	82.9	70,862	5.0	88.7	294,242	20.7	95.6	467,736	32.8	104.8	263,653	18.5	97.6	85,903	6.0	93.2	1,424,809	100.0	95.7
下期	326,686	20.7	102.9	78,942	5.1	100.1	288,619	18.6	99.7	500,192	32.2	109.2	306,551	19.8	98.4	78,079	5.0	92.7	1,579,069	100.0	102.6
計	569,099	18.9	93.3	149,804	5.0	94.4	582,861	19.4	97.6	967,928	32.2	107.0	570,204	19.0	98.0	163,982	5.5	93.0	3,003,878	100.0	99.2
平成24上期	224,554	16.0	92.6	68,529	4.9	96.7	291,298	20.8	99.0	470,931	33.6	100.7	266,879	19.0	101.2	81,026	5.8	94.3	1,403,217	100.0	98.5
下期	296,802	19.6	90.9	70,414	4.5	89.2	268,765	17.3	93.1	488,470	31.5	97.7	313,056	20.2	102.1	75,540	4.9	96.7	1,513,048	100.0	95.8
計	521,356	17.9	91.6	138,943	4.8	92.7	560,063	19.2	96.1	959,401	32.9	99.1	579,935	19.9	101.7	156,566	5.4	95.5	2,916,265	100.0	97.1
平成25上期	216,375	15.8	96.4	58,686	4.3	85.6	292,756	21.4	100.5	449,729	32.9	95.5	275,133	20.1	103.1	72,898	5.3	90.0	1,365,577	100.0	97.3
下期	289,499	19.3	97.5	66,032	4.3	93.8	272,689	17.6	101.5	479,368	30.9	98.1	316,286	20.4	101.0	78,080	5.0	103.4	1,501,954	100.0	99.3
計	505,874	17.6	97.0	124,718	4.3	89.8	565,445	19.7	101.0	929,097	32.4	96.8	591,419	20.6	102.0	150,978	5.3	96.4	2,867,531	100.0	98.3
平成26上期	178,171	13.4	82.3	54,369	4.1	92.6	289,937	21.9	99.0	469,980	35.4	104.5	266,898	20.1	97.0	66,548	5.0	91.3	1,325,903	100.0	97.1
下期	256,063	17.6	88.5	59,672	3.8	90.4	275,699	17.8	101.1	482,273	31.1	100.6	305,412	19.7	96.6	76,149	4.9	97.5	1,455,268	100.0	96.9
計	434,234	15.6	85.8	114,041	4.1	91.4	565,636	20.3	100.0	952,253	34.2	102.5	572,310	20.6	96.8	142,697	5.1	94.5	2,781,171	100.0	97.0
平成27上期	180,684	13.8	101.4	48,176	3.7	88.6	276,430	21.1	95.3	470,954	36.0	100.2	256,081	19.6	95.9	74,930	5.7	112.6	1,307,255	100.0	98.6
下期	303,616	20.3	118.6	58,062	3.7	97.3	263,228	17.0	95.5	492,093	31.7	102.0	302,410	19.5	99.0	74,828	4.8	98.3	1,494,237	100.0	102.7
計	484,300	17.3	111.5	106,238	3.8	93.2	539,658	19.3	95.4	963,047	34.4	101.1	558,491	19.9	97.6	149,758	5.3	104.9	2,801,492	100.0	100.7
平成28上期	218,156	15.9	120.7	52,930	3.8	109.9	276,430	20.1	100.0	489,878	35.6	104.0	260,194	18.9	101.6	78,232	5.7	104.4	1,375,820	100.0	105.2
下期	249,800	17.0	82.3	57,178	3.7	98.5	263,228	17.0	100.0	523,056	33.7	106.3	302,606	19.5	100.1	74,981	4.8	100.2	1,470,849	100.0	98.4
計	467,956	16.4	96.6	110,108	3.9	103.6	539,658	19.0	100.0	1,012,934	35.6	105.2	562,800	19.8	100.8	153,213	5.4	102.3	2,846,669	100.0	101.6

注：(1)灯・軽・A重油は中間3品。

3．ＬＰガス消費プラント（工業用需要家）都道府県別・各社別保有状況（平成29年9月末）

都道府県名	件数	都道府県名	件数	都道府県名	件数
北　海　道	72	山　　梨	8	島　　根	13
青　　森	9	静　　岡	67	広　　島	69
秋　　田	13	愛　　知	69	山　　口	12
岩　　手	24	三　　重	46	徳　　島	6
山　　形	35	岐　　阜	76	香　　川	9
宮　　城	35	富　　山	62	高　　知	7
福　　島	66	石　　川	31	愛　　媛	33
茨　　城	43	福　　井	39	福　　岡	58
栃　　木	88	滋　　賀	22	佐　　賀	47
群　　馬	49	京　　都	8	長　　崎	36
埼　　玉	30	奈　　良	4	大　　分	26
千　　葉	36	和　歌　山	5	熊　　本	46
東　　京	12	大　　阪	9	宮　　崎	17
神　奈　川	18	兵　　庫	31	鹿　児　島	29
新　　潟	49	鳥　　取	2	沖　　縄	6
長　　野	61	岡　　山	35	全　国　計	1,568

事業所名	所在地	規模（ t ）	
〔北　海　道〕			
(株)札幌シャトレーゼ　ガトーキングダムサッポロ	札幌市北区東茨戸132	50×2	
日通商事(株)札幌ＬＰガス充填所	札幌市西区二十四軒4条1丁目1－8	20×2	10×1
		0.5×1	
大陽日酸北海道(株)発寒工場	札幌市西区発寒十六条13丁目7－1	2.9×2	
(株)ロバパン本社工場	札幌市白石区本通7丁目南5－1	3.5×1	
(株)エネルギー・サプライ	札幌市西区二十四軒一条1丁目9	20×2	
エア・ウォーター・テクノサプライ(株)札幌ハローガスセンター	札幌市西区発寒十五条13丁目2－30	50×2	
(株)エネサンス北海道物流　白石工場	札幌市白石区平和通13丁目北17	30×1	
(株)ホームガスセンター北海道　白石ＬＰガス供給センター	札幌市白石区菊水上町四条4丁目95	60×2	
(株)ホームガスセンター北海道　発寒ＬＰガス供給センター	札幌市西区発寒十四条14丁目1－60	30×1	
北海道カネライト(株)	恵庭市恵南13－1	10×1	25×1
パラマウント硝子工業(株)江別工場	江別市工栄町11－1	20×3	
(株)ＪＳＰ　北海道工場	江別市工栄町23－4	20×1	
札幌ガルバー(株)石狩工場	石狩市新港中央2丁目758－2	7×2	
北海道糖業(株)バイオ生産部札幌工場	石狩市新港中央3丁目753－2	15×1	
(株)エネルギーサプライ石狩センター	石狩市新港中央4丁目3740－11	20×2	2.9×1
エルピー産業(株)石狩工場	石狩市新港南3丁目700－41	2.9×2	
ＥＮＥＯＳグローブガスターミナル(株)石狩ガスターミナル	石狩市新港中央4丁目3740－6	1400×2	870×2
学校法人日本航空学園日本航空専門学校	千歳市泉沢1007－95	15×1	
(株)積水化成品北海道本社工場	千歳市北信濃779－3	10×1	
ＩＨＩスター(株)千歳工場ＬＰＧ貯蔵所	千歳市上長都1061	2.9×2	
三和シャッター工業(株)札幌工場	恵庭市北柏木町3－48	10×1	
(株)明光	江別市角山182	2.5×3	
ＮＳ北海製線(株)	江別市上江別470	2.9×2	
王子エフテックス(株)江別工場	江別市王子1	30×1	
(株)もりもと千歳工場	千歳市泉沢1007－84	2.9×1	2.5×1
日本赤十字社血漿分画センター	千歳市泉沢1007－31	20×1	
(株)エネルギーサプライ	北広島市大曲工業団地2丁目4－6	20×2	
エア・ウォーター・テクノサプライ(株)大曲ハローガスセンター	北広島市大曲工業団地7丁目3－2	60×1	30×1
		20×1	
河村電器産業(株)札幌工場	北広島市北の里3－10	2.9×3	
(株)ホームガスセンター北海道　輪厚ＬＰガス供給センター	北広島市輪厚2－2	30×1	
チトセ浜理薬品(株)	千歳市泉沢1007－81	2.8×2	
(株)彩香	北広島市大曲中央1丁目4－1	7×2	
エア・ウォーター・テクノサプライ(株)札幌ガスセンター	北広島市大曲工業団地7丁目3－2	15×1	2.9×1

事　業　所　名	所　在　地	規　模（t）	
大森工業(株)札幌工場	石狩市新港西３丁目764－4	3.2×2	
道栄紙業(株)	虻田郡倶知安町字比羅夫283	10×1	
小樽ガスセンター(株)小樽ＬＰガス工場	小樽市手宮１－6－3	20×2	
佐藤食品工業(株)北海道工場	岩見沢市大和４条５丁目	15×1	10×1
日通商事(株)秩父別ＬＰガス充填所	雨竜郡秩父別町字一已1204	30×1	
(株)ホリ第２、第３工場	砂川市西三条北20丁目	3×1	2.55×1
		2.5×1	
(株)美唄農産物高度利用研究所	美唄市東六条北９丁目１－11	2.55×2	
エア・ウォーター・テクノサプライ(株)滝川ＬＰガスセンター	滝川市流通団地２丁目２－38	50×1	
(株)エネサンス北海道　岩見沢工場	岩見沢市南町九条４－3－4	20×1	
(株)上田コンクリート工業所	滝川市花月町３丁目10－11	2.9×3	
(株)モリタン　岩見沢工場	岩見沢市志文町825－38	9.9×2	
(株)ホリ　第５工場	砂川市西三条北19丁目	2.9×2	
大東食品(株)	稚内市新港町１－16	15×1	
(株)明治　稚内工場	稚内市声問５丁目41－1	15×2	
(株)デリカランド	白老郡白老町字石山71－9	2.9×2	
日本製紙(株)北海道工場白老事業所	白老郡白老町字北吉原181	30×2	
プライフーズ(株)	伊達市北黄金町123－30	2.9×7	2.8×4
		2.5×10	
(株)ダイナックス　シンクロ工場	苫小牧市字柏原６－147	10×1	
(株)レイズファウンダリー	苫小牧市字柏原６－273	2.6×2	
北海道マイヒックス(株)	室蘭市香川町24	2.9×1	
北海道住電スチールワイヤー(株)	室蘭市仲町12	20×1	
(株)日本製鋼所　室蘭製作所	室蘭市茶津町4	30×2	
新日鐵住金(株)室蘭製鐵所	室蘭市仲町12	68×3	10×1
		2.9×2	
第一鉄鋼(株)	室蘭市仲町12	10×2	
(株)第一熱処理室蘭	室蘭市仲町12	20×1	
三菱製鋼室蘭特殊鋼(株)	室蘭市仲町12	20×1	
(株)ダイナックス　苫小牧工場	苫小牧市字柏原６－183	15×1	
日本軽金属(株)苫小牧製造所	苫小牧市晴海町43－3	10×1	
いすゞエンジン製造北海道(株)	苫小牧市柏原１－4	40×1	20×1
王子ネピア(株)苫小牧工場	苫小牧市勇払143	30×2	
トヨタ自動車北海道(株)	苫小牧市勇払145－1	50×2	
ホクダイ(株)	勇払郡早来町字富岡257	10×1	
北ガスジェネックス(株)日高営業所	浦河郡浦河町西舎141	15×1	
浦河ウエリントンホテル	浦河郡浦河町大通３－41－1	2.9×2	
(株)笹井ホテル	河東郡音更町十勝川温泉北15丁目１	10×1	
(株)エネサンス北海道　帯広工場	河西郡芽室町東芽室基線４－4	40×1	
ＡＷファーム千歳(株)十勝農場	中川郡幕別町途別７－2	2.9×3	
日糧製パン(株)釧路工場	釧路市鳥取南６丁目２－23	10×1	
根室スチレン(株)	根室市月岡町２丁目78	2.846×5	
〔青　森　県〕			
三菱製紙(株)八戸工場	八戸市大字河原木字青森谷地３	20×1	
ＪＡ全農北日本くみあい飼料(株)八戸工場	八戸市大字河原木字海岸24－7	15×1	
(有)八戸農場　ハイポータワー	八戸市大字金浜字中渡15－24	15×1	
(有)八戸農場　第60農場	八戸市大字金浜字折場沢31－102	10×1	
高周波鋳造(株)	八戸市大字沼館４丁目７－108	15×1	
アックス・グリーン・サービス(株)	むつ市大字奥内字今泉66	60×2	
大石産業(株)パルプモウルド東北工場	上北郡おいらせ町中平下長根山１－145	20×1	
青森宝栄工業(株)	上北郡六ヶ所村大字平沼字田面木246	10×1	
日本原燃(株)濃縮機器試験施設	上北郡六ヶ所村大字尾駮字家ノ前１－13	15×1	
〔秋　田　県〕			
秋田いなふく米菓(株)	秋田市川尻町字大川反170	15×1	
(株)たけや製パン	秋田市川尻町字大川反233－60	10×1	
コスモ工機(株)秋田下浜工場	秋田市下浜羽川字五郎池162－2	15×1	
ＴＤＫ(株)にかほ工場北サイト	にかほ市平沢字立沢200	20×2	
(株)タニタ秋田	大仙市堀見内字下田茂木添28－1	15×1	
全農エネルギー(株)県南ＬＰガスセンター	横手市睦成字七日市72－1	15×1	
(株)東北センバ	大館市二井田字前田野５－5	2.9×2	
ＴＤＫ秋田(株)大内工場	由利本荘市大内字払川146－1	20×1	
由利工業(株)	由利本荘市西目町沼田字新道下２－659	10×2	2.9×1
新東北メタル(株)	北秋田市鷹巣町綴子字上台121－2	15×1	
(株)スズキ部品秋田	南秋田郡井川町浜井川字家の東192－1	15×1	
(有)十和田湖高原ファーム	鹿角郡小坂町小坂字台作１－1	15×1	
(有)ポークランド	鹿角郡小坂町小坂字台作１－2	20×1	
〔岩　手　県〕			
白石食品工業(株)	盛岡市黒川23地割70－1	15×1	
美和ロック(株)盛岡工場	盛岡市玉山区大字渋民字岩鼻20－18	15×1	
ＳＭＣ(株)釜石第４工場	釜石市甲子町第10地割159－3	30×1	
日興酸素(株)	宮古市小山田１－7	15×2	
(株)ＬＩＸＩＬ製作所	一関市東台14－27	7×2	
アズマプレコート(株)一関製造所	一関市東台14－41	30×1	

事業所名	所在地	規模(t)	
(株)デンロコーポレーション　東北ガルバセンター	花巻市北湯口第18地割26－17	20×1	
トヨタ紡織東北(株)	北上市相去町平林15－13	15×1	
(株)ケー・アイ・ケー	北上市相去町山根梨の木43－74	10×1	
(株)キタカミデリカ	北上市相去町大松沢１－89	10×1	
(株)アイメタルテクノロジー	北上市和賀町後藤２地割106－６	30×2	20×2
東北日発(株)	北上市和賀町藤根18地割25－２	2.5×2	
岩手東芝エレクトロニクス(株)	北上市北工業団地６－６	2.9×2	
筑波ダイカスト工業(株)遠野工場	遠野市綾織町新里25－43	15×1	
三研ソイル(株)	八幡平市西根寺田11地割50－26	15×1	
新岩手農業協同組合　平笠ファーム	八幡平市平笠第24地割８	20×1	
(株)ユニシア厚和　西根地区	八幡平市大更第３地割155－５	15×1	
ファインシンター東北(株)	奥州市江刺区岩谷堂字松長根65	10×1	
ジャパンネットトレーディング(株)前沢研究所	奥州市前沢区新城58－１	10×1	
小岩井乳業(株)小岩井工場	岩手郡雫石町丸谷地36－１	30×1	
全農畜産サービス(株)東日本原種豚場	岩手郡雫石町上野上和野121－３	2.9×2	
(株)グリーンデリカ	紫波郡矢巾町大字広宮沢３－65－３	2.8×3	
大陽日酸(株)東北支社岩手ガスセンター	胆沢郡金ヶ崎町西根森山４－６	10×1	
(株)十文字チキンカンパニー　向田ファーム	九戸郡洋野町大野第17地割51－14	20×1	
〔山　形　県〕			
(株)でん六　ＬＰＧプラント	山形市清住町３－２－45	15×1	
(株)ヤガイ　山形第二工場	山形市鋳物町46－２	20×1	
社会福祉法人輝きの会「いきいきの郷」	山形市大字成安字下河原425－２	20×1	
菊地鉱業(株)	山形市大字十文字字関所2032	2.5×2	
(株)ヤガイ　第三工場	山形市富神台８	20×1	
富双合成(株)米沢工場	米沢市八幡原２－4300－44	20×1	
三洋工業(株)	米沢市八幡原２－4616－５	15×1	
住理工山形(株)	米沢市八幡原３－4452－33	20×1	
(公財)山形県産業技術振興機構　八幡原実証施設	米沢市八幡原４－2837－９	15×1	
ＡＧＣディスプレイグラス米沢(株)	米沢市八幡原４－2837－11	30×1	
東北整練(株)	米沢市窪田町窪田2736－１	15×1	
ジークライト(株)	米沢市大字板谷315	9.9×1	
マーレエンジンコンポーネンツジャパン(株)鶴岡工場	鶴岡市宝田１－12－10	15×1	
北日本羽黒食品(株)	鶴岡市羽黒町赤川字地蔵俣272	20×2	
(株)本間ゴルフ　酒田工場	酒田市宮海字中砂畑27－18	15×1	
(株)アライドマテリアル　第一工場	酒田市十里塚字村東山398－16	15×1	
(株)小松写真印刷	酒田市京田２－59－３	15×1	
酒田米菓(株)八幡工場	酒田市北仁田字石田80	15×1	
東北ぼんち製菓(株)山形工場	寒河江市越井坂町100	15×1	
アイジー工業(株)寒河江工場	寒河江市中央工業団地157－１	15×1	
曙ブレーキ山形製造(株)	寒河江市中央工業団地161－３	15×2	
カルソニックカンセイ山形(株)	寒河江市中央工業団地190	20×1	
東北グンゼ(株)	寒河江市大字寒河江字仲田10	20×1	
長岡ダイカスト工業(株)	上山市金谷字原798－14	15×1	
(株)でん六　蔵王の森工場	上山市蔵王の森１	15×2	
ナブテスコオートモーティブ(株)	村山市金谷５－１	15×2	
山形精密鋳造(株)	長井市成田八幡下壱768－２	15×1	
パナソニック(株)アプライアンス社イメージングネットワーク事業部	天童市松城町１－１	20×1	
(株)フジミ　山形工場	天童市大字清池字藤段1385	15×1	
(株)フレッシュダイナー	天童市荒谷堂ノ前1000－16	9.9×1	
和歌山産業(株)	東根市神町南１－５－26	9.9×1	
全国農業協同組合連合会山形県本部　ＬＰガスオーデリック貯蔵所	東根市大字東根甲5137－２	20×1	
(株)かわでん	南陽市小岩沢225	10×2	
(株)マルハニチロ食品大江工場	西村山郡大江町小見字佐南38	9.7×1	
東北アヲハタ(株)	北村山郡大石田町大字鷹巣484－１	15×1	
〔宮　城　県〕			
理研食品(株)仙台新港工場	仙台市宮城野区港４－12－18	15×1	
(株)ＮＴＫセラテック	仙台市泉区明通３－５	15×1	
キーコーヒー(株)東北工場	仙台市泉区明通３－17	15×1	
(株)ケーヒン　宮城第一製作所	角田市梶賀字高畑南213	15×1	10×1
理研食品(株)本社工場	多賀城市宮内２－５－60	15×1	
フジフーズ(株)	名取市愛島台１－４－２	15×1	
日本製紙(株)石巻工場	石巻市南光町２－２－１	15×2	
河北産業高圧(株)	石巻市小船越字山畑442	2.5×1	1×1
(株)東北フジパン　仙台工場	岩沼市空港南３－２－34	2.9×3	
東北ヨーケン(株)	大崎市古川沢田字立海道68－９	10×1	2.9×2
ＹＫＫＡＰ(株)東北事業所	大崎市三本木字吉田１	9.9×1	
日東電工(株)東北事業所	大崎市岩出山下野目字砂田101	20×1	
(株)マルビシ高圧	大崎市岩出山字重蔵87－３	2.9×1	1.1×1
モリタ宮田工業(株)栗原第一工場	栗原市志波姫南郷蓬田西３－２	10×1	
モリタ宮田工業(株)栗原第二工場	栗原市志波姫南郷西風55－１	2.9×3	
(株)ワンワールド　若柳工場	栗原市若柳字川北荒町前１	20×1	
筑波ダイカスト工業(株)	栗原市金成沢辺字前門沢127－２	15×1	
(株)ベジ・ドリーム栗原　栗原農場	栗原市高清水北甚六原１－１	30×1	
エスビー食品(株)宮城工場	登米市中田町石森字加賀野３－１－６	15×1	

事　業　所　名	所　在　地	規　模（t）	
（株）宮城県食肉流通公社	登米市米山町字桜岡今泉314	15×1	
（株）加和喜フーズ	気仙沼市本浜町2－84－1	2.9×3	
山崎製パン（株）仙台工場	柴田郡柴田町槻木白幡2－9－1	15×2	
東北三和鋼器（株）	柴田郡柴田町船岡字山田1－7	15×2	
東北特殊鋼（株）	柴田郡村田町大字村田字西ヶ丘23	20×1	
（株）原田伸銅所　仙台工場	黒川郡大衡村桔梗平2	20×1	
（株）すかいらーく　仙台MDセンター	黒川郡大衡村松の平2－5	15×1	
アイシン高丘東北（株）	黒川郡大衡村大瓜字青木83－2	20×1	
（株）ベジ・ドリーム栗原　大衡農場	黒川郡大衡村中央平2	20×1	
東洋産業（株）仙台工場	黒川郡大衡村大衡字鍛冶屋敷16	2.9×3	
白石食品工業（株）仙台工場	黒川郡大和町吉岡字雷神7－1	10×2	
タカノフーズ（株）東北工場	加美郡加美町字雁原175－8	2.9×2	
積水ハウス（株）東北工場	加美郡色麻町四竈字大原8	20×1	
倉福工業（株）	刈田郡蔵王町宮字下原町東55	15×1	
（株）東北三之橋	伊具郡丸森町字寺内前51－1	9.9×1	
マキシマファーム（株）	宮城郡松島町磯崎字東原22	9.9×1	

〔福　島　県〕

事　業　所　名	所　在　地	規　模（t）	
（株）ミートコンパニオン　福島工場	福島市佐倉下字金沢10－2	20×2	
日本ベクトン・ディッキンソン（株）福島工場	福島市土船字五反田1	15×2	
福島酸素（株）	福島市森合字戸ノ内29	10×1	
コープ食品（株）東北工場	福島市瀬上町字南中川原12－1	20×1	
大陽日酸（株）門田ガスセンター	会津若松市門田町工業団地2－2	10×1	
大陽日酸（株）東北支社　高久ガスセンター	会津若松市高久工業団地5	70×2	
会津ガス（株）	会津若松市神指町南四合字オノ神325－1	30×2　　2.9×2	10×1
三菱製鋼（株）広田製作所	会津若松市河東町広田字六丁405	2.9×3	
会津碍子（株）	会津若松市北会津町上米塚889	10×1	
信越石英（株）郡山工場	郡山市田村町金屋字川久保88	15×1	
（株）龍森　キクロス工場	郡山市田村町金屋字新家78－1	20×1	
（株）リバティーフーズ	郡山市田村町谷田川字田名保26	15×1	
日本化学工業（株）福島第一工場	郡山市松木町2－25	30×1	15×1
山崎製パン（株）郡山工場	郡山市喜久田町字権現林39－1	2.9×3	
（株）川金ダイカスト工業	白河市白坂字陣馬15	20×2	
FAファーマ（株）福島事業所	白河市白坂字牛清水103－1	20×1	
（株）加藤螺子製作所　白河工場	白河市白坂字勝多石18	15×2	
アズビル金門白河（株）	白河市表郷深戸字大山11－16	20×1	
ジェイアール東日本ビルテック（株）	白河市字十三原道下1－1	20×1	
（株）サイゼリア　福島工場	白河市東大字上野出島字中山2－271	20×1	
（株）北越タンバックル　生産部喜多方工場	喜多方市関柴町三津井字前田450－3	15×1	
昭和電工（株）ショウティック事業部喜多方事業所	喜多方市長内7840	2.8×2	
テクノメタル（株）	二本松市高田100	30×1	20×1
（株）オウジ	二本松市小浜字反町558	10×1	
NOK（株）二本松事業場	二本松市宮戸30	7.9×3（容器）	
（株）渡辺製作所　二本松工場	二本松市八万舘10－6	5.7×2（容器）	
前田工業（株）	いわき市常磐下船尾町杭出作23－22	20×1	
古河電池（株）いわき事業所	いわき市常磐下船尾町杭出作23－6	15×2	
常磐硝子（株）	いわき市常磐松久須根町内田13	15×1	
（有）小名浜エルピージーターミナル	いわき市泉町下川字大剣1－32	800×2	
堺化学工業（株）電子材料事業部大剣工場	いわき市泉町下川字大剣382	20×1	10×1
日産自動車（株）いわき工場	いわき市泉町下川字大剣386	20×1	
メルク（株）小名浜工場	いわき市泉町黒須野字江越51－15	15×2	
中越アドバンス（株）	いわき市小名浜島字八ツ替8－3	15×1	
（有）いわき小名浜菜園	いわき市小名浜住吉字入海3－1	50×1	
滲透工業（株）いわき工場	いわき市南台3丁目1－2	20×1	
（株）アブクマ　いわき工場	いわき市川前町小白井字精才73－1	10×1	
古藤工業（株）いわき好間工場	いわき市好間工業団地12－1	2.9×2	
（有）とまとランドいわき	いわき市四倉町長友字深町田区№10	30×1	
（株）スタンレーいわき製作所	いわき市中部工業団地3－1	2.9×2	
（株）MARUWAQARTZいわき工場	いわき市勿来町大高舘ノ内1	30×1	
（有）田野井染工所	本宮市白岩字埋内933	15×1	
アズビル金門白沢（株）	本宮市長屋字菖蒲田1－5	10×1	
（株）デンロコーポレーション　東北工場	相馬市塚部字新城下44－2	2.9×1	
（株）ファイマテック　相馬工場	相馬市光陽2丁目2－2	15×1	
（株）東北三之橋　相馬工場	相馬市光陽2丁目3－2	10×1	
（株）IHI航空宇宙事業本部相馬事業所	相馬市大野台1丁目2－1	50×1	20×1
パラマウント硝子工業（株）長沼工場	須賀川市木之崎字大ヶ久保24－4	30×2	
南相馬復興アグリ	南相馬市原町区下太田字川内迫310－6	150×1	
日立オートモティブシステムズ（株）走行制御事業部サスペンション本部	伊達郡桑折町大字成田字中丸3－2	15×1	
（株）互省製作所　三春工場	田村郡三春町大字熊耳字大平5	15×1	
（株）互省製作所　さくら工場	田村郡三春町深作5	30×1	
東レACE（株）福島工場	田村郡小野町大字谷津作字下中沢1－1	20×1	
（株）アブクマ　小野工場	田村郡小野町皮籠石鶴庭55－12	9.9×1	
川口内燃機鋳造（株）	田村郡滝根町大字広瀬字舟ヶ作3－8	15×1	
シーピー関東（株）第二工場	西白河郡泉崎村大字泉崎字中核工業団地68	20×1	
東洋電機（株）泉崎工場	西白河郡泉崎村大字泉崎字中核工業団地165		

事　業　所　名	所　在　地	規　模（ｔ）	
日本精工(株)福島工場	東白川郡棚倉町大字堤字ニカキ180－1	15×1	2.9×1
若松ガス(株)猪苗代支店磐梯工場	耶麻郡磐梯町大字更科清水平6538－68	20×1	
(株)スギヤス　福島工場	岩瀬郡鏡石町鏡田かげ沼178－1	15×1	
増岡窯業原料(株)	岩瀬郡鏡石町大字鏡田字深内46－8	20×1	
東レフィルム加工(株)福島工場	岩瀬郡鏡石町諏訪町380－8	10×1	2.9×3
三進金属工業(株)	石川郡平田村大字西山字煙石102－7	20×1	2.9×1
(株)クラタ耐火物	双葉郡広野町大字下北迫字下大吹28	28×2	
住鉱エナジーマテリアル	双葉郡楢葉町大字山田岡字仲丸1－1	200×1	
(株)野尻金属　高田事業所	大沼郡会津美里町字宮里21	7×1	
〔茨　城　県〕			
(株)日立パワーソリューションズ十王工場	日立市山部1810	10×1	
清峰金属工業(株)本社工場	土浦市宍塚334	20×1	
ＮＥＣＣＯ(株)オークリッチ事業部	土浦市下坂田1600	30×1	
プリマハム(株)茨城工場	土浦市中向原635	20×1	
三櫻工業(株)古河事業所	古河市鴻巣758	20×1	
ＨＡＲＩＯ(株)古河工場	古河市大字諸川1371	15×1	
茨城宝栄工業(株)	古河市上砂井266	2.8×2	
サンエツ金属(株)新日東事業所	石岡市柏原4－1	30×2	
富士特殊紙業(株)筑波工場	石岡市柏原19－2	20×1	
日本無機(株)結城工場	結城市結城作415	60×1	
日本ファイリング(株)茨城工場	常総市大生郷町字中丸6125	10×1	
関東モリ工業(株)茨城工場	常総市大塚戸町1786	20×1	
リスカ(株)リバティフーズ冷生地工場	常総市蔵持900	10×1	
(株)リバティーフーズ　茨城工場	常総市古間木722－1	15×1	
アズマックス(株)茨城工場	常陸太田市岡田町2090	20×1	
(株)アンテックス　高萩工場	高萩市上手綱字朝山3333－24	30×2	
(株)アルテ　第一工場	高萩市上手綱字朝山3333－27	30×1	
ニダック(株)高萩工場	高萩市上手綱字朝山3641	15×1	
常磐共同印刷(株)	北茨城市磯原町磯原1564	15×1	
日亜鋼業(株)茨城工場	北茨城市中郷町日棚1471－27	15×1	
大石産業(株)パルプモウルド関東工場	北茨城市中郷町日棚字宝壷1471－29	20×1	
(株)クラタ耐火物　中郷工場	北茨城市中郷町日棚2135	15×1	
(株)常陸屋本舗　岩井工場	坂東市幸神平32	15×1	
三菱日立パワーシステムズ(株)日立工場ＧＴＤセンター	ひたちなか市堀口832－2	10×1	
大陽日酸東関東(株)水戸製造所	ひたちなか市堀口832－2	35×2	
新日鐵住金(株)鹿島製鐵所	鹿嶋市光3	1500×2	30×3
		15×1	10×1
中央電気工業(株)鹿島工場	鹿嶋市光4	15×1	
鹿島塩ビモノマー(株)鹿島工場	神栖市東和田2	211×1	
ＪＳＲ(株)鹿島工場	神栖市東和田34－1	2278×1	
ＤＩＣ(株)鹿島工場	神栖市東深芝18	15×1	
ケイミュー(株)鹿島工場	神栖市砂山5－2	25×1	
豊国工業(株)茨城工場	常陸大宮市工業団地5－10	20×1	
ＪＦＥ建材フェンス(株)関東工場水戸製造部	常陸大宮市工業団地23－1	15×1	
カバヤ食品(株)	常陸大宮市国長400	2.8×2	
日立建機(株)土浦工場霞ヶ浦工場	かすみがうら市深谷2200	35×1	10×2
(株)つくばイワサキ	桜川市高森字桜山1121－11	15×1	
岩瀬プリンス電機(株)	桜川市南飯田862	15×1	
アジア熱処理技研(株)茨城工場	小美玉市西郷地60－1	10×1	
美野里フーズ(株)美野里工場	小美玉市手堤198	5×1	
わらべや日洋(株)茨城工場	小美玉市上玉里50－137	5×1	
(株)キンレイ食品事業カンパニー筑波工場	稲敷郡阿見町香澄の里13－5	15×1	
(株)美浦ハイテクファーム	稲敷郡美浦村大字土浦1241－1	20×1	
旭化成建材(株)ネオマフォーム工場	猿島郡境町大字西泉田字下野原1443－3	15×1	
〔栃　木　県〕			
エア・ウォーター(株)清原ガスセンター	宇都宮市清原工業団地18－5	20×2	
カルビー(株)清原工場	宇都宮市清原工業団地23－7		
北日本製紙(株)宇都宮工場	宇都宮市平出工業団地27－2		
久保田鉄工(株)宇都宮工場	宇都宮市平出町22－2		
汽車製造(株)宇都宮工場	宇都宮市大字中岡本2857－2		
あづま食品(株)	宇都宮市下田原3480－1		
(株)日新製菓	宇都宮市下小倉1312		
トオカツフーズ(株)足利工場	足利市寺岡町500	15×1	
コトラ工業(株)	足利市今福町622		
栃木整染(株)	足利市福居町1157		
三洋ファシリティーサービス(株)東京製作所地区事業所	足利市大月町1		
共進化学工業(株)	足利市大月町321		
足利興産(株)	足利市助戸1－666		
ＧＫＮドライブラインジャパン(株)栃木事業所（ＬＰＧ貯蔵所）	栃木市大宮町2388	10×1	
ひざつき製菓(株)	栃木市城内町2－15－1	10×1	
大日本印刷(株)宇都宮工場	栃木市西方町本城1062－8	15×2	
ＤＩＣグラフィックス(株)宇都宮工場	栃木市西方町本城1062－16		
日立ジョンソンコントロールズ空調(株)栃木空調本部	栃木市大平町富田500	15×2	
日立アプライアンス(株)栃木事業所	栃木市大平町富田800	15×2	

事　業　所　名	所　在　地	規　模（t）	
滝沢ハム(株)そうざい加工センター	栃木市祝町6－30		
日本炭酸瓦斯(株)都賀事業所	栃木市都賀町家中4956－2		
髙田車体(株)栃木工場	栃木市岩舟町曲ケ島1959－1	15×1	
(株)岩船工機製作所	栃木市岩舟町静和582		
ニューアーボン(株)	佐野市出流原町1677	10×1	
関東ミナセル(株)	佐野市山形町1239－3	15×1	
アンドー(株)	佐野市堀米町1236		
ケモ・コスメティック製造(株)	佐野市栄町5－3		
クレコス(株)佐野工場	佐野市栄町5－3		
江戸雪　彦間工場	佐野市下彦間391－1		
タマムラデリカ(株)佐野田沼工場	佐野市戸奈良町佐野田沼インター産業団地内8街区		
タキロンシーアイ(株)佐野工場	佐野市馬門町1744		
(株)ミラックス　粟野工場	鹿沼市北半田1659－12	5×1	
(株)ジェイエスピー　鹿沼研究所	鹿沼市さつき町10－3		
ダウ化工(株)鹿沼工場	鹿沼市さつき町11－1	16.5×1	14×1
(株)ジェイエスピー　鹿沼ミラフォーム工場	鹿沼市さつき町13－1	20×1	
(株)ジェイエスピー　鹿沼第一工場	鹿沼市さつき町17	50×1	20×1
		7×1	5×1
信濃培養土(株)鹿沼工場	鹿沼市南上野町字内野499－14	9.8×1	
中興化成工業(株)宇都宮工場	鹿沼市大字深程字東山990－13		
(株)UACJ　生産本部日光工場	日光市清滝桜ケ丘町1	20×1	10×1
古河電池(株)今市事業所	日光市荊沢597	10.5×2	
富士食品工業(株)今市工場	日光市針貝188	15×1	
太子食品工業(株)日光工場	日光市町谷739－1	20×1	
日光市クリーンセンター	日光市千本木白欠前945－1		
(株)石田屋　今市工場	日光市森友字シドミ原2329		
古河電気工業(株)日光事業所	日光市清流町500	20×3	15×1
(株)ヨロズ栃木	小山市大字横倉新田443	9.9×1	
トーメイダイヤ(株)小山工場	小山市城東4－5－1	10×2	
昭和アルミニウム缶(株)小山工場	小山市犬塚1017		
東京綱鐵(株)小山工場	小山市城北4－38－1		
(株)UACL押出加工小山	小山市土塔560	23×2	
ジャパンファインプロダクツ(株)小山工場	小山市横倉新田498		
リバースチール(株)	真岡市松山町2		
仙波糖化工業(株)真岡第三工場	真岡市松山町2－1		
ユニプレス(株)栃木工場	真岡市松山町7	15×1	
宝栄工業(株)真岡工場	真岡市松山町12－1	10×1	
(株)マーレフィルターシステムズ　栃木工場	真岡市松山町24－1	15×1	
富士ファイバーグラス(株)真岡工場	真岡市鬼怒ケ丘6	30×2	
日立金属(株)素材研究所	真岡市鬼怒ケ丘11		
日立金属(株)真岡工場	真岡市鬼怒ケ丘13	20×1	
(株)アルキャスト	真岡市鬼怒ケ丘13		
(株)ギンポーパック　真岡工場	真岡市鬼怒ケ丘14	15×1	
ニコーアルミ工業(株)	真岡市鬼怒ケ丘16－1		
DOWAサーモエンジニアリング(株)真岡工場	真岡市鬼怒ケ丘17	2.9×2	
旭有機材工業(株)栃木工場	大田原市上石上1840	20×1	
日之出水道機器(株)栃木工場	大田原市下石上字東山1381－4	15×1	
東芝メディカルシステムズ(株)那須事業所	大田原市下石上1385	15×2	
富士通(株)那須工場	大田原市下石上1388	15×2	
日本特殊硝子工業(株)	大田原市実取763－1		
(株)栃木ニコン	大田原市実取770	50×1	20×2
JFE建材フェンス(株)	大田原市蛭田1－228	20×1	
(株)ブリヂストン　栃木工場	那須塩原市上中野10	10×2	
三菱ふそうトラック・バス(株)喜連川研究所	さくら市鷲宿4300	10×1	
大和鋼管工業(株)関東工場	さくら市鷲宿4530－1	15×1	
ジョンソン・マッセイ・ジャパン合同会社	さくら市喜連川5123－3		
藤田熱処理(株)宇都宮工場	下野市上古山2283	20×1	
プレス工業(株)宇都宮工場	下野市下坪山1704	30×1	
横浜ガルバー(株)小山工場	下野市下坪山1838－1	10×2	
(株)壱番屋　栃木工場	矢板市こぶし台2－2		
(株)アーレスティ栃木	下都賀郡壬生町壬生乙4060	15×1	
(株)鈴木産業	下都賀郡壬生町藤井字清治久保1086－1	16×1	
栃木トミー工業(株)	下都賀郡壬生町おもちゃのまち3－4－23		
日鐵住金建材工業(株)野木製造所	下都賀郡野木町川田33－15	15×1	
(株)UACJ製箔　野木工場	下都賀郡野木町大字若林55	15×1	
(株)ニッコークリエート	下都賀郡都賀町大柿295	20×1	
日産自動車(株)栃木工場	河内郡上三川町上蒲生2500	30×5	15×1
(株)ミック　関東工場	芳賀郡益子町大字塙上西谷3680－7	15×1	
(有)民芸橋本　第二工場	芳賀郡益子町大字益子3301		
大王パッケージ(株)	芳賀郡茂木町山内536－1		
〔群　馬　県〕			
(株)関東高圧容器製作所	前橋市鳥取町153－1	15×1	
マック食品(株)	前橋市力丸町488－1	2.9×2(バルク貯槽)	
(株)関東片倉製作所	前橋市河原浜町361	10×1	
マック食品(株)粕川工場	前橋市粕川町深津三ヶ尻1084－1	2.5×2(バルク容器)	

事 業 所 名	所 在 地	規 模（ t ）
サンデン(株)赤城事業所	前橋市粕川町中之沢７－１	20×1
プラス(株)ファニチャーカンパニー	前橋市神沢の森1	2.9×3(バルク)
(株)ベイシア前橋プロセスセンター	前橋市下佐鳥町1003－1	2.9×3(バルク)
日本精工(株)高崎工場	高崎市八幡町358	30×1　　　15×1
ロイヤルデリカ(株)	高崎市八幡町409	2.8×2(バルク貯槽)
(株)協和　高崎工場	高崎市大八木町東谷949	7×1
(株)東京鋳造所　群馬工場	高崎市上豊岡町536	2.9×2(バルク)
(株)ＭＡＰ　群馬工場	桐生市新里町板橋320－9	2.9×2(バルク貯槽)
(株)エス・ケー・アグリ	桐生市新里町高泉248－6	15×1
グンダイ(株)	伊勢崎市飯島町540－2	10×1
三恵技研工業(株)群馬製作所	伊勢崎市戸谷塚町1069－1	25×1
三和コーテックス(株)	伊勢崎市波志江町4138－1	10×1
(株)三和　伊勢崎第二工場	伊勢崎市長沼町224－2	2.9×2(バルク貯槽)
沼田金属工業(株)群馬工場	伊勢崎市長沼町243	10×1
リスパック(株)関東事業所群馬工場	伊勢崎市境伊与久町3101－1	17.5×2
(株)キリウ赤堀分工場	伊勢崎市赤堀鹿島町348	2.9×2　　0.5×1
(株)グルメデリカ　群馬工場	伊勢崎市赤堀今井町2－727－11	2.9×3(バルク)
伊勢崎液化(株)オート出張所	伊勢崎市宮子町2068	15×1
(株)ＧＳユアサ	伊勢崎市境上矢島671	2.9×2(バルク)
(株)三和　太田第一工場	太田市新田大町650－1	15×1
日野自動車(株)新田工場	太田市新田早川町10－1	30×2
(株)栄久　太田工場	太田市新田市野倉町280－13	2.9×2(バルク)
日本発条(株)群馬工場	太田市小角田町5	15×1
関東アセチレン工業(株)	渋川市中村1110	20×1
小池化学(株)赤城工場	渋川市赤城町長井小川田6－5	50×1
(株)ダイヤメット　藤岡事業所	藤岡市牛田700	20×1
武内プレス工業(株)藤岡工場	藤岡市牛田703	15×1
上毛金属工業(株)	富岡市宇田250－5	2.9×2(バルク貯槽)
(株)アイエイチアイエアロスペース　富岡事業所	富岡市藤木900	15×1
(株)稲葉製作所　富岡工場	富岡市原550	2.9×3(バルク)
富士重工業(株)群馬製作所大泉工場	邑楽郡大泉町いずみ1－1－1	30×1　　　15×2
パソナ・パナソニックビジネスサービス(株)	邑楽郡大泉町坂田1－1－1	15×1
日清紡績(株)館林工場	邑楽郡邑楽町赤堀1503	10×2
東邦車輌(株)群馬製作所	邑楽郡邑楽町大字赤堀鞍掛4120	15×1
カルソニックカンセイ(株)群馬工場	邑楽郡邑楽町新中野132	15×1
北海製罐(株)千代田工場	邑楽郡千代田町昭和5－1	6×2(バルク容器)
長谷川香料(株)板倉工場	邑楽郡板倉町大蔵10－3	30×1　　　15×2
(株)東基　板倉工場	邑楽郡板倉町泉野2－40－7	20×1
上越クリスタル硝子(株)	利根郡みなかみ町後閑737－1	15×1
(株)水上ホテル聚楽	利根郡みなかみ町湯原665	10×1
(株)アイチコーポレーション	利根郡みなかみ町東峰414－1	9.7×1
味の素ファインテクノ(株)群馬事業所	利根郡昭和村森下2080－4	15×2
宝産業(株)	北群馬郡吉岡町小倉827－119	15×1
(株)ハルナグラス	北群馬郡榛東村上野原2	15×1
太陽誘電(株)中之条工場	吾妻郡中之条町1988	20×1

〔埼　玉　県〕

当矢印刷(株)埼玉工場	川越市芳野台2－8－34	2.5×2(バルク容器)
ホンダ製菓(株)	川越市府川1313－2	10×2
三松堂印刷(株)埼玉工場	熊谷市万吉3888－1	2.9×2(バルク容器)
町田印刷(株)熊谷工場	熊谷市船木台4－5	2.9×2(バルク容器)
日清シスコ(株)東京工場	熊谷市妻沼5000	15×1
(株)リード	熊谷市弥藤吾578	2.9×2(バルク貯槽)
岩崎電気(株)埼玉製作所	行田市壱里山町1－1	15×1
(株)椿本チエイン　埼玉工場	飯能市新光20	15×1
(株)オーネックス　東松山工場	東松山市新郷88－23	15×1
(株)すかいらーく　東松山MDセンター	東松山市新郷88－37	15×1
(株)ヒガシヤデリカ	東松山市大字新郷316－1	15×1
田原ダイカスト興業(株)	東松山市新郷88－9	2.9×2(バルク容器)
ボッシュ(株)東松山工場	東松山市箭弓町3－13－26	20×2
日本精工(株)埼玉工場	羽生市大沼1－1	20×4
ＵＤトラックス(株)羽生工場	羽生市大字小松台2－705－24	15×1
日立化成(株)埼玉事業所	深谷市字岡2200	20×1　　　10×1
(株)東京凰月堂　熊谷工場	深谷市大字本田372－1	10×1
ブリヂストンサイクル(株)上尾工場	上尾市中妻3－1－1	10×1
(株)ニチネン　久喜事業所	久喜市河原井町10－2	30×1
		0.5×2(容器)
(株)ＳＵＢＡＲＵ　埼玉製作所	北本市朝日4－410	15×2
(株)千明社　幸手工場	幸手市上高野2730－1	2.9×2(バルク容器)
(株)ニシカワ印刷　日高事業所	日高市原宿468－1	9.9×1(バルク貯槽)
(株)積水化成品埼玉	蓮田市大字閏戸4100	10×1
		0.05×4(容器)
冨士印刷(株)埼玉工場	加須市新利根2－8－1	9.9×1(バルク貯槽)
三桜工業(株)埼玉事業所	加須市栄423－1	2.9×1(バルク容器)
		2.9×1(バルク貯槽)
池袋琺瑯工業(株)	所沢市大字下富735	2.5×2(バルク容器)

事　業　所　名	所　在　地	規　模(t)	
共和ダイカスト(株)	大里郡寄居町大字桜沢1626	2.5×2 (バルク容器)	
岩崎印刷(株)嵐山工場	比企郡嵐山町花見台11－6	2.9×2 (バルク貯槽)	
(株)ソーシン　玉川工場	比企郡ときがわ町大字五明888	2.9×2 (バルク容器)	
埼玉県学校給食パン・米飯協同組合　毛呂山工場	入間郡毛呂山町大字西大久保字中通510	5×1	

〔千　葉　県〕

事　業　所　名	所　在　地	規　模(t)	
ＪＦＥスチール(株)東日本製鉄所　千葉地区	千葉市中央区川崎町1	2000×2 20×2	1000×2
大和千葉製罐(株)	千葉市中央区新浜町1	20×2	
ヒゲタ醬油(株)	銚子市八幡町516	9.8×1	
アズマプレコート(株)市川工場	市川市塩浜2－30	15×1	
日立化成(株)松戸事業所	松戸市稔台5－2－1	30×1	10×1
(株)城北鈦力印刷工業所	野田市木間ケ瀬2501－1	15×1	
杉谷金属工業(株)野田工場	野田市七光台289	2.5×2	
ＤＩＣ(株)総合研究所	佐倉市坂戸631	15×1	
湘南積水工業(株)佐倉工場	佐倉市六崎581－1	15×1	
(株)東京めいらく　千葉工場	佐倉市大作1－5－1	2.5×1	1.0×1
(株)ゼンショーホールディングス　東関東第二工場	旭市鎌数7080－24	2.9×2	
村瀬硝子(株)旭工場	旭市鎌数10261	15×1	
朋和産業(株)干潟工場	旭市さくら台1－4	15×2	
(株)デリカシェフ　習志野工場	習志野市東習志野7－4－32	2.5×2	
日本板硝子(株)千葉事業所	市原市姉崎海岸6	20×2	
出光興産(株)営業研究所	市原市姉崎海岸24－4	10×1	
三井造船(株)千葉事業所	市原市八幡海岸通1	0.5×8	
日東エフシー(株)千葉工場	市原市八幡海岸通11－1	30×1	
不二サッシ(株)千葉工場	市原市八幡海岸通13	20×3	
岡本特殊硝子(株)	流山市西深井1296－23	3×1	1×1
(株)ホリキリ	八千代市上高野1827－4	30×1	
関東天然瓦斯開発(株)吉橋プラント	八千代市吉橋字西内野1820－1	55×4	
那須電機鉄工(株)八千代工場	八千代市吉橋1085－5	20×1	
大同特殊鋼(株)君津工場	君津市君津1	15×1	
新日鐵住金(株)君津製鐵所	君津市君津1	50×1 15×2	20×2
(株)中村塗装店　千葉工場	白井市河原子358－1	10×1	
日本美容化学(株)千葉工場	白井市中74－4	0.5×4	
東京ガスエネルギー(株)大栄プラント	成田市吉岡字来光台969－30	20×2	
(株)稲葉製作所　柏工場	柏市金山1000	15×1	
鋼管工業(株)千葉工場	匝瑳市今泉3909－1	10×1	
(株)山田みどり菜園	香取市大角1228－1	20×1	
エヌデーシー(株)神崎工場	香取郡神崎町武田20－5	10×1	
(株)ＩＴＭ　神崎工場	香取郡神崎町武田20－8	15×1	
日立化成(株)松戸事業所(香取)	香取郡多古町水戸1	18.4×2	
(株)ハマイ　大多喜工場	夷隅郡大多喜町横山880	0.5×2	
金属技研(株)千葉工場	山武郡横芝光町長山台1－22	15×1	

〔東　京　都〕

事　業　所　名	所　在　地	規　模(t)	
東京ガス・エンジニアリング(株)	江東区豊洲6－21－1	38×1	
大世興行(株)城南島事業所	大田区城南島1－1－3	3×1	
(株)日本エネルギー　ＭＩＹＡＭＡブルーガス・センター	八王子市美山町2161－28	20×2	
(社福)東京都社会福祉事業団　東京都八王子福祉園	八王子市西寺方町76	0.05×96	
ＵＴエイム(株)青梅ＦＣ	青梅市新町6－16－2	20×1	
日野自動車(株)日野工場	日野市日野台3－1－1	30×2	15×1
(株)東洋ボデー	武蔵村山市伊奈平2－42－1	9.9×1	
(株)ジェイテクト　東京工場	羽村市栄町3－5－1	15×2	
(株)東京サマーランド	あきる野市上代継字白岩600	0.5×8 (容器)	
横河マニファクチャリング(株)	あきる野市小峰台2	9.9×1	
奥多摩工業(株)瑞穂事業所	西多摩郡瑞穂町大字富士山栗原新田字前原107	30×2	
垣見油化(株)瑞穂充填所	西多摩郡瑞穂町殿ヶ谷458	70×2	

〔神　奈　川　県〕

事　業　所　名	所　在　地	規　模(t)	
レモンガス(株)横浜支店	横浜市緑区三保町593－1	44×2	
かわさきファズ(株)	川崎市川崎区東扇島6－10	11×2	
(一財)電力中央研究所　横須賀運営センター	横須賀市長坂2－6－1	15×1	
日本精工(株)藤沢工場	藤沢市鵠沼神明1－5－50	30×1 10×2	20×1
いすゞ自動車(株)藤沢工場	藤沢市土棚8	20×1	
三菱重工業(株)相模原製作所	相模原市田名3000	20×2 2.9×1	10×1
(株)すかいらーく　相模原ＭＤセンター	相模原市中央区田名塩田1－3－11	19×1	
(株)ニッセーデリカ　神奈川工場	相模原市緑区根小屋814－9	2.9×2	
(株)トープラ　秦野工場	秦野市曽屋201	30×1	
日立オートモティブシステムズ(株)厚木事業所第2地区	厚木市飯山2469	15×1	
日立オートモティブシステムズ(株)厚木事業所第1地区	厚木市恩名4－7－1	10×2	
(株)オーネックス	厚木市上依知字上ノ原3012－3	15×1	
大久保歯車工業(株)	厚木市上依知3030	10×2	
市光工業(株)伊勢原製造所	伊勢原市板戸80	30×1	

事 業 所 名	所 在 地	規 模(t)	
旭硝子(株)相模工場	愛甲郡愛川町角田426－1	40×2	
DNPエリオ(株)東京工場	愛甲郡愛川町中津4013	15×1	
(株)ニチベイ生産本部	愛甲郡愛川町中津4024	15×1	
河西工業(株)寒川工場	高座郡寒川町宮山3316	2.8×2(バルク貯槽)	

〔新 潟 県〕

事 業 所 名	所 在 地	規 模(t)	
亀田製菓(株)水原工場	阿賀野市金田町6－85	20×2	
一正蒲鉾(株)栽培センター	阿賀野市十二神77－6	36.9×1	24.5×1
立川ブラインド工業(株)新潟工場	阿賀野市六野瀬783－1	10.72×1	
東芝ホームテクノ(株)	加茂市大字後須田2570－1	10×1	
イーグルブルグマンジャパン(株)	五泉市中川新514	1.19×1	
北陸工業(株)	三条市大字吉野屋甲445	20×1	10×1
トップ工業(株)	三条市大字塚野目2190－5	10×1	
田代製作所	三条市大字楢山字下山572	10×1	
(株)ライフコメリ	三条市大字下須頃1079－1	40×1	15×2
越後工業(株)	三島郡出雲崎町大字沢田121	10×1	
デンカ(株)青海工場	糸魚川市大字田海1110	11.9×2	
越後製菓(株)片貝工場	小千谷市片貝町1980－1	10×2	
竹内製菓(株)木津工場	小千谷市大字ひ生甲2081	2.83×2	
(株)ブルボン　上越工場	上越市大潟区上小船津浜550	20×2	
Jマテ.カッパープロダクツ(株)本社工場	上越市大潟区土底浜2024－1	15×1	
エスビーガーリック食品(株)高田工場	上越市大字寺字三ノ割450	15.3×1	
大島農機(株)春日工場	上越市大字土橋64－1	15×1	
ニイクラホーム(株)	上越市板倉区稲増200－57	15.16×1	
上越バイオマス循環事業協同組合	上越市頸城区下三分一1－25	20×1	
直江津電子工業(株)花ケ崎工場	上越市頸城区花ケ崎1500	10.004×2	
ホシノ工業(株)	上越市三和区野5262－1	10×1	
(株)北村製作所	新潟市江南区両川1－3604－12	15×1	
(株)高圧技研	新潟市西区四ツ郷屋2614－1	10×1	2.9×1
新潟造船(株)新潟工場	新潟市中央区入船町4－3776	9.81×1	
旭カーボン(株)	新潟市東区鴎島町2	30×1	
JFE精密(株)	新潟市東区上王瀬町2－3	2.91×2	
大野精工(株)	新潟市南区上新田1078	14.91×1	
(株)渡辺製作所	新潟市南区新飯田3000	15×1	
(株)ブルボン　新潟南工場	新潟市南区西萱場610	20×1	
(株)コバヨウ　新潟工場	新潟市北区新崎293－20	10×1	2.9×1
一正蒲鉾(株)東港工場	新潟市北区白勢町97－4	15×1	
エンカレッジファーミング(株)新潟地区トマト栽培施設	新潟市西蒲区越前浜7634	14.837×1	
(株)ブルボン　新発田工場	新発田市大字荒町甲1209－6	20×1	
(有)興和　新発田工場	新発田市大字佐々木2825	2.81×2	
(株)ブルボン　村上工場	村上市仲間町300	20×2	
岩塚製菓(株)中沢工場	長岡市越路中沢1065－1	15×1	
(株)新潟マテリアル	長岡市寺泊竹森1510	11.51×1	
タカラスタンダード(株)新潟工場	長岡市寺泊本山1357－1	40.1×1	
(株)ブルボン　長岡工場	長岡市両高2431	20×1	
(株)プリンスホテル　苗場プリンスホテル	南魚沼郡湯沢町三国202	14.91×1	
(株)サイサン　GALA湯沢スキー場ガス供給センター	南魚沼郡湯沢町湯沢1079－1	20.642×2	
南魚沼市環境衛生センター　可燃ごみ処理施設	南魚沼市島新田764	20.01×1	
(株)ブルボン　柏崎工場	柏崎市松波4－2－14	15×1	10×1
(株)アドバネクス　柏崎工場	柏崎市大字藤井字西沖1355	15×1	
(株)コロナ　柏崎工場	柏崎市宝町2－58	22.5×1	
(株)リケンキャスティック	柏崎市北斗町4－28	10×1	
ENEOSグローブガスターミナル(株)新潟ガスターミナル	北蒲原郡聖籠町東港2－1624－2	60.9×2	
JA東日本くみあい飼料(株)新潟工場	北蒲原郡聖籠町東港3－6576	10×2	
越後工業(株)	三島郡出雲崎町大字沢田121	10×1	

〔長 野 県〕

事 業 所 名	所 在 地	規 模(t)	
長野鍛工(株)	長野市大字穂保字中之配291－1	2.8×2	
セラテックジャパン(株)	長野市篠ノ井岡田500	15×1	
長野県厚生連長野松代総合病院付属若穂病院	長野市若穂綿内田中7615－1	2.83×1	
(株)IHIシバウラ　松本工場	松本市大字石芝1－1－1	10×2	
松筑エルピーガス協業組合	松本市和田4010－27	20×1	14.9×1
(株)中信高周波	松本市笹賀5652－118	15×1	
(株)マルイチ産商	松本市村井町南2－9－2	2.6×4	
岡谷酸素(株)松本営業所	松本市市場6－20	50×4	20×1
日軽松尾(株)	上田市下之郷813－1	20×1	
アート金属工業(株)塩田工場	上田市下之郷813－6	30×1	
日信工業(株)第三工場	上田市大字下室賀1687	15×1	
アート金属工業(株)山田工場	上田市大字山田字北之沢175	10×2	
松山(株)	上田市塩川5155	15×1	
(株)松栄製作所	上田市真田町本原4140	20×1	
旭松食品(株)飯田工場	飯田市松尾明4873	20×1	
(株)信濃雪	飯田市松尾明4927	2.8×3	
医療法人輝山会輝山会記念病院	飯田市毛賀1707	20×1	
旭松食品(株)天竜第一工場	飯田市駄科1008	20×1	
諏訪エネルギーサービス(株)	諏訪市湖岸通り5－11－5	17.5×2	

事　業　所　名	所　在　地	規　模（t）	
（株）キッツ　伊那工場	伊那市大字東春近宇東原7130	15×1	
日本濾過器（株）	伊那市福島中川原250	2.9×2	
タカノ（株）伊那工場	伊那市西春近下河原5331	2.9×3	
（株）キッツメタルワークス	茅野市宮川字小早川7377	15×1	
昭和電工（株）塩尻事業所	塩尻市大字宗賀1	10×2	
長野プロパンガス（株）塩尻支店	塩尻市広丘野村1613	25×1	20×1
		10×1	2.9×1
アスザック（株）ファインセラミック事業部塩尻工場	塩尻市大字広丘堅石字桔梗ヶ原2145	2.8×3	
セイコーエプソン（株）広丘事業所	塩尻市広丘原新田80	9.9×1	
サクマ製菓（株）浅間工場	佐久市大字瀬戸字菖蒲沢553−8	15×1	
蓼北金属（株）ヤシマ工場	佐久市矢島736	15×1	
浅間ピストン（株）	佐久市八幡238	2.9×2	
カクイチ建材工業（株）	東御市加沢778	10×2	
（株）デンソーエアクール　豊科工場	安曇野市豊科1000	15×1	
（株）デンソーエアシステムズ　長野工場	安曇野市豊科1000	15×1	
（株）ホームエネルギー長野　松本センター	安曇野市豊科高家163	20×1	15×1
（株）デンソーエアクール　穂高本社工場	安曇野市穂高北穂高2027−9	20×1	
ヨーケン（株）	安曇野市穂高牧179−4	20×1	2.9×2
（株）エア・ウォーター農園　安曇野菜園	安曇野市三郷温6140	20×1	
（株）エア・ウォーター農園　安曇野菜園	安曇野市三郷温6200	30×1	
（株）宮坂ダイカスト	岡谷市1723番地110	16.95×1	
（株）丸眞製作所	岡谷市10016−471	2.8×1	
（株）デイリーはやしや　千曲事業所	千曲市雨宮918−1	2.9×3	
森川産業（株）	千曲市鋳物師屋150	12×1	
アルプスウォーター（株）	大町市平2651−5	7×3	
日進乳業（株）アルプス工場	駒ヶ根市下平5381	2.9×2	
立科金属（株）	北佐久郡立科町芦田中原3408	10×1	
シチズンマシナリー（株）	北佐久郡御代田町御代田4107−6	2.9×4	
信濃培養土（株）佐久町工場	南佐久郡佐久穂町高野町舟窪2345	15×1	
日軽松尾（株）奈良本製作所	小県郡青木村大字奈良本1787−5	20×1	
ＮＴＫセラミック（株）飯島工場	上伊那郡飯島町大字七久保1115	20×2	
ＮＴＮ（株）長野製作所	上伊那郡箕輪町大字中箕輪14017−11	40×2	
オリンパス（株）辰野事業所	上伊那郡辰野町伊那富6666	10×1	
横河マニュファクチャリング（株）	上伊那郡宮田村2061	2.9×4	
大明化学工業（株）北殿工場	上伊那郡南箕輪村3746	20×1	
天恵製菓（株）第三工場	下伊那郡豊丘村神稲9147	2.98×2	
（株）グラビアジャパン　信州工場	下伊那郡松川町847−1	2.8×3	
盟和産業（株）長野工場	下伊那郡阿智村春日1680	10×1	
ＫＹＢ−ＹＳ（株）	埴科郡坂城町大字坂城9165	20×1	10×1
ＫＹＢ−ＹＳ（株）中之条工場	埴科郡坂城町大字中之条1355	10×2	
アスザック（株）ファインセラミック事業部	上高井郡高山村大字中山981	15×1	
（株）デリカウェーブ　長野工場	東筑摩郡朝日村古見3733−1	16.1×1	
ニチアスセラテック（株）表町工場	上水内郡飯綱町牟礼2117	5.064×1	
〔山　梨　県〕			
（株）シャトレーゼ　本社工場	甲府市下曽根町3440−1	15×1	
（株）吉沢鉄工所	甲州市塩山小屋敷2010	20×1	
三井金属ダイカスト（株）	韮崎市大草町下条西割1200	20×2	
日世（株）甲府工場	南アルプス市宮沢445−1	20×1	
トヨタホーム（株）山梨事業所	南アルプス市徳永天房木1500	15×1	
富士工器（株）山梨工場	北杜市明野村上手7785	15×1	
（株）アートコーヒー　山梨工場	笛吹市八代町南4277	15×1	10×1
（株）シャトレーゼ　豊富工場	中央市高部字明治1111−1	50×2	
〔静　岡　県〕			
ジヤトコプラントテック（株）蒲原営業所	静岡市清水区蒲原4905−11	20×1	
三菱電機（株）静岡製作所	静岡市駿河区小鹿3−18−1	0.5×4	
本田技研工業（株）浜松製作所	浜松市中区葵東1−13−1	15×1	
柳河テクノフォージ（株）本社工場	浜松市中区高丘西1−1−14	10×1	
スズキ（株）高塚工場	浜松市南区高塚町300	15×1	10×1
矢崎エナジーシステム（株）浜松工場	浜松市南区東町740	10×2	
矢崎計器（株）天竜工場	浜松市天竜区二俣町南鹿島23	15×1	10×1
（株）スズキ部品製造　スズキ精密工場	浜松市北区引佐町井伊谷500	20×1	
柳河テクノフォージ（株）引佐工場	浜松市北区引佐町井伊谷3939	15×1	
（株）アツミテック	浜松市西区雄踏町字布見7111	20×1	
ヤマハ発動機（株）浜北工場	浜松市浜北区中条1280	20×2	
ヤマハ発動機（株）中瀬工場	浜松市浜北区中瀬4444	15×1	
矢崎電線（株）沼津製作所	沼津市大岡2771	15×2	
東タイ（株）沼津工場	沼津市西島町18−41	10×1	
（株）ハイブリッド	三島市松本151	10×1	
富士メタルプリンティング（株）	島田市中河985−4	10×1	
矢崎計器（株）島田製作所	島田市横井1−7−1	10×1	5×1
スズキ（株）磐田工場	磐田市岩井2500	60×1	30×2
遠菱アルミホイール（株）	磐田市上岡田439−5	20×1	
ＤＯＷＡメタニクス（株）	磐田市新貝2630	20×1	10×1
ＮＴＮ（株）磐田製作所（ＢＢ工場）（ＪＶＣ工場）	磐田市東貝塚1578	20×2	

事 業 所 名	所 在 地	規 模(t)	
(株)スニック竜洋　パイプ工場	磐田市南平松6－2	15×1	
DOWAメタル(株)	磐田市松之木島767	30×2	
エスエスケイフーズ(株)飲料事業本部	焼津市田尻2820	15×1	
大和製缶(株)大井川工場	焼津市利右衛門1402－1	30×2	
不二高圧(株)	焼津市下江留437－16	15×1	
明治製紙(株)鷹岡工場	富士市厚原167－1	40×2	
ジヤトコプラントテック(株)第二富士営業所	富士市今泉600－1	20×2	10×1
ユニプレス(株)富士工場	富士市青葉町19－1	15×2	
ジヤトコプラントテック(株)第一富士営業所	富士市吉原宝町1－1	15×2	
三菱電機照明(株)掛川北工場	掛川市淡陽64	30×2	
ヤマハモーターブロダクツ(株)掛川南工場	掛川市逆川200－1	10×2	
スズキ(株)大須賀工場	掛川市西大渕6333	70×2	
三菱電機照明(株)静岡工場	掛川市岩滑2346	10×1	
藤森工業(株)掛川事業所	掛川市菊浜630	10×2	
矢崎部品(株)大浜工場	掛川市国包1360	15×1	
(株)掛川自動車学校	掛川市大池655	5×1	
御殿場テトラパック合同会社	御殿場市板妻5－1	15×1	
(株)岡村製作所　第2事業部富士事業所	御殿場市大坂102－1	15×2	
(株)岡村製作所　第2事業部御殿場事業所	御殿場市柴怒田744	10×1	
矢崎電線(株)富士工場	御殿場市保土沢652	50×2	
日本ペットフード(株)静岡工場	袋井市梅山2020	15×1	
(株)コニカミノルタケミカル　静岡事業所	袋井市大野6909－9	20×1	
(株)ショーワ　浅羽工場	袋井市松原2601	15×1	10×2
静岡製機(株)浅羽工場	袋井市諸井1300	10×1	
トヨタ自動車東日本(株)東富士工場	裾野市御宿1200	15×1	
矢崎総業(株)ワイ・シティー	裾野市御宿1500	20×2	
パナソニックストレージバッテリー(株)	湖西市境宿555	20×1	
(株)ユニバンス　本社工場	湖西市鷲津2418	10×2	
矢崎部品(株)榛原事業所	牧之原市布引原206－1	15×1	
東洋製罐(株)静岡工場	牧之原市白井字五反田622－8	20×2	
スズキ(株)相良工場	牧之原市白井1111	60×1	50×2
		30×1	
(株)小糸製作所　相良工場	牧之原市菅ケ谷933－1	15×2	
沼津熔鋼(株)金谷工場	島田市金谷1234	35×2	
旭テックアルミニウム(株)横地事業所	菊川市東横地3311－1	20×1	
フジオーゼックス(株)静岡工場	菊川市三沢1500－60	15×1	
(株)木村鋳造所　御前崎工場	御前崎市門屋1	10×1	
(株)トープラ　東海工場	御前崎市塩原新田2158－96	20×1	
臼井国際産業(株)大仁工場	伊豆の国市田中山1369	10×2	
世界真光文明教団	伊豆市冷川1524－4	15×1	
浜名湖競艇企業団	湖西市中之郷3727－7	20×1	
下田ガス(株)	下田市中467	15×1	
東邦テナックス(株)三島事業所	駿東郡長泉町上土狩234	15×2	
コイト電工(株)富士長泉工場	駿東郡長泉町南一色720	15×1	
臼井国際産業(株)協和工場	駿東郡清水町長沢900	10×2	
AGCテクノグラス(株)静岡工場	榛原郡吉田町川尻3583－5	20×2	15×1
		10×1	
オカモト(株)静岡工場	榛原郡吉田町神戸1	30×1	10×1
〔愛　知　県〕			
農事組合法人アグリパーク南陽	名古屋市港区西茶屋3－205	20×1	
(株)辰巳商会　名古屋ケミカルターミナル	名古屋市港区潮見町37－16	2.9×2	
東亞合成(株)名古屋工場	名古屋市港区昭和町17－23	30×2	
吉野石膏(株)三河工場	豊橋市明海町4－35	60×3	30×2
パーカー加工(株)豊橋工場	豊橋市明海町5－46	9.9×4	
武蔵精密工業(株)	豊橋市植田町字大膳39－5	10×1	7.5×1
アスモ(株)豊橋工場	豊橋市原町字南山1－323	20×2	
愛知高圧(株)	岡崎市須淵町字京田26	2×2	
河村電器産業(株)本地工場	瀬戸市山の田町155	9×1	
(株)鶴弥　衣浦工場	半田市潮干町1－1	20×1	
(株)鶴弥	半田市州の崎町2－12	20×2	
セントラルグラスファイバー(株)春日井工場	春日井市鷹来町字米野4387－1	20×2	
新東工業(株)大崎事業所	豊川市大崎町門1－1	20×1	
ガステックサービス(株)豊川配送センター	豊川市蔵子1－27－23	15×1	
日本車輌製造(株)豊川製作所	豊川市穂ノ原2－20	50×1	
津田工業(株)豊川工場	豊川市東上町字土橋80	10×1	
オーエスジー(株)大池工場	豊川市一宮町上新切450	15×1	
(株)UACJ銅管	豊川市大木町新道100	30×2	
(株)東海理化電機製作所　萩工場	豊川市萩町中山1－3	15×1	
栄四郎瓦(株)本社工場	碧南市白沢町1－38	30×1	
栄四郎瓦(株)衣浦工場	碧南市須磨町2－20	30×1	
栄四郎瓦(株)玉津浦工場	碧南市港本町4－55	30×1	
アイシン辰栄(株)港南工場	碧南市港南町2－8－12	20×1	10×1
新東(株)港南工場	碧南市港南町2－8－13	30×1	
新東(株)明石工場	碧南市明石町2－1	30×1	20×1
クアーズテック(株)刈谷事業所	刈谷市小垣江町南藤1	15×2	

事　業　所　名	所　在　地	規　模（t）	
トヨタ自動車(株)本社技術部	豊田市トヨタ町5	15×1	10×1
アイシン精機(株)藤岡試験場	豊田市御作町坂下918－11	10×1	3×2
日本発条(株)豊田工場	豊田市東梅坪町5－86	8.5×1	
(株)ヤマトセラ　豊田工場	豊田市藤岡町北曽木字東山356－1	15×1	
トヨタ自動車(株)上郷工場	豊田市大成町1	0.5×5	
アイシン・エイ・ダブリュ(株)	安城市藤井町高根10	15×1	10×1
アイシン・エーアイ(株)	西尾市小島町字城山1	20×1	
碧海工機(株)ダイカスト工場	西尾市寺津町五の割横道西1	30×1	15×2
(株)オティックス西尾　平坂工場	西尾市平坂町古新田18	10×1	
寿金属工業(株)	西尾市法光寺町北山1	15×1	
アイシン・エーアイ(株)吉良工場	西尾市吉良町友国松下140	20×1	
(株)稲葉製作所　犬山工場	犬山市大字羽黒新田字笹野1	20×1	15×1
リスパック(株)	犬山市大字羽黒宮浦1	8×1	7×1
(有)フジ商事	江南市高屋町西里24	8.5×1	
(株)チェリオ中部	小牧市大字河内屋新田字下岩倉杁510－1	9.9×1	
富士工器(株)稲沢工場	稲沢市北島町西ノ町1	10×1	
三菱電機(株)名古屋製作所新城工場	新城市有海字鳥影1－1	15×1	
オーエスジー(株)新城工場	新城市有海字丸山1－2	15×1	
(株)伊賀井商店	東海市南柴田町ハの割138－13	10×1	
大同特殊鋼(株)知多工場	東海市元浜町39	30×2	20×1
愛三工業(株)	大府市共和町1－1－1	3×2	1×1
竹新製菓(株)	知多市岡田字登り9－1	15×1	
武一(株)知多容器検査所	知多市岡田字美城ヶ根10	15×1	4×2
(株)ＩＨＩビジネスサポート　愛知事業所	知多市北浜町11－1	30×1	
		10×1	
サンブレッド協業組合	知多市北浜町13	15×1	
三州野安(株)碧海工場	高浜市碧海町5－3－15	30×1	
マルスギ(株)	高浜市論地町4－2－30	20×1	10×1
新東(株)本社工場	高浜市論地町4－7－2	10×2	
井野瓦工業(株)論地工場	高浜市論地町4－8－1	20×1	
創嘉瓦工業(株)	高浜市豊田町1－5－5	10×2	
シノゲン瓦工業(株)	高浜市豊田町1－209－1	20×1	
アイシン・エイ・ダブリュ(株)田原工場	田原市緑が浜2号2	30×2	
フタムラ化学(株)	田原市緑が浜4号1－41	2.9×3	
東京製鐵(株)田原工場	田原市白浜2－1－3	350×2	
(株)アカイタイル	常滑市金山字北大根1－9	9.9×1	
(株)三好ガス	みよし市三好町上砂後5－5	20×2	
		2.9×2	
(株)アドマテックス	みよし市明知町西山1	15×1	
ニッタイ工業(株)富貴工場	知多郡武豊町大字富貴字黒山1－9	9.9×1	
(株)鶴弥　阿久比工場	知多郡阿久比町大字矢高字西の台1－1	30×1	20×2
(株)えびせんべいの里	知多郡美浜町大字吉田流52－1	15×1	
(株)トウチュウ	知多郡美浜町大字野間字北向井1	15×1	
(株)トウチュウ　野間事業所	知多郡美浜町大字野間字新町249	15×1	
(株)えびせんべいの里　美浜工場	知多郡美浜町大字北方字吉田流147	20×1	
〔三　重　県〕			
三恵技研工業(株)安濃工場	津市安濃町安濃2560－8	15×1	
(株)おやつカンパニー　井関工場	津市一志町井関1147－1	2.9×2	
(株)おやつカンパニー　久居工場	津市森町2234－1	2.9×2	
ダイソウ工業(株)本社工場	津市芸濃町大字北神山1470－3	5×2	
石原産業(株)四日市工場	四日市市石原町1	30×2	
丸善石油化学(株)四日市工場	四日市市霞1－3	22×1	
東ソー(株)四日市事業所	四日市市霞1－8	30×1	
四日市エルピージー基地(株)霞事業所	四日市市霞1－22	1000×4	
キンセイマテック(株)四日市工場	四日市市河原田町字森1750	10×1	
日本特殊陶業(株)伊勢工場	伊勢市円座町字細越871－6	15×2	
(株)マスヤグループ本社	伊勢市小俣町相合1306	20×1	
(株)キョウリックス三重　三重工場	松阪市嬉野島田字小山口1582－1	2.9×3	
三重県厚生農業協同組合連合会　松阪中央総合病院	松阪市河井町字小望102	15×1	
(株)ＮＴＮ　三重製作所	桑名市多度町御衣野3601－10	2.9×3	
(株)ファーストフーズ名古屋　桑名工場	桑名市大字播磨字大山田1584－150	2.9×2	
豊国工業(株)	伊賀市小田町1450－1	15×1	
(株)ナカテツ　上野工場	伊賀市佐那具町78	15×1	
光洋メタルテック(株)	伊賀市佐那具町1626	15×2	
(株)ミヤケ	伊賀市佐那具町1626	20×1	
伊山瓦協業組合	伊賀市炊村字千谷1187－2	15×1	
天昇電気工業(株)三重工場	伊賀市治田字北福沢3633	2.9×2	
ミナルコ(株)三重工場	伊賀市大野木2126	2.9×2	
ホテルローザブランカ	伊賀市寺脇721	10×1	
五洋紙工(株)上野工場	伊賀市佐那具町金神塚1773－3	2.9×2	
アポロ興産(株)	伊賀市四十九町1140	20×2	
(株)一ノ坪製作所	伊賀市玉滝10005	2.9×2	
(株)髙山化成	伊賀市山出100－1	2.9×2	
スズラン繊維加工(株)	鈴鹿市広瀬町2491	10×1	
三重県厚生農業協同組合連合会　鈴鹿中央総合病院	鈴鹿市安塚町字山乃花1275－53	15×1	

事　業　所　名	所　在　地	規　模（ t ）	
(株)エフ・シー・シー　新鈴鹿工場	鈴鹿市御薗町字桜台5421	9.9×1	
古河電気工業(株)三重事業所	亀山市能褒野町20－16	50×2	15×1
		2.9×1	
柳河精機(株)亀山工場	亀山市和田町1012	10×1	
光洋熱処理(株)亀山工場	亀山市太岡寺町字境ノ尾805－18	15×1	
高圧昭和ボンベ(株)	亀山市布気町1803	2.9×2	
(株)オーネックステックセンター	亀山市白木町押之尾60－28	10×4	
昭和電線ケーブルシステム(株)三重事業所	いなべ市北勢町麻生田1326－1	15×2	
三井住友金属鉱山伸銅(株)三重事業所	いなべ市員弁町上笠田	20×1	10×2
(株)三五三重　三重工場	いなべ市藤原町藤ヶ丘1－1	15×2	
三重ナルミ(株)	志摩市磯部町築地字下外戸1524－1	20×1	
尾鷲名水(株)	尾鷲市名柄町字松場11	20×1	
日本ハム食品(株)	桑名郡木曽岬町大字三崎601－1	20×1	
(株)東研サーモテック　三重工場	三重郡菰野町千草5727－12	15×1	
朝日エンジニアリング(株)	三重郡菰野町竹成2234－4	20×2	15×1
		2.9×2	
イオン(株)イオン明和ショッピングセンター	多気郡明和町中村1223	15×1	
廣瀬精工(株)玉城工場	度会郡玉城町宮古字谷口890－18	2.9×2	
美和ロック(株)玉城工場	度会郡玉城町山神1028－1	20×1	
〔岐　阜　県〕			
三光アルミ(株)	岐阜市福富1969	20×1	
日本いぶし瓦(株)	岐阜市石谷惣作1205－1	2.9×2	
太平洋工業(株)第一事業部西大垣工場	大垣市久徳町100	15×2	
(株)アイコット　リョーワ	多治見市大薮町廻間洞1989－5	15×1	
(株)隅谷	多治見市笠原町156－2	20×1	15×1
(株)カネキ製陶所　音羽工場	多治見市笠原町609－1	20×1	
杉江製陶(株)	多治見市笠原町952－1	15×1	
久松製陶(株)	多治見市笠原町1647	15×1	
共和製陶(株)	多治見市笠原町2455－1	20×1	
(株)Ｔｃｈｉｃ	多治見市笠原4114－13	20×1	
メイラ(株)関工場	関市新迫間81－1	15×1	
寿金属工業(株)関工場	関市西田原字戸尻65－1	15×1	
(有)日本熱処理工業所	関市肥田瀬585－14	15×1	
アイキテック(株)関工場	関市広見字西洞2235	20×1	
新東海ダイカスト工業(株)	関市千疋字西柳原1061－1	20×1	
三菱電機(株)中津川製作所	中津川市駒場町1－3	15×1	
(株)中津川セラミック	中津川市茄子川1642－4	20×2	
大同特殊鋼(株)中津川テクノセンター	中津川市茄子川中垣外1642－144	30×1	
富士精密(株)中津川工場	中津川市茄子川中垣外1642－147	20×1	
美濃工業(株)坂本工場	中津川市茄子川中垣外1646－51	15×1	
富士化学(株)中津テクニカルセンター	中津川市茄子川中垣外1683－1880	20×1	
日東工業(株)中津川工場	中津川市茄子川中垣外1683－1951	15×1	
山喜製陶(株)	瑞浪市宮前町1－35	15×1	
シキボウ電子(株)小田陶器事業所	瑞浪市小田町2－100	20×1	
ソニーイーエムシーエス(株)サービス瑞浪サイト	瑞浪市小田町1905－1	20×3	
(有)山ツ製陶所	瑞浪市陶町猿爪26	10×1	
(株)金中製陶所	瑞浪市陶町猿爪597	20×1	
(株)丸九栗木製陶所	瑞浪市陶町水上962－1	15×1	
市原製陶(株)	瑞浪市土岐町6388	15×1	
(株)大恵	瑞浪市和合町2－40	15×1	
瑞浪市クリーンセンター	瑞浪市日吉町字勝狭間	10×1	
岐セン(株)穂積工場	瑞浪市牛牧758番地	15×1	2.9×1
東海染工(株)岐阜事業所	羽島市小熊町3－615	15×1	
恵那東海理化(株)	恵那市武並町新竹折8	20×2	
愛中理化工業(株)恵那工場	恵那市武並町新竹折23	15×1	
ダイキャスト東和産業(株)恵那工場	恵那市武並町新竹折80	20×1	
(株)中津川セラミック　武並工場	恵那市武並町藤字深萱113－1	20×1	
明智セラミックス(株)	恵那市明智町1614	15×1	
(株)東濃イナックス　明智工場	恵那市明智町大田字吉原1125－3	20×1	
山岡ＫＹタイル(株)	恵那市山岡町原字道下通923－1	20×1	
ユニバーサル製缶(株)岐阜工場	美濃加茂市蜂屋伊瀬入会16－8	20×3	
名北工業(株)	美濃加茂市蜂屋台1丁目8－1	30×1	
山津製陶(株)	土岐市駄知町1379	15×1	
東濃陶器(株)	土岐市駄知町1435	20×1	
高砂工業(株)	土岐市駄知町2321－2	15×1	
(株)東濃イナックス　笠原第2工場	土岐市妻木町西山3246－37	20×1	
新興窯業(株)柿野工場	土岐市鶴里町柿野字広畑2322－32	20×2	15×1
協業組合土岐高根製陶	土岐市肥田町浅野1078－97	20×1	
(株)志野開山窯	土岐市肥田町肥田2247	20×1	
協業組合肥田セラム	土岐市肥田町肥田2247－1	20×1	
協業組合三峰陶苑	土岐市肥田町肥田2247－19	20×1	
協業組合双田窯	土岐市肥田町肥田2247－20	20×1	
大東亜窯業(株)	土岐市肥田町肥田2886－3	30×1	
朝日濾過材(株)	土岐市肥田町肥田2995	20×1	
協業組合アイカ	土岐市肥田町肥田字西之洞2247－89	20×1	

事業所名	所在地	規模(t)	
立風製陶(株)西山工場	土岐市下石町字西山304	20×1	
(株)レプトン	各務原市各務東町5－15－10	9.9×1	
東海ダイカスト工業(株)	各務原市金属団地38	2.9×3	
カヤバ工業(株)岐阜北工場	可児市土田2548	10×1	
東海ミネラル(株)	可児市二野字東段1990	10×2	
アサヒフォージ(株)美濃テクノパーク工場	美濃市大字楓台72－2	15×1	
神岡部品工業(株)	飛騨市神岡町麻生野363	15×2	
(株)イノアックコーポレーション　南濃事業所	海津市南濃町吉田228	20×1	
MTK(株)平田工場	海津市平田町勝賀字村北208－1	17.4×1	
ハビックス(株)	山県市藤倉822－2	20×1	
斐太石油(株)平湯貯蔵所	高山市奥飛騨温泉郷763－159	10×1	
(株)イノアック住環境　揖斐川事業所	揖斐郡揖斐川町極楽寺持ケ渕30－1	10×1	
アルナ輸送機用品(株)	養老郡養老町大字沢田字井ノ下665－2	15×1	
(株)日東製陶所　伏見工場	可児郡御嵩町上恵土字狭間657	20×1	
NGKアドレック(株)	可児郡御嵩町美佐野3040	15×2	
シンコー工業(株)	安八郡神戸町大字安次585	10×1	
東邦液化ガス(株)三洋工場	安八郡安八町大森180	30×3	
日本板硝子(株)垂井事業所	不破郡垂井町630	50×1	15×2
ユニチカグラスファイバー(株)垂井工場	不破郡垂井町2210	30×1	
安田金属工業(株)岐阜工場	不破郡垂井町表佐2806－1	15×1	
パジェロ製造(株)	加茂郡坂祝町酒倉2079	15×2	

〔富　山　県〕

事業所名	所在地	規模(t)	
武内プレス工業(株)富山工場	富山市上赤江町1－10－1	15×1	
明治薬品(株)富山工場	富山市三郷6	2.9×2	
協伸熱処理工業(株)	富山市三郷12	15×1	
田中精密工業(株)本社熱処理工場	富山市新庄本町2－5－51	10×1	
(株)不二越　富山事業所	富山市不二越本町1－1－1	20×1	
(株)不二越　東富山事業所マテリアル製造所	富山市米田町3－1－1	10×1	
(株)不二越　東富山事業所中田工場	富山市中田3－2－1	20×1	
日本カーボン(株)富山工場	富山市高内27	20×1	
昭和タイタニウム(株)	富山市西宮町3－1	15×1	
田中精密工業(株)婦中製造部呉羽工場	富山市高木2508	15×1	
(株)梅かま	富山市水橋肘崎482－8	2.5×2	
田中精密工業(株)水橋製造部製造1ブロック東工場	富山市水橋伊勢屋150－1	30×1	2.9×2
(株)不二越　軸受熱処理課　水橋工場	富山市水橋伊勢屋201－1	20×1	
(株)アライドマテリアル　富山製作所	富山市岩瀬古志町2	2.5×2	
クラリアント触媒(株)富山工場	富山市婦中町笹倉635	15×1	10×1
田中精密工業(株)婦中工場	富山市婦中町島田328	15×1	3×2
長岡工業(株)	富山市婦中町速星451	2×2	
アルプス薬品工業(株)富山工場	富山市八尾町保内2－4	20×1	
三協ワシメタル(株)	高岡市長慶寺575	20×1	
(株)宮越工芸　第二工場	高岡市長慶寺935	15×1	
(株)宮越工芸　本社工場	高岡市長慶寺995	10×1	
アステラスファーマテック(株)高岡工場	高岡市戸出栄町30	30×1	
北陸アルミニウム(株)	高岡市笹川2265	15×1	
シーケー金属(株)	高岡市守護町2－12－1	20×1	
サンエツ金属(株)	高岡市吉久1－4－1	2.5×2	
(株)パナケイア製薬	高岡市中田4576	2.9×3	
(株)TAN－EI－SYA　錦工場	射水市片口高場1－1	15×1	
(株)TAN－EI－SYA	射水市新堀34－5	15×1	
日本高周波鋼業(株)富山製造所	射水市八幡町3－10－15	30×1	20×1
		10×1	
新日本電工(株)北陸工場	射水市小島3004	15×1	
JFEマテリアル(株)	射水市庄西町2－9－38	2.8×5	
(株)昔亭　射水工場	射水市鷺塚12	2.9×2	
パナソニック・タワージャズセミコンダクター(株)魚津地区	魚津市東山800	40×2	
コマツキャステックス(株)鋳鉄生産部　第一工場	氷見市窪2654	2.8×2	2.5×1
コマツキャステックス(株)鋳鋼生産部　第二工場	氷見市下田子1－3	30×1	20×1
(株)オミゴウキン	氷見市下田子185	15×1	
(株)トヤマTKX	氷見市園271	2.5×2	
武内プレス工業(株)滑川工場	滑川市江尻字池田482	20×2	
武内プレス工業(株)滑川本江工場	滑川市本江389	15×2	
富士ゼロックスマニュファクチュアリング(株)富山事業所	滑川市大島1277－6	15×2	
(株)廣貫堂　滑川工場	滑川市小林250－1	20×1	
JX金属三日市リサイクル(株)	黒部市天神新8	15×1	
YKK　AP(株)黒部製造所	黒部市吉田200	2.9×4	2.5×1
YKK(株)黒部事業所黒部工場	黒部市吉田200	3×3	
YKK(株)黒部事業所黒部工場(栃沢)	黒部市吉田200	2.9×2	
塩谷硝子(株)富山工場	砺波市太田1889－1	15×1	
(株)北越　砺波工場	砺波市太田1891－2	15×1	
サンエツ金属(株)砺波工場	砺波市太田1892	20×2	
北陸コカ・コーラプロダクツ(株)砺波工場	砺波市東保1202－1	30×2	
北陸イワタニガス(株)砺波営業所	砺波市下中条133	60×2	50×2
第一編物(株)	砺波市庄川町青島11	20×1	
(株)新日軽北陸　小矢部工場	小矢部市浅地130	50×2	

事　業　所　名	所　在　地	規　模（ｔ）	
(株)エイゼット	小矢部市小神61	15×1	
(株)スズキ部品富山	小矢部市水島3200	15×2	
(株)アートウィン	小矢部市福上396	15×1	
アイシン新和(株)	下新川郡入善町入膳2458	10×1	
(株)サンリッツ　入善工場	下新川郡入善町下上野40−1	40×1	
立山貫光ターミナル(株)室堂ターミナルビル	中新川郡立山町芦峅寺ブナ坂外国有林内室堂	10×1	
日の出屋製菓産業(株)立山工場	中新川郡立山町沢端21	2.9×2	
富士化学工業(株)郷柿沢工場	中新川郡上市町郷柿沢1	20×2	
細川機業(株)	中新川郡上市町稗田20	30×2	
(株)サンリッツ　富山工場	中新川郡上市町下青出21	20×1	

〔石　川　県〕

事　業　所　名	所　在　地	規　模（ｔ）	
倉庫精錬(株)二塚工場	金沢市古府町南459	20×1	
(株)大野メッキ工業所	金沢市湊1−55−3	10×1	
(株)共和工業所	小松市安宅新町ナ90	20×1	
東伸熱工(株)小松工場	小松市工業団地1−69	20×1	
小松協栄瓦企業組合	小松市国府台5−29−1	20×1	
小松ウォール工業(株)第3工場	小松市工業団地1−69	15×1	
(株)小松製作所　粟津工場粟津事業所	小松市符津町ツ23	20×2	15×1
(株)ワイヤーテクノ　加賀工場	加賀市宇谷町ヤ1−8	10×2	
大同工業(株)	加賀市熊坂町イ197	10×1	
(株)ソディックエフ・ティ　EMG事業部	加賀市八日市町ホ49−1	20×1	
(株)ステンレス久世	羽咋市新保町下61	30×1	
北陸ケーテイシー・ツール(株)	羽咋市柳田町70−150−1	10×1	
栗田ＨＴ(株)	羽咋市三ツ屋町ニ66−1	20×1	
ニッコー(株)本社工場	白山市相木町935	20×2	
(株)トランテックス	白山市徳丸町670	15×1	
(株)別川製作所	白山市漆島町1136	15×1	
オリエンタルチエン工業(株)	白山市宮永市町485	15×1	
(株)ウイルコ	白山市福留町370	15×1	
小松精錬(株)美川工場	白山市鹿島町1−7−1	20×1	
小太郎漢方製薬(株)美川工場	白山市鹿島町396−1	15×1	
ニッコー(株)鶴来工場	白山市小柳町ロ100	20×1	
(株)金沢村田製作所	白山市曽谷町チ18	30×1	15×1
中村留精密工業(株)	白山市熱野町ロ15	10×1	
ＥＩＺＯ(株)	白山市下柏野町153	15×1	
(学)日本航空学園　日本航空第二高等学校・(専)日本航空大学校	輪島市三井町洲衛9字	15×1	
テックワン(株)	能美市浜町ヌ161−4	10×1	
小松精練(株)	能美市浜町ヌ167	20×3	
(株)東振精機	能美市寺井町ハ18	15×1	
(株)東振精機　粟生第二工場	能美市粟生町西703−1	15×1	
石川サニーフーズ(株)	鹿島郡中能登町井田3−30	15×1	
能登テック(株)	鹿島郡中能登町藤井ム2	20×1	

〔福　井　県〕

事　業　所　名	所　在　地	規　模（ｔ）	
光生アルミニューム工業(株)福井製作所	福井市石新保町28字68	20×2	
福井キヤノンマテリアル(株)	福井市石橋町29−73−3	20×1	
(株)文京精練	福井市石橋町29字北浜75−5	15×1	
セーレン(株)本社工場	福井市毛矢1−10−1	20×1	
(株)ダナックス　栄工場	福井市栄町10−1	20×1	
昌和染織(株)	福井市和田中町85字出来44	30×1	
ジェイ・エス(株)	福井市問屋町1−204	25×1	
セーレン(株)新田工場	福井市新田塚1−60−1	20×1	10×1
サカイオーベックス(株)合繊加工場	福井市花堂中1−16−45	20×1	
サカイオーベックス(株)二日市工場	福井市二日市町柿ノ木1	15×1	10×1
セーレン(株)二日市工場	福井市二日市町18−1	30×1	
(株)ミツヤ	福井市山室町69−1	30×1	15×1
(株)三景　仕入生産物流部門生産1部フクセン課	福井市山室町70−1	30×2	
東洋紡績(株)（敦賀事業所第1）	敦賀市東洋町10−24	60×2	
アイシン・エイ・ダブリュ工業(株)池ノ上工場	越前市池ノ上町38	15×1	
(株)ＴＯＰ	越前市今宿町20−1	15×2	
(株)福井村田製作所	越前市岡本町13−1	40×1	30×2
アイシン・エイ・ダブリュ工業(株)白崎工場	越前市白崎町73字市島3−3	15×1	
(株)ニットク	勝山市片瀬10−1	15×1	
セーレン(株)勝山工場	勝山市滝波町3−143	20×1	
揚原織物工業(株)	鯖江市有定町1−3−26	15×1	
ウラセ(株)	鯖江市神中町2−7−40	20×2	
(株)マルサンアイ	鯖江市神中町2−8−64	20×1	
(株)タケダレース	鯖江市神中町2−905−1	20×1	
(株)東京セロレーベル　福井工場	鯖江市上野田町13字坪ノ内10−1	15×1	
カンボウプラス(株)福井工場	鯖江市御幸町1−1−48	15×2	
(株)ＵＡＣＪ　生産本部福井製造所	坂井市三国町黒目21−1	80×7	
(株)三景　仕入生産物流部門生産一部三国染色課	坂井市三国町黒目21−7−4	20×2	
セーレン(株)ＴＰＦ事業所	坂井市三国町米納津48字中割113−2	30×2	
(株)ＪＣレース　本社工場	坂井市坂井町大味138−2	15×1	
パナソニックライティングシステムズ(株)福井工場	坂井市坂井町五本38−1	20×1	

事　業　所　名	所　在　地	規　模（ t ）	
フクビ化学工業(株)坂井工場	坂井市坂井町定旨１－１	20×1	
(株)ユマンテキスタイル	坂井市春江町金剛寺５－１－１	20×1	
(株)ヘイワ染工	坂井市春江町金剛寺24－24	30×2	
東洋染工(株)	坂井市春江町田端43－15	30×1	
福井カーテンレース産業協同組合	坂井市春江町松木２－１	20×1	
そめや協同組合	坂井市丸岡町長畝19字馬場川原３－１	20×1	
福井ミナセル(株)	丹生郡越前町佐々生77－12－１	15×1	
フクビ化学工業(株)三方工場	三方上中郡若狭町三方18号字菅原45	15×1	
〔滋　賀　県〕			
(株)ピラミッド　彦根工場	彦根市西葛篭町233	30×1	15×1
タカタ(株)彦根製造所	彦根市彦富町1542	50×2	
(株)ＵＡＣＪ製箔　滋賀工場	草津市山寺町笹谷61－８	50×1	15×1
富士車輌(株)滋賀工場	守山市千代町13－１	10×1	
(株)大阪特殊鋼管製造所　滋賀工場	甲賀市土山町北土山414－１	10×1	
滋賀ボルト(株)	甲賀市土山町南土山乙423	10×1	
(株)積水化成品滋賀	甲賀市水口町泉1259	20×2	15×1
ＮＥＣライティング(株)滋賀工場	甲賀市水口町日電３－１	15×2	
(株)三彩　江田工場	甲賀市信楽町江田826	15×1	
住友電工ウィンテック(株)信楽事業所	甲賀市信楽町江田1074	15×2	
近江鍛工(株)信楽工場	甲賀市信楽町黄瀬138	30×2	
城山陶器商事(株)	甲賀市信楽町神山1417	10×1	
近江化学陶器(株)	甲賀市信楽町勅旨2408	20×1	
大塚オーミ陶業(株)信楽工場	甲賀市信楽町柞原926	20×1	
塩野義製薬(株)油日事業所	甲賀市甲賀町五反田1405	2.9×4	
綾羽工業(株)高島工場	高島市新旭町太田1011－１	15×1	10×1
日本電気硝子(株)滋賀高月事業場	長浜市高月町高月1979	300×1	200×1
ＤＯＷＡサーモエンジニアリング(株)滋賀工場	湖南市下田1848－10	15×1	
日本チャールス・リバー(株)日野飼育センター	蒲生郡竜王町大字鏡2293	2.9×2	
(株)ダイフク　滋賀事業所	蒲生郡日野町大字中在寺1225	20×1	
タカタ(株)愛知川製造所	愛知郡愛荘町愛知川658	50×2	
(株)日本デキシー　滋賀工場	愛知郡愛荘町愛知川1363	20×1	
〔京　都　府〕			
(株)ファインシンター　山科工場	京都市山科区栗栖野狐塚町５－１	10×1	
ジャパンマリンユナイテッド(株)舞鶴事業所	舞鶴市字余部下1180	18×1	15×1
日本板硝子(株)舞鶴事業所（２号地）	舞鶴市大波下小字浜田255	50×3	
日東精工(株)	綾部市井倉町梅ケ畑20	10×1	
カルビー(株)京都工場	綾部市とよさか町12	30×1	
開明伸銅(株)	亀山市大井町並河３－10－１	20×1	
ジャトコ(株)八木地区	南丹市八木町室橋山田10－１	30×2	15×1
朋和産業(株)京都工場	綴喜郡宇治田原町岩山釜井谷１－25	15×1	
〔奈　良　県〕			
(株)積水化成品天理	天理市森本町670	15×3	3.8×1
マロン(株)	大和郡山市小泉町1119－１	10×2	
(株)ツバキナカシマ　鋼球事業部	葛城市尺土19	10×1	
シャープ(株)エネルギーソリューション事業本部	葛城市薑282－１	10×3	
〔和　歌　山　県〕			
(株)第一熱処理和歌山	和歌山市雑賀崎2021－５	15×1	
紀北川上農業協同組合	橋本市境原368	10×2	
阪和工業(株)	有田郡湯浅町大字吉川195－７	15×1	
(株)ＮＴＮ紀南製作所	西牟婁郡上富田町生馬2504－１	15×1	
(株)ＮＴＮ紀南製作所　第二工場	西牟婁郡上富田町生馬294－38	15×1	
〔大　阪　府〕			
(株)ユー・エス・ジェイ	大阪市此花区桜島２－１－33	15×2	
岩谷液化ガスターミナル(株)	堺市西区築港新町２－７－４	2500×1	
コスモ石油(株)堺製油所	堺市西区築港新町３－16	7.8×1	
岡村製油(株)	柏原市河原町４－５	5.64×1	
三井化学(株)大阪工場	高石市高砂１－６	20000×1	
大阪国際石油精製(株)大阪製油所	高石市高砂２－１		
大阪ガス(株)泉北製造所第二工場	高石市高砂３－１		
東洋クロス(株)	泉南市樽井６－29－１	17.5×1	
大喜工業(株)	岸和田市木材町16－３	2.9×1	
〔兵　庫　県〕			
(株)神戸製鋼所神戸製鉄所（灘浜地区）	神戸市灘区灘浜東町２	100×1	50×2
		10×2	
濱中製鎖工業(株)網干工場	姫路市網干区大江島810－１	15×2	
(株)日本触媒　姫路製造所	姫路市網干区興浜字西沖992－１	864×1	690×6
		518×1	240×3
虹枝ロール(株)	姫路市大津区吉美403	20×1	
ショーワグローブ(株)仁豊野事業所	姫路市仁豊野581	15×1	10×1
オガワ食品協業組合	姫路市林田町六九谷字東新田485	15×1	

事業所名	所在地	規模(t)	
新日鐵住金(株)広畑製鉄所	姫路市広畑区富士町1	50×1	30×1
新日鉄住金マテリアルズ(株)マイクロンカンパニー	姫路市広畑区富士町1	15×2	
ヤマサ蒲鉾(株)夢前工場	姫路市夢前町置本字桧原327－16	20×1	10×1
IHIビジネスサポート(株)相生支店	相生市相生5292	15×2	10×4
IHIビジネスサポート(株)相生支店亜鉛鍍金工場	相生市鷲ケ巣5308	15×1	
タテホ化学工業(株)	赤穂市加里屋973－2	20×2	
JFE炉材(株)第一工場	赤穂市中広字東沖1576－2	15×1	
タテホセラミック(株)	赤穂市東有年字外頓原952	20×1	
トクセン工業(株)	小野市住吉町南山1081	70×2	
(株)三昌	加西市坂元町119	10×1	
歯車協同熱処理工業(株)	加西市下宮木町750－1	15×1	
伊丹産業(株)加西容器検査所	加西市畑町此芝1611	10×1	6.5×1
共栄樹脂(株)本社工場	篠山市西阪本461	15×1	
(株)JSP 関西工場	たつの市新宮町下笹515	20×2	
パナソニックライティングシステムズ(株)春日工場	丹波市春日町黒井908	15×1	
理研電線(株)市島製造部	丹波市市島町勅使字辻の貝387－1	15×1	
大和特殊硝子(株)市島工場	丹波市市島町竹田3080－1	15×2	
(株)Danto 淡路島工場	南あわじ市北阿万伊賀野1290	15×2	
住友金属鉱山(株)播磨事業所	加古郡播磨町宮西字古河346－4	20×1	
藤田酸素工業(株)播磨事業所	加古郡播磨町新島22	20×1	
加藤産業(株)上郡工場	赤穂郡上郡町柏野328－6	10×1	
ポッターズバロティーニ(株)関西工場	宍粟郡山崎町田井字寺田395	30×1	
瀬尾高圧工業(株)市川工場	神崎郡市川町字神崎869－20	15×1	
石塚硝子(株)福崎工場	神崎郡福崎町大字西治字拝尾498	10×2	
グローリープロダクツ(株)福崎工場	神崎郡福崎町西治字押尾860－3	15×1	

〔鳥 取 県〕

事業所名	所在地	規模(t)	
日立フェライト電子(株)	鳥取市南栄町70－2	15×1	
神鋼機器工業(株)	倉吉市海田東町112	20×1	

〔岡 山 県〕

事業所名	所在地	規模(t)	
小橋工業(株)	岡山市南区中畦684		
大日本印刷(株)岡山第2工場	岡山市北区御津宇垣564		
メタコート工業(株)岡山工場	岡山市北区御津高津120－11		
日本たばこ産業(株)岡山印刷工場	岡山市北区御津高津120－12		
カバヤ食品(株)岡山工場	岡山市北区御津野々口1100		
岡山積水工業(株)	岡山市東区古都宿210		
旭トラストフーズ(株)	岡山市東区鉄320－1		
(株)置田鉄工所	岡山市東区九蟠557－33		
パナソニック(株)AVCネットワークス岡山工場	岡山市東区東平島1360	15×1	
光軽金属工業(株)	岡山市東区瀬戸町江尻1050	20×1	
堀江染工(株)	倉敷市児島小川8－2－37	10×1	
(株)サノヤス・ヒシノ明昌水島造船所	倉敷市児島塩生字新浜2767－21	15×1	
リンテックス(株)	倉敷市連島町鶴新田2670	15×1	
JFEスチール(株)西日本製鉄所(倉敷地区)	倉敷市水島川崎通り1	30×7	20×4
JFEフェライト(株)倉敷工場	倉敷市水島川崎通り1	15×1	
大阪富士工業(株)	倉敷市水島川崎通り1	25×1	
三菱自動車工業(株)水島製作所第三工作工場	倉敷市水島高砂町4－14	10×1	
パナソニック(株)AVCネットワークス社メディアビジネスユニット津山工場	津山市草加部鮒込1458－5	50×2	
東芝キヤリア工業(株)津山工場	津山市国分寺555	20×1	
三井造船(株)玉野事業所	玉野市玉3－1－1	50×1	
ナイカイ塩業(株)	玉野市胸上2721	15×2	
岡崎共同(株)玉野事業所	玉野市宇野2－6－1	15×1	
豊和(株)	玉野市玉原3－13－2	10×1	
積水化成品工業(株)岡山工場	笠岡市用之江170－1	15×1	
ダウ化工(株)笠岡工場	笠岡市茂平2918－11	15×1	10×1
(株)共和鋳造所	井原市西江原町5418－3	15×1	
シーピー化成(株)	井原市東江原町1516	15×1	
NTN(株)岡山製作所	備前市畠田500－1	30×1	20×1
パナソニック(株)AIS社半導体事業統括室	備前市友延700	20×1	15×2
住友電工焼結合金(株)	高梁市成羽町成羽2901	30×1	10×1
清音金属工業(株)津山工場	津山市上野田431	15×1	
協同精版印刷(株)邑久工場	瀬戸内市邑久町豆田1185－5	15×2	
(株)タカキベーカリー 岡山事業所	浅口市鴨方町深田2800	10×2	
(株)エヌエスシイ 岡山工場	美作市上福原975－1	20×1	
タカノフーズ中国(株)	加賀郡吉備中央町湯山1300－1		

〔島 根 県〕

事業所名	所在地	規模(t)	
新東洋膏板(株)	松江市富士見町2	40×2	
リョーノーファクトリー(株)	松江市東出雲町揖屋667－1	20×1	
日立金属(株)安来工場 (海岸工場)	安来市飯島町1240－2	15×1	10×1
(株)日立メタルプレシジョン	安来市飯島町1240－2	30×1	
日立金属(株)安来工場 (山手工場)	安来市安来町2107－2	20×2	
(株)木村窯業所	江津市都野津町1501	20×1	15×1
(株)木村窯業所 青山工場	江津市二宮町神主1964	20×1	
ヒラタ精機(株)	出雲市西郷町小池718	15×2	

事 業 所 名	所 在 地	規 模(t)	
(株)出雲村田製作所	出雲市斐川町上直江2308	50×2	
(株)シバオ	大田市水上町白坏658－1	62.1×1	
広島アルミニウム工業(株)大国工場	大田市仁摩町大国206	15×1	
ケイ・エフ・ジー(株)	浜田市金城町下来原297－1	2.8×3	
マルハマ食品(株)レトルト第1工場	浜田市周布町63－25	2.83×3	

〔広 島 県〕

事 業 所 名	所 在 地	規 模(t)	
西川ゴム工業(株)安佐工場	広島市安佐北区安佐町大字久地3723－1	15×2	
日本ホームガス安佐センター	広島市安佐北区安佐町大字久地字堀切山563－6	30×2	2×1
		1×1	
山崎製パン(株)広島工場	広島市安佐北区大林2－3－1	10×2	
広島アルミニウム工業(株)可部工場	広島市安佐北区大林4－1－1	20×1	
西川ゴム工業(株)白木工場	広島市安佐北区白木町大字三田9531	15×1	
(株)紀陽 出島工場	広島市南区出島1－18－22	10×1	
三菱重工マシナリーテクノロジー(株)観音ガスセンター	広島市西区観音新町4－6－22	18×1	
(株)タカキベーカリー 広島工場	広島市安芸区中野東3－7－1	12×2	
(株)紀陽 東部工場	広島市安芸区矢野新町1－4－3	16×1	
三菱日立パワーシステムズ(株)呉工場第2工場	呉市昭和町10－1	15×1	
日新製鋼(株)呉製鉄所	呉市昭和町11－1	125×2	20×2
		15×2	10×1
三菱日立パワーシステムズ(株)呉工場第1工場	呉市宝町6－9	10×1	
(株)合食 呉工場	呉市広白岳5－3－22	3×2	
中国工業(株)呉第一工場	呉市広名田1－3－1	3×6	
(株)スグル食品 郷原工場	呉市郷原町ワラヒノ山2520－308	3×43	
(株)ディスコ 広島事業所	呉市広文化町1－23	3×2	
(株)オンド 音戸工場	呉市音戸町波多見1－34－45	3×2	
松本重工業(株)	呉市広多賀谷1－6－1	17×1	
芸南食品(株)	竹原市竹原町1678－13	15×1	
アヲハタ(株)	竹原市忠海中町1－1－26	15×1	
三菱重工業(株)三原製作所	三原市糸崎南1－1－1	10×1	
ユニオンタイヤコード(株)三原事業所	三原市円一町1－1－1	30×1	
メキシケムジャパン(株)三原製造所	三原市円一町1－1－1	93×2	
今治造船(株)広島工場	三原市幸崎能地2－1－1	2.8×4	
(株)ガルバ興業 三原工場	三原市沼田西町小原字袖掛73－46	20×1	
西川ゴム工業(株)三原工場	三原市沼田西町小原字袖掛200－39	15×1	10×1
(株)レニアス	三原市沼田西町小原200－76	3×2	
藤本食品(株)広島工場	三原市沼田東町両名972－1	3×5	
プレス工業(株)尾道工場	尾道市高須町大山田1050	20×2	
リョービミツギ(株)	尾道市御調町大字高尾200	17×1	5×1
因の島ガス(株)重井プロパン基地	尾道市因島重井町字長串474－5	10×1	
(株)ユウホウ 福山工場	福山市駅家町大字万能倉373	10×1	
広島化成(株)	福山市松浜町3－49	10×1	
福山熱煉工業(株)福山テクノ工場	福山市箕島町字六平谷6280－1	15×1	
福山熱煉工業(株)テクノ第2工場	福山市箕島町6280－12	15×1	
森田薬品工業(株)福山工場	福山市大門町野々浜1059	10×1	
(株)石井表記	福山市神辺町旭丘5	10×1	10×2
藤井商事(株)福山工場	福山市箕沖町105－3	15×2	
常石造船(株)造船工場	福山市沼隈大字常石665－25	0.5×8	
ＪＦＥ鋼材(株)中国事業所	福山市新浜町1－5－35	1×1	
(株)アスコン	府中市栗柄町1177－1	15×1	
カイハラ産業(株)上下工場	府中市上下町階見1167	15×1	
リョービ(株)印刷機器工場	府中市目崎町762	2.9×4	
リョービ(株)広島東工場	府中市鵜飼町1－5－35	2.5×4	
広島和田金属工業(株)東城工場	庄原市東城町竹森322－6	3×3	
県立広島大学 庄原キャンパス	庄原市七塚七塚原562	10×1	
三井化学(株)岩国大竹工場	大竹市東栄2－1－21	354×1	
三菱ケミカル(株)大竹事業所	大竹市御幸町20－1	6×1	
戸田工業(株)大竹事業所 液化石油ガス貯蔵設備	大竹市明治新開1－4	30×1	
新明和工業(株)特装車事業部広島工場	東広島市八本松町西7－1－13	18×1	
(株)日本クライメイトシステムズ	東広島市吉川工業団地3－11	11×1	
三菱日立パワーシステムズ(株)呉工場	東広島市安芸津町風早3300	15×2	
コルベンシュミット(株)	東広島市高屋町大字郷660－1	12×1	10×1
デリカウイング(株)	廿日市市宮内工業団地2－5，6	2.5×2	
富安金属印刷(株)広島工場	廿日市市峠字権現245－80	15×1	
大和製罐(株)広島工場	廿日市市大野2－11－43	20×1	
イケダ(株)	廿日市市峠245－23	2.8×2	12×1
(株)サンヨーフーズ	廿日市市友田96－2	2.8×3	
西川ゴム工業(株)吉田工場	安芸高田市吉田町吉田大浜1489－23	15×1	
(株)シンコー 府中工場	安芸郡府中町茂陰2－1－1	14×1	
(株)ナガト 海田工場	安芸郡海田町月見町9－9	15×1	
広島アルミニウム工業(株)千代田工場	山県郡北広島町有間字山根292－1	17×1	
(株)ジェイ・エム・エス	山県郡北広島町新氏神10	15×2	
広島アルミニウム工業(株)新郷工場	山県郡北広島町新郷1－4	17×1	
広島アルミニウム工業(株)八重工場	山県郡北広島町新郷1－5	2.9×2	
(株)タカキベーカリー 千代田工場	山県郡北広島町大字春木1435	10×1	
世羅菜園(株)第1液化石油ガス貯蔵所	世羅郡世羅町大字重永608－25	30×1	

事 業 所 名	所 在 地	規 模(t)	
世羅菜園(株)第2液化石油ガス貯蔵所	世羅郡世羅町大字重永608－25	60×1	
(株)日本農園	世羅郡世羅町大字重永609－91	3×2	
〔山 口 県〕			
ニチハ(株)下関工場	下関市木屋川1－1－1	50×1	
(株)神戸製鋼所　長府製造所	下関市長府港町14－1	30×2	
チタン工業(株)宇部工場	宇部市小串1978－25	25×1	
宇部興産(株)宇部藤曲工場	宇部市大字藤曲2575	750×2	
(株)日立製作所　鉄道ビジネスユニット笠戸事業所	下松市大字東豊井794	10×2	
アルマティス(株)	岩国市長野1815－2	60×2	
(株)オンド　岩国工場	岩国市由宇町南沖2－1－1	15×1	
共英製鋼(株)山口事業所	山陽小野田市大字小野田6289－18	50×1	
ＮＧＫエレクトロデバイス(株)	美祢市大嶺町東分字岩倉2701－1	20×1	10×1
日本化学工業(株)徳山工場	周南市晴海町1－2	30×1	
日新製鋼(株)周南製鋼所	周南市野村南町4976	200×2	10×2
		15×2	0.5×1
フジミツ(株)三隅事業所	長門市三隅下字山本新開2378－31	20×1	
〔徳 島 県〕			
大塚化学(株)徳島工場	徳島市川内町加賀須野463	20×1	10×1
大商硝子(株)鳴門工場	鳴門市撫養町南浜字大工野21－1	10×2	
(株)ジェイテクト　徳島工場	板野郡藍住町奥野山畑1	20×2	
(株)スミテック	板野郡松茂町豊久字豊久開拓139－17	15×1	
三洋電機(株)エナジー社徳島工場	板野郡松茂町豊久字豊久開拓139－32	20×1	
大塚製薬(株)徳島ワジキ工場	那賀郡那賀町小仁宇字大坪306－2	20×1	
〔香 川 県〕			
今治造船(株)丸亀事業本部	丸亀市昭和町30	10×1	
三菱電機(株)受配電システム製作所	丸亀市蓬莱町8	15×1	
四国オーエム(株)蓬莱工場	丸亀市蓬莱町16	10×2	
(株)デンロコーポレーション　丸亀工場	丸亀市蓬莱町18	15×1	
協和化学工業(株)坂出工場	坂出市林田町4035	30×2	
(株)ジェイテクト　香川工場	東かがわ市馬宿515－1	30×2	
神島化学工業(株)詫間工場	三豊市詫間町香田80	30×3	
三菱マテリアル(株)直島製錬所	香川郡直島町4049－1	20×4	
イヌイ(株)高松工場	高松市香西本町1	18×1	
〔高 知 県〕			
(株)ケンガス　大津工場	高知市大津乙1739	10×1	
(株)ササオカ	須崎市浦ノ内立目717	20×1	
(株)山崎機械製作所	室戸市吉良川町乙1922－1	15×2	
富士鍛工(株)羽根工場	室戸市羽根町甲1384－1	20×2	
(財)三原村農業公社	幡多郡三原村来栖野346	30×1	
(株)ダイネツ　高知工場	安芸郡奈半利町法恩寺乙238－11	15×1	
池田紙業(株)新不織布工場	吾川郡いの町波川588	15×1	
〔愛 媛 県〕			
(株)井関　松山製造所総合プラント	松山市馬木町700	30×1	
(株)井関　松山製造所乾燥機プラント	松山市馬木町830	15×1	
オオノ開發(株)	東温市河之内乙825－3	300×1	15×2
オオノ開發(株)石材事業部	東温市西岡字山神谷乙2－1	30×1	
(株)四国メッキ	今治市大西町大字脇甲882	20×1	
大和染工(株)	今治市衣干町4－2－25	20×1	
日本ケッチェン(株)新居浜事業所ユーロキャット工場	新居浜市磯浦町乙366－20	15×2	
日本ケッチェン(株)新居浜工場	新居浜市磯浦17－4	40×2	30×1
萩尾高圧容器(株)本社工場	新居浜市多喜浜三丁目5－50	15×1	
住友重機械ハイマテックス(株)	新居浜市惣開町5－2	9.9×1	
プライムデリカ(株)新居浜工場	新居浜市東田二丁目乙1－2	2.9×3	
(株)浅野鉄工所　本社工場	西条市下島山甲1140	15×1	
(株)中国フジパン　四国事業所	西条市ひうち字西ひうち3－12	10×1	
今治造船(株)西条工場	西条市ひうち字西ひうち7－6	20×1	
今治造船(株)西条工場　東ひうち事業部	西条市ひうち東ひうち29	20×1	
住友金属鉱山(株)別子事業所東予工場	西条市船屋字新地乙145－1	30×1	15×1
住友重機械工業(株)愛媛製造所西条工場	西条市今在家1501	20×2	
(株)田窪工業所　西条工場	西条市北条962－7	20×1	
日新製鋼(株)東予製造所	西条市北条962－14	400×2	
(株)ガルバ興業　本社工場	西条市北条962－59	20×1	
(株)浅野鉄工所　東予工場	西条市北条962－63	17×1	
(株)谷口金属熱処理工業所　四国第二工場	西条市喜多川853－16－4	15×1	
フジボウ愛媛(株)	西条市大新田272	15×1	3×3
(株)浅野鉄工所　団地工場	西条市港新地1－16	17×1	
愛媛製紙(株)本社工場	四国中央市村松町370	15×2	
大王製紙(株)三島工場	四国中央市三島紙屋町5－1	50×2	20×1
城山製紙(株)	四国中央市上分町301－1	10×1	
大高製紙(株)	四国中央市寒川町2437	2.9×3	
白川製紙(株)	四国中央市下柏町581	15×1	

事 業 所 名	所 在 地	規 模（ｔ）	
泉製紙(株)第三工場	四国中央市川之江町2611	20×1	
(株)タカキベーカリー　四国事業所	伊予郡砥部町重光7－2	10×2	
(株)四国シキシマパン　松山工場	伊予郡砥部町岩谷口110	20×1	
東レＡＣＥ(株)愛媛工場	伊予郡松前町大字筒井字砂流場1795－4	20×1	
〔福　岡　県〕			
(株)東洋金属熱錬工業所	北九州市小倉南区大字新道寺936－3	20×1	
吉野石膏(株)北九州工場	北九州市若松区響町1－103－2	70×3	
日本金属(株)北九州事業所二島工場	北九州市若松区南二島4－3－1	15×1	
響灘菜園(株)	北九州市若松区柳崎町4	50×1	
クラウン・フーヅ(株)	北九州市門司区新門司北1－3－9	2.9×2	
古河電工産業電線(株)九州工場	北九州市門司区新門司1－8	2.9×3	
パナソニックエコソリューションズ住宅設備(株)北九州工場	北九州市若松区大字安瀬1－18	2.9×3	
大阪シーリング印刷(株)九州門司工場	北九州市門司区新門司2－14－2	15×1	
(株)ピラミッド　久留米工場	久留米市荒木町1178	10×1	
(株)木村屋	久留米市津福本町1377	15×1	
日鉄住金精鋼(株)久留米工場	久留米市津福本町2320－17	20×1	
ダイハツ九州(株)久留米工場	久留米市田主丸町吉本1	34×2	
三井金属鉱業(株)セラミックス事業部大牟田工場	大牟田市浅牟田町3－1	20×2	
デンカ(株)大牟田工場	大牟田市新開町1	20×3	
ダイスタージャパン(株)大牟田工場	大牟田市新開町2－65	20×1	
三井金属鉱業(株)機能粉事業部　三池レアメタル工場	大牟田市大字唐船2081	2.9×2	2.69×2
三池製錬(株)	大牟田市大字唐船2100	30×2	
有明マテリアル(株)	大牟田市西港町1－21－4	2.9×2	
第一金属工業(株)	直方市大字中泉915－4	10×1	
(株)セレコーポレーション　福岡工場	田川市大字夏吉4003－1	15×1	
日立化成オートモーティブプロダクツ(株)	田川市大字糒2320	10×1	
(株)ブリヂストン　甘木工場	朝倉市大字小田2011	10×2	
オーケー食品工業(株)	朝倉市大字屋永2197－2	10×1	
(株)九州柴田フォージング	朝倉市杷木林田788	2.9×3	
フレゼニウスメディカルケアジャパン(株)	豊前市大字皆毛92－7	50×1	
ヤンマー建機(株)福岡工場	筑後市熊野1717－1	15×1	
エヌビーエル(株)九州工場第2工場	筑後市溝口1492	20×1	
エヌビーエル(株)九州工場	筑後市溝口1494－1	15×1	
ロッテ(株)九州工場	筑後市大字長浜1818	15×1	
九州ダンボール(株)	筑後市大字長浜1958	15×1	
(株)日鉄住金ボルテン　行橋工場	行橋市西泉4－3－2	15×1	10×1
(株)安川電機　行橋事業所	行橋市西宮2－13－1	15×1	
平和自動車工業(株)行橋工場	行橋市大字稲童字長迫684－10	15×1	
東罐マテリアル・テクノロジー(株)九州工場	中間市上底井野五反田997	15×1	
ドギーフーズ(株)福岡宗像工場	宗像市大字光岡字久保田240－3	15×1	
(株)キューレイ　第2工場	宗像市大字王丸415－1	15×1	
(株)アクタ	古賀市大字鹿部335－1	10×1	
九星飲料工業(株)伊都工場	糸島市波多江字中川原100	20×1	
(有)一蘭	糸島市志摩松隈256－10	20×1	
(株)八ちゃん堂　山川工場	みやま市山川町尾野736	15×1	
(株)ひよこ飯塚総合工場	飯塚市潤野1284	2.9×2	
豊鋼材工業(株)苅田工場	京都郡苅田町幸町7－2	10×1	
平和自動車工業(株)苅田第一工場	京都郡苅田町幸町7－159	10×1	
宇部興産(株)建設資材事業統括部苅田セメント工業	京都郡苅田町長浜7	9.9×1	
日立金属(株)九州工場	京都郡苅田町長浜町35	15×2	
(株)前川電気鋳鋼所　苅田工場	京都郡苅田町長浜町44－1	15×1	
(株)瓢屋　九州事業所	京都郡苅田町長浜町44－7	10×1	
日産自動車(株)九州工場	京都郡苅田町新浜町1－3	20×1	
協和産業(株)苅田ガス工場	京都郡苅田町大字苅田字松浦3787－42	30×1	
(株)ファルテック九州工場	京都郡苅田町新浜町1－41	2.9×2	
(株)フランソア　福岡工場	糟屋郡新宮町緑ヶ浜3－1－1	15×1	
九州ペットフーズ(株)	糟屋郡新宮町大字上府字勘田816－1	9.9×1	
昭和鉄工(株)宇美工場	糟屋郡宇美町宇美大谷3351－8	10×1	
福岡キュービック(株)	鞍手郡小竹町御徳1639－2	2.9×3	
三泉化成(株)九州第二工場大型塗装工場	鞍手郡小竹町御徳1673－5	2.9×2	
ニチバンメディカル(株)	朝倉郡筑前町字禅門橋1713	15×1	
ニシヨリ(株)広川工場	八女郡広川町大字日吉1164－3	15×1	
新廣瀬商事(株)	三井郡大刀洗町大字山隈西又原2940	10×1	
〔佐　賀　県〕			
(株)佐賀鉄工所　佐賀工場	佐賀市神園1－5－30	15×1	
九州グリコ(株)	佐賀市神園5－2－13	10×1	
(株)ＪＡフーズさが　佐賀食品工場	佐賀市鍋島町八戸3067	10×1	
(株)ＪＡフーズさが　佐賀ピラフ工場	佐賀市久保泉町大字上和泉1848－18	15×1	
トリゼン食鳥肉協同組合	唐津市双水1782－1	15×1	
金子産業(株)	唐津市中瀬通1－8	15×1	
九州パッケージ工業(株)唐津工場	唐津市中瀬通10－47	9.9×1	
(株)リョーユーパン　唐津工場	唐津市和多田大土井4－10	2.9×1	2.5×1
ヤマキ製菓(株)	唐津市相知町牟田部1180	10×1	
九州パッケージ工業(株)	唐津市相知町牟田部2303－1	10×1	

事　業　所　名	所　在　地	規　模（t）	
(株)東和コーポレーション　佐賀工場	唐津市厳木町岩屋716－4	10×1	
(株)東和コーポレーション　佐賀工場　第8工場	唐津市厳木町岩屋1229－3	10×1	
(株)ヨコオ　厳木工場	唐津市厳木町中島845－4	15×1	
キーコーヒー(株)九州工場	鳥栖市藤ノ木町若桜9－13	15×1	
九州内田鍛工(株)本社工場	伊万里市黒川町黒塩字分崎2098－1	10×1	
清本鉄工(株)伊万里工場	伊万里市黒川町塩屋字七ツ島5－58	2.5×2	
(株)ＪＡフーズさが　伊万里ピラフ工場	伊万里市東山代町里358－28	10×1	
(株)ノリタケカンパニーリミテッド　伊万里工場	伊万里市東山代町長浜120－3	15×1	
ファームチョイス(株)伊万里油飼工場	伊万里市山代町久原1－61	20×1	
豊田合成(株)佐賀工場	武雄市若木町大字川古9966－9	2.9×4	
九州製鋼(株)佐賀工場	武雄市山内町鳥海椿原11125	15×1	2.5×1
岩尾磁器工業(株)山内第一工場	武雄市山内町大野字臼ノ久保7595	10×1	
(株)ＮＥＯＭＡＸ九州	武雄市北方町大字大崎2738	15×2	
祐徳薬品工業(株)	鹿島市納富分1－1	15×1	
日研カシマ(株)鹿島工場	鹿島市古枝字柚木角甲284－1	15×1	
ヤマキ製菓(株)小城工場	小城市三日月町久米1355－1	10×1	
(株)リョーユーパン　佐賀工場	神埼市神埼町姉川2100	10×1	
脊振共同塵芥処理組合	神埼市脊振町鹿路3362－1	20×1	
(株)桃山　塩田工場	嬉野市塩田町大草野石丸田丙1	10×1	
渕野石油(株)	嬉野市嬉野町下宿乙198	15×1	
福博印刷(株)九州プリンティングセンター	多久市北多久町大字多久原306－15	15×1	
(株)佐賀鉄工所　多久工場	多久市北多久町大字小侍4409－1	20×1	
(株)佐賀鉄工所　大町工場	杵島郡大町町福母1624	20×1	
イイダ靴下(株)佐賀工場	杵島郡江北町大字山口1619	15×1	
深川製磁(株)	西松浦郡有田町幸平1－1－7	8×1	
(株)香蘭社　美術品工場	西松浦郡有田町赤坂丙2295－3	10×1	
(有)福泉窯	西松浦郡有田町中部丙2842－3	10×1	
有田製窯(株)	西松浦郡有田町黒牟田丙3037－8	15×1	
(株)華山	西松浦郡有田町白川2－1－12	10×1	
岩尾磁器工業(株)西有田工場	西松浦郡有田町下本甲1898	15×1	
(株)セイブ	西松浦郡有田町南原甲753	10×1	
タカタ九州(株)有田製造所	西松浦郡有田町大字上本字舞原乙468－1	2.9×4	
中国塗料(株)九州工場	神埼郡吉野ヶ里町田手2783	15×1	
(株)ヨコオ　東脊振工場	神埼郡吉野ヶ里町石動2142－1	10×1	
(株)東和コーポレーション佐賀東部工場	三養基郡上峰町堤字四本松1958－1	10×1	
(株)菜デリカ	三養基郡みやき町大字東津2352－1	15×1	
鳥栖・三養基西部環境施設組合	三養基郡みやき町大字養原4372	20×1	
〔長　崎　県〕			
三菱日立パワーシステムズ(株)	長崎市幸町6－12	10×1	
(株)九州スチールセンター　土井首工場	長崎市土井首町282－2	15×1	
(株)丸金佐藤造船鉄工所	長崎市土井首町510－2	10×1	
三菱日立パワーシステムズ(株)	長崎市香焼町長浜180	30×2	10×2
三菱重工業(株)香焼地区	長崎市香焼町長浜180	10×1	
(株)九州スチールセンター　香焼工場	長崎市香焼町3015－2	10×1	
佐世保重工業(株)佐世保造船所	佐世保市立神町1	30×1	
北松中央病院	佐世保市江迎町赤坂299	10×1	
(株)サンチュウ	島原市大手原町甲2141－9	10×1	
大和容器(株)長崎工場	諫早市津久葉町5－10	15×1	
日本ハム(株)諫早プラント	諫早市船越名700	10×1	
(株)九州フジパンＥＢ長崎工場	諫早市多良見町囲名339	15×1	
赤木コーセイ(株)	平戸市田平町深月免110－5	10×1	
北松北部環境組合	平戸市田平町下寺免1318	15×1	
中興化成工業(株)松浦工場	松浦市調川町平尾免字潮入200	10×1	
中興化成工業(株)ＳＣ工場	松浦市調川町下免字牛の鼻584－46	20×1	
(有)中村産業	西海市西海町面高郷43	10×1	
(株)大島アイランドホテル長崎	西海市大島町1577－8	10×1	
(株)大島造船所	西海市大島町1605－1	10×1	
プラスナイロン(株)愛野工場	雲仙市愛野町乙2－11	10×1	
川棚製陶(株)	東彼杵郡川棚町百津郷61	10×1	
コバレントマテリアル長崎(株)	東彼杵郡川棚町百津郷296	15×2	
聖栄陶器(有)	東彼杵郡川棚町下組郷2016－1	10×1	
日東陶器(有)	東彼杵郡川棚町五反田郷字本谷73－3	10×1	
(株)西山	東彼杵郡波佐見町折敷瀬郷1087	10×2	
(株)中善	東彼杵郡波佐見町折敷瀬郷1455	10×1	
(株)和山	東彼杵郡波佐見町折敷瀬郷2200－1	10×1	
高山陶器(株)	東彼杵郡波佐見町小樽郷757	20×1	
西部陶業(株)	東彼杵郡波佐見町小樽郷773－1	10×1	
(株)一龍陶苑　鹿山工場	東彼杵郡波佐見町宿郷818－1	10×1	
福岡酸素(株)伊万里支店中尾山供給所	東彼杵郡波佐見町中尾郷962	15×1	
(株)永泉	東彼杵郡波佐見町永尾郷341	15×1	
白山陶器(株)	東彼杵郡波佐見町湯無田郷1334	15×1	
昭和陶器(株)	東彼杵郡波佐見町湯無田郷1894	10×1	
滲透工業(株)本社工場	西彼杵郡時津町久留里郷字永ノ浦376－10	10×1	
アリアケジャパン(株)九州第二工場	北松浦郡佐々町小浦免字小浦浜1572－21	15×1	

事 業 所 名	所 在 地	規 模（t）	
〔大 分 県〕			
(株)ＳＥＧ	大分市大字西ノ洲１新日鐵構内	30×2	
パンパシフィック・カッパー(株)佐賀関精錬所	大分市大字佐賀関３－3382	30×1	10×1
日本鋳銅(株)佐賀関工場	大分市大字佐賀関３－3382	20×2	
(株)積水化成品九州　大分工場	中津市大字犬丸字秋満150－2	15×1	
(株)ＣＫＫ　中津工場	中津市大字犬丸150－3	10×1	
ダイハツ九州(株)	中津市大字昭和町新田１	50×2	
ＴＯＴＯファインセラミックス(株)	中津市大字田尻崎10	15×2	
(株)ヨロズ大分	中津市大字田尻255	10×1	
(株)三信建材社　東浜工場	中津市東浜ヨシハラ1085－1	20×1	
大分瓦斯(株)日田ガスサービスステーション	日田市大字高瀬平原ノ上6899－1	70×1	
大分瓦斯(株)日田三ガスサービスステーション	日田市大字西有田字葛原810－1	30×1	
大分瓦斯(株)日田キヤノンマテリアルガスサービスステーション	日田市大字西有田亀城1800	3×2	
フンドーキン醤油(株)ドレッシング工場	臼杵市大字井村小園313	20×1	
南日本造船(株)	臼杵市大字下の江1179－3	10×1	
二豊味噌協業組合	臼杵市大字末広字黒丸160－1	15×1	
大分瓦斯(株)杵築東ガスサービスステーション	杵築市大字熊野石水2739－100	70×2	
日本薬品開発(株)	宇佐市四日市字千源寺917－1	15×1	
三和酒類(株)	宇佐市大字山本2231－1	30×1	
ダイプロ拝田グリーンバイオ第一種貯蔵所	宇佐市大字下拝田1357－3	15×2	
ヤクルトヘルスフーズ(株)	豊後高田市真玉町大字真玉3499－5	15×1	
(株)住理工九州	豊後高田市かなえ台33	20×1	
(株)自然食研	豊後高田市界293	20×1	
大分瓦斯(株)佐伯ガスサービスステーション	佐伯市弥生大字小田字大久保1086	30×1	
クオリ(株)九州事業所	豊後大野市千歳町大字長峰字下山2280	10×1	
ワタキューセイモア(株)九州支社大分工場	由布市挟間町大字三船字裏231	15×1	
(株)ヨコオ　玖珠山浦農場	玖珠郡玖珠町大字山浦字大原野248－3	3×3	
〔熊 本 県〕			
(株)リョーユーパン　熊本工場	熊本市北区植木町舞尾671	20×1	10×1
(株)ＪＳＰ　九州工場	熊本市北区植木町宮原553	15×1	6×1
(株)西川印刷　植木工場	熊本市北区植木町色出字松葉551-2	20×1	
アイシン九州(株)	熊本市南区城南町舞原字西500	10×1	
アイシン九州キャスティング(株)	熊本市南区城南町舞原1227－1	20×2	
(株)どんどんライス　熊本本部	熊本市南区会富町46	10×1	
ＹＫＫＡＰ(株)九州事業所	八代市港町１－10	20×1	9×2
八代ニチハ(株)	八代市港町２－２－４	15×1	
ヤマハ熊本プロダクツ(株)	八代市新港町４－８	15×2	
(株)メイワパックス　八代工場	八代市興国町１－２	15×1	
(株)メタルエース	人吉市蟹作町300	10×1	
三光(株)荒尾工場	荒尾市増永1850	15×1	10×1
三光(株)有明工場	荒尾市大島字新四ツ山1723外	15×1	
河村電器産業(株)水俣工場	水俣市桜ケ丘町395	15×1	
小川食品(株)九州工場	山鹿市方保田六田2126	10×1	
大阪製鐵(株)西日本熊本工場	宇土市境目町300	50×2	
山崎製パン(株)熊本工場	宇城市松橋町浦川内2388	12×2	
(株)九州フジパン　熊本工場	宇城市松橋町大字竹崎字浜田1935－2	15×1	
合志技研工業(株)	合志市豊岡1280	10×1	
九州柳河精機(株)	菊池市旭志大字川辺1106－1	10×1	
(株)サンユウ九州	菊池市七城町蘇崎1196－8	20×1	
不二ライトメタル(株)	玉名郡長洲町長洲2168	20×1	15×2
日立造船(株)有明工場	玉名郡長洲町大字有明１	20×2	10×2
(株)ＬＩＸＩＬ　有明工場	玉名郡長洲町大字名石浜25	20×2	
九州オーエム(株)	玉名郡長洲町大字名石浜６	15×2	
協同組合金型プラザ	玉名郡南関町大字下坂下1683－4	15×1	
エイティー九州(株)	玉名郡南関町大字下坂下1860－1	30×1	
ニシヨリ(株)繊維事業部熊本工場	玉名郡和水町竈門1855	10×1	
ホテイヤ(株)ソイール事業部熊本工場	玉名郡和水町久井原1920	20×1	
(株)ヤマキフーズ　熊本工場	上益城郡甲佐町早川2100－1	10×1	
(株)井関　熊本製造所	上益城郡益城町安永1400	15×1	
旭千代田工業(株)熊本工場	上益城郡嘉島町大字井寺431－1	7×1	
九州武蔵精密(株)	球磨郡錦町一武狩政下2605－7	10×2	
(株)川金ダイカスト工業　熊本工場	球磨郡多良木町大字多良木松尾8772－51	20×1	
(株)東洋新薬　熊本工場	菊池郡大津町高尾野字平成272－5	15×1	
濱田重工(株)シリコンウェハー事業部熊本工場	菊池郡大津町大字高尾野272－8	15×1	
医療法人芳和会　菊陽病院	菊池郡菊陽町原水5587	9.8×1	0.49×1
(株)レヴアル	葦北郡芦北町豊岡5	15×1	
社会福祉法人志友会　くまもと芦北療育医療センター	葦北郡芦北町芦北2813	10×1	
(株)インターナショナル・ケミカル	阿蘇郡西原村鳥子字梅香口312－9	17.4×1	
(株)共和　熊本工場	阿蘇郡西原村大字鳥子312－12	15×1	
(株)阿蘇ファームランド	阿蘇郡南阿蘇村河陽5579－3	10×2	
(株)青山製作所　熊本工場	阿蘇郡高森町大字高森字豆塚2141－5	20×1	
医療法人社団稲穂会　天草慈恵病院	天草郡苓北町上津深江278－10	15×1	
社会福祉法人慈永会　はまゆう療育園	天草郡苓北町志岐八尾原1059	10×1	
(株)キューアサ	天草郡苓北町坂瀬川字宮原3606	20×1	

事　業　所　名	所　在　地	規　模（t）	
〔宮　崎　県〕			
宮崎瓦斯(株)宮崎テクノリサーチパーク　液化石油ガス第一種貯蔵所	宮崎市佐土原町東上那珂16496－2	15×1	
雲海酒造(株)高岡工場	宮崎市高岡町下倉永633－1	2.9×1	2.5×1
バクスター(株)宮崎工場	宮崎市清武町木原4584－1	10×2	
南日本酪農協同(株)都城工場	都城市高木町5282	20×1	
九州オーエム(株)宮崎工場	都城市高城町大字穂満坊1370	15×1	
宮崎高砂工業(株)	都城市山之口町大字山之口3388－1	15×2	
南日本ハム(株)	日向市大字財光寺1193	10×1	
神楽酒造(株)西都工場	西都市大字鹿野田字霧島11365－3	20×2	
雲海酒造(株)綾工場	東諸県郡綾町大字南俣1800－5	20×1	
(株)ヨコム	北諸県郡三股町大字蓼池3663－1	10×1	
都城農業協同組合（ＪＡ都城荒茶加工施設）	北諸県郡三股町大字蓼池4808	20×1	
雲海酒造(株)	西臼杵郡五ヶ瀬町大字三ヶ所2162－2	20×1	
高千穂酒造(株)	西臼杵郡高千穂町大字押方925	15×1	
イチマル水産(株)	東臼杵郡門川町大字門川尾末7150－7	15×1	
宮崎部品(株)	東臼杵郡門川町大字門川尾末7470	10×1	
松野工業(株)門川工場	東臼杵郡門川町南町1－20	15×1	
桐谷物産(株)	児湯郡川南町大字川南15266	15×1	
〔鹿 児 島 県〕			
サン食品(株)	鹿児島市七ツ島1－7	10×1	
サン食品(株)	鹿児島市南栄3－14	10×1	
ジェーエフチキン輝北農場	鹿屋市輝北町市成3164－4	15×1	
大江化学工業(株)鹿児島工場	鹿屋市串良町上小原1724－2	10×1	
(株)富士冷	枕崎市別府5980－12	15×1	
(株)上野製作所	阿久根市波留633－1	15×1	
ＹＥＪガラス(株)	出水市高尾野町大久保3816－23	20×1	
マルイ食品(株)野田工場	出水市野田下名1671	15×2	
(株)はしコーポレーション	出水市平和町1217	20×1	
岩崎産業(株)	指宿市十二町3755	15×2	
山元酒造(株)	薩摩川内市五代町2725	15×1	
京セラ(株)鹿児島川内工場	薩摩川内市高城町1810	20×1	15×3
川内酒造協同組合	薩摩川内市陽成町1496－15	15×1	
鹿児島松下電子(株)	日置市伊集院町徳重前平1786－6	10×1	
シチズン時計鹿児島(株)	日置市東市来町湯田5839	15×1	
昭光エレクトロニクス(株)	日置市伊集院町徳重1786－6	10×1	
(有)ヤゴローフーズ	曽於市大隅町岩川4785－2	20×1	
山久製陶所　末吉工場	曽於市末吉町深川不動ケ尾7573	15×1	
ジャパンポーレックス(株)鹿児島工場	霧島市横川町上ノ1800	15×1	
西薩クリーンサンセット事業協同組合	いちき串木野市西薩町17－8	15×1	
三孝製紙(株)	いちき串木野市大里510	10×1	
(株)コーアガス日本　串木野ＬＰＧステーション	いちき串木野市日出町11842	30×1	
南日本くみあい飼料(株)志布志工場	志布志市志布志町志布志若浜3310	15×2	
堀口製茶(有)	志布志市有明町野神1201－1	15×1	
日本フードパッカー鹿児島(株)	伊佐市大口宮人519	15×1	
(株)イケダパン　重富工場	姶良市姶良町平松5000	10×1	
加治木産業(株)	姶良市加治木町西別府2427	15×1	
日本特殊陶業(株)鹿児島宮之城工場	薩摩郡さつま町田原2238－1	20×4	
農事組合法人　南州農場	肝属郡南大隅町佐多伊佐敷5950	20×1	
〔沖　縄　県〕			
琉球製罐(株)	名護市字宮里5－20－12	10×1	
拓南製鐵(株)	沖縄市海邦町3－26	20×2	
沖縄県飼料協業組合	沖縄市海邦町3－54	2.9×3	
エッカ石油(株)オキコ消費設備	中頭郡西原町字幸地371	10×1	
(株)沖縄うみの園ヨミタンリゾート沖縄	中頭郡読谷村字儀間600	10×1	
北部製糖(株)今帰仁事業所	国頭郡今帰仁村仲宗根248	2.9×2	

4. 自動車用LPガス利用状況

4－1 自動車用LPガス消費量の推移

4－1－1 営業用乗用車（タクシー）原単位消費量実績（平成23～28年度）

区別	別	4	5	6	7	8	9	上期	10	11	12	1	2	3	下期	年度
平成23年度	走行キロ(km/車・日)	167.27	161.95	160.94	161.27	159.11	158.00	161.42	160.61	161.95	165.33	161.40	162.91	157.27	161.58	161.50
	実働率(%)	78.50	78.50	81.65	82.34	81.33	81.36	80.61	81.84	81.07	80.31	79.32	79.47	82.03	80.67	80.64
	燃料消費(ℓ/車・日)	28.31	30.89	30.64	31.72	31.36	31.30	30.70	30.95	31.25	32.95	32.40	32.76	31.80	32.02	31.36
	燃費(ℓ/km)	0.1692	0.1907	0.1904	0.1967	0.1971	0.1981	0.1902	0.1927	0.1929	0.1993	0.2007	0.2011	0.2022	0.1982	0.1942
平成24年度	走行キロ(km/車・日)	167.29	171.24	155.05	162.83	162.03	164.42	163.81	158.42	164.31	161.21	167.64	159.03	158.13	161.46	162.63
	実働率(%)	78.57	76.29	81.85	79.05	78.45	76.82	78.51	80.10	77.01	81.14	75.35	78.91	78.87	78.56	78.53
	燃料消費(ℓ/車・日)	29.10	30.28	29.84	30.75	32.00	32.23	30.69	34.05	33.12	33.14	33.78	30.82	34.85	33.30	31.99
	燃料消費量(kℓ)	165,091	162,428	153,976	164,266	162,118	156,893	964,772	158,180	152,733	167,199	156,825	143,362	157,175	935,474	1,900,246
平成25年度	走行キロ(km/車・日)	154.79	159.36	159.55	161.02	167.53	166.13	161.40	177.33	178.04	171.70	175.00	159.68	182.47	174.04	167.72
	実働率(%)	81.02	77.15	80.28	76.97	76.18	78.53	78.36	70.61	70.66	72.05	70.66	75.94	73.10	72.17	75.26
	燃料消費(ℓ/車・日)	29.10	30.28	29.84	30.75	32.00	32.23	30.69	34.05	33.12	33.14	33.78	30.82	34.85	33.30	31.99
	燃費(ℓ/km)	0.188	0.190	0.187	0.191	0.191	0.194	0.190	0.192	0.186	0.193	0.193	0.193	0.191	0.191	0.191
平成26年度	走行キロ(km/車・日)	166.24	177.39	173.05	164.34	176.63	179.29	172.82	170.54	170.11	151.63	181.39	168.76	169.30	168.62	170.72
	実働率(%)	71.72	66.87	69.55	72.42	66.72	70.23	69.59	72.44	73.00	73.82	67.35	71.08	72.83	71.75	70.67
	燃料消費(ℓ/車・日)	30.42	31.93	31.15	30.73	33.03	32.99	31.71	31.21	30.96	27.45	33.74	30.71	30.81	30.80	31.26
	燃費(ℓ/km)	0.183	0.180	0.180	0.187	0.187	0.184	0.184	0.183	0.182	0.181	0.186	0.182	0.182	0.183	0.183
平成27年度	走行キロ(km/車・日)	169.48	183.80	171.63	170.22	208.58	161.64	177.56	159.02	176.88	151.96	155.66	133.32	147.99	154.14	165.85
	実働率(%)	71.42	66.83	72.69	73.33	65.76	72.84	70.48	76.71	70.79	69.30	67.81	83.08	76.51	74.03	72.26
	燃料消費(ℓ/車・日)	30.51	33.27	31.58	31.49	38.17	29.42	32.40	28.62	32.02	27.35	28.02	24.66	26.64	27.90	30.14
	燃費(ℓ/km)	0.180	0.181	0.184	0.185	0.183	0.182	0.183	0.180	0.181	0.180	0.180	0.185	0.180	0.181	0.182
平成28年度	走行キロ(km/車・日)	100.82	194.97	188.10	187.99	186.32	176.61	172.47	149.05	172.83	181.34	189.40	180.36	180.15	175.52	174.00
	実働率(%)	72.18	67.02	73.02	70.86	70.70	74.63	71.40	76.74	75.87	75.27	69.13	72.61	72.92	73.76	72.58
	燃料消費(ℓ/車・日)	18.15	35.09	34.42	34.21	34.28	32.14	31.36	26.98	31.28	32.82	34.85	33.01	32.61	31.92	31.64
	燃費(ℓ/km)	0.180	0.180	0.183	0.182	0.184	0.182	0.182	0.181	0.181	0.181	0.184	0.183	0.181	0.182	0.182

注：①国土交通省「自動車輸送統計月報」「自動車燃料消費量統計月報」をもとに作成。

4-2 都道府県別・車種別・業態別ＬＰガス自動車数（平成29年3月末現在）

（単位：両）

局別	都道府県	貨物 自家用	貨物 営業用	貨物 計	乗合 自家用	乗合 営業用	乗合 計	乗用 自家用	乗用 営業用	乗用 計	特種（殊）車 自家用	特種（殊）車 営業用	特種（殊）車 計	合計 自家用	合計 営業用	合計 計
北海道	札幌	62	35	97	1	—	1	199	5,625	5,824	53	1	54	315	5,661	5,976
	函館	1	8	9	—	—	—	43	752	795	31	—	31	75	760	835
	旭川	14	3	17	—	—	—	24	894	918	47	3	50	85	900	985
	室蘭	6	5	11	1	—	1	22	637	659	2	—	2	31	642	673
	釧路	6	1	7	—	—	—	16	428	444	40	—	40	62	429	491
	帯広	3	1	4	2	—	2	18	304	322	29	—	29	52	305	357
	北見	4	—	4	—	—	—	4	314	318	1	—	1	9	314	323
	計	96	53	149	4	—	4	326	8,954	9,280	203	4	207	629	9,011	9,640
東北	青森	45	28	73	1	—	1	49	1,938	1,987	17	—	17	112	1,966	2,078
	岩手	71	58	129	—	1	1	79	1,416	1,495	99	1	100	249	1,476	1,725
	宮城	79	56	135	1	1	2	186	3,305	3,491	233	2	235	499	3,364	3,863
	秋田	20	11	31	—	—	—	24	946	970	14	—	14	58	957	1,015
	山形	23	33	56	—	—	—	99	884	983	2	—	2	124	917	1,041
	福島	88	88	176	1	—	1	230	1,930	2,160	156	2	158	475	2,020	2,495
	計	326	274	600	3	2	5	667	10,419	11,086	521	5	526	1,517	10,700	12,217
関東	茨城	202	171	373	2	1	3	132	2,149	2,281	110	4	114	446	2,325	2,771
	栃木	139	46	185	—	—	—	53	1,586	1,639	50	2	52	242	1,634	1,876
	群馬	108	110	218	1	—	1	67	1,268	1,335	219	1	220	395	1,379	1,774
	埼玉	684	631	1,315	20	4	24	303	5,466	5,769	440	29	469	1,447	6,130	7,577
	千葉	492	450	942	11	3	14	395	5,947	6,342	297	32	329	1,195	6,432	7,627
	東京	635	1,473	2,108	40	5	45	894	30,230	31,124	734	197	931	2,303	31,905	34,208
	神奈川	601	974	1,575	9	—	9	400	9,264	9,664	394	15	409	1,404	10,253	11,657
	山梨	74	29	103	1	—	1	44	792	836	172	1	173	291	822	1,113
	計	2,935	3,884	6,819	84	13	97	2,288	56,702	58,990	2,416	281	2,697	7,723	60,880	68,603
北陸信越	新潟	42	89	131	3	—	3	81	2,314	2,395	168	—	168	294	2,403	2,697
	富山	48	12	60	—	—	—	50	710	760	98	13	111	196	735	931
	石川	46	42	88	—	—	—	64	1,462	1,526	41	2	43	151	1,506	1,657
	長野	99	26	125	2	—	2	51	2,077	2,128	61	1	62	213	2,104	2,317
	計	235	169	404	5	—	5	246	6,563	6,809	368	16	384	854	6,748	7,602
中部	福井	34	8	42	—	—	—	44	804	848	7	—	7	85	812	897
	岐阜	122	170	292	3	—	3	84	1,810	1,894	151	2	153	360	1,982	2,342
	静岡	145	156	301	2	—	2	180	4,308	4,488	408	5	413	735	4,469	5,204
	愛知	362	551	913	19	—	19	403	8,523	8,926	414	17	431	1,198	9,091	10,289
	三重	91	178	269	1	—	1	41	1,191	1,232	42	2	44	175	1,371	1,546
	計	754	1,063	1,817	25	—	25	752	16,636	17,388	1,022	26	1,048	2,553	17,725	20,278
近畿	滋賀	81	15	96	—	—	—	128	1,182	1,310	35	—	35	244	1,197	1,441
	京都	82	103	185	1	—	1	247	6,891	7,138	248	7	255	578	7,001	7,579
	大阪	369	413	782	7	—	7	528	15,859	16,387	665	23	688	1,569	16,295	17,864
	奈良	93	28	121	—	—	—	48	938	986	20	—	20	161	966	1,127
	和歌山	40	25	65	—	—	—	21	1,338	1,359	88	1	89	149	1,364	1,513
	兵庫	281	111	392	2	2	4	304	7,153	7,457	284	7	291	871	7,273	8,144
	計	946	695	1,641	10	2	12	1,276	33,361	34,637	1,340	38	1,378	3,572	34,096	37,668
中国	鳥取	30	16	46	1	2	3	18	494	512	91	2	93	140	514	654
	島根	54	18	72	—	—	—	20	944	964	121	—	121	195	962	1,157
	岡山	79	72	151	3	—	3	89	2,914	3,003	123	—	123	294	2,986	3,280
	広島	74	82	156	—	—	—	244	5,327	5,571	183	1	184	501	5,410	5,911
	山口	83	35	118	3	—	3	74	2,180	2,254	26	—	26	186	2,215	2,401
	計	320	223	543	7	2	9	445	11,859	12,304	544	3	547	1,316	12,087	13,403
四国	徳島	51	33	84	1	—	1	41	883	924	100	—	100	193	916	1,109
	香川	202	12	214	—	—	—	57	1,360	1,417	257	2	259	516	1,374	1,890
	愛媛	118	36	154	—	—	—	124	1,941	2,065	201	—	201	443	1,977	2,420
	高知	68	32	100	—	—	—	39	1,027	1,066	57	1	58	164	1,060	1,224
	計	439	113	552	1	—	1	261	5,211	5,472	615	3	618	1,316	5,327	6,643
九州	福岡	269	74	343	9	—	9	535	9,794	10,329	244	4	248	1,057	9,872	10,929
	佐賀	67	44	111	—	—	—	51	947	998	63	1	64	181	992	1,173
	長崎	45	13	58	3	1	4	74	2,202	2,276	59	4	63	181	2,220	2,401
	熊本	110	33	143	1	—	1	205	2,751	2,956	220	6	226	536	2,790	3,326
	大分	67	36	103	5	—	5	188	1,943	2,131	199	—	199	459	1,979	2,438
	宮崎	67	29	96	—	—	—	135	1,834	1,969	77	—	77	279	1,863	2,142
	鹿児島	131	22	153	1	—	1	527	3,225	3,752	372	4	376	1,031	3,251	4,282
	計	756	251	1,007	19	1	20	1,715	22,696	24,411	1,234	19	1,253	3,724	22,967	26,691
沖縄		175	25	200	1	—	1	699	3,737	4,436	274	1	275	1,149	3,763	4,912
合　計		6,982	6,750	13,732	159	20	179	8,675	176,138	184,813	8,537	396	8,933	24,353	183,304	207,657

（注）国土交通省資料により作成。

4-3　オートガス移出数量と石油ガス税課税高の推移（自動車用ＬＰガス消費実勢、平成27～28年度）

国税局	都道府県	オートガス移出数量（トン、%）			石油ガス税課税高（100万円）	ＬＰＧ車台数			28年度1台当たり消費量（kg/年）
		27年度	28年度	28/27伸び率	28年度	27年9月末	28年9月末	28/27増減	
札　幌	北海道					10,332	9,864	▲468	
		55,971	51,934	92.8	909	10,332	9,864	▲468	5,265
仙　台	青　森					2,242	2,143	▲99	
	秋　田					1,143	1,057	▲86	
	山　形					1,123	1,073	▲50	
	岩　手					1,882	1,776	▲106	
	宮　城					4,268	4,046	▲222	
	福　島					2,676	2,569	▲107	
		54,848	51,540	94.0	902	13,334	12,664	▲670	4,070
関東信越	新　潟					2,929	2,770	▲159	
	長　野					2,537	2,408	▲129	
	茨　城					3,036	2,846	▲190	
	栃　木					1,991	1,905	▲86	
	群　馬					1,863	1,806	▲57	
	埼　玉					7,877	7,668	▲209	
		96,798	93,217	96.3	1,633	20,233	19,403	▲830	4,804
東　京	千　葉					8,001	7,750	▲251	
	東　京					35,603	34,728	▲875	
	神奈川					12,169	11,863	▲306	
	山　梨					1,193	1,143	▲50	
		330,024	312,566	94.7	5,505	56,966	55,484	▲1,482	5,633
名古屋	静　岡					5,497	5,344	▲153	
	愛　知					10,620	10,390	▲230	
	三　重					1,671	1,609	▲62	
	岐　阜					2,554	2,386	▲168	
		105,423	101,437	96.2	1,775	20,342	19,729	▲613	5,142
金　沢	富　山					1,026	952	▲74	
	石　川					1,925	1,765	▲160	
	福　井					965	932	▲33	
		14,269	13,065	91.6	229	3,916	3,649	▲267	3,580
大　阪	滋　賀					1,504	1,485	▲19	
	京　都					8,037	7,838	▲199	
	大　阪					18,718	18,186	▲532	
	奈　良					1,270	1,191	▲79	
	和歌山					1,591	1,540	▲51	
	兵　庫					8,662	8,361	▲301	
		173,310	162,414	93.7	2,844	39,782	38,601	▲1,181	4,208
広　島	鳥　取					792	764	▲28	
	島　根					1,244	1,196	▲48	
	岡　山					3,410	3,337	▲73	
	広　島					6,239	6,053	▲186	
	山　口					2,500	2,422	▲78	
		55,512	51,731	93.2	923	14,185	13,772	▲413	3,756
高　松	香　川					2,054	1,942	▲112	
	徳　島					1,215	1,144	▲71	
	愛　媛					2,508	2,446	▲62	
	高　知					1,367	1,276	▲91	
		25,575	24,251	94.8	424	7,144	6,808	▲336	3,562
福　岡	福　岡					11,580	11,126	▲454	
	佐　賀					1,236	1,198	▲38	
	長　崎					2,651	2,472	▲179	
		73,005	68,827	94.3	1,204	15,467	14,796	▲671	4,652
熊　本	大　分					2,572	2,496	▲76	
	熊　本					3,713	3,469	▲244	
	宮　崎					2,274	2,205	▲69	
	鹿児島					4,574	4,384	▲190	
		42,150	39,500	93.7	691	13,133	12,554	▲579	3,146
沖　縄	沖　縄					5,431	5,090	▲341	
		27,570	25,391	92.1	444	5,431	5,090	▲341	4,988
合　　計		1,054,456	995,874	94.4	17,484	220,265	212,414	▲7,851	4,688

注：(1)オートガス移出数量（課税重量）、石油ガス税課税高（移出税額）ともに、国税庁石油ガス課税高調べをベースとした。
　　移出数量、税額はともに3月～翌年2月の課税年度ベースである。20年度より国税局別のみの公表となった。
　　(2)ＬＰＧ車台数は国土交通省（各年9月末）によった。
　　(3)平成28年度ＬＰＧ車1台当たりオートガス消費量（kg／年）は移出数量をＬＰＧ車台数（平成28年9月末時点）で
　　除した単純平均値である。

4－4　石油ガス税課税税高・重量等の推移（平成9～28年度）

区分 年度別	課税重量 (トン)	税額 (100万円)	LPG車の台数(台)	LPG車1台当りの平均消費量(kg)	指数（昭和42＝100）				対前年度比（％）				税率
					課税重量	額 税	LPG車の台数	1台当りの平均消費量	課税重量	税額	LPG車の台数	1台当りの平均消費量	
昭和42	1,002,925	10,027	115,402	8,691	100	100	100	100	—	—	—	—	・昭和41.2～41.12　1kg当り5円　（2円80銭/ℓ）　・昭和42.1～44.12　1kg当り10円　（5円60銭/ℓ）　・昭和45.1～　本則税率　1kg当り17円50銭　（9円80銭/ℓ）
平成9	1,674,613	29,303	299,187	5,597	167.0	292.2	259.3	64.4	97.2	97.2	98.9	98.3	
10	1,644,930	28,786	296,185	5,554	164.0	287.1	256.7	63.9	98.2	98.2	99.0	99.2	
11	1,642,816	28,749	292,764	5,611	163.8	286.7	253.7	64.6	99.9	99.9	98.8	101.0	
12	1,623,022	28,403	288,586	5,624	161.8	283.3	250.1	64.7	98.8	98.8	98.6	100.2	
13	1,595,152	27,915	285,816	5,581	159.0	278.4	247.7	64.2	98.3	98.3	99.0	99.2	
14	1,609,702	28,170	288,940	5,571	160.5	280.9	250.4	64.1	100.9	100.9	101.1	99.8	
15	1,628,101	28,491	291,468	5,586	162.3	284.1	252.6	64.3	101.1	101.1	100.9	100.3	
16	1,641,600	28,728	293,014	5,602	163.7	286.5	253.9	64.5	100.8	100.8	100.5	100.3	
17	1,626,402	28,462	294,735	5,518	162.2	283.9	255.4	63.5	99.1	99.1	100.6	98.5	
18	1,594,066	27,896	294,657	5,410	158.9	278.2	255.3	62.2	98.0	98.0	100.0	98.0	
19	1,569,658	27,469	293,510	5,348	156.5	274.0	254.3	61.5	98.5	98.5	99.6	98.9	
20	1,485,570	26,000	291,007	5,105	148.1	259.3	252.2	58.7	94.6	94.7	99.1	95.5	
21	1,409,363	24,685	282,060	4,997	140.5	246.2	244.4	57.5	94.9	94.9	96.9	97.9	
22	1,370,253	23,988	267,093	5,130	136.6	239.2	231.4	59.0	97.2	97.1	94.7	102.7	
23	1,295,133	22,586	252,931	5,120	129.1	225.3	219.2	58.9	94.5	94.2	94.7	99.8	
24	1,230,896	21,541	243,787	5,049	122.7	214.8	211.3	58.1	95.0	95.4	96.4	98.6	
25	1,177,414	20,610	236,056	4,988	117.4	205.5	204.6	57.4	95.7	95.7	96.8	98.8	
26	1,109,983	19,439	228,258	4,863	110.7	193.9	197.8	56.0	94.3	94.3	96.7	97.5	
27	1,054,456	18,458	220,265	4,787	105.1	184.1	190.9	55.1	95.0	95.0	96.5	98.4	
28	995,874	17,484	212,414	4,688	99.3	174.4	184.1	53.9	94.4	94.7	96.4	97.9	

注：(1) LPG車の保有台数は、国土交通省統計（運輸統計）により各年度9月末のものを掲げた。

(2) LPG車1台当り平均消費量は、　課税重量／LPG車の保有台数　により計算した。

(3)指数比は昭和42年を100とした。

(4)財務省・国税庁資料により石油化学新聞社作成。

5．ＬＰガススタンド都道府県別・各社別保有状況（平成29年9月末）

都道府県名	件　数	都道府県名	件　数	都道府県名	件　数
北　海　道	９８	山　　梨	１８	島　　根	２３
青　　森	２５	静　　岡	５２	広　　島	４３
秋　　田	１６	愛　　知	８４	山　　口	３６
岩　　手	３１	三　　重	２６	徳　　島	２３
山　　形	２４	岐　　阜	３８	香　　川	３１
宮　　城	３４	富　　山	２５	高　　知	２２
福　　島	４０	石　　川	２５	愛　　媛	４１
茨　　城	４８	福　　井	１２	福　　岡	５８
栃　　木	２５	滋　　賀	２８	佐　　賀	１９
群　　馬	３３	京　　都	２７	長　　崎	２６
埼　　玉	９９	奈　　良	２１	大　　分	３３
千　　葉	９９	和　歌　山	１４	熊　　本	３０
東　　京	８０	大　　阪	５３	宮　　崎	２６
神　奈　川	７６	兵　　庫	５４	鹿　児　島	６２
新　　潟	４６	鳥　　取	１２	沖　　縄	２４
長　　野	４４	岡　　山	３２	全　国　計	1，836

事　業　所　名	所　在　地	規　模（ｔ）	
〔北　海　道〕			
札幌富国(株)大谷地営業所	札幌市厚別区大谷地東４丁目	15×1	
札幌富国(株)手稲宮の沢営業所	札幌市西区宮の沢一条２丁目	10×1	
(株)エネルギー・サプライ	札幌市西区二十四軒一条１－９	20×2	
エア・ウォーター・テクノサプライ(株)札幌ハローガスセンター	札幌市西区発寒十五条13－2－30	50×2	
新和興産(株)宮の森オートスタンド営業所	札幌市中央区宮の森三条１－４－１	10×2	
北海道エネルギー(株)石山通りオートガススタンド	札幌市中央区南十条西10－126	10×1	
中和石油(株)札幌南ＬＰＧスタンド	札幌市中央区南五条西８丁目	7×1	
(株)オートガスステーション札幌	札幌市中央区南七条西５丁目	7×1	
札燃商事(株)南８条オートガススタンド	札幌市中央区南八条西２－５－38	7×1	
西山油機(株)オートガススタンド	札幌市中央区南八条西６－1036	7×1	
札幌富国(株)南９条営業所	札幌市中央区南九条西14丁目	7×1	
マルハ産業(株)札幌営業所	札幌市西区二十四軒二条１丁目１－30	25×1	15×1
札幌富国(株)北５条営業所	札幌市西区北五条西10丁目	7×1	
互進石油(株)菊水オートガススタンド	札幌市白石区菊水九条３－４－18	10×1	
(株)ホームガスセンター北海道　白石ＬＰガス供給センター	札幌市白石区菊水上町四条４－95	60×2	
北海道セントラルガス(株)札幌センター	札幌市白石区中央一条４－３－76	15×2	
新和興産(株)白石オートガススタンド	札幌市白石区中央二条３丁目	7×2	
黒井産業(株)札幌支店札幌インター自動車学校	札幌市白石区米里二条３－５－１	2.9×1	
日商プロパン石油(株)旭町スタンド	札幌市豊平区旭町２－１－５	7×1	
中和石油(株)札幌東ＬＰＧスタンド	札幌市豊平区美園三条２－１－２	7×1	
北海道産業(株)天神山オートガススタンド	札幌市豊平区平岸二条16丁目	7×1	
北海道エネルギー(株)北24条通りオートガススタンド	札幌市北区北二十三条西２丁目	7×1	
北燃商事(株)恵庭燃料事業部恵庭センター	恵庭市戸磯345－３	20×2	1×1
(株)エネサンス北海道　江別オートガススタンド	江別市野幌町33	30×1	
(株)エネルギーサプライ　石狩センター	石狩市新港中央４丁目3740－11	20×2	2.9×1
(株)エネサンス北海道　千歳オートガススタンド	千歳市北信濃776－３	20×1	
北海道ミツウロコ(株)北広島事業所	北広島市字共栄23	20×1	
(株)エネルギーサプライ	北広島市大曲工業団地２丁目４－６	20×2	
(株)ホームエネルギー北海道　函館センター	北斗市七重浜７丁目６－３	20×2	
(株)エネサンス北海道　函館工場	北斗市追分３丁目６－１	30×1	15×1
富国産業(株)森営業所	茅部郡森町字森川町291	10×1	
道南エア・ウォーター(株)八雲ハローガスセンター	二海郡八雲町字立岩55－21	20×1	
函館富国(株)海岸町営業所	函館市海岸町19－23	10×2	
(有)カネハ畑中興産　カネハオートガススタンド	函館市高松町240－１	10×1	
(株)有隣商会　函館オートガススタンド	函館市松風町14－８	7×1	

※ＬＰガス充填所併設及び一部自家用ＬＰガススタンドを含む

事 業 所 名	所 在 地	規 模（t）	
前側石油(株)上新川オートガススタンド	函館市上新川町21－3	10×1	
(株)池見石油店　LPガス事業所	函館市西桔梗町511	30×1	20×1
日通商事(株)函館LPガススタンド	函館市日乃出町22－38	10×1	
(株)池見石油店　桔梗給油所	函館市桔梗1丁目2－7	1×1	0.3×1
学校法人野又学園　函館自動車学校	函館市川原町19－20	0.98×1	
(株)三洋石油商会　江差充填所	桧山郡江差町砂川9	15×1	
Niseko International Transport(株)	虻田郡倶知安町南三条西4丁目	20×1	10×1
永井石油(株)岩内LPG事業所	岩内郡共和町梨野舞納54－12	15×1	
日商プロパン石油(株)余市工場	余市郡余市町栄町450－2	20×1	10×1
北日本燃料(株)小樽営業所	小樽市色内3－3－1	12×2	
杉商(株)オートガスサービスステーション	小樽市有幌町3－18	10×1	
林商事(有)芦別オートガススタンド	芦別市北六条西1－6－4	10×1	
第一興産(株)新十津川LPG充填所	樺戸郡新十津川町字中央20－12	15×1	10×1
岩見沢液化ガス(株)	岩見沢市三条東14－9	10×1	7×1
(株)北星　オートスタンド	砂川市空知太西一条3－3－6	10×1	
(株)三星　燃料販売・商事部　自工商事	砂川市空知太西一条5－1－42	20×1	
西出興業(株)赤平LPGプラント	赤平市東大町548	20×1	
美唄ガス(株)供給センター	美唄市西四条南5－3－1	10×1	
道央エア・ウォーター(株)栗山オートガススタンド	夕張郡栗山町角田228	2.9×1	
(株)長沼中央ハイヤー　長沼オートガススタンド	夕張郡長沼町錦町北1－6－16	3.5×1	
日通商事(株)秩父別LPガス充填所	雨竜郡秩父別町字一巳1204	30×1	
旭川富国(株)10条通営業所	旭川市十条通8丁目右1号	7×1	
旭川富国(株)2条通営業所	旭川市二条通12丁目右10	7×1	
日商プロパン石油(株)旭川オートガススタンド	旭川市宮下通11丁目左10号	7×1	
北海道日通プロパン販売(株)士別営業所	士別市西五条13丁目1193－20	10×2	
(協)北部ガスセンター	士別市南町東3区472－60	15×2	
日商プロパン石油(株)富良野工場	富良野市南町5－41	20×2	
日商プロパン石油(株)名寄工場	名寄市字徳田277－2	20×1	10×1
日商プロパン石油(株)羽幌オートスタンド	苫前郡羽幌町北町54－4	0.98×2	
日商プロパン石油(株)留萌工場	留萌市潮静2丁目1－5	20×1	10×1
そうべいプロパン(株)	稚内市開運2－2－5	20×1	10×1
(株)ホクタン	稚内市緑1－1－5	30×1	20×1
(株)ジェーエーえんゆう　遠軽高圧ガス充填施設	紋別郡遠軽町東町1－4－17	15×1	
北海道アストモスガス(株)北見オートガススタンド	北見市中ノ島町1－6－2	15×1	
北海道アストモスガス(株)北見充填所	北見市東相内町309	50×2	
(有)北光興産	網走郡美幌町字報徳67－15	30×1	
日商プロパン石油(株)網走工場	網走市新町2－8－11	20×1	10×1
網走アポロ石油(株)網走充填所	網走市大曲1－14－21	15×1	
(有)加藤プロパンガス店	紋別郡雄武町字雄武67－3	20×1	
北日本燃料(株)室蘭営業所	伊達市舟岡町214－3	10×1	
エア・ウォーター・テクノサプライ(株)室蘭ハローガスセンター	室蘭市港北町1－2－20	300×1	200×1
		50×1	
(株)室蘭菱雄寿町事業所	室蘭市寿町3－22－1	15×1	
北海道産業(株)室蘭オートガス事業所	室蘭市緑町2－1	7×1	
(株)たいせい	苫小牧市錦町87－2	20×1	
エア・ウォーター・テクノサプライ(株)苫小牧オートガススタンド	苫小牧市若草町5－8－13	3.5×1	
北海道エナジティック(株)登別充填所	登別市栄町4－33－1	20×1	
日高エア・ウォーター(株)静内ハローガスセンター	日高郡新ひだか町静内神森153－1	15×1	
日商プロパン石油(株)静内支店　浦河工場	浦河郡浦河町字東町ちのみ4－186－3	20×1	
帯ガス燃料(株)LPGスタンド	帯広市稲田町東1線12	2.5×1	
帯広ツバメ石油(株)帯広LPガス事業所	帯広市西十条南11－4	20×1	
帯タク商事(有)帯広オートガススタンド	帯広市西十一条北1－12	3.5×1	
エア・ウォーター・テクノサプライ(株)帯広センター	帯広市西二十二条南1－3	20×2	15×1
熱原帯広(株)オートガススタンド	帯広市東五条南6－15	3.5×1	
熱原釧路(株)液化石油ガス釧路工場	釧路郡釧路町字別保原野南25線57－92	15×2	
(株)三ツ輪商会　川北オートガススタンド	釧路市川北町2－8	15×1	
(株)弟子屈プロパン	川上郡弟子屈町泉5丁目4－1	10×1	
マルコメ商事(株)	川上郡標茶町平和9丁目11	15×1	
エア・ウォーター(株)釧路オートガススタンド	釧路市双葉町17－3	7×1	
太平洋石炭販売輸送(株)釧路LPG基地	釧路市知人町2－26	1400×1	800×1
		500×1	
(株)ヒシサン　エルピーガスセンター	根室市昭和町4－422	20×1	15×1
メーコー商事(株)充填所	根室市西浜町7－50	15×1	
泉プロパン(株)	根室市敷島町2－35	20×1	
(有)山崎孝商店	目梨郡羅臼町知昭町11－1	10×1	

〔青 森 県〕

事 業 所 名	所 在 地	規 模（t）	
青ガス興業(株)青ガスLPスタンド	青森市港町2－27－16	15×2	
ENEOSグローブエナジー(株)北日本支社青森支店	青森市問屋町2－1－11	15×1	10×2
ENEOSグローブエナジー(株)北日本支社青森支店青森事業所	青森市大字野内字浦島84－1	20×2	10×1
カメイ(株)青森オートガススタンド	青森市大字新田字忍42－1	15×1	
(株)ホームエネルギー東北　青森センター	青森市大字金浜字伊吹74－1	20×2	
日通商事(株)青森LPガス事業所浪岡LPガス充填所	青森市浪岡大字女鹿沢字西花岡12－17	20×2	0.5×1
(株)弘善商会	弘前市川先4－8－1	30×1	20×1
		0.5×1	
(株)工藤熊五郎商店	弘前市大字藤代5－1－1	20×2	

事 業 所 名	所 在 地	規 模（t）	
(有)須藤善石油店　弘前オートガススタンド	弘前市境関1－1－8	20×1	15×1
(株)角弘　弘前燃料センター	弘前市大字向外瀬字豊田223－1	20×3	0.5×1
三八五交通(株)	八戸市大字長苗代字元木25－3	15×1	
八戸燃料(株)八戸駅通りサービスステーション	八戸市長苗代字二日市11－2	10×1	
はちえきペトロサービス(株)バルク・オートガスセンター	八戸市沼館3－6－5	30×2	
陸奥高圧ガス(株)	五所川原市字栄町50	15×1	
(株)ホームエネルギー東北　五所川原センター	五所川原市鎌谷町507－6	20×1	
十和田ガス(株)エルピーガススタンド	十和田市東二番町8－43	15×1	2.9×1
(株)三沢液化ガス	三沢市大字三沢字猫又22－111	20×1	
(有)太田ブラザー商会	三沢市平畑1－10－23，25	10×1	
車輛ガス販売(株)	むつ市大字田名部字女舘29－9	15×1	
日通エネルギー東北(株)青森支店むつLPガススタンド	むつ市横迎町2－2－21	20×1	
(株)上北燃料	上北郡東北町上北北3－32－89	20×1	10×1
(株)縦貫タクシー	上北郡六ヶ所村大字尾駮字家ノ前1－65	0.8×1	
(株)縦貫タクシー　七戸本社	上北郡七戸町字荒熊内211－1	0.8×1	
(株)サンガス	三戸郡三戸町大字川守田字東張渡21－1	20×1	
ENEOSグローブエナジー(株)北日本支社八戸支店五戸営業所	三戸郡五戸町大字豊間内字地蔵平1－647	30×2	

〔秋 田 県〕

秋田ハイタク事業協同組合　MGセンター	秋田市寺内蛭根1－15－34	20×1	
ENEOSグローブエナジー(株)能代充填所	能代市字下悪戸11－2	20×1	10×1
(株)テラセキ	横手市駅前町13－8	20×1	
北秋商事(株)	大館市板子石境124	30×1	10×1
太平熔材(株)大館営業所	大館市池内字中台278	20×1	15×1
(株)工藤米治商店　LPガス充てん所	大館市二井田字菖蒲沼208	30×1	
荘内ガス(株)本荘営業所	由利本荘市石脇字中田尻3	15×1	10×1
(資)小坂商店　オートスタンド	男鹿市船川港船川字海岸通り1－8－4	15×1	
(株)高田屋	湯沢市字小豆田9－3	20×2	
太平熔材(株)湯沢営業所	湯沢市成沢字横山17－1	15×2	
鈴木商事(株)日の出工場	大仙市大曲日の出町2－3－3	20×2	10×1
鈴木商事(株)第2オートガススタンド	大仙市大曲花館字下殿屋敷12－1	10×1	
(株)本間　本間プロパンLPガス充填所	大仙市戸地谷字大和田216－1	20×1	10×1
ハタリキ(株)十和田南充填所	鹿角市十和田錦木字向谷地9－1	20×1	
(株)谷口石油　角館LPガス供給センター	仙北市角館町上菅沢53－1	15×1	10×1
日通商事(株)鷹巣充てん所	北秋田市七日市字ケン越岱11－4	15×1	

〔岩 手 県〕

イワタニ東北(株)盛岡支店	盛岡市下太田田中47－1	15×2	
盛岡ガス燃料(株)	盛岡市上堂1－7－45	3.5×1	
(有)宮崎商店　盛岡上堂オートガススタンド	盛岡市上堂4－9－1	10×2	
カメイ(株)盛岡ガスターミナル	盛岡市湯沢第10地割48－40	30×2	
泉金物産(株)盛岡支店	盛岡市厨川1－15－46	20×1	
東邦スワン(株)	盛岡市盛岡駅西通2－3－10	15×1	10×1
釜石瓦斯(株)LPガス製造所	釜石市松原町3－1－19	15×2	
シナネン(株)北東北支店釜石基地	釜石市鵜住居町第9地割4－1	15×2	
(株)丸光商事　宮古LPガス充填所	宮古市大字根市第2地割字中割目33－2	15×1	
泉金物産(株)宮古支店	宮古市上鼻2－1－25	20×2	
(株)森燃	一関市真柴字中田87	20×2	10×1
カメイ(株)一関ガスターミナル	一関市赤荻字桜町175	30×2	
カンリョウ(株)千厩充填工場	一関市千厩町千厩字上駒場106－5	15×1	
気仙郡漁業協同組合連合会プロパン充填所	大船渡市大船渡町字上平16－2	20×1	
(有)石川ガス	大船渡市盛町字二本枠23－4	15×1	10×1
東海プロパン(株)大船渡充填所	大船渡市盛町字中道下2－26	20×1	15×1
水沢ガス(株)南充填所	奥州市水沢区山崎町14－1	10×1	
ロジトライ東北(株)水沢事業所	奥州市水沢区真城字町下101－5	30×1	
花巻ガス(株)	花巻市材木町17－37	20×2	
(株)丸片石油　北上インターオートガススタンド	北上市北鬼柳18地割159－1	10×1	
北良(株)	北上市堤ヶ丘1－9－32	15×1	
カメイ(株)花北ガスターミナル	北上市村崎野19地割127－2	20×1	10×1
ENEOSグローブエナジー(株)北日本支社八戸支店久慈充填所	久慈市大沢第8地割2－3	15×1	
(株)細谷地	久慈市長内町第17地割100－10	20×1	15×1
マルキ産業(株)LPガス充填所	遠野市青笹町青笹第4地割58－2	20×1	
東海プロパン(株)高田営業所	陸前高田市米崎町字中田225－1	20×1	
二戸ガス(株)	二戸市堀野字長地18	20×2	10×1
岩手液化ガス(株)	二戸市金田一字上田面76－1	20×2	
泉金物産(株)八幡平ガス営業所	八幡平市平舘第25地割55－4	20×1	
泉金商事(株)	下閉伊郡岩泉町岩泉字中野32－7	20×1	
日通商事(株)日詰充填所	紫波郡紫波町南日詰字箱清水127－1	20×2	

〔山 形 県〕

山形ガス燃料(株)駅前事業所	山形市幸町7－66	15×1	
エナジー山形(株)桧町オートガススタンド	山形市桧町2－9－4	10×1	
小笠原商事(株)	山形市長苗代583－2	10×1	
(株)マツキ山形中央自動車学校	山形市大字漆山字北志田3385－1	2.9×1	
(株)エフエス二十一	山形市大字漆山字石田2413－4	50×2	
(株)千代田商事　昭和シェル石油山形LPG充填所	山形市浜崎19	20×2	0.5×1

事業所名	所在地	規模(t)	
福島日石(株)米沢オートガススタンド	米沢市大字花沢字和久井田４−2926	15×1	
荘内ガス(株)鶴岡事業所	鶴岡市宝田３−１−５	15×2	
(株)トガシス	鶴岡市みどり町17−32	30×1	
カメイ(株)鶴岡ガスターミナル	鶴岡市茅原町28−51	20×1	15×1
荘内エネルギー(株)オートガススタンド	酒田市東町２−１−５	15×1	
(株)シンプロ	新庄市大字鳥越字向平1475−13	15×1	
日通商事(株)新庄ＬＰガス充填所	新庄市大字鳥越字駒場1488	15×1	
山形酸素(株)寒河江営業所	寒河江市大字寒河江字鶴田16	15×1	
遠藤商事(株)寒河江営業所	寒河江市大字西根字谷地田110	20×2	
ヤマリョー(株)上山営業所	上山市大字金谷字安信111−１	20×2	0.5×2
エナジー山形(株)上山ＬＰガス充填所	上山市金瓶字水上188−２	15×2	
ヤマリョー(株)長井営業所	長井市緑町８−37	20×1	10×1
(株)くみあい燃料センター　ＬＰガス事業所	天童市糠塚２−10−30	30×1	10×1
ヤマリョー(株)東根営業所	東根市大字若木字七窪129−１	20×2	
日通商事(株)神町ＬＰガス充填所	東根市神町西２−１−41	30×2	0.5×1
(株)喜助　南陽営業所	南陽市宮内字中の坪２−4559−２	15×1	
(株)喜助　白鷹営業所	西置賜郡白鷹町大字荒砥甲字旗揚1383	15×1	10×1
小国ガスエネルギー(株)	西置賜郡小国町大字岩井沢字中道南弐433−３	10×1	

〔宮　城　県〕

事業所名	所在地	規模(t)	
(株)ホームエネルギー東北　仙台ガスセンター	仙台市若林区卸町東４−２−８	20×4	
(株)エネサンス東北　仙台南支店花京院オートガススタンド	仙台市青葉区本町１−13−１	7×1	
(株)鶴見屋商店　仙台ＬＰＧスタンド	仙台市青葉区中江２−１−10	10×1	
日交商事(株)折立オートガススタンド	仙台市青葉区折立１−13−２	13×1	
(株)エネサンス東北　仙台南支店長町オートガススタンド	仙台市太白区郡山４−15−１	15×1	
ＥＮＥＯＳグローブエナジー(株)仙台支店	仙台市宮城野区扇町３−６−20	25×1	22×2
		0.5×2	
有光商事(株)日の出町オートガススタンド	仙台市宮城野区日の出町２−１−25	15×1	
奥羽自動車学校ＭＧスタンド	仙台市泉区八乙女中央３−５−１	2.5×1	
仙台北自動車学校	仙台市泉区松森字台93−25	2.5×1	
石巻オートガス(株)	石巻市不動町２−２−26	10×1	
(株)岩城屋商店ガスセンター	石巻市わかば２−９	20×1	10×1
カメイ物流サービス(株)カメイ塩釜ガスターミナル	塩釜市貞山通２−９−１	50×1	30×1
		20×1	2.5×1
		2×1	
ロジトライ東北(株)古川事業所	大崎市古川沢田字立海道68−９	30×1	
(株)エネサンス東北　古川サービスセンター支店	大崎市古川穂波２−３−14	15×1	10×2
カメイ(株)古川ガスターミナル	大崎市古川塚目字金皿241	3×1	
(株)アベキ液化石油ガス古川事業所	大崎市古川孤塚字西田71	13×1	10×2
(株)丸和	気仙沼市南郷７−５	2.9×3	
(株)気仙沼商会　松岩充填所	気仙沼市松崎中瀬247	30×1	
カメイ(株)気仙沼ガスターミナル	気仙沼市東中才139	20×1	
上西産業(株)ＬＰＧ充填所	白石市堂場前105	15×1	
橋本産業(株)白石営業所	白石市福岡深谷字三本松59−２	20×1	
(株)石油ガス工事　白石工場	白石市福岡長袋箱堰２−１	7×2	
協業組合角田市ガスセンター	角田市角田字町田229	15×1	0.5×1
ワタヒョウ(株)岩沼ＬＰガス充填所	岩沼市押分字須賀原106−23	30×1	15×1
(株)ガス＆ライフ	東松島市矢本字中谷地８−１	20×2	
(株)佐利燃料部	登米市迫町佐沼字中江４−５−６	15×1	
熊谷燃料住設(株)	登米市迫町佐沼字北散田120−１	15×1	
(株)エネサンス東北　登米支店	登米市中田町石森字表57−１	20×1	15×1
(株)エネサンス東北　築館支店	栗原市築館高田２−８−10	2.9×1	
ミライフ東日本(株)仙台支店一関基地	栗原市金成有壁大日前49−14	20×2	
(株)成文石油成文オートガス	遠田郡美里町北浦字川戸浦24−１	10×1	
(株)成文	遠田郡涌谷町蔵人沖名77	15×1	10×1
(株)アストモスガスセンター東北仙南営業所	柴田郡大河原町字中の倉165	15×2	
(株)アベキ富谷オートガススタンド	黒川郡富谷町成田９−６−１	10×1	

〔福　島　県〕

事業所名	所在地	規模(t)	
東北実業(株)福島支店	福島市鎌田字樋口３−４	10×3	
山正酸素(株)	福島市三河北町９−66	10×1	
福島液化ガス工業(株)矢剣オートガススタンド	福島市矢剣町４−18	15×1	
福島酸素(株)	福島市森合字戸ノ内29	10×1	
根本石油(株)福島営業所	福島市吉倉字万田７−１	10×1	
(株)アストモスガスセンター福島　福島営業所	福島市瀬上町字中新田３−１	20×3	2.9×1
		1×1	
若松ガス(株)駅前充填所	会津若松市扇町112−１	50×1	20×1
東北実業(株)会津支店	会津若松市門田町大字堤沢字道西16	20×1	
ＥＮＥＯＳグローブエナジー(株)福島支店	会津若松市北町大字始字深町80−１	25×1	10×1
会津ガス(株)	会津若松市神指町南四合字オノ神325−１	30×2	10×1
		2.9×2	
郡山観光交通(株)	郡山市安積町長久保１−２−７	3.5×1	
開進ガス(株)	郡山市開成２−23−19	10×1	
東北実業(株)郡山支店	郡山市田村町金屋字川久保41	20×1	15×1
東邦福島(株)郡山支社	郡山市横塚３−12−16	10×2	

事 業 所 名	所 在 地	規 模(t)	
東白河商事(株)白河支店	白河市大字泉田字池ノ上115	15×1	3×1
		2×1	
白河商事(株)	白河市和尚檀山2－21	30×1	
白河観光交通(株)	白河市中山南5－112	3.5×1	
(株)エネサンス東北　福島原町支店	南相馬市原町区上北高平字上北沢163－1	20×1	10×1
(株)アストモスガスセンター福島　原町営業所	南相馬市原町区金沢字物見山124－6	20×1	10×1
(株)喜久屋商店	須賀川市館取216	10×1	7×1
須賀川瓦斯(株)ＬＰＧ供給センター	須賀川市高久田境72－4	30×1	
(有)M&Tオフィス	須賀川市並木町285－6	2.5×1(バルク容器)	
(株)アストモスガスセンター福島　喜多方営業所	喜多方市豊川町高堂太字堂畑1427	20×1	10×1
		0.5×2	
東北実業(株)相馬支店	相馬市馬場野字福迫141	15×1	
(株)ＴＯＫＡＩ　福島支店	二本松市向作田46－1	20×1	15×1
佐藤鉄工産業(株)	いわき市平字月見町8	15×1	10×1
東邦福島(株)平営業所	いわき市内郷御台境町自在町23－1	15×1	
カメイ物流サービス(株)カメイいわき総合ガスターミナル	いわき市常磐岩ヶ岡町沢目66－4	30×1	20×2
(株)いわき共同ガスセンター	いわき市小名浜野田字柳町41－27	20×1	10×1
ロジトライ東北(株)本宮事業所	本宮市本宮字荒井字恵向60－12	30×3	
日通商事(株)郡山支店ＬＰガス事業所本宮ＬＰガス充填所	本宮市本宮字栄田97	30×2	2×1
		0.5×1	
東白商事(株)ＬＰガス充填所	東白川郡塙町大字台宿字台宿166	20×1	
福島セントラルガス(株)	西白河郡矢吹町赤沢831	30×1	20×1
根本石油(株)矢吹支店	西白河郡矢吹町赤沢876	20×3	
カメイ物流サービス(株)カメイ相双ガスターミナル	双葉郡浪江町大字高瀬字小高瀬迫191－4	20×1	15×1
日通商事(株)郡山支店郡山ＬＰガス事業所浪江ＬＰガス充填所	双葉郡浪江町大字田尻字東畑91	20×1	
(株)富岡ガス	双葉郡富岡町大字小良ヶ浜字深谷293－13	20×1	
(株)高山重商店	南会津郡南会津町田島字北下原甲2095	20×1	
若松ガス(株)猪苗代支店	耶麻猪苗代町大字堅田字門上1170－6	20×1	15×1
若松ガス(株)坂下支店	河沼郡会津坂下町大字新舘字大西578	20×1	
〔茨 城 県〕			
(株)ミトレン	水戸市柵町1－1－25	10×1	7×1
(株)ミトレン　河和田営業所	水戸市河和田字長谷原4381－17	10×3	
(株)さわやか交通	水戸市金町1－3－35	0.98×1	0.49×1
日本瓦斯(株)水戸南営業所	水戸市元石川町260－30	1×1	0.3×1
(株)明治商会　日立充填所	日立市千石町4－4－5	15×1	10×1
カメイ物流サービス(株)カメイ日立ガスターミナル	日立市東金沢町3－6－25	15×2	
関彰商事(株)日立オートガススタンド	日立市滑川町1－6－18	10×1	
東京ガスエネルギー(株)茨城支社	日立市留町1270－54	20×2	15×1
(株)トーエル　土浦工場	土浦市上高津字沼下330－1	15×1	10×1
アストモスリテイリング(株)関東カンパニー石岡工場	石岡市東府中23－4	20×1	10×1
関彰商事(株)下館ＬＰＧセンター	筑西市玉戸字山ヶ島1012－6	30×2	20×1
		0.5×1	
(有)藤巻　英光ガスステーション	筑西市女右9－3	1×2	
宇田川(株)竜ヶ崎ＬＰガススタンド	龍ヶ崎市川原代町字知手3991－2	10×1	
(株)ホームエネルギー東関東竜ヶ崎センター	龍ヶ崎市大徳町1518	1×1	
(株)サイサン　下妻営業所	下妻市北大宝205－1	35×1	10×1
青木商事(株)	常総市諏訪町3126－1	10×2	
(株)常総ガス	常総市若宮戸字井戸田664	30×2	20×1
		0.5×1	
太平産業(株)高萩ＬＰガスサービスセンター	高萩市安良川字岩本891－1	20×1	15×1
関彰商事(株)北茨城ＬＰＧセンター	北茨城市中郷町日棚字宝壺644－41	30×1	20×1
		0.5×1	
東日本ガス(株)取手センター	取手市井野15	3×1	
つくばね石油(株)取手ＬＰＧ充填所	取手市野々井1475	15×1	10×1
宇田川(株)藤代ＬＰガスセンター	取手市米田744－1	10×2	
(株)シャイニングサービス　茨城営業所	牛久市牛久町892	1×1	0.3×1
塚本産業(株)	牛久市牛久町3300	3×1	
東部液化石油(株)つくば工場	牛久市猪子町20	30×2	
つくばね石油(株)学園オートガススタンド	つくば市大字倉掛字上新地脇881－3	10×1	
日本瓦斯(株)つくば営業所	つくば市要元南口堀字北後59－2	1×1	0.3×1
(有)佐藤タクシー	つくば市谷田部2014－2	1×2	
(株)サイサン　ひたちなか営業所	ひたちなか市東石川字堂端3600－4	10×2	
伊藤忠エネクスホームライフ関東(株)茨城支店	ひたちなか市長砂636	20×1	10×2
(株)鹿島製油　鹿島充填所	鹿嶋市大船津2691	10×2	
茨城通運(株)大宮充填工場	常陸大宮市工業団地26－1	30×1	
日通商事(株)那珂ＬＰガス充填所	那珂市菅谷4458－81	25×1	20×1
大陽日酸エネルギー(株)関東支社古河支店	古河市大堤1500	20×2	
関彰商事(株)古河ＬＰＧセンター	古河市西牛ヶ谷375	10×1	
古河カーガス(有)	古河市大堤田向178	3×2	
ロジトライ(株)古河事業所	古河市大和田965	20×2	
中鋼運輸(株)北関東営業所	古河市東諸川854－1	0.5×1	0.3×1
(株)サイサン　かすみがうら営業所	かすみがうら市下稲吉2671－5	30×1	10×1
		1×1	
橋本産業(株)神栖営業所	神栖市息栖2870－3	3×2	
(株)ミヤウチ	鉾田市烟田2149－3	10×1	

事　業　所　名	所　在　地	規　模（t）	
(有)臼井もき商店	桜川市亀熊1937	10×1	
(株)旭商事	笠間市旭町字旭台317−2	10×1	
大陽日酸エネルギー(株)関東支社水戸支店	小美玉市西郷地1763−1	30×1	15×1
宇田川(株)ＤＤセルフ守谷立沢店	守谷市立沢993−11	3×1	
(株)アメザワ	東茨城郡大洗町大貫町123−2	10×1	2.9×1
日本瓦斯(株)水戸営業所	東茨城郡茨城町桜の郷3162−6	1×1	0.3×1
(株)大森燃料　ＬＰＧ充填工場	久慈郡大子町上岡字田野河原1310−27	10×1	

〔栃　木　県〕

事　業　所　名	所　在　地	規　模（t）	
(株)サイサン　宇都宮ＬＰガススタンド	宇都宮市宮の内4−189		
(株)サイサン　宇都宮北ＬＰガススタンド	宇都宮市下戸祭2−14−9	10×1	
両毛丸善(株)宇都宮下平出オートガスサービスステーション	宇都宮市下平出町74−1	10×2	
ロジトライ(株)宇都宮オート事業所	宇都宮市竹林町857−1	15×1	
両毛丸善(株)足利御厨オートガスサービスステーション	足利市福居2206−1	10×1	
ガスネット(株)	足利市問屋町1753−7	30×1	20×2
両毛オートガス(有)	足利市山川町759	10×1	
(株)石澤商店　ＬＰガス充填工場	栃木市大宮町2190−1	20×1	10×1
ロジトライ(株)栃木事業所	栃木市平柳町1−21−11	20×1	15×1
(協)栃木エルピーガスセンター	栃木市野中町1229−1	15×2	
須田商事(株)	栃木市大平町下皆川301−3	20×1	15×1
栃木県プロパンガス商業協同組合	日光市野口638−1	20×1	15×1
(株)サイサン　日光営業所	日光市倉ヶ崎117−4	10×2	
セントラル石油瓦斯(株)小山センター	小山市花垣町2−11−22	50×2	
真岡液化ガス協同組合	真岡市石島954−1	20×1	10×1
野州商事(株)	大田原市上石上1799−2	20×1	15×1
栃木液化ガス(株)	大田原市紫塚1−14−13	20×2	
(株)スミスケ	矢板市針生71−3	15×1	
ミライフ(株)栃木支店栃木基地	下野市下古山3261−4	15×3	
(有)小荷田商店	下都賀郡岩舟町畳岡6	0.98×1	
(株)サイサン　那須営業所	那須郡那須町高久甲566−1	20×1	10×1
(株)セントラルガスセンター　那須センター	那須郡那須町漆塚203−1	20×3	
日星石油(株)関谷事業所	那須塩原市関谷1637	20×2	10×1
(株)コープエナジー	那須烏山市愛宕台3067−1	15×1	
(有)永井商店	芳賀郡茂木町北高岡1820−5	15×1	10×1

〔群　馬　県〕

事　業　所　名	所　在　地	規　模（t）	
(株)ＪＯＭＯプロ関東　本社	前橋市関根町2−9−11	20×1	10×1
関東プロパン瓦斯(株)	前橋市天川大島町291	30×1　10×1	20×1
(株)カナメ	前橋市広瀬町1−6−22	1×1（バルク）	
ロジトライ(株)前橋事業所	前橋市大渡町1−10−5	20×2	
(株)德永　朝倉事務所	前橋市亀里町2001	2.9×2（バルク）	
両毛丸善(株)前橋三俣給油所オートガスサービスステーション	前橋市西片貝町4−6−6	10×1	
群馬自動車燃料販売(株)末広町オートガススタンド	高崎市末広町55	7×1	
群馬自動車燃料販売(株)倉賀野オートガススタンド	高崎市倉賀野2755	7×1	
群馬自動車燃料販売(株)高崎充填所	高崎市上並榎町370	15×1	
日本瓦斯(株)高崎営業所	高崎市中泉町633−5	1×1　0.3×1（バルク）	
桐生プロパンガス(株)	桐生市仲町3−6−32	15×2	
伊勢崎液化(株)	伊勢崎市日乃出町108	60×2　3.5×1	20×1
両毛丸善(株)柳原オートガスサービスステーション	伊勢崎市柳原町51−2	10×1	
(株)赤城自動車教習所	伊勢崎市赤堀今井町1−564	1×1　0.3×1（バルク）	
群馬燃料(株)宝泉充填所	太田市西新町104	35×1　15×1	20×1
両毛丸善(株)太田東本町オートガスサービスステーション	太田市東本町50−3	7×1	
日東燃料工業(株)群馬ガスセンター	太田市新田木崎町1470−1	30×2　2.45×1（バルク貯槽）	
日本瓦斯(株)太田営業所	太田市上田島町427−7	1×1　0.3×1（バルク）	
両毛丸善(株)館林ＬＰＧ基地	館林市下早川田町250−1	80×3	70×3
日通商事(株)前橋ＬＰガス事業所	渋川市八木原1195	20×1	15×1
カンサン(株)渋川事業所	渋川市中村1118	20×2	
伊香保ガス(株)	渋川市伊香保町伊香保549−19	15×1	10×1
(株)藤岡モータースクール	藤岡市本郷寺山1390	7×1	
(株)シバヤマ　白石充填所	藤岡市白石1551−1	20×2	15×1
(株)柳瀬橋自動車教習所	藤岡市森新田221−2	1×1　0.3×1（バルク）	
群馬自動車燃料販売(株)富岡オートガススタンド	富岡市富岡1330	7×1	
(株)スナガ　大間々工場	みどり市大間々町大間々1757−4	25×2	10×1
(株)ホームエネルギー首都圏　桐生センター	みどり市笠懸町鹿1063−3	20×1	
(株)サンワ　沼田工場	沼田市屋形原町広瀬506	30×1	20×1
関越交通オートガススタンド	利根郡みなかみ町月夜野695−3	10×2	
(株)德永　吾妻工場	吾妻郡中之条町青山528	20×1	
(株)サンワ　邑楽工場	邑楽郡邑楽町篠塚1333−1	30×3	

事　業　所　名	所　在　地	規　模（t）	
（株）エネサンスサービス　群馬事業所	佐波郡玉村町大字川井53－5	30×1	20×2

〔埼玉県〕

事　業　所　名	所　在　地	規　模（t）	
（株）サイサン　浦和営業所	さいたま市浦和区駒場2－5－7	9×1	
マル酸液化ガス（有）	さいたま市浦和区大字皇山町41－17	10×1	
（株）つばめタクシーオートガススタンド	さいたま市緑区原山2－17－4	10×1	
（有）坂下	さいたま市緑区東浦和7－5－4	1×2	
ツルミエネルギー（株）	さいたま市南区四谷2－11－20	20×1	10×2
（株）サイサン　大宮LPガススタンド	さいたま市大宮区桜木町1－11－5	10×1	
佐藤興産（株）	さいたま市大宮区大字三橋1－1006	30×1	15×2
大宮交通（株）	さいたま市大宮区堀の内町3－425	15×1	
ロジトライ（株）大宮事業所	さいたま市見沼区大字御蔵1228	20×1	15×1
（有）東亜興産　岩槻インターオートガス	さいたま市岩槻区加倉588－1	15×1	
ミライフ（株）埼玉支店岩槻オートガススタンド	さいたま市岩槻区上野4－3－7	10×1	
（株）コマツ　いわつき自動車学校	さいたま市岩槻区慈恩寺880	1×3	
中央ガス（株）岩槻充填所	さいたま市岩槻区大字加倉坂下288－1	15×1	
（株）ホームエネルギー首都圏　岩槻センター	さいたま市岩槻区大字掛7914－4	20×2	
（株）タガヤ	さいたま市岩槻区本町4－3－3	1×2	
（株）平和自動車	さいたま市中央区新中里3－4－1	1×1	0.5×1
（株）サイサン　川越営業所	川越市広栄町7－3	5×1	
横川石油ガス（株）	川越市大字山田958	20×2	10×1
日本瓦斯（株）川越営業所	川越市霞ヶ関東5－25－2	1.1×1	0.3×1
（株）ホームエネルギー首都圏　川越ガスセンター	川越市的場字東下川原1735－1	30×2	
（株）TOKAI　川越支店	川越市芳野台1－103－21	30×1	
（株）サイサン　熊谷営業所	熊谷市大字新島字戸井下27－1	10×1	
ロジトライ（株）熊谷事業所	熊谷市大字代1	20×2	10×1
日本瓦斯（株）熊谷営業所	熊谷市万吉2706－2	1.1×1	0.3×1
北日本物産（株）熊谷営業所	熊谷市御稜威ヶ原字東山284－9	30×2	20×1
		0.5×2	
（株）外塚商店	川口市栄町1－15－2	10×1	5×1
（有）葛貫運送店	川口市新井宿304	10×1	
日本瓦斯（株）川口営業所	川口市大字峯字後870－1	1.1×1	0.5×1
川口相互タクシー（株）	川口市道合1136	1×1	0.5×1
大陽日酸エネルギー（株）関東支社埼玉支店	川口市弥平4－12－2	30×1	20×1
伊藤忠エネクスホームライフ関東（株）所沢LPガススタンド	所沢市若松町837－1	15×1	
グッドライフサーラ関東（株）埼玉支店所沢営業所	所沢市小手指台8－3	25×1	5×1
		2.9×1	
（株）齋徳商店	加須市大字志多見1796－1	10×1	
（株）アルトス　騎西事業所	加須市戸崎311－10	30×1	20×1
本庄ガス（株）オートガススタンド	本庄市早稲田の杜1－5－20	10×1	
東松山ガス（株）	東松山市御茶山町2－6	20×1	15×1
ロジトライ（株）東松山事業所	東松山市大字新郷88－3	20×2	
レモンガス（株）埼玉支店	東松山市大字新郷88－43	33×1	30×2
（株）河井石油商事	春日部市緑町4－7－34	2.9×2	
武蔵エナジックセンター（株）狭山事業所	狭山市大字広瀬台2－1－1	50×2	2.3×1
		0.5×1	
伊藤忠エネクスホームライフ関東（株）狭山エコ・ステーション	狭山市広瀬台2－1－3	20×1	
日本瓦斯（株）狭山デポステーション	狭山市広瀬台2－5－15	1×1	0.3×1
ENEOSグローブエナジー（株）新狭山充填所	狭山市新狭山1－5－5	20×3	
（株）シライシ　埼玉西支店	狭山市新狭山1－12－9	20×2	
（株）サイサン　上尾LPガススタンド	上尾市二ツ宮1105	15×1	
（株）サイサンガステクノ	上尾市平方領々家639	76×1	65×8
		2.9×2	
堀川産業（株）草加第二工場	草加市花栗3－28－7	20×2	10×1
三ッ輪産業（株）首都圏支店草加営業所	草加市稲荷1－9－13	40×2	
（株）イハシエネルギー　越谷オートガススタンド	越谷市流通団地1－1－2	10×2	
（株）神谷燃料　増森充填所	越谷市増森1－243－1	20×1	15×1
堀川産業（株）越谷工場	越谷市増森1－6－1	15×2	10×1
フジオックス（株）越谷工場	越谷市大間野町5－10	20×3	2.9×1
東彩ガス（株）越谷事業所	越谷市瓦曽根1－20－44	1×1	0.5×1
東京ガスエネルギー（株）戸田カスタマーステーション	戸田市新曽南4－2－3	20×1	15×1
日東エネルギー（株）日東オートステーション戸田	戸田市美女木1210	1×3	
三和富士オートガス（株）	新座市馬場1－13－6	10×2	
八潮自動車教習所（株）	八潮市木曽根511	1×2	
南埼液化ガス（株）	八潮市大字大曽根1151－1	30×1	20×1
		10×1	
（株）田島物流サービス	八潮市大曽根2131－1	1.1×1	0.5×1
東上ガス（株）首都圏統轄支店	富士見市水谷東3－9－1	70×2	50×2
武州瓦斯（株）エコ・ステーション坂戸	坂戸市千代田5－5－4	15×2	
堀川産業（株）幸手工場	幸手市上高野1061	20×2	10×1
行田自動車教習所	行田市大字持田2313－5	2.9×1	
桶川タクシー（有）	桶川市末広2－4－32	1.1×1	0.5×1
		0.05×2	
（株）増田タクシー	久喜市久喜東5－9－4	1×1	0.5×1
（株）サンライズ　久喜自動車学校	久喜市久喜東6－4－44	1×3	
（有）飯島ガス	久喜市西大輪5－14－5	7.2×1	

事 業 所 名	所 在 地	規 模 (t)	
新日本瓦斯(株)久喜事業所	久喜市下早見818	1.1×1	0.3×1
日本瓦斯(株)埼玉工場	久喜市菖蒲町菖蒲6000－2	50×2	15×1
(有)上河原観光	久喜市古久喜641－1	1.1×1	0.5×1
日本瓦斯(株)栗橋営業所	久喜市小右衛門字大堀向1408	1.1×1	0.5×1
(株)鴻巣自動車教習所	鴻巣市人形3－2－97	1×3	
(株)原田運輸	鴻巣市屈巣619	20×1	15×1
		2.9×2	
(株)春日部自動車教習所	春日部市小渕2095	1×3	
東彩ガス(株)春日部事業所	春日部市大場202	1×2	
(株)飯能自動車学校	飯能市岩沢958	0.9×2	
西武ハイヤー(株)飯能営業所	飯能市美杉台5－4－1	1×2	
(株)アストモスガスセンター埼玉　吉川LPガス充填所	吉川市大字川藤字五畝1808	30×4	
日本瓦斯(株)蓮田営業所	蓮田市西新宿5－113	1.1×1	0.3×1
福寿屋タクシー(有)	蓮田市閏戸3955－1	1×1	0.5×1
新日本瓦斯(株)本社	北本市古市場1－5	1.1×1	0.3×1
東京プロパンガス(株)入間事業所	入間市寺竹1154	15×2	0.5×2
西武ハイヤー(株)入間営業所	入間市小谷田628－1	1×2	0.5×1
(株)トーエル　南埼玉営業所	白岡市大字上野田477－135	1×2	
昭和タクシー(有)	白岡市小久喜553－9	1×1	0.5×1
羽生タクシー(株)	羽生市南1－8－17	1×1	0.5×1
日通太田運輸(株)	羽生市秀安476	1×2	
田島石油(株)熊谷事業所	深谷市瀬山558	20×1	15×1
日高ガス(株)日高オートガススタンド	日高市大字森戸新田84－5	10×1	
三郷自動車教習所(有)	三郷市花和田385	1×2	
ENEOSグローブエナジー(株)埼玉東営業所	北葛飾郡杉戸町大字本郷1166	20×3	
ミライフ(株)埼玉支店松伏基地	北葛飾郡松伏町ゆめみ野東4－3－11	30×2	20×1
(株)福寿屋	秩父郡横瀬町横瀬4282－1	20×1	10×1
昭和ガス(株)三芳総合サービスセンター	入間郡三芳町大字上富264	20×1	
東上ガス(株)埼玉西部支店	入間郡三芳町大字上富1943－4	40×1	20×2
山二ガス(株)嵐山花見台充填工場	比企郡嵐山町花見台10－5	30×2	
日通商事(株)埼玉LPガス充填所	北足立郡伊奈町西小針7－4－2	20×2	18×1
(有)本間タクシー	大里郡寄居町寄居957－1	1×1	0.5×1
(株)京葉ミツイガス　北関東事業所	大里郡寄居町用土5920－1	50×3	25×1

〔千　葉　県〕

京成オートサービス(株)千葉営業所	千葉市中央区都町2－21－16	10×1	
千葉石油(株)千葉オートガススタンド	千葉市中央区問屋町1－7	7×1	
東洋液化ガス(株)星久喜オートガススタンド	千葉市中央区星久喜町1148－2	10×1	
京成オートサービス(株)稲毛営業所	千葉市美浜区稲毛海岸5－1－1	7.8×1	
東洋液化ガス(株)新港オートガススタンド	千葉市美浜区新港201－1	10×2	
日本瓦斯(株)千葉工場	千葉市美浜区新港223－1	15×2	0.9×1
		0.3×1	
ヤマトオートワークス(株)千葉工場	千葉市稲毛区長沼町115－2	0.9×1	0.3×1
ロジトライ(株)千葉事業所	千葉市稲毛区長沼町335－9	30×2	15×1
日通商事(株)京葉支店LPガス事業所	千葉市稲毛区長沼町308	20×1	15×1
(株)ナミキ千葉コスモオートガス	千葉市若葉区加曽利町1750－1	2.9×1	
生活協同組合コープみらい　コープデリ中央センター	千葉市若葉区貝塚町1089－1	0.9×3	
大丸興産(株)オートガススタンド	銚子市新生町2－4－24	7.8×1	
(株)銚子タクシー	銚子市小浜町2663－8	0.9×1	0.4×1
(有)ミナト交通	銚子市川口町2－6385－44	1×1	0.5×1
平和タクシー(株)	銚子市明神町1－182	1.1×1	0.5×1
市川交通自動車(株)	市川市田尻2－13－12	10×1	
ヒノデ第一交通(株)市川営業所	市川市高谷1950－3	10×1	
(有)RUN　DO	市川市千鳥町5－14	1.1×1	1×1
日軽興業(株)千鳥オートガススタンド	市川市千鳥町7	15×1	
東洋タクシー(有)	市川市塩浜3－27－31	1.2×2	0.3×1
(有)武藤自動車	市川市若宮3－49－13	1.1×1	0.5×1
京成オートサービス(株)船橋営業所	船橋市宮本2－12－14	7×1	
京成オートサービス(株)滝台営業所	船橋市滝台1－10－18	10×1	
日軽興業(株)船橋オートガススタンド	船橋市藤原5－8－1	15×1	10×1
(株)シャイニングサービス　船橋工場	船橋市神保町278	20×2	10×1
		0.5×1	
館山造船(株)LPG充填所	館山市館山796	15×1	
館山中央交通(株)	館山市長須賀469	1.1×2	
館山造船(株)木更津営業所	木更津市桜井新町2－1－8	2.9×1	
かずさ交通(株)	木更津市潮浜2－1－46	10×1	
(株)袖ヶ浦自動車教習所	木更津市坂戸市場1855－1	0.9×1	0.8×1
(財)木更津自動車学校	木更津市請西1541	1.2×1	1×1
(株)サカエオートコムズ　松戸営業所	松戸市松戸新田119－2	15×1	
(株)櫟山交通　松戸オートスタンド	松戸市稔台5－14－10	12×1	
合同タクシー(株)	松戸市金ヶ作408－357	2.9×1	
生活協同組合コープみらい　コープデリ松飛台センター	松戸市松飛台字中原415－1	0.9×1	0.8×1
小金タクシー(株)	松戸市大金平4－289－1	1.1×1	1×1
野田ガス(株)LPガス充填所	野田市宮崎36	22.6×1	20×1
ロジトライ(株)野田事業所	野田市蕃昌新田字稲荷松20－2	20×1	
(株)京葉ミツイガス　野田事業所	野田市西高野237－1	3×1	

事業所名	所在地	規模(t)	
長島セントラルガス(株)	香取市大根1856－1	30×1	
大多喜ガス(株)ＬＰガス事業部	茂原市茂原661	20×1	13.6×1
日本瓦斯(株)茂原営業所	茂原市腰当字宮ノ台1154－2	0.9×1	0.3×1
東洋交通(株)	茂原市高師533－1	1×1	0.5×1
(株)川久　成田営業所	成田市寺台15－1	10×2	
(有)島田商会	成田市馬場42	20×1	10×1
(株)三愛ガスサプライ関東　千葉事業所	佐倉市石川熊野堂591	20×1	15×1
(株)佐倉自動車学校	佐倉市岩名957－1	0.9×3	
(株)安藤	東金市台方花輪前236－26	10×2	
日本瓦斯(株)東金デポステーション	東金市油井68－1	1.1×1	0.9×1
八日市場瓦斯(株)	匝瑳市八日市場ハ891	20×1	15×1
日本瓦斯(株)八日市場営業所	匝瑳市上谷中2185－1	0.9×1	0.3×1
宇田川(株)柏ＬＰガススタンド	柏市柏344－14	12.5×1	
(株)エネサンスサービス　柏事業所	柏市高田字中ノ台1063	30×3	
宇田川(株)高田ＬＰガススタンド	柏市高田1417	11.5×1	
(株)柏南自動車教習所	柏市高柳21	10×1	
日本瓦斯(株)高柳営業所	柏市高柳1754－2	0.9×1	0.3×1
斎藤液化ガス(株)	勝浦市新官333－1	15×2	
市原興業(株)	市原市岩崎1－32－9	1.1×1	0.5×1
陽品ガスエンジニアリング(株)	市原市五井5945－1	2.9×1	0.5×1
市原興業(株)五井自動車教習所	市原市五井8840	0.9×1	0.8×1
(株)ホームエネルギー東関東　千葉牛久センター	市原市牛久212	30×2	
日本瓦斯(株)市原営業所	市原市南岩崎452－1	1.1×1	0.3×1
(有)潤井戸タクシー	市原市潤井戸1058	1.1×1	0.5×1
(株)京葉ミツイガス　新生事業所	市原市新生161－4	2.7×2	
(株)サイサン　八千代営業所	八千代市大和田新田1151	20×3	
今井タクシー(有)我孫子オートガススタンド	我孫子市下ヶ戸442	15×1	
(有)天津天然瓦斯営業所	鴨川市八色59－1	15×1	10×1
日本瓦斯(株)君津営業所	君津市下湯江117	2.7×1	0.9×1
(株)舞浜リゾートキャブ	浦安市高洲2－1－14	2.9×1	
(有)ベイローリー	浦安市北栄4－11－59	1.1×1	1×1
陽品運輸倉庫(株)袖ヶ浦事業所	袖ヶ浦市南袖65－1	10×2	2.5×1
アイ・エス・ガステム(株)八街配送センター	八街市八街い187－80	20×2	0.5×1
八街ガス(株)清水ヶ丘工場	八街市八街に53	15×2	
(株)ファインエナジー　千葉営業所	八街市大谷流841	20×2	
日本瓦斯(株)八街営業所	八街市泉台2－21－22	0.9×1	0.3×1
北総石油(株)印西オートガススタンド	印西市大森2431	10×1	
(株)北総　北総自動車学校	印西市瀬戸905－1	0.9×3	
(有)都市交通タクシー	印西市瀬戸1382－6	0.9×1	
(有)大成交通	印西市造谷545－1	0.9×1	
(株)ホームエネルギー東関東　千葉センター	白井市中字中台302－1	20×2	
(株)アストモスガスセンター千葉　白井事業所	白井市平塚字水上台2776－3	30×2	0.5×1
臼井水産(有)	南房総市千倉町平館740	10×1	
(株)川久　松尾営業所	山武市松尾14－5	10×1	
(株)門倉商店　サムソン大原給油所	いすみ市若山120－1	2.9×1	
(株)池田商店	富津市上後276－1	15×1	
日本瓦斯(株)東関東支店成田営業所	富里市日吉倉字池下1515－13	0.9×3	
ミライフ(株)千葉支店富里基地	富里市美沢8－1	50×2	
協進交通(有)	鎌ヶ谷市東初富1－11－8	1.1×1	0.5×1
日本瓦斯(株)流山営業所	流山市若葉台130	1×1	0.3×1
(株)ＴＯＫＡＩ　勝山事業所	安房郡鋸南町下佐久間906－1	10×1	
日東燃料工業(株)茂原ガスセンター	長生郡長生村七井土1457－1	30×1	15×1
田邊工業(株)香取工場	香取郡東庄町笹川い5630－101	30×1	10×1
ハートネット東関東(株)矢口センター	印旛郡栄町矢口神明2－2－1	30×2	
協進交通(有)	鎌ヶ谷市東初富1－11－8	1.1×1	0.5×1
日本瓦斯(株)流山営業所	流山市若葉台130	1×1	0.3×1
(株)ＴＯＫＡＩ　勝山事業所	安房郡鋸南町下佐久間906－1	10×1	
日東燃料工業(株)茂原ガスセンター	長生郡長生村七井土1457－1	30×1	15×1
田邊工業(株)香取工場	香取郡東庄町笹川い5630－101	30×1	10×1
ハートネット東関東(株)矢口センター	印旛郡栄町矢口神明2－2－1	30×2	

〔東 京 都〕

事業所名	所在地	規模(t)	
東京オートガス(株)小石川営業所	文京区白山1－20－7	7×1	
(株)吾妻商会　芝浦オートガススタンド	港区芝浦3－18－22	20×1	
アジア商事(株)大曲ＬＰガススタンド	新宿区新小川町7－16	15×1	
東京オートガス(株)浅草営業所	台東区橋場2－20－14	30×1	
三ツ矢物産(株)墨田事業所	墨田区文花1－31－16	15×1	
大和物産(株)両国ＬＰガススタンド	墨田区千歳1－2－1	20×1	
東都自動車(株)深川ＬＰＧスタンド	江東区清澄1－3－20	15×1	
(株)オカショウ	江東区清澄2－1－2	20×1	
大和物産(株)猿江ＬＰガススタンド	江東区猿江2－16－27	20×1	
東京日石オートガス(株)枝川営業所	江東区枝川1－14－11	20×1	
ミライフ(株)東京支店城東基地	江東区枝川3－8－12	15×2	
江東南砂エコステーション(株)	江東区南砂1－23－15	20×1	
(株)シナネン・オートガス	品川区東品川1－39－19	20×1	
飛鳥ガス(株)東品川ＬＰＧスタンド	品川区東品川3－32－21	15×1	

事　業　所　名	所　在　地	規　模（t）	
富士エネルギー(株)五反田営業所	品川区大崎5－1－2	20×1	
富士エネルギー(株)目黒営業所	目黒区目黒1－24－2	20×1	
京王自動車城南(株)目黒営業所	目黒区上目黒5－20－11	4×1	
芙容第一交通(株)	大田区南六郷2－36－15	10×1	
盈進商事(株)	大田区東桃谷3－16－10	20×1	
大田市場石油(株)	大田区東海3－2－9	10×1	
国際自動車(株)羽田営業所	大田区平和島5－8－3	20×1	
東京日石オートガス(株)経堂営業所	世田谷区経堂1－41－9	20×1	
国際自動車(株)世田谷営業所	世田谷区桜新町2－12－10	10×1	
富士瓦斯(株)	世田谷区上祖師谷4－36－16	15×2	
東日本交通(株)	渋谷区笹塚1－62－2	4×1	
富士エネルギー(株)中野営業所	中野区弥生町1－5－12	15×1	
東京無線オートガス協同組合	中野区弥生町2－24－4	25×1	
大陸交通(株)ＬＰＧスタンド	杉並区堀ノ内1－8－23	20×1	
親切タクシー(株)	杉並区堀ノ内1－8－25	20×1	
キャピタルモータース(株)井草オートスタンド	杉並区井草5－10－6	4×1	
明治モーターガス(株)	北区上中里2－18－8	20×1	
(株)エスコ　赤羽スタンド	北区浮間5－4－43	15×1	
東洋交通(株)	北区浮間5－4－51	10×1	
三ツ矢物産(株)浮間事業所	北区浮間5－15－10	20×1	
東都交通(株)	北区豊島1－19－12	7×1	
富士オートガス(株)	荒川区西日暮里5－3－1	10×1	
陸王交通(株)	板橋区中丸町12－1	20×1	
日本オートガス(株)城北スタンド	板橋区小豆沢1－19－17	15×1	
共栄交通(株)	板橋区新河岸1－7－10	10×1	
山手交通(株)	板橋区熊野町10－1	15×1	
東京コンドルタクシー(株)	練馬区桜台3－9－8	20×1	
東京オートガス(株)豊玉営業所	練馬区豊玉北1－14－5	15×1	
(株)ヤナギ	足立区千住曙町37－33	15×3	
昭栄自動車(株)	足立区中央本町2－21－6	20×1	
(株)サカエオートコムズ　梅田営業所	足立区梅田3－3－3	20×1	
西新井相互自動車(株)	足立区梅田6－9－28	10×1	
東都自動車(株)江北ＬＰＧスタンド	足立区江北5－6－8	10×2	
(株)クラスタ東京	足立区堀之内1－14－17	20×1	
坂本自動車(株)足立営業所	足立区梅島2－8－2	10×1	
東京都個人タクシー協同組合足立オートスタンド	足立区一ツ家1－1－1	20×1	
三ツ矢物産(株)青戸事業所	葛飾区白鳥4－1－16	15×2	
山一産業(株)	葛飾区西新小岩5－26－2	20×1	
東京第一交通(株)	葛飾区西亀有2－3－3	4×1	
東栄興産(株)	葛飾区奥戸4－2－1	20×1	
(株)サカエオートコムズ　金町営業所	葛飾区東金町8－2－16	10×1	
朝日石油(株)江戸川営業所	江戸川区中央3－1－1	20×1	
日通商事(株)八王子ＬＰガス充填所	八王子市左入町684－1	20×3	
エネックス(株)八王子営業所	八王子市北野町598－1	15×1	
(株)日本エネルギー　ＭＩＹＡＭＡブルーガス・センター	八王子市美山町2161－28	20×2	
エネックス(株)立川営業所	立川市曙町1－22－24	7×1	
エネックス(株)三鷹営業所	三鷹市新川6－33－5	15×1	
京王自動車城西(株)吉祥寺営業所	三鷹市下連雀5－8－2	10×1	
青梅ガス(株)	青梅市末広町2－10	15×1	
清水燃料(株)今井充填所	青梅市今井3－6－16	17.5×2	
(株)エネサンスサービス　府中営業所	府中市四谷5－36－11	10×1	2.9×1
ロジトライ(株)府中事業所	府中市晴見町2－33－7	15×1	10×2
東京燃料林産(株)東京西支店	昭島市武蔵野2－6－25	20×1 0.5×1	15×1
昭島ガス(株)	昭島市もくせいの杜1－1－1	70×1	
伊藤忠エネクスホームライフ関東(株)町田ＬＰガススタンド	町田市忠生2－28－1	20×1	
アストモスリテイリング(株)関東カンパニー町田工場	町田市鶴間7－31－1	20×1	10×1
日本瓦斯(株)町田工場	町田市鶴間8－21－1	60×2	30×1
飛鳥ガス(株)多摩営業所	町田市小野路2381－1	12.5×1	
日本瓦斯(株)田無工場	西東京市芝久保町1－24－22	20×2	15×1
東京ガスエネルギー(株)西部支社	西東京市柳沢2－19－20	15×2	
(株)ホームエネルギー西関東　東京センター	福生市武蔵野台1－27－1	20×4	
(株)拝島自動車教習所	福生市大字熊川1495	3.5×1	
エネックス(株)桜ヶ丘営業所	多摩市和田61－1	15×1	
伊吹石油ガス(株)	羽村市五ノ神357	20×2	
ロジトライ(株)福生事業所	羽村市神明台4－7－1	30×1	
垣見油化(株)瑞穂充填所	西多摩郡瑞穂町殿ヶ谷458	70×2	

〔神奈川県〕

事　業　所　名	所　在　地	規　模（t）	
宇佐美商事(株)丸山町スタンド	横浜市磯子区丸山2－5－19	7×1	
横浜産業(株)	横浜市磯子区岡村6－17－11	7×1	
信和興業(株)入江町オートガススタンド	横浜市神奈川区入江1－6－3	10×1	
グッドライフサーラ関東(株)横浜事業所	横浜市神奈川区星野町4	15×1	
(株)奥村商会　山下町オートガススタンド	横浜市中区山下町59	7×2	
都市交通商事(株)横浜オートガススタンド	横浜市西区高島2－7－20	20×1	
信和興業(株)保土ヶ谷ＬＰガススタンド	横浜市保土ヶ谷区岩井町90	7×1	

事 業 所 名	所 在 地	規 模 (t)	
ロジトライ関東(株)横浜事業所	横浜市都筑区川向町689	20×1	15×1
(株)ファインエナジー　横浜営業所	横浜市都筑区東方町1698	20×3	
(株)マルエイ　横浜支店	横浜市緑区上山1－3－2	30×2	20×1
		0.5×1	
レモンガス(株)横浜支店	横浜市緑区三保町593－1	44×2	
(株)横浜自動車学校	横浜市戸塚区上倉田町217	10×1	
テイエフタクシー協同組合ＴＦオートガススタンド	横浜市戸塚区上矢部町2145－1	15×1	
三和オートガス(株)	横浜市港北区鳥山町523－4	10×2	
(株)トーエル　横浜営業所	横浜市港北区新吉田町533	2.9×1	0.99×1
(株)大八　金沢充填所	横浜市金沢区幸浦2－5－1	20×2	10×1
		0.5×1	
(株)南横浜自動車学校　金沢オートガススタンド	横浜市金沢区福浦3－11－1	10×1	
(株)ホームエネルギー西関東　横浜センター	横浜市旭区上白根町725	2.9×1	
(株)タクシーサービスセンター	川崎市川崎区浅野町1－6	10×1	7×1
信和興業(株)川崎オートガススタンド	川崎市川崎区浜町1－10－8	7×1	
日新商事(株)瓦斯部川崎充填所	川崎市川崎区浮島町10－13	50×1	
京浜企業(株)	川崎市幸区小倉5－25－20	10×1	
伊藤忠エネクスホームライフ関東(株)川崎ＬＰガススタンド	川崎市高津区久地2－5－12	10×1	
(株)ホクト・クリーンステーション	川崎市宮前区平3－1－10	1×3	
生活協同組合コープかながわ川崎中部センター	川崎市宮前区土橋4－14－7	1×3	
富士電物流(株)	川崎市宮前区平5－1023	1×2	0.5
(株)今井運送	川崎市宮前区有馬3－28－1	1×1	0.5×1
生田交通(株)	川崎市多摩区長沢3－8732	1×2	
横須賀オートガス(株)	横須賀市根岸町3－15－9	20×1	
(株)ワイキャブ	横須賀市根岸町3－16－31	15×1	
(株)久里浜中央会館　久里浜中央自動車学校	横須賀市久里浜5－13－1	1×2	0.3×1
日本瓦斯(株)横須賀営業所	神奈川県横須賀市池上5－13－1	1×1	0.3×1
(株)セントラルガスセンター　湘南センター	平塚市久領堤1－14	60×1	20×3
伊藤忠エネクスホームライフ関東(株)鎌倉ＬＰＧスタンド	鎌倉市笛田1－2－5	10×2	
グリーンハイヤー(株)	鎌倉市常磐302	1×2	0.8×1
(有)いづみタクシー　三崎営業所	三浦市天神町5－26	1×1	0.5×1
(株)エネサンスサービス　藤沢事業所	藤沢市大庭8221	30×1	20×2
藤沢市ガス事業協同組合	藤沢市菖蒲沢1425－2	15×1	10×2
小田原報徳自動車(株)小田原報徳ＬＰＧスタンド	小田原市東町1－2－24	15×1	
(株)古川	小田原市寿町1－2－32	20×3	
平沢商事(株)飯泉充填所	小田原市飯泉1377	15×3	
(株)ホームエネルギー西関東　小田原センター	小田原市久野3760	20×2	
日本瓦斯(株)小田原営業所	南足柄市怒田727	1×1	0.3×1
(株)サガミ　湘南支店	茅ヶ崎市堤434	20×2	10×1
菊池地所(株)栄光エルピーヂースタンド	逗子市久木4－26－5	7×2	
ミライフ(株)神奈川支店相模原基地	相模原市中央区下九沢1096	30×1	15×1
		0.5×1	
田邊工業(株)相模工場	相模原市中央区小山1－1－10	40×2	20×1
三輪産業(株)相模原ＬＰＧプラント	相模原市中央区東淵野辺4－16－25	20×1	10×2
		0.9×1	
ロジトライ関東(株)相模原事業所	相模原市中央区宮下2－16－22	25×2	
田奈交通(株)	相模原市中央区田奈4777－1	1×1	0.5×1
相模原市環境事業部麻溝台収集事務所	相模原市南区麻溝台1524－1	1×3	
日本瓦斯(株)津久井工場	相模原市緑区根小屋1392	20×2	1×1
北日本物産(株)相模原営業所	相模原市緑区西橋本3－11－7	20×2	
(株)神奈中商事　神奈中秦野オートガススタンド	秦野市平沢484－1	30×1	15×1
秦野交通(株)	秦野市平沢1－1	1×2	
日本瓦斯(株)秦野営業所	秦野市戸川62－1	1×1	0.3×1
(株)愛鶴	秦野市名古木407－3	1×1	0.5×1
伊藤忠エネクスホームライフ関東(株)神奈川支社	厚木市金田1321	30×2	2.9×2
(株)神奈中商事　厚木オートガススタンド	厚木市船子135－1	15×1	
(株)神奈中商事　厚木自動車学校オートスタンド	厚木市及川1280	1×2	0.3×1
(株)トーエル　厚木工場	厚木市上依知2924	20×4	2.9×2
(株)ニッキ	厚木市上依知3029	2.9×1	
(株)エネサンスサービス　座間事業所	座間市小松原1－10－27	20×2	10×1
(株)都南自動車教習所	座間市緑ヶ丘4－20－1	1×3	
ＥＮＥＯＳグローブエナジー(株)関東支社神奈川支店	綾瀬市吉岡東3－8－39	30×1	20×1
日通商事(株)横浜支店綾瀬ＬＰガス充填所	綾瀬市深谷上8－17－28	20×3	
(株)桂精機製作所　神奈川工場	綾瀬市深谷中8－5－18	0.5×1	0.3×1
伊勢原交通(株)	伊勢原市上粕屋850－7	1×1	0.5×1
(株)ハートフルタクシー	海老名市国分北4－1－4	1×1	0.5×1
(株)日産テクノ　寒川センターパワートレイン実験部	高座郡寒川町岡田6－6－1	3×1	
松田合同自動車(株)マツダ営業所	足柄上郡松田町松田庶子1066－1	1×1	0.5×1
湯河原興業(株)	足柄下郡湯河原町土肥3－9－7	10×1	
(有)富士タクシー	三浦郡葉山町上山口1259－1	1×1	0.5×1
松田合同自動車(株)マツダ営業所	足柄上郡松田町松田庶子1066－1	1×1	0.5×1
湯河原興業(株)	足柄下郡湯河原町土肥3－9－7	10×1	
(有)富士タクシー	三浦郡葉山町上山口1259－1	1×1	0.5×1
〔新　潟　県〕			
村松瓦斯水道(株)水原営業所	阿賀野市市野山字大野246－1	15×2	

事 業 所 名	所 在 地	規 模(t)	
(株)トカン吉田営業所	燕市吉田下中野267−1	10×2	
あいせき(株)メタルセンターオートガススタンド	燕市吉田法花堂字新田前1947	10×1	
あいせき(株)	燕市八王寺2552	20×2	
阿部精麦(株)	加茂市寿町3−17	34.3×1	30.2×1
(株)マルボシ	魚沼市井口新田243−4	10×1	
(株)岡部商事　堀之内充填所	魚沼市堀之内3450	12×1	
(株)カネコ商会　魚沼営業所	魚沼市七日市新田字姥石369−1	20×2	
エスケイ産業(株)見附ガス化学工場	見附市葛巻2−5−35	70×1	50×8
		20×1	15×1
		11.5×1	10×2
村松瓦斯水道(株)	五泉市本田屋765	30×1	20×1
(株)ライフコメリ	三条市大字下須頃1079−1	40×1	15×2
(株)サイサン　糸魚川営業所	糸魚川市大字大野字横戸420−1	15×1	
(株)村山商会	十日町市高山字上島子690−1	20×1	10×1
新潟サンリン(株)十日町営業所	十日町市高山字塚下719−1	20×2	
北日本物産(株)上越営業所	上越市頸城区下吉字本田77−4	30×2	1×1
新潟サンリン(株)上越北エコ・ステーション	上越市大字松村新田3−5	7.22×1	
(株)ジョーサン　上越LPガスセンター	上越市大字石沢975−2	2.9×1(バルク容器)	
(株)エネサンス新潟	新潟市江南区曙町2−8−1	15×1	10×1
		7×1	
(株)新津ガスセンター	新潟市秋葉区滝谷町1−29	10×2	
(株)巻中央自動車学校	新潟市西蒲区河井706	0.9791×1	0.1058×1
(株)和田商会　関新オートガススタンド	新潟市中央区関新3−2−22	10×1	
(株)ホームエネルギー新潟　新潟センター	新潟市中央区東出来島11−9	20×1	
(株)新潟中央自動車学校	新潟市中央区鐙2−1−27	3.5×1	
ニューオートガス(株)竜が島ガスステーション	新潟市中央区竜が島1−1−20	22.75×1	
新商(株)オートガススタンド	新潟市中央区竜が島1−3−2	15×1	
橋本産業(株)新潟営業所	新潟市東区榎町130	50×1	18×1
		15.028×1	
(株)ナカザワ　新潟支店	新潟市東区山木戸7−2−18	20×1	
白勢商事(株)オートガススタンド	新潟市東区山木戸8−4−24	17.065×1	
新プロ産業(株)	新潟市北区神谷内2927−6	15×1	10×1
(株)丸新　ライフエネルギー事業部新発田充填所	新発田市佐々木2240−5	28.02×1	12.47×1
(株)新野商店　新発田充填工場	新発田市富塚町3−1−30	15×1	10×1
北日本物産(株)新発田営業所	新発田市豊町1−4−10	30×1	
菖栄ライフ(株)新発田中央営業所	新発田市豊町1−4−23		
(株)新野商店　坂町充填工場	村上市坂町字堤下537	15×1	10×1
		0.5×2	
(株)ムラネン	村上市緑町1−2−2	20×1	
(有)カネダイ川崎商店	村上市緑町2−3−10	17×1	
北日本物産(株)長岡営業所	長岡市中之島字藤山3879	30×2	0.5×1
小林石油(株)東蔵王エコ・ステーション	長岡市東蔵王2−7−89	20×1	
(株)ナカザワ　宮内オートスタンド	長岡市平島町字下新田19−1	10×1	
(株)カネコ商会　湯沢営業所	南魚沼郡湯沢町大字湯沢字中島川原1712−1	15×1	
新潟サンリン(株)六日町支店	南魚沼市四十日字南原2871−1	20×2	
(株)サイサン　柏崎営業所	柏崎市東長浜町8−17	30×1	20×1
		15×1	
新潟サンリン(株)新井支店	妙高市美守2−12−18	20×1	
(株)皆川自動車販売	佐渡市八幡2187−1	2.5×1(バルク容器)	
小千谷タクシー(株)城内給油所	小千谷市城内2−8−7	2.5×1(バルク容器)	
ＥＮＥＯＳグローブガスターミナル(株)新潟ガスターミナル	北蒲原郡聖籠町東港2−1624−2	60.9×2	
〔長 野 県〕			
サンリン(株)長野オートガススタンド	長野市鶴賀緑町1024−3	25×1	
長野地区タクシー事業協同組合	長野市大字高田字久保1176	10×2	
長野ガス(株)	長野市大字高田藤倉1516	30×1	
岡谷酸素(株)長野営業所	長野市大字中越1−1−1	2.85×1	
信濃ガス協同組合	長野市稲葉北村前沖2552−1	15×1	10×2
(株)ホームエネルギー長野　長野センター	長野市大字東和田749番地	20×1	15×1
(株)サイサン　松本営業所	松本市大字島内字川原1666	30×1	10×1
サンリン(株)松本支店	松本市大手1−7−12	20×1	
松本ガス(株)	松本市渚2−7−9	50×1	30×1
岡谷酸素(株)松本営業所	松本市市場6−20	50×4	20×1
上田ガス(株)	上田市天神4−29−3	15×1	2.9×1
長野プロパンガス(株)塩田工場	上田市大字富士山字窪峠2412−6	50×1	20×1
(株)北澤商会	上田市大字古里2022−7	10×2	
伊丹産業(株)長野工場	上田市長瀬2866	20×1	15×1
岡谷酸素(株)上田営業所	上田市古里篠ノ井原776−1	0.98×1	
岡谷酸素(株)岡谷営業所	岡谷市湖畔2−3−7	10×3	
(株)岡谷自動車学校	岡谷市長池小萩1−12−13	0.98×1	
安全ガス(株)	飯田市伊賀良大瀬木4110	20×1	10×1
		0.5×1	
(株)下伊那エルピーガスセンター　座光寺基地	飯田市座光寺3720−1	30×2	20×1
		0.5×1	
安全ガス(株)飯田羽場オートガススタンド	飯田市羽場町2−13−4	2.927×1	
山久プロパン(株)	須坂市臥竜6−24−8	20×1	8×1

事　業　所　名	所　在　地	規　模（t）	
サンリン(株)佐久平支店	小諸市御影新田和田原2712－1	30×2	20×1
		2.9×2	
東信燃料(株)	小諸市赤坂1－3－10	10×1	
サンリン(株)上伊那支店	駒ヶ根市大字赤穂字大徳原14－15	30×1	10×1
北信ガス(株)	中野市大字西条156	30×1	15×1
		0.5×1	
大町ガス(株)	大町市大字大町4729	15×1	
(株)サイサン　大町営業所	大町市平7467	20×2	
サンリン(株)諏訪支店	茅野市ちの字古川188－1	20×3	
(株)茅野自動車学校	茅野市宮川5299	0.98×1	
長野プロパンガス(株)塩尻支店	塩尻市大字広丘野村1613	20×1	10×1
		25×1	2.9×1
橋本産業(株)松本営業所	塩尻市大字広丘吉田字道西700－1	20×2	
サンリン(株)塩尻支店	塩尻市大字広丘野村字角前1843	50×3	2.9×2
サンリン(株)戸倉オートガススタンド	千曲市戸倉大字上徳間字十夜河原503	10×1	
佐久プロパンガス協同組合	佐久市猿久保字野馬窪235－2	25×1	20×1
岡谷酸素(株)佐久営業所	佐久市塩名田字廣ヶ町700	30×1	20×1
		10×1	1×1
(株)サイサン　東御営業所	東御市滋野乙1624	20×1	15×1
サンリン(株)穂高支店	安曇野市穂高牧176－9	50×1	20×1
(株)松屋　ガスセンター	北佐久郡御代田町大字馬瀬口字分杭1598－1	15×2	
軽井沢ガス(株)	北佐久郡軽井沢町大字長倉2696－1	10×2	
上伊那液化ガス(株)	上伊那郡南箕輪村三本木8304	20×1	
岡谷酸素(株)伊那営業所	上伊那郡箕輪町大字福与1036	21×2	
岡谷酸素(株)木曽営業所	木曽郡木曽町福島7086	20×1	10×1
サンリン(株)大北支店白馬ガスセンター	北安曇郡白馬村大字神城字川原24198－1	20×1	10×1
岡谷酸素(株)諏訪南営業所	諏訪郡富士見町富士見251－1	30×1	20×1
		2.9×1	2.35×1
〔山　梨　県〕			
ＥＮＥＯＳグローブエナジー(株)山梨支店	甲府市下曽根町2643－1	30×2	
山梨モーターガス(株)	甲府市塩部4－15－2	10×1	
(株)鈴与ガスあんしんネット甲府事業所	甲府市朝気3－22－10	20×2	
穴水(株)	甲府市飯田1－4－7	15×1	
三ツ輪産業(株)甲府営業所	甲府市横根町180－1	10×1	
山梨モーターガス(株)富士吉田営業所	富士吉田市上吉田3659	5×1	
(株)JOMOプロ関東　山梨支店	甲州市塩山下塩後394	10×1	
富岳物産(株)	都留市小形山15－6	10×1	
山梨プロパン(株)	山梨市東308	10×1	
(株)韮崎自動車教習所	韮崎市中島2－8－73	0.5×5	
日東物産(株)今諏訪事業所	南アルプス市下今諏訪423	10×1	
(株)清里給油所	北杜市高根町清里3545	2.9×2	
(株)韮崎自動車教習所小淵沢自動車教習所	北杜市小淵沢町6907	0.5×4	
山梨流通(株)本社事業所	中央市布施1357	25×1	10×1
(有)島田交通	上野原市上野原1822－3	0.5×5	
(株)身延タクシー	南巨摩郡身延町梅平2484	10×1	
中部ライフエナジー(株)	南巨摩郡増穂町最勝寺1260	10×1	
富士観光開発(株)	南都留郡富士河口湖町船津5626	10×1	
〔静　岡　県〕			
アイカワ(株)静岡西スタンド	静岡市葵区南安倍1－3－12	7×1	
(株)TOKAI　静岡配送センター	静岡市葵区古庄2－20－25	10×3	
タナカ燃料(株)日出町オートガススタンド	静岡市葵区日出町10－38	7×1	
アイカワ(株)静岡南スタンド	静岡市駿河区大和1－6－20	15×1	
静岡ガスエネルギー(株)中部支店静岡工場	静岡市駿河区池田28	50×1	30×1
シナネン(株)島崎町オートステーション	静岡市清水区島崎町6－10	7×1	
鈴与商事(株)清水オートガススタンド	静岡市清水区辻1－6－20	10×1	
エネジン(株)高林オートガススタンド	浜松市中区高林5－6－31	15×1	
浜松プロパンスタンド(有)	浜松市中区佐藤町2－15－14	10×1	
エネジン(株)入野オートガススタンド	浜松市西区入野町621	20×1	
(株)花川エネルギーセンター	浜松市西区桜台1－10－1	60×3	30×1
(株)遠鉄自動車学校	浜松市東区小池町1552	3×1	
(株)TOKAI　浜北支店	浜松市浜北区高畑311	10×2	3×1
駿河ガス(株)	沼津市泉町16－31	10×2	
日本ガス興業(株)原基地	沼津市原430	50×2	10×1
(株)フジヤガバナンス　沼津オートガススタンド	沼津市大岡1514－1	10×1	
熱海オートガス事業協同組合	熱海市伊豆山字水立1084－217，218，219	4×1	
駿河ガス(株)三島オートガススタンド	三島市青木字向村320－3	10×1	
岡重(株)	富士宮市ひばりが丘698	20×1	10×1
(株)マルキエナジー　ステーションＬＰＧ	伊東市字佐美1132－25	26×1	10×1
伊東瓦斯(株)	伊東市湯川548－4	60×1	20×2
(有)平和タクシー	島田市向島2962－5	10×1	
森下商事(株)	島田市金谷河原346－6	10×1	
(株)遠鉄自動車学校　遠鉄磐田自動車学校	磐田市見附5015	3×1	
(株)サイサン　ガスワンパーク磐田	磐田市西貝塚字六通559－1	20×4	
焼津ガス(株)	焼津市浜当目1－12－1	10×2	

事　業　所　名	所　在　地	規　模（t）	
東海ガス(株)ＬＰＧ課充填所	焼津市五ヶ堀之内363－1	20×1	10×1
駿河ガス(株)富士オートガススタンド	富士市錦町1－11－26	10×1	
(株)フジヤガバナンス	富士市瓜島町100	4×1	
(株)トーシンホームガス	富士市青島195	20×2	
ユニプレス(株)富士工場	富士市青葉町19－1	15×2	
ガステックサービス(株)中遠配送センター	掛川市細田219－1	30×1	20×1
静岡資材(株)掛川充填所	掛川市下垂木2338－1	20×1	10×1
(株)掛川自動車学校	掛川市大池655	5×1	
静岡資材(株)藤枝充填工場	藤枝市志太1－5－38	20×1	15×1
(株)東名自動車学校	藤枝市上当間731	3×1	
東京ガレーヂ(株)足柄Ｓ・Ａオートガススタンド	御殿場市深沢1802－11	10×2	
レモンガス(株)御殿場オートガススタンド	御殿場市東田中44－1	10×1	
(有)御殿場自動車学校	御殿場市中畑531－16	3×1	
御殿場テトラパック合同会社	御殿場市板妻5－1	15×1	
(株)セントラルガスセンター　遠州センター	袋井市高尾2084－1	20×2	
杉本工業(株)	下田市6丁目37－44	20×1	15×1
(株)ＴＯＫＡＩ　駿東配送センター	裾野市桃園72－1	15×1	10×1
		3×1	
トヨタ自動車東日本(株)東富士工場	裾野市御宿1200	15×1	
駿河ガス(株)大仁オートガススタンド	伊豆の国市神島日前230－3	10×1	
鈴与商事(株)菊川オートガススタンド	菊川市半済964	3×1	
(株)サイサン　牧之原営業所	牧之原市須々木2633－93	20×1	10×1
(業)日和ガス　田方供給センター	田方郡函南町肥田327	15×1	10×1
明石産業(株)湖西充填所	湖西市中之郷2299－2	20×1	3×1
(株)フジプロ　沼津支店	駿東郡清水町八幡22－1	20×3	
(株)ＴＯＫＡＩ　榛原支店	榛原郡吉田町住吉1170－1	10×2	
静岡ガスエネルギー(株)西部支店吉田工場	榛原郡吉田町住吉4292－2	20×2	
〔愛　知　県〕			
(株)トーカイ　中スタンド	名古屋市中区富士見町4－2	10×1	
犬飼産業(株)野立橋充填所	名古屋市中川区清川町3－1　14地先中川運河中幹線28－1	15×2	
ロジトライ中部(株)名古屋事業所	名古屋市中川区広川町5－1	10×2	
(株)名港液化ガス	名古屋市中川区東起町4－143	20×1	10×1
東邦液化ガス(株)桜田エコ・ステーション	名古屋市熱田区桜田町19－18	30×1	
東邦液化ガス(株)本社簡易スタンド	名古屋市熱田区桜田町19－18	0.05×2（容器）	
東邦液化ガス(株)城見エコ・ステーション	名古屋市北区金城2－12－9	7×1	
中央燃料(株)ノリタケオートガススタンド	名古屋市西区菊井町2－20－28	10×2	
(株)名鉄交通商事　名鉄小田井オートガスステーション	名古屋市西区あし原町154	10×1	
ヤマト運輸(株)南元塩宅急便センター	名古屋市南区南野2－228	1×2	0.35×1
東邦液化ガス(株)みなとアクルス　エコ・ステーション	名古屋市港区金川町2－26	15×1	
ヤマト運輸(株)港土古宅急便センター	名古屋市港区高木町2－19	1×2	0.35×1
王子物流(株)中部事業本部名古屋支店	名古屋市港区築地町9	1×1	0.5×1
(有)東海自動車学校	名古屋市緑区鳴海町上汐田211	1.1×1	0.5×1
伊藤忠エネクスホームライフ中部(株)守山オートガスステーション	名古屋市守山区瀬古東1丁目1609	15×1	
中部プロパンスタンド(有)	豊橋市花田町荒木70	10×1	
東邦液化ガス(株)岡崎充てん所	岡崎市柱町字下地69	20×1	10×1
(株)ホームエネルギー東海　岡崎センター	岡崎市岡町字棚田18	20×3	
ヤマト運輸(株)岡崎美合宅急便センター	岡崎市大西町南ヶ原12－71	1.1×1	0.98×1
		0.35×1	
(一財)愛知県交通安全協会　岡崎自動車学校	岡崎市不吹町14	0.45×2	
ダイイチガスコム(株)	岡崎市丸山町字丸山腰1－4	15×1	
(株)土川油店	一宮市森本1－29－29	7×1	
一宮三菱自動車販売(株)	一宮市松降通8丁目16	0.98×2	0.5×2
(株)ガステム	一宮市今伊勢町新神戸字五輪野30	1×1	
(有)苅安賀自動車学校	一宮市大和町苅安賀1580	0.45×1	
(株)尾西自動車学校	一宮市篭屋3－12－45	0.45×2	
丸美瀬戸燃料(株)	瀬戸市川北町1－1	10×1	7.5×1
(株)トーエネック　瀬戸営業所瀬戸スタンド	瀬戸市小坂町3－1	0.45×2	
鈴一物産(株)	瀬戸市弁天町71	30×1	20×2
		10×1	
ニイミ産業(株)半田支店	半田市亀崎町5－226	20×1	15×1
(株)トーエネック　半田営業所半田スタンド	半田市川田町218－1	0.45×1	
橋本産業(株)名古屋営業所	春日井市町屋町4036－2	2.9×2	
ニイミ産業(株)本部	春日井市松河戸町段下1360	30×2	20×1
		1×1	
(株)昭和自動車学校	春日井市味美西本町石塚1850	0.45×2	
(株)春日井自動車学校	春日井市明知町字西尾口230－1	0.45×2	
(株)油直	豊川市下長山町宮下7－1	10×1	
明石吉田屋産業(株)東三河支店	豊川市宿町野川1－10	20×2	
(株)宇佐美プロパン　津島充填所	津島市宇治町字小船戸1	30×2	
三河品川燃料(株)	碧南市浅間町5－39	10×1	
(株)ガステクノサーブ	刈谷市中島町3－76－1	15×2	
刈谷交通(株)	刈谷市東陽町1－29	0.98×2	
(株)スマイルガス	刈谷市野田町馬池3－1	1.1×1	
伊藤忠エネクスホームライフ中部(株)豊田オートガスステーション	豊田市小坂町6－1	7×1	

事　業　所　名	所　在　地	規　模（t）	
豊通エネルギー(株)	豊田市生駒町横山106	50×2	30×1
		20×1	
三河商事(株)	豊田市森町2－17	20×1	15×2
トヨタ自動車(株)本社技術部	豊田市トヨタ町5	15×1	10×1
伊藤忠エネクスホームライフ中部(株)豊田センター	豊田市御船町山の神56－201	20×2	
アイシン精機(株)藤岡試験場	豊田市御作町坂下918－11	10×1	3×2
トヨタ生活(協)	豊田市豊栄町2丁目111	0.45×2	
豊栄交通(株)	豊田市深田町1－126－1	0.98×2	0.8×1
(株)メルクリウス	安城市北山崎町北浦2	10×1	
ヤマサ總業(株)愛知東支店	安城市橋目町中茶臼52	30×2	
大興タクシー(株)三河営業所	安城市二本木町長根67－32	0.98×3	
大浜燃料(株)西尾充填所	西尾市山下町東八幡山67－1	15×1	10×1
ガステックサービス(株)西三河配送センター	西尾市米津町入船2－58	30×2	20×1
(株)レインボー　西尾自動車学校	西尾市八ツ面町猿待20	0.98×1	0.5×1
ヤマサ總業(株)一色充てん所	西尾市一色町一色亥新田269	20×1	
名古屋田邊(株)蒲郡充てん所	蒲郡市浜町50	15×1	10×1
(有)榎本プロパン	蒲郡市浜町84	20×2	
(株)稲葉エネクス	常滑市古場字高ノ城127	10×2	
サンレー交通(株)	常滑市鯉江本町5丁目151	0.05×12	
東邦液化ガス(株)常滑簡易スタンド	常滑市大曽町1－37	0.05×2（容器）	
ヤマサ總業(株)愛知西支店	江南市東野町神田6	30×2	
(株)江南自動車学校	江南市江森町南1－1	0.45×2	
尾張北部タクシー(株)	江南市前野町新田北174	1.1×2	0.35×1
		0.3×1	
名古屋プロパン瓦斯(株)小牧支店	小牧市大字東田中字上池1251	30×2	20×2
あいち生活(協)小牧スタンド	小牧市多気西町1	0.45×2	
東邦液化ガス(株)小牧オートガスステーション	小牧市大字間々原新田字下芳池296－1	0.45×3	
(株)エス・アイ東海	稲沢市下津森町1－1	30×3	2.9×1
一宮生活(協)	稲沢市大矢町高松45－1	0.45×2	
(株)稲沢自動車学校	稲沢市国府宮町諏訪90	0.45×2	
(株)あみや商事　新城充填所	新城市大宮清水1－9	20×2	10×1
武一(株)	東海市加木屋町石田1－2	20×1	15×2
		10×1	
愛三工業(株)	大府市共和町1－1－1	2.9×2	1×1
知多高圧ガス(株)本社工場	知多市新刀池2－14	30×1	20×2
(株)フジプロ	知立市牛田町遠新切48	30×1	20×1
		15×1	
松井産業(株)	田原市田原町松下9－20	10×1	
東邦液化ガス(株)日進エコ・ステーション	日進市梅森町西田面101－1	15×1	
東邦液化ガス(株)北名古屋エコ・ステーション	北名古屋市鹿田東村前79	15×1	
(株)エースベーキング	清須市春日社子地62	0.82×1	
松屋(株)	海部郡蟹江町城1－267	0.5×6	
海部南部プロパン販売協同組合	海部郡蟹江町大字蟹江新田字下芝切179	30×1	10×1
大和燃料(株)	知多郡美浜町大字河和字亀ヶ坪159－109	20×1	15×1
大興タクシー(株)知多営業所	知多郡東浦町大字森岡字中田面49－7	1.1×1	0.3×1
〔三　重　県〕			
関西プロパン瓦斯(株)	津市末広町10－16	15×1	10×1
(株)マルエイ　津支店	津市雲出長常町字九ノ割1255－10	40×1	30×1
(株)日興	四日市市新正3－11－8	15×1	10×2
(株)ナルカワ	四日市市垂坂町字梶屋道1397－3	20×2	
(株)マルエイ　四日市支店	四日市市采女町字春雨3210－12	20×1	15×1
		0.5×2	
三重品川産業(株)	四日市市大井手2－5－17	10×1	2.9×1
(有)大玉商会	伊勢市中須町620	15×1	10×1
三重交通商事(株)伊勢液化ガス営業所	伊勢市鹿海町字圓坊1443	20×1	15×1
鈴定ガス販売(株)	松阪市大口町字新地1510－8	20×2	
朝日ガスエナジー(株)松阪ガスセンター	松阪市嬉野町天花寺町647	20×3	
川瀬産業(株)	桑名市大字和泉524	10×2	
アポロ興産(株)	伊賀市四十九町1140	20×2	
上野ガス(株)	伊賀市上野茅町2706	50×2	20×3
東邦液化ガス(株)鈴鹿充てん所	鈴鹿市河田町789	20×2	5×1
朝日ガスエナジー(株)鈴鹿ガスセンター	鈴鹿市安塚町1350－193	20×1	10×1
大陽日酸エネルギー(株)中部支社三重支店	鈴鹿市一ノ宮町1159	30×2	20×1
名張近鉄ガス(株)八幡製造所	名張市八幡1232－1	50×3	20×1
関西プロパン瓦斯(株)尾鷲営業所	尾鷲市南浦矢ノ川長尾1987	20×1	
上野ガス(株)亀山支店	亀山市椿世町西松547－1	20×1	15×1
南紀プロパンガス(株)熊野営業所	熊野市木本町1－182	0.5×8	
北勢瓦斯(株)	いなべ市北勢町別名223	20×1	
石井燃商(株)員弁充填所	いなべ市北勢町麻生田1272	15×1	
関西プロパン瓦斯(株)志摩営業所	志摩市阿児町鵜方2944	15×1	10×1
川越ガス(株)	三重郡川越町当新田623	20×1	15×1
朝日ガスエナジー(株)オアシスミルクロード	三重郡菰野町字神明田258－1	5×1	
名古屋プロパン瓦斯(株)伊勢支店	多気郡明和町新茶屋460	20×1	15×1

事　業　所　名	所　在　地	規　模（t）	
〔岐　阜　県〕			
(株)マルエイ　岐阜ＬＰガススタンド	岐阜市入舟町４－10	10×1	
東邦液化ガス(株)エコステーション岐阜	岐阜市加納坂井町2	15×1	
島商事(株)ＬＰガススタンド	岐阜市鶴田町３－19	10×1	
東邦液化ガス(株)うずらＬＰガススタンド	岐阜市東鶉２－64－４	10×1	
大垣ガス(株)	大垣市外淵３－53－２	50×1	30×2
		20×2	
スイトタクシー(株)ＬＰＧスタンド	大垣市田口町3	10×1	
(株)大丸	大垣市荒川町610－１	20×1	15×1
		10×1	
(株)ヒダエルピーヂーグループ	高山市石浦町２－447	20×1	10×1
岐阜県ＪＡビジネスサポート(株)飛騨営業所燃料センター	高山市国府町上広瀬字和田63	30×2	15×1
東鉄商事(株)多治見ＬＰガス充填所	多治見市平和町１－163	10×2	
(株)コミュニティタクシー	多治見市大原町５－99－３	0.98×1	0.3×1
(株)エネサンス中部　多治見営業所	多治見市大原町８－４－１	30×2	
生活協同組合コープぎふ多治見支所	多治見市旭ヶ丘10－６－93	0.99×2	0.84×1
関液化石油ガス(協)	関市西本郷通５－１－１	30×1	15×1
		1×1	
(株)中濃自動車学校	関市市平賀字長峰773	2.9×1	
岐阜県関自動車学校(株)	関市十六所21－１	2.9×1	
ヤマトエナジー販売(株)中津川営業所	中津川市かやの木2576－１	20×2	
共栄液化瓦斯(株)	中津川市千旦林814－２	40×1	20×1
(有)山卯商店　山卯ガス充填基地	美濃市大字極楽寺字一本杉293－７	20×1	10×1
東濃石油(株)益見充填工場	瑞浪市土岐町7987	20×2	10×1
イワタニ東海(株)羽島支店	羽島市新生町１－15	15×1	
ヤマトエナジー販売(株)恵那営業所	恵那市大井町1213－１	20×1	
美濃加茂ガス(株)	美濃加茂市前平町１－65	50×2	15×3
東海ミツウロコ(株)東濃営業所	土岐市土岐津町土岐口1619－３	30×1	20×1
東邦液化ガス(株)各務原充填所	各務原市鵜沼各務原町７－13－１	50×3	
ロジトライ中部(株)岐阜営業所	各務原市鵜沼三ツ池町６－433	30×1	20×2
新日本ガス(株)各務原支店	各務原市蘇原花園町２－45－２	20×3	10×1
(株)可児自動車学校	可児市久々利字番場2100－２	10×1	
美濃加茂ガス(株)可児支店	可児市下恵土字広瀬6107－１	10×1	
東邦液化ガス(株)可児充てん所	可児市大森字立石1570－３	30×2	
ＥＮＥＯＳグローブエナジー(株)瑞穂営業所	瑞穂市別府2288－１	20×3	
(株)マルエイ　郡上支店	郡上市大和町神路字カバ島1877－３	20×2	
郡上ガス(株)	郡上市白鳥町向小駄良760－４	15×3	
下呂興産(株)東上田充填所	下呂市東上田2121－５	15×1	
新日本ガス(株)海津支店	海津市海津町札野二番縄552	20×3	
神岡部品工業(株)	飛騨市神岡町麻生野363	15×2	
(株)カネキ立川ガス	揖斐郡池田町八幡字四美田221－１	15×1	10×1
ＥＮＥＯＳグローブエナジー(株)中部支社岐阜支店	羽島郡笠松町緑町68	20×1	15×1
		5×1	
〔富　山　県〕			
(学)北日本自動車学校	富山市五福4186	0.5×4	
北日本物産(株)神通大橋給油所	富山市五福字大曲沼5370－２	2.9×1	
富山交通(株)	富山市双代町２－１	20×1	
(株)北国エネルギー	富山市上赤江町２－３－33	30×1	20×1
		15×1	
イワタニ北陸(株)富山支店	富山市萩原34	15×2	
(株)富山自動車技術研究所	富山市婦中町田島1122	2.5×1	
サンリン(株)富山支社	富山市婦中町萩島3251－１	20×2	
サカヰ産業(株)富山総合ガスセンター	富山市高木2481－６	70×1	30×3
(株)テルサウェイズ本社営業所	富山市中大久保349	60×2	
北日本物産(株)富山充填所	富山市境野新29－４	50×3	2.9×1
(有)愛交通	富山市二口町２－５－６	0.8×1	
北陸熱原(株)	高岡市内免２－８－55	20×3	
高岡交通(株)	高岡市井口本江1096－２	3.5×1	
加越能バス(株)	高岡市江尻1243－１	1×1	
(株)中村燃料商店　大島エネルギーセンター	射水市北高木14－６	30×1	20×2
富山日石ガスセンター(株)	射水市三ケ2191－２	30×1	20×1
		10×1	
(株)丸八	魚津市北鬼江364	20×3	
(株)清水住設　阿尾充填所	氷見市阿尾30	20×1	15×1
(株)三ノ宮燃料	氷見市柳田字中田624	20×1	15×1
(株)ホームエネルギー北陸　黒部センター	黒部市沓掛字道上割2000－16	20×2	
(株)丸八　砺波営業所	砺波市苗加61－１	10×2	
中越産業(株)福野充填工場	南砺市川除新110	20×2	
(有)はしもと	南砺市福光373－１	0.98×1	
(有)朝日石油　入善給油所	下新川郡入善町入膳3505	1×2	
北日本物産(株)富山東営業所	下新川郡入善町上飯野100	20×2	
〔石　川　県〕			
伊藤忠エネクスホームライフ中部(株)北陸支店若宮オートガススタンド	金沢市若宮１－116	10×1	

事　業　所　名	所　在　地	規　模（ t ）	
（株）冨士タクシー	金沢市御供田町ホ171－2	15×1	
石川近鉄タクシー（株）	金沢市北安江2－30－26	10×1	
ＥＮＥＯＳグローブエナジー（株）中部支社石川支店金沢駅前ガスステーション	金沢市堀川新町8－18	6.99×2	
大城エネルギー（株）金沢支店	金沢市鳴和町夕166	2.7×2	
北日本物産（株）金沢支店	金沢市大野町4－ソー6－3	10×2	
（株）ホームエネルギー北陸　金沢センター	金沢市大野町4－ソー7－1	30×2	
伊丹産業（株）金沢工場	金沢市大野町4－ソー13	20×2	
宇野酸素（株）七尾営業所	七尾市古府町い部10	10×2	
北日本物産（株）七尾営業所	七尾市鶴浜町に部24	30×1	20×1
（株）ホームエネルギー北陸　小松センター	小松市矢田野町19－55－1	30×2	20×1
大城エネルギー（株）小松支店	小松市浜田町ロ64－2	10×1	
宇野酸素（株）小松営業所	小松市一ツ針イ19－1	15×2	
（有）山上石油	輪島市山岸町ろ部51	20×1	10×1
ミライフ西日本（株）珠洲店	珠洲市宝立町春日野丙21－1	20×1	
ＥＮＥＯＳグローブエナジー（株）中部支社石川支店	白山市四ツ屋町1061－1	20×2	15×1
（株）加賀ガスサービスセンター	加賀市加茂町291－1	30×2	20×1
ミライフ西日本（株）羽咋店	羽咋市新保町下128	15×1	
大城エネルギー（株）根上支店	能美市大浜町ヤ65	30×3	
大城エネルギー（株）高松支店	かほく市高松37	15×1	10×1
大城エネルギー（株）加賀支店	加賀市山代温泉11－109	7×1	
北陸自動車興業（株）	野々市市蓮花寺町230	0.5×6	
日通商事（株）金沢支店北陸ＬＰガス事業所	河北郡津幡町字清水へ398－1	30×1	15×1
（株）上野喜八商店　日石ガス宇出津充填所	鳳珠郡能登町羽根4－35	20×1	
全国農業協同組合連合会石川県本部　穴水ＬＰガス供給センター	鳳珠郡穴水町川島ヤ1－4	20×1	
〔福　井　県〕			
ＥＮＥＯＳグローブエナジー（株）中部支社福井支店	福井市高木西1－303	20×2	15×1
福井ツバメ商事（株）	福井市豊岡1－14－20	15×4	
エナジーサポートセンター（株）南福井充填所	福井市花堂東1－13－6	30×3	
（有）太陽プロパン	福井市上中町20－10	30×1	10×2
		0.5×2	
北日本物産（株）福井充填所	福井市八重巻町13字国安3－1	30×3	
宇野酸素（株）敦賀営業所	敦賀市布田町83－7－1	10×1	
ＥＮＥＯＳグローブエナジー（株）中部支社福井支店武生営業所	越前市村国2－4－10	20×1	10×1
イワタニ北陸（株）若狭営業所	小浜市甲ケ崎1－5－1	20×1	
ＥＮＥＯＳグローブエナジー（株）中部支社福井支店大野営業所	大野市中野町4丁目101	15×1	10×1
勝山商事（株）寺尾充填所	勝山市村岡町浄土寺35字木戸口4－1	15×1	
福井ツバメ商事（株）芦原オートスタンド	あわら市布目8字北田6－1	0.5×6	0.05×2
丹後瓦斯（株）高浜オートガススタンド	大飯郡高浜町宮崎86－14－5	0.5×4	
〔滋　賀　県〕			
（株）東山　大津事業所	大津市大谷町16－5	20×1	10×1
岩谷瓦斯（株）イワタニ水素ステーション大津	大津市富士見台5－9	20×1	
近江タクシー（株）大津営業所	大津市石山寺4－3－13	0.5×6	
（株）東山　堅田営業所	大津市衣川1－32－31	0.5×5	
彦根ホームガス（株）	彦根市佐和山町字山田206－1	20×1	7×1
近江タクシー（株）彦根営業所	彦根市安清町11－40	0.5×6	
近江タクシー（株）長浜営業所	長浜市平方町325－1	0.5×5	
北日本物産（株）長浜営業所	長浜市曽根町東山森1803	30×2	
森脇産業（株）長浜工場	長浜市新庄馬場町315	30×1	20×2
（株）東山　近江八幡営業所	近江八幡市馬淵町1682	20×1	10×1
近江タクシー（株）湖東営業所	近江八幡市上田町84－3	20×1	
（株）近江八幡安全教育センター	近江八幡市西庄町258	0.5×4	
北日本物産（株）八日市営業所	東近江市上大森町1881	30×1	15×1
中島商事（株）	東近江市宮荘町61－5	20×1	15×1
		10×1	
（株）タナベエナジー	東近江市伊庭町291－2	10×3	
近江タクシー（株）草津営業所	草津市笠山5丁目3－8	0.5×6	
帝産湖南交通（株）	草津市山寺町188	10×1	
三保産業（株）滋賀営業所	栗東市大橋7－2－61	0.5×2	
伊丹産業（株）滋賀工場	野洲市小篠原844－1	30×1	15×1
大丸エナウィン（株）湖南支店	野洲市三上1221－1	25×1	15×1
（株）みのりガス	野洲市南櫻柳葉5	20×1	15×1
高島ガス（株）	高島市安曇川町常磐木1105－3	20×1	
（株）東山　湖西営業所	高島市安曇川町西万木375－1	0.5×3	
信楽ガス（株）	甲賀市信楽町西349－9	20×3	
甲賀協同ガス（株）	甲賀市水口町ひのきが丘12	70×2	20×2
大阪シーリング印刷（株）第二工場	米原市大清水617－7	0.98×1	
（株）東山　守山サービスステーション	守山市矢島町二ノ坪149－5	0.5×3	
大丸エナウィン（株）滋賀支店	愛知郡愛荘町長野380	30×1	20×3
〔京　都　府〕			
弥榮自動車（株）本杜	京都市下京区中堂櫛笥町1	10×2	
伊丹産業（株）セルフ天神川エコ・ステーション	京都市右京区西院西貝川町86－1	8×2	
弥榮自動車（株）西五条	京都市右京区西院六反田町10	10×1	
エムケイ（株）オートガスステーション五条	京都市右京区西院久保田町6－4	20×1	

事業所名	所在地	規模（t）	
上原成商事(株)西大路オートガスサービスステーション	京都市中京区西ノ京南上合町50	12×1	
洛陽交通(株)	京都市南区西九条森本町65	20×1	
ヤサカ商事(株)十条営業所	京都市南区西九条西柳ノ内町4	10×2	
伊丹産業(株)セルフ京都南エコ・ステーション	京都市南区上鳥羽南鉾立町30	6.5×2	
帝産京都自動車(株)	京都市南区上鳥羽仏現寺町1	10×1	
ミライフ西日本(株)上鳥羽オートガススタンド	京都市南区上鳥羽薬田38－2	10×2	
エムケイ(株)エムケイオートガスサービスステーション	京都市南区上鳥羽北花名町1－1	15×2	
(株)ホームエネルギー近畿　京都センター	京都市南区吉祥院石原堂ノ後町31	23×1	20×1
京都液化ガス(株)	京都市南区吉祥院宮ノ西町32	20×2	
関西タクシー(株)山科オートガススタンド	京都市山科区東野舞台町1	15×1	
ヤサカ商事(株)山科営業所	京都市山科区西野山階町20	10×2	
洛東タクシー(株)	京都市山科区西野離宮町36－4	10×1	
上原成商事(株)京都工場	京都市伏見区下鳥羽南柳長町62	20×3	
日交商事(株)福知山営業所	福知山市土師宮町1－170	20×2	
伊丹産業(株)舞鶴工場	舞鶴市大字長浜801－3	20×3	
大阪ガスＬＰＧ(株)京滋支社	宇治市槇島町中川原127	20×1	15×1
小谷産業(株)宮津充填所	宮津市字須津小字霞口2504	30×1	
伊藤忠エネクスホームライフ関西(株)亀岡充填所京都営業所	亀岡市千代川町川関森ヶ下77－2	15×2	
(株)山城ガス	城陽市市辺西川原78	20×2	
ミライフ西日本(株)京滋支店京都基地	長岡京市馬場六ノ坪1	30×2	20×1
伊丹産業(株)セルフ八幡エコ・ステーション	八幡市岩田高木40－8	10×1	
髙橋商事(株)山城ＬＰガス充填所	木津川市山城町椿井落合22－1	20×3	
伊丹産業(株)野田川工場	与謝郡与謝野町石川6436	20×1	

〔奈　良　県〕

事業所名	所在地	規模（t）	
(株)加藤商会	奈良市今市町46－1	20×2	15×1
(株)加藤商会　西奈良ガスサービスステーション	奈良市中町4073－10	10×1	
(株)福井商会	奈良市柏木町177	20×1	15×1
		10×1	
大和石油ガス(株)奈良支店	奈良市神殿町677	20×1	10×1
		7×1	
(株)西井商店	奈良市南京終町5－223－1	15×1	10×2
松倉商事(株)	大和高田市大谷470	20×3	
大丸エナウィン(株)奈良営業所	大和高田市今里川合方96－8	20×2	
伊藤忠エネクスホームライフ関西(株)奈良支店	天理市庵治町202－1	20×1	10×1
(株)髙橋商店	橿原市栄和町14	20×2	
三和石油ガス(株)	桜井市三輪767－1	20×1	10×1
伊丹産業(株)桜井工場	桜井市谷6	20×1	15×1
中美燃料(株)	五條市三在町542	20×1	
伊丹産業(株)五條工場	五條市住川町888－37	30×2	
西川燃料(株)	御所市櫛羅116	20×1	15×1
エネライフ・コミュニティー(株)	宇陀市榛原福地399	10×2	
共立産業(株)	宇陀市大宇陀平尾410	10×2	
ロジトライ関西(株)奈良事業所	生駒市北田原町1544－1	30×1	
大和協同ガス(株)	北葛城郡広陵町大野85－1	20×2	
北仙産業(株)	吉野郡大淀町新野340－1	10×1	7×1
山本燃料店	吉野郡十津川村平谷57－2	0.5×6	
奈良県農業協同組合　ＬＰガス供給センター	磯城郡田原本町千代391－1	46×1	30×1
		15×1	

〔和　歌　山　県〕

事業所名	所在地	規模（t）	
八光商事(株)和歌山スタンド	和歌山市砂山南4－4－6	10×1	
和歌山ＡＧＳ(株)	和歌山市西小二里3－6－43	10×1	
大阪ガスＬＰＧ(株)和歌山支社	和歌山市小倉457	30×2	20×1
ダイワエネルギー(株)和歌山充填所	和歌山市布施屋758－1	30×1	20×2
南紀プロパンガス(株)	新宮市清水元1－1－9	30×1	15×2
伊藤忠エネクスホームライフ関西(株)紀州支店田辺営業所	田辺市下三栖1475－137	20×2	15×1
伊藤忠エネクスホームライフ関西(株)御坊営業所	御坊市塩屋町北塩屋1399－4	15×2	
伊丹産業(株)橋本工場	橋本市小原田14－1	15×1	
(株)東亜プロパン商事	有田市宮崎町368－1	15×2	
粉河ガス(株)	紀の川市東野9－3	20×1	7×1
		1×1	0.5×1
(株)モリカワ　ＬＰガス充填所	東牟婁郡那智勝浦町宇久井80－1	15×1	
伊藤忠エネクスホームライフ関西(株)紀南支店	東牟婁郡串本町出雲1185	0.98×1	
白浜ガス(株)	西牟婁郡白浜町2703－1	15×1	10×2
有田交通(株)藤並スタンド	有田郡有田川町水尻81	10×1	

〔大　阪　府〕

事業所名	所在地	規模（t）	
スタンダードサービス(株)長柄充填所	大阪市北区長柄東2－11－16	15×2	10×1
上原成商事(株)梅田エコ・ステーション	大阪市北区中津5－7－12	20×1	
八光商事(株)中津ＬＰＧ・スタンド	大阪市北区中津5－12－26	10×1	2.9×1
スタンダードサービス(株)下寺町充填所	大阪市天王寺区下寺町1－3－63	11×1	
スタンダードサービス(株)湊町充填所	大阪市浪速区稲荷町1－5－37	11.5×1	
伊丹産業(株)セルフ芦原橋エコ・ステーション	大阪市浪速区塩草2－5－19	3.5×2	
梅田オートガス(株)	大阪市福島区福島5－4－21	10×2	
上原成商事(株)東淀川エコ・ステーション	大阪市東淀川区豊新2－14－3	15×1	

事 業 所 名	所 在 地	規 模(t)	
(株)国際興業大阪	大阪市東淀川区東淡路5－8－38	20×1	
八光商事(株)放出ＬＰＧ・スタンド	大阪市城東区放出西2－1－6	17.2×1	
伊丹産業(株)セルフ中宮エコ・ステーション	大阪市旭区中宮1－10－29	17.2×2	
(株)エムティー	大阪市生野区舎利寺2－15－23	7×1	
白鷺産業(株)	大阪市東住吉区今川7－9－17	10×1	
(株)日本城オートガスセンター	大阪市西成区南津守5－3－61	11.5×1	
日交商事(株)大阪営業所弁天町エコ・ステーション	大阪市港区弁天2－12－2	30×1	20×1
オリックス市岡交通企業(株)	大阪市港区磯路3－9－15	0.5×4	
(株)シェル石油大阪発売所　都島オートガスステーション	大阪市都島区中野町2－15－20	11.5×1	
(株)関目自動車教習所	大阪市鶴見区緑3－2－2	2×3	
平野ドライビングスクール	大阪市平野区加美正覚寺4－3－21	3×1	
(株)ミツワ　南大阪オートガスステーション	大阪市平野区加美北4－3－17	15×1	
八光商事(株)	堺市堺区海山町1－3	15×1	
(株)シェル石油大阪発売所　堺戎島オートガスステーション	堺市堺区戎島町4－29	10×1	
伊藤忠エネクスホームライフ関西(株)泉北オートガス営業所	堺市南区竹城台3－22－8	15×1	
伊丹産業(株)和泉工場	和泉市テクノステージ3－11－1	20×3	
大丸エナウィン(株)大阪支店	岸和田市西大路町213	20×1	12.6×1
梶野産業(株)	岸和田市港緑町7－2	30×2	10×1
阪急タクシー(株)	豊中市服部南町3－5－12	3.5×1	
阪急ドライビングスクール服部緑地	豊中市若竹町2－1－3	0.5×2	
池田エルピーガス(株)	池田市豊島南2－10－15	15×2	
伊丹産業(株)セルフ高槻エコ・ステーション	高槻市辻子2－1－21	8×2	
上原成商事(株)エネルギー特約部　液化ガス大阪支店	枚方市堂山東町8－5	20×1	15×1
枚方自動車教習所	枚方市招提東町1－1－1	1.1×1	
(株)シェル石油大阪発売所　茨木ＬＰＧ事業所	茨木市郡5－7－26	15×1	10×1
大栄産業(株)	茨木市白川2－3－38	20×1	
ミライフ西日本(株)関西支店八尾基地	八尾市福栄町3－16－1	20×1	15×1
八尾自動車興産(株)八尾自動車教習所	八尾市高安町南7－21	0.99×2	0.85×1
(有)八尾柏原ドライビングスクール	八尾市志紀町南4－211	0.99×2	0.85×1
(株)オクジ　泉佐野工場	泉佐野市葵町4－4－27	20×1	10×1
三和液化ガス(株)	河内長野市原町4－5－5	20×1	10×1
松原交通(株)	松原市天美北7－11－13	3.5×1	
天美学園近鉄自動車学校	松原市東新町1－17－36	0.5×2	
伊丹産業(株)羽曳野ＬＰガススタンド	羽曳野市西浦967－1	3×1	
ツバメ産業(株)柏原充填所	柏原市円明町1000－8	15×3	
アストモスリテイリング(株)関西カンパニー東大阪支店	東大阪市今米2－9－49	20×1	12.6×1
(有)生栄商事　本社営業所	東大阪市渋川町3－3－3	0.99×2	0.85×1
(株)八戸ノ里ドライビングスクール	東大阪市御厨南1－4－38	0.99×2	0.84×1
八光商事(株)	箕面市小野原東1－2－20		
(株)ガナップ　門真充填所	門真市殿島町11－1	10×2	
生活協同組合おおさかパルコープ	寝屋川市宇谷町7－4	2.8×1	
ヤマト運輸(株)北大阪主管支店	寝屋川市葛原1－32－16	2.9×1	
泉州燃料(株)貝塚基地	貝塚市森952－1	0.5×2	
ヤマト運輸(株)北大阪主管支店	寝屋川市葛原1－32－16	2.9×1	
泉州燃料(株)貝塚基地	貝塚市森952－1	0.5×2	
〔兵　庫　県〕			
扇港興産(株)ＬＰガス部	神戸市灘区都通り1－1－6	10×1	
伊丹産業(株)西神戸エコ・ステーション	神戸市長田区一番町1－2－1	10×1	
神戸個人タクシー事業(協)	神戸市兵庫区御崎本町3－2－5	12×1	
伊丹産業(株)神戸工場	神戸市西区見津が丘1－7－4	30×3	
ネクストワン(株)明石営業所	神戸市西区伊川谷町潤和字大日853－1	15×1	10×1
ＥＮＥＯＳグローブエナジー(株)西日本支社神戸支店	神戸市西区伊川谷町潤和字大日862－1	20×1	10×1
伊丹産業(株)三田工場	神戸市北区長尾町宅原1752－1	30×2	
新神戸ドライヴィングスクール	神戸市北区緑町3－6－1	10×1	
伊丹産業(株)道場工場	神戸市北区道場町塩田2082	20×2	
関西ガス(株)	神戸市西区森友4－31	15×3	
伊丹産業(株)セルフ東神戸エコ・ステーション	神戸市中央区脇浜海岸通6	10×2	
扇港興産(株)大倉山オートガススタンド	神戸市中央区楠町3－4－10	15×1	
(株)山手モータース	神戸市中央区下山手通り7－10－15	10×1	
北野産業(株)	姫路市神屋町3－37－4	15×2	
タツミ産業(株)第二工場	姫路市飾磨区英賀甲1962	7×1	
姫路乗用自動車事業(協)	姫路市西庄字クボリ151	20×1	10×1
三木ガス販売(株)姫路工場	姫路市白浜町宇佐崎南2－51	40×1	20×2
伊丹産業(株)福崎工場	姫路市香寺町溝口980	20×3	
伊丹産業(株)セルフ園田エコ・ステーション	尼崎市猪名寺3－5－29	20×1	
大陽日酸ガス＆ウェルディング(株)尼崎工場	尼崎市元浜町1－95	20×2	
利昌エンタープライズ(株)武庫川自動車学園	尼崎市西昆陽4－1－13	3.5×1	
伊丹産業(株)杭瀬ＬＰガススタンド	尼崎市杭瀬北新町4－4－1	5.3×2	
(株)ハックス阪神　西宮ＬＰガススタンド	西宮市和上町5－24	7×1	
共和商事(株)本社	相生市那波大浜町1－8	15×1	
三和商事(株)	豊岡市正法寺628	23×1	12×1
(株)中村商店	豊岡市出石町町分355	20×1	10×1
伊丹産業(株)加古川工場	加古川市西神吉町宮前字氏庵垣内796－1	20×1	10×1
加古川ガス(株)加古川工場	加古川市加古川町平野488	20×1	10×1
東亜オートガス野口(株)	加古川市野口町長砂舞場865－5	10×2	

事業所名	所在地	規模(t)	
伊丹産業(株)高砂工場	高砂市阿弥陀町魚橋551	20×1	10×1
伊丹産業(株)龍野工場	たつの市龍野町日山80−1	20×1	10×2
伊丹産業(株)赤穂工場	赤穂市目坂1	20×2	
伊丹産業(株)西脇工場	西脇市郷瀬町487−1	20×1	15×1
阪急タクシー(株)阪急宝塚エルピーガス充填所	宝塚市旭町3−23−18	7×1	
阪神瓦斯産業(株)三木営業所	三木市福井字八幡谷2119−2	30×1	15×1
(株)ミツワ	川西市久代2−2−1	20×3	
伊丹産業(株)小野工場	小野市高田町1774−1	20×2	15×1
三木ガス販売(株)加西工場	加西市鎮岩町古鎮岩301	20×2	10×1
伊丹産業(株)篠山工場	篠山市大沢字岩鼻ノ坪235	30×1	20×1
(株)ミツワ 丹波支店	丹波市柏原町柏原2146−1	30×1	15×2
伊丹産業(株)氷上工場	丹波市氷上町横田622−4	30×1	20×1
ハミーガス(株)	淡路市中田2979−3	20×2	
伊丹産業(株)津名工場	淡路市木曽上1512	30×1	20×1
伊丹産業(株)東浦工場	淡路市久留麻802−2	30×1	
(株)ホームエネルギー淡路 淡路センター	南あわじ市市小井446−1	20×2	
井本産業(株)	南あわじ市中条中筋1615	20×1	15×1
		10×1	
伊丹産業(株)福良工場	南あわじ市阿万塩屋四郎右ヱ門2580	53×6	
兵庫熔材(株)	朝来市和田山町枚田244	20×1	15×1
三木ガス販売(株)山崎工場	宍粟市山崎町千本屋字大久保138	20×1	15×1
上島プロパン(株)	美方郡新温泉町浜坂464−2	15×1	
寺田ガス(株)	美方郡香美町香住区森343−1	20×1	
伊藤忠エネクスホームライフ関西(株)兵庫支店姫路営業所	神崎郡福崎町西田原123−1	20×1	10×1
共和商事(株)上郡営業所	赤穂郡上郡町上郡8	10×1	
共和商事(株)佐用営業所	佐用郡佐用町早瀬才が鼻899	10×2	
〔鳥 取 県〕			
日ノ丸産業(株)湖山瓦斯基地	鳥取市五反田町1	15×1	
山陰酸素工業(株)鳥取支店	鳥取市叶字下井原108−1	30×1	20×1
鳥取ガス産業(株)鳥取エコ・ステーション	鳥取市幸町143−4	20×1	
日交商事(株)鳥取営業所	鳥取市雲山字横屋田285	30×1	
山陰酸素工業(株)米子支店	米子市旗ヶ崎2202−1	60×3	30×2
大陽日酸エネルギー(株)中四国支社山陰支店	米子市昭和町11	20×1	
米子煉炭(有)	米子市米原1−1−31	30×1	
イワタニ山陰(株)米子支店	米子市蚊屋257−1	1.5×2 (バルク)	
湊屋石油(株)オートガススタンド	倉吉市河北町178	10×1	
日ノ丸産業(株)倉吉支店 倉吉給油所オートガススタンド	倉吉市宮川町183	3×1 (バルク)	
山陰酸素工業(株)境港営業所	境港市昭和町11−15	3×2 (バルク)	
東伯ガス産業(株)	東伯郡東伯町徳万731	20×1	
〔岡 山 県〕			
浅野産業(株)平和町オートガス事業所	岡山市北区平和町8−29	8×1	
(株)両備エネシス 厚生町LPガススタンド	岡山市北区厚生町2−12−13	7×1	
山陽オートガス(株)	岡山市北区東島田町1−1−2	7×1	
(株)両備エネシス 豊浜ガス事業所	岡山市南区豊浜町11−46	15×2	
浅野産業(株)岡山総合事業所	岡山市南区豊浜町13−58	20×3	10×1
		0.5×3	
ネクスト・ワン(株)岡山営業所	岡山市南区浜町4−2−38	18×1	
岡山ガスエネルギー(株)	岡山市南区築港栄町7−27	15×2	3×2
		1×2	
岡山エルピージーセンター(株)	岡山市南区妹尾2860−1	50×1	20×1
(株)永燃 東岡山工場	岡山市中区神下429−2	2×2	0.5×1
山陽ガス(株)	岡山市東区上道北方211	20×1	15×1
		13×1	1×1
浅野産業(株)水島事業所	倉敷市水島川崎通り1−1−7	20×2	
倉敷液化ガス(株)	倉敷市四十瀬45−1	10×2	
水島高圧瓦斯(株)	倉敷市南畝3−10−20	15×2	
水島液化ガス(株)	倉敷市中畝1−1−1	20×2	15×1
サーンガス共和(株)	倉敷市中島字中新田3	20×1	15×1
(株)はまだや	倉敷市児島通生1267−1	20×2	10×1
		0.9×1	
上野油業(株)本社工場	倉敷市玉島八島1302	30×1	10×1
難波プロパン(株)	倉敷市玉島八島1868	15×1	10×1
赤澤屋液化瓦斯販売(株)	倉敷市玉島阿賀崎1−5−5	10×1	
(株)サンセキ児島事業所	倉敷市福江1308−1	20×3	0.9×1
(株)セキサン	津山市林田町8−1	20×1	10×2
玉野興産(株)	玉野市宇野1−41−1	15×1	10×1
浅野産業(株)玉野事業所	玉野市玉原3−20−6	15×2	
(株)マスヒラガス	笠岡市笠岡3127−1	15×1	10×1
浅野産業(株)井原事業所	井原市芳井町梶江11	20×1	15×1
(株)角藤田 総社吉備路オートガススタンド	総社市三須26−1	1.1×2	
備北液化ガス販売(株)	高梁市段町749	15×1	10×1
田中実業(株)新見営業所	新見市正田270	15×1	
(株)橋本石油店	備前市東片上1154−2	15×1	10×2

事業所名	所在地	規模（t）	
浅野産業(株)真庭事業所	真庭市開田381	20×1	10×1
		0.5×1	
東真産業(株)久世オートガススタンド	真庭市久世2283－1	0.5×4	
(株)セキサン　勝英支店	勝田郡勝央町小矢田17－2	0.5×2	

〔島　根　県〕

事業所名	所在地	規模（t）	
山陰酸素工業(株)松江ＬＰガススタンド	松江市平成町182－29	3×2（バルク）	
日交商事(株)	松江市東朝日町269－11	20×2	
中石産業(株)石油ＬＰＧ松江基地	松江市福原町竹崎1－22	20×1	10×1
イワタニ山陰(株)松江支店	松江市学園2－16－37	6×2	
イワタニ島根(株)浜田支店	浜田市熱田町1456－1	20×3	
浜田ガス(株)	浜田市熱田町2135－7	20×2	
イワタニ山陰(株)出雲支店	出雲市駅南町3－11－3	2.9×2	
ＪＡしまね　斐川地区本部ＬＰガスセンター	出雲市斐川町福富844	20×1	15×1
(株)ホームエネルギー山陰　平田ターミナル	出雲市小津町1319－1	300×4（災害用）	
イワタニ島根(株)益田支店	益田市あけぼの東町10－1	20×2	
(株)石見ガスセンター	益田市遠田町1954	15×1	10×1
(株)コガワ計画	益田市安富町3330－1	1.102×3	0.95×3
松江石油(株)大田営業所	大田市大田町大田イ690－1	2.5×1	
広島ガスエナジー(株)安来充てん所	安来市黒井田町731	30×1	15×1
		0.5×2	
伊藤忠エネクスホームライフ西日本(株)石見営業所	江津市都野津町2276	20×1	7×1
イワタニ島根(株)江津支店	江津市渡津町978－8	20×1	
(株)井谷明盛堂	雲南市木次町新市364	0.5×1	
山陰酸素工業(株)雲南支店	雲南市木次町里方1079－6	3×1	
新光プロパン瓦斯(株)	鹿足郡吉賀町朝倉1451－1	15×1	
島根県農業協同組合島根おおち地区本部ＬＰガスセンター	邑智郡邑南町井原1413－1	30×1	
島前ガス(株)	隠岐郡西ノ島町大字美田1986－20	60×2	
隠岐エネルギー(協)	隠岐郡隠岐の島町飯田有田27－11	65×2	
(有)元吉燃料	隠岐郡海士町大字海士1462－1	0.5×2	

〔広　島　県〕

事業所名	所在地	規模（t）	
広島エルピータクシー事業協同組合	広島市西区福島町2－26－22	35×1	
広島ガスプロパン(株)皆実町ＬＰＧスタンド	広島市南区皆実町1－10－18	20×2	
(株)早稲田自動車学園	広島市西区井口1－3－20	（容器）	
日の丸産業(株)ＬＰガス充てん所	広島市南区上東雲町18－35	30×2	20×1
(株)ガスセンター広島	広島市南区出島2－21－8	17×1	
広島県個人タクシー協同組合　オートガススタンド	広島市南区仁保2－3－20	15×1	
(株)槇原プロパン商会　広島支店	広島市南区宇品海岸3－5－33	30×2	23×1
(株)大野石油　基町ＬＰＧスタンド	広島市中区西白島町22－15	10×1	
可部ガス販売(株)	広島市安佐北区可部南1－4－35	20×1	10×1
広島ガスプロパン(株)安佐営業所	広島市安佐南区緑井1－27－21	1.1×2	
中国三愛ガスサプライ(株)広島事業所	広島市佐伯区八幡1－29－6	10×2	
大陽日酸エネルギー(株)中四国支社呉支店	呉市広白岳6－1－26	20×1	15×1
正和液化(株)	呉市中央1－6－13	15×1	
伊藤忠エネクスホームライフ西日本(株)備後ガスセンター	三原市木原4－19－1	20×1	10×2
伊藤忠エネクスホームライフ西日本(株)三原中央オートガススタンド	三原市皆実2－5－13	2.9×2	
(株)丸善商会	三原市宗郷2－11－15	2.9×1	0.5×1
広川エナス(株)ガス住設グループ尾道ユニット	尾道市古浜町2－53	10×1	
青木プロパン(株)充填工場	尾道市向島町2038－1	20×1	10×1
因の島ガス(株)本社工場	尾道市因島中庄町西浦2010	20×1	15×1
瀬戸田燃料(株)	尾道市瀬戸田町中野脇下30－3	20×1	
広島ガスプロパン(株)尾道供給センター	福山市高西町2－2－30	10×1	
アストモスリテイリング(株)中国カンパニー野上営業所	福山市野上町3－1－36	10×1	
ツネイシＣバリューズ(株)福山ＬＰＧスタンド	福山市南本庄1－12－62	10×1	
信菱液化ガス(株)福山充填所	福山市南本庄1－6－1	15×2	
アサヒ商事(株)アサヒオートガススタンド	福山市東川口町1－4－33	2.9×4	
広島ガスプロパン(株)福山ＬＰＧ物流センター	福山市千田町4－12－20	50×2	20×1
		2×1	1×1
信菱液化ガス(株)神辺工場	福山市神辺町大字川北字南ノ丁1529－1	20×2	0.5×2
広島県東部プロパンガス協同組合	府中市中須町1233－2	15×2	
(有)赤木プロパン商会	府中市上下町深江横山86－2	20×1	0.5×1
(株)槇原プロパン商会　槇原ガスセンター	三次市四拾貫町110－1	30×3	20×1
		0.5×1	
広島ガスプロパン(株)三次ＬＰガススタンド	三次市東酒屋町1424－1	10×1	
広島ガス住設(株)	庄原市東城町新福代3	15×2	0.5×1
長岡商事(株)	庄原市是松町5020－40	20×2	0.5×1
食協(株)東広島オートガススタンド	東広島市西条中央4－2－13	17×1	
伊藤忠エネクスホームライフ西日本(株)空港オートガススタンド	東広島市河内町入野字龍王山1169－1	3×2	
(有)西条タクシー	東広島市西条町御薗宇633－5	12.9×1	
(株)ガスセンター広島　廿日市営業所	廿日市市木材港北9－20	30×2	
エコライフ(広島ガス高田販売(株))	安芸高田市吉田町常友669	20×1	10×1
		0.5×1	
ヒラタコーポレーション(株)江田島工場	江田島市江田島町江南1－2－8	20×1	10×1
		0.5×2	

事　業　所　名	所　在　地	規　模（t）	
広島ガスプロパン(株)広島ＬＰＧ物流センター	安芸郡海田町明神町２－118	400×2	50×2
		2×1	1×1
広島ガス第一プロパン(株)	山県郡安芸太田町大字加計3282－1	（容器）	
広島瓦斯販売(株)千代田充填所	山県郡北広島町大字有田字塚ノ本935	15×1	10×1
		2.9×1	
(株)久井百貨店　世羅営業所	世羅郡世羅町大字西神崎字堀戸788－2	3×1	

〔山　口　県〕

事　業　所　名	所　在　地	規　模（t）	
ヤマサンガス(株)山口ガスターミナル	山口市吉敷下東３－５－1	20×1	15×1
山口・アポロガス(株)山口営業所	山口市旭通り２－9－63	15×1	
(株)ホームエネルギー山陽　山口センター	山口市佐山字村山747－6	30×2	
高山石油ガス(株)小郡充填所	山口市小郡上郷2296－45	20×1	
西日本液化ガス(株)下関支店黒門オートガススタンド	下関市長府浜浦町33－18	10×1	
西日本液化ガス(株)下関支店	下関市長府扇町３－30	50×2	
岸石油瓦斯(株)武久高圧ガス製造所	下関市武久町２－13－9	10×1	
藤井物産(株)下関オートガススタンド	下関市武久町２－14－8	7×1	
藤井物産(株)	下関市長府野久留米町６－41	15×1	2.9×1
		0.5×2	
(株)エルピーガス下関	下関市長府松小田東町２－47	20×1	10×1
ヤマサンガス(株)下関営業所	下関市彦島老町３－1－25	15×2	
藤井物産(株)幡生大一スタンド	下関市幡生本町16－1	3.3×1	
藤井物産(株)小月工場	下関市王喜本町４－1027－11	2.9×1	
ヤマサンガス(株)宇部オートガスセンター	宇部市相生町７－30	7×1	
ヤマサンガス(株)宇部ターミナル	宇部市大字妻崎開作1849－8	40×2	2.9×1
		0.5×1	
山口・アポロガス(株)宇部営業所	宇部市南浜町１－1－1	20×1	10×1
エネックス(株)	宇部市大字東須恵3861－2	20×2	5×1
西日本液化ガス(株)萩支店	萩市大字椿326－1	20×2	
イワタニ山陽(株)萩営業所	萩市大字椿字立川2322－1	30×1	15×1
(株)三友　新田分室	防府市大字新田字西中の町166	20×1	15×1
		2.9×1	
高山石油ガス(株)防府充填所	防府市大字植松字土手附72	20×1	
高山石油ガス(株)	下松市大字平田111	20×2	15×1
興亜ガス開発(株)岩国オートガスステーション	岩国市車町２－14－26	7×1	
興亜ガス開発(株)岩国工場	岩国市装束町５－3－30	12.5×2	5×1
		0.5×1	
伊藤忠エネクスホームライフ西日本(株)岩国ガスセンター	岩国市周東町上久原字下田308－3	20×2	
小野田液化石油ガス(協)	山陽小野田市大字東高泊1561	20×1	2.5×1
山口合同ガス(株)徳山支店光営業所	光市光が丘４－8	3×2	
(株)大工燃料工業所　長門充てん所	長門市東深川1856－1	20×1	
大隅石油(株)ＬＰガス充填所	長門市仙崎堤尻295－1	10×1	
藤井物産(株)油谷充てん工場	長門市油谷久富字松崎48－3	15×1	
三和ガス(株)	柳井市南町２－3－8	10×1	
高山石油ガス(株)柳井充填所	柳井市余田2329	15×1	
(株)河村商店	美祢市大嶺町東分字前田416－1	15×1	
(有)小竹	美祢市伊佐町字西台4951－2	0.5×4	
西日本液化ガス(株)周南支店徳山営業所	周南市久米字鳥越1140－4	15×1	
小松物産(株)	大島郡周防大島町大字小松開作字友貞1015－9	10×1	

〔徳　島　県〕

事　業　所　名	所　在　地	規　模（t）	
宮崎商事(株)	徳島市八万町大坪20－5	20×1	
神原ミツウロコ(株)	徳島市南沖洲１－7－9	20×2	
丸善商事(株)万代充填所	徳島市万代町７－23	20×2	
千松自動車(株)	徳島市北佐古二番町182－1	0.5×4	
徳島ハイタク協同組合	徳島市津田海岸町１－98	10×1	
徳島石油(株)国府ＬＰＧ充填所	徳島市国府町早渕839	20×2	
(株)中岸商店　鳴門工場	鳴門市大津町矢倉四の越15－1	20×2	
(株)阿波酸素	小松島市金磯町８－113	10×2	
(株)スタン　阿南営業所	阿南市橘町幸野107－13	30×1	20×1
丸善商事(株)鴨島充填所	吉野川市鴨島町牛島字先須賀1	20×1	
日本プロパンガス(株)池田工場	三好市白地字井ノ久保1611	30×1	
藤田商事(株)脇町充填所	美馬市脇町大字猪尻字建神社下南146－1	15×1	10×1
徳島液化ガス(株)美馬工場	美馬市脇町大字猪尻字建神社下南156－1	15×2	
ＪＡ徳島燃料サービス(株)土成ＬＰガスセンター	阿波市土成殿開65－1	30×1	20×1
		1×1	
丸善商事(株)南部充填所	海部郡海陽町大字宍喰浦字那佐2－1	20×1	
宮崎商事(株)牟岐工場	海部郡牟岐町大字内妻字古江95－1	20×1	
川原プロパン(有)	三好郡東みよし町西庄井字関125	15×2	
四国ガス燃料(株)徳島営業所	板野郡松茂町笹木野八山開拓23	50×1	30×1
藤田商事(株)鳴島充填所	板野郡松茂町笹木野字八山開拓158－1	20×1	15×1
日プロ徳島(株)	板野郡藍住町東中富大塚傍示21－5	30×1	15×1
(株)スタン　徳島北事業所	板野郡上板町引野字野神西18	40×1	
宮崎商事(株)阿波工場	阿波市市場町大字上喜来字岸の下832－15	20×2	
四国アセチレン工業(株)徳島工場	名西郡石井町藍畑字西覚円1100	30×1	15×1

事　業　所　名	所　在　地	規　模（t）	
〔香　川　県〕			
高橋石油(株)	高松市三条町50－3	20×2	10×1
		2.8×1	
日本プロパンガス(株)高松工場	高松市円座町字西村81－1	15×2	10×1
大同ガス産業(株)朝日町工場	高松市朝日町4－24－1	60×1	30×1
		20×1	15×1
		10×1	
大同ガス産業(株)	高松市伏石町708－1	0.5×2	
四国ガス燃料(株)高松営業所	高松市朝日町4－19－1	35×1	30×2
高松ハイタク事業協同組合	高松市朝日町5－4－25	20×2	
香川第一エルピーガス協同組合	高松市庵治町字丸山6391－134	30×1	
生活協同組合コープかがわ　中部センター	高松市飯田町745－1	1×2	
伊藤忠エネクスホームライフ西日本(株)香川営業所	高松市香南町由佐824－1	20×1	1×2
日本プロパンガス(株)	丸亀市昭和町14	30×1	20×1
		15×1	0.5×1
ジクシス(株)丸亀充てん所	丸亀市昭和町15	20×2	
四国アセチレン工業(株)丸亀工場	丸亀市川西町南1	10×3	
四国石油(株)中讃営業所	丸亀市綾歌町岡田東下土居400	30×1	20×1
横井石油(株)	坂出市昭和町2－6－18	80×5	
生活協同組合コープかがわ　西部センター	善通寺市与北町下西原3287－1	1×2	
(株)藤田商事	観音寺市坂本町5－4－5	18×2	
三宅産業(株)ＬＰガス工場	観音寺市出作町字荒神岡1204－1	20×1	15×1
(株)ＪＡ香川県オートエナジー　大川充填所	さぬき市造田野間田824	20×2	
日本プロパンガス(株)志度工場	さぬき市小田947	30×1	20×1
竹本石油(株)	東かがわ市湊1308－2	30×1	
生活協同組合コープかがわ　大川センター	東かがわ市大内200－19	1×2	
大同ガス産業(株)三本松営業所	東かがわ市水主4692	20×1	
(株)吉田石油店　液化石油ガス製造所	三豊市詫間町松崎水出2805－2	500×1	100×5
		0.5×1	
日本プロパンガス(株)詫間ＬＰＧ基地	三豊市詫間町詫間字松下6902	500×4	2.5×1
		0.5×2	
高橋石油(株)東充填所	木田郡三木町井戸二条2468	20×1	
農協商事(株)仲南ＬＰガス充填所	仲多度郡まんのう町買田277－1	20×1	
大陽日酸エネルギー(株)中四国支社四国支店	仲多度郡まんのう町長尾字川原1140－3	20×1	15×1
小豆島プロパンガス(株)	小豆郡小豆島町池田字柿木谷3836	20×2	
小豆島マルヰプロパン(株)	小豆郡小豆島町池田字柿木谷3918－1	20×1	
横井石油(株)小豆営業所	小豆郡土庄町字谷の奥乙1177	20×1	10×1
大同ガス産業(株)南営業所	綾歌郡綾川町陶1749－3	20×2	10×1
〔高　知　県〕			
土佐ガス(株)北萩町オートガススタンド	高知市萩町1－7－27	15×1	
イーアンドイー(株)高知駅前通りオートガススタンド	高知市北本町3－4－18	20×1	
高知日商プロパン(株)	高知市五台山4983	80×1	60×2
伊丹産業(株)高知工場	高知市五台山4992－2	20×3	
四国ガス燃料(株)高知営業所	高知市五台山4993－1	50×2	
(株)くろしおガスセンター	高知市一宮2826	30×2	15×1
高知エネルギー(株)高知工場	高知市仁井田3636－30	500×1	150×1
		30×1	
(株)長尾ガス	宿毛市和田字峯ノ山3991－4	20×1	
高知日商プロパン(株)中村営業所	四万十市井沢921	30×1	
(株)アストモスガスセンター四国　中村営業所	四万十市古津賀2558	20×1	
(株)柿谷プロパン	四万十市貝同北相ノ沢6200－4	30×1	20×1
高知日商プロパン(株)安芸営業所	安芸市川北字新町甲1631	20×1	
土佐ガス(株)清水工場	土佐清水市加久見砂間876	20×1	
高知日商プロパン(株)須崎営業所	須崎市多ノ郷甲5537－1	0.05×18	
(有)鍋島燃料店	室戸市領家629	20×1	
(株)ヒワサキ　南国営業所	南国市物部高川原620－1	20×2	
伊丹産業(株)南国ＬＰガススタンド	南国市明見803－4	15×1	
太陽石油販売(株)春野充填所	吾川郡春野町弘岡下字高樋橋詰3600－1	20×1	15×1
(有)嶺北ガス	長岡郡本山町本山9－2	20×1	
土佐ガス(株)窪川工場	高岡郡四万十町榊山町10－20	20×1	
四万十農業協同組合充填所	高岡郡四万十町東大奈路字丸山513	20×1	
(有)山崎商店	高岡郡佐川町柳瀬字胡麻尻丙3649－1		
〔愛　媛　県〕			
松山オートガス(株)	松山市千舟町8－76－1	10×1	
アストモスリテイリング(株)四国カンパニー松山オートガススタンド	松山市三番町8－360－6	10×1	
(株)ホームエネルギー四国　松山センター	松山市谷町甲80	20×3	
タイヨー商事(株)（タイヨーオートガス）	松山市高岡町148	20×2	
エネロ(株)第一工場	松山市東石井5－12－25	20×1	
エナジー・ワン(株)	松山市大可賀3－1453－11	30×2	15×1
		2.9×1	
愛媛自動車興業(有)	松山市吉藤2－2－38	2.9×1	0.05×32
(株)第一自動車教習所	松山市朝生田町4－4－32	0.98×2	
(株)松山生協　垣生充填所	松山市西垣生町2874	30×1	1×1

事業所名	所在地	規模(t)	
ＥＮＥＯＳグローブエナジー(株)四国支社松山支店	松山市南吉田町2576	30×1	20×1
		0.5×1	
今治プロパンガス(株)	今治市阿方甲295	50×1	20×1
		10×1	2.5×1
		1×1	
東予液化ガス(株)南高下工場	今治市南高下町３－２－２	10×2	
今治交通(株)今治中央自動車学校	今治市小泉５－11－21	0.05×32	
波止浜興産(株)自動車教習所	今治市内堀２－１－15	0.5×6	
上浦ガス(有)	今治市上浦町井口5853	15×1	
四国ガスＬＰＧ販売(株)	今治市クリエイティブヒルズ２－５	50×2	20×2
		2.9×2	
四国ガス燃料(株)宇和島営業所	宇和島市明倫町１－１－16	30×2	20×1
三原産業(株)ガス事業部	宇和島市高串字中窪２－50－１	20×1	15×1
(株)亀岡商店	宇和島市坂下津甲407－19	350×1	150×1
		20×1	1×1
		0.5×1	
太陽石油販売(株)八幡浜充填所	八幡浜市五反田２番1423－１	20×1	
(有)新地商店　保内充填所	八幡浜市保内町川之石１－２－１	20×1	
日プロ愛媛(株)	新居浜市観音原町甲２－１	20×3	
正起ガス(株)	新居浜市観音原町甲６－７	30×2	
中央自動車工業(株)中央新居浜自動車学校	新居浜市清水町12－94	0.5×4	
フジエネルギー(有)	西条市福武甲890	15×1	
四国アセチレン工業(株)西条事業所	西条市ひうち字西ひうち３－９	30×1	15×1
		10×2	
共同瓦斯(株)西条充填所	西条市ひうち字西ひうち３－40	30×1	20×2
藤岡ガス(有)	西条市周布1688－２	15×1	
山内石油(株)	西条市石田288－１	15×1	
藤田商事(株)愛媛工場ＬＰガス充填所	西条市北条1200－２	15×2	
南予プロパン(株)	大洲市新谷乙514	20×1	
エネロ(株)大洲営業所	大洲市東大洲1041－２	30×1	15×1
		0.5×1	
(有)肱南タクシー　北只事業所	大洲市北只1503－１	2.9×1	
矢野ガス(株)	大洲市長浜町上老松６－１	15×1	
東予ガス(株)	四国中央市妻鳥町字中新開86－１	15×1	10×1
田中商事(有)	四国中央市三島金子１丁目字金子2200－11	20×1	10×1
福泉(株)伊予充填所	伊予市宮下字松ノ下270－１	20×1	
河野石油店	西予市宇和町小原666	20×1	
ＪＡえひめ南　南宇和充填所	南宇和郡愛南町御荘平城3644	15×2	1×1
愛媛ベニー(株)	伊予郡松前町大字北川原1625－１	20×2	
愛媛日商プロパン(株)	伊予郡松前町大字筒井1266－１	200×2	60×2

〔福　岡　県〕

事業所名	所在地	規模(t)	
福岡エコ・オートガス(株)東浜エコステーション	福岡市東区東浜１－10－20	20×1	
大洋ガステック(株)伊藤忠オートガスＮｏ２ステーション	福岡市博多区博多駅前３－８－９	10×1	
福岡オートガスステーション(株)博多オートガススタンド	福岡市博多区博多駅南５－15－７	20×1	
(株)エコア　山王エコ・ステーション	福岡市博多区東光寺町１－２－27	15×1	
(株)三愛ガスサービス福岡南事業所	福岡市博多区月隈４－１－２	15×2	
コーアガステック(株)天神ＬＰＧスタンド	福岡市中央区那ノ津１－１－１	7×2	
(株)エコア　天神オートガスステーション	福岡市中央区那ノ津２－46	15×1	
(株)ツバメガスフロンティア　福岡第２工場	福岡市中央区荒津２－３－28	20×2	2.5×1
(株)エコア　筑紫オートガスステーション	福岡市南区大楠１－26－30	15×1	
(株)エコア　拾六町オートガスステーション	福岡市西区石丸４－２－25	15×1	
小倉交通(株)ＬＰガス事業部	北九州市小倉北区宇佐町１－９－12	12×1	7×1
(有)北九州運輸産業　小倉オートガススタンド	北九州市小倉北区篠崎１－６－２	15×1	
第一マルキサービス(株)第一オートガススタンド	北九州市小倉北区東港１－２－14	10×2	
(有)北九州運輸産業　西港オートガススタンド	北九州市小倉北区西港町15－12	15×2	
ＥＮＥＯＳグローブエナジー(株)北九州支店	北九州市門司区瀬戸町１	30×1	11.5×1
		5×1	
宇島瓦斯(株)門司営業所	北九州市門司区小森江１－２－12	20×1	15×1
(株)エコア　八幡充填所	北九州市八幡西区夕原町11－18	20×1	15×1
八幡瓦斯(株)	北九州市八幡西区夕原町12－７	20×3	2.5×1
(有)北九州運輸産業　八幡オートガススタンド	北九州市八幡東区春の町５－４－12	7×1	
アストモスリテイリング(株)九州カンパニー久留米オートガススタンド	久留米市縄手町350－１	20×1	
アストモスリテイリング(株)九州カンパニー久留米支店	久留米市荒木町荒木1977－１	30×2	20×1
渡辺プロパンガス(株)野中工場	久留米市野中町1191	10×1	
(有)久留米第一自動車学校	久留米市山本町豊田1358－１	2.9×1	
両筑産業(株)	久留米市山川神代３－10－32	20×1	15×2
久留米エル・ピー・ガス(株)	久留米市国分町1519	15×2	
福岡酸素(株)久留米支社	久留米市宮ノ陣町若松字粟ノ瀬１－７	20×1	15×1
(株)平川燃料　液化石油ガス充てん所	大牟田市健老町371	20×1	15×1
酒見燃料(株)大牟田ＬＰＧ充填配送センター	大牟田市新開町２－82	20×1	15×1
(有)大牟田協同ガス	大牟田市北磯野32－１	7×1	
(株)肥筑大牟田ＬＰＧ充填所	大牟田市北磯町２－160	15×2	
(株)筑豊産業ＬＰＧスタンド	直方市大字下新入字貴船600	10×1	
龍王ガス(株)	飯塚市横田826－３	10×2	
九州酸素(株)	飯塚市大字目尾398	20×1	15×1

事　業　所　名	所　在　地	規　模(t)	
大内田産業(株)平塚工場	飯塚市平塚427－1	15×2	1.5×2
		2.9×1	
(株)コーアガス筑豊	飯塚市平恒511－5	15×2	
田川構内自動車(株)田川ＬＰＧスタンド	田川市中央町3170－113	7×1	5×1
合同ガス(株)	田川市大字伊田2824	20×2	
(株)中村	八女市大字龍ヶ原263	20×1	10×1
八女食糧販売(株)	八女市大字納楚691	15×1	
(株)大疂商事	筑後市大字野町378－1	15×1	10×1
筑後ガスセンター(株)	筑後市大字久富字一丁畑1328－2	50×2	
太陽企業(協)太陽ガス	行橋市大字今井1239－1	15×1	
すえまつ興産(株)長木充填所	行橋市大字長木字小口迫281－1	30×1	20×1
(株)小郡自動車学校	小郡市小郡679	3.4×1	
(株)エコア　大野城充填所	大野城市東大利4－5－33	20×1	15×1
カマタ(株)福岡支店	大野城市御笠川6－2－8	20×1	15×1
(株)ヒラカワ　柳川バイパスガスステーション	柳川市三橋町高畑207－1	7×1	
大協瓦斯(株)	柳川市三橋町大字柳河1035	15×1	10×1
(株)柳川自動車教習所	柳川市大和町大字豊原100	2.9×1	
(株)光タクシーＬＰＧ充填所	うきは市吉井町清瀬475－1	10×1	
(株)松浦商会　潤オートガススタンド	糸島市潤3－26－3	10×1	
(株)三愛ガスサービス　北九州事業所	宗像市光岡字小牟田80	20×1	15×1
大陽日酸エネルギー(株)九州支社豊前支店	豊前市大字宇島606－5	30×2	
(有)前田商会	筑紫野市紫2丁目12－16	10×1	
北九州プロパン瓦斯(株)福間ＬＰガススタンド	福津市上西郷530－1	10×1	
高松産業(株)水巻オートガススタンド	遠賀郡水巻町猪熊10－2－25	15×1	10×1
(株)ＢＦＧエンジニアリング	糟屋郡粕屋町駕与丁1－5－1	30×1	1.5×1
協和産業(株)苅田ガス工場	京都郡苅田町大字苅田字松浦3787－42	30×1	
〔佐　賀　県〕			
(株)エネサンス九州　佐賀事業所	佐賀市兵庫町大字渕1558－1	20×2	
(株)エコア　佐賀充填所	佐賀市北川副町大字光法1459	20×1	10×1
山代ガス(株)	佐賀市鍋島町大字八戸2153－1	30×1	20×2
ＥＮＥＯＳグローブエナジー(株)九州支社佐賀支店	佐賀市西与賀町大字厘外797－2	20×1	
(株)南佐賀自動車学校	佐賀市南佐賀1－19－1	2.9×1	
(株)ホームエネルギー九州　佐賀センター	佐賀市久保泉町大字上和泉字泉1191－18	30×3	
(株)エネオール	唐津市和多田大土井5－15	15×1	
山代ガス鳥栖(株)	鳥栖市飯田町574－4	15×2	
(株)ＪＡライフサポート佐賀　鳥栖事業所	鳥栖市原町1313	15×1	
(株)サンテック	鳥栖市西新町1428	15×2	
川井産業(株)伊万里充填所	伊万里市大坪町白野	15×1	10×1
日通エネルギー九州(株)佐賀支店伊万里ガスターミナル	伊万里市二里町大里乙1705－1	20×1	10×1
福岡酸素(株)伊万里支社	伊万里市立花町2380－1	20×1	15×1
ＥＮＥＯＳグローブエナジー(株)九州支社武雄支店	武雄市武雄町大字武雄1825	20×2	
(株)エネサンス九州　鹿島事業所	鹿島市古枝字神宮司甲266－1	20×2	
(有)鹿島プロパン	鹿島市大字重ノ木川良籠甲40	10×1	
(株)三愛ガスサービス　佐賀事業所	神埼市神埼町田道ヶ里2306	50×3	
(有)中原商会	嬉野市嬉野町大字下宿甲1477－2	15×1	
(有)福田商会	嬉野市嬉野町大字下宿乙1626－1～3	10×1	5×1
〔長　崎　県〕			
大長崎商事(株)	長崎市八千代町2－9	20×1	
(株)エコア　長崎ターミナル	長崎市小ヶ倉町1－1022	600×3	
(株)明治商会　オートガススタンド	長崎市常盤町1－8	7×1	
(有)長崎共同充填所	長崎市江戸町7－10	15×1	
(株)あたご	長崎市星取町1－1－28	2.9×1	
(株)Ｓ・Ａ・Ｇ　STATION	佐世保市梅田町6－3	7×1	
(株)ホームエネルギー九州　佐世保センター	佐世保市広田4－1－6	20×2	
佐世保中央自動車学校経営委員会	佐世保市沖新町5－10	0.5×2	
ＥＮＥＯＳグローブエナジー(株)島原ＬＰＧ基地	島原市弁天町2－7353－3	30×1	15×1
(資)立川酸素プロパン	諫早市城見町31－60	7×1	2.9×1
ＥＮＥＯＳグローブエナジー(株)長崎ガスターミナル	諫早市津久葉町5－90	30×1	20×1
(株)かんこう自動車学校	諫早市栗面町280	2.9×1	
日通エネルギー九州(株)長崎支店大村ガスターミナル	大村市協和町832	10×2	2.9×1
(株)ホームエネルギー九州　大村センター	大村市小路口町745	20×3	
才津プロパン(株)	五島市吉久木町中牛木場1468	20×1	2.9×1
		0.5×3	
(株)平戸ガスセンター	平戸市戸石川町一ツ石88－3	15×1	
吉野石油プロパン(株)	松浦市志佐町浦免555	20×1	15×1
マツハヤ(株)対馬ＬＰガス充填所	対馬市厳原町小浦104－2	20×1	
(株)大島商事	西海市大島町字間瀬先1806－1，1804	20×1	
(有)西彼商会　下山充填工場	西海市大瀬戸町瀬戸西濱郷1622－36	2.5×1	
小浜オートガススタンド	雲仙市小浜町北野1061－2	0.5×4	
川添石油(株)郷ノ浦オートガススタンド	壱岐市郷ノ浦町田中触上戸田1176	2.9×1	
アストモスリテイリング(株)九州カンパニー長崎支店	東彼杵郡波佐見町稗木場郷下の谷536－4	20×2	
(株)エネライフ長崎　長崎事業所	西彼杵郡時津町久留里郷1439－58	30×2	10×1
(有)吉村プロパン	南松浦郡新上五島町三日ノ浦郷1－131	100×1	50×1
		30×1	

事　業　所　名	所　在　地	規　模（t)	
(株)エネサンス九州　佐世保事業所	北松浦郡佐々町沖田免16－3	20×1	15×1
〔大　分　県〕			
(株)ダイプロオート　大分スタンド	大分市中島西3－1－1	7×1	
(株)ダイプロオート　鶴崎スタンド	大分市大字海原字見休800－1	10×1	
江藤産業(株)大分工場	大分市大字皆春字行長30－7	15×1	
(株)大分県農協共済福祉事業社　大分東自動車学校	大分市大字皆春531－1	1×1	0.5×1
山口産業(株)亀の井自動車学校鶴崎	大分市大字鶴瀬字松ノ木401－1	3×1	
(株)ダイプロ　大分工場	大分市豊海5－4－7	20×1	10×2
(株)ホームエネルギー九州　大分センター	大分市豊海1－8－11	30×2	20×1
(株)ダイプロオート　南大分スタンド	大分市畑中458－1	5×2	
(有)自動車事故防止協会　大分自動車学校	大分市大字津守564－4	0.5×2	
(株)ダイプロオート　別府スタンド	別府市新港町3－47	7×1	
山口産業(株)別府エルピーガススタンド	別府市石垣10－1－43	7×1	
大陽日酸エネルギー(株)九州支社大分営業所	別府市大字北石垣字古寺1451－1	10×1	
(株)山国商会	中津市沖代町1－3－1	15×1	10×1
大分県米穀卸(株)中津充填所	中津市中殿町3－9－6	15×1	10×1
日田エルピーガス協同組合	日田市大字友田963－1	20×1	15×1
		10×2	
石田産業(株)	日田市天瀬町馬原2105－4	15×1	10×1
カマタ(株)大分支店	日田市天瀬町女子畑387－1	20×1	15×1
(株)ダイプロ南部販売　上岡事業所	佐伯市大字鶴望字ドケヤ171	15×2	
(株)山作	佐伯市駅前2－9－7	7×1	
(株)佐伯エネルギーセンター	佐伯市東町26－10	15×1	10×1
(株)板井林業	臼杵市大字臼杵字洲崎72－266	15×1	
(有)土居燃料	竹田市大字挟田670	20×2	
(株)ジェイケイケイ　竹田LPG充填工場	竹田市大字挟田1451－1	30×1	15×1
二豊液化ガス協同組合	豊後高田市大字界228	30×1	20×1
(有)三重野燃料	杵築市大字猪尾779－4	15×1	10×1
杵築石油(資)	杵築市大字守江1274－2	20×1	
大分液化ガス(株)	宇佐市大字石田212	20×1	15×1
(株)ダイプロ北部販売本社	宇佐市山下字囃田1490－1	20×1	
(有)大谷商会	由布市湯布院町大字川南242－1	10×1	
(株)ごとう　三重充填所	豊後大野市三重町赤嶺字大原1153－30	10×1	
(株)ダイプロ別杵国東販売　安岐事業所	国東市安岐町塩屋335	15×1	10×1
国見液化ガス(株)	国東市国見町伊美2248	15×1	
玖珠液化ガス協業組合	玖珠郡玖珠町大字山田86	15×1	10×1
〔熊　本　県〕			
熊本石油(株)熊本充填センター	熊本市西区上熊本2－8－36	25×1	10×1
熊本石油(株)春日オートスタンド	熊本市西区蓮台寺4－1－11	11×2	
(株)Misumi　熊本充填工場	熊本市東区長嶺南6－6－40	15×2	
熊本石油(株)健軍エコ・ステーション	熊本市東区若葉2－1－1	2.9×2	
(株)Misumi　2号清水オートガスサービスショップ	熊本市北区高平3－41－1	15×1	
熊本石油(株)清水エコ・ステーション	熊本市北区清水本町17－23	(容器)	
熊本県タクシー事業協同組合	熊本市南区田井島1－8－1	20×1	15×1
(株)ホームエネルギー南九州　熊本センター	熊本市南区城南町今吉野1246－1	30×2	20×1
(有)大和商事	八代市新開町3－80	40×1	10×2
熊本石油(株)人吉充填所	人吉市青井町字間町404－2	30×1	10×1
(株)Misumi　人吉オートガスサービスショップ	人吉市中青井町373－2	7×1	
(株)有明液化瓦斯	荒尾市平山2086	15×1	
(株)フォーネストガス	荒尾市万田字境崎1545	53×1	30×1
		30×1	
(株)Misumi　水俣充填所	水俣市長野町530－1	20×1	10×1
本渡マルヰ(株)オートスタンド	天草市本渡町本渡馬場字西の久保1500－3	17×1	
熊本石油(株)天草充填所	天草市港町2－13	20×1	10×1
本渡液化ガス(株)オートガススタンド	天草市港町18－6	12×1	
熊本石油(株)牛深充填所	天草市牛深町辰ヶ越241－1	20×1	
天草石油(株)佐伊津充填所	天草市佐伊津町字四ツ枝1171－1	20×1	
(株)ホームエネルギー南九州　山鹿センター	山鹿市古閑字辻1352－1	20×2	
(株)菊池自動車学校	菊池市大字木柑子1427	0.8×1	
日通エネルギー九州(株)熊本支店宇土ガスターミナル	宇土市三拾町野原町155	30×1	20×1
大牟田ガスエネルギー(株)玉名営業所	玉名市岱明町下前原字西原617－3	15×1	
熊本石油(株)阿蘇充填所	阿蘇黒川1499	10×1	
フルキ石油(株)	阿蘇市一の宮町宮地4732	20×1	
天草石油(株)松島出張所	上天草市松島町合津4211－15	(容器)	
(資)ひげや　LPガス充填工場	下益城郡美里町永富字森の前2300	10×1	
内村酸素(株)有明ガスセンター	玉名郡長洲町清源寺字川西620－1	20×1	10×1
(資)小国資源開発　小国ガスサービスセンター	阿蘇郡小国町宮原2756	15×1	10×1
高森ガス販売(株)	阿蘇郡高森町高森1577	(容器)	
〔宮　崎　県〕			
(株)Misumi　宮崎海上基地	宮崎市小戸町92－14	300×1	250×1
		200×1	7×1
大陽日酸エネルギー(株)九州支社宮崎支店	宮崎市村角町白拍子1154－1	30×1	
西日本液化ガス(株)宮崎支店	宮崎市大字小松字前田2696－1	20×1	

事業所名	所在地	規模(t)	
東亜ガス(株)	宮崎市祇園2－58	15×1	
(株)宮崎プロパン	宮崎市大字赤江飛江田878－1	20×2	
(株)ホームエネルギー南九州　宮崎センター	宮崎市佐土原町下田島10200	20×2	2.9×1
(株)宮崎プロパン　都城支店	都城市立野町3775－2	20×1	
アストモスリテイリング(株)九州カンパニー都城支店	都城市今町9069	20×1	15×1
(株)Ｍｉｓｕｍｉ　都城オートガス	都城市平江町22－24	7×1	
(株)川崎総業	都城市平江町38－11	10×1	
(株)ツバメガス宮崎北部カンパニー	延岡市昭和町3－27	15×1	10×1
(株)飯干商事　延岡営業所	延岡市別府町3572	30×1	20×1
日南マルヰガス(株)	日南市大字平野1485－1	20×1	
日南石油(株)日南充てん所	日南市上平野町2－4－14	10×1	
宮崎液化ガス(株)日南製造所	日南市瀬貝2－1－48	15×1	
(有)日南自動車学校	日南市大字上方2489	0.98×2	
濱田燃料(株)	小林市大字真方南小林原445	15×2	
(株)サカプロ	小林市大字北西方165－2	20×1	15×1
梅田学園(株)　梅田学園　小林自動車学校	小林市野尻町三ヶ野山2290番地	2.9×1	
(株)エコア　日向充填所	日向市大字日知屋椎の木花14822－6	20×1	15×1
東洋プロパン瓦斯(株)日向充てん所	日向市大字日知屋字亀川17330	20×1	10×1
白石石油(株)	えびの市大字杉水流字諏訪前105	20×1	2.9×1
三和交通(株)	西都市御船町1－83	0.98×1	
(株)飯干商事　高千穂営業所	西臼杵郡高千穂町三田井6509－1	15×1	
(株)ホームエネルギーアサヒ	東臼杵郡門川町大字門川尾末字淀原10836－1	20×2	2.9×1
(有)はまもとプロパンガス	児湯郡川南町大字川南13676	2.9×1	
〔鹿児島県〕			
アストモスリテイリング(株)九州カンパニー鹿児島支店	鹿児島市伊敷町4602	20×1	15×1
(株)玉里自動車学校	鹿児島市下伊敷1－10－2	2.9×1	
岩井観光開発(株)谷山中央自動車学校	鹿児島市上福元町6870	2.9×1	
(有)観光ガス	鹿児島市東郡元町6－31	15×1	
(株)コーアガス日本　鹿児島工場	鹿児島市宇宿2－1－13	20×1	15×1
日米礦油(株)鹿児島支店鹿児島ＬＰガスターミナル	鹿児島市宇宿2－5－7	750×1	450×1
第一オートガス(株)	鹿児島市錦江町2－1	15×1	
カマタ(株)鹿児島支店	鹿児島市錦江町11－22	20×1	15×1
(株)Ｍｉｓｕｍｉ　鹿児島工場	鹿児島市南栄3－31	800×1	500×1
		350×1	7×1
(株)エコア　ナポリオートガスステーション	鹿児島市上之園町5－1	7×1	
(有)南日本自動車学校	鹿児島市光山1－5－2	2.9×1	
(株)Ｍｉｓｕｍｉ　ミスミオートガス堀江店	鹿児島市堀江町11－9	6.5×1	
(株)鹿屋自動車学校	鹿屋市今坂町10115	2.9×1	
秋元ガス(株)	鹿屋市田崎町717	30×1	
(株)Ｍｉｓｕｍｉ　鹿屋充填所	鹿屋市礼元2－3826－8	20×1	15×1
(有)萩原工業所	枕崎市栄中町639	15×1	10×1
(株)旭ガス	枕崎市立神北町547	30×1	15×1
阿久根ガス(株)	阿久根市晴海町6－1	10×1	
(株)はしコーポレーション　阿久根充填所	阿久根市塩浜町1－13	15×2	
(株)出水自動車学校	出水市六月田町655	1×1	
日米礦油(株)鹿児島支店出水出張所	出水市高尾野町下水流2170－3	2.9×1	
(株)はしコーポレーション　出水充填所	出水市境町856	31×1	20×1
(株)ツバメガスフロンティア　指宿営業所	指宿市新西方下丸2693	20×2	
日米礦油(株)鹿児島支店西之表ＬＰＧ充填所	西之表市西之表10410－3	1.6×1	
北薩ガス(株)	薩摩川内市勝目町4103	20×1	15×1
(株)コーアガス日本　川内支店	薩摩川内市大小路町3447	20×1	10×1
日米礦油(株)鹿児島支店川内営業所	薩摩川内市中郷町5036－1	20×2	
平野商事(株)	薩摩川内市樋脇町塔之原10809－1	15×1	2.9×1
(株)福崎自動車学校	薩摩川内市平佐町3333	2.9×1	
(株)南九州自動車学校	薩摩川内市平佐町4860	2.9×1	
小平(株)伊集院充填所	日置市伊集院町徳重3－8－5	30×1	20×1
井上商工(株)大隅営業所	曽於市大隅町岩川7309	15×1	2.5×1
(株)コーアガス日本　国分工場	霧島市国分下井字鶴崎2363－4	30×2	2.9×1
日米礦油(株)鹿児島支店国分営業所	霧島市国分中央1－19－73	20×2	
(有)岩元石油　空港ＬＰＧスタンド	霧島市溝辺町麓286－2	10×1	
(株)隼人自動車学校	霧島市隼人町真孝123	2.9×1	
(有)秋窪石油	霧島市隼人町内字早迫1333－3	15×1	
小平(株)串木野充填所	いちき串木野市西薩町17－12	30×3	0.5×2
(株)コーアガス日本　串木野ＬＰＧステーション	いちき串木野市日出町11842	30×2	
井上商工(株)南薩営業所	南さつま市加世田川畑12386	20×1	2.9×1
(株)加世田自動車学校	南さつま市加世田唐仁原1245	2.9×1	
富士燃料(株)大隅営業所	志布志市有明町野井倉8238	15×1	
大島石油(株)名瀬オートガススタンド	奄美市名瀬矢之脇町24－19	0.5×8	
吉田商事(株)小浜ＬＰＧスタンド	奄美市名瀬小浜町34－1	15×1	
岩井観光開発(株)奄美自動車学校	奄美市名瀬平田町30－25	0.5×3	
(株)ジェイエイエコパル　南薩充填所	南九州市知覧町永里14584－1	30×2	
大口ガス(株)	伊佐市大口原田1000	30×1	20×1
井上商工(株)姶良営業所	姶良市加治木町反土51	10×2	
(株)隼人自動車学校　鹿児島県自動車学校	姶良市加治木町木田1396－5	2.9×1	
(株)ホームエネルギー南九州　鹿児島センター	姶良市平松字中洲3335	20×1	

事 業 所 名	所 在 地	規 模（t）	
(株)ジェイエイエコパル　北薩充填所	薩摩郡さつま町久富木4519	30×2	2.9×1
		0.5×1	
(株)共栄　宮之城支店	薩摩郡さつま町船木81	15×1	
(株)ジェイエイエコパル　大隅充填所	曽於郡大崎町野方3142－4	30×2	
南九州液化ガス(株)	肝属郡東串良町池之原1200	30×1	20×1
		15×1	0.5×1
(有)和人組　種子島オートガスセンター	熊毛郡中種子町納官三曽野922	0.4×1	
屋久島液化ガス共業組合	熊毛郡屋久島町安房446－6	60×2	
(株)文化商会	大島郡喜界町赤連2967	60×2	
(株)徳之島エルピーガス	大島郡徳之島町亀徳2184－83	70×2	60×2
		0.5×1	
天城町エルピーガス協業組合	大島郡天城町名須451－1	0.5×8	
とくのしまガス協業組合	大島郡伊仙町伊仙2654－3	0.5×7	
永良部ガス事業協同組合	大島郡和泊町手々知名512－138	50×2	40×2
与論ガス(株)	大島郡与論町立長334	40×2	

〔沖　縄　県〕

事 業 所 名	所 在 地	規 模（t）	
沖縄乗用自動車事業(協)西新町ガススタンド	那覇市西3－11－49	10×1	
三和交通(株)三和交通ガススタンド	那覇市字国場336	10×1	
エッカ石油(有)真玉橋オートガススタンド	那覇市字国場1082	10×1	
沖東交通事業協同組合　安謝オートガススタンド	那覇市曙3－10－7	10×1	
日本交通(株)小禄オートガススタンド	那覇市字栄原1－26－15	3.5×1	
宮古ガス(株)	宮古島市西仲宗根2－39	85×4	70×2
(有)島三産業	宮古島市伊良部池間添2370－10	60×2	
(株)先島ガス	石垣市美崎町6－6	90×1	30×8
八重山タクシー事業(協)	石垣市字新川415－3	30×1	
永山商事(株)高原オートガススタンド	沖縄市字高原5－9－9	7×1	
普天間オートガス(株)	宜野湾市字愛知45－1	10×1	
エッカ石油(株)川崎オートガススタンド	うるま市字西原88－2	10×1	
沖縄石油ガス(株)	浦添市前田3－1－8	15×1	10×1
エッカ石油(株)マチナトオートガススタンド	浦添市牧港4－15－1	20×1	
(有)オキエネ　名護オートガススタンド	名護市大中4－1－21	15×1	
(株)ゴールド通産大北オートガススタンド	名護市大北3－19－3	10×1	
糸満燃料(株)西崎オートガススタンド	糸満市西崎町5－15	10×1	
(有)共栄ガススタンド	島尻郡南風原町字新川396－1	15×1	
(資)三栄タクシーオートガススタンド	島尻郡南風原町字兼城609－5	7×1	
久米島ガス(株)	島尻郡久米島町嘉手苅833	30×7	
(有)与那原交通オートガススタンド	島尻郡与那原町字与那原5－5	7×1	
(株)りゅうせきエネプロ　中部オートガススタンド	中頭郡北谷町字伊平424－1	15×1	
(株)沖東交通　沖東交通ガススタンド	中頭郡西原町字小橋川90－1	10×1	
(資)本部サンシー交通オートガススタンド	国頭郡本部町字山川147－1	10×1	

6. 都市ガス用ＬＰガス利用実態の推移

6−1　ＬＰガスと都市ガスの家庭用原単位比較（平成19〜28年度）

（単位：kg、％）

区　別 年度・期別		ＬＰガス		都　市　ガ　ス		比　率
		原　単　位	伸　び　率	原　単　位	伸　び　率	ＬＰガス／都市ガス
19	上　期	82.9	97.8	132.9	95.2	62.4
	下　期	131.3	104.5	211.1	103.7	62.2
	年　度	214.2	101.8	344.0	100.3	62.3
20	上　期	77.7	93.7	129.8	97.7	59.9
	下　期	119.4	90.9	203.8	96.5	58.6
	年　度	197.1	92.0	333.6	97.0	59.1
21	上　期	72.3	93.1	127.4	98.2	56.8
	下　期	118.6	99.3	202.3	99.3	58.6
	年　度	190.9	96.9	329.7	98.8	57.9
22	上　期	76.6	105.9	131.0	102.8	58.5
	下　期	121.4	102.4	206.1	101.9	58.9
	年　度	198.0	103.7	337.1	102.2	58.7
23	上　期	68.5	89.4	127.9	97.6	53.6
	下　期	125.7	103.5	207.8	100.8	60.5
	年　度	194.2	98.1	335.7	99.6	57.8
24	上　期	68.2	99.6	127.0	99.3	53.7
	下　期	115.8	92.1	207.0	99.6	55.9
	年　度	184.0	94.7	334.0	99.5	55.1
25	上　期	66.9	98.1	119.6	94.2	55.9
	下　期	112.7	97.3	201.2	97.2	56.0
	年　度	179.6	97.6	320.8	96.0	56.0
26	上　期	67.0	100.1	119.7	100.1	56.0
	下　期	112.9	100.2	200.7	99.8	56.3
	年　度	179.9	100.2	320.4	99.9	56.1
27	上　期	62.8	93.7	117.2	97.9	53.6
	下　期	108.7	96.3	189.9	94.6	57.2
	年　度	171.5	95.3	307.1	95.8	55.8
28	上　期	62.4	99.0	114.0	97.3	54.7
	下　期	110.7	99.0	195.7	103.1	56.6
	年　度	173.1	99.0	309.7	100.8	55.9

6-2 都市ガス家庭用原単位の推移（調定件数ベース、平成11～28年度）

（単位：LPガス換算kg）

年度	4月	5月	6月	7月	8月	9月	上期	10月	11月	12月	1月	2月	3月	下期	年度計
平成11年度	38.5	30.4	21.7	20.4	16.8	15.8	143.6	18.9	25.3	34.9	46.1	43.0	44.0	212.2	355.8
12	39.0	30.7	22.5	19.1	15.1	15.3	141.7	18.9	26.7	35.4	48.6	44.6	42.0	216.2	357.9
13	35.4	30.3	22.1	17.9	14.5	15.7	135.9	20.1	26.8	35.4	48.7	42.2	37.6	210.8	346.7
14	33.4	29.7	21.5	18.9	15.1	14.5	133.1	19.7	29.5	36.2	50.0	43.6	41.6	220.6	353.7
15	37.0	29.5	22.5	19.3	17.5	14.5	140.3	20.5	25.7	32.1	47.6	43.4	40.6	209.9	350.2
16	36.2	27.9	21.3	16.9	13.7	14.5	130.5	18.7	25.1	31.3	42.4	40.1	38.6	196.2	326.7
17	36.8	29.0	22.3	17.2	13.2	14.5	133.0	18.0	24.8	36.5	52.4	44.2	42.1	218.0	351.0
18	37.9	31.3	22.4	18.0	15.4	14.6	139.6	18.5	24.5	33.8	46.9	40.8	39.0	203.5	343.1
19	35.3	30.3	21.0	17.8	15.2	13.3	132.9	17.1	24.3	35.0	47.2	45.9	41.6	211.1	344.0
20	34.4	28.9	21.7	17.7	13.2	13.9	129.8	18.2	24.1	32.9	47.1	41.6	39.9	203.8	333.6
21	34.3	27.4	20.3	16.9	14.6	13.9	127.4	18.2	22.3	32.2	47.7	42.2	39.7	202.3	329.7
22	37.7	31.0	21.3	16.6	12.9	11.5	131.0	16.6	24.4	32.4	48.1	43.7	40.9	206.1	337.1
23	36.5	28.4	21.4	15.5	12.8	13.3	127.9	17.3	22.2	32.0	48.9	44.7	42.7	207.8	335.7
24	37.0	28.0	20.4	17.0	13.1	11.5	127.0	15.1	24.4	35.9	50.2	42.1	39.3	207.0	334.0
25	32.8	29.0	18.6	15.2	12.3	11.7	119.6	13.3	23.6	32.5	48.5	43.2	40.1	201.2	320.8
26	33.4	26.7	18.3	15.7	12.6	13.0	119.7	16.9	22.4	31.8	48.2	42.4	39.0	200.7	320.4
27	33.5	25.1	17.3	16.0	12.4	12.9	117.2	17.3	22.1	29.1	42.1	40.6	38.7	189.9	307.1
28	32.4	24.7	17.8	14.7	12.3	12.1	114.0	15.7	23.2	32.1	44.1	40.5	40.1	195.7	309.7

注：調定件数は需要家メーター数（取付ベース）のうち、現にガスが通過しているメーターの数（料金請求書の発行対象）を指す。以下同様。

6－3 都市ガス商業用原単位の推移（調定件数ベース、平成11～28年度）

（単位：LPガス換算kg）

年度 ＼ 月	4月	5月	6月	7月	8月	9月	上期	10月	11月	12月	1月	2月	3月	下期	年度計
平成11年度	225.1	207.0	208.8	255.1	304.8	298.0	1,498.8	258.8	202.0	213.0	262.4	253.8	261.8	1,451.8	2,950.6
12	238.9	211.8	232.9	283.7	319.7	312.5	1,599.5	255.4	214.8	227.9	290.6	279.9	261.6	1,530.2	3,129.7
13	235.5	226.7	244.1	308.6	343.8	313.9	1,672.6	255.8	224.8	238.1	295.4	268.6	247.2	1,529.9	3,202.5
14	235.5	232.3	243.9	311.6	375.3	338.2	1,736.8	273.1	244.9	259.4	328.1	301.6	289.1	1,696.2	3,433.0
15	265.2	252.8	280.0	310.8	345.4	288.3	1,742.5	292.2	245.7	247.3	326.3	305.6	294.4	1,711.5	3,454.0
16	274.5	269.7	289.1	364.9	408.5	366.7	1,973.4	305.0	254.6	256.2	334.8	320.3	315.4	1,786.3	3,759.7
17	283.4	271.0	296.2	352.3	416.9	389.3	2,009.1	324.1	261.1	294.1	385.2	331.1	318.0	1,913.6	3,922.7
18	294.3	276.9	298.9	368.0	410.2	386.0	2,034.3	316.5	275.2	284.3	350.3	311.3	306.9	1,844.5	3,878.8
19	291.8	290.4	305.6	365.6	420.1	413.3	2,086.8	331.4	277.9	301.2	365.8	358.9	341.2	1,976.4	4,063.2
20	284.2	281.2	304.5	372.7	424.6	395.8	2,063.0	320.4	280.0	284.6	367.6	332.1	326.5	1,911.2	3,974.2
21	293.7	279.0	299.6	365.2	411.3	354.3	2,003.1	301.2	277.1	287.7	372.8	339.0	331.0	1,908.8	3,911.9
22	308.7	293.3	292.6	379.4	447.8	407.6	2,129.4	314.9	277.7	283.5	383.1	349.4	330.9	1,939.5	4,068.9
23	286.5	266.4	278.3	347.6	397.8	371.9	1,948.5	298.7	256.1	291.9	396.8	367.5	352.3	1,963.3	3,911.8
24	304.0	274.3	272.7	336.8	397.9	380.8	1,966.5	296.5	268.7	321.1	414.3	356.1	331.2	1,987.9	3,954.4
25	291.8	275.7	285.6	345.4	399.1	371.7	1,969.3	295.0	270.0	302.5	406.4	368.3	345.4	1,987.6	3,956.9
26	291.6	262.6	286.4	333.5	379.0	341.0	1,894.1	280.8	266.9	298.1	408.6	362.3	340.4	1,957.1	3,851.2
27	294.8	273.5	281.1	330.8	394.1	326.6	1,900.9	275.2	265.1	282.7	372.4	361.4	341.8	1,898.6	3,799.5
28	287.3	266.8	277.0	320.9	386.8	358.1	1,897.1	296.4	267.1	303.4	392.4	361.6	350.9	1,971.8	3,868.9

6－4 都市ガス用LPガス需要量の推移（平成19～28年度）

（単位：トン）

年度＼月	4	5	6	7	8	9	上期	10	11	12	1	2	3	下期	年度
19	67,639	67,973	63,211	66,747	63,996	64,617	394,183	64,316	65,063	78,552	81,560	79,673	77,495	446,659	840,842
20	66,395	55,514	63,193	65,592	63,418	59,236	373,348	58,480	71,463	79,054	78,534	68,112	61,163	416,806	790,154
21	48,997	46,291	50,417	58,465	63,354	61,478	329,002	69,332	71,423	81,567	90,241	90,976	88,510	492,049	821,051
22	80,662	67,826	73,520	69,449	64,789	68,467	424,713	74,042	75,588	78,040	86,240	87,428	87,960	489,298	914,011
23	79,589	68,067	72,346	73,833	67,375	72,550	433,760	68,409	81,877	97,409	104,011	109,526	113,270	574,502	1,008,262
24	85,585	71,153	83,050	88,989	71,590	64,128	464,495	65,120	72,566	102,419	115,279	113,362	103,315	572,061	1,036,556
25	83,757	79,709	77,120	79,827	71,656	71,549	463,618	76,165	85,118	105,115	121,962	120,736	118,691	627,787	1,091,405
26	103,485	89,492	85,762	92,206	75,333	80,742	527,020	74,507	84,011	119,303	121,960	123,419	117,892	641,092	1,168,112
27	99,166	79,405	72,368	80,754	75,139	60,232	467,064	69,780	64,248	89,458	98,527	87,580	87,651	497,244	964,308
28	71,741	62,214	70,018	56,842	62,680	66,866	390,361	66,432	82,771	105,834	117,575	108,538	122,003	603,153	993,514

7. ガス機器（LPガス用・都市ガス用）・石油機器等の生産・出荷・在庫推移

7－1　ガス石油機器の総生産・出荷高推移（平成22～28年）

単位：百万円

年　別	生　産　高			出　荷　高		
	ガス機器	石油機器	総　合　計	ガス機器	石油機器	総　合　計
平成22	362,670	92,949	455,619	339,572	97,424	436,996
23	380,830	118,434	499,264	343,383	120,130	463,513
24	390,493	115,350	505,843	354,026	116,630	470,656
25	394,694	106,712	501,406	360,362	103,890	464,252
26	387,020	89,482	476,502	364,639	100,203	464,842
27	370,565	94,621	465,186	351,931	92,555	444,486
28	376,855	93,887	470,742	348,510	98,940	447,450
前年比%	101.7	99.2	101.2	99.0	106.9	100.7

（注）（1）ガス機器は平成23年より一部調査品目（ガスレンジ・ガスオーブン・ガス炊飯器）を削除したため、22年以前の数値と連続していない。
　　　（2）経済産業省生産動態統計データをベースに作成。以下同様。

7－2　家庭用ガス機器の生産・出荷・在庫推移（平成22～28年）

7－2－1　ガスこんろ

（単位：台、百万円）

年　別	生　　産		出　　荷		在　　庫
	数　　量	金　　額	数　　量	金　　額	数　　量
平成22	4,288,267	104,154	4,278,543	108,806	342,781
23	4,412,897	105,136	4,293,438	108,050	313,088
24	4,410,765	102,976	4,175,281	106,643	410,036
25	4,186,620	97,318	4,117,886	107,121	365,856
26	3,998,330	91,737	3,956,981	105,202	410,037
27	3,492,613	80,768	3,618,778	96,144	299,543
28	3,573,610	84,741	3,578,037	90,228	303,045
前年比%	102.3	104.9	98.9	93.8	101.2

７－２－２　ガス湯沸器瞬間形（元止式）

（単位：台、百万円）

| 年　別 | 生　産 | | 出　荷 | | 在　庫 |
	数　量	金　額	数　量	金　額	数　量
平成22	484,703	5,730	476,955	6,927	38,817
23	470,061	5,610	472,707	6,909	34,430
24	476,106	5,799	458,167	6,800	54,534
25	404,016	4,973	409,418	6,120	47,092
26	375,001	4,622	381,943	5,763	38,264
27	329,482	4,017	341,305	5,162	25,892
28	337,653	4,066	345,323	5,229	17,553
前年比％	102.5	101.2	101.2	101.3	67.8

７－２－３　ガス湯沸器瞬間形（先止式）

（単位：台、百万円）

| 年　別 | 生　産 | | 出　荷 | | 在　庫 |
	数　量	金　額	数　量	金　額	数　量
平成22	1,597,394	60,698	1,747,865	62,772	96,746
23	1,788,379	70,820	1,907,259	66,295	111,330
24	1,611,612	66,108	1,760,447	63,409	95,847
25	1,651,089	67,430	1,805,932	68,013	114,036
26	1,722,789	71,283	1,868,951	72,465	108,590
27	1,749,992	74,465	1,921,097	76,213	94,906
28	1,913,973	78,372	2,020,417	77,238	109,759
前年比％	109.4	105.2	105.2	101.3	115.7

７－２－４　ガス温水給湯暖房機

（単位：台、百万円）

| 年　別 | 生　産 | | 出　荷 | | 在　庫 |
	数　量	金　額	数　量	金　額	数　量
平成22	285,990	43,443	299,822	42,255	16,116
23	316,092	49,734	326,675	46,276	19,180
24	353,823	58,386	365,155	58,796	17,770
25	408,030	67,085	397,867	61,162	26,976
26	410,698	65,266	403,322	63,319	32,081
27	400,374	64,135	401,362	63,602	27,569
28	387,726	60,216	392,809	60,881	21,898
前年比％	96.8	93.9	97.9	95.7	79.4

７－２－５　ガスふろがま

（単位：台、百万円）

年　別	生　産		出　荷		在　庫
	数　量	金　額	数　量	金　額	数　量
平成22	1,259,819	119,902	1,255,514	94,771	53,003
23	1,320,628	132,731	1,307,005	99,797	61,216
24	1,380,626	139,723	1,360,636	102,260	63,666
25	1,373,272	141,802	1,375,614	102,475	81,253
26	1,333,046	138,201	1,392,937	102,612	82,213
27	1,285,976	134,073	1,343,755	97,875	62,126
28	1,323,194	137,272	1,387,656	103,680	56,667
前年比％	102.9	102.4	103.3	105.9	91.2

７－２－６　ガスストーブ

（単位：台、百万円）

年　別	生　産		出　荷		在　庫
	数　量	金　額	数　量	金　額	数　量
平成22	326,356	6,521	334,380	7,089	29,215
23	443,905	8,448	457,875	8,639	14,023
24	460,020	9,151	452,605	8,709	22,754
25	410,066	8,010	409,608	7,927	21,321
26	339,498	6,960	334,786	6,861	24,205
27	－	－	－	－	－
28	－	－	－	－	－
前年比％	－	－	－	－	－

（注）平成27年以降は非公表。７－１には含む

７－２－７　ガス温風暖房機

（単位：台、百万円）

年　別	生　産		出　荷		在　庫
	数　量	金　額	数　量	金　額	数　量
平成22	236,936	14,257	234,323	7,092	7,542
23	272,242	8,351	267,333	7,417	11,488
24	285,353	8,350	279,122	7,409	16,566
25	273,860	8,076	275,792	7,544	12,588
26	275,611	8,951	278,210	8,417	9,386
27	－	－	－	－	－
28	－	－	－	－	－
前年比％	－	－	－	－	－

（注）平成27年以降は非公表。７－１には含む

7－3　家庭用石油機器と太陽熱温水器の生産・出荷・在庫推移（平成22～28年）
7－3－1　石油ストーブ（しん式）

（単位：台、百万円）

年　別	生　産		出　荷		在　庫
	数　量	金　額	数　量	金　額	数　量
平成22	1,385,876	12,042	1,455,262	11,269	82,745
23	2,345,255	20,220	2,386,672	19,050	68,831
24	2,469,600	22,017	2,427,459	19,920	153,568
25	2,044,593	18,634	1,723,750	14,260	512,148
26	1,043,089	9,835	1,437,123	11,935	181,434
27	1,328,098	12,483	1,285,585	10,761	373,037
28	1,050,527	10,009	1,210,738	10,257	185,308
前年比％	79.1	80.2	94.2	95.3	49.7

7－3－2　石油ストーブ（気化式）

（単位：台、百万円）

年　別	生　産		出　荷		在　庫
	数　量	金　額	数　量	金　額	数　量
平成22	2,937,156	37,312	2,859,610	39,748	338,801
23	3,477,543	41,858	3,473,664	48,688	408,672
24	3,045,173	37,981	3,059,615	44,173	478,325
25	2,697,184	32,643	2,611,350	37,583	683,824
26	2,122,787	26,072	2,561,428	36,799	330,554
27	2,346,614	29,620	2,232,545	32,507	739,453
28	2,224,838	27,168	2,469,022	35,458	335,085
前年比％	94.8	91.7	110.6	109.1	45.3

7－3－3　石油温風暖房機（強制給排気式・排気式）

（単位：台、百万円）

年　別	生　産		出　荷		在　庫
	数　量	金　額	数　量	金　額	数　量
平成22	161,789	12,049	178,414	13,634	13,001
23	216,755	15,833	195,669	15,174	39,156
24	202,213	15,156	202,304	15,659	41,614
25	207,894	15,638	203,527	16,032	51,213
26	192,320	14,866	204,495	16,172	43,389
27	163,296	13,029	185,579	14,370	34,659
28	198,793	15,024	206,809	15,866	33,797
前年比％	121.7	115.3	111.4	110.4	97.5

7-3-4 石油小形給湯機

(単位：台、百万円)

年　別	生　産		出　荷		在　庫
	数　量	金　額	数　量	金　額	数　量
平成22	251,674	18,789	211,395	16,779	16,740
23	285,044	22,318	238,288	19,280	22,491
24	273,789	21,415	231,689	18,917	24,182
25	263,968	20,928	222,233	18,282	26,115
26	256,119	20,810	224,209	18,376	22,108
27	255,553	20,847	215,134	17,658	26,755
28	266,598	21,980	231,788	19,036	24,770
前年比％	104.3	105.4	107.7	107.8	92.6

7-3-5 石油温水給湯機

(単位：台、百万円)

年　別	生　産		出　荷		在　庫
	数　量	金　額	数　量	金　額	数　量
平成22	119,041	12,757	164,415	15,994	3,561
23	139,967	18,205	181,493	17,938	6,627
24	132,420	18,781	180,530	17,961	6,360
25	133,255	18,869	177,588	17,733	6,770
26	126,749	17,899	169,819	16,921	5,976
27	129,499	18,642	171,415	17,259	6,004
28	132,378	19,706	179,329	18,323	7,134
前年比％	102.2	105.7	104.6	106.2	118.8

7-3-6 太陽熱温水器

(単位：台、百万円)

年　別	生　産		出　荷		在　庫
	数　量	金　額	数　量	金　額	数　量
平成22	23,303	1,866	37,832	2,948	2,318
23	26,961	2,119	43,048	3,318	2,119
24	26,368	2,084	41,379	3,237	2,426
25	22,908	1,783	37,095	2,799	1,534
26	21,594	1,688	33,529	2,486	2,836
27	16,523	1,296	25,414	1,849	2,567
28	13,872	1,091	21,709	1,561	3,163
前年比％	84.0	84.2	85.4	84.4	123.2

7－4　ガス（LPガス、都市ガス）機器の検定検査実績（平成29年度）

（その1）

（単位：台）

品目	種別		ガス種	29年3月	累　計（4月〜3月）		
					28年度	27年度	前年度比%
適合性検査 カートリッジガスこんろ			LPG	154,280	3,067,775	3,067,770	100.0
瞬間湯沸器	半密閉式	先止め式	TG	2,804	31,915	33,517	95.2
			LPG	2,226	27,912	28,558	97.7
バーナー付ふろがま	半密閉式	給湯有	TG	216	2,268	2,291	99.0
			LPG	80	969	862	112.4
		給湯無	TG	242	2,831	3,201	88.4
			LPG	193	2,084	2,511	83.0
ストーブ	半密閉式		TG	0	9	12	75.0
			LPG	0	1	4	25.0
ふろがま	———		LPG	0	541	609	88.8
ふろバーナー	———		TG	66	355	631	56.3
			LPG	68	289	454	63.7
浴槽用温水循環器			—	1,154	16,085	15,953	100.8
JISIA製品認証制度等 一口こんろ（※）	———		TG	8,406	106,095	105,568	100.5
			LPG	9,157	117,260	109,684	106.9
二口以上のこんろ（※）	———		TG	11,991	192,577	172,891	111.4
			LPG	10,122	101,345	91,493	110.8
グリル付こんろ（※）	———		TG	124,009	1,544,434	1,545,931	99.9
			LPG	126,691	1,490,029	1,487,779	100.2
クッキングテーブル	———		TG	0	0	0	—
			LPG	0	0	0	—
グリル（※）	———		TG	500	2,475	2,667	92.8
			LPG	600	3,220	3,180	101.3
オーブン	———		TG	2,028	27,061	29,997	90.2
			LPG	907	11,213	12,233	91.7
レンジ	グリル付（※）		TG	0	0	0	—
			LPG	0	0	0	—
	グリル無		TG	0	0	0	—
			LPG	0	0	0	—
炊飯器	———		TG	2,169	44,796	46,387	96.6
			LPG	3,294	72,727	73,193	99.4
瞬間湯沸器	開放式	元止め式	TG	12,259	157,012	155,621	100.9
			LPG	17,543	183,091	176,785	103.6
		先止め式	TG	1,504	18,420	17,816	103.4
			LPG	1,237	11,712	11,105	105.5
	半密閉式（※）	先止め式	TG	14	1,263	705	179.1
			LPG	0	0	0	—
	密閉式（※）	先止め式	TG	8,651	88,401	89,711	98.5
			LPG	3,864	35,509	32,988	107.6
	屋外式	先止め式	TG	45,471	477,986	447,358	106.8
			LPG	42,979	468,476	442,355	105.9

品目		種別		ガス種	29年3月	累　計（4月〜3月）		
						28年度	27年度	前年度比%
J I I A 製 品 認 証 制 度 等	貯湯湯沸器	開　放　式		ＴＧ	2	5	3	166.7
				ＬＰＧ	0	0	0	―
		半　密　閉　式		ＴＧ	11	63	65	96.9
				ＬＰＧ	0	0	0	―
		密　　閉　　式		ＴＧ	0	0	0	―
				ＬＰＧ	0	0	0	―
		屋　　外　　式		ＴＧ	0	0	0	―
				ＬＰＧ	0	0	0	―
	バーナー付 ふろがま	密　閉　式	給湯有	ＴＧ	6,051	68,204	72,499	94.1
				ＬＰＧ	3,261	27,077	27,656	97.9
			給湯無	ＴＧ	313	3,852	4,201	91.7
				ＬＰＧ	232	2,404	2,803	85.8
		屋　外　式	給湯有	ＴＧ	75,516	763,937	758,575	100.7
				ＬＰＧ	44,281	479,974	463,597	103.5
			給湯無	ＴＧ	1,059	14,025	15,081	93.0
				ＬＰＧ	1,589	18,116	18,594	97.4
	衣類乾燥機 （※）	―――		ＴＧ	2,915	25,838	22,083	117.0
				ＬＰＧ	2,135	20,767	19,453	106.8
	ストーブ	開放式	放射型	ＴＧ	436	10,873	15,360	70.8
				ＬＰＧ	379	5,557	6,654	83.5
			対流型	ＴＧ	60	280,401	306,111	91.6
				ＬＰＧ	0	82,209	90,170	91.2
		密　　閉　　式		ＴＧ	1,105	14,656	14,815	98.9
				ＬＰＧ	982	9,176	8,841	103.8
		屋　　外　　式		ＴＧ	0	180	28	642.9
				ＬＰＧ	0	510	240	212.5
	ガス温水 熱源機	暖　房　専　用		ＴＧ	2,013	20,821	21,936	94.9
				ＬＰＧ	1,049	9,617	9,737	98.8
		暖　房・給　湯		ＴＧ	30,031	342,699	344,080	99.6
				ＬＰＧ	3,665	37,090	36,943	100.4
	組込型ストーブ	―――		ＬＰＧ	0	112,602	125,298	89.9
	業務用機器	―――		―	18,481	242,037	240,831	100.5
検査実績合計				ＴＧ	359,477	4,501,574	4,485,925	100.3
				ＬＰＧ	430,814	6,399,252	6,351,549	100.8
				計	790,291	10,900,826	10,837,474	100.6

（※）には、香港向け機器も含まれる。
（注）検査実績合計ＴＧには、ガス種――も含まれる。
（注）マイナス（－）は、生産計画等の変更に伴う修正結果として生じたものである。

品　　目			ガス種	29年3月	累　計（4月～3月）		
					28年度	27年度	前年度比%
金　属　可　と　う　管			ＴＧ	22,000	757,300	654,900	115.6
迅　　速　　継　　手			ＴＧ	51,740	1,198,099	1,165,180	102.8
業務用ガス燃焼機器用迅速継手			ＴＧ	0	1,000	3,000	33.3
都市ガス用ガス警報器（都市ガス検知・都市ガス検知及び不完全燃焼排ガス検知）	全ガス用	一　般　用	ＴＧ	60	1,129	547	206.4
		業　務　用	ＴＧ	0	0	0	―
		兼　　　用	ＴＧ	0	19,600	33,540	58.4
	軽いガス用	一　般　用	ＴＧ	118,732	1,294,128	1,281,938	101.0
		業　務　用	ＴＧ	1,680	16,340	19,825	82.4
		兼　　　用	ＴＧ	87,927	879,942	870,978	101.0
	重いガス用	一　般　用	ＴＧ	283	484	505	95.8
		業　務　用	ＴＧ	0	0	0	―
		兼　　　用	ＴＧ	20	260	100	260.0
都市ガス用ガス警報器	不完全燃焼排ガス検知		ＴＧ	2,500	19,636	18,217	107.8
都市ガス用外部警報器	Type I		ＴＧ	200	1,500	1,600	93.8
	Type II	親　　機	ＴＧ	0	8,100	6,000	135.0
		子　　機	ＴＧ	0	0	0	―
都市ガス用ガス警報器アダプター			ＴＧ	1,000	16,000	12,930	123.7
自動ガス遮断装置	遮　断　弁		ＴＧ	854	8,216	8,926	92.0
	制　御　器		ＴＧ	420	4,193	5,142	81.5
マイコンメータ（遮断装置）	一　般　用		ＴＧ	274,395	3,207,873	3,366,241	95.3
	16㎥/hを超えるもの		ＴＧ	2,787	30,273	19,091	158.6
	簡　易　ガ　ス　用		ＴＧ	0	0	0	―
業務用厨房不完全燃焼警報センサ			ＴＧ	14,120	164,458	94,462	174.1
一口ホースガス栓	露　出　型		ＴＧ	13,600	252,331	293,099	86.1
	埋　込　型		ＴＧ	14,300	301,201	316,367	95.2
二口ホースガス栓	露　出　型		ＴＧ	6,200	81,196	93,723	86.6
	埋　込　型		ＴＧ	500	6,900	9,497	72.7
ねじガス栓	1/2, 3/4		ＴＧ	5,000	148,000	170,449	86.8
	1, 1 1/4, 1 1/2, 2		ＴＧ	2,800	30,900	31,061	99.5
可とう管ガス栓, 機器接続ガス栓(一体型含む)			ＴＧ	50,600	1,457,882	1,518,132	96.0
安　全　ア　ダ　プ　タ　ー			ＴＧ	20,000	30,000	3,200	937.5
ふ　ろ　が　ま　用　ゴ　ム　製　循　環　管			ＴＧ	4,000	273,947	285,814	95.8
ガ　ス　燃　焼　機　器　用　排　気　筒			ＴＧ	46,787	808,941	861,196	93.9
排　気　筒　用　固　定　金　具			ＴＧ	2,230	106,599	93,835	113.6
排気筒用兼用換気口（換気口含む）			ＴＧ	0	300	−600	―
半密閉式ガス湯沸器用排気フード			ＴＧ	0	0	0	―
防　　熱　　板			ＴＧ	0	500	400	125.0
小型ガスエンジンコージェネ,エンジン部,発電機部			―	325	2,808	2,732	102.8
補助熱源付排熱回収ユニット(給湯システム部)			―	1,758	24,608	35,069	70.2
手　動　ガ　ス　バ　ル　ブ			ＴＧ	11,182	11,398,680	12,073,185	94.4
自　動　ガ　ス　バ　ル　ブ			ＴＧ	12,639	4,378,498	4,769,223	91.8
バ　イ　メ　タ　ル　サ　ー　モ　ス　イ　ッ　チ			ＴＧ	0	720,943	724,040	99.6
カ　セ　ッ　ト　こ　ん　ろ　用　容　器			ＬＰＧ	11,736,800	159,634,728	147,523,212	108.2
カ　セ　ッ　ト　こ　ん　ろ　用　主　要　部　品			ＬＰＧ	132,129	3,145,112	3,133,973	100.4
検　査　実　績　合　計			ＴＧ	770,639	27,652,765	28,843,544	95.9
			ＬＰＧ	11,868,929	162,779,840	150,657,185	108.0
			計	12,639,568	190,432,605	179,500,729	106.1

７－５－１　ガス機器の出荷実績

ガス機器(1)

（数量：千台、カッコは前年比：％）

品　目			年度	出　荷　実　績				
				24年	25年	26年	27年	28年
ガスこんろ	単体型	あんしん安全（２口以上）	LPG	1,461 (89.4)	1,467 (100.4)	1,188 (81.0)	1,140 (95.9)	1,104 (96.9)
			TG	972 (94.5)	993 (102.1)	808 (81.4)	769 (95.1)	729 (94.8)
			台数	2,433 (91.4)	2,460 (101.1)	1,996 (81.1)	1,908 (95.6)	1,833 (96.0)
		その他（１口含む）	LPG	121 (93.6)	116 (96.0)	105 (90.7)	100 (95.1)	96 (96.2)
			TG	108 (97.0)	101 (93.8)	92 (90.7)	87 (94.8)	80 (91.9)
			台数	229 (95.2)	217 (94.9)	197 (90.7)	187 (95.0)	176 (94.3)
		小　計	LPG	1,582 (89.7)	1,583 (100.1)	1,293 (81.7)	1,240 (95.9)	1,201 (96.8)
			TG	1,080 (94.8)	1,094 (101.3)	900 (82.2)	855 (95.1)	808 (94.5)
			台数	2,662 (91.7)	2,677 (100.6)	2,193 (81.9)	2,095 (95.6)	2,009 (95.9)
	ビルトイン型	あんしん安全（２口以上）	LPG	437 (108.3)	493 (112.8)	440 (89.2)	455 (103.4)	464 (102.1)
			TG	831 (108.5)	945 (113.5)	884 (93.5)	885 (100.1)	899 (101.5)
			台数	1,268 (108.4)	1,438 (113.4)	1,324 (92.0)	1,340 (101.2)	1,363 (101.7)
		その他（１口含む）	LPG	8 (110.8)	9 (108.5)	10 (107.9)	11 (113.5)	11 (104.6)
			TG	14 (105.9)	14 (102.5)	15 (107.7)	17 (110.4)	17 (100.0)
			台数	22 (107.6)	23 (104.7)	25 (107.8)	28 (111.6)	28 (101.4)
		小　計	LPG	445 (108.4)	502 (112.6)	449 (89.5)	465 (103.6)	476 (102.2)
			TG	845 (108.4)	959 (113.3)	899 (93.7)	902 (100.3)	915 (101.5)
			台数	1,291 (108.4)	1,461 (113.1)	1,349 (92.3)	1,368 (101.4)	1,391 (101.7)
	こんろ計		LPG	2,027 (93.2)	2,085 (102.8)	1,742 (83.6)	1,705 (97.9)	1,676 (98.3)
			TG	1,925 (100.3)	2,053 (106.7)	1,799 (87.6)	1,758 (97.7)	1,724 (98.1)
			台数	3,952 (96.5)	4,138 (104.7)	3,541 (85.6)	3,463 (97.8)	3,400 (98.2)
ガスオーブン（旧 複合形調理機器）			LPG	15 (101.2)	17 (111.4)	14 (84.1)	14 (100.0)	13 (93.0)
			TG	36 (105.6)	39 (108.2)	32 (83.2)	32 (99.4)	29 (90.3)
			台数	51 (104.2)	56 (109.2)	46 (83.3)	46 (99.8)	42 (91.1)
ガス炊飯器			LPG	118 (99.1)	113 (95.8)	98 (86.7)	98 (100.0)	91 (92.8)
			TG	84 (109.8)	75 (89.8)	66 (87.8)	63 (96.1)	57 (90.6)
			台数	202 (103.3)	188 (93.3)	164 (87.1)	161 (98.4)	148 (91.9)
ガス瞬間湯沸器	元　止　式		LPG	227 (89.9)	219 (96.5)	188 (85.8)	184 (97.9)	181 (98.4)
			TG	204 (81.8)	197 (96.4)	170 (86.4)	165 (96.9)	163 (99.0)
			台数	431 (85.9)	416 (96.5)	358 (86.1)	349 (97.5)	344 (98.7)
	先止式	家庭用	LPG	― (―)	― (―)	476 (―)	512 (107.5)	504 (98.4)
			TG	― (―)	― (―)	452 (―)	475 (105.0)	485 (102.1)
			台数	― (―)	― (―)	928 (―)	987 (106.3)	989 (100.2)
		業務用	LPG	― (―)	― (―)	26 (―)	26 (97.3)	26 (100.8)
			TG	― (―)	― (―)	38 (―)	39 (101.0)	41 (105.2)
			台数	― (―)	― (―)	64 (―)	64 (99.5)	66 (103.4)
	先止式合計		LPG	535 (88.9)	532 (99.3)	502 (94.5)	538 (107.0)	530 (98.5)
			TG	503 (97.1)	521 (103.7)	490 (94.1)	514 (104.7)	526 (102.3)
			台数	1,038 (92.7)	1,053 (101.4)	993 (94.3)	1,051 (105.9)	1,055 (100.4)
	ガス瞬間湯沸器合計		LPG	762 (89.2)	751 (98.5)	690 (92.0)	722 (104.5)	711 (98.5)
			TG	706 (92.2)	718 (101.6)	660 (92.0)	678 (102.7)	688 (101.5)
			台数	1,469 (90.6)	1,468 (100.0)	1,351 (92.0)	1,400 (103.6)	1,399 (100.0)
ガス貯蔵湯沸器・ガス貯湯湯沸器			LPG	0 (143.2)	0 (126.7)	0 (100.0)	0 (100.0)	0 (100.0)
			TG	1 (100.5)	1 (97.8)	1 (116.7)	1 (85.7)	1 (100.0)
			台数	1 (111.5)	1 (107.4)	1 (110.0)	1 (90.9)	1 (100.0)

(注) 品目の定義
1：「ガスこんろ」の「単体型」とは、コンロ台、調理台、食卓などの上に置いて使用するタイプ（卓上型、据置型）のものをいう。
2：「ガスこんろ」の「ビルトイン型」とは、システムキッチンの天板に落とし込んで取り付けるタイプのものをいう。
3：「ガスこんろ」の「あんしん安全」とは以下の機能を有したものをいう。（JGKAS A104に適合）
　1) こんろバーナーの全口に調理油過熱防止装置を装着。
　2) 手前のこんろバーナー２口に早切れ防止機能を装備。
　3) こんろバーナーの全口とグリルがある場合はグリル部に消し忘れ消火機能を装備。
4：「ガスこんろ」の「その他」とは、あんしん安全ガスコンロとあげルックコンロの基準を満たさないこんろをいい、１口こんろ（こんろバーナー１個のもの）を含む。
5：「ガスオーブン（旧複合形調理機器）」とは、食品を直火によらず、放射熱、対流熱で調理する機器で、電子レンジ付きのものをいう。
6：「ガス炊飯器」とは、自動で炊飯できることを主目的とする機器をいう。
7：「瞬間形湯沸器」とは、給湯専用で追い焚き機能がないものをいう。
8：「瞬間形湯沸器」の「元止式」とは、器具の入口側（給水側）の水栓の開閉でのみメーンバーナを点火・消火できる（元止）方式のもので、給湯配管できないものをいう。
9：「瞬間形湯沸器」の「先止式」とは、器具の出口側（給湯先）の水栓の開閉でメーンバーナを点火・消火できる（先止）方式のもので、給湯配管できるものをいう。
10：貯蔵湯沸器とは、タンクに貯えた水を加熱する構造で、湯温が下がると自動的にガスを燃焼させる。貯蔵部に圧がかからないもの。
11：貯湯湯沸器とは、タンクに貯えた水を加熱する構造で、湯温が下がると自動的にガスを燃焼させる。貯湯部に圧がかかり、給湯配管が可能なもの。
12：「温水給湯暖房機」とは、給湯機能の他、温水床暖房等の機能があるものをいう。

13：「補助熱源機」とは、エネファーム、エコウィル、ハイブリッド給湯・暖房システム、ソラモ等に組み込まれる温水加熱用の機器をいう。
14：「ふろがま」とは、浴槽の水を沸かす機能をもつものをいう。
15：「ふろがま」の「自然循環方式」とは、かま本体と浴槽との間で、水を熱対流により循環させふろを沸かすものをいう。
16：「ふろがま」の「半密閉式」とは、燃焼用の空気を屋内から給気し、燃焼排ガスを排気筒を用いて屋外に排出する方式（略称：CF式、FE式）のものをいう。
17：「ふろがま」の「密閉式」とは、給排気筒を用いて、燃焼用の空気を屋外から給気し、燃焼排ガスを屋外に排出する方式（略称：BF式、BFDP式、FF式）のものをいう。
18：「ふろがま」の「屋外式」とは、屋外に設置する方式のもの。
19：「ふろがま」の「強制循環方式」とは、ポンプを備えたかま本体を浴室外に設置し、かま本体と浴槽との間で、水を強制的に循環させふろを沸かすものをいう。
20：「ふろがま」の「高温水供給方式」とは、浴槽に高温の湯を差し湯する専用の接続口を有し、高温水を供給することによって浴槽全体の湯温を上げるものをいう。
21：「エコジョーズ（潜熱回収型ガス給湯器）」とは、排気ガス中の水蒸気が持つ「潜熱」を回収する二次熱交換器を持ち、給湯熱効率が90％以上のものをいう。（瞬間湯沸器「先止式」、温水給湯暖房機、ふろがまの内数）
22：「暖房機器」とは、暖房を行う機能を有する燃焼機器（温水を利用して暖房を行う温水暖房システムは含まない）。
23：「カセットこんろ」とは、LPガスを充てんした容器（ボンベ）が部品又は附属品として取付けられる構造のこんろをいう。
24：「カセットボンベ」とは、カセットこんろに用いるLPガスが充てんされた燃料容器のことをいう。

ガス機器(2)

（数量：千台、ボンベ本数：百万本、カッコは前年比：％）

品　目			年度	出　荷　実　績				
				24年	25年	26年	27年	28年
ガス温水給湯暖房機	暖房専用		LPG	10 (112.9)	11 (120.1)	10 (93.7)	10 (95.2)	10 (100.0)
			TG	25 (102.0)	28 (112.1)	23 (83.0)	22 (94.3)	21 (99.1)
			台数	35 (105.0)	39 (113.0)	33 (86.1)	32 (94.3)	31 (99.4)
	給湯・暖房専用		LPG	31 (110.1)	38 (120.1)	29 (76.2)	30 (103.8)	31 (104.0)
			TG	302 (109.5)	339 (112.1)	324 (95.6)	324 (100.2)	323 (99.4)
			台数	332 (109.6)	377 (113.0)	353 (93.6)	355 (100.5)	354 (99.8)
	合　計		LPG	41 (110.6)	49 (120.1)	39 (80.0)	40 (101.8)	41 (102.5)
			TG	327 (108.9)	366 (112.1)	347 (94.6)	346 (99.8)	344 (99.4)
			台数	368 (109.1)	416 (113.0)	386 (92.9)	386 (100.0)	385 (99.7)
ガス補助熱源機			LPG	－ (－)	－ (－)	12 (－)	13 (100.8)	13 (101.6)
			TG	－ (－)	－ (－)	40 (－)	42 (104.5)	42 (99.3)
			台数	－ (－)	－ (－)	53 (－)	55 (103.6)	54 (99.8)
ふろがま	自然循環	半密閉	LPG	5 (81.2)	5 (89.7)	4 (80.0)	3 (88.9)	3 (87.5)
			TG	5 (85.7)	6 (124.3)	5 (80.7)	4 (78.3)	3 (88.9)
			台数	10 (83.3)	10 (106.1)	8 (79.4)	7 (84.0)	6 (88.2)
		密閉	LPG	29 (84.9)	26 (90.9)	22 (84.6)	21 (96.8)	20 (93.4)
			TG	70 (88.5)	68 (96.8)	61 (90.4)	55 (89.4)	51 (93.6)
			台数	99 (87.4)	94 (95.1)	83 (88.8)	76 (91.4)	71 (93.6)
		屋外	LPG	26 (85.2)	24 (92.1)	21 (85.8)	19 (93.2)	18 (91.6)
			TG	19 (83.7)	19 (95.8)	16 (86.6)	15 (95.0)	14 (89.5)
			台数	45 (84.5)	43 (93.7)	37 (86.4)	34 (93.7)	31 (90.7)
	強制循環		LPG	480 (110.8)	484 (100.8)	459 (94.9)	467 (101.8)	488 (104.4)
			TG	711 (104.5)	794 (111.6)	734 (92.4)	761 (103.6)	779 (102.4)
			台数	1,191 (107.0)	1,278 (107.3)	1,193 (93.3)	1,228 (102.9)	1,267 (103.2)
	高温水供給		LPG	5 (109.2)	5 (107.3)	6 (109.3)	5 (91.5)	5 (88.9)
			TG	38 (98.8)	41 (109.4)	39 (95.4)	41 (102.8)	44 (107.4)
			台数	43 (99.9)	47 (109.1)	45 (97.0)	46 (101.5)	48 (105.2)
	合　計		LPG	544 (107.2)	544 (99.8)	511 (94.0)	516 (101.0)	533 (103.2)
			TG	843 (102.0)	928 (110.0)	856 (92.2)	875 (102.3)	891 (101.8)
			台数	1,388 (104.0)	1,471 (106.0)	1,367 (92.9)	1,391 (101.8)	1,424 (102.3)
エコジョーズ	ガス瞬間湯沸器（先止式）〈内数〉		LPG	40 (116.9)	47 (116.5)	50 (105.1)	49 (99.2)	49 (98.8)
			TG	38 (102.5)	46 (121.7)	45 (97.2)	48 (107.4)	54 (111.5)
			台数	78 (109.5)	93 (119.1)	94 (101.2)	97 (103.2)	102 (105.0)
	ガス温水給湯暖房機〈内数〉		LPG	26 (107.6)	33 (128.1)	24 (74.1)	25 (102.9)	25 (100.0)
			TG	233 (110.4)	257 (110.4)	245 (95.4)	241 (98.4)	231 (95.7)
			台数	258 (110.1)	289 (112.1)	269 (93.0)	266 (98.8)	256 (96.2)
	ガスふろがま〈内数〉		LPG	169 (114.0)	203 (119.6)	195 (96.3)	213 (109.3)	235 (110.1)
			TG	255 (118.9)	318 (125.0)	307 (96.4)	346 (112.9)	380 (109.6)
			台数	424 (116.9)	521 (122.8)	502 (96.4)	560 (111.5)	615 (109.8)
	合　計〈内数〉		LPG	235 (113.7)	283 (120.0)	269 (95.2)	287 (106.9)	308 (107.3)
			TG	525 (113.7)	621 (118.3)	597 (96.0)	635 (106.5)	664 (104.5)
			台数	761 (113.7)	904 (118.8)	865 (95.8)	923 (106.6)	972 (105.4)
ガス暖房機器			LPG	118 (108.2)	119 (100.4)	112 (94.5)	105 (93.8)	89 (84.3)
			TG	519 (100.4)	486 (93.6)	421 (86.6)	336 (79.7)	278 (82.8)
			台数	638 (101.8)	605 (94.9)	533 (88.2)	441 (82.7)	367 (83.2)
カセットこんろ			台数	2,757 (83.8)	2,505 (90.9)	2,365 (94.4)	2,322 (98.2)	2,463 (106.1)
カセットボンベ			本数	139 (81.1)	155 (111.3)	153 (98.9)	148 (96.4)	160 (108.2)
ガス機器国内出荷金額合計				303,002 (100.9)	321,402 (106.1)	294,917 (91.8)	295,176 (100.1)	293,194 (99.3)

⑴数値は国内出荷実績（台数はLPG、TGの合計）。出典は日本ガス石油機器工業会自主統計。

⑵各数値は端数を四捨五入しているため、内訳と合計が一致しないことがある。前年比は、数値の丸め方により、本表の表示値による計算値と一致しないことがある。

⑶カセットボンベの本数は(一財)日本ガス機器検査協会検査統計「カセットこんろ用燃料容器」の実績値を使用。

７−５−２　石油機器の出荷実績

年度 品目	出荷実績				
	24年	25年	26年	27年	28年
石油ストーブ	1,998 (81.1)	1,451 (72.6)	1,287 (88.7)	1,048 (81.5)	997 (95.1)
強制通気形開放式石油ストーブ					
［旧区分］ 7kW未満	2,824 (91.2)	― (―)	― (―)	― (―)	― (―)
［新区分］ 石油ファンヒーター	※2,850 (―)	2,488 (87.3)	2,281 (91.7)	2,032 (89.1)	2,129 (104.8)
［旧区分］ 7kW以上	89 (103.8)	― (―)	― (―)	― (―)	― (―)
［新区分］ 石油ファンヒーター以外 のもの（業務用など）	※63 (―)	59 (92.9)	51 (87.4)	45 (88.5)	46 (101.5)
合　　計	※2,913 (91.6)	2,546 (87.4)	2,332 (91.6)	2,077 (89.1)	2,175 (104.7)
半密閉式石油ストーブ	37 (97.1)	35 (94.3)	31 (88.5)	28 (92.2)	29 (101.1)
密閉式石油ストーブ	171 (103.6)	177 (103.6)	161 (90.8)	158 (97.9)	168 (106.9)
床暖房用石油ストーブ	37 (100.4)	39 (107.5)	33 (83.7)	30 (91.1)	31 (102.7)
石油小形給湯機	175 (95.9)	173 (99.1)	156 (89.8)	163 (104.8)	160 (97.9)
石油給湯機付ふろがま	194 (94.2)	203 (104.8)	181 (89.1)	193 (106.7)	195 (101.1)
油だき温水ボイラー	40 (98.4)	46 (113.8)	41 (89.3)	45 (110.9)	49 (108.6)
温水ルームヒーター（室 外機）（油だき温水ボイ ラーの内数）	8 (86.4)	10 (118.0)	8 (81.0)	8 (103.9)	7 (85.7)
エコフィール (潜熱回収型石油給湯機) (小形給湯機、給湯機付ふろ がま、油だき温水ボイラー の内数)	42 (114.1)	49 (117.4)	51 (103.0)	57 (113.0)	53 (92.8)
石油ふろがま	24 (83.9)	22 (94.2)	18 (82.9)	17 (91.4)	16 (97.0)
石油機器国内出荷金額合計	110,847 (93.6)	103,001 (92.9)	93,045 (90.3)	89,498 (96.2)	92,026 (102.8)

（注）品目の定義
1：石油ストーブ…開放式の自然通気形で燃焼方式がしん式のもの（JIS名称：自然通気形開放式石油ストーブ）
　　25年度から以下の新たな区分に変更した。
　　強制通気形開放式石油ストーブ（7kW未満）
　　→家庭用の強制通気形開放式石油ストーブ（石油ファンヒーター）
　　強制通気形開放式石油ストーブ（7kW以上）
　　→強制通気形開放式石油ストーブ（石油ファンヒーター以外のもの（業務用など））
2：石油給湯機…（JIS名称：石油小形給湯機）
3：石油給湯機付ふろがま…（JIS名称：石油給湯機付ふろがま）
4：油だき温水ボイラー…（JIS名称：油だき温水ボイラ）
5：温水ルームヒーター（室外機）…室内機と室外機が温水コンセントを介して、セットで使用される温水暖房システ
　　ムの室外機部分（油だき温水ボイラーの内数）
6：潜熱回収型石油給湯機（エコフィール）…排気ガス中の水蒸気が持つ「潜熱」を回収して再利用し、熱効率を90％
　　以上に高めた石油温水機器。
7：石油ふろがま…（JIS名称：同）

(1)　数値は国内出荷実績。出典は日本ガス石油機器工業会自主統計。
(2)　集計期間は4月～3月累計。
(3)　各数値は端数を四捨五入しているため、内訳と合計が一致しないことがある。前年比は、数値の丸め方により、本
　　表の表示値による計算値と一致しないことがある。

7－6　ＩＨクッキングヒーターの国内出荷台数（平成25年～ 29年）

（単位：台数：千台、前年比：%、販社出荷ベース）

	25　年	26　年	27　年	28　年	29　年
1月	55	62	55	55	58
前年比	100.9	111.3	88.6	100.7	106.0
2月	62	72	63	67	68
前年比	92.5	116.3	87.2	106.8	100.2
3月	67	81	68	73	75
前年比	96.3	121.3	84.2	106.2	102.9
4月	62	67	60	60	57
前年比	97.3	109.3	89.6	99.4	95.6
5月	54	53	47	52	51
前年比	100.3	99.1	88.4	110.0	99.0
6月	58	58	57	60	60
前年比	97.4	99.2	98.8	105.7	100.2
上期計	358	393	350	367	369
前年比	97.3	109.8	89.1	104.9	100.5
7月	64	59	58	59	63
前年比	112.3	91.9	98.2	102.3	105.7
8月	56	51	53	55	59
前年比	100.5	91.7	103.0	104.0	107.0
9月	67	61	64	66	69
前年比	100.4	91.8	104.4	103.6	104.4
10月	66	59	60	60	64
前年比	108.4	88.9	102.4	100.5	105.8
11月	68	58	61	68	68
前年比	102.1	85.5	105.9	110.5	100.6
12月	67	62	66	72	69
前年比	107.1	93.5	105.6	108.8	96.9
下期計	388	350	362	380	392
前年比	105.1	90.2	103.4	105.0	103.2
年計	745	743	712	747	762
前年比	101.1	99.7	95.8	104.9	101.9

注：日本電機工業会資料より作成

7－7　家庭用ヒートポンプ給湯器（エコキュート）の国内出荷台数（平成25年～ 29年）

（単位：台、前年比：%）

	1～3月期	前年比	4～6月期	前年比	7～9月期	前年比	10～12月期	前年比	年　計	前年比
25年	113,988	93.6	103,041	93.5	110,150	98.7	114,971	103.7	442,150	97.3
26年	131,296	115.2	101,071	98.1	101,874	92.5	101,842	88.6	436,083	98.6
27年	110,255	84.0	93,905	92.9	97,434	95.6	105,128	103.2	406,722	93.3
28年	111,156	100.8	104,375	111.1	99,770	102.4	105,318	100.2	420,619	103.4
29年	114,924	103.4	99,509	95.3	104,374	104.6	118,155	112.2	436,962	103.9

注：日本冷凍空調工業会資料より作成

8. GHP（ガスエンジン・ヒートポンプ）の出荷状況

8-1 GHPの出荷状況総括（LPガス仕様と都市ガス仕様）

8-1-1 冷凍年度別・馬力別推移（95〜10冷凍年度）

(単位：台、%)

仕様別	馬力別	95 通期	96 通期	97 通期	98 通期	99 通期	00 通期	01 通期	02 通期	03 通期	04 通期	05 通期	06 通期	07 通期	08 通期	09 通期	10 通期
LPガス仕様	2〜5	7,602	6,895	6,256	5,621	4,976	3,892	2,754	2,061	1,515	1,177	1,002	575	249	158	112	108
	6〜10	4,086	5,300	5,495	4,993	4,080	4,644	4,352	3,644	3,395	2,772	2,515	1,616	1,264	1,025	842	632
	11〜30	6,321	7,676	8,245	8,275	8,504	10,097	11,045	9,160	8,747	8,971	8,727	6,787	5,002	3,538	2,698	2,243
	小計	18,009	19,871	19,996	18,889	17,560	18,633	18,151	14,865	13,657	12,920	12,244	8,978	6,515	4,721	3,652	2,983
	前年比	107.6	110.3	100.6	94.5	93.0	106.1	97.4	81.9	91.9	94.6	94.8	73.3	72.6	72.5	77.4	81.7
都市ガス仕様	2〜5	5,764	6,409	6,634	5,933	7,330	7,927	6,263	4,938	4,115	3,391	3,319	2,412	1,459	887	436	315
	6〜10	2,632	4,141	5,204	5,393	5,709	6,624	6,345	6,188	6,115	5,491	4,963	4,126	3,809	3,556	2,930	2,247
	11〜30	5,768	5,495	7,979	9,177	11,588	15,409	15,515	14,835	17,636	17,901	17,192	17,385	16,340	15,359	12,407	10,546
	小計	14,164	16,045	19,817	20,503	24,627	29,960	28,123	25,961	27,866	26,783	25,474	23,923	21,608	19,802	15,773	13,108
	前年比	128.1	113.3	123.5	103.5	120.1	121.7	93.9	92.3	107.3	96.1	95.1	93.9	90.3	91.6	79.7	83.1
合計		32,173	35,916	39,813	39,392	42,187	48,593	46,274	40,826	41,523	39,703	37,718	32,901	28,123	24,523	19,425	16,091
前年比		115.8	111.6	110.9	98.9	107.1	115.2	95.2	88.2	101.7	95.6	95.0	87.2	85.5	87.2	79.2	82.8

注：(1)冷凍年度（10月〜翌年9月）ベース。冷凍年度統計は2011冷凍年度以降は行っていない　(2)GHPコンソーシアム調べ。以下同様

8-1-2 1台当たり平均馬力の推移（95〜10冷凍年度）

(単位：馬力)

仕様別	95	96	97	98	99	00	01	02	03	04	05	06	07	08	09	10
LPガス仕様	9.6	10.5	11.2	11.5	12.1	13.1	14.0	14.1	14.3	15.4	15.9	16.8	17.0	16.7	16.7	16.8
都市ガス仕様	9.7	9.5	10.6	11.4	11.5	12.1	12.7	13.1	13.8	14.5	15.0	16.3	16.7	17.4	17.5	17.7
平均馬力	9.6	10.1	10.7	11.5	11.7	12.5	13.2	13.4	14.0	14.8	15.3	16.4	16.8	17.2	17.3	17.5
総馬力数	307,098	361,404	432,631	451,129	494,533	607,219	611,720	547,989	579,706	587,978	577,277	540,584	471,651	422,479	336,570	282,152

注：前表をベースにGHP1台当たりの平均馬力の推移をみたもの

8－1－3 年度別・馬力別推移 (02～16年度)

(単位：台、%)

仕様別	馬力別	02 通期	03 通期	04 通期	05 通期	06 通期	07 通期	08 通期	09 通期	10 通期	11 通期	12 通期	13 通期	14 通期	15 通期	16 通期
LPガス仕様	3～5	1,793	1,292	1,075	838	430	201	127	96	131	184	168	187	158	186	129
	6～10	3,591	2,893	2,618	2,200	1,335	1,133	1,001	736	575	700	725	886	866	869	969
	11以上	8,921	8,742	8,472	8,206	5,880	4,232	3,061	2,424	2,313	2,935	3,369	4,026	4,322	4,942	5,251
	小計	14,305	12,927	12,165	11,244	7,645	5,566	4,189	3,256	3,019	3,819	4,262	5,099	5,346	5,997	6,349
	前年比	88.3	90.4	94.1	92.4	68.0	72.8	75.3	77.7	92.7	126.5	111.6	119.6	104.8	112.2	105.9
都市ガス仕様	3～5	4,539	3,597	3,411	2,930	1,915	1,162	601	389	520	836	1,345	1,487	978	830	1,012
	6～10	6,015	5,925	5,018	4,580	3,987	3,665	3,399	2,505	2,189	2,443	2,899	2,968	3,006	2,960	3,032
	11以上	15,984	17,997	17,576	17,114	17,146	15,756	13,974	11,473	10,878	14,620	18,795	19,734	20,129	21,288	20,079
	小計	26,538	27,519	26,005	24,624	23,048	20,583	17,974	14,367	13,587	17,899	23,039	24,189	24,113	25,078	24,123
	前年比	99.7	103.7	94.5	94.7	93.6	89.3	87.3	79.9	94.6	131.7	128.7	105.0	99.7	104.0	96.2
合計	計	40,843	40,446	38,170	35,868	30,693	26,149	22,163	17,623	16,606	21,718	27,301	29,288	29,459	31,075	30,472
	前年比	95.4	99.0	94.4	94.0	85.6	85.2	84.8	79.5	94.2	130.8	125.7	107.3	100.6	105.5	98.1

注：(1)会計年度（4月～翌年3月）ベース　(2)馬力別「3～5」は10年通期まで「2～5」、「11以上」は同「11～30」　(3)GHPコンソーシアム調べ。以下同様

8－1－4 1台当たり平均馬力の推移 (02～16年度)

(単位：馬力)

仕様別	02	03	04	05	06	07	08	09	10	11	12	13	14	15	16
LPガス仕様	14.2	14.8	15.6	16.3	17.0	16.8	16.7	16.8	16.9	17.1	17.6	17.6	17.9	17.9	18.1
都市ガス仕様	13.4	14.2	14.9	15.6	16.5	16.9	17.5	17.7	17.9	18.3	18.4	18.3	18.5	18.8	18.9
平均馬力	13.7	14.4	15.1	15.8	16.7	16.9	17.3	17.5	17.7	18.1	18.3	18.1	18.4	18.6	18.6
総馬力数	557,781	581,527	577,222	566,940	511,151	441,607	384,110	308,873	294,078	393,497	499,394	531,334	542,464	578,956	565,971

注：前表をベースにGHP1台当たりの平均馬力の推移をみたもの

8-2　2016年度ＧＨＰ出荷状況（ＬＰガス仕様・都市ガス仕様別）

8-2-1　2016年度ＧＨＰ出荷台数実績（台数・馬力ベース）

［容量別出荷台数］

容量／HP	ＬＰガス仕様 （前年度比）	都市ガス仕様 （前年度比）	合　計 （前年度比）
3〜5	129 （　69.4%）	1,012 （　121.9%）	1,141 （　112.3%）
6〜10	969 （　111.5%）	3,032 （　102.4%）	4,001 （　104.5%）
11以上	5,251 （　106.3%）	20,079 （　94.3%）	25,330 （　96.6%）
合　計	6,349 （　105.9%）	24,123 （　96.2%）	30,472 （　98.1%）

［馬力＆kW］

	ＬＰガス仕様 （前年度比）	都市ガス仕様 （前年度比）	合　計 （前年度比）
馬力	115,185 （　107.0%）	450,786 （　95.6%）	565,971 （　97.8%）
kW	323,267 （　107.0%）	1,266,572 （　95.6%）	1,589,840 （　97.7%）

注：都市ガス仕様には13Ａ、低カロリー仕様都市ガスのすべてを含む

8-2-2　2016年度ＧＨＰ地域別出荷実績（ＬＰガス仕様）

地　域	台数（前年度比）	kW数（前年度比）
北　海　道	305（　87.9%）	14,670（　90.0%）
東　　　北	919（　103.6%）	45,742（　103.4%）
関 東 甲 信 越	1,450（　99.5%）	72,691（　99.7%）
中　　　部	1,011（　112.2%）	51,599（　109.5%）
北　　　陸	429（　161.9%）	22,331（　169.1%）
近　　　畿	685（　100.7%）	35,642（　105.4%）
中　　　国	495（　117.9%）	25,511（　127.1%）
四　　　国	232（　126.1%）	12,596（　136.1%）
九　　　州	639（　95.8%）	33,370（　94.9%）
沖　　　縄	184（　97.4%）	9,116（　91.6%）
合　　　計	6,349（　105.9%）	323,267（　107.0%）

注：(1)関東甲信越ブロックは１都９県
　　(2)中部ブロックは４県（岐阜、愛知、三重、静岡）

8−2−3　2016年度上半期（16年4月〜9月）GHP出荷台数実績（台数・馬力ベース）

[容量別出荷台数]

容量／HP	ＬＰガス仕様 （前年度比）	都市ガス仕様 （前年度比）	合　計 （前年度比）
3〜5	76 （　60.3%）	492 （　114.7%）	568 （　102.3%）
6〜10	538 （　114.2%）	1,505 （　97.6%）	2,043 （　101.5%）
11以上	2,388 （　97.8%）	9,924 （　95.6%）	12,312 （　96.0%）
合　計	3,002 （　98.8%）	11,921 （　96.5%）	14,923 （　96.9%）

[馬力&kW]

	ＬＰガス仕様 （前年度比）	都市ガス仕様 （前年度比）	合　計 （前年度比）
馬力	53,369 （　98.9%）	224,444 （　96.8%）	277,812 （　97.2%）
kW	149,741 （　98.9%）	630,860 （　96.8%）	780,601 （　97.2%）

注：都市ガス仕様には13A、低カロリー仕様都市ガスのすべてを含む

8−2−4　2016年度上半期（16年4月〜9月）GHP地域別出荷実績（ＬＰガス仕様）

地　域	台数（前年度比）	kW数（前年度比）
北　海　道	129（　77.7%）	6,148（　78.9%）
東　　　北	454（　114.6%）	22,575（　114.8%）
関 東 甲 信 越	726（　101.8%）	36,403（　105.5%）
中　　　部	508（　97.9%）	24,637（　92.5%）
北　　　陸	121（　103.4%）	5,929（　102.9%）
近　　　畿	437（　112.9%）	22,683（　116.7%）
中　　　国	214（　120.2%）	10,954（　134.3%）
四　　　国	97（　98.0%）	5,030（　106.9%）
九　　　州	258（　70.5%）	12,682（　64.3%）
沖　　　縄	58（　59.2%）	2,700（　52.7%）
合　　　計	3,002（　98.8%）	149,741（　98.9%）

注：(1)関東甲信越ブロックは1都9県
　　(2)中部ブロックは4県（岐阜、愛知、三重、静岡）

８－２－５　2016年度下半期（16年10月～17年３月）ＧＨＰ出荷台数実績（台数・馬力ベース）

［容量別出荷台数］

容量／IP	ＬＰガス仕様 （前年度比）	都市ガス仕様 （前年度比）	合　計 （前年度比）
３～５	53 （　88.3％）	520 （　129.7％）	573 （　124.3％）
６～10	431 （　108.3％）	1,527 （　107.7％）	1,958 （　107.8％）
11以上	2,863 （　114.5％）	10,155 （　93.1％）	13,018 （　97.1％）
合　計	3,347 （　113.2％）	12,202 （　95.9％）	15,549 （　99.2％）

［馬力＆kW］

	ＬＰガス仕様 （前年度比）	都市ガス仕様 （前年度比）	合　計 （前年度比）
馬力	61,817 （　115.2％）	226,343 （　94.5％）	288,159 （　98.3％）
kW	173,527 （　115.3％）	635,712 （　94.5％）	809,239 （　98.3％）

注：都市ガス仕様には13Ａ、低カロリー仕様都市ガスのすべてを含む

８－２－６　2016年度下半期（16年10月～17年３月）ＧＨＰ地域別出荷実績（ＬＰガス仕様）

地　域	台数（前年度比）	kW数（前年度比）
北　海　道	176（　97.2％）	8,522（　100.0％）
東　　　北	465（　94.7％）	23,168（　94.3％）
関 東 甲 信 越	724（　97.3％）	36,289（　94.4％）
中　　　部	503（　131.7％）	26,962（　131.7％）
北　　　陸	308（　208.1％）	16,401（　220.4％）
近　　　畿	248（　84.6％）	12,959（　90.1％）
中　　　国	281（　116.1％）	14,557（　122.1％）
四　　　国	135（　158.8％）	7,566（　166.4％）
九　　　州	381（　126.6％）	20,687（　133.8％）
沖　　　縄	126（　138.5％）	6,416（　132.8％）
合　　　計	3,347（　113.2％）	173,527（　115.3％）

注：(1)関東甲信越ブロックは１都９県
　　(2)中部ブロックは４県（岐阜、愛知、三重、静岡）

第5編
簡易ガスと
一般ガス事業

1．平成28年度簡易ガス事業の概要

1-1 経済産業局別・都道府県別、事業者数・供給地点群数・供給地点数

1-1-1 経済産業局別・簡易ガス事業者数・供給地点群数・供給地点数の推移（平成24～28年度）

区別 局別	事業者数 24年度	25年度	26年度	27年度	28年度	供給地点群数 24年度	25年度	26年度	27年度	28年度	供給地点数 24年度	25年度	26年度	27年度	28年度
北海道	53	53	53	53	52	347	346	346	342	343	126,549	126,670	126,180	125,558	125,692
東 北	158	156	156	154	150	666	653	640	635	618	162,318	160,176	159,480	159,605	157,436
関 東	401	393	385	373	364	2,165	2,151	2,141	2,120	2,103	553,228	549,219	545,457	539,987	528,390
中 部	115	114	110	109	105	674	672	670	664	655	177,684	176,585	176,178	175,751	174,579
北 陸	43	43	43	44	42	296	298	298	297	292	61,576	61,694	61,185	60,760	59,977
近 畿	193	190	187	186	181	1,049	1,034	1,028	1,023	1,017	224,620	223,333	222,816	222,146	220,871
中 国	150	144	137	134	130	676	659	650	639	632	150,097	147,995	147,050	145,463	144,520
四 国	71	69	68	68	66	362	360	360	357	352	73,945	73,666	73,697	73,476	72,643
九 州	240	234	231	227	226	1,198	1,190	1,183	1,174	1,170	306,673	305,605	303,822	303,060	302,811
沖 縄	28	28	27	27	27	181	181	181	181	184	32,949	33,088	32,785	32,211	32,769
合 計	1,452 (-22)	1,424 (-28)	1,397 (-27)	1,375 (-22)	1,343 (-32)	7,614 (-43)	7,544 (-70)	7,497 (-47)	7,432 (-65)	7,366 (-66)	1,869,639 (-16,037)	1,858,031 (-11,608)	1,848,650 (-9,381)	1,838,017 (-10,633)	1,819,688 (-18,329)

注：(1)経済産業省・資源エネルギー庁電力・ガス事業部
(2)カッコ内は前年3月末に対する増減数である。

1－1－2 経済産業局別、供給地点群数別、事業者数（平成28年度末現在）

局名 地点群数	北海道	東北	関東	中部	北陸	近畿	中国	四国	九州	沖縄	合計	構成比%
1	17	55	145	41	13	76	36	24	89	4	500	37.2
2	13	28	71	16	8	29	23	12	42	7	249	18.5
3	9	17	39	17	7	28	15	7	25	5	169	12.6
4	2	13	27	8	2	8	9	7	15	0	91	6.8
5	2	9	16	3	2	6	3	3	8	2	54	4.0
6	2	5	11	4	0	6	7	2	12	0	49	3.6
7	0	3	4	0	0	2	9	3	3	2	26	1.9
8	0	5	9	3	2	2	6	2	5	0	34	2.5
9	0	2	4	1	1	3	4	1	3	0	19	1.4
10	1	1	5	1	0	1	6	1	1	0	17	1.3
11～15	3	8	17	5	4	3	8	1	10	5	64	4.8
16～20	0	1	3	0	1	10	1	0	7	0	23	1.7
21～25	0	0	3	2	1	1	2	1	1	1	12	0.9
26～30	1	0	2	0	0	1	1	1	1	0	7	0.5
31～	2	3	8	4	1	5	0	1	4	1	29	2.2
合 計	52	150	364	105	42	181	130	66	226	27	1,343	100.0

1－1－3 経済産業局別、需要家別事業者数（平成28年度末現在）

需要家数 ＼ 局名	北海道	東 北	関 東	中 部	北 陸	近 畿	中 国	四 国	九 州	沖 縄	合 計	構成比%
70～99	4	19	41	17	4	22	20	11	31	1	170	12.7
100～199	10	24	74	19	8	33	15	10	36	4	233	17.3
200～299	6	22	44	8	7	25	13	8	25	2	160	11.9
300～399	4	10	31	6	5	20	8	2	23	5	114	8.5
400～499	7	6	28	7	4	13	6	13	12	3	99	7.4
500～599	3	8	18	8	3	5	6	2	19	1	73	5.4
600～699	2	4	16	5	0	6	3	2	7	0	45	3.4
700～799	2	6	7	4	0	4	5	1	8	1	38	2.8
800～899	1	6	9	2	0	9	6	1	6	0	40	3.0
900～999	3	3	16	2	0	1	4	0	6	0	35	2.6
1,000～1,999	3	17	37	12	5	20	26	11	24	5	160	11.9
2,000～2,999	1	14	13	3	3	7	8	2	10	0	61	4.5
3,000～3,999	0	4	6	4	1	7	6	0	7	3	38	2.8
4,000～4,999	2	2	7	1	0	1	1	0	4	1	19	1.4
5,000～9,999	1	3	9	3	0	6	2	1	5	1	31	2.3
10,000～	3	2	8	4	2	2	1	2	3	0	27	2.0
合 計	52	150	364	105	42	181	130	66	226	27	1,343	100.0

1-1-4 経済産業局別・規模別、供給地点群数・供給地点数（平成28年度末現在）

規模	区分	北海道	東北	関東	中部	北陸	近畿	中国	四国	九州	沖縄	合計 供給地点群数	構成比%
70～99	供給地点群数	75	182	558	217	123	283	217	126	353	60	2,194	9.9
	供給地点数	6,144	14,766	46,219	17,880	10,150	23,470	17,851	10,247	29,145	5,014	180,886	
100～199	供給地点群数	113	233	799	219	99	413	226	119	425	84	2,730	20.8
	供給地点数	15,631	32,444	111,091	31,011	13,460	56,187	31,622	16,188	58,254	11,950	377,838	
200～299	供給地点群数	52	73	285	75	35	147	77	52	148	21	965	12.9
	供給地点数	12,376	17,478	70,046	18,471	8,468	34,831	18,536	12,555	36,080	5,296	234,137	
300～399	供給地点群数	33	37	151	26	12	61	36	13	88	7	464	8.7
	供給地点数	11,303	12,881	51,236	8,760	4,223	20,964	12,391	4,384	30,379	2,413	158,934	
400～499	供給地点群数	14	21	81	29	5	33	22	16	31	6	258	6.3
	供給地点数	6,379	9,362	36,217	13,023	2,289	14,854	9,872	7,033	13,664	2,690	115,383	
500～599	供給地点群数	14	19	66	19	6	20	20	8	29	1	202	6.1
	供給地点数	7,727	10,511	36,141	10,386	3,280	10,862	11,043	4,322	15,487	546	110,305	
600～699	供給地点群数	8	8	32	18	2	15	6	6	21	2	118	4.2
	供給地点数	5,240	5,172	20,622	11,672	1,225	9,605	3,925	3,919	13,468	1,289	76,137	
700～799	供給地点群数	4	10	30	13	2	13	4	4	12	0	92	3.8
	供給地点数	2,951	7,476	22,413	9,909	1,476	9,596	3,033	3,050	8,856	0	68,760	
800～899	供給地点群数	6	6	25	12	3	9	2	1	9	0	73	3.4
	供給地点数	5,141	5,000	21,177	10,168	2,462	7,904	1,724	817	7,738	0	62,131	
900～999	供給地点群数	1	5	15	3	0	5	3	0	8	0	40	2.1
	供給地点数	931	4,831	14,266	2,805	0	4,648	2,825	0	7,656	0	37,962	
1,000～1,999	供給地点群数	15	19	50	18	3	16	14	6	35	3	179	13.1
	供給地点数	18,852	24,855	67,135	23,377	4,009	23,293	18,686	8,086	46,769	3,571	238,633	
2,000～2,999	供給地点群数	4	4	7	5	1	2	4	1	7	0	35	4.6
	供給地点数	10,330	9,125	16,171	12,307	2,470	4,657	9,940	2,042	17,360	0	84,402	
3,000～3,999	供給地点群数	1	1	2	0	0	0	1	0	2	0	7	1.3
	供給地点数	3,340	3,535	7,020	0	0	0	3,072	0	6,174	0	23,141	
4,000～4,999	供給地点群数	0	0	2	1	0	0	0	0	0	0	3	0.7
	供給地点数	0	0	8,636	4,810	0	0	0	0	0	0	13,446	
5,000～	供給地点群数	3	0	0	0	1	0	0	0	2	0	6	2.1
	供給地点数	19,347	0	0	0	6,465	0	0	0	11,781	0	37,593	
合計	供給地点群数	343	618	2,103	655	292	1,017	632	352	1,170	184	7,366	100.0
	供給地点数	125,692	157,436	528,390	174,579	59,977	220,871	144,520	72,643	302,811	32,769	1,819,688	
うち一般ガスの供給区域内の供給者数		106	22	718	126	0	305	37	42	147	14	1,517	
総地点群数及び供給地点数		34,601	3,904	167,286	25,564	0	54,904	6,022	6,036	36,542	5,251	340,110	
事業者数		52	150	364	105	42	181	130	66	226	27	1,343	

1－1－5 都道府県別、供給地点群数・供給地点数（平成28年度末現在）

都道府県名	供給地点群数	供給地点数	1地点群当たりの平均地点数	都道府県名	供給地点群数	供給地点数	1地点群当たりの平均地点数
北海道	343	125,692	366	大 阪	91	18,984	209
青 森	72	18,407	256	兵 庫	224	48,848	218
岩 手	106	25,972	245	滋 賀	266	55,274	208
宮 城	137	39,389	288	京 都	153	28,783	188
秋 田	19	2,285	120	奈 良	89	25,203	283
山 形	104	27,340	263	和歌山	131	30,745	235
福 島	180	44,043	245	鳥 取	72	14,681	204
茨 城	303	88,649	293	島 根	85	12,657	149
栃 木	171	44,116	258	岡 山	170	31,034	183
群 馬	171	38,952	228	広 島	213	69,526	326
埼 玉	443	134,000	302	山 口	92	16,622	181
千 葉	223	60,751	272	徳 島	87	16,181	186
東 京	61	11,196	184	香 川	82	15,262	186
神奈川	235	55,389	236	愛 媛	107	20,282	190
新 潟	35	10,185	291	高 知	76	20,918	275
長 野	156	27,276	175	福 岡	551	143,652	261
山 梨	114	19,377	170	佐 賀	65	10,053	155
静 岡	259	51,829	200	長 崎	118	40,066	340
富 山	161	25,103	156	熊 本	97	20,286	209
石 川	129	34,691	269	大 分	76	20,825	274
福 井	63	13,034	207	宮 崎	137	26,297	192
愛 知	194	36,208	187	鹿児島	126	41,632	330
岐 阜	185	48,569	263	沖 縄	184	32,769	178
三 重	210	76,655	365	全国合計	7,366	1,819,688	247

1-2　簡易ガス需給（生産動態統計）の推移（平成25～28年）

項　目			25年	前年比%	26年	前年比%	27年	前年比%	28年	前年比%
生産量（販売量）（m³）	家　庭　用		156,072,348	95.0	152,729,479	97.9	146,276,830	95.8	139,431,939	95.3
			(757,179)		(762,237)		(717,902)		(703,707)	
	商　業　用		7,692,724	99.7	7,428,744	96.6	6,250,196	84.1	6,088,730	97.4
			(29,476)		(27,948)		(27,509)		(27,006)	
	そ　の　他		3,357,454	98.3	3,170,207	94.4	3,093,398	97.6	3,201,594	103.5
			(0)		(0)		(0)		(0)	
	計		167,122,526	95.2	163,328,430	97.7	155,620,424	95.3	148,722,263	95.6
			(786,655)		(790,185)		(745,411)		(730,713)	
需要家メーター数（個）	家庭用	取付数	1,377,087	98.9	1,361,921	98.9	1,347,945	99.0	1,334,986	99.0
			(3,500)		(3,453)		(3,458)		(3,459)	
		調定数	1,186,419	98.3	1,165,880	98.3	1,144,877	98.2	1,129,279	98.6
			(3,105)		(3,092)		(3,050)		(3,047)	
	商業用	取付数	7,539	98.1	7,450	98.8	7,336	98.5	7,224	98.5
			(20)		(20)		(20)		(20)	
		調定数	6,258	97.4	6,118	97.8	5,976	97.7	5,866	98.2
			(20)		(20)		(20)		(20)	
	その他	取付数	2,328	97.2	2,329	100.0	2,308	99.1	2,331	101.0
			(0)		(0)		(0)		(0)	
		調定数	2,003	100.7	1,995	99.6	1,971	98.8	1,988	100.9
			(0)		(0)		(0)		(0)	
	計	取付数	1,386,954	98.8	1,371,700	98.9	1,357,589	99.0	1,344,541	99.0
			(3,520)		(3,473)		(3,478)		(3,479)	
		調定数	1,194,680	98.3	1,173,993	98.3	1,152,824	98.2	1,137,133	98.6
			(3,125)		(3,112)		(3,070)		(3,067)	
年間調定数（参考）	家　庭　用		14,345,717	98.2	14,093,505	98.2	13,841,965	98.2	13,631,378	98.5
			(37,268)	(99.9)	(36,981)	(99.2)	(36,645)	(99.1)	(36,541)	(99.7)
	商　業　用		75,890	98.4	74,313	97.9	72,657	97.8	70,992	97.7
			(240)	(100.0)	(240)	(100.0)	(240)	(100.0)	(240)	(100.0)
	そ　の　他		23,908	101.0	24,039	100.5	23,713	98.6	23,990	101.2
			(0)	(0.0)	(0)	(0.0)	(0)	(0.0)	(0)	(0.0)
	計		14,445,515	98.2	14,191,857	98.2	13,938,335	98.2	13,726,360	98.5
			(37,508)	(99.9)	(37,221)	(99.2)	(36,885)	(99.1)	(36,781)	(99.7)
平均販売量（m³）	家　庭　用		10.88	96.7	10.84	99.6	10.57	97.5	10.23	96.8
			(20.32)	(96.7)	(20.61)	(101.4)	(19.59)	(95.0)	(19.26)	(98.3)
	商　業　用		101.37	101.4	99.97	98.6	86.02	86.1	85.77	99.7
			(122.82)	(95.1)	(116.45)	(94.8)	(114.62)	(98.4)	(112.53)	(98.2)
	そ　の　他		140.43	97.3	131.88	93.9	130.45	98.9	133.46	102.3
			(0)	(0.0)	(0)	(0.0)	(0)	(0.0)	(0)	(0.0)
	計		11.57	97.0	11.51	99.5	11.16	97.0	10.83	97.0
			(20.97)	(96.6)	(21.23)	(101.2)	(20.21)	(95.2)	(19.87)	(98.3)
受入量原料	ＬＰガス(kg)		349,448,874	95.0	340,164,226	97.3	323,114,296	95.0	310,905,989	96.2
	圧縮天然ガス(m³)		(715,454)	(95.4)	(712,263)	(99.6)	(663,335)	(93.1)	(657,704)	(99.2)

注：1 各年12月末。

　　2 （　）の数値は、圧縮天然ガスである。なお、生産量（販売量）・需要家メーター数量は内数。

　　3 平均販売量は年間販売量÷年間調定数（累計）。又上段はＬＰガス、下段は圧縮天然ガス。

1－3　簡易ガス料金水準の推移

1－3－1　簡易ガス料金水準の推移（平成26～28年度）

(100.4652MJ)

年度 料金水準	26年		27年		28年	
	地点群	構成比	地点群	構成比	地点群	構成比
180円／m³以下	10	0.1	12	0.2	11	0.1
181～201未満	8	0.1	8	0.1	8	0.1
201～221未満	6	0.1	6	0.1	6	0.1
221～241未満	0	0.0	0	0.0	0	0.0
241～261未満	6	0.1	5	0.1	5	0.1
261～281未満	10	0.1	12	0.2	14	0.2
281～301未満	21	0.3	23	0.3	22	0.3
301～321未満	52	0.7	63	0.8	61	0.8
321～341未満	96	1.3	95	1.3	94	1.3
341～361未満	184	2.5	216	2.9	214	2.9
361～381未満	295	3.9	290	3.9	285	3.9
381～401未満	484	6.5	475	6.4	465	6.3
401～421未満	532	7.1	560	7.5	551	7.5
421～441未満	808	10.8	809	10.9	796	10.8
441～461未満	871	11.6	876	11.8	862	11.7
461～481未満	888	11.9	908	12.2	910	12.4
481～501未満	821	11.0	798	10.7	789	10.7
501～521未満	641	8.6	603	8.1	597	8.1
521～541未満	425	5.7	431	5.8	433	5.9
541～561未満	334	4.5	297	4.0	295	4.0
561～581未満	210	2.8	181	2.4	180	2.4
581～601未満	155	2.1	144	1.9	144	2.0
601～621未満	113	1.5	116	1.6	117	1.6
621～641未満	91	1.2	85	1.1	82	1.1
641～661未満	57	0.8	56	0.8	59	0.8
661～681未満	47	0.6	40	0.5	40	0.5
681～701未満	39	0.5	48	0.6	48	0.7
701円／m³以上	279	3.7	272	3.7	273	3.7
合　計	7,483	100.0	7,429	100.0	7,361	100.0
平均料金水準	480円／m³		481円／m³		482円／m³	

1－3－2　簡易ガスの経済産業局別料金水準
（平成28年度）　　(100.4652MJ)

局　　名	平均料金水準（円／m³）
北海道	674.12
東　北	446.84
関　東	440.26
中　部	456.10
北　陸	519.29
近　畿	511.53
中　国	481.28
四　国	491.48
九　州	481.96
沖　縄	558.75
全　国	481.62

1－4　公営簡易ガス事業者数一覧（平成28年度末）

局　　名	事業者名	供給地点群数	供給地点数
東　　北	気仙沼市	2	228
	仙 台 市	8	2,471
	男 鹿 市	1	77
北　　陸	金 沢 市	4	1,440
近　　畿	福 井 市	3	355
中　　国	松 江 市	10	1,832
合　　計	6	28	6,403

1-5 簡易ガス需要家数（供給地点数）5,000地点以上の事業者一覧（平成28年度末）

順位	事 業 者 名	局　　名	供給地点群数	供給地点数
1	日本瓦斯㈱	東北・関東	345	113,528
2	西部ガスエネルギー㈱	九州	209	84,308
3	北ガスジェネックス㈱	北海道	137	61,428
4	東邦液化ガス㈱	中部	166	53,428
5	㈱サイサン	東北・関東・中部	164	51,081
6	大阪ガスLPG㈱	近畿	176	46,096
7	伊丹産業㈱	中部・北陸・近畿・中国・四国	118	41,367
8	堀川産業㈱	東北・関東・近畿	105	39,718
9	東部液化石油㈱	東北・関東	94	26,512
10	四国ガス燃料㈱	四国	108	20,912
11	広島ガスプロパン㈱	中国	28	20,567
12	㈱ザ・トーカイ	関東・中部	80	18,873
13	日本海ガス㈱	北陸	110	18,445
14	㈱ミツウロコ	東北・関東・中部・近畿	66	15,450
15	東京ガスエネルギー㈱	関東	58	15,417
16	ガステックサービス㈱	東北・関東・中部	76	14,877
17	㈱コーアガス日本	九州	27	13,035
18	名張近鉄ガス㈱	中部・近畿	12	13,033
19	ENEOSグローブエナジー㈱	東北・関東・北陸・近畿・四国・九州	72	13,018
20	㈱エネサンス北海道	北海道	31	11,687
21	カメイ㈱	東北・関東	50	11,528
22	土佐ガス㈱	四国	30	11,418
23	北海道瓦斯㈱	北海道	14	11,341
24	カニエJAPAN㈱	中部	41	10,862
25	高松産業㈱	九州	34	10,717
26	東上ガス㈱	関東	45	10,194
27	宮崎液化ガス㈱	九州	54	9,447
28	帯広ガス㈱	北海道	11	8,776
29	㈱エコア	九州	57	8,749
30	朝日ガスエナジー㈱	中部	24	7,884
31	大丸エナウィン㈱	近畿・四国	46	7,846
32	坂本油化㈱	中部・近畿	31	7,610
33	全国農業協同組合連合会	関東・近畿	39	7,574
34	仙台プロパン㈱	東北	35	7,293
35	イワタニ近畿㈱	近畿	32	6,795
36	大洋産業㈱	九州	15	6,794
37	㈱広島クミアイ燃料	中国	9	6,775
38	大垣ガス㈱	中部	34	6,721
39	㈱トーエル	関東	27	6,597
40	かもめガス㈱	関東	15	6,584
41	中央セントラルガス㈱	関東	10	6,294
42	若松ガス㈱	東北	15	6,221
43	沖縄県農業協同組合	沖縄	41	6,077
44	イワタニ山陽㈱	中国	23	5,811
45	㈱クレックス	関東	15	5,718
46	盛岡ガス㈱	東北	12	5,394
47	エコガス㈱	近畿	25	5,328
48	㈱JA香川県エネルギーサービス	四国	21	5,255
49	田川液化石油ガス事業協同組合	九州	17	5,214
50	太田ガス事業協同組合	関東	17	5,187
51	フジオックス㈱	関東	11	5,172
52	甲賀共同ガス㈱	近畿	18	5,127
53	上野ガス㈱	中部	15	5,125
54	首都圏瓦斯㈱	関東	19	5,090
55	吉村アクティブ産業㈱	九州	20	5,073

2. 平成27年度一般ガス(都市ガス)事業の概要

2-1 経済産業局別一般ガス事業者数（平成27年度末現在）

形態 産業局別	私 営	公 営	計
北 海 道	9	1	10
東 北	30	6	36
関 東	74	15	89
中 部	7	―	7
北 陸	3	1	4
近 畿	17	2	19
中 国	11	1	12
四 国	1	―	1
九 州	27	―	27
沖 縄	1	―	1
合 計	180	26	206

2-2 需要家別一般ガス事業者数（平成27年度末現在）

形態 需要家数	私 営	公 営	計
1,000個以下	5	―	5
1,001 ～ 2,000	10	2	12
2,001 ～ 3,000	16	2	18
3,001 ～ 4,000	16	―	16
4,001 ～ 5,000	12	2	14
5,001 ～ 10,000	27	6	33
10,001 ～ 50,000	62	9	71
50,001 ～ 100,000	11	3	14
100,001 ～ 300,000	12	1	13
300,001 ～ 500,000	3	1	4
500,001個以上	6	―	6
合 計	180	26	206

注：需要家数は、取り付けメーター数。

2-3 一般ガス事業者別需要家数とガス販売量

会　社　名	本　社所在地	26年度			27年度		
		需要家数（個）	ガス販売量（千MJ）	ＬＰＧ換算（ｔ）	需要家数（個）	ガス販売量（千MJ）	ＬＰＧ換算（ｔ）
＜本省＞							
東京ガス	東　京	10,957,817	585,940,911	11,704,772	11,090,411	577,580,996	11,537,775
大阪ガス	大阪市	7,195,603	350,325,065	6,998,104	7,251,944	339,831,035	6,788,475
東邦ガス	名古屋市	2,363,040	165,371,903	3,303,474	2,384,624	160,895,171	3,214,047
西部ガス	福岡市	1,107,962	36,877,733	736,671	1,104,842	35,719,103	713,526
東部ガス	東　京	218,929	11,733,619	234,391	219,911	12,087,009	241,450
＜北海道経済産業局＞							
北海道ガス	札幌市	558,429	21,971,867	438,911	561,741	22,966,865	458,787
旭川ガス	旭川市	120,850	2,625,592	52,449	121,305	2,771,970	55,373
釧路ガス	釧路市	69,938	1,331,794	26,604	69,795	1,351,251	26,993
室蘭ガス	室蘭市	34,701	446,014	8,910	34,584	450,773	9,005
帯広ガス	帯広市	30,732	677,925	13,542	30,813	626,437	12,514
苫小牧ガス	苫小牧市	26,331	1,135,941	22,692	26,310	1,208,009	24,131
滝川ガス	滝川市	6,817	70,234	1,403	6,763	76,231	1,523
岩見沢ガス	岩見沢市	3,382	47,274	944	3,375	50,615	1,011
美唄ガス	美唄市	4,580	27,311	546	4,545	27,436	548
＜東北経済産業局＞							
湖東ガス	潟上市	946	17,795	355	905	15,585	311
のしろエネルギーサービス	能代市	3,532	47,109	941	3,499	43,318	865
青森ガス	青森市	21,418	475,532	9,499	21,194	479,809	9,585
八戸ガス	八戸市	18,090	268,749	5,369	18,090	313,678	6,266
弘前ガス	弘前市	17,429	391,313	7,817	17,385	409,500	8,180
十和田ガス	十和田市	4,699	61,289	1,224	4,693	59,304	1,185
五所川原ガス	五所川原市	1,924	180,971	3,615	1,900	178,884	3,573
黒石ガス	黒石市	4,332	22,810	456	4,295	22,440	448
盛岡ガス	盛岡市	46,625	1,064,174	21,258	46,433	1,022,051	20,417
釜石ガス	釜石市	8,583	193,025	3,856	8,453	179,753	3,591
水沢ガス	奥州市	5,794	77,232	1,543	5,789	147,270	2,942
一関ガス	一関市	3,096	58,506	1,169	3,084	56,552	1,130
花巻ガス	花巻市	3,971	44,732	894	3,964	43,029	860
塩釜ガス	塩釜市	11,639	264,640	5,286	11,556	271,052	5,415
石巻ガス	石巻市	10,744	308,082	6,154	12,265	321,551	6,423
古川ガス	大崎市	5,553	242,774	4,850	5,512	220,347	4,402
仙南ガス	宮城柴田町	2,645	62,991	1,258	2,806	62,568	1,250
山形ガス	山形市	21,788	865,063	17,281	21,624	821,728	16,415
鶴岡ガス	鶴岡市	16,767	928,106	18,540	16,907	1,024,808	20,472
酒田天然ガス	酒田市	13,354	231,387	4,622	13,238	237,467	4,744
寒河江ガス	寒河江市	820	12,618	252	840	12,934	258
新庄都市ガス	新庄市	1,646	30,184	603	1,648	30,279	605

会　社　名	本　社所在地	26年度			27年度		
		需要家数（個）	ガス販売量（千MJ）	LPG換算（t）	需要家数（個）	ガス販売量（千MJ）	LPG換算（t）
庄内中部ガス	山形三川町	5,727	104,290	2,083	5,703	99,792	1,993
福島ガス	福島市	43,321	2,025,414	40,460	43,235	1,997,782	39,908
常磐共同ガス	いわき市	13,953	266,434	5,322	19,723	329,341	6,579
常磐都市ガス	水戸市	2,148	29,328	586	2,151	27,714	554
若松ガス	会津若松市	16,924	687,810	13,740	16,856	654,117	13,067
相馬ガス	南相馬市	3,259	35,784	715	3,292	36,013	719
東北ガス	福島西郷村	4,554	59,542	1,189	4,536	55,750	1,114
＜関東経済産業局＞							
青梅ガス	青梅市	21,474	890,089	17,780	21,778	833,085	16,642
武陽ガス	福生市	30,912	2,593,578	51,809	30,220	3,052,204	60,971
昭島ガス	昭島市	31,170	1,304,177	26,052	31,585	1,325,762	26,483
筑波学園ガス（H28.5東京ガスに統合）	つくば市	28,615	3,798,252	75,874	29,324	3,731,517	74,541
美浦ガス（H28.5東京ガスに統合）	茨城美浦村	1,907	59,249	1,184	1,743	56,397	1,127
東部液化石油	東　京	469	6,725	134	467	6,436	129
足利ガス	足利市	17,274	2,554,463	51,028	17,340	2,467,033	49,282
佐野ガス	佐野市	8,700	699,427	13,972	8,586	633,836	12,662
栃木ガス	栃木市	3,780	208,299	4,161	3,745	191,495	3,825
北日本ガス	小山市	34,255	3,703,506	73,981	35,530	3,664,844	73,209
鬼怒川ガス	日光市	1,796	85,450	1,707	1,852	85,210	1,702
桐生ガス	桐生市	25,670	1,590,312	31,768	25,548	1,588,724	31,736
館林ガス	館林市	8,456	1,333,712	26,642	8,401	1,350,973	26,987
伊勢崎ガス	伊勢崎市	11,497	1,724,412	34,447	11,612	1,800,762	35,972
沼田ガス	沼田市	2,138	29,227	584	2,101	51,236	1,023
太田都市ガス	太田市	12,554	7,434,639	148,515	12,570	7,082,615	141,483
渋川ガス	渋川市	2,893	49,781	994	2,922	47,500	949
武州ガス	川越市	205,605	11,605,276	231,827	209,186	11,518,517	230,094
埼玉ガス	深谷市	7,005	525,589	10,499	7,028	471,920	9,427
秩父ガス	秩父市	2,916	55,558	1,110	2,868	52,977	1,058
東彩ガス	越谷市	174,341	6,142,091	122,695	180,336	6,012,484	120,106
大東ガス	埼玉三芳町	103,314	5,085,262	101,583	105,822	5,228,872	104,452
西武ガス	飯能市	11,530	260,194	5,198	11,668	293,936	5,872
本庄ガス	本庄市	14,050	1,062,899	21,233	13,990	1,054,797	21,071
武蔵野ガス	狭山市	5,571	198,443	3,964	5,580	188,762	3,771
角栄ガス	東　京	18,376	447,723	8,944	18,481	420,305	8,396
新日本ガス	北本市	73,897	2,915,605	58,242	74,949	3,061,866	61,164
鷲宮ガス	久喜市	10,861	598,186	11,949	10,942	599,687	11,979
日高都市ガス	日高市	6,660	254,185	5,078	6,690	269,534	5,384
幸手都市ガス	幸手市	11,450	703,705	14,057	11,480	703,034	14,044
入間ガス	入間市	18,289	1,436,758	28,701	18,362	1,260,520	25,180

会　社　名	本　社所在地	26年度			27年度		
		需要家数（個）	ガス販売量（千MJ）	ＬＰＧ換算（t）	需要家数（個）	ガス販売量（千MJ）	ＬＰＧ換算（t）
坂戸ガス	坂戸市	34,369	1,395,026	27,867	34,813	1,367,939	27,326
松栄ガス	東松山市	6,312	367,968	7,351	6,447	385,467	7,700
伊奈都市ガス	埼玉伊奈町	1,172	22,855	457	1,194	23,052	460
堀川産業	草加市	－	－	－	570	4,761	95
京葉ガス	市川市	896,417	29,980,949	598,900	904,467	29,585,496	591,001
大多喜ガス	茂原市	165,489	34,918,850	697,540	166,947	35,585,337	710,854
銚子ガス	東　京	2,485	44,763	894	2,451	43,007	859
房州ガス	館山市	2,465	36,097	721	2,445	35,420	708
千葉ガス（H28.5東京ガスに統合）	佐倉市	128,100	6,495,790	129,760	129,353	6,526,150	130,367
野田ガス	野田市	21,108	1,218,606	24,343	21,497	1,352,142	27,010
東日本ガス	我孫子市	87,511	2,127,833	42,506	88,516	2,062,948	41,210
京和ガス	流山市	46,748	1,056,828	21,111	49,052	1,068,762	21,350
総武ガス	旭　市	2,588	102,079	2,039	2,558	97,772	1,953
日本瓦斯	東　京	12,246	240,772	4,810	12,418	246,902	4,932
小田原ガス	小田原市	42,016	2,494,565	49,832	41,946	2,437,061	48,683
秦野ガス	秦野市	14,519	900,832	17,995	14,474	880,757	17,594
厚木ガス	厚木市	52,080	2,940,763	58,745	53,531	3,014,089	60,210
湯河原ガス	神奈川湯河原町	3,716	63,133	1,261	3,728	64,308	1,285
北陸ガス	新潟市	367,024	14,592,877	291,508	369,308	14,099,372	281,649
新発田ガス	新発田市	38,341	4,742,531	94,737	38,356	4,679,248	93,473
越後天然ガス	新潟市	34,958	1,942,910	38,812	35,046	1,890,357	37,762
蒲原ガス	新潟市	34,053	1,815,693	36,270	34,130	1,724,852	34,456
佐渡ガス	佐渡市	1,770	24,554	490	1,738	22,753	455
栄ガス消費生活協同組合	三条市	3,339	132,176	2,640	3,342	125,687	2,511
白根ガス	燕　市	27,901	1,808,353	36,124	28,011	1,715,975	34,278
吉田ガス	富士吉田市	7,592	482,003	9,629	7,556	513,232	10,252
東京ガス山梨	甲府市	29,613	2,240,140	44,749	29,632	2,129,336	42,536
松本ガス	松本市	25,846	1,753,337	35,025	25,708	1,735,869	34,676
上田ガス	上田市	30,590	1,579,660	31,555	30,495	1,524,490	30,453
諏訪ガス	諏訪市	20,576	740,027	14,783	20,377	757,915	15,140
大町ガス	大町市	1,602	25,054	500	1,590	24,078	481
信州ガス	飯田市	4,053	100,420	2,006	4,002	97,346	1,945
長野都市ガス	長野市	95,505	6,118,788	122,229	95,895	6,043,509	120,725
静岡ガス	静岡市	315,523	35,454,037	708,231	317,008	34,991,085	698,983
熱海ガス	熱海市	19,452	429,351	8,577	19,440	415,803	8,306
伊東ガス	伊東市	10,526	171,933	3,435	10,460	161,809	3,232
御殿場ガス	御殿場市	3,363	65,291	1,304	3,505	64,935	1,297
東海ガス	藤枝市	53,466	6,103,399	121,922	53,701	5,969,364	119,244
島田ガス	島田市	4,784	597,894	11,944	4,765	452,511	9,039
下田ガス	下田市	2,697	30,337	606	2,701	29,354	586
中遠ガス	掛川市	7,645	314,811	6,289	7,886	316,939	6,331
袋井ガス	袋井市	3,312	547,145	10,930	3,484	526,588	10,519

会　社　名	本　社所在地	26年度			27年度		
		需要家数（個）	ガス販売量（千MJ）	ＬＰＧ換算（ｔ）	需要家数（個）	ガス販売量（千MJ）	ＬＰＧ換算（ｔ）
＜中部経済産業局＞							
中部ガス	豊橋市	232,685	13,020,132	260,091	233,765	12,358,230	246,868
犬山ガス	犬山市	9,489	1,007,063	20,117	9,517	975,140	19,479
津島ガス	津島市	5,736	106,378	2,125	5,789	100,569	2,009
大垣ガス	大垣市	17,464	2,421,695	48,376	17,572	2,571,291	51,364
上野都市ガス	伊賀市	10,696	487,981	9,748	10,751	484,296	9,674
名張近鉄ガス	名張市	15,518	1,026,194	20,499	15,384	1,031,546	20,606
日本海ガス	富山市	77,545	4,260,293	85,104	77,011	4,301,604	85,929
高岡ガス	高岡市	14,732	326,605	6,524	14,665	310,109	6,195
小松ガス	小松市	10,781	349,888	6,989	10,787	328,987	6,572
＜近畿経済産業局＞							
河内長野ガス	河内長野市	24,432	725,851	14,500	24,468	675,117	13,486
敦賀ガス	敦賀市	3,370	48,039	960	3,351	45,533	910
越前エネライン	越前市	5,540	153,921	3,075	5,539	149,274	2,982
甲賀協同ガス	甲賀市	2,121	125,594	2,509	2,183	110,227	2,202
丹後ガス	舞鶴市	2,618	45,175	902	2,617	44,371	886
長田野ガスセンター	福知山市	957	1,697,365	33,907	962	1,590,801	31,778
福知山都市ガス	福知山市	7,282	189,895	3,793	7,238	178,385	3,563
洲本ガス	洲本市	3,038	49,900	997	3,025	46,737	934
伊丹産業	伊丹市	2,662	329,290	6,578	2,611	328,021	6,553
篠山都市ガス	篠山市	3,031	59,514	1,189	3,045	57,414	1,147
豊岡エネルギー	豊岡市	8,370	342,971	6,851	8,272	331,885	6,630
大和ガス	大和高田市	68,027	4,442,502	88,744	68,587	4,550,048	90,892
桜井ガス	桜井市	6,628	161,682	3,230	6,674	160,979	3,216
五条ガス	五條市	3,009	59,051	1,180	3,001	56,448	1,128
大武	香芝市	2,544	42,491	849	2,619	44,577	890
新宮ガス	新宮市	4,091	52,924	1,057	4,083	49,675	992
＜中国経済産業局＞							
広島ガス	広島市	409,185	19,293,013	385,398	408,490	19,015,436	379,853
福山ガス	福山市	49,444	2,596,743	51,873	48,773	2,514,248	50,225
因の島ガス	尾道市	4,973	75,627	1,511	4,859	70,508	1,408
鳥取ガス	鳥取市	22,959	652,220	13,029	22,680	633,854	12,662
米子ガス	米子市	12,125	404,460	8,080	12,030	429,093	8,572
出雲ガス	出雲市	5,814	296,570	5,924	5,807	287,414	5,741
浜田ガス	浜田市	7,079	185,892	3,713	7,078	175,428	3,504
津山ガス	津山市	8,796	141,999	2,837	8,741	166,342	3,323
岡山ガス	岡山市	139,140	8,739,418	174,579	139,200	8,509,373	169,983
水島ガス	倉敷市	23,919	2,899,946	57,929	23,788	2,628,793	52,513
山口合同ガス	下関市	181,557	12,444,205	248,586	180,223	12,812,373	255,940

会 社 名	本 社 所在地	26年度			27年度		
		需要家数 (個)	ガス販売量 (千MJ)	ＬＰＧ換算 (ｔ)	需要家数 (個)	ガス販売量 (千MJ)	ＬＰＧ換算 (ｔ)
＜四国経済産業局＞							
四国ガス	今治市	270,295	8,888,019	177,547	270,120	9,291,064	185,599
＜九州経済産業局＞							
大牟田ガス	大牟田市	12,456	266,030	5,314	12,499	274,812	5,490
西日本ガス	柳川市	4,332	55,702	1,113	4,329	56,566	1,130
筑紫ガス	筑紫野市	39,763	1,139,975	22,772	39,971	1,121,433	22,402
直方ガス	直方市	7,988	212,071	4,236	8,092	206,827	4,132
飯塚ガス	飯塚市	3,004	73,802	1,474	3,034	78,927	1,577
高松ガス	北九州市	2,830	25,599	511	2,819	24,017	480
久留米ガス	久留米市	30,423	1,465,573	29,276	30,308	1,495,404	29,872
唐津ガス	唐津市	10,023	164,917	3,294	9,977	162,131	3,239
伊万里ガス	伊万里市	4,909	73,293	1,464	4,890	71,114	1,421
鳥栖ガス	鳥栖市	9,162	701,232	14,008	9,284	600,303	11,992
佐賀ガス	佐賀市	21,611	581,924	11,625	21,564	552,232	11,031
九州ガス	諫早市	48,998	1,041,028	20,796	48,611	1,020,740	20,390
小浜ガス	雲仙市	1,030	17,063	341	1,033	16,028	320
第一ガス	長崎市	2,285	26,855	536	2,221	26,787	535
天草ガス	天草市	4,773	89,861	1,795	4,571	88,449	1,767
山鹿都市ガス	山鹿市	3,145	49,930	997	3,106	50,878	1,016
大分ガス	別府市	74,285	2,353,285	47,009	74,204	2,282,989	45,605
エコア	福岡市	4,666	333,268	6,657	4,624	333,445	6,661
宮崎ガス	宮崎市	81,893	1,901,154	37,978	81,442	1,851,128	36,978
日本ガス	鹿児島市	144,973	4,509,842	90,089	144,891	4,493,365	89,760
南日本ガス	薩摩川内市	14,845	204,571	4,087	15,041	202,226	4,040
阿久根ガス	阿久根市	1,914	47,210	943	1,892	45,283	905
南海ガス	奄美市	7,549	90,304	1,804	7,468	85,822	1,714
加治木ガス	姶良市	5,746	70,824	1,415	5,588	68,097	1,360
出水ガス	出水市	1,608	183,323	3,662	1,587	189,165	3,779
国分隼人ガス	霧島市	2,522	34,534	690	2,508	34,426	688
沖縄ガス	那覇市	63,608	1,143,107	22,835	64,873	1,119,296	22,359
■公営事業者							
＜北海道経済産業局＞							
長万部町	北海道長万部町	1,126	11,262	225	1,184	11,024	220
＜東北経済産業局＞							
仙台市	仙台市	345,524	11,750,107	234,720	345,449	11,574,132	231,205
気仙沼市	気仙沼市	1,921	16,422	328	2,170	25,960	519
にかほ市	にかほ市	5,761	110,101	2,199	5,489	101,237	2,022

会　社　名	本　社所在地	26年度			27年度		
		需要家数（個）	ガス販売量（千MJ）	ＬＰＧ換算（ t ）	需要家数（個）	ガス販売量（千MJ）	ＬＰＧ換算（ t ）
由利本荘市	由利本荘市	9,295	371,905	7,429	9,131	360,804	7,207
男鹿市	男鹿市	10,911	120,462	2,406	10,816	115,536	2,308
庄内町	山形庄内町	6,624	172,357	3,443	6,600	169,306	3,382
＜関東経済産業局＞							
富岡市（H29.4堀川産業に譲渡）	富岡市	7,561	253,313	5,060	7,528	249,038	4,975
下仁田町	群馬下仁田町	1,397	37,918	757	1,369	37,096	741
東金市	東金市	14,880	519,537	10,378	14,939	505,701	10,102
習志野市	習志野市	75,664	2,869,934	57,330	77,071	2,719,764	54,330
白子町	千葉白子町	2,922	122,444	2,446	2,928	118,945	2,376
大網白里市	大網白里市	12,059	288,801	5,769	12,179	278,177	5,557
九十九里町	千葉九十九里町	4,368	135,298	2,703	4,340	131,165	2,620
長南町	千葉長南町	4,625	326,922	6,531	4,611	326,876	6,530
上越市	上越市	52,957	2,772,946	55,392	53,108	2,678,640	53,509
柏崎市（H30.4北陸ガスに譲渡）	柏崎市	30,652	1,306,511	26,099	30,586	1,280,337	25,576
見附市	見附市	12,536	645,233	12,889	12,614	632,059	12,626
妙高市	妙高市	8,690	404,554	8,081	8,630	398,887	7,968
小千谷市	小千谷市	11,557	763,912	15,260	11,572	702,135	14,026
魚沼市	魚沼市	8,663	424,036	8,471	8,637	424,951	8,489
糸魚川市	糸魚川市	15,097	407,648	8,143	15,078	395,934	7,909
＜中部経済産業局電力・ガス事業北陸支局＞							
金沢市	金沢市	70,871	1,878,460	37,524	69,904	1,862,120	37,198
＜近畿経済産業局＞							
福井市	福井市	24,769	905,998	18,098	24,267	878,789	17,555
大津市	大津市	100,634	7,668,171	153,180	101,645	7,268,521	145,196
＜中国経済産業局＞							
松江市	松江市	14,932	381,150	7,614	14,847	364,546	7,282

注：⑴日本ガス協会資料をもとに作成。
　　⑵ＬＰＧ換算は標準発熱量（「総合エネルギー統計」／資源エネルギー庁）をベースに算出。

2−4 主要一般ガス事業者一覧（需要家数・ガス販売量・導管延長数）

a.需要家数

順位	事業者	需要家数（個）
1	東京ガス	11,090,411
2	大阪ガス	7,251,944
3	東邦ガス	2,384,624
4	西部ガス	1,104,842
5	京葉ガス	904,467
6	北海道ガス	561,741
7	広島ガス	408,490
8	北陸ガス	369,308
9	仙台市	345,449
10	静岡ガス	317,008
11	四国ガス	270,120
12	中部ガス	233,765
13	東部ガス	219,911
14	武州ガス	209,186
15	東彩ガス	180,336
16	山口合同ガス	180,223
17	大多喜ガス	166,947
18	日本ガス（九州）	144,891
19	岡山ガス	139,200
20	千葉ガス（H28.5東京ガスに統合）	129,353

b.ガス販売量

順位	事業者	ガス販売量（千MJ）
1	東京ガス	577,580,996
2	大阪ガス	339,831,035
3	東邦ガス	160,895,171
4	西部ガス	35,719,103
5	大多喜ガス	35,585,337
6	静岡ガス	34,991,085
7	京葉ガス	29,585,496
8	北海道ガス	22,966,865
9	広島ガス	19,015,436
10	北陸ガス	14,099,372
11	山口合同ガス	12,812,373
12	中部ガス	12,358,230
13	東部ガス	12,087,009
14	仙台市	11,574,132
15	武州ガス	11,518,517
16	四国ガス	9,291,064
17	岡山ガス	8,509,373
18	大津市	7,268,521
19	太田都市ガス	7,082,615
20	千葉ガス（H28.5東京ガスに統合）	6,526,150

c.導管延長数

順位	事業者	導管延長数（m）
1	東京ガス	57,375,032
2	大阪ガス	50,380,044
3	東邦ガス	28,416,268
4	西部ガス	9,891,635
5	京葉ガス	6,315,910
6	北海道ガス	5,299,299
7	北陸ガス	4,925,935
8	仙台市	4,324,502
9	静岡ガス	4,268,948
10	広島ガス	4,199,673
11	中部ガス	4,178,525
12	東部ガス	3,583,213
13	四国ガス	3,188,701
14	山口合同ガス	2,910,401
15	大多喜ガス	2,424,180
16	岡山ガス	2,380,889
17	武州ガス	2,368,615
18	東彩ガス	2,065,662
19	長野都市ガス	1,955,258
20	旭川ガス	1,930,800

注）需　要　家　数：平成28年3月末（取付メーター数）
　　ガ ス 販 売 量：平成27年4月〜28年3月
　　　　　　　　　　（他ガス事業者への供給分除く）
　　ガス導管延長数：平成28年3月末

2-5 都道府県別都市ガス販売量

都道府県	26年度 ガス販売量（千MJ）	前年度比（%）	LPG換算（t）	27年度 ガス販売量（千MJ）	前年度比（%）	LPG換算（t）
北海道	28,345,214	100.2	566,225	29,540,611	104.2	590,104
青森	1,400,664	101.7	27,980	1,463,615	104.5	29,237
岩手	1,437,669	100.9	28,719	1,448,655	100.8	28,938
宮城	12,645,016	96.5	252,597	12,475,610	98.7	249,213
秋田	2,675,098	99.8	53,438	2,672,315	99.9	53,382
山形	2,344,005	98.6	46,824	2,396,314	102.2	47,869
福島	5,607,086	100.2	112,007	5,939,061	105.9	118,639
茨城	102,752,452	175.0	2,052,586	106,244,012	103.4	2,122,333
栃木	16,974,738	101.4	339,088	16,872,081	99.4	337,037
群馬	23,036,921	100.7	460,186	22,581,787	98.0	451,094
埼玉	74,200,562	100.9	1,482,233	73,013,808	98.4	1,458,526
千葉	155,777,548	100.5	3,111,817	156,904,785	100.7	3,134,334
東京	240,042,019	98.2	4,795,086	232,989,368	97.1	4,654,202
神奈川	128,779,147	93.9	2,572,496	124,420,019	96.6	2,485,418
新潟	31,783,934	97.7	634,917	30,771,187	96.8	614,686
山梨	2,722,143	91.0	54,378	2,642,568	97.1	52,788
長野	10,317,286	98.7	206,098	10,183,207	98.7	203,420
静岡	50,789,028	97.9	1,014,563	49,609,371	97.7	990,998
愛知	139,299,927	99.7	2,782,659	134,481,142	96.5	2,686,399
岐阜	12,076,576	101.8	241,242	12,108,548	100.3	241,881
三重	25,012,866	95.6	499,658	25,168,608	100.6	502,769
富山	4,586,898	101.4	91,628	4,611,713	100.5	92,124
石川	2,228,348	97.3	44,514	2,191,107	98.3	43,770
福井	1,107,958	96.4	22,133	1,073,596	96.9	21,446
滋賀	37,089,907	96.8	740,909	35,538,534	95.8	709,919
京都	40,083,240	99.3	800,704	38,814,557	96.8	775,361
大阪	166,230,457	95.5	3,320,624	160,461,717	96.5	3,205,388
兵庫	99,154,080	97.7	1,980,705	97,391,703	98.2	1,945,499
奈良	13,579,946	97.2	271,273	13,503,166	99.4	269,740
和歌山	10,199,811	100.1	203,752	9,614,564	94.3	192,061
鳥取	1,056,680	99.6	21,108	1,062,947	100.6	21,233
島根	863,612	97.4	17,252	827,388	95.8	16,528
岡山	11,781,363	100.2	235,345	11,304,508	96.0	225,819
広島	21,965,383	96.3	438,781	21,600,192	98.3	431,486
山口	12,444,205	100.0	248,586	12,812,373	103.0	255,940
愛媛	2,453,130	109.6	49,004	2,868,940	117.0	57,310
香川	3,396,790	104.4	67,854	3,304,321	97.3	66,007
高知	947,852	101.6	18,934	911,954	96.2	18,217
徳島	2,090,247	95.2	41,755	2,205,849	105.5	44,064
福岡	30,343,361	102.2	606,140	29,504,807	97.2	589,389
佐賀	1,834,625	97.9	36,649	1,699,087	92.6	33,941
長崎	4,385,704	98.4	87,609	4,203,870	95.9	83,977
熊本	6,298,898	103.9	125,827	6,157,987	97.8	123,012
大分	2,686,553	97.3	53,667	2,616,434	97.4	52,266
宮崎	1,901,154	98.1	37,978	1,851,128	97.4	36,978
鹿児島	5,140,608	99.1	102,689	5,118,384	99.6	102,245
沖縄	1,143,107	100.5	22,835	1,119,296	97.9	22,359
合計	1,553,013,816	101.1	31,023,049	1,526,296,794	98.3	30,489,349

注：(1)ガス販売量は日本ガス協会資料。
　　(2)LPG換算は標準発熱量（「総合エネルギー統計」／資源エネルギー庁）をベースに算出。

2-6 登録ガス小売事業者一覧（平成29年12月28日現在）

登録番号	氏名／名称	所在地	登録番号	氏名／名称	所在地
全国計1,422事業者			B 0013	ハローガス共栄㈱	北海道滝川市
			B 0014	日高ガス協同組合	北海道新ひだか町
経済産業省本省（55事業者）			B 0015	北海道エア・ウォーター㈱	北海道札幌市
			B 0016	北海道エナジティック㈱	北海道札幌市
A 0001	関西電力㈱	大阪府大阪市	B 0017	㈱エネサンス北海道	北海道札幌市
A 0002	東京電力エナジーパートナー㈱	東京都千代田区	B 0018	札幌液化石油ガス協同組合	北海道札幌市
A 0003	中部電力㈱	愛知県名古屋市	B 0019	㈱菱友	北海道滝川市
A 0004	九州電力㈱	福岡県福岡市	B 0020	月寒燃料協同組合	北海道札幌市
A 0005	国際石油開発帝石㈱	東京都港区	B 0021	登別ガス協同組合	北海道登別市
A 0006	三愛石油㈱	東京都品川区	B 0022	ミライフ北海道㈱	北海道札幌市
A 0007	ＪＸＴＧエネルギー㈱	東京都千代田区	B 0023	空知ガス㈱	北海道深川市
A 0008	岩谷産業㈱	大阪府大阪市	B 0024	日商プロパン石油㈱	北海道札幌市
A 0010	石油資源開発㈱	東京都千代田区	B 0025	成沢機器㈱	北海道函館市
A 0011	日本瓦斯㈱	東京都渋谷区	B 0026	北燃商事㈱	北海道岩見沢市
A 0012	東彩ガス㈱	埼玉県春日部市	B 0027	苫小牧ＬＰガス事業協同組合	北海道苫小牧市
A 0013	東日本ガス㈱	千葉県我孫子市	B 0028	㈱西ガス	北海道砂川市
A 0014	新日本瓦斯㈱	埼玉県北本市	B 0029	㈲佐藤燃料店	北海道苫小牧市
A 0015	北日本ガス㈱	栃木県小山市	B 0030	㈱ホクタン	北海道稚内市
A 0016	南遠州パイプライン㈱	静岡県掛川市	B 0031	札幌北部エルピーガス協同組合	北海道札幌市
A 0017	河原実業㈱	東京都足立区	B 0032	札幌アポロ石油㈱	北海道札幌市
A 0018	レモンガス㈱	神奈川県平塚市	B 0033	㈱ヒシサン	北海道根室市
A 0020	東京瓦斯㈱	東京都港区	B 0034	上田商事㈱	北海道登別市
A 0021	東京ガスエンジニアリングソリューションズ㈱	東京都港区	B 0035	㈱砂川ガス	北海道砂川市
A 0022	エア・ウォーター㈱	北海道札幌市	B 0036	道北エア・ウォーター㈱	北海道札幌市
A 0023	㈱サイサン	埼玉県さいたま市	B 0037	山一熱器機㈱	北海道留萌市
A 0024	大阪瓦斯㈱	大阪府大阪市	B 0038	㈱いわせき	北海道岩見沢市
A 0025	東邦瓦斯㈱	愛知県名古屋市	B 0039	稚内エルピーガス事業協同組合	北海道稚内市
A 0026	東部瓦斯㈱	東京都中央区	B 0040	伊達ガス事業協同組合	北海道伊達市
A 0027	西部瓦斯㈱	福岡県福岡市	B 0041	道南エア・ウォーター㈱	北海道札幌市
A 0028	名張近鉄ガス㈱	三重県名張市	B 0042	永井石油㈱	北海道岩内町
A 0029	ＥＮＥＯＳグローブエナジー㈱	東京都千代田区	B 0043	協業組合北部ガスセンター	北海道士別市
A 0030	アストモスリテイリング㈱	東京都千代田区	B 0044	㈱越森石油電器商会	北海道奥尻町
A 0031	伊丹産業㈱	兵庫県伊丹市	B 0045	小樽液化石油ガス協同組合	北海道小樽市
A 0032	エネジン㈱	静岡県浜松市	B 0046	道央エア・ウォーター㈱	北海道札幌市
A 0033	ガステックサービス㈱	愛知県豊橋市	B 0047	旭川ガス燃料㈱	北海道旭川市
A 0034	カメイ㈱	宮城県仙台市	B 0048	オホーツク・エア・ウォーター㈱	北海道札幌市
A 0035	坂本油化㈱	大阪府大阪市	B 0049	名寄北炭㈱	北海道名寄市
A 0036	㈱ザ・トーカイ	静岡県静岡市	B 0050	㈱三光	北海道網走市
A 0037	関彰商事㈱	茨城県筑西市	B 0051	㈲日通プロパン	北海道岩内町
A 0038	全国農業協同組合連合会	東京都千代田区	B 0052	㈱カネキ柏原	北海道網走市
A 0039	大丸エナウィン㈱	大阪府大阪市	B 0053	芽室ガス㈱	北海道芽室町
A 0040	大陽日酸エネルギー㈱	愛知県蟹江町	B 0054	豊富町	北海道豊富町
A 0041	東部液化石油㈱	東京都中央区	B 0055	北海道日通プロパン販売㈱	北海道札幌市
A 0042	ニイミ産業㈱	愛知県名古屋市			
A 0043	西日本液化ガス㈱	山口県下関市	**東北経済産業局（147事業者）**		
A 0044	日米礦油㈱	大阪府大阪市	C 0001	東北天然ガス㈱	宮城県仙台市
A 0045	日通商事㈱	東京都港区	C 0002	東北電力㈱	宮城県仙台市
A 0046	橋本産業㈱	東京都台東区	C 0003	仙台プロパン㈱	宮城県多賀城市
A 0047	北陸エルピーガス㈱	福井県福井市	C 0004	仙台市ガス局	宮城県仙台市
A 0048	堀川産業㈱	埼玉県草加市	C 0005	福島ガス㈱	福島県福島市
A 0049	㈱マルエイ	岐阜県岐阜市	C 0006	山形ガス㈱	山形県山形市
A 0050	マルハ産業㈱	宮城県仙台市	C 0007	鶴岡瓦斯㈱	山形県鶴岡市
A 0051	㈱マルヰ	石川県加賀市	C 0008	塩釜ガス㈱	宮城県塩釜市
A 0053	ミライフ西日本㈱	大阪府大阪市	C 0009	盛岡ガス㈱	岩手県盛岡市
A 0054	イワタニ北陸㈱	石川県野々市市	C 0010	酒田天然瓦斯㈱	山形県酒田市
A 0055	三菱ケミカル㈱	東京都千代田区	C 0011	にかほ市ガス水道局	秋田県にかほ市
A 0056	小倉興産エネルギー㈱	福岡県北九州市	C 0012	青森ガス㈱	青森県青森市
A 0057	㈱ガスパル	東京都港区	C 0013	八戸ガス㈱	青森県八戸市
A 0058	㈱ファミリーネット・ジャパン	東京都品川区	C 0014	弘前ガス㈱	青森県弘前市
			C 0015	釜石瓦斯㈱	岩手県釜石市
北海道経済産業局（55事業者）			C 0016	寒河江ガス㈱	山形県寒河江市
B 0001	㈱テツゲン	東京都千代田区	C 0017	気仙沼市ガス水道部	宮城県気仙沼市
B 0002	北海道瓦斯㈱	北海道札幌市	C 0018	のしろエネルギーサービス㈱	秋田県能代市
B 0003	旭川ガス㈱	北海道旭川市	C 0019	常磐共同ガス㈱	福島県いわき市
B 0004	釧路ガス㈱	北海道釧路市	C 0020	石巻ガス㈱	宮城県石巻市
B 0005	室蘭ガス㈱	北海道室蘭市	C 0021	十和田ガス㈱	青森県十和田市
B 0006	帯広ガス㈱	北海道帯広市	C 0022	若松ガス㈱	福島県会津若松市
B 0007	長万部町	北海道長万部町	C 0023	湖東瓦斯㈱	秋田県潟上市
B 0008	苫小牧ガス㈱	北海道苫小牧市	C 0024	由利本荘市ガス水道局	秋田県由利本荘市
B 0009	滝川ガス㈱	北海道滝川市	C 0025	古川ガス㈱	宮城県大崎市
B 0010	岩見沢ガス㈱	北海道岩見沢市	C 0026	相馬ガス㈱	福島県南相馬市
B 0011	美唄ガス㈱	北海道美唄市	C 0027	五所川原ガス㈱	青森県五所川原市
B 0012	北ガスジェネックス㈱	北海道札幌市	C 0028	水沢ガス㈱	岩手県奥州市

登録番号	氏名／名称	所　在　地	登録番号	氏名／名称	所　在　地
C0029	東北ガス㈱	福島県西郷村	C0104	㈲北上プロパン	岩手県北上市
C0030	花巻ガス㈱	岩手県花巻市	C0105	㈱白石モーター	宮城県白石市
C0031	一関ガス㈱	岩手県一関市	C0106	㈱ジェイエイサービスおきたま	山形県川西町
C0032	庄内町	山形県庄内町	C0108	岩出山ガス㈱	宮城県大崎市
C0033	男鹿市企業局	秋田県男鹿市	C0109	㈱叶屋	福島県浪江町
C0034	庄内中部ガス㈱	山形県三川町	C0110	常盤電設産業㈱	福島県いわき市
C0035	常磐都市ガス㈱	福島県いわき市	C0111	ミライフ東日本㈱	宮城県仙台市
C0036	新庄都市ガス㈱	山形県新庄市	C0112	鳴瀬ガス㈱	宮城県東松島市
C0037	黒石ガス㈱	青森県黒石市	C0113	㈱丸片ガス	岩手県北上市
C0038	青森つばめプロパン販売㈱	青森県八戸市	C0114	㈱トガシス	山形県鶴岡市
C0039	伊藤忠エネクスホームライフ東北㈱	宮城県仙台市	C0115	三宝物産㈱	宮城県仙台市
C0040	㈱丹野商店	山形県山形市	C0116	㈱鈴憲商店	宮城県松島町
C0041	㈱トキワ	宮城県仙台市	C0117	トーホクガス㈱	宮城県仙台市
C0042	共同ガス㈱	福島県須賀川市	C0118	㈱誉田	福島県川俣町
C0043	倉島商事㈱	福島県福島市	C0119	仙台エルピーガス㈱	宮城県仙台市
C0044	蔵王温泉ガス㈱	山形県山形市	C0120	福島セントラルガス㈱	福島県矢吹町
C0045	泉金物産㈱	岩手県盛岡市	C0121	三沢ガス事業協同組合	青森県三沢市
C0046	東北実業㈱	福島県郡山市	C0122	㈱アポロガス	福島県福島市
C0047	八戸液化ガス㈱	青森県八戸市	C0123	㈲大久保ガス店	青森県八戸市
C0048	保原液化ガス㈱	福島県伊達市	C0124	㈲スケカワ	青森県むつ市
C0049	盛岡ガス燃料㈱	岩手県盛岡市	C0125	イワタニ福島㈱	福島県郡山市
C0050	山形ガス燃料㈱	山形県山形市	C0126	八戸燃料㈱	青森県八戸市
C0051	㈱みどりサービス	山形県酒田市	C0127	㈱笠井	岩手県北上市
C0052	㈱近野	山形県米沢市	C0128	㈱リフレクシダ	福島県小野町
C0053	ヤマリョー㈱	山形県山形市	C0129	カガク興商㈱	宮城県石巻市
C0054	青ガス興業㈱	青森県青森市	C0130	㈱今野商事	青森県弘前市
C0055	遠藤商事㈱	山形県山形市	C0131	㈲二ツ橋商店	山形県長井市
C0056	㈱鈴木油店	山形県山形市	C0132	岩手金ケ崎ガス㈱	岩手県金ケ崎町
C0057	㈱エネサンス東北	宮城県仙台市	C0133	相馬市ガス㈱	福島県相馬市
C0058	みどりの農業協同組合	宮城県大崎市	C0134	㈱エネシス北上	岩手県北上市
C0059	柴田ガス供給㈱	宮城県柴田町	C0135	㈱角登商店	岩手県宮古市
C0060	荘内エネルギー㈱	山形県酒田市	C0136	日通エネルギー東北㈱	宮城県岩沼市
C0061	長岡ガス供給㈱	山形県天童市	C0137	㈱気仙沼商会仙台支店	宮城県仙台市
C0062	仙南ガス㈱	宮城県名取市	C0138	㈲山木鈴木商店	山形県米沢市
C0063	二戸ガス㈱	岩手県二戸市	C0139	㈱高文商店	岩手県花巻市
C0064	マルキ産業㈱	岩手県遠野市	C0140	須賀川瓦斯㈱	福島県須賀川市
C0065	㈱ガス＆ライフ	宮城県東松島市	C0141	小国エルピージー協同組合	山形県小国町
C0066	宮城ガス㈱	宮城県富谷市	C0142	㈱おかめ商店	山形県上山市
C0067	㈱三重商会	岩手県大船渡市	C0143	猪狩産業㈱	福島県田村市
C0068	山形酸素㈱	山形県山形市	C0144	いしのまき農業協同組合	宮城県石巻市
C0069	岩手中部ガス㈱	岩手県北上市	C0145	㈱ハナプロ	岩手県矢巾町
C0070	㈲鳴子ガス	宮城県大崎市	C0146	丸五商事㈱	宮城県女川町
C0071	鈴木商事㈱	秋田県大仙市	C0147	赤武石油ガス㈱	岩手県大槌町
C0072	イワタニ東北㈱	宮城県仙台市	C0148	辻ヶ花興産㈱	岩手県陸前高田市
C0073	㈲村田ガス設備センター	宮城県村田町	C0149	㈱赤間商会	宮城県女川町
C0074	富士ガス販売㈱	山形県米沢市	C0150	㈱ミツウロコヴェッセル東北	宮城県仙台市
C0075	㈱小林	福島県川俣町			
C0076	東邦福島㈱	福島県郡山市	**関東経済産業局（393事業者）**		
C0078	陸奥高圧ガス㈱	青森県五所川原市	D0001	日本ファシリティ・ソリューション㈱	東京都品川区
C0079	㈱八木又商店	岩手県大船渡市	D0002	ネクストエネルギー㈱	東京都港区
C0080	㈱ライフサポートわたり	宮城県亘理町	D0003	上越エネルギーサービス㈱	新潟県上越市
C0081	岩手中央農業協同組合	岩手県紫波町	D0004	北陸天然瓦斯興業㈱	新潟県新潟市
C0082	㈱藤崎ガス	青森県藤崎町	D0005	㈱合同資源	東京都中央区
C0083	㈱工藤熊五郎商店	青森県弘前市	D0006	鈴与商事㈱	静岡県静岡市
C0084	岩沼市農業協同組合	宮城県岩沼市	D0007	東京ガス山梨㈱	山梨県甲府市
C0085	㈱平間燃料	岩手県一関市	D0008	北陸瓦斯㈱	新潟県新潟市
C0086	㈱東酸	青森県青森市	D0009	静岡ガス㈱	静岡県静岡市
C0087	津軽みらい農業協同組合	青森県平川市	D0010	足利ガス㈱	栃木県足利市
C0088	名取岩沼農業協同組合	宮城県名取市	D0011	松本ガス㈱	長野県松本市
C0089	会津ガス㈱	福島県会津若松市	D0012	銚子瓦斯㈱	東京都中央区
C0090	宮城岩沼ガス㈲	宮城県岩沼市	D0013	小田原瓦斯㈱	神奈川県小田原市
C0091	㈲箱崎商店	福島県田村市	D0014	上田ガス㈱	長野県上田市
C0092	相双ガス㈱	福島県相馬市	D0015	上越市ガス水道局	新潟県上越市
C0093	福陽ガス㈱	福島県須賀川市	D0016	諏訪瓦斯㈱	長野県諏訪市
C0094	㈱アイソン	福島県本宮市	D0017	桐生瓦斯㈱	群馬県桐生市
C0095	㈱菊長商店	岩手県宮古市	D0018	京葉瓦斯㈱	千葉県市川市
C0096	㈱くみあい燃料センター	山形県天童市	D0019	柏崎市ガス水道局	新潟県柏崎市
C0097	物産石油ホームライフ岩手㈱	岩手県滝沢市	D0020	武州瓦斯㈱	埼玉県川越市
C0098	小笠原商事㈱	山形県米沢市	D0021	館林瓦斯㈱	群馬県館林市
C0100	県北ガス販売㈱	秋田県大館市	D0022	熱海瓦斯㈱	静岡県熱海市
C0101	ツネマツガス㈱	宮城県仙台市	D0023	伊東瓦斯㈱	静岡県伊東市
C0102	㈱本間	秋田県大仙市	D0024	新発田ガス㈱	新潟県新発田市
C0103	㈱テラセキ	秋田県横手市	D0025	越後天然ガス㈱	新潟県新潟市

登録番号	氏名／名称	所 在 地	登録番号	氏名／名称	所 在 地
D0026	房州瓦斯㈱	千葉県館山市	D0099	㈲孝栄プロパン	埼玉県新座市
D0027	蒲原瓦斯㈱	新潟県新潟市	D0100	㈱サガミ	神奈川県横須賀市
D0028	東海ガス㈱	静岡県焼津市	D0101	佐久プロパンガス協同組合	長野県佐久市
D0029	湯河原瓦斯㈱	神奈川県湯河原町	D0102	佐藤興産㈱	埼玉県さいたま市
D0030	吉田瓦斯㈱	山梨県富士吉田市	D0103	三愛オブリガス東日本㈱	東京都中央区
D0031	佐野瓦斯㈱	栃木県佐野市	D0104	サンリン㈱	長野県山形村
D0032	東金市	千葉県東金市	D0105	静岡ガスエネルギー㈱	静岡県静岡市
D0033	秦野瓦斯㈱	神奈川県秦野市	D0106	清水ガス産業㈱	埼玉県さいたま市
D0034	御殿場ガス㈱	静岡県御殿場市	D0107	首都圏瓦斯㈱	東京都渋谷区
D0035	大多喜ガス㈱	千葉県茂原市	D0108	昭和ガス㈱	埼玉県富士見市
D0036	島田瓦斯㈱	静岡県島田市	D0109	㈱JOMOプロ関東	群馬県前橋市
D0037	習志野市	千葉県習志野市	D0110	㈱シンサナミ	神奈川県横浜市
D0038	佐渡瓦斯㈱	新潟県佐渡市	D0111	㈱セイカ	東京都調布市
D0039	見附市	新潟県見附市	D0112	太平産業㈱	茨城県高萩市
D0040	厚木瓦斯㈱	神奈川県厚木市	D0113	高崎市農業協同組合	群馬県高崎市
D0041	妙高市	新潟県妙高市	D0114	㈱田島	東京都立川市
D0042	小千谷市	新潟県小千谷市	D0115	田島石油㈱	埼玉県狭山市
D0043	大町ガス㈱	長野県大町市	D0116	館林液化ガス㈱	群馬県館林市
D0044	下田ガス㈱	静岡県下田市	D0117	中央セントラルガス㈱	東京都中央区
D0045	青梅ガス㈱	東京都青梅市	D0118	㈱東栄商会	東京都大田区
D0046	武陽ガス㈱	東京都福生市	D0119	東京ガスエネルギー㈱	東京都中央区
D0047	中遠ガス㈱	静岡県掛川市	D0120	東京商事㈱	東京都港区
D0048	埼玉ガス㈱	埼玉県深谷市	D0121	東京プロパンガス㈱	東京都小平市
D0049	白子町	千葉県白子町	D0122	東上ガス㈱	埼玉県志木市
D0050	魚沼市	新潟県魚沼市	D0123	㈱トーエル	神奈川県横浜市
D0051	野田ガス㈱	千葉県野田市	D0124	㈱徳永	群馬県前橋市
D0052	秩父ガス㈱	埼玉県秩父市	D0125	栃木液化ガス㈱	栃木県大田原市
D0053	糸魚川市	新潟県糸魚川市	D0126	トモプロ㈱	東京都大田区
D0054	総武ガス㈱	千葉県旭市	D0127	㈱ナカザワ	埼玉県秩父市
D0055	大東ガス㈱	埼玉県三芳町	D0128	長野エル・ピー・ガス協業組合	長野県長野市
D0056	昭島ガス㈱	東京都昭島市	D0129	長野ガス㈱	長野県長野市
D0057	西武ガス㈱	埼玉県飯能市	D0130	長野日石ガス㈱	長野県小諸市
D0058	本庄ガス㈱	埼玉県本庄市	D0131	㈲成勢商店	神奈川県藤沢市
D0059	伊勢崎ガス㈱	群馬県伊勢崎市	D0132	新潟燃商	新潟県新潟市
D0060	長野都市ガス㈱	長野県長野市	D0133	新潟・ハシモト・エネルギー㈱	新潟県新潟市
D0061	沼田ガス㈱	群馬県沼田市	D0134	日東物産㈱	山梨県南アルプス市
D0062	下仁田町	群馬県下仁田町	D0135	日本ガス興業㈱	静岡県沼津市
D0063	大網白里市	千葉県大網白里市	D0136	日本コークス販売㈱	東京都板橋区
D0064	白根瓦斯㈱	新潟県燕市	D0137	㈲浜田屋	千葉県市原市
D0065	信州ガス㈱	長野県飯田市	D0138	半沢ガス工業㈲	千葉県鴨川市
D0066	栃木ガス㈱	栃木県栃木市	D0139	平塚市ガス事業協同組合	神奈川県平塚市
D0067	角栄ガス㈱	東京都渋谷区	D0140	フジオックス㈱	東京都荒川区
D0068	九十九里町	千葉県九十九里町	D0141	㈱フジプロ	神奈川県茅ヶ崎市
D0069	武蔵野瓦斯㈱	埼玉県狭山市	D0142	武州産業㈱	埼玉県川越市
D0070	栄ガス消費生活協同組合	新潟県三条市	D0143	二葉商事㈱	東京都江東区
D0071	鬼怒川ガス㈱	栃木県日光市	D0144	北信ガス㈱	長野県中野市
D0072	鷺宮ガス㈱	埼玉県久喜市	D0145	町田ガス㈱	東京都町田市
D0073	アイ・エス・ガステム㈱	千葉県船橋市	D0146	㈲松久仁燃料	埼玉県上尾市
D0074	アジア商事㈱	東京都新宿区	D0147	㈱マルキエナジー	静岡県伊東市
D0075	伊香保ガス㈱	群馬県渋川市	D0148	㈱丸江	神奈川県小田原市
D0076	伊藤忠エネクスホームライフ関東㈱	東京都港区	D0149	㈱マルキ	埼玉県さいたま市
D0077	茨石商事㈱	茨城県石岡市	D0150	三ッ輪産業㈱	東京都港区
D0078	イワタニ関東㈱	埼玉県さいたま市	D0151	㈱みなとガス	神奈川県横浜市
D0079	イワタニ首都圏㈱	神奈川県川崎市	D0152	㈱むらやま	神奈川県横須賀市
D0080	㈲梅屋百貨店	茨城県小美玉市	D0153	㈱明治商會	東京都中央区
D0081	㈱エクシング	東京都北区	D0154	山二ガス㈱	埼玉県所沢市
D0082	㈱エネサンス関東	東京都港区	D0155	横須賀液化ガス集団供給協同組合	神奈川県横須賀市
D0083	大泉ガス事業協同組合	群馬県大泉町	D0156	吉川商事㈱	埼玉県入間市
D0084	太田ガス事業協同組合	群馬県太田市	D0157	㈱レインボー	神奈川県川崎市
D0085	岡谷酸素㈱	長野県岡谷市	D0158	㈱渡商会	神奈川県横浜市
D0086	㈱奥村商会	神奈川県横浜市	D0159	日高都市ガス㈱	埼玉県日高市
D0087	オブリック㈱	静岡県富士宮市	D0160	秋川ガス㈱	東京都青梅市
D0088	㈱カナエル	神奈川県横浜市	D0161	伊藤石油ガス㈱	群馬県富岡市
D0089	金森藤平商事㈱	東京都中央区	D0162	ながの農業協同組合	長野県長野市
D0090	協同組合川内ガス供給センター	群馬県桐生市	D0163	テーエス瓦斯㈱	神奈川県伊勢原市
D0091	関東プロパン瓦斯㈱	群馬県前橋市	D0164	高崎市ガス事業協同組合	群馬県高崎市
D0092	㈲北詰商店	千葉県佐倉市	D0165	㈲滝本商店	埼玉県春日部市
D0093	行田ガス㈱	埼玉県行田市	D0166	オータキ産業㈱	千葉県茂原市
D0094	桐生プロパンガス㈱	群馬県桐生市	D0167	嵐山ガス㈱	埼玉県嵐山町
D0095	グッドライフサーラ関東㈱	神奈川県横浜市	D0168	渋川ガス事業協同組合	群馬県渋川市
D0096	㈱クレックス	千葉県千葉市	D0169	東京島しょ農業協同組合	東京都八丈町
D0097	群馬燃料㈱	群馬県太田市	D0170	㈱藤田液化燃料	栃木県那須塩原市
D0098	京濱燃料㈱	東京都港区	D0171	㈱シバヤマ	群馬県藤岡市

登録番号	氏名／名称	所 在 地	登録番号	氏名／名称	所 在 地
D0172	㈲大森商店	茨城県日立市	D0246	多野藤岡農業協同組合	群馬県藤岡市
D0173	銚子簡易ガス事業協同組合	千葉県銚子市	D0247	足利団地ガス㈱	栃木県足利市
D0174	八街ガス㈱	千葉県八街市	D0248	㈲秋葉中店	埼玉県さいたま市
D0175	ジェイエイ大井川シャネン㈱	静岡県藤枝市	D0249	環境装備㈱	東京都文京区
D0176	太田都市ガス㈱	群馬県太田市	D0250	はぐくみ農業協同組合	群馬県高崎市
D0177	幸手都市ガス㈱	埼玉県幸手市	D0251	坂鶴ガス㈱	埼玉県坂戸市
D0178	佐久浅間農業協同組合	長野県佐久市	D0252	白井石油㈱	茨城県常総市
D0179	信州諏訪農業協同組合	長野県諏訪市	D0253	協業組合志太榛原ガス供給センター	静岡県島田市
D0180	アロハガス㈱	埼玉県羽生市	D0254	水上ガス㈱	群馬県みなかみ町
D0181	さくらエンジニアリング㈱	千葉県佐倉市	D0255	日東エネルギー㈱	東京都足立区
D0182	京和ガス㈱	千葉県流山市	D0256	茨城通運㈱	茨城県常陸大宮市
D0183	㈱金庫屋	神奈川県海老名市	D0257	東毛ガス㈱	群馬県太田市
D0184	大北農業協同組合	長野県大町市	D0258	㈱カネコ商会	新潟県新潟市
D0185	浅間ガス協同組合	長野県小諸市	D0259	狭山液化石油ガス協同組合	埼玉県狭山市
D0186	みなみ信州農業協同組合	長野県飯田市	D0260	㈱クラスタ	神奈川県横浜市
D0187	入間ガス㈱	埼玉県入間市	D0261	結城ガス事業協同組合	茨城県結城市
D0188	杉本工業㈱	静岡県下田市	D0262	三浦半島ガス協同組合	神奈川県横須賀市
D0189	あづみ農業協同組合	長野県安曇野市	D0263	㈱髙山春吉商店	栃木県下野市
D0190	富士市農業協同組合	静岡県富士市	D0264	協業組合ニュー大町エルピーガス	長野県大町市
D0191	上伊那農業協同組合	長野県伊那市	D0265	㈱福寿屋	埼玉県横瀬町
D0192	江澤商事㈱	埼玉県富士見市	D0266	塩尻市農業協同組合	長野県塩尻市
D0193	㈱エムイシー	神奈川県横須賀市	D0267	茨城ガスセンター協業組合	茨城県茨城町
D0194	信州うえだ農業協同組合	長野県上田市	D0268	高萩ガス事業協同組合	茨城県高萩市
D0195	斎木ガス㈱	埼玉県ふじみ野市	D0269	伊勢崎液化㈱	群馬県伊勢崎市
D0196	静岡資材㈱	静岡県静岡市	D0270	㈲蕪木燃料店	埼玉県朝霞市
D0197	坂戸ガス㈱	埼玉県坂戸市	D0271	㈲月夜野ガス	群馬県みなかみ町
D0198	豊田肥料㈱	静岡県袋井市	D0272	協業組合御殿場・小山ガスサービスセンター	静岡県御殿場市
D0199	渋川ガス㈱	群馬県渋川市	D0273	南駿農業協同組合	静岡県沼津市
D0200	グリーン長野農業協同組合	長野県長野市	D0274	ミライフ㈱	東京都墨田区
D0201	袋井ガス㈱	静岡県袋井市	D0275	今市ガス㈱	栃木県日光市
D0202	山梨共栄石油㈱	山梨県甲府市	D0276	㈱小諸ガス	長野県小諸市
D0203	東ガス管興㈱	山梨県甲府市	D0277	友部ガス協業組合	茨城県笠間市
D0204	松栄ガス㈱	埼玉県東松山市	D0278	箱根瓦斯石油㈱	神奈川県箱根町
D0205	新潟サンリン㈱	新潟県新潟市	D0279	㈱鈴木正男商店	神奈川県横浜市
D0206	山久プロパン㈱	長野県須坂市	D0280	深谷液化ガス協同組合	埼玉県深谷市
D0207	越後プロパン㈱	新潟県新潟市	D0281	㈱イケダ	埼玉県久喜市
D0208	協業組合第一ガス	群馬県高崎市	D0282	㈱石澤商店	栃木県栃木市
D0209	サガミシード㈱	静岡県下田市	D0284	多摩液化ガス㈱	東京都瑞穂町
D0210	小池化学㈱	東京都墨田区	D0285	フルーツ山梨農業協同組合	山梨県甲州市
D0211	㈱旭商事	茨城県笠間市	D0286	㈱総プロ	茨城県古河市
D0212	新協酸素㈱	千葉県富津市	D0287	湘南液化ガス㈱	神奈川県鎌倉市
D0213	かもめガス㈱	千葉県船橋市	D0288	㈲大岩商会	神奈川県横浜市
D0214	㈲長田燃料店	埼玉県新座市	D0289	㈲山恵商店	群馬県前橋市
D0215	㈱小長井治郎商店	神奈川県平塚市	D0290	㈱土方プロパン	埼玉県所沢市
D0216	県西ガス事業協同組合	茨城県古河市	D0291	長島セントラルガス㈱	千葉県香取市
D0217	塚本産業㈱	茨城県牛久市	D0292	松筑エルピーガス協業組合	長野県松本市
D0218	長南町	千葉県長南町	D0293	大洗常澄ガス協同組合	茨城県水戸市
D0219	㈱モテキ	群馬県高崎市	D0294	日星石油㈱	栃木県宇都宮市
D0220	富岳物産㈱	山梨県都留市	D0295	前橋ガス事業協同組合	群馬県前橋市
D0221	前橋市農業協同組合	群馬県前橋市	D0296	㈱トーセキ	東京都足立区
D0222	吾妻ガス事業協同組合	群馬県東吾妻町	D0297	分水プロパン㈱	新潟県燕市
D0223	利根沼田ガス事業協同組合	群馬県沼田市	D0298	日高ガス㈱	埼玉県日高市
D0224	㈱湘南菱油瓦斯	神奈川県横須賀市	D0299	邑楽館林ガス事業協同組合	群馬県館林市
D0225	岩渕液化ガス㈱	埼玉県新座市	D0300	伊吹石油ガス㈱	東京都羽村市
D0226	長野プロパンガス㈱	長野県上田市	D0301	赤尾商事㈱	群馬県高崎市
D0227	㈱常総ガス	茨城県常総市	D0302	㈱上州	群馬県みどり市
D0228	㈱ジョイン	神奈川県厚木市	D0303	波崎ガス協業組合	茨城県神栖市
D0229	真岡液化ガス協同組合	栃木県真岡市	D0304	㈲黒磯ガス	栃木県那須塩原市
D0230	㈱スミスケ	栃木県矢板市	D0305	㈱セリタ	長野県長野市
D0231	㈱松陰会館	東京都世田谷区	D0306	㈱強戸柳文	群馬県太田市
D0232	㈱イイジマ	栃木県栃木市	D0307	富士観光開発㈱	山梨県鳴沢村
D0233	入間ガスサービス㈱	埼玉県入間市	D0308	館林・ハシモト・エネルギー㈱	群馬県明和町
D0235	安中ガス事業協同組合	群馬県安中市	D0309	勝田都市ガス㈱	茨城県ひたちなか市
D0236	㈱さんけい	山梨県南アルプス市	D0310	㈲谷平	神奈川県真鶴町
D0237	北群渋川農業協同組合	群馬県渋川市	D0311	協同組合宇都宮エルピーガス保安センター	栃木県宇都宮市
D0238	㈱サンワ	群馬県前橋市	D0312	グリーンガス㈱	埼玉県鶴ヶ島市
D0239	大和ガス㈱	東京都豊島区	D0313	座間液化ガス㈱	神奈川県座間市
D0240	伊勢崎佐波ガス事業協同組合	群馬県伊勢崎市	D0314	松本ハイランド農業協同組合	長野県松本市
D0241	㈱ムラタヤ	茨城県茨城町	D0315	日商ガス販売㈱	東京都東村山市
D0242	㈱丸喜	埼玉県志木市	D0316	第一エネルギー設備㈱	埼玉県越谷市
D0243	勝田ガス事業協同組合	茨城県ひたちなか市	D0317	藤沢市ガス事業協同組合	神奈川県藤沢市
D0244	富岡ガス事業協同組合	群馬県富岡市	D0318	㈱スナガ	群馬県みどり市
D0245	甲府文化瓦斯㈱	山梨県甲府市	D0319	㈲青木酸素商店	千葉県南房総市

登録番号	氏名／名称	所　在　地	登録番号	氏名／名称	所　在　地
D0320	関宿ガス㈱	千葉県野田市	D0393	㈱ミツウロコヴェッセル	東京都中央区
D0321	山光石油㈱	山梨県甲府市	D0394	㈱山梨ミツウロコ	山梨県中央市
D0322	ジェイエイ・アップル㈱	長野県中野市	D0395	日通エネルギー関東㈱	東京都八王子市
D0323	㈱白井商事	神奈川県相模原市	**中部経済産業局　（99事業者）**		
D0324	㈱カジマヤ	静岡県御殿場市	E0001	朝日ガスエナジー㈱	三重県四日市市
D0325	村松瓦斯水道㈱	新潟県五泉市	E0002	鈴興㈱	静岡県浜松市
D0326	㈱堀江商店	千葉県千葉市	E0003	エネロップ㈱	愛知県西尾市
D0327	両毛丸善㈱	栃木県足利市	E0004	中部瓦斯㈱	愛知県豊橋市
D0328	㈲高橋巌商店	神奈川県南足柄市	E0005	大垣ガス㈱	岐阜県大垣市
D0329	㈱ヤマガス	栃木県宇都宮市	E0006	上野都市ガス㈱	三重県伊賀市
D0330	㈲池田燃料店	静岡県伊豆の国市	E0007	犬山瓦斯㈱	愛知県犬山市
D0331	池辺石油ガス㈱	茨城県牛久市	E0008	津島瓦斯㈱	愛知県津島市
D0332	栃木団地ガス㈱	栃木県栃木市	E0009	㈱あみや商事	愛知県新城市
D0333	㈱ＪＡエルサポート	栃木県宇都宮市	E0010	石井燃商㈱	三重県四日市市
D0334	泰進商事㈱	神奈川県秦野市	E0011	伊勢米穀企業組合	三重県伊勢市
D0335	㈱古川	神奈川県小田原市	E0012	イワタニ三重㈱	三重県津市
D0336	飯山燃料協同組合	長野県飯山市	E0013	上野ガス㈱	三重県伊賀市
D0337	㈱武重商会	長野県上田市	E0014	㈱エネサンス中部	愛知県蟹江町
D0338	新プロ産業㈱	新潟県新潟市	E0015	大浜燃料㈱	愛知県碧南市
D0339	㈱ケイテイエス	千葉県鴨川市	E0016	カニエＪＡＰＡＮ㈱	愛知県蟹江町
D0340	巨摩野農業協同組合	山梨県南アルプス市	E0017	川瀬産業㈱	三重県桑名市
D0341	㈱若林	栃木県宇都宮市	E0018	岐阜県ＪＡビジネスサポート㈱	岐阜県各務原市
D0342	栃木県プロパンガス商業協同組合	栃木県日光市	E0019	共栄液化瓦斯㈱	岐阜県中津川市
D0343	ＪＡ御殿場協同サービス㈱	静岡県御殿場市	E0020	下呂温泉旅館協同組合	岐阜県下呂市
D0344	水戸ガス㈱	茨城県水戸市	E0021	新日本ガス㈱	岐阜県岐阜市
D0345	八街ガス事業協同組合	千葉県八街市	E0022	中部プロパン㈱	岐阜県多治見市
D0346	㈱アサイ	茨城県古河市	E0023	東海ガス㈱	愛知県知多市
D0347	イツモ高圧㈱	栃木県日光市	E0024	東濃石油㈱	岐阜県瑞浪市
D0348	共栄クリーンガス㈱	埼玉県東松山市	E0025	東邦液化ガス㈱	愛知県名古屋市
D0349	富士ツバメ㈱	静岡県静岡市	E0026	名古屋プロパン瓦斯㈱	愛知県小牧市
D0350	那珂液化ガス販売㈱	茨城県那珂市	E0027	㈱ハタノ	愛知県小牧市
D0351	㈲瓜連ガスサービス	茨城県那珂市	E0028	㈱フジプロ	愛知県知立市
D0352	南遠ガス㈱	静岡県掛川市	E0029	㈲マエダガス	愛知県一宮市
D0353	望月ガス㈱	長野県佐久市	E0030	松屋㈱	愛知県蟹江町
D0354	真和ガス㈱	茨城県桜川市	E0031	㈲まるたま	静岡県浜松市
D0355	千曲通商㈱	長野県佐久市	E0032	美濃加茂ガス㈱	岐阜県美濃加茂市
D0356	松代液化石油ガス事業協同組合	長野県長野市	E0033	㈱元久商店	愛知県碧南市
D0357	山屋物産㈱	長野県小諸市	E0034	ヤマサ共和ライフ㈱	愛知県名古屋市
D0358	木曽エルピーガス事業協同組合	長野県木曽町	E0035	ユニオン商事㈱	三重県桑名市
D0359	更埴エルピーガス協同組合	長野県千曲市	E0036	斐太石油㈱	岐阜県高山市
D0360	㈱小川ガス	茨城県小美玉市	E0037	㈱東栄	岐阜県恵那市
D0361	㈱小林燃料店	長野県上田市	E0038	いび川農業協同組合	岐阜県揖斐川町
D0362	笠間ガス開発㈱	茨城県笠間市	E0039	親和エルピーガス㈱	愛知県豊川市
D0363	㈲エネ・サイトウ	長野県長野市	E0040	関西プロパン瓦斯㈱	三重県津市
D0364	河内町エルピーガス協同組合	栃木県宇都宮市	E0041	犬山ガスサービス㈱	愛知県犬山市
D0365	県央ガス協同組合	神奈川県大和市	E0042	めぐみの農業協同組合	岐阜県関市
D0366	旭電工㈱	新潟県村上市	E0043	㈲山口燃料	静岡県湖西市
D0367	洗馬農業協同組合	長野県塩尻市	E0044	大和燃料㈱	愛知県美浜町
D0368	境シティガス㈱	茨城県境町	E0045	ヤマモトエナジー販売㈱	岐阜県恵那市
D0369	佐波伊勢崎農業協同組合	群馬県伊勢崎市	E0046	祖父江液化瓦斯協同組合	愛知県稲沢市
D0370	塩尻エルピーガス協同組合	長野県塩尻市	E0047	蟹江瓦斯協同組合	愛知県蟹江町
D0371	㈲大宮ガス	茨城県常陸大宮市	E0048	イワタニ東海㈱	岐阜県羽島市
D0372	㈱小野里商店	茨城県古河市	E0049	瀬戸ガス㈱	愛知県瀬戸市
D0373	㈱イナセ	埼玉県伊奈町	E0050	㈱山卯	岐阜県美濃市
D0374	㈲柿沼液化ガス	栃木県宇都宮市	E0051	㈱村瀬産業	岐阜県岐阜市
D0375	大藤瓦斯㈲	静岡県藤枝市	E0052	西美濃農業協同組合	岐阜県大垣市
D0376	川本ガス事業協同組合	埼玉県深谷市	E0053	泉北ガス㈱	岐阜県瑞浪市
D0377	沼津酸素工業㈱	静岡県清水町	E0054	㈱ホームガス東海	愛知県犬山市
D0378	㈱吉原燃料店	埼玉県入間市	E0055	遠州中央農業協同組合	静岡県磐田市
D0379	金谷ガス㈱	埼玉県三芳町	E0056	蒲郡ガス㈱	愛知県蒲郡市
D0380	協業組合茨城中央ガス	茨城県笠間市	E0057	多治見液化瓦斯㈱	岐阜県多治見市
D0381	㈱加藤テック	東京都八王子市	E0058	三ヶ日町農業協同組合	静岡県浜松市
D0382	ヤマサ總業㈱	愛知県名古屋市	E0059	田原液化瓦斯協同組合	愛知県田原市
D0383	えちご上越農業協同組合	新潟県上越市	E0060	㈲弥富丸善	愛知県弥富市
D0384	穂高エルピーガス事業協同組合	長野県安曇野市	E0061	美浜ガス㈱	愛知県美浜町
D0385	守屋商事㈲	埼玉県さいたま市	E0062	広見ガス㈱	岐阜県可児市
D0386	羽生ガス㈱	埼玉県羽生市	E0063	三重コープ産業㈱	三重県津市
D0387	㈲大曽根商店	埼玉県富士見市	E0064	中部熔材弥富㈱	愛知県弥富市
D0388	矢板ＬＰガス合同会社	栃木県矢板市	E0065	㈱油直	愛知県豊川市
D0389	伊奈生ガス㈱	埼玉県伊奈町	E0066	㈲吉田石油店	愛知県大府市
D0390	北信米油㈱	長野県長野市	E0067	丹羽石油ガス協同組合	愛知県扶桑町
D0391	中部ライフエナジー㈱	山梨県富士川町	E0068	高山エルピージー販売㈱	岐阜県高山市
D0392	イワタニ長野㈱	長野県長野市			

登録番号	氏名／名称	所　在　地	登録番号	氏名／名称	所　在　地
E 0069	愛北液化ガス協同組合	愛知県江南市	近畿経済産業局（177事業者）		
E 0070	ダイヤ燃商㈱	三重県津市	G 0001	甲賀エナジー㈱	滋賀県甲賀市
E 0071	天竜液化ガス協同組合	静岡県浜松市	G 0002	近畿エア・ウォーター㈱	大阪府大阪市
E 0072	㈲末永屋商店	三重県四日市市	G 0003	福井市	福井県福井市
E 0073	三重交通商事㈱	三重県津市	G 0004	豊岡エネルギー㈱	兵庫県豊岡市
E 0074	東美濃農業協同組合	岐阜県中津川市	G 0005	洲本瓦斯㈱	兵庫県洲本市
E 0075	㈱アワヘイ	三重県鳥羽市	G 0006	丹後瓦斯㈱	京都府舞鶴市
E 0076	コメジ・ソシオ㈱	愛知県豊田市	G 0007	大津市	滋賀県大津市
E 0077	小川石油㈱	愛知県扶桑町	G 0008	大和ガス㈱	奈良県大和高田市
E 0078	美浜町液化石油ガス事業協同組合	愛知県美浜町	G 0009	桜井ガス㈱	奈良県桜井市
E 0079	ぎふ農業協同組合	岐阜県岐阜市	G 0010	敦賀ガス㈱	福井県敦賀市
E 0080	志摩ガス協業組合	三重県志摩市	G 0011	五条ガス㈱	奈良県五條市
E 0081	石黒商事㈱	岐阜県土岐市	G 0012	新宮ガス㈱	和歌山県新宮市
E 0082	弥富ガス協同組合	愛知県弥富市	G 0013	篠山都市ガス㈱	兵庫県篠山市
E 0083	寺前商店	三重県熊野市	G 0014	河内長野ガス㈱	大阪府河内長野市
E 0084	明石吉田屋産業㈱	愛知県豊橋市	G 0015	越前エネライン㈱	福井県越前市
E 0085	美濃池田ガス㈱	岐阜県池田町	G 0016	㈱青木商店	大阪府大阪市
E 0086	飛騨農業協同組合	岐阜県高山市	G 0017	朝比奈興産㈱	兵庫県明石市
E 0087	㈲松本プロパン管工	三重県伊勢市	G 0018	イーエルジー㈱	大阪府大東市
E 0088	津島市プロパンガス協同組合	愛知県津島市	G 0019	イワタニ近畿㈱	大阪府大阪市
E 0089	吉良ガス協同組合	愛知県西尾市	G 0020	上原成商事㈱	京都府京都市
E 0090	ホンダ開発㈱	埼玉県和光市	G 0021	㈱ウェルビー滋賀	滋賀県長浜市
E 0091	日通エネルギー東海㈱	三重県大紀町	G 0022	大阪ガスＬＰＧ㈱	大阪府大阪市
E 0092	藤岡石油㈱	愛知県豊田市	G 0023	大阪マルヰガス㈱	大阪府枚方市
E 0093	中部ガス事業協同組合	岐阜県美濃加茂市	G 0024	㈱尾上ガス	兵庫県加古川市
E 0094	日本ガスコム㈱	愛知県豊橋市	G 0025	加古川ガス㈱	兵庫県加古川市
E 0095	昭洋商事㈱	岐阜県多治見市	G 0026	川本産業㈱	大阪府四條畷市
E 0096	一色ガス協同組合	愛知県西尾市	G 0027	北村産業㈱	大阪府大東市
E 0097	丹頂ガス㈱	三重県四日市市	G 0028	㈱北村商店	大阪府交野市
E 0098	伊藤忠エネクスホームライフ中部㈱	愛知県名古屋市	G 0029	㈱木本ガス設備	兵庫県赤穂市
E 0099	㈱ミツウロコヴェッセル中部	愛知県名古屋市	G 0030	㈱キョウプロ	京都府京都市
中部経済産業局 電力・ガス事業北陸支局（38事業者）			G 0031	㈱くさか	京都府福知山市
F 0001	富山グリーンフードリサイクル㈱	富山県富山市	G 0032	グリーン近江農業協同組合	滋賀県東近江市
F 0002	金沢市	石川県金沢市	G 0033	クリーンガス滋賀㈱	滋賀県長浜市
F 0003	日本海ガス㈱	富山県富山市	G 0034	甲賀協同ガス㈱	滋賀県甲賀市
F 0004	高岡ガス㈱	富山県高岡市	G 0035	㈱ＪＡ栗東市	滋賀県栗東市
F 0005	小松ガス㈱	石川県小松市	G 0036	滋賀プロパン㈱	滋賀県近江八幡市
F 0006	北川マルヰ㈱	石川県白山市	G 0037	白浜ガス㈱	和歌山県白浜町
F 0007	國田商店	石川県小松市	G 0038	瀬川㈱	奈良県三郷町
F 0008	小松市農業協同組合	石川県小松市	G 0039	㈱仙賀	京都府亀岡市
F 0009	㈱高岡ガスサービス	富山県高岡市	G 0040	㈱大京	京都府京都市
F 0010	大城エネルギー㈱	石川県能美市	G 0041	㈱竹内商店	兵庫県明石市
F 0011	大智㈱	石川県野々市市	G 0042	たじま農業協同組合	兵庫県豊岡市
F 0012	㈱丸八	富山県魚津市	G 0043	タツミ産業㈱	兵庫県姫路市
F 0013	三谷産業イー・シー㈱	石川県野々市市	G 0044	樽岡石油㈱	兵庫県尼崎市
F 0014	森元プロパン店	富山県富山市	G 0045	帝燃産業㈱	大阪府茨木市
F 0015	㈱雄伸	石川県金沢市	G 0046	㈱トーヨー	大阪府守口市
F 0016	㈱米沢産業	石川県金沢市	G 0047	南紀ガス㈱	和歌山県田辺市
F 0017	㈱リビック能登	石川県七尾市	G 0048	南紀プロパンガス㈱	和歌山県新宮市
F 0018	㈱堀内商会	富山県黒部市	G 0049	㈱西井商店	奈良県奈良市
F 0019	中越産業㈱	富山県南砺市	G 0050	㈱ハシモトガスショップ	奈良県橿原市
F 0020	コーサイ商店	石川県白山市	G 0051	㈱ハナノ	和歌山県和歌山市
F 0021	サカヰ産業㈱	富山県富山市	G 0052	㈱はやかわ	大阪府大東市
F 0022	金沢市農業協同組合	石川県金沢市	G 0053	ハリマホームガス㈱	兵庫県相生市
F 0023	㈱リビック富山	富山県富山市	G 0054	阪奈瓦斯㈱	大阪府四條畷市
F 0024	根上農業協同組合	石川県能美市	G 0055	彦根ガス事業協同組合	滋賀県彦根市
F 0025	北酸㈱	富山県富山市	G 0056	㈱深田ガスサービス	大阪府守口市
F 0026	牛丸石油㈱	岐阜県飛騨市	G 0057	藤本産業㈱	大阪府大東市
F 0027	㈱リビック金沢	石川県金沢市	G 0058	㈱マイベイ	京都府舞鶴市
F 0028	松任市農業協同組合	石川県白山市	G 0059	松倉商事㈱	奈良県大和高田市
F 0029	能美農業協同組合	石川県能美市	G 0060	丸亀瓦斯㈱	京都府亀岡市
F 0030	富山神通ガス事業協同組合	富山県富山市	G 0061	㈱ヨネシマ	大阪府東大阪市
F 0031	㈱北陸保全	石川県金沢市	G 0062	和歌山県農業協同組合連合会	和歌山県和歌山市
F 0032	みな穂農業協同組合	富山県入善町	G 0063	勝山商事㈱	福井県勝山市
F 0033	㈱ＪＡ建設エナジー	石川県金沢市	G 0064	八日市瓦斯㈱	滋賀県東近江市
F 0034	野々市農業協同組合	石川県野々市市	G 0065	㈱コープさばえ	福井県鯖江市
F 0035	㈱吉田住宅設備	富山県富山市	G 0066	奈良県農業協同組合	奈良県奈良市
F 0036	㈱吉田工務店	富山県入善町	G 0067	栄月㈱	福井県福井市
F 0037	クリーンガス金沢㈱	石川県白山市	G 0068	京都やましろ農業協同組合	京都府京田辺市
F 0038	日通エネルギー北陸㈱	石川県津幡町	G 0069	おうみ冨士農業協同組合	滋賀県守山市
			G 0070	㈱石橋	和歌山県印南町
			G 0071	㈱ＪＡエネルギー兵庫	兵庫県神戸市

登録番号	氏名／名称	所在地	登録番号	氏名／名称	所在地
G 0072	舞鶴プロパン㈱	京都府舞鶴市	G 0146	㈱西口商店	兵庫県播磨町
G 0073	湖東ガス㈱	滋賀県東近江市	G 0147	三幸ガス㈱	京都府宮津市
G 0074	福知山合同ガス㈱	京都府福知山市	G 0148	㈱ガストピア	京都府宮津市
G 0075	㈱グロー・ガステック	滋賀県湖南市	G 0149	広瀬・小谷㈱	京都府福知山市
G 0076	播磨設備㈱	兵庫県播磨町	G 0150	㈱山幸ホームアドバンス	和歌山県田辺市
G 0077	福井県経済農業協同組合連合会	福井県福井市	G 0151	ＡＯＩエネルギーソリューション㈱	福井県福井市
G 0078	エコガス㈱	和歌山県海南市	G 0152	長浜シティガス㈱	滋賀県長浜市
G 0079	ハリマガス協業組合	兵庫県姫路市	G 0153	㈱京福コミュニティサービス	福井県福井市
G 0080	洲本液化ガス㈱	兵庫県洲本市	G 0154	西川燃料㈱	奈良県御所市
G 0081	㈱長田野ガスセンター	京都府福知山市	G 0155	㈱シティーガス	兵庫県三田市
G 0082	伊藤忠エネクスホームライフ関西㈱	大阪府大阪市	G 0156	横田ガス㈱	兵庫県姫路市
G 0083	京都府漁業協同組合	京都府舞鶴市	G 0157	㈲たわだ商店	滋賀県長浜市
G 0084	東能登川農業協同組合	滋賀県東近江市	G 0158	共和商事㈱	兵庫県相生市
G 0085	㈱モトイ	京都府京都市	G 0159	㈱船引商店	兵庫県たつの市
G 0086	中田マルキ㈱	和歌山県田辺市	G 0160	㈱オミゾ	滋賀県高島市
G 0087	㈱モリカワ	和歌山県那智勝浦町	G 0161	梶川ガス㈱	和歌山県和歌山市
G 0088	高橋商事㈱	京都府木津川市	G 0162	但馬マルキ㈱	兵庫県朝来市
G 0089	山川㈱	京都府京都市	G 0163	扇港興産㈱	兵庫県神戸市
G 0090	京都中央農業協同組合	京都府長岡京市	G 0164	大石建設設備㈱	兵庫県豊岡市
G 0091	㈱アース	滋賀県近江八幡市	G 0165	井本産業㈱	兵庫県南あわじ市
G 0092	ネクスト・ワン㈱	兵庫県加古川市	G 0166	阪奈堀川ガス㈱	埼玉県草加市
G 0093	乾米穀燃料店	奈良県王寺町	G 0167	㈱ハリマガスセンター	兵庫県高砂市
G 0094	高島ガス㈱	滋賀県高島市	G 0168	㈲園部協同ガス	京都府南丹市
G 0095	㈱シィメス	兵庫県明石市	G 0169	三榛ホームガス㈱	奈良県宇陀市
G 0096	マンマル産業㈱	京都府亀岡市	G 0170	近畿協同ガス㈱	兵庫県加西市
G 0097	大崎産業㈱	和歌山県海南市	G 0171	㈲南井商店	滋賀県栗東市
G 0098	㈱ガスネット	京都府宮津市	G 0172	北野産業㈱	兵庫県姫路市
G 0099	南丹ガス㈱	京都府亀岡市	G 0173	大和ガス住宅設備㈱	奈良県大和高田市
G 0100	日本ガス工業㈱	大阪府摂津市	G 0174	㈱タツノシティガス	兵庫県たつの市
G 0101	三木簡易ガス㈱	兵庫県姫路市	G 0175	福知山都市ガス㈱	京都府福知山市
G 0102	エネライフ・コミュニティー㈱	奈良県宇陀市	G 0176	舞鶴小谷産業㈱	京都府舞鶴市
G 0103	クリーンガス福井㈱	福井県福井市	G 0177	㈱ジェイジェイエフ近江ガス	兵庫県伊丹市
G 0104	但馬米穀㈱	大阪府豊岡市	G 0178	㈱ミツウロコヴェッセル関西	大阪府堺市
G 0105	近江八幡ガス事業協同組合	滋賀県近江八幡市			
G 0106	阪神瓦斯産業㈱	兵庫県尼崎市	**中国経済産業局（128事業者）**		
G 0107	大林ガス㈲	兵庫県明石市	H 0001	広島ガス㈱	広島県広島市
G 0108	虎姫燃料企業組合	滋賀県長浜市	H 0002	岡山ガス㈱	岡山県岡山市
G 0109	紀勢協和液化ガス㈱	和歌山県新宮市	H 0003	福山瓦斯㈱	広島県福山市
G 0110	㈱ミツワ	兵庫県川西市	H 0004	山口合同ガス㈱	山口県下関市
G 0111	守山市簡易ガス協同組合	滋賀県守山市	H 0005	鳥取瓦斯㈱	鳥取県鳥取市
G 0112	オケタ石油	奈良県大淀町	H 0006	津山瓦斯㈱	岡山県津山市
G 0113	草津栗東ガス事業協同組合	滋賀県栗東市	H 0007	松江市ガス局	島根県松江市
G 0114	江守石油㈱	京都府舞鶴市	H 0008	米子瓦斯㈱	鳥取県米子市
G 0115	㈱田邊商会	大阪府岸和田市	H 0009	水島瓦斯㈱	岡山県倉敷市
G 0116	㈱クサネン	滋賀県草津市	H 0010	浜田ガス㈱	島根県浜田市
G 0117	三協高圧㈱	滋賀県野洲市	H 0011	出雲ガス㈱	島根県出雲市
G 0118	奈良ガス開発㈱	大阪府大東市	H 0012	因の島ガス㈱	広島県尾道市
G 0119	南河内北エルピーガス協同組合	大阪府柏原市	H 0013	赤澤屋液化瓦斯販売㈱	岡山県倉敷市
G 0120	ツジソト㈱	滋賀県近江八幡市	H 0014	伊藤忠エネクスホームライフ西日本㈱	広島県広島市
G 0121	ダイネン㈱	兵庫県姫路市	H 0015	イワタニ山陰㈱	島根県松江市
G 0122	原口㈱	兵庫県南あわじ市	H 0016	イワタニ山陽㈱	広島県広島市
G 0123	㈱リビック長浜	滋賀県長浜市	H 0017	㈱ウエムラエナジー	山口県岩国市
G 0124	若狭農業協同組合	福井県小浜市	H 0018	㈱永燃	岡山県岡山市
G 0125	㈱大武	奈良県香芝市	H 0019	岡山ガスエネルギー㈱	岡山県岡山市
G 0126	㈱タナベエナジー	滋賀県東近江市	H 0020	小野田液化ガス販売㈱	山口県山陽小野田市
G 0127	四季亭産業㈱	和歌山県橋本市	H 0021	㈱協同瓦斯	広島県福山市
G 0128	ツバメ産業㈱	大阪府大阪市	H 0022	興亜ガス開発㈱	山口県岩国市
G 0129	㈱ダイワ	兵庫県姫路市	H 0023	酒津商事㈱	岡山県倉敷市
G 0130	紀北川上農業協同組合	和歌山県橋本市	H 0024	㈱たかまガス	広島県大竹市
G 0131	㈱オクジ	大阪府岸和田市	H 0025	高山石油ガス㈱	山口県下松市
G 0132	京滋ガステック㈱	滋賀県栗東市	H 0026	ツネイシＣバリューズ㈱	広島県福山市
G 0133	大津マルキ㈱	滋賀県大津市	H 0027	猫本商事㈱	広島県広島市
G 0134	和歌山エルピーガス協同組合	和歌山県和歌山市	H 0028	広島ガス東部㈱	広島県府中町
G 0135	三木産業㈱	兵庫県姫路市	H 0029	広島ガス西中国㈱	広島県広島市
G 0136	福井ツバメ商事㈱	福井県福井市	H 0030	広島ガスプロパン㈱	広島県海田町
G 0137	播州共販ガス㈱	兵庫県赤穂市	H 0031	㈱広島中央クミアイ燃料	広島県東広島市
G 0138	ダイワエネルギー㈱	和歌山県和歌山市	H 0032	㈲藤井石油店	岡山県倉敷市
G 0139	大陽日酸ガス＆ウェルディング㈱	大阪府大阪市	H 0033	三原食糧企業組合	広島県三原市
G 0141	上中産業㈱	大阪府高槻市	H 0034	山田日之出ガス㈱	山口県下松市
G 0142	岩本石油㈱	和歌山県和歌山市	H 0035	横山石油㈱	岡山県岡山市
G 0143	㈱赤穂東浜ガスセンター	兵庫県相生市	H 0036	㈱糧配	広島県呉市
G 0144	㈱上田石油商店	和歌山県橋本市	H 0037	㈱両備エネシス	岡山県岡山市
G 0145	淡路マルキ㈱	兵庫県南あわじ市	H 0038	㈱広島クミアイ燃料	広島県広島市

登録番号	氏名／名称	所在地	登録番号	氏名／名称	所在地
H0039	浅野産業㈱	岡山県岡山市	H0114	㈱宏友	山口県光市
H0040	イワタニ島根㈱	島根県大田市	H0115	㈱ナカガワ	広島県広島市
H0041	㈱角藤田	岡山県総社市	H0116	広島瓦斯販売㈱	広島県北広島町
H0042	倉敷かさや農業協同組合	岡山県倉敷市	H0117	富士産業㈱	山口県岩国市
H0043	山陰酸素工業㈱	鳥取県米子市	H0118	㈱三次クミアイ燃料	広島県三次市
H0044	㈱ＪＡ岡山	岡山県岡山市	H0119	田中実業㈱	岡山県新見市
H0045	大和マルヰガス㈱	岡山県岡山市	H0120	㈲奥田商店	島根県松江市
H0046	鳥取瓦斯産業㈱	鳥取県鳥取市	H0121	広島ガス北部販売㈱	広島県広島市
H0047	㈲難波プロパン店	岡山県岡山市	H0122	岡山安全ガス㈱	岡山県岡山市
H0048	広島ガスエナジー㈱	鳥取県米子市	H0123	橋本燃料㈱	広島県広島市
H0049	マルヰガス南岡山㈱	岡山県玉野市	H0124	食協㈱	広島県広島市
H0050	ライフォス	岡山県岡山市	H0125	新光プロパン瓦斯㈱	島根県吉賀町
H0051	広島市農業協同組合	広島県広島市	H0126	信菱液化ガス㈱	広島県府中市
H0052	ユニオンフォレスト㈱	広島県呉市	H0127	堀田石油㈱	鳥取県境港市
H0053	広島団地ガス協業組合	広島県広島市	H0128	平田エルピーガス事業協同組合	島根県出雲市
H0054	㈱ＪＡ中央サービス	鳥取県倉吉市	H0129	㈲西本屋	広島県広島市
H0055	池田液化ガス㈱	広島県府中市	H0130	㈱フジモト	岡山県倉敷市
H0056	岡山西農業協同組合	岡山県倉敷市			
H0057	日ノ丸産業㈱	鳥取県鳥取市	**四国経済産業局（64事業者）**		
H0058	備南ガス㈱	岡山県岡山市	J0001	四国電力㈱	香川県高松市
H0059	㈱尾道瓦斯	広島県尾道市	J0002	四国ガス㈱	愛媛県今治市
H0060	㈱はまだや	岡山県倉敷市	J0003	えひめ中央農業協同組合	愛媛県松山市
H0061	上野油業㈱	岡山県倉敷市	J0004	亀山石油㈱	香川県丸亀市
H0062	㈱鳥取西部ジェイエイサービス	鳥取県米子市	J0005	㈱高知ガス	高知県高知市
H0063	吉延石油㈱	岡山県備前市	J0006	㈱ＪＡ香川県オートエナジー	香川県高松市
H0064	㈱西川商店	広島県江田島市	J0007	四国ガス燃料㈱	愛媛県今治市
H0065	㈱農協プロパンセンター	広島県広島市	J0008	高橋石油㈱	香川県高松市
H0066	広島ガス三原販売㈱	広島県三原市	J0009	徳島シティガス㈱	徳島県徳島市
H0067	㈱ジェイエイいなば燃料センター	鳥取県鳥取市	J0010	土佐ガス㈱	高知県高知市
H0068	柴田興産㈱	岡山県高梁市	J0011	内外プロパン㈱	香川県高松市
H0069	㈱東備環境	岡山県瀬戸内市	J0012	鳴門ガス㈱	徳島県鳴門市
H0070	エネックス㈱	山口県宇部市	J0013	松山生協	愛媛県松山市
H0071	広島ガス呉販売㈱	広島県呉市	J0014	丸仁商事㈱	高知県高知市
H0072	㈱塩田	広島県尾道市	J0015	日本プロパンガス㈱	香川県丸亀市
H0073	㈱マスヒラガス	岡山県笠岡市	J0016	四国溶材商事㈱	愛媛県今治市
H0074	広島ガス可部販売㈱	広島県広島市	J0017	春日野ガス協同組合	徳島県阿南市
H0075	㈲三和商会	岡山県和気町	J0018	ジェイエイ徳島燃料サービス㈱	徳島県阿波市
H0076	島根県農業協同組合	島根県松江市	J0019	三宅産業㈱	香川県観音寺市
H0077	広島ガス東中国㈱	広島県福山市	J0020	菱讃ガス㈱	香川県高松市
H0078	高山産業㈱	岡山県岡山市	J0021	㈲讃岐ガス	香川県宇多津町
H0079	福山ガス産業㈱	広島県福山市	J0022	横井石油㈱	香川県坂出市
H0080	清水プロパン㈱	山口県周南市	J0023	㈱ＪＡ東とくしまサービス	徳島県小松島市
H0081	勝英農業協同組合	岡山県美作市	J0024	ＪＡ板野郡サービス㈱	徳島県板野町
H0082	㈱エイチケイ商会	岡山県真庭市	J0025	麻植郡農業協同組合	徳島県吉野川市
H0083	㈱セキサン	岡山県津山市	J0026	愛媛たいき農業協同組合	愛媛県大洲市
H0084	㈱シティガス広島	広島県広島市	J0027	共同ガス㈱	徳島県徳島市
H0085	大崎瓦斯㈱	広島県大崎上島町	J0028	徳島ガス協業組合	徳島県徳島市
H0086	㈲尾田燃料店	岡山県瀬戸内市	J0029	高橋商事㈱	愛媛県松山市
H0087	広島ガス高田販売㈱	広島県安芸高田市	J0030	㈲三浦プロパン商会	香川県東かがわ市
H0088	正進瓦斯㈱	広島県府中市	J0031	エナジー・ワン㈱	愛媛県松山市
H0089	松江ガス供給㈱	島根県松江市	J0032	㈱スタン	徳島県徳島市
H0090	山口合同プロパン㈱	山口県山口市	J0033	㈲藤田計夫商店	徳島県美馬市
H0091	広島ガス住設㈱	広島県庄原市	J0034	㈱ＪＡエナジーこうち	高知県高知市
H0092	㈲前田潔商店	岡山県総社市	J0035	周桑農業協同組合	愛媛県西条市
H0093	亀井産業㈱	山口県山口市	J0036	㈲篠原プロパン	香川県高松市
H0094	㈱河村商店	山口県美祢市	J0037	成田産業㈱	愛媛県松山市
H0095	広島ガス中央㈱	広島県東広島市	J0038	大一ガス㈱	愛媛県松山市
H0096	備北液化ガス販売㈱	岡山県高梁市	J0039	エネロ㈱	愛媛県松山市
H0098	㈱槇原プロパン商会	広島県三次市	J0040	四国石油㈱	香川県高松市
H0099	㈲牧田商店	鳥取県湯梨浜町	J0041	四国物産㈱	香川県観音寺市
H0100	東伯ガス産業㈱	鳥取県琴浦町	J0042	池田勇巳	高知県高知市
H0101	三井造船生活協同組合	岡山県玉野市	J0043	㈱マインドガス	高知県高知市
H0102	三和ガス㈱	山口県柳井市	J0044	美馬農業協同組合	徳島県美馬市
H0103	㈱トンボプロパンガス	鳥取県倉吉市	J0045	㈲山﨑商店	高知県佐川町
H0104	レークタウン㈱	岡山県岡山市	J0046	㈱亀岡商店	愛媛県宇和島市
H0105	松江石油㈱	島根県松江市	J0047	㈲土居プロパン	香川県高松市
H0106	ヤマサンガス㈱	山口県宇部市	J0048	越智産業㈱	愛媛県新居浜市
H0107	ツチダ産業㈱	岡山県津山市	J0049	共栄プロパンガス㈱	愛媛県西条市
H0109	三和ガス㈱	島根県江津市	J0050	四国岩谷産業㈱	香川県高松市
H0110	正木商事㈱	広島県大竹市	J0051	石川石油ガス㈱	徳島県藍住町
H0111	玉野興産㈱	岡山県玉野市	J0052	阿南市プロパンガス販売協同組合	徳島県阿南市
H0112	㈱馬場商店	岡山県津山市	J0053	㈱柿谷プロパン	高知県四万十市
H0113	安芸農業協同組合	広島県海田町	J0054	正起ガス㈱	愛媛県新居浜市

登録番号	氏名／名称	所在地	登録番号	氏名／名称	所在地
J 0055	シェル徳発㈱	徳島県徳島市	K 0062	西九州ガス㈱	長崎県川棚町
J 0056	丸善商事㈱	徳島県徳島市	K 0063	長崎西彼農業協同組合	長崎県長崎市
J 0057	大同ガス産業㈱	香川県高松市	K 0064	旭マルキガス㈱	宮崎県門川町
J 0058	㈱丸亀ガス燃料	香川県丸亀市	K 0065	鹿本農業協同組合	熊本県山鹿市
J 0059	阿南農業協同組合	徳島県阿南市	K 0066	都城農業協同組合	宮崎県都城市
J 0060	㈱藤田商店	香川県観音寺市	K 0067	㈱三神	佐賀県神埼市
J 0061	イーアンドイー㈱	高知県高知市	K 0068	にじ農業協同組合	福岡県うきは市
J 0062	㈲米利商会	愛媛県西予市	K 0069	新光石油㈱	大分県大分市
J 0063	マルト急配㈲	香川県さぬき市	K 0070	玉名農業協同組合	熊本県玉名市
J 0064	㈲森永燃料	高知県香美市	K 0071	伊万里プロパン㈱	佐賀県伊万里市
			K 0072	吉村アクティブ産業㈱	福岡県福岡市
九州経済産業局（237事業者）			K 0073	佐賀東部ガス㈱	佐賀県鳥栖市
K 0001	熊本みらいエル・ヌ・ジー㈱	熊本県八代市	K 0074	熊本市農業協同組合	熊本県熊本市
K 0002	筑後ガス圧送㈱	福岡県久留米市	K 0075	南九州マルキ㈱	熊本県熊本市
K 0003	新日鐵住金㈱	東京都千代田区	K 0076	㈱安部信男商店	大分県大分市
K 0004	大分瓦斯㈱	大分県別府市	K 0077	㈱大島商事	長崎県西海市
K 0005	久留米ガス㈱	福岡県久留米市	K 0078	㈱コーアガス日本	鹿児島県鹿児島市
K 0006	大牟田瓦斯㈱	福岡県大牟田市	K 0079	みい農業協同組合	福岡県小郡市
K 0007	宮崎瓦斯㈱	宮崎県宮崎市	K 0080	山代ガス㈱	佐賀県佐賀市
K 0008	唐津瓦斯㈱	佐賀県唐津市	K 0081	東亜ガス㈱	宮崎県宮崎市
K 0009	佐賀ガス㈱	佐賀県佐賀市	K 0082	嘉飯簡易ガス協業組合	福岡県飯塚市
K 0010	日本瓦斯㈱	鹿児島県鹿児島市	K 0083	西海大崎漁業協同組合	長崎県西海市
K 0011	㈱エコア	福岡県福岡市	K 0084	川崎くみあい㈱	福岡県川崎町
K 0012	九州ガス㈱	長崎県諫早市	K 0085	芝プロパン商会	長崎県長崎市
K 0013	天草ガス㈱	熊本県天草市	K 0086	熊本液化石油ガス事業協同組合	熊本県熊本市
K 0014	西日本ガス㈱	福岡県柳川市	K 0087	行橋京都液化ガス事業協同組合	福岡県行橋市
K 0015	伊万里ガス㈱	佐賀県伊万里市	K 0088	朝倉ガス協同組合	福岡県朝倉市
K 0016	筑紫ガス㈱	福岡県筑紫野市	K 0089	北九州農業協同組合	福岡県北九州市
K 0017	直方ガス㈱	福岡県直方市	K 0090	福岡京築農業協同組合	福岡県豊前市
K 0018	南日本ガス㈱	鹿児島県薩摩川内市	K 0091	玉名団地プロパン㈱	熊本県玉名市
K 0019	阿久根ガス㈱	鹿児島県阿久根市	K 0092	飯塚ツバメプロパン㈱	福岡県飯塚市
K 0020	南海ガス㈱	鹿児島県奄美市	K 0093	朝日プロパン㈱	福岡県行橋市
K 0021	飯塚ガス㈱	福岡県飯塚市	K 0094	九州石油ガス㈱	福岡県粕屋町
K 0022	加治木瓦斯㈱	鹿児島県姶良市	K 0095	㈱ツバメ商会	熊本県熊本市
K 0023	出水ガス㈱	鹿児島県出水市	K 0096	高松ガス㈱	福岡県水巻町
K 0024	小浜ガス㈱	長崎県雲仙市	K 0097	福岡嘉穂農業協同組合	福岡県飯塚市
K 0025	鳥栖ガス㈱	佐賀県鳥栖市	K 0098	㈱金丸プロパン瓦斯	宮崎県国富町
K 0026	山鹿都市ガス㈱	熊本県山鹿市	K 0099	筑豊団地ガス㈱	福岡県直方市
K 0027	大牟田ガスエネルギー㈱	福岡県大牟田市	K 0100	㈱泉産業	福岡県苅田町
K 0028	㈱アイコーホームサービス	福岡県久留米市	K 0101	田川液化石油ガス事業協同組合	福岡県田川市
K 0029	イワタニ九州㈱	福岡県福岡市	K 0102	㈱富士プロパン	長崎県長崎市
K 0030	㈱永興エナジー	宮崎県宮崎市	K 0103	富士燃料㈱	宮崎県都城市
K 0031	合同ガス㈱	宮崎県宮崎市	K 0104	㈱柴田産業	福岡県福岡市
K 0032	西部ガスエネルギー㈱	福岡県粕屋町	K 0105	㈲苓北プロパン	熊本県苓北町
K 0033	三和プロパン㈱	宮崎県都城市	K 0106	㈱ホルス	長崎県長崎市
K 0034	㈱城南プロパンガス商会	熊本県八代市	K 0107	㈲南部プロパン	福岡県福岡市
K 0035	㈱ダイプロ	大分県大分市	K 0108	東洋瓦斯㈱	大分県大分市
K 0036	大洋産業㈱	鹿児島県奄美市	K 0109	太陽ガス㈱	鹿児島県日置市
K 0037	高松産業㈱	福岡県北九州市	K 0110	大牟田簡易ガス㈱	福岡県大牟田市
K 0038	宝ガス㈱	福岡県須惠町	K 0111	大川市ガス事業協同組合	福岡県大川市
K 0039	筑液化ガス販売協同組合	福岡県嘉麻市	K 0112	福岡大城農業協同組合	福岡県大木町
K 0040	㈱チョープロ	長崎県長崎市	K 0113	松浦プロパン協同組合	長崎県松浦市
K 0041	東洋プロパン瓦斯㈱	宮崎県日向市	K 0114	㈲ミサカガス	鹿児島県垂水市
K 0042	㈱中村	福岡県八女市	K 0115	㈱Ｍｉｓｕｍｉ	鹿児島県鹿児島市
K 0043	日本ガスエネルギー㈱	鹿児島県鹿児島市	K 0116	大島石油㈱	鹿児島県奄美市
K 0044	ハヤシカネエネルギー㈱	長崎県長崎市	K 0117	加納エネルギー㈱	長崎県長与町
K 0045	福岡ライフエナジー㈱	福岡県久留米市	K 0118	㈲平和プロパン	福岡県福岡市
K 0046	豊前液化ガス協同組合	福岡県豊前市	K 0119	天草石油㈱	熊本県天草市
K 0047	㈲前田商会	福岡県筑紫野市	K 0120	サツマガス工業㈱	鹿児島県鹿屋市
K 0048	宮崎液化㈱	宮崎県宮崎市	K 0121	合資会社浅田商会	大分県玖珠町
K 0049	㈱宮脇燃料	宮崎県都城市	K 0122	宇島瓦斯㈱	福岡県豊前市
K 0050	㈱明治産業	福岡県福岡市	K 0123	㈲藤田商店	福岡県福岡市
K 0051	山代ガス鳥栖㈱	佐賀県鳥栖市	K 0124	㈱大津共同ガス供給センター	熊本県大津町
K 0052	第一ガス㈱	長崎県長崎市	K 0125	㈱セントレアエコエネルギー霧島	鹿児島県霧島市
K 0053	筑後液化石油ガス事業協同組合	福岡県筑後市	K 0126	霧島燃料㈱	宮崎県都城市
K 0054	北日液化ガス㈱	宮崎県宮崎市	K 0127	㈱ＧＡＳＧＡＳエネルギー	福岡県川崎町
K 0055	新日本ガス㈱	長崎県佐世保市	K 0128	㈲県北共同ガス	長崎県佐世保市
K 0056	瀬戸内ガス㈱	鹿児島県瀬戸内町	K 0129	宇土ガス㈱	熊本県宇土市
K 0057	㈱ツバメガス北九州	福岡県北九州	K 0130	松隈産業㈱	福岡県嘉麻市
K 0058	添田液化ガス事業協同組合	福岡県添田町	K 0131	長崎エルピーガス協同組合	長崎県長崎市
K 0059	日田簡易ガス協同組合	大分県日田市	K 0132	南筑後農業協同組合	福岡県みやま市
K 0060	酒見燃料㈱	福岡県大牟田市	K 0133	㈱ダイプロ別杵国東販売	大分県別府市
K 0061	江藤産業㈱	大分県大分市	K 0134	㈱レモンガスかごしま	鹿児島県鹿児島市

登録番号	氏名／名称	所　在　地	登録番号	氏名／名称	所　在　地
K0135	協同組合佐世保ガス	長崎県佐世保市	K0208	㈲燃料よろずや	熊本県八代市
K0136	児玉商事㈱	宮崎県小林市	K0209	吉田商事㈱	鹿児島県奄美市
K0137	宮崎エルピーガス事業協同組合	宮崎県宮崎市	K0210	㈱富永商店	福岡県福岡市
K0138	田中石油ガス㈱	鹿児島県薩摩川内市	K0211	国分隼人ガス㈱	鹿児島県霧島市
K0139	長崎県央農業協同組合	長崎県諫早市	K0212	㈲小野屋	大分県宇佐市
K0140	上益城農業協同組合	熊本県甲佐町	K0213	㈲甲山商店	福岡県福岡市
K0141	武雄ガス㈱	佐賀県武雄市	K0214	西部フレンドガス㈲	福岡県福岡市
K0142	鳥栖プロパン㈱	佐賀県鳥栖市	K0215	荒尾ガス㈱	熊本県荒尾市
K0143	㈱ツバメガスフロンティア	福岡県福岡市	K0216	始良プロパンガス販売協同組合	鹿児島県始良市
K0144	㈱大島プロパン	長崎県西海市	K0217	㈱トーネンガス	福岡県福岡市
K0145	光伸ガス㈱	大分県大分市	K0218	西九州ガス㈱	長崎県佐世保市
K0146	児湯地区エルピーガス事業協同組合	宮崎県高鍋町	K0219	熊本瓦斯㈱	熊本県合志市
K0147	大分県米穀卸㈱	大分県大分市	K0220	㈱渡部石油ガス	宮崎県宮崎市
K0148	㈲筑穂プロパン	福岡県飯塚市	K0221	㈱ツバメガスサービス鹿児島	鹿児島県指宿市
K0149	宇都宮ガス㈲	宮崎県高鍋町	K0222	㈲小森商会	長崎県長崎市
K0150	㈱東洋ガス	長崎県長崎市	K0223	㈱肥筑	福岡県大牟田市
K0151	㈲三光産業	福岡県大牟田市	K0224	㈲黒木電機プロパン商会	宮崎県新富町
K0152	大隅プロパン㈲	鹿児島県曽於市	K0225	㈱飯干商事	宮崎県延岡市
K0153	隼人プロパンガス販売協同組合	鹿児島県霧島市	K0226	飯塚合同ガス㈱	福岡県飯塚市
K0154	大口ガス㈱	鹿児島県伊佐市	K0227	㈲吉井簡易ガス組合	福岡県うきは市
K0155	㈱大晴	佐賀県唐津市	K0228	㈲佐々協同ガス	長崎県佐々町
K0156	財部エルピーガス販売㈲	鹿児島県曽於市	K0229	合資会社中島石油	熊本県嘉島町
K0157	㈱協同サービス	宮崎県日向市	K0230	穂波ガス㈱	福岡県飯塚市
K0158	堀石油ガス㈱	熊本県熊本市	K0231	久留米エル・ピー・ガス㈱	福岡県久留米市
K0159	㈱オリオンガス	福岡県桂川町	K0232	北九州プロパン瓦斯㈱	福岡県福津市
K0160	三池ガス㈱	福岡県大牟田市	K0233	㈱ダイプロ日田	大分県日田市
K0161	㈲原口石油	宮崎県えびの市	K0234	西都エルピーガス事業協同組合	宮崎県西都市
K0162	㈲山田プロパン商会	長崎県長崎市	K0235	㈱九酸ガス住設	福岡県飯塚市
K0163	判田団地ガス㈱	大分県大分市	K0236	サツマ酸素工業㈱	鹿児島県鹿児島市
K0164	唐津液化ガス㈱	佐賀県唐津市	K0237	㈱中部ガス	佐賀県小城市
K0165	東和ガス㈱	長崎県長崎市			

内閣府沖縄総合事務局　（29事業者）

登録番号	氏名／名称	所　在　地
K0166	㈱宮崎プロパン	宮崎県宮崎市
K0167	ながさき西海農業協同組合	長崎県佐世保市
K0168	㈱九州エネルギー総合センター	大分県大分市
K0169	大内田産業㈱	福岡県飯塚市
K0170	井上商工㈱	鹿児島県鹿児島市
K0171	南九州液化ガス㈱	鹿児島県東串良町
K0172	㈲肥後プロパン商会	鹿児島県指宿市
K0173	日通エネルギー九州㈱	福岡県宗像市
K0174	㈱ダイプロ北部販売	大分県宇佐市
K0175	鹿屋市プロパン販売協業組合	鹿児島県鹿屋市
K0176	すえまつ興産㈱	福岡県行橋市
K0177	㈱フクエキ	福岡県福岡市
K0178	北九州エルピーガス事業協同組合	福岡県北九州市
K0179	福友ガス㈱	福岡県福岡市
K0180	大正産業㈱	福岡県中間市
K0181	㈱ライフガス山口	熊本県宇土市
K0182	八代市プロパンガス協同組合	熊本県八代市
K0183	国分プロパン協業組合	鹿児島県霧島市
K0184	島原雲仙農業協同組合	長崎県島原市
K0185	㈲菖蒲商会	福岡県北九州市
K0186	タック㈱	福岡県小郡市
K0187	㈱アイプロ	福岡県飯塚市
K0188	三愛オブリガス九州㈱	福岡県福岡市
K0189	福岡八女農業協同組合	福岡県八女市
K0190	㈱ダイプロ南部販売	大分県佐伯市
K0191	㈱エネサンス九州	佐賀県佐賀市
K0192	㈲小城プロパン	佐賀県小城市
K0193	府内プロパン㈱	大分県大分市
K0194	鶴原液化ガス㈱	福岡県飯塚市
K0195	㈱新光機器	福岡県北九州市
K0196	佐賀県農業協同組合	佐賀県佐賀市
K0197	㈲浦ガス	福岡県糸島市
K0198	㈲鹿島プロパン	佐賀県鹿島市
K0199	㈱豊後プロパン	大分県大分市
K0200	㈱吉本商事	熊本県熊本市
K0201	協栄ガス㈱	長崎県佐世保市
K0202	㈱大儷商事	福岡県筑後市
K0203	白野ガス㈱	佐賀県伊万里市
K0204	㈱竹田協同ガス	大分県竹田市
K0205	㈱ニシムラ	佐賀県吉野ヶ里町
K0206	綱分レイ子	福岡県宮若市
K0207	㈱サンテック	佐賀県鳥栖市

登録番号	氏名／名称	所　在　地
L0001	㈱プログレッシブエナジー	沖縄県中城村
L0002	㈱りゅうせき	沖縄県浦添市
L0003	沖縄ガス㈱	沖縄県那覇市
L0004	エッカ石油㈱	沖縄県浦添市
L0005	沖縄石油ガス㈱	沖縄県浦添市
L0006	マルキ産業㈱	沖縄県那覇市
L0007	㈱りゅうせきエネプロ	沖縄県那覇市
L0008	宜野湾ガス㈱	沖縄県宜野湾市
L0009	沖縄県農業協同組合	沖縄県那覇市
L0010	先島ガス㈱	沖縄県石垣市
L0011	㈱寄川商会	沖縄県宮古島市
L0012	沖縄協同ガス㈱	沖縄県八重瀬町
L0013	ひまわりガス㈱	沖縄県沖縄市
L0014	㈱山浩商事	沖縄県名護市
L0015	㈱協和ガス	沖縄県浦添市
L0016	浦添ガス工業㈱	沖縄県浦添市
L0017	合資会社仲本屋	沖縄県うるま市
L0018	㈱沖ガス	沖縄県沖縄市
L0019	㈱白石	沖縄県那覇市
L0020	㈲具志頭給油所	沖縄県八重瀬町
L0021	比謝川ガス㈱	沖縄県読谷村
L0022	中部ガス事業㈱	沖縄県沖縄市
L0023	糸満燃料㈱	沖縄県糸満市
L0024	㈲美崎プロパン	沖縄県石垣市
L0025	㈲丸徳ガス産業	沖縄県那覇市
L0026	金秀鋼材㈱	沖縄県西原町
L0027	㈱東江ガス	沖縄県浦添市
L0028	ザ・テラスホテルズ㈱	沖縄県名護市
L0029	㈱マルキガス名護	沖縄県名護市

第6編
関係資料

1．ＬＰガス関連予算の概要（平成30年度）

※経済産業省まとめ（平成30年1月時点）

1－1　ＬＰガス流通関係予算

Ⅰ．総額

　　〔29年度予算額〕　　〔30年度予算額〕

　　　465.3億円　　→　　411.1億円　　（対前年度54.2億円減、同11.6％減）

Ⅱ．主な内容

1．災害等緊急時におけるＬＰガスの供給拠点等の維持強化（6.0億円　→　6.0億円）

　⑴災害時に備えた社会的重要インフラへの自衛的な燃料備蓄の推進事業補助金（石油ガス分）

　　　災害時において、ガソリンスタンド等の供給側の強靭化だけでは道路等が寸断した場合に燃料供給が滞る可能性があることから、需要家側においても自家発電機等を稼働させるための燃料を「自衛的備蓄」として確保することは、災害時の業務継続を確実にする有効な方策である。平成28年4月の熊本地震においても、その有用性は実証されている。このため、避難所や病院等の社会的重要インフラ等への燃料備蓄を推進すべく、災害対応型ＬＰガスタンクや石油製品貯槽等への設置を支援する。（2/3・1/2補助）

2．ＬＰガス備蓄体制の強化（449.0億円　→　395.8億円）

　⑴緊急時放出に備えた国家備蓄石油及び国家備蓄施設の管理委託費（石油ガス分）

　　（101.4億円　→　103.0億円）

　　　国家備蓄基地の管理・運営等を安全かつ効率的に実施するために必要な経費。具体的には5基地における国家備蓄石油ガス管理（基地施設管理、修繕保全、土地保全等）、緊急放出訓練の実施等を行う。

　⑵国家備蓄石油増強対策事業費（石油ガス分）

　　（1.0億円　→　0億円）

　⑶石油及び石油ガス備蓄事業の実施に係る運営費交付金（石油ガス分）

　　（2.7億円　→　2.7億円）

国際的な石油ガス情勢を踏まえて、国家石油ガス備蓄事業を実施する上で必要となる管理・運営及び必要となる調査等を実施する。

⑷国有資産等所在市町村交付金（石油ガス分）

（33.8億円　→　30.7億円）

国が所有する国家備蓄施設に関し、国有資産等所在市町村交付金法に基づき、当該資産の所在自治体に対し、交付金を交付する。

⑸国債整理基金特別会計へ繰り入れ（石油ガス分）

（310.0億円　→　259.2億円）

国家備蓄石油ガスの購入に係る費用や、国家石油ガス備蓄基地の建設や能力向上（資本的支出）に係る費用を賄う借入金等について、金融機関等に対し国債整理基金特別会計を通じ、これら借入金等の元本償還や利払いを行う。

⑹石油・石油ガス備蓄増強利子補給金（石油ガス分）

（0.1億円　→　0.1億円）

石油ガス輸入業者が民間備蓄義務を履行すべく、商業用在庫を上回る基準備蓄量を満たすために必要な石油ガス購入資金を独立行政法人石油天然ガス・金属鉱物資源機構（ＪＯＧＭＥＣ）から借り入れる場合、その融資に係る利払いの一部につき国が石油輸入業者に対し利子補給を行う。

3．ＬＰガスに係る取引適正化、流通合理化の推進（10.3億円　→　9.3億円）

⑴石油ガス販売事業者の経営及び販売実態に関する調査

（1.3億円　→　1.3億円）

ＬＰガスの流通、配送の合理化に向けて、ＬＰガス販売事業者等の経営実態、家庭用プロパンガス料金、ＬＰガスの販売・卸を中心とした流通構造や取引の実態について調査を行うとともに、消費者等の理解を深めるための啓発資料等を作成及び配布し、ＬＰガスの取引適正化を図る。また、ＬＰガス販売事業者による取引の適正化に向けた取り組みの実態を調査する。

⑵石油ガス流通合理化及び取引の適正化等に関する支援事業費

（9.0億円　→　8.0億円）

（販売事業者指導支援事業80百万円、地域防災対応体制整備支援事業208百万円、構造改善事業511百万円）

①ＬＰガスに関する消費者トラブルに対応し、取引の適正化を図るとともに、ＬＰガ

スの安定供給体制を確保するため、各都道府県の民間企業等が行う消費者相談や防災体制の整備に対する支援を行う。

　②ＬＰガス販売事業者の経営基盤を強化するため、ＬＰガスの料金透明化や流通構造を合理化するための取り組みに対する支援を行う。

１－２　ＬＰガス保安関係予算

１．石油・ガス供給等に係る保安対策調査等委託費（2.0億円　→　6.5億円）

　　　※平成29年度まで実施していた複数事業を本事業へ統合。統合した事業の平成29年度予算の合計額は6.5億円

　　　石油・ガス等に係る事故を未然に防止するとともに、産業保安法令の技術基準等の制定・改正や制度設計を行うため、以下の事業等を実施する。

・石油精製プラントや都市ガス・ＬＰガス等の事故情報調査

・高圧ガス取扱施設における地震時の対応に関する調査

・新認定事業所制度の制度運用の検討、リスクアセスメントの強化等、環境変化に対応した産業保安規制の検討

　これらの事業により、石油・ガスの安定供給・資源の合理的開発と精製・供給・消費等に係る保安の確保を図る。

２．高圧エネルギーガス設備に対する耐震補強支援事業（3.5億円　→　2.1億円）

　　　東日本大震災の被害を踏まえ、見直しを行った球形タンクに係る耐震基準への既存設備の適合を促進する。また、敷地外の建物等に被害を与えるリスクがある保安上重要度の高い既設設備について、耐震補強対策を支援する。これらの取り組みを通じ、高圧エネルギーガス設備の耐震性の強化を図る。（1/3補助）

2．ガス（ＬＰガス・都市ガス）事故発生状況（平成20〜28年）

2-1 ＬＰガス事故件数推移（経済産業省ガス安全室まとめ）

2-1-1 年別事故件数等

年	平成20年	21年	22年	23年	24年	25年	26年	27年	28年
件数	234	185	204	227	260	210	187	178	136
	6	14	8	10	8	4	3	4	9
死者（人）	4	4	5	1	1	3	1	2	0
	2	3	3	1	1	2	1	0	0
傷者（人）	79	148	83	88	85	52	76	60	52
	8	85	16	32	37	4	4	12	29

注：(1)下段は一酸化炭素中毒数を内数で示す。
　　(2)ＬＰガス事故件数には、自殺、故意等に起因する事故は含めていない。
　　(3)平成28年は速報値。以下同様

2-1-2 現象別件数内訳

現象 / 年	平成20年	21年	22年	23年	24年	25年	26年	27年	28年
漏洩	115	84	76	116	160	113	98	98	81
	49.1	45.4	37.3	51.1	61.5	53.8	52.4	55.1	59.6
漏洩爆発等	53	45	60	55	48	48	59	43	27
	22.6	24.3	29.4	24.2	18.5	22.9	31.6	24.2	19.9
漏洩火災	60	42	60	45	44	43	27	31	19
	25.6	22.7	29.4	19.8	16.9	20.5	14.4	17.4	14.0
ＣＯ中毒・酸欠	6	14	8	11	8	6	3	6	9
	2.6	7.6	3.9	4.8	3.1	2.9	1.6	3.4	6.6
計	234	185	204	227	260	210	187	178	136

注：下段は比率（％）を表す

2-1-3 原因者別件数内訳

原因者別分類項目	平成20年	21年	22年	23年	24年	25年	26年	27年	28年
一般消費者等起因	77	49	83	66	78	77	59	59	45
	32.9	26.5	40.7	29.1	30.0	36.7	31.6	33.1	33.1
一般消費者等、ＬＰガス販売事業者等起因	4	8	7	10	11	3	6	4	0
	1.7	4.3	3.4	4.4	4.2	1.4	3.2	2.2	0.0
ＬＰガス販売事業者等起因	62	38	33	42	38	29	23	29	29
	26.5	20.5	16.2	18.5	14.6	13.8	12.3	16.3	21.3
その他の事業者起因（注2）	41	35	31	17	35	27	24	21	40
	17.5	18.9	15.2	7.5	13.5	12.9	12.8	11.8	29.4
雪害等の自然災害	11	7	7	53	64	40	40	34	8
	4.7	3.8	3.4	23.3	24.6	19.0	21.4	19.1	5.9
その他（注3）	8	8	8	13	8	16	18	16	3
	3.4	4.3	3.9	5.7	3.1	7.6	9.6	9.0	2.2
不明	31	40	35	26	26	18	17	15	11
	13.2	21.6	17.2	11.5	10.0	8.6	9.1	8.4	8.1
計	234	185	204	227	260	210	187	178	136

注：(1)下段は比率（％）を表す。
　　(2)28年以下内数：設備工事業者2、充填事業者2、他工事業者33、器具メーカー3
　　(3)その他は、原因者等が複合する場合、上記に分類されない事業者等の場合等

2-1-4 場所別件数内訳

場所 ＼ 年	平成20年	21年	22年	23年	24年	25年	26年	27年	28年
一般住宅	95	63	75	80	97	77	71	74	42
	40.6	34.1	36.8	35.2	37.3	36.7	38.0	41.6	30.9
共同住宅	61	41	56	60	75	54	48	33	40
	26.1	22.2	27.5	26.4	28.8	25.7	25.7	18.5	29.4
旅館	4	1	2	4	3	2	2	0	1
	1.7	0.5	1.0	1.8	1.2	1.0	1.1	0.0	0.7
飲食店	28	43	25	28	22	39	23	26	14
	12.0	23.2	12.3	12.3	8.5	18.6	12.3	14.6	10.3
学校	4	3	10	7	10	5	4	5	7
	1.7	1.6	4.9	3.1	3.8	2.4	2.1	2.8	5.1
病院	2	1	1	0	1	3	1	2	2
	0.9	0.5	0.5	0.0	0.4	1.4	0.5	1.1	1.5
工場	1	3	4	1	5	2	1	3	2
	0.4	1.6	2.0	0.4	1.9	1.0	0.5	1.7	1.5
事務所	4	3	2	2	7	0	5	1	2
	1.7	1.6	1.0	0.9	2.7	0.0	2.7	0.6	1.5
その他	35	27	29	45	40	28	32	34	26
	15.0	14.6	14.2	19.8	15.4	13.3	17.1	19.1	19.1
計	234	185	204	227	260	210	187	178	136

注：下段は比率（％）を表す。

2-1-5 発生箇所別件数内訳

	箇所 ＼ 年	平成20年	21年	22年	23年	24年	25年	26年	27年	28年
供給設備	容器、容器バルブ	14	18	12	7	10	6	7	4	9
	調整器	21	14	9	28	42	31	20	20	9
	高圧ホース、集合装置、ガスメーター	26	9	15	18	31	18	9	16	15
	バルク貯槽・容器・付属機器等	4	4	3	5	6	1	9	4	5
	供給管	28	30	27	40	39	43	45	34	37
	内埋設管	23	19	13	13	12	20	21	22	27
	その他	1	4	3	1	4	0	0	0	0
	計	94	79	69	99	132	99	90	78	75
消費設備	配管	15	11	15	30	32	17	24	24	10
	内埋設管	8	5	5	5	4	5	6	6	6
	末端ガス栓	22	11	14	19	18	11	10	11	5
	金属フレキ管、低圧ホース、ゴム管等	19	16	27	17	21	21	12	22	10
	こんろ	10	7	11	6	5	3	9	3	3
	炊飯器	1	1	2	1	0	0	0	0	0
	レンジ、オーブン	3	2	1	0	0	4	0	0	0
	瞬間湯沸器	7	7	6	11	6	2	3	3	4
	ふろがま	27	17	22	16	17	20	14	12	8
	ストーブ	1	0	5	1	1	0	1	0	0
	燃焼器	29	28	28	24	20	29	23	20	20
	その他	2	2	0	1	4	2	0	2	0
	計	136	102	131	126	124	109	96	97	60
	その他	2	1	0	0	0	0	0	1	0
	不明	2	3	4	2	4	2	1	2	1
	計	234	185	204	227	260	210	187	178	136

注：事故発生箇所を分類したものであって、必ずしも各々の器具等の欠陥によるものではない。

2-2 平成28年のガス（LPガス・都市ガス）事故発生状況（消防庁）

2-2-1 ガス事故発生の推移

区分 年	都 市 ガ ス		L P ガ ス		計	
	漏えい	爆発・火災	漏えい	爆発・火災	漏えい	爆発・火災
平成20年	683	60	237	150	920	210
	91.9%	8.1%	61.2%	38.8%	81.4%	18.6%
平成21年	710	60	258	168	968	228
	92.2%	7.8%	60.6%	39.4%	80.9%	19.1%
平成22年	614	51	218	160	832	211
	92.3%	7.7%	57.7%	42.3%	79.8%	20.2%
平成23年	584	64	211	172	795	236
	90.1%	9.9%	55.1%	44.9%	77.1%	22.9%
平成24年	630	60	237	156	867	216
	91.3%	8.7%	60.3%	39.7%	80.1%	19.9%
平成25年	402	49	172	141	574	190
	89.1%	10.9%	55.0%	45.0%	75.1%	24.9%
平成26年	400	44	195	163	595	207
	90.1%	9.9%	54.5%	45.5%	74.2%	25.8%
平成27年	323	60	166	143	489	203
	84.3%	15.7%	53.7%	46.3%	70.7%	29.3%
平成28年	390	52	212	160	602	212
	88.2%	11.8%	57.0%	43.0%	74.0%	26.0%

注）各段の上段は件数、下段は構成比
　　総務省消防庁調べ。以下同様

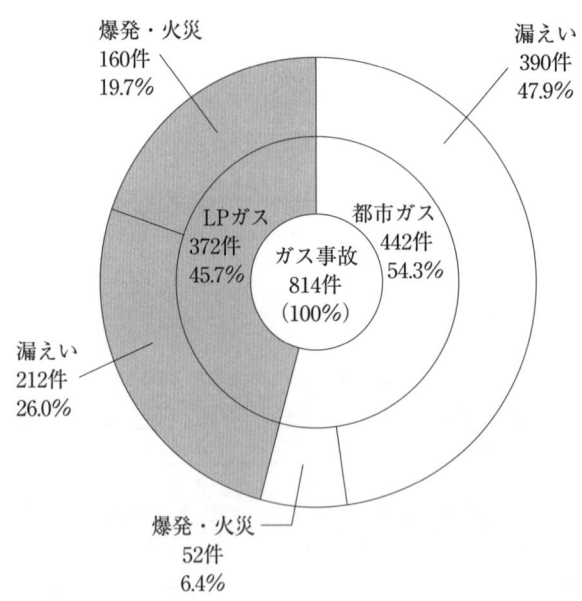

注）この表は都市ガス及びLPガスに係る爆発・火災事故及び漏えい事故（以下「ガス事故」という）の件数及び死傷者
　　数について調査したもので、その記載については次によった。
　1．ガス事故の態様の別は以下による。
　（1）爆発・火災事故：都市ガスまたはLPガスが着火物となって生じた爆発・火災をいう。なお、爆発のみで留まった
　　　　ものについては該当欄に再載した。
　（2）漏えい事故：人的損害を生じ、またはそのまま放置すれば、爆発・火災もしくは人的損害を生じるおそれがある
　　　　都市ガスまたはLPガスの漏えいであって、消防機関が出動したもののうち、（1）に該当しないもの
　　　　をいう。
　2．都市ガスとは、ガス事業法第3条または第37条の2の許可を受けたガス事業者によって供給されるガスをいい、簡
　　　易ガスとはガス事業法第37条の2の許可を受けたガス事業者によって供給されるガスをいう。

２－２－２　ガス事故による死傷者数

区　分	年増減	平成27年	平成28年	増　減	増減率（％）
死　者　数	都市ガス	1	0	−1	−100.0
	ＬＰガス	4	6	2	50.0
	計	5	6	1	20.0
負　傷　者　数	都市ガス	19	32	13	68.4
	ＬＰガス	104	133	29	27.9
	計	123	165	42	34.1

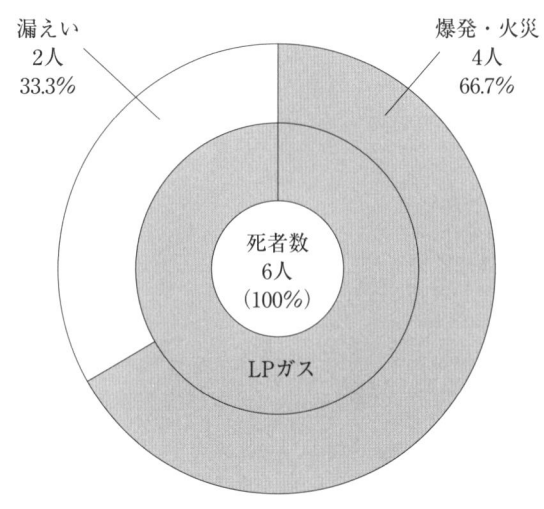

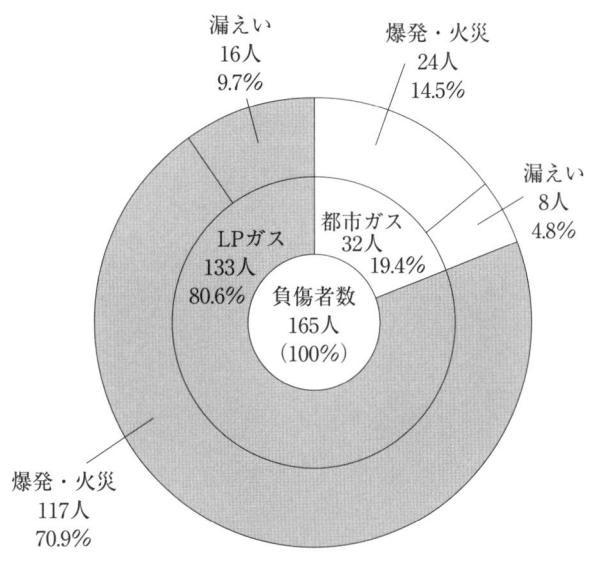

２－２－３　ガス事故の発生場所別件数

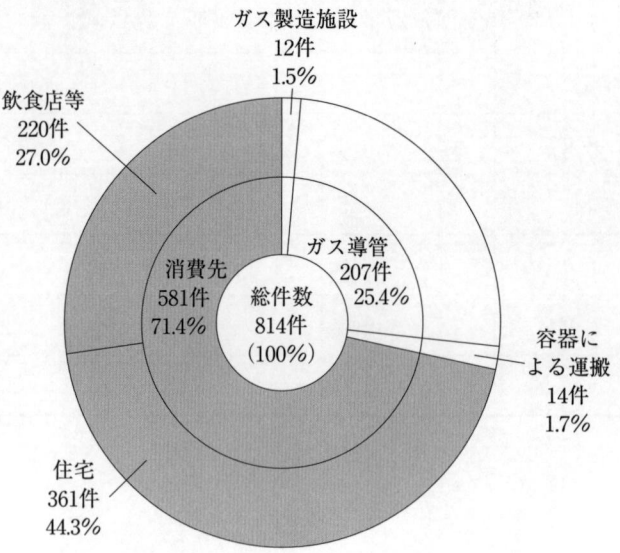

ガス製造施設
12件
1.5%

飲食店等
220件
27.0%

消費先
581件
71.4%

ガス導管
207件
25.4%

総件数
814件
(100%)

容器に
よる運搬
14件
1.7%

住宅
361件
44.3%

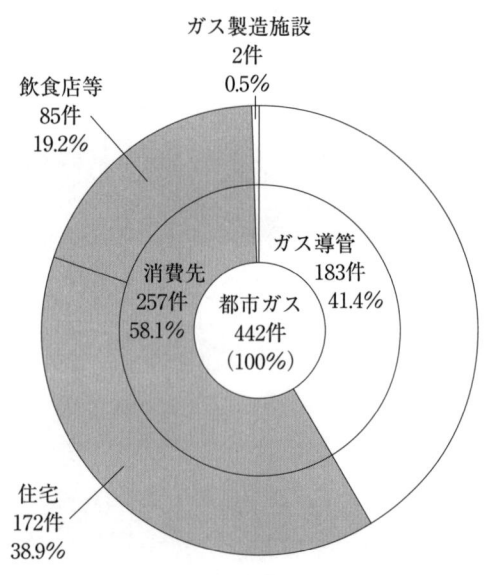

ガス製造施設
2件
0.5%

飲食店等
85件
19.2%

消費先
257件
58.1%

ガス導管
183件
41.4%

都市ガス
442件
(100%)

住宅
172件
38.9%

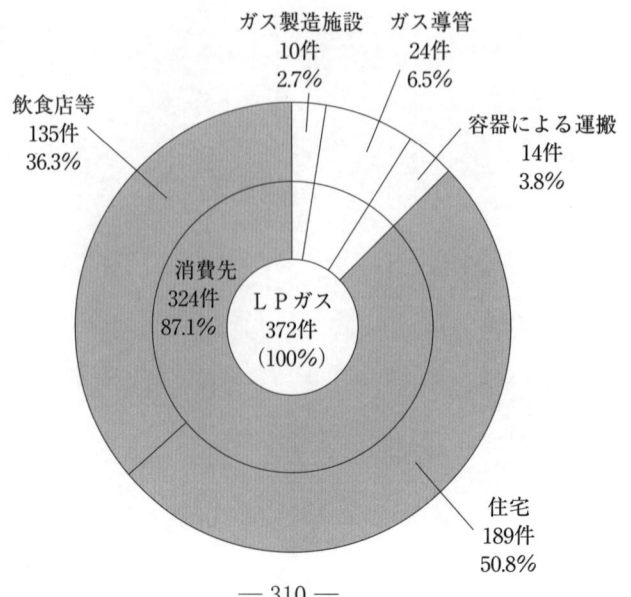

ガス製造施設
10件
2.7%

ガス導管
24件
6.5%

飲食店等
135件
36.3%

容器による運搬
14件
3.8%

消費先
324件
87.1%

ＬＰガス
372件
(100%)

住宅
189件
50.8%

２－２－４　消費先におけるガス事故の発生原因別件数

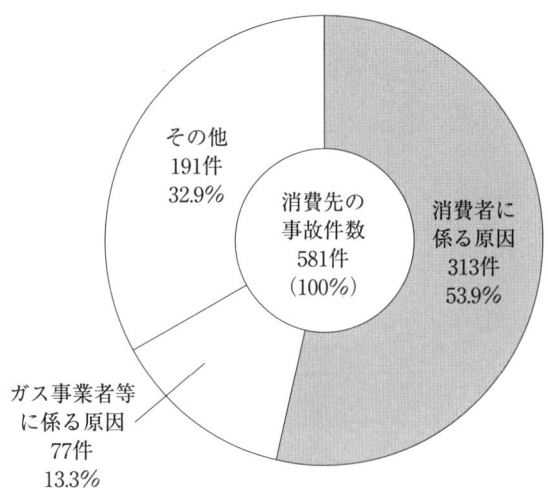

その他
191件
32.9%

消費先の
事故件数
581件
（100%）

消費者に
係る原因
313件
53.9%

ガス事業者等
に係る原因
77件
13.3%

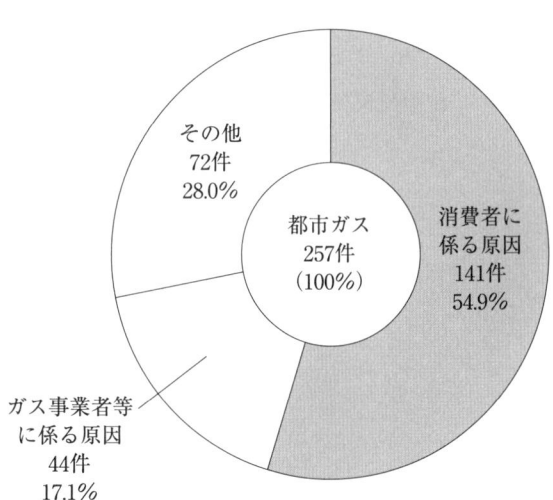

その他
72件
28.0%

都市ガス
257件
（100%）

消費者に
係る原因
141件
54.9%

ガス事業者等
に係る原因
44件
17.1%

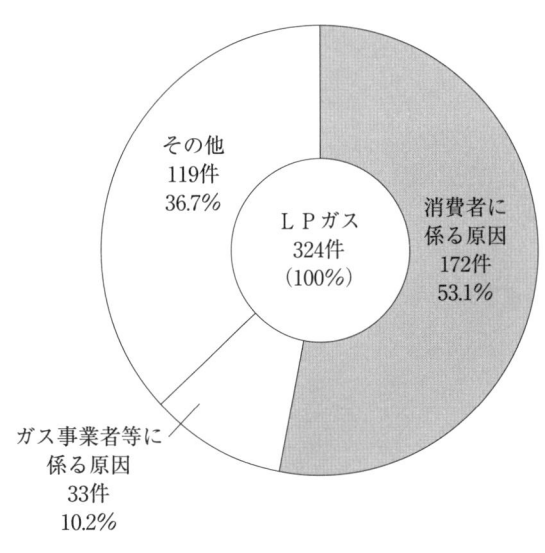

その他
119件
36.7%

ＬＰガス
324件
（100%）

消費者に
係る原因
172件
53.1%

ガス事業者等に
係る原因
33件
10.2%

3.海外関係資料

3－1　世界の一次エネルギー消費量（エネルギー源別）

（単位：石油換算100万㌧）

項目 国	2015年 石油	天然ガス	石炭	原子力	水力	再生可能	計	2016年 石油	天然ガス	石炭	原子力	水力	再生可能	計
アメリカ	856.5	710.5	391.8	189.9	55.8	71.5	2,275.9	863.1	716.3	358.4	191.8	59.2	83.8	2,272.7
カナダ	99.1	92.2	19.6	22.8	85.4	8.5	327.7	100.9	89.9	18.7	23.2	87.8	9.2	329.7
メキシコ	84.4	78.4	12.7	2.6	7.0	3.7	188.8	82.8	80.6	9.8	2.4	6.8	4.1	186.5
北米計	1,040.0	881.2	424.2	215.3	148.2	83.6	2,792.4	1,046.9	886.8	386.9	217.4	153.9	97.1	2,788.9
アルゼンチン	32.2	43.4	1.4	1.6	9.6	0.6	88.7	31.9	44.6	1.1	1.9	8.7	0.7	88.9
ブラジル	146.6	37.5	17.7	3.3	81.4	16.0	302.6	138.8	32.9	16.5	3.6	86.9	19.0	297.8
チリ	17.6	3.7	7.3	—	5.4	1.9	35.9	17.8	4.1	8.2	—	4.4	2.3	36.8
コロンビア	15.6	9.6	5.3	—	10.1	0.4	41.0	15.9	9.5	4.6	—	10.6	0.5	41.1
エクアドル	11.8	0.6	—	—	3.0	0.1	15.5	11.0	0.6	—	—	3.5	0.1	15.3
ペルー	10.7	6.4	0.8	—	5.4	0.4	23.7	11.4	7.1	0.8	—	5.4	0.6	25.3
トリニダード&トバゴ	2.2	19.4	—	—	—	◆	21.6	2.2	17.2	—	—	—	◆	19.4
ベネズエラ	30.2	31.1	0.2	—	17.3	◆	78.8	28.7	32.0	0.1	—	13.9	◆	74.6
その他	67.5	6.6	3.2	—	20.8	4.5	102.6	68.5	6.7	3.4	—	22.5	5.1	106.2
中南米計	334.4	158.3	35.9	5.0	152.9	24.0	710.4	326.2	154.7	34.7	5.5	156.0	28.2	705.3
オーストリア	12.5	7.5	3.2	—	8.4	2.3	33.9	12.7	7.9	3.2	—	9.0	2.4	35.1
アゼルバイジャン	4.5	9.6	◆	—	0.4	—	14.5	4.6	9.4	◆	—	0.4	◆	14.5
ベラルーシ	7.7	14.0	0.7	—	◆	◆	22.4	7.5	15.3	0.8	—	◆	0.1	23.7
ベルギー	31.0	13.6	3.2	5.9	0.1	3.2	56.9	31.8	13.9	3.0	9.8	0.1	3.2	61.7
ブルガリア	4.4	2.6	6.6	3.5	1.3	0.7	19.0	4.5	2.7	5.7	3.6	0.9	0.7	18.1
チェコ	8.9	6.5	16.6	6.1	0.4	1.7	40.2	8.4	7.0	16.9	5.5	0.5	1.7	39.9
デンマーク	8.0	2.8	1.7	—	^	4.3	16.9	8.0	2.9	2.1	—	◆	4.1	17.1
フィンランド	8.7	2.0	3.8	5.3	3.8	3.1	26.7	9.0	1.8	4.1	5.3	3.6	3.4	27.1
フランス	76.8	35.1	8.4	99.0	12.3	7.9	239.4	76.4	38.3	8.3	91.2	13.5	8.2	235.9
ドイツ	110.0	66.2	78.5	20.8	4.3	38.1	317.8	113.0	72.4	75.3	19.1	4.8	37.9	322.5
ギリシャ	14.9	2.5	5.6	—	1.4	2.0	26.4	15.4	2.6	4.7	—	1.2	2.1	25.9
ハンガリー	7.0	7.5	2.4	3.6	0.1	0.7	21.2	7.1	8.0	2.3	3.6	0.1	0.8	21.9
アイルランド	6.8	3.8	2.2	—	0.2	1.6	14.5	7.0	4.3	2.2	—	0.2	1.5	15.2
イタリア	57.6	55.3	12.3	—	10.3	14.3	149.9	58.1	58.1	10.9	—	9.3	15.0	151.3
カザフスタン	13.2	11.6	35.8	—	2.1	◆	62.7	13.2	12.0	35.6	—	2.1	0.1	63.0
リトアニア	2.8	2.1	0.2	—	0.1	0.3	5.4	3.0	1.8	0.2	—	0.1	0.4	5.5
オランダ	38.7	28.3	11.0	0.9	◆	3.1	82.1	39.9	30.2	10.3	0.9	◆	3.1	84.5
ノルウェー	10.3	4.4	0.8	—	31.1	0.6	47.2	10.4	4.4	0.8	—	32.4	0.5	48.6
ポーランド	24.9	14.7	48.7	—	0.4	4.7	93.4	27.2	15.6	48.8	—	0.5	4.6	96.7
ポルトガル	11.5	4.3	3.3	—	2.0	3.6	24.6	11.2	4.6	2.9	—	3.6	3.7	26.0
ルーマニア	9.2	9.0	5.9	2.6	3.8	2.2	32.6	9.5	9.5	5.4	2.6	4.1	2.0	33.1
ロシア	144.2	362.5	92.2	44.2	38.5	0.2	681.7	148.0	351.8	87.3	44.5	42.2	0.2	673.9
スロバキア	3.7	3.9	3.3	3.4	0.9	0.5	15.7	4.0	4.0	3.1	3.3	1.0	0.5	15.9
スペイン	61.2	24.6	13.7	13.0	6.3	15.6	134.4	62.5	25.2	10.4	13.3	8.1	15.5	135.0
スウェーデン	14.1	0.8	2.1	12.8	17.0	6.1	52.9	14.7	0.8	2.2	14.2	14.1	6.1	52.2
スイス	10.7	2.6	0.1	5.3	8.5	0.7	27.9	10.2	2.7	0.1	4.8	7.8	0.8	26.4
トルコ	38.9	39.2	34.7	—	15.2	3.9	131.9	41.2	37.9	38.4	—	15.2	5.2	137.9
トルクメニスタン	6.6	26.5	—	—	—	◆	33.1	6.7	26.6	—	—	—	◆	33.2
ウクライナ	9.2	25.9	27.3	19.8	1.2	0.4	83.9	9.1	26.1	31.5	18.3	1.6	0.3	87.0
イギリス	71.8	61.3	23.0	15.9	1.4	17.5	190.9	73.1	69.0	11.0	16.2	1.2	17.5	188.1
ウズベキスタン	2.7	45.2	1.1	—	2.7	◆	51.7	2.8	46.2	1.0	—	2.7	◆	52.7
その他	33.3	13.6	23.0	1.9	20.7	2.3	94.8	34.5	13.9	23.0	1.8	21.7	2.5	97.6
欧州・ユーラシア計	865.9	909.2	471.3	263.9	194.7	141.6	2,846.6	884.6	926.9	451.6	258.2	201.8	144.0	2,867.1
イラン	84.5	171.7	1.6	0.8	4.1	0.1	262.8	83.8	180.7	1.7	1.4	2.9	0.1	270.7
イスラエル	11.4	7.6	6.7	—	◆	0.3	26.0	11.6	8.7	5.7	—	◆	0.4	26.4
クウェート	22.3	19.2	—	—	—	◆	41.5	22.0	19.7	—	—	—	◆	41.7
カタール	10.7	39.5	—	—	—	◆	50.2	11.7	37.5	—	—	—	◆	49.2
サウジアラビア	166.6	94.0	0.1	—	—	◆	260.8	167.9	98.4	0.1	—	—	◆	266.5
UAE	40.9	66.4	1.3	—	—	0.1	108.6	43.5	69.0	1.3	—	—	0.1	113.8
その他	76.5	45.9	0.5	—	1.8	0.1	124.7	77.3	47.1	0.5	—	1.8	0.2	126.8
中東計	412.8	444.3	10.2	0.8	5.9	0.5	874.6	417.8	461.1	9.3	1.4	4.7	0.7	895.1
アルジェリア	19.5	35.5	0.1	—	◆	◆	55.1	18.9	36.0	0.1	—	◆	0.1	55.1
エジプト	39.6	43.0	0.4	—	3.2	0.4	86.7	40.6	46.1	0.4	—	3.2	0.6	91.0
南アフリカ	27.9	4.6	83.4	2.8	0.2	1.4	120.1	26.9	4.6	85.1	3.6	0.2	1.8	122.3
その他	95.1	39.2	11.4	—	23.5	2.4	171.7	98.9	37.6	10.3	—	22.4	2.6	171.8
アフリカ計	182.1	122.2	95.3	2.8	26.9	4.2	433.5	185.4	124.3	95.9	3.6	25.8	5.0	440.1
オーストラリア	47.9	38.6	44.1	—	3.2	4.8	138.5	47.8	37.0	43.8	—	4.0	5.4	138.0
バングラデシュ	6.2	24.2	0.7	—	◆	◆	31.3	6.6	24.8	0.8	—	◆	0.2	32.4
中国	561.8	175.3	1,913.6	38.6	252.2	64.4	3,005.9	578.7	189.3	1,887.6	48.2	263.1	86.1	3,053.0
香港	18.3	2.9	6.7	—	—	◆	27.9	18.9	3.0	6.7	—	—	◆	28.6
インド	195.8	41.2	396.6	8.7	30.2	12.7	685.1	212.7	45.1	411.9	8.6	29.1	16.5	723.9
インドネシア	71.8	36.4	51.2	—	3.1	2.4	164.8	72.6	33.9	62.7	—	3.3	2.6	175.0
日本	189.0	102.1	119.6	1.0	19.0	14.8	445.8	184.3	100.1	119.9	4.0	18.1	18.8	445.3
マレーシア	35.5	37.6	16.9	—	3.5	0.3	93.8	36.3	38.7	19.9	—	4.2	0.3	99.5
ニュージーランド	7.5	4.0	1.4	—	5.6	2.4	21.0	7.7	4.2	1.2	—	5.9	2.4	21.4
パキスタン	24.6	39.2	4.7	1.1	7.3	0.3	77.1	27.5	40.9	5.4	1.3	7.7	0.4	83.2
フィリピン	18.3	3.0	11.6	—	2.0	2.8	37.7	19.9	3.4	13.5	—	2.1	3.1	42.1
シンガポール	69.4	11.0	0.4	—	—	0.2	81.0	72.2	11.3	0.4	—	—	0.2	84.1
韓国	113.8	39.3	85.5	37.3	0.5	3.9	280.2	122.1	40.9	81.6	36.7	0.6	4.3	286.2
台湾	46.5	16.5	37.8	8.3	1.0	1.0	111.1	46.7	17.2	38.6	7.2	1.5	1.0	112.1
タイ	57.3	43.8	17.6	—	0.9	2.3	121.8	59.0	43.5	17.7	—	0.8	2.8	123.8
ベトナム	18.8	9.6	22.3	—	12.9	◆	63.7	20.1	9.6	21.3	—	13.7	0.1	64.8
その他	23.2	7.0	16.9	—	13.3	0.3	60.7	24.4	7.2	20.6	—	13.8	0.3	66.3
アジア・太平洋計	1,505.8	631.6	2,747.7	95.0	354.7	112.7	5,447.4	1,557.3	650.3	2,753.6	105.9	368.1	144.5	5,579.7
世界計	4,341.0	3,146.7	3,784.7	582.7	883.2	366.7	13,105.0	4,418.2	3,204.1	3,732.0	592.1	910.3	419.6	13,276.3

注：BP Statistical Review of World Energy　より作成。◆：0.05以下

3−2 海外石油関連
3−2−1 世界の石油確認埋蔵量と可採年数の推移

国 ＼ 年	1996年末 （10億バレル）	2006年末 （10億バレル）	2015年末 （10億バレル）	2016年末 （10億バレル）	2016年末 （10億トン）	構成比 （％）	可採年数 R／P
米国	29.8	29.4	48.0	48.0	5.8	2.8	10.6
カナダ	48.9	179.4	171.5	171.5	27.6	10.0	105.1
メキシコ	48.5	12.8	8.0	8.0	1.1	0.5	8.9
北米計	127.3	221.7	227.5	227.5	34.5	13.3	32.3
アルゼンチン	2.6	2.6	2.4	2.4	0.3	0.1	10.6
ブラジル	6.7	12.2	13.0	12.6	1.8	0.7	13.3
コロンビア	2.8	1.5	2.3	2.0	0.3	0.1	5.9
エクアドル	3.5	4.5	8.0	8.0	1.2	0.5	40.1
ペルー	0.8	1.1	1.2	1.2	0.1	0.1	24.0
トリニダード＆トバゴ	0.7	0.8	0.7	0.2	◇	◆	6.9
ベネズエラ	72.7	87.3	300.9	300.9	47.0	17.6	341.1
その他	1.0	0.8	0.5	0.5	0.1	◆	10.3
中南米計	90.7	110.8	329.0	327.9	50.8	19.2	119.9
アゼルバイジャン	1.2	7.0	7.0	7.0	1.0	0.4	23.1
デンマーク	0.9	1.2	0.5	0.4	0.1	◆	8.5
イタリア	0.8	0.5	0.6	0.5	0.1	◆	18.8
カザフスタン	5.3	9.0	30.0	30.0	3.9	1.8	49.0
ノルウェー	11.7	8.5	8.0	7.6	0.9	0.4	10.4
ルーマニア	1.0	0.5	0.6	0.6	0.1	◆	20.7
ロシア	113.6	104.0	102.4	109.5	15.0	6.4	26.6
トルクメニスタン	0.5	0.6	0.6	0.6	0.1	◆	6.3
イギリス	5.0	3.6	2.5	2.5	0.3	0.1	6.9
ウズベキスタン	0.6	0.6	0.6	0.6	0.1	◆	29.3
その他	2.4	2.2	2.1	2.1	0.3	0.1	15.6
欧州・ユーラシア計	142.8	137.6	154.9	161.5	21.8	9.5	24.9
イラン	92.6	138.4	158.4	158.4	21.8	9.3	94.1
イラク	112.0	115.0	142.5	153.0	20.6	9.0	93.6
クウェート	96.5	101.5	101.5	101.5	14.0	5.9	88.0
オマーン	5.3	5.6	5.3	5.4	0.7	0.3	14.6
カタール	3.7	27.4	25.2	25.2	2.6	1.5	36.3
サウジアラビア	261.4	264.3	266.6	266.5	36.6	15.6	59.0
シリア	2.5	3.0	2.5	2.5	0.3	0.1	273.2
UAE	97.8	97.8	97.8	97.8	13.0	5.7	65.6
イエメン	2.0	2.8	3.0	3.0	0.4	0.2	＊
その他	0.2	0.1	0.2	0.2	◇	◆	2.6
中東計	674.0	755.9	803.0	813.5	110.1	47.7	69.9
アルジェリア	10.8	12.3	12.2	12.2	1.5	0.7	21.1
アンゴラ	3.7	9.0	11.8	11.6	1.6	0.7	17.5
チャド	－	1.5	1.5	1.5	0.2	0.1	56.1
コンゴ民主共和国	1.6	1.6	1.6	1.6	0.2	0.1	18.4
エジプト	3.8	3.7	3.5	3.5	0.5	0.2	13.7
赤道ギニア	0.6	1.8	1.1	1.1	0.1	0.1	10.7
ガボン	2.8	2.2	2.0	2.0	0.3	0.1	24.1
リビア	29.5	41.5	48.4	48.4	6.3	2.8	310.1
ナイジェリア	20.8	37.2	37.1	37.1	5.0	2.2	49.3
南スーダン	n/a	n/a	3.5	3.5	0.5	0.2	80.9
スーダン	0.3	5.0	1.5	1.5	0.2	0.1	39.6
チュニジア	0.3	0.6	0.4	0.4	0.1	◆	18.4
その他	0.7	0.7	3.7	3.7	0.5	0.2	43.2
アフリカ計	74.9	116.9	128.2	128.0	16.9	7.5	44.3
オーストラリア	3.8	3.5	4.0	4.0	0.4	0.2	30.3
ブルネイ	1.1	1.2	1.1	1.1	0.1	0.1	24.9
中国	16.4	20.2	25.7	25.7	3.5	1.5	17.5
インド	5.5	5.7	4.8	4.7	0.6	0.3	14.9
インドネシア	4.7	4.4	3.6	3.3	0.5	0.2	10.3
マレーシア	5.0	5.4	3.6	3.6	0.5	0.2	14.0
タイ	0.2	0.5	0.4	0.4	◇	◆	2.3
ベトナム	0.9	3.3	4.4	4.4	0.6	0.3	36.2
その他	1.3	1.4	1.3	1.3	0.2	0.1	12.5
アジア・太平洋計	39.0	45.5	48.8	48.4	6.4	2.8	16.5
世界計	1,148.8	1,388.3	1,691.5	1,706.7	240.7	100.0	50.6
OECD	151.0	240.2	244.5	244.0	36.6	14.3	28.8
非OECD	997.8	1,148.1	1,447.0	1,462.7	204.1	85.7	57.9
OPEC	805.0	936.1	1,210.3	1,220.5	171.2	71.5	84.7
非OPEC（旧ソ連除く）	343.8	452.2	481.1	486.2	69.6	28.5	25.2
EU	8.7	6.6	5.2	5.1	0.7	0.3	9.3
CIS	121.9	121.9	141.1	148.2	20.1	8.7	28.6
カナダ・オイルサンド	42.1	173.1	165.3	165.3	26.9		
ベネズエラ・オリノコベルト	－	7.6	222.3	222.3	35.7		

注：(1)BP Statistical Review of World Energyより作成。◇：0.05以下、◆：0.05％以下、＊：500年以上
　　(2)確認埋蔵量は現在の経済・技術条件下で回収可能と推定できる量
　　(3)可採年数・R／P（ratio of reserves of production）は、ある年末の埋蔵量（reserves＝R）をその年の年間
　　　生産量（production＝P）で除した数値で、当該地域で何年生産を継続できるかを示す指標

（単位：100万㌧）

国＼年	2007	2008	2009	2010	2011	2012	2013	2014	2015	2016	15/16比(%)	構成比(%)
アメリカ	305.1	302.3	322.4	332.7	344.9	393.2	446.9	522.7	565.1	543.0	−4.2	12.4
カナダ	155.3	152.9	152.8	160.3	169.8	182.6	195.1	209.4	215.6	218.2	0.9	5.0
メキシコ	172.2	156.9	146.7	145.6	144.5	143.9	141.8	137.1	127.5	121.4	−5.1	2.8
北米計	632.6	612.0	621.9	638.6	659.2	719.6	783.8	869.2	908.3	882.6	−3.1	20.1
アルゼンチン	38.3	37.8	34.0	33.3	30.9	31.1	30.5	29.9	29.8	28.8	−3.7	0.7
ブラジル	95.4	99.1	106.0	111.6	114.0	112.4	110.2	122.5	132.2	136.7	3.1	3.1
コロンビア	28.0	31.1	35.3	41.4	48.2	49.9	52.9	52.2	53.0	48.8	−8.1	1.1
エクアドル	27.5	27.2	26.1	26.1	26.8	27.1	28.2	29.8	29.1	29.3	0.4	0.7
ペルー	5.5	5.7	6.5	7.0	6.7	6.7	7.1	7.3	6.2	5.6	−10.4	0.1
トリニダード＆トバゴ	7.1	7.0	6.8	6.2	5.9	5.2	5.1	5.1	4.8	4.3	−10.5	0.1
ベネズエラ	165.5	165.6	156.0	145.8	141.5	139.3	137.8	138.5	135.9	124.1	−9.0	2.8
その他	7.1	7.1	6.6	6.9	7.0	7.3	7.5	7.7	7.5	7.0	−7.5	0.2
中南米計	374.3	380.5	377.3	378.4	381.1	378.9	379.2	392.9	398.6	384.5	−3.8	8.8
アゼルバイジャン	42.6	44.5	50.4	50.8	45.6	43.4	43.5	42.1	41.6	41.0	−1.7	0.9
デンマーク	15.2	14.0	12.9	12.2	10.9	10.0	8.7	8.1	7.7	6.9	−10.2	0.2
イタリア	5.9	5.2	4.6	5.1	5.3	5.4	5.6	5.8	5.5	3.8	−31.4	0.1
カザフスタン	67.2	70.7	76.5	79.7	80.1	79.3	82.3	81.1	80.2	79.3	−1.4	1.8
ノルウェー	118.6	114.8	108.7	98.8	93.8	87.3	83.2	85.3	88.0	90.4	2.4	2.1
ルーマニア	4.7	4.7	4.5	4.3	4.2	4.0	4.1	4.1	4.0	3.8	−5.3	0.1
ロシア	496.8	493.7	500.8	511.8	518.8	526.2	531.1	534.1	540.7	554.3	2.2	12.6
トルクメニスタン	9.8	10.4	10.5	10.8	10.8	11.2	11.7	12.1	12.7	12.7	−0.4	0.3
イギリス	76.9	72.0	68.3	63.2	52.1	44.7	40.7	40.0	45.4	47.5	4.4	1.1
ウズベキスタン	4.9	4.8	4.5	3.6	3.6	3.2	2.9	2.8	2.7	2.6	−3.3	0.1
その他	21.6	20.6	19.9	19.2	19.2	19.2	19.6	19.2	18.8	18.2	−3.3	0.4
欧州・ユーラシア計	864.2	855.4	861.6	859.5	844.5	833.6	833.3	834.7	847.3	860.6	1.3	19.6
イラン	213.3	215.6	207.4	211.7	212.7	180.7	169.8	174.2	181.6	216.4	18.9	4.9
イラク	105.1	119.3	119.9	121.5	136.7	152.5	153.2	160.3	197.0	218.9	10.8	5.0
クウェート	129.9	136.1	120.9	123.3	140.8	153.9	151.3	150.1	148.2	152.7	2.8	3.5
オマーン	34.8	37.1	39.7	42.2	43.2	45.0	46.1	46.2	48.0	49.3	2.4	1.1
カタール	57.6	64.7	62.6	71.1	78.0	82.2	80.3	79.4	79.1	79.4	0.1	1.8
サウジアラビア	488.9	509.9	456.7	473.8	525.9	549.8	538.4	543.4	567.8	585.7	2.9	13.4
シリア	19.5	19.6	19.3	18.5	16.9	8.1	2.7	1.5	1.2	1.1	−8.3	◆
UAE	139.6	141.4	126.2	133.3	151.3	154.8	165.1	166.2	176.2	182.4	3.2	4.2
イエメン	15.9	14.8	14.3	14.3	10.1	8.0	8.9	6.7	2.0	0.8	−60.8	◆
その他	9.5	9.5	9.4	9.4	9.9	9.0	10.3	10.5	10.5	10.1	−3.9	0.2
中東計	1,214.1	1,267.8	1,176.6	1,219.2	1,325.6	1,344.0	1,326.1	1,338.7	1,411.6	1,496.9	5.8	34.2
アルジェリア	86.5	85.6	77.2	73.8	71.7	67.2	64.8	68.8	67.2	68.5	1.6	1.6
アンゴラ	82.5	93.5	87.6	90.5	83.8	86.9	87.3	83.0	88.7	87.9	−1.2	2.0
チャド	7.5	6.7	6.2	6.4	6.0	5.3	4.4	4.3	3.8	3.8	0.6	0.1
コンゴ民主共和国	11.5	12.2	14.1	16.0	15.3	14.3	12.6	13.4	12.9	11.9	−7.8	0.3
エジプト	33.8	34.7	35.3	35.0	34.6	34.7	34.4	35.1	35.4	33.8	−4.8	0.8
赤道ギニア	15.9	16.1	14.2	12.6	11.6	12.7	12.4	13.1	13.5	13.1	−3.3	0.3
ガボン	12.3	12.0	12.0	12.4	12.5	12.7	11.6	11.6	11.5	11.4	−1.1	0.3
リビア	85.4	85.6	77.4	77.8	22.5	71.2	46.5	23.4	20.3	20.0	−1.5	0.5
ナイジェリア	112.4	102.6	105.3	119.1	115.9	114.4	109.2	112.8	112.0	98.8	−12.1	2.3
南スーダン	−	−	−	−	−	1.5	4.9	7.7	7.3	5.8	−20.0	0.1
スーダン	23.8	22.6	23.4	22.8	14.3	5.1	5.8	5.9	5.4	5.1	−5.0	0.1
チュニジア	5.0	4.6	4.3	4.0	3.7	3.9	3.6	3.4	3.0	2.9	−3.8	0.1
その他	9.6	9.2	9.1	7.6	10.3	10.2	11.5	11.7	12.6	11.6	−8.6	0.3
アフリカ計	486.1	485.3	466.1	478.2	402.3	440.1	408.9	394.2	393.7	374.8	−5.1	8.6
オーストラリア	24.5	24.1	22.4	24.5	21.5	21.4	17.8	19.1	17.4	15.5	−11.1	0.4
ブルネイ	9.5	8.6	8.3	8.5	8.1	7.8	6.6	6.2	6.2	5.9	−4.7	0.1
中国	186.3	190.4	189.5	203.0	202.9	207.5	210.0	211.4	214.6	199.7	−7.2	4.6
インド	36.4	37.8	38.0	41.3	42.9	42.5	42.5	41.6	41.2	40.2	−2.6	0.9
インドネシア	47.8	49.4	48.4	48.6	46.3	44.6	42.7	41.2	40.7	43.0	5.2	1.0
マレーシア	33.8	34.0	32.2	32.6	29.4	29.8	28.5	29.7	32.3	32.7	0.9	0.7
タイ	13.2	14.0	14.5	14.9	15.4	16.6	16.5	16.2	17.0	17.6	3.2	0.4
ベトナム	16.3	15.2	16.7	15.6	15.8	17.3	17.4	18.1	17.4	16.0	−8.5	0.4
その他	13.9	14.9	14.4	13.8	13.0	12.6	12.0	13.0	13.2	12.4	−6.2	0.3
アジア・太平洋計	381.8	388.4	384.3	402.7	395.2	400.2	393.9	396.5	400.0	383.0	−4.5	8.7
世界計	3,953.2	3,989.6	3,887.8	3,976.5	4,007.9	4,116.4	4,125.3	4,226.2	4,359.5	4,382.4	0.3	100.0
OECD	889.3	857.9	853.7	856.7	857.0	902.1	953.8	1,041.9	1,086.4	1,060.0	−2.7	24.2
非OECD	3,064.0	3,131.7	3,034.2	3,119.9	3,150.9	3,214.4	3,171.5	3,184.3	3,273.0	3,322.4	1.2	75.8
OPEC	1,694.1	1,747.0	1,623.6	1,668.0	1,707.6	1,780.0	1,732.0	1,730.1	1,803.2	1,864.2	3.1	42.5
非OPEC（旧ソ連除く）	2,259.1	2,242.6	2,264.3	2,308.6	2,300.3	2,336.4	2,393.3	2,496.1	2,556.2	2,518.2	−1.8	57.5
EU	114.2	106.6	100.0	93.6	81.7	73.0	68.5	67.3	71.9	70.8	−1.8	1.6
CIS	628.0	630.6	649.2	662.8	664.7	668.8	676.8	677.1	682.5	694.5	1.5	15.8

注：BP Statistical Review of World Energyより作成。◆：0.05%以下

3－2－3　世界の石油消費量の推移

(単位：100万㌧)

年／国	2007	2008	2009	2010	2011	2012	2013	2014	2015	2016	15/16比(%)	構成比(%)
アメリカ	928.8	875.4	833.2	850.1	834.9	817.0	832.1	838.1	856.5	863.1	0.5	19.5
カナダ	101.7	100.6	94.4	101.0	104.2	102.3	103.5	103.1	99.1	100.9	1.5	2.3
メキシコ	92.0	91.6	88.5	88.6	90.3	92.3	89.8	85.4	84.4	82.8	-2.1	1.9
北米計	1,122.5	1,067.6	1,016.1	1,039.7	1,029.5	1,011.6	1,025.4	1,026.6	1,040.0	1,046.9	0.4	23.7
アルゼンチン	24.2	24.9	24.3	28.1	28.3	29.6	31.9	31.3	32.2	31.9	-1.1	0.7
ブラジル	107.5	116.2	117.0	126.8	131.9	134.3	144.2	150.6	146.6	138.8	-5.6	3.1
チリ	17.9	18.6	18.2	16.0	17.6	17.5	16.8	17.4	17.6	17.8	0.4	0.4
コロンビア	10.7	11.7	10.7	11.9	12.8	13.9	13.9	14.8	15.6	15.9	2.0	0.4
エクアドル	8.5	8.7	8.9	10.3	10.5	10.9	11.6	12.2	11.8	11.0	-6.6	0.2
ペルー	7.1	8.0	8.2	8.6	9.5	9.6	10.1	10.0	10.7	11.4	6.8	0.3
トリニダード&トバゴ	2.1	2.2	2.1	2.2	2.1	2.0	2.3	2.1	2.2	2.2	-4.3	◆
ベネズエラ	29.7	33.8	34.2	34.1	34.6	37.2	36.7	33.6	30.2	28.7	-5.3	0.6
その他	67.8	65.5	64.5	65.5	66.9	66.1	64.5	64.7	67.5	68.5	1.2	1.6
中南米計	275.4	289.6	288.1	303.6	314.0	321.0	332.0	336.5	334.4	326.2	-2.7	7.4
オーストリア	13.4	13.4	12.8	13.4	12.7	12.5	12.7	12.5	12.5	12.7	1.3	0.3
アゼルバイジャン	4.5	3.6	3.3	3.2	4.0	4.2	4.5	4.4	4.5	4.6	1.5	0.1
ベラルーシ	8.0	7.9	9.3	7.5	8.6	10.4	7.1	8.1	7.7	7.5	-2.5	0.2
ベルギー	34.6	36.0	31.5	32.7	30.5	29.6	30.1	29.7	31.0	31.8	2.3	0.7
ブルガリア	4.8	4.8	4.3	3.9	3.8	3.9	3.6	3.9	4.4	4.5	2.9	0.1
チェコ	9.7	9.9	9.7	9.2	9.0	9.0	8.5	9.1	8.9	8.4	-6.2	0.2
デンマーク	9.4	9.3	8.3	8.4	8.3	7.8	7.7	7.8	8.0	8.0	0.3	0.2
フィンランド	10.8	10.7	10.1	10.6	9.7	9.1	9.0	8.6	8.7	9.0	2.6	0.2
フランス	91.4	90.8	87.5	84.5	83.0	80.3	79.3	76.9	76.8	76.4	-0.8	1.7
ドイツ	112.5	118.9	113.9	115.4	112.0	111.4	113.4	110.4	110.0	113.0	2.4	2.6
ギリシャ	21.4	20.4	19.5	18.1	17.0	15.3	14.5	14.4	14.9	15.4	2.8	0.3
ハンガリー	7.7	7.5	7.1	6.7	6.4	5.9	5.9	6.6	7.0	7.1	1.3	0.2
アイルランド	9.4	9.0	8.0	7.6	6.8	6.5	6.5	6.5	6.8	7.0	3.0	0.2
イタリア	84.0	80.4	75.1	73.1	70.5	64.2	59.4	55.8	57.6	58.1	0.5	1.3
カザフスタン	11.6	11.5	9.3	9.9	11.5	11.5	12.1	12.3	13.2	13.2	-0.2	0.3
リトアニア	2.8	3.1	2.6	2.7	2.6	2.7	2.6	2.6	2.8	3.0	6.7	0.1
オランダ	50.7	47.3	45.9	45.9	46.1	43.7	41.4	39.6	38.7	39.9	2.8	0.9
ノルウェー	10.7	10.4	10.7	10.8	10.6	10.5	10.8	10.2	10.3	10.4	0.7	0.2
ポーランド	24.2	25.3	25.3	26.7	26.6	25.7	23.8	23.9	24.9	27.2	8.8	0.6
ポルトガル	14.7	14.1	13.2	13.0	12.1	11.0	11.3	11.1	11.5	11.2	-3.2	0.3
ルーマニア	10.3	10.4	9.2	8.8	9.1	9.2	8.4	9.0	9.2	9.5	3.4	0.2
ロシア	130.0	133.6	128.2	133.3	142.2	144.6	144.3	152.3	144.2	148.0	2.4	3.3
スロバキア	3.6	3.9	3.7	3.9	3.9	3.6	3.6	3.4	3.7	4.0	8.6	0.1
スペイン	80.3	78.0	73.5	72.1	68.8	64.7	59.3	59.0	61.2	62.5	1.8	1.4
スウェーデン	16.9	16.7	15.5	16.2	14.8	14.6	14.4	14.5	14.1	14.7	3.7	0.3
スイス	11.3	12.1	12.3	11.4	11.0	11.2	11.8	10.6	10.7	10.2	-5.4	0.2
トルコ	32.6	32.1	32.6	31.8	31.1	31.6	33.5	34.3	38.9	41.2	5.6	0.9
トルクメニスタン	5.1	5.2	5.0	5.5	5.8	6.0	6.2	6.5	6.6	6.7	0.8	0.2
ウクライナ	14.4	14.2	13.5	12.6	13.1	12.5	11.9	10.3	9.2	9.1	-0.9	0.2
イギリス	80.7	79.5	75.8	74.9	73.6	71.4	70.3	69.8	71.8	73.1	1.7	1.7
ウズベキスタン	4.7	4.6	4.3	3.6	3.4	3.0	2.9	2.7	2.7	2.8	0.7	0.1
その他	36.2	36.5	35.6	35.3	35.0	34.1	33.4	32.2	33.3	34.5	3.2	0.8
欧州・ユーラシア計	962.6	960.8	916.5	912.3	903.7	882.1	864.3	858.8	865.9	884.6	1.9	20.0
イラン	89.6	93.1	92.2	83.6	84.7	85.7	93.6	90.4	84.5	83.8	-1.1	1.9
イスラエル	12.3	12.0	10.8	11.2	11.8	13.9	11.5	10.6	11.4	11.6	1.9	0.3
クウェート	17.9	19.0	20.4	20.9	20.4	24.4	22.7	21.0	22.3	22.0	-1.5	0.5
カタール	5.2	6.3	6.0	6.5	8.0	8.2	9.3	9.7	10.7	11.7	9.2	0.3
サウジアラビア	104.4	114.4	125.9	137.1	139.1	146.2	147.3	159.8	166.6	167.9	0.5	3.8
ＵＡＥ	28.7	30.2	28.9	30.7	33.2	35.0	35.5	38.6	40.9	43.5	6.1	1.0
その他	61.6	67.2	70.1	73.1	74.4	76.0	78.8	78.2	76.5	77.3	0.8	1.7
中東計	319.8	342.1	354.4	363.1	371.7	389.5	398.6	408.4	412.8	417.8	0.9	9.5
アルジェリア	12.9	14.0	14.9	14.8	15.8	16.8	17.6	17.7	19.5	18.9	-3.2	0.4
エジプト	30.6	32.6	34.4	36.3	33.7	35.3	35.8	38.3	39.6	40.6	2.3	0.9
南アフリカ	25.8	24.4	24.1	25.6	25.7	26.5	27.3	27.0	27.9	26.9	-3.6	0.6
その他	74.8	80.6	83.2	87.7	84.2	90.0	94.8	94.5	95.1	98.9	3.7	2.2
アフリカ計	144.1	151.7	156.6	164.5	159.4	168.6	175.4	177.5	182.1	185.4	1.5	4.2
オーストラリア	42.5	43.2	43.5	43.7	46.3	47.9	48.2	48.1	47.9	47.8	-0.3	1.1
バングラデシュ	3.7	3.8	3.5	3.9	5.1	5.4	5.3	5.8	6.2	6.6	6.0	0.1
中国	370.7	378.1	392.8	448.5	465.1	487.1	508.1	528.0	561.8	578.7	2.7	13.1
香港	16.4	14.8	16.9	17.8	18.0	17.2	17.6	16.6	18.3	18.9	3.2	0.4
インド	138.1	144.7	152.6	155.4	163.0	173.6	175.3	180.8	195.8	212.7	8.3	4.8
インドネシア	61.8	60.1	60.8	64.7	73.1	74.4	74.5	75.3	71.8	72.6	0.8	1.6
日本	230.9	224.8	200.3	202.7	203.7	217.7	207.4	197.0	189.0	184.3	-2.8	4.2
マレーシア	30.8	29.5	29.2	29.3	31.5	32.9	34.9	34.9	35.5	36.3	1.8	0.8
ニュージーランド	7.1	7.2	6.9	7.0	7.0	7.0	7.1	7.2	7.5	7.7	1.8	0.2
パキスタン	19.1	19.4	20.7	20.5	20.7	20.0	21.9	22.6	24.6	27.5	11.4	0.6
フィリピン	13.8	13.3	14.0	14.6	13.8	14.4	14.9	16.1	18.3	19.9	8.5	0.5
シンガポール	48.3	51.4	55.5	60.9	63.7	63.4	64.2	65.8	69.4	72.2	3.7	1.6
韓国	107.6	103.1	103.7	105.0	105.8	108.8	108.3	107.9	113.8	122.1	7.1	2.8
台湾	51.1	45.9	46.1	47.2	44.5	44.6	45.1	46.1	46.5	46.7	0.1	1.1
タイ	45.5	44.4	45.9	47.7	49.7	52.3	54.5	55.0	57.3	59.0	2.6	1.3
ベトナム	13.3	14.1	14.6	15.6	16.9	17.1	17.3	18.0	18.8	20.1	6.2	0.5
その他	16.8	16.0	16.9	17.5	19.4	19.7	20.6	21.7	23.2	24.4	4.6	0.6
アジア・太平洋計	1,217.6	1,213.6	1,223.9	1,302.2	1,347.4	1,403.4	1,425.2	1,447.0	1,505.8	1,557.3	3.1	35.2
世界計	4,041.9	4,025.3	3,955.7	4,085.4	4,125.7	4,176.2	4,220.9	4,254.8	4,341.0	4,418.2	1.5	100.0
ＯＥＣＤ	2,278.9	2,210.1	2,098.9	2,118.9	2,093.8	2,071.7	2,059.3	2,036.7	2,062.4	2,086.8	0.9	47.2
非ＯＥＣＤ	1,763.0	1,815.2	1,856.7	1,966.5	2,032.0	2,104.5	2,161.6	2,218.1	2,278.5	2,331.4	2.0	52.8
ＥＵ	711.8	707.7	670.1	665.0	644.5	618.8	601.7	590.8	600.6	613.3	1.8	13.9
ＣＩＳ	181.0	183.4	175.9	178.6	191.7	195.9	192.7	200.0	191.6	195.5	1.8	4.4

注：BP Statistical Review of World Energy より作成。◆：0.05%以下

３－３－１　世界の天然ガス確認埋蔵量と可採年数の推移

年／国	1996年末 (兆㎥)	2006年末 (兆㎥)	2015年末 (兆㎥)	2016年末 (兆㎥)	2016年末 (兆f³)	構成比 (％)	可採年数 R／P
アメリカ	4.7	6.0	8.7	8.7	307.7	4.7	11.6
カナダ	1.9	1.6	2.2	2.2	76.7	1.2	14.3
メキシコ	1.8	0.4	0.2	0.2	8.6	0.1	5.2
北米計	8.5	8.0	11.1	11.1	393.0	6.0	11.7
アルゼンチン	0.6	0.4	0.4	0.4	12.4	0.2	9.2
ボリビア	0.1	0.7	0.3	0.3	9.9	0.2	14.2
ブラジル	0.2	0.3	0.4	0.4	13.1	0.2	15.8
コロンビア	0.2	0.1	0.1	0.1	4.4	0.1	11.9
ペルー	0.2	0.3	0.4	0.4	14.1	0.2	28.5
トリニダード＆トバゴ	0.5	0.5	0.3	0.3	10.6	0.2	8.7
ベネズエラ	4.1	4.7	5.7	5.7	201.3	3.1	166.3
その他	0.1	0.1	0.1	0.1	2.2	◆	26.7
中南米計	6.0	7.2	7.7	7.6	268.0	4.1	42.9
アゼルバイジャン	－	0.9	1.1	1.1	40.6	0.6	65.8
デンマーク	0.1	0.1	◇	◇	0.5	◆	2.9
ドイツ	0.2	0.1	◇	◇	1.2	◆	5.3
イタリア	0.3	0.1	◇	◇	1.2	◆	6.6
カザフスタン	n/a	1.3	1.0	1.0	34.0	0.5	48.3
オランダ	1.6	1.2	0.7	0.7	24.6	0.4	17.4
ノルウェー	1.5	2.3	1.9	1.8	62.3	0.9	15.1
ポーランド	0.1	0.1	0.1	0.1	3.2	◆	23.0
ルーマニア	0.4	0.6	0.1	0.1	3.9	0.1	12.0
ロシア	30.9	31.2	32.3	32.3	1,139.6	17.3	55.7
トルクメニスタン	－	2.3	17.5	17.5	617.3	9.4	261.7
ウクライナ	－	0.7	0.6	0.6	20.9	0.3	33.2
イギリス	0.8	0.4	0.2	0.2	7.3	0.1	5.0
ウズベキスタン	－	1.2	1.1	1.1	38.3	0.6	17.3
その他	0.2	0.2	0.2	0.2	7.2	0.1	23.2
欧州・ユーラシア計	39.8	42.8	56.8	56.7	2,002.0	30.4	56.7
バーレン	0.1	0.1	0.2	0.2	5.8	0.1	10.5
イラン	23.0	26.9	33.5	33.5	1,183.0	18.0	165.5
イラク	3.4	3.2	3.7	3.7	130.5	2.0	＊
イスラエル	◇	◇	0.2	0.2	5.5	0.1	16.8
クウェート	1.5	1.8	1.8	1.8	63.0	1.0	104.2
オマーン	0.6	1.0	0.7	0.7	24.9	0.4	19.9
カタール	8.5	25.5	24.3	24.3	858.1	13.0	134.1
サウジアラビア	5.7	7.1	8.4	8.4	297.6	4.5	77.0
シリア	0.2	0.3	0.3	0.3	10.1	0.2	79.1
UAE	5.8	6.4	6.1	6.1	215.1	3.3	98.5
イエメン	0.3	0.3	0.3	0.3	9.4	0.1	365.8
その他	◇	◇	◇	◇	0.2	◆	52.6
中東計	49.2	72.6	79.4	79.4	2,803.2	42.5	124.5
アルジェリア	3.7	4.5	4.5	4.5	159.1	2.4	49.3
エジプト	0.8	2.0	1.8	1.8	65.2	1.0	44.1
リビア	1.3	1.4	1.5	1.5	53.1	0.8	149.2
ナイジェリア	3.5	5.2	5.3	5.3	186.6	2.8	117.7
その他	0.8	1.2	1.1	1.1	39.3	0.6	54.9
アフリカ計	10.2	14.4	14.2	14.3	503.3	7.6	68.4
オーストラリア	1.3	2.3	3.5	3.5	122.6	1.9	38.1
バングラディシュ	0.3	0.4	0.2	0.2	7.3	0.1	7.5
ブルネイ	0.4	0.3	0.3	0.3	9.7	0.1	24.6
中国	1.2	1.7	4.8	5.4	189.5	2.9	38.8
インド	0.6	1.1	1.3	1.2	43.3	0.7	44.4
インドネシア	2.0	2.6	2.8	2.9	101.2	1.5	41.1
マレーシア	2.4	2.5	1.2	1.2	41.3	0.6	15.8
ミャンマー	0.3	0.5	0.5	1.2	42.0	0.6	63.0
パキスタン	0.6	0.8	0.5	0.5	16.0	0.2	10.9
パプア・ニューギニア	◇	◇	0.1	0.2	7.4	0.1	20.1
タイ	0.2	0.3	0.2	0.2	7.3	0.1	5.4
ベトナム	0.2	0.2	0.6	0.6	21.8	0.3	57.6
その他	0.4	0.4	0.3	0.3	9.8	0.1	13.7
アジア・太平洋計	9.9	13.2	16.2	17.5	619.3	9.4	30.2
世界計	123.5	158.2	185.4	186.6	6,588.8	100.0	52.5
OECD	14.7	14.9	17.9	17.8	629.1	9.5	13.9
非OECD	108.9	143.3	167.5	168.8	5,959.7	90.5	74.3
EU	3.6	2.8	1.3	1.3	45.3	0.7	10.8
CIS	30.9	37.6	53.6	53.6	1,891.8	28.7	70.1

注：(1)BP Statistical Review of World Energy　より作成。◇：0.05以下、◆：0.05％以下、＊：500年以上
　　(2)確認埋蔵量は現在の経済・技術条件下で回収可能と推定できる量
　　(3)可採年数・R／P（ratio of reserves of production）は、ある年末の埋蔵量（reserves=R）をその年
　　の年間生産量（production=P）で除した数値で、当該地域で何年生産を継続できるかを示す指標

３－３－２　世界の天然ガス生産量の推移

（単位：10億㎥）

年／国	2007	2008	2009	2010	2011	2012	2013	2014	2015	2016	15/16比(%)	構成比(%)
アメリカ	545.6	570.8	584.0	603.6	648.5	680.5	685.4	733.1	766.2	749.2	−2.5	21.1
カナダ	165.5	159.3	147.6	144.5	144.4	141.1	141.4	147.2	149.1	152.0	1.7	4.3
メキシコ	53.6	53.4	59.3	57.6	58.3	57.2	58.2	57.1	54.1	47.2	−13.0	1.3
北米計	764.6	783.5	790.9	805.7	851.2	878.9	885.0	937.3	969.4	948.4	−2.4	26.7
アルゼンチン	44.8	44.1	41.4	40.1	38.8	37.7	35.5	35.5	36.5	38.3	4.6	1.1
ボリビア	13.8	14.3	12.3	14.2	15.6	17.8	20.3	21.0	20.3	19.7	−3.0	0.6
ブラジル	11.2	14.0	11.9	14.6	16.7	19.3	21.3	22.7	23.1	23.5	1.2	0.7
コロンビア	7.5	9.1	10.5	11.3	11.0	12.0	12.6	11.8	11.1	10.4	−6.6	0.3
ペルー	2.7	3.5	3.5	7.2	11.4	11.9	12.2	12.9	12.5	14.0	11.7	0.4
トリニダード＆トバゴ	42.2	42.0	43.6	44.8	43.1	42.7	42.8	42.1	39.6	34.5	−13.2	1.0
ベネズエラ	36.2	32.8	31.0	30.6	27.6	29.5	28.4	28.6	32.4	34.3	5.5	1.0
その他	3.6	3.5	3.4	3.4	2.8	2.7	2.4	2.3	2.5	2.4	−4.6	0.1
中南米計	162.1	163.0	157.8	166.2	166.9	173.4	175.6	176.9	178.0	177.0	−0.8	5.0
アゼルバイジャン	9.8	14.8	14.8	15.1	14.8	15.6	16.2	17.6	17.9	17.5	−3.0	0.5
デンマーク	9.2	10.0	8.4	8.2	6.6	5.7	4.8	4.6	4.6	4.5	−2.2	0.1
ドイツ	14.3	13.0	12.2	10.6	10.0	9.0	8.2	7.7	7.2	6.6	−8.2	0.2
イタリア	8.8	8.4	7.3	7.6	7.7	7.8	7.0	6.5	6.2	5.3	−14.8	0.1
カザフスタン	13.8	16.1	16.5	17.6	17.3	17.2	18.4	18.7	19.0	19.9	4.5	0.6
オランダ	60.5	66.5	62.7	70.5	64.1	63.8	68.6	57.9	43.3	40.2	−7.6	1.1
ノルウェー	90.3	100.1	104.4	107.3	101.3	114.7	108.7	108.8	117.2	116.6	−0.7	3.3
ポーランド	4.3	4.1	4.1	4.1	4.3	4.3	4.2	4.1	4.1	3.9	−3.8	0.1
ルーマニア	10.3	10.0	9.9	9.6	9.6	10.0	9.6	9.7	9.8	9.2	−6.5	0.3
ロシア	592.0	601.7	527.7	588.9	607.0	592.3	604.7	581.7	575.1	579.4	0.5	16.3
トルクメニスタン	65.4	66.1	36.4	42.4	59.5	62.3	62.3	67.1	69.6	66.8	−4.3	1.9
ウクライナ	18.7	19.0	19.3	18.5	18.7	18.6	19.3	18.2	17.9	17.8	−1.1	0.5
イギリス	72.1	69.6	59.7	57.1	45.2	38.9	36.5	36.8	39.6	41.0	3.3	1.2
ウズベキスタン	58.2	57.8	55.6	54.4	57.0	56.9	56.9	57.3	57.7	62.8	8.4	1.8
その他	10.0	9.4	9.2	9.3	9.2	8.3	7.2	6.4	6.2	8.7	40.3	0.2
欧州・ユーラシア計	1,037.8	1,066.7	947.9	1,021.1	1,032.5	1,025.5	1,032.7	1,003.2	995.4	1,000.1	0.2	28.2
バーレン	11.8	12.7	12.8	13.1	13.3	13.7	14.7	15.5	15.5	15.5	−0.8	0.4
イラン	124.9	130.8	143.7	152.4	159.9	166.2	166.8	185.8	189.4	202.4	6.6	5.7
イラク	1.5	1.9	1.1	1.3	0.9	0.6	1.2	0.9	1.0	1.1	12.6	◆
クウェート	11.3	12.7	11.5	11.7	13.5	15.5	16.3	15.0	16.9	17.1	1.0	0.5
オマーン	26.1	26.0	27.0	29.3	30.9	32.2	34.8	33.3	34.7	35.4	1.7	1.0
カタール	63.2	77.0	89.3	131.2	145.3	157.0	177.6	174.1	178.5	181.2	1.3	5.1
サウジアラビア	74.4	80.4	78.5	87.7	92.3	99.3	100.0	102.4	104.5	109.4	4.4	3.1
シリア	5.4	5.3	5.9	8.1	7.1	5.8	4.8	4.4	4.1	3.6	−11.6	0.1
ＵＡＥ	50.3	50.2	48.8	51.3	52.3	54.3	54.6	54.2	60.2	61.9	2.5	1.7
イエメン	−	−	0.7	6.0	9.0	7.3	9.9	9.3	2.7	0.7	−73.4	◆
その他	3.0	3.6	2.9	3.4	4.4	2.7	6.5	7.7	8.4	9.4	11.9	0.3
中東計	371.9	400.7	422.2	495.4	528.8	554.7	587.2	602.6	615.9	637.8	3.3	18.0
アルジェリア	84.8	85.8	79.6	80.4	82.7	81.5	82.4	83.3	84.6	91.3	7.6	2.6
エジプト	55.7	59.0	62.7	61.3	61.4	60.9	56.1	48.8	44.3	41.8	−5.7	1.2
リビア	15.3	15.9	15.9	16.8	7.9	11.1	11.6	11.3	11.8	10.1	−14.7	0.3
ナイジェリア	36.9	36.2	26.0	37.3	40.6	43.3	36.2	45.0	50.1	44.9	−10.6	1.3
その他	10.7	15.1	15.5	17.4	16.8	17.6	20.0	18.6	19.3	20.2	4.5	0.6
アフリカ計	203.4	212.0	199.7	213.2	209.4	214.4	206.3	207.1	210.0	208.3	−1.1	5.9
オーストラリア	41.2	40.4	45.9	50.4	53.2	56.9	59.0	63.6	72.6	91.2	25.2	2.6
バングラデシュ	15.9	17.0	19.5	20.0	20.3	22.2	22.8	23.9	26.9	27.5	2.2	0.8
ブルネイ	12.3	12.2	11.4	12.3	12.8	12.6	12.2	11.9	11.6	11.2	−3.8	0.3
中国	71.6	83.1	88.2	99.1	109.0	111.8	122.2	131.6	136.1	138.4	1.4	3.9
インド	30.1	30.5	37.6	49.3	44.5	38.9	32.1	30.5	29.3	27.6	−6.0	0.8
インドネシア	71.5	73.7	76.9	85.7	81.5	77.1	76.5	75.3	75.0	69.7	−7.4	2.0
マレーシア	61.5	63.8	61.1	56.2	62.2	61.5	67.3	68.4	71.2	73.8	3.4	2.1
ミャンマー	13.5	12.4	11.6	12.4	12.8	12.7	13.1	16.8	19.6	18.9	−3.9	0.5
パキスタン	40.5	41.4	41.6	42.3	42.3	43.8	42.6	41.9	42.0	41.5	−1.3	1.2
タイ	25.7	28.5	30.6	35.8	36.6	41.0	41.3	41.6	39.3	38.6	−2.2	1.1
ベトナム	7.1	7.5	8.0	9.4	8.5	9.4	9.8	10.2	10.7	10.7	0.2	0.3
その他	16.8	17.8	18.1	17.6	17.8	17.5	18.1	23.1	27.6	30.8	11.3	0.9
アジア・太平洋計	407.8	428.3	450.3	490.6	501.4	505.4	517.0	538.8	561.9	579.9	2.9	16.3
世界計	2,947.5	3,054.2	2,968.8	3,192.2	3,290.2	3,352.3	3,403.9	3,465.9	3,530.6	3,551.6	0.3	100.0
ＯＥＣＤ	1,084.3	1,115.1	1,114.1	1,140.9	1,162.8	1,197.2	1,202.0	1,247.6	1,284.5	1,281.6	−0.5	36.1
非ＯＥＣＤ	1,863.2	1,939.1	1,854.8	2,051.3	2,127.4	2,155.1	2,201.9	2,218.3	2,246.1	2,270.0	0.8	63.9
ＥＵ	188.1	189.8	172.2	175.8	155.3	146.6	144.8	132.5	119.8	118.2	−1.6	3.3
ＣＩＳ	758.2	775.6	670.4	737.1	774.7	763.0	778.1	760.9	757.6	764.3	0.6	21.5

注：BP Statistical Review of World Energy より作成。◆：0.05%以下

３－３－３　世界の天然ガス消費量の推移

(単位：10億㎥)

国＼年	2007	2008	2009	2010	2011	2012	2013	2014	2015	2016	15/16比(%)	構成比(%)
アメリカ	654.2	659.1	648.7	682.1	693.1	723.2	740.6	753.0	773.2	778.6	0.4	22.0
カナダ	96.2	96.1	94.9	95.0	100.9	100.2	103.9	104.2	102.5	99.9	−2.8	2.8
メキシコ	63.4	66.3	72.2	72.5	76.6	79.9	83.3	86.8	87.1	89.5	2.5	2.5
北米計	813.8	821.5	815.9	849.6	870.6	903.3	927.8	944.1	962.8	968.0	0.3	27.3
アルゼンチン	43.9	44.4	42.1	43.3	45.1	46.7	46.7	47.2	48.2	49.6	2.7	1.4
ブラジル	21.2	24.9	20.1	26.8	26.7	31.7	37.3	39.5	41.7	36.6	−12.5	1.0
チリ	4.3	2.4	2.4	4.9	5.0	4.6	4.6	3.8	4.1	4.5	11.1	0.1
コロンビア	7.4	7.6	8.7	9.1	8.8	9.8	10.0	10.9	10.7	10.6	−1.6	0.3
エクアドル	0.5	0.4	0.5	0.5	0.4	0.6	0.6	0.7	0.6	0.6	1.5	◆
ペルー	2.7	3.4	3.5	4.9	5.5	6.2	6.0	6.8	7.2	7.9	9.8	0.2
トリニダード＆トバゴ	21.9	21.3	22.2	23.2	23.3	22.2	22.4	22.0	21.5	19.1	−11.4	0.5
ベネズエラ	36.2	34.3	32.3	32.2	29.7	31.4	30.5	30.7	34.5	35.6	2.7	1.0
その他	4.5	4.8	5.0	5.3	5.9	6.5	7.0	7.3	7.3	7.4	1.1	0.2
中南米計	142.6	143.4	136.7	150.2	150.5	159.6	165.2	168.9	175.8	171.9	−2.5	4.9
オーストリア	8.8	9.4	9.2	10.0	9.4	8.9	8.6	7.9	8.3	8.7	4.4	0.2
アゼルバイジャン	8.0	9.2	7.8	7.4	8.1	8.5	8.6	9.4	10.6	10.4	−2.2	0.3
ベラルーシ	18.8	19.3	16.1	19.7	18.3	18.5	18.5	18.3	15.6	17.0	9.0	0.5
ベルギー＆ルクセンブルグ	16.6	16.5	16.8	18.9	15.8	16.0	15.8	13.8	15.1	15.4	1.8	0.4
ブルガリア	3.2	3.2	2.3	2.6	2.9	2.7	2.6	2.6	2.9	3.0	3.9	0.1
チェコ	7.9	7.9	7.4	8.5	7.7	7.6	7.7	6.9	7.2	7.8	7.9	0.2
デンマーク	4.5	4.6	4.4	5.0	4.2	3.9	3.7	3.1	3.2	3.2	1.4	0.1
フィンランド	3.9	4.0	3.6	3.9	3.5	3.1	2.8	2.5	2.2	2.0	−9.2	0.1
フランス	42.8	44.3	42.7	47.3	41.1	42.5	43.1	36.2	38.9	42.6	9.0	1.2
ドイツ	84.7	85.5	80.7	84.1	77.3	77.5	81.2	70.6	73.5	80.5	9.2	2.3
ギリシャ	3.7	3.9	3.3	3.6	4.4	4.0	3.6	2.7	2.8	2.8	0.6	0.1
ハンガリー	11.9	11.7	10.2	10.9	10.4	9.3	8.7	7.8	8.3	8.9	7.0	0.3
アイルランド	4.8	5.0	4.7	5.2	4.6	4.5	4.3	4.1	4.2	4.8	14.0	0.1
イタリア	77.3	77.2	71.0	75.6	70.4	68.2	63.8	56.3	61.4	64.5	4.7	1.8
カザフスタン	9.0	8.9	8.3	8.9	10.0	10.8	11.2	12.5	12.9	13.4	3.8	0.4
リトアニア	3.2	2.9	2.4	2.8	3.0	2.9	2.4	2.3	2.3	2.0	−11.1	0.1
オランダ	36.9	38.5	38.9	43.6	38.1	36.0	36.5	31.5	31.5	33.6	6.4	0.9
ノルウェー	4.3	4.3	4.1	4.1	4.4	4.4	4.4	4.7	4.8	4.9	0.4	0.1
ポーランド	13.8	14.9	14.4	15.5	15.7	16.6	16.6	16.3	16.3	17.3	5.7	0.5
ポルトガル	4.3	4.7	4.7	5.1	5.2	4.5	4.3	4.1	4.8	5.2	8.1	0.1
ルーマニア	14.1	14.0	11.7	12.0	12.3	12.4	11.3	10.5	9.9	10.6	6.2	0.3
ロシア	422.0	416.0	389.6	414.1	424.6	416.2	413.5	409.7	402.8	390.9	−3.2	11.0
スロバキア	5.7	5.7	4.9	5.6	5.2	4.9	5.3	4.2	4.3	4.4	1.6	0.1
スペイン	35.3	38.8	34.7	34.6	32.1	31.7	29.0	26.3	27.3	28.0	2.0	0.8
スウェーデン	1.0	0.9	1.1	1.5	1.2	1.0	1.0	0.9	0.9	0.9	10.0	◆
スイス	2.6	2.8	2.7	3.0	2.7	2.9	3.1	2.7	2.9	3.0	4.8	0.1
トルコ	36.1	37.5	35.7	39.0	40.9	41.4	42.0	44.6	43.6	42.1	−3.7	1.2
トルクメニスタン	21.3	21.4	19.7	22.6	23.5	26.3	22.9	25.6	29.4	29.5	◆	0.8
ウクライナ	63.2	60.0	46.8	52.2	53.7	49.6	43.3	36.8	28.8	29.0	0.3	0.8
イギリス	91.0	93.8	87.0	94.2	78.1	73.9	73.0	66.7	68.1	76.7	12.2	2.2
ウズベキスタン	45.9	48.7	39.9	40.8	47.6	47.2	46.8	48.8	50.2	51.4	2.0	1.4
その他	17.4	16.6	14.6	16.0	16.2	16.1	14.9	14.9	15.1	15.5	2.4	0.4
欧州・ユーラシア計	1,123.8	1,132.2	1,041.3	1,118.4	1,092.8	1,074.0	1,054.4	1,005.6	1,010.2	1,029.9	1.7	29.1
イラン	125.5	133.2	142.7	152.9	162.2	161.5	162.9	183.7	190.8	200.8	5.0	5.7
イスラエル	2.7	3.8	4.2	5.3	5.0	2.6	6.9	7.6	8.4	9.7	14.5	0.3
クウェート	12.1	12.8	12.4	14.5	16.7	18.5	18.7	18.5	21.3	21.9	2.5	0.6
カタール	23.5	19.3	20.8	29.8	19.6	23.4	37.9	36.4	43.9	41.7	−5.4	1.2
サウジアラビア	74.4	80.4	78.5	87.7	92.3	99.3	100.0	102.4	104.5	109.4	4.4	3.1
UAE	49.2	59.5	59.1	60.8	63.2	65.6	66.9	65.9	73.8	76.6	3.6	2.2
その他	34.3	38.4	41.5	45.5	44.4	44.2	46.9	46.3	51.0	52.3	2.3	1.5
中東計	321.7	347.3	359.1	396.5	403.4	415.0	440.3	460.8	493.6	512.3	3.5	14.5
アルジェリア	24.3	25.4	27.2	26.3	27.8	31.0	33.4	37.5	39.4	40.0	1.2	1.1
エジプト	38.4	40.8	42.5	45.1	49.6	52.6	51.4	48.0	47.8	51.3	7.0	1.4
南アフリカ	3.5	3.7	3.4	3.9	4.1	4.4	4.6	5.0	5.1	5.1	1.3	0.1
その他	30.5	30.8	26.4	31.1	31.7	32.6	33.8	36.6	43.5	41.7	−4.4	1.2
アフリカ計	96.7	100.7	99.5	106.4	113.3	120.6	123.2	127.0	135.8	138.2	1.4	3.9
オーストラリア	28.1	27.9	29.1	31.1	33.7	33.8	35.5	38.3	42.9	41.1	−4.4	1.2
バングラデシュ	15.9	17.0	19.5	20.0	20.3	22.2	22.8	23.9	26.9	27.5	2.2	0.8
中国	73.0	84.1	92.6	111.2	137.1	150.9	171.9	188.4	194.8	210.3	7.7	5.9
香港	2.7	3.2	3.1	3.8	3.1	2.8	2.6	2.6	3.2	3.3	2.4	0.1
インド	40.3	41.5	50.7	60.3	61.1	71.1	49.3	48.8	45.7	50.1	9.2	1.4
インドネシア	34.1	39.1	41.5	43.4	42.1	42.2	40.8	40.9	40.4	37.7	−7.0	1.1
日本	90.2	93.7	87.4	94.5	105.5	116.9	116.9	118.0	113.4	111.2	−2.2	3.1
マレーシア	35.5	39.2	35.4	29.6	34.8	35.5	40.3	42.2	41.8	43.0	2.7	1.2
ニュージーランド	4.0	3.8	4.0	4.3	3.9	4.2	4.5	4.9	4.5	4.7	4.3	0.1
パキスタン	40.5	41.4	41.6	42.3	42.3	43.8	42.6	41.9	43.5	45.5	4.2	1.3
フィリピン	3.6	3.7	3.8	3.5	3.9	3.7	3.4	3.6	3.3	3.8	14.3	0.1
シンガポール	8.6	9.2	9.7	8.8	8.7	9.4	10.5	10.9	12.2	12.5	2.5	0.4
韓国	34.7	35.7	33.9	43.0	46.3	50.2	52.5	47.8	43.6	45.5	4.0	1.3
台湾	10.7	11.6	11.4	14.1	15.5	16.3	16.3	17.2	18.4	19.1	3.6	0.5
タイ	33.6	35.3	36.4	41.3	42.3	46.5	46.7	47.7	48.7	48.3	−1.0	1.4
ベトナム	7.1	7.5	8.0	9.4	8.5	9.4	9.8	10.2	10.7	10.7	4.3	0.3
その他	6.0	5.8	5.3	5.8	6.3	6.2	6.4	7.2	7.8	8.0	2.7	0.2
アジア・太平洋計	468.7	499.8	513.3	566.4	615.4	665.1	672.9	694.4	701.8	722.5	2.7	20.4
世界計	2,967.3	3,044.9	2,965.9	3,187.6	3,245.9	3,337.7	3,383.8	3,400.8	3,480.1	3,542.9	1.5	100.0
OECD	1,478.8	1,503.8	1,461.8	1,554.8	1,545.1	1,580.9	1,609.5	1,580.6	1,611.4	1,644.1	1.7	46.4
非OECD	1,488.6	1,541.1	1,504.1	1,632.8	1,700.8	1,756.8	1,774.4	1,820.2	1,868.7	1,898.8	1.3	53.6
EU	483.0	494.9	462.8	497.9	449.7	438.6	431.2	383.0	399.1	428.8	7.1	12.1
CIS	593.6	589.0	533.1	570.9	591.0	582.9	569.6	566.4	555.4	546.7	−1.8	15.4

注：BP Statistical Review of World Energy　より作成。　◆：0.05%以下

3-4 海外ＬＰガス関連
3-4-1 世界のＬＰガス生産量の推移

(単位：1,000㌧、％)

国／年	2012	2013	2014	2015	2016	15／16
アメリカ	45,954	52,075	58,726	64,586	66,691	3.3
カナダ	9,789	10,015	10,255	10,220	11,486	12.4
北米計	55,743	62,090	68,981	74,806	78,177	4.5
アルゼンチン	2,775	2,856	2,847	2,583	2,510	−2.8
ボリビア	303	340	373	341	321	−5.9
ブラジル	5,756	5,680	5,419	5,537	5,093	−8.0
チリ	604	312	338	332	279	−16.0
コスタリカ	635	642	603	615	647	5.2
キューバ	42	73	72	69	68	−1.4
ドミニカ共和国	15	13	16	7	10	42.9
エクアドル	266	250	197	150	150	0.0
エルサルバトル	6	0	0	0	0	−
ジャマイカ	9	6	6	8	8	0.0
メキシコ	6,423	6,487	6,464	5,490	4,987	−9.2
オランダ領アンティル	30	24	51	59	53	−10.2
ニカラグア	9	11	10	13	18	38.5
ペルー	1,528	1,766	1,719	1,572	1,560	−0.8
トリニダード＆トバゴ	707	703	668	607	509	−16.1
ウルグアイ	75	90	80	80	85	6.2
ベネズエラ	6,113	6,069	6,279	6,110	5,786	−5.3
その他	86	105	121	119	120	0.8
中南米計	25,384	25,427	25,263	23,692	22,204	−6.3
オーストリア	257	240	245	349	343	−1.7
アゼルバイジャン	215	263	202	172	186	8.1
ベラルーシ	640	637	682	649	548	−15.6
ベルギー	580	576	707	671	697	3.9
ブルガリア	118	92	98	101	102	1.0
クロアチア	281	250	225	248	249	0.4
チェコ	240	217	267	248	288	16.1
デンマーク	168	103	118	124	94	−24.2
フィンランド	256	310	293	241	275	14.1
フランス	1,466	1,472	1,474	1,430	1,416	−1.0
ドイツ	2,624	2,645	2,518	2,656	2,745	3.4
ギリシャ	631	671	735	703	825	17.4
ハンガリー	208	239	289	251	240	−4.4
アイルランド	72	63	59	47	42	−10.6
イタリア	1,541	1,684	1,327	1,499	1,464	−2.3
カザフスタン	2,215	2,448	2,464	2,536	2,681	5.7
リトアニア	221	253	218	265	293	10.6
マケドニア	10	3	0	0	0	−
オランダ	1,551	1,507	1,632	1,735	1,644	−5.2
ノルウェー	5,730	5,625	5,833	5,512	5,071	−8.0
ポーランド	358	340	405	375	440	17.3
ポルトガル	221	261	198	175	240	37.1
ルーマニア	527	523	560	567	590	4.1
ロシア	13,395	14,241	15,834	15,844	16,555	4.5
セルビア	113	193	158	176	160	−9.1
スロバキア	122	172	155	181	177	−2.2
スペイン	1,344	1,335	1,241	1,087	1,146	5.4
スウェーデン	391	308	423	473	480	1.5
スイス	119	193	173	106	116	9.4
トルコ	844	804	769	899	972	8.1
トルクメニスタン	365	467	476	437	435	−0.5
ウクライナ	563	503	440	412	401	−2.7
イギリス	3,509	3,523	3,268	3,301	3,301	0.0
ウズベキスタン	274	361	366	470	460	−2.1
その他	127	121	101	231	236	2.2
欧州・ユーラシア計	41,296	42,643	43,953	44,171	44,912	1.7

国／年	2012	2013	2014	2015	2016	15／16
バーレン	216	201	216	220	239	8.6
イラン	7,570	7,717	7,778	8,024	9,210	14.8
イラク	1,538	1,310	1,100	1,578	2,110	33.7
イスラエル	498	581	605	621	597	−3.9
ヨルダン	102	78	91	80	81	1.2
クウェート	4,992	4,843	4,760	4,804	5,728	19.2
オマーン	586	557	573	549	539	−1.8
カタール	10,479	10,829	10,917	11,203	11,576	3.3
サウジアラビア	27,798	26,273	27,325	26,445	30,332	14.7
シリア	323	189	151	132	132	0.0
ＵＡＥ	9,532	10,021	10,491	10,869	10,646	−2.1
イエメン	667	690	605	610	601	−1.5
中東計	64,302	63,289	64,612	65,135	71,791	10.2
アルジェリア	7,429	7,484	9,176	9,005	9,007	0.0
アンゴラ	542	712	591	526	760	44.5
カメルーン	30	25	25	17	17	0.0
チャド	5	13	5	5	5	0.0
コンゴ	287	308	20	20	20	0.0
エジプト	1,996	2,312	2,342	2,448	2,409	−1.6
ガボン	14	14	13	13	13	0.0
ガーナ	27	26	7	92	114	23.9
コートジボアール	45	44	53	42	36	−14.3
ケニア	17	12	13	13	13	0.0
リビア	446	374	343	316	333	5.4
モロッコ	116	96	99	15	0	−100.0
ナイジェリア	2,304	1,747	2,282	2,552	2,834	11.1
セネガル	1	1	1	1	1	0.0
南アフリカ	360	270	250	270	250	−7.4
スーダン・南スーダン	306	298	310	300	300	0.0
チュニジア	148	189	163	147	155	5.4
その他	156	169	182	38	40	5.3
アフリカ計	14,230	14,094	15,875	15,820	16,307	3.1
オーストラリア	2,606	2,454	2,553	2,174	2,325	6.9
バングラディシュ	21	21	21	17	20	17.6
中国	22,515	24,559	26,493	28,886	34,684	20.1
インド	10,382	10,525	10,626	11,072	11,958	8.0
インドネシア	2,415	2,299	2,437	2,752	2,740	−0.4
日本	3,573	4,443	4,302	5,663	5,353	−5.5
マレーシア	2,725	2,388	2,162	1,797	2,111	17.5
ニュージーランド	166	177	206	193	168	−13.0
パキスタン	423	398	440	629	650	3.3
フィリピン	318	321	301	464	450	−3.0
シンガポール	1,043	934	966	967	967	0.0
韓国	2,475	2,466	2,703	3,216	3,028	−5.8
スリランカ	17	22	28	10	9	−10.0
台湾	1,396	1,530	1,228	1,163	1,160	−0.3
タイ	5,687	5,447	5,506	5,513	5,719	3.7
東ティモール	1,665	948	780	400	365	−8.8
ベトナム	654	712	743	727	797	9.6
その他	50	49	52	54	55	1.9
アジア・太平洋計	58,130	59,693	61,547	65,697	72,559	10.4
世界計	259,084	267,236	280,231	289,321	305,950	5.7

注：世界ＬＰガス協会資料より作成

３－４－２　世界のＬＰガス消費量の推移

（単位：1,000トン、％）

国／年	2012	2013	2014	2015	2016	15／16
アメリカ	41,994	46,368	42,726	42,035	41,263	−1.8
カナダ	7,716	6,876	6,857	6,671	8,331	24.9
北米計	49,710	53,244	49,583	48,706	49,594	1.8
アルゼンチン	1,778	2,026	1,988	1,750	1,786	2.1
ボリビア	368	374	387	395	401	1.5
ブラジル	7,145	7,410	7,428	7,308	7,396	1.2
チリ	1,355	1,268	1,412	1,324	1,250	−5.6
コロンビア	567	553	600	598	630	5.4
コスタリカ	120	127	137	146	153	4.8
キューバ	106	113	121	123	124	0.8
ドミニカ共和国	744	773	828	922	963	4.4
エクアドル	1,057	1,090	1,139	1,126	1,109	−1.5
エルサルバドル	217	236	275	373	383	2.7
グアテマラ	261	274	285	331	355	7.3
ホンジュラス	104	114	119	139	147	5.8
ジャマイカ	85	78	73	79	82	3.8
メキシコ	9,119	8,988	9,070	8,800	8,711	−1.0
オランダ領アンティル	8	7	7	6	6	0.0
ニカラグア	83	95	98	105	117	11.4
パナマ	159	165	175	140	139	−0.7
パラグアイ	86	83	80	80	83	3.8
ペルー	1,341	1,503	1,579	1,619	1,600	−1.2
プエルトリコ	96	102	102	98	91	−7.1
トリニダード＆トバゴ	14	40	44	57	61	7.0
ウルグアイ	122	133	124	118	120	1.7
米バージン諸島	20	20	20	25	48	92.0
ベネズエラ	3,813	4,105	4,385	4,649	4,529	−2.6
その他	198	218	211	220	224	1.8
中南米計	28,966	29,895	30,687	30,531	30,508	−0.1
オーストリア	316	279	285	316	326	3.2
アゼルバイジャン	123	167	169	150	128	−14.7
ベラルーシ	419	418	426	424	393	−7.3
ベルギー	1,479	1,560	1,832	2,271	2,177	−4.1
ブルガリア	339	387	411	432	441	2.1
クロアチア	147	146	139	140	136	−2.9
キプロス	56	51	47	54	54	0.0
チェコ	206	222	273	213	247	16.0
デンマーク	50	48	48	50	54	8.0
エストニア	18	18	17	18	19	5.6
フィンランド	720	757	946	873	902	3.3
フランス	3,373	3,680	3,986	3,826	3,566	−6.8
ドイツ	3,289	3,384	2,846	2,956	3,339	13.0
ギリシャ	406	493	497	512	523	2.1
ハンガリー	409	409	444	458	496	8.3
アイルランド	121	135	133	136	140	2.9
イタリア	3,446	3,551	3,309	3,525	3,518	−0.2
カザフスタン	419	455	606	674	828	22.8
ラトビア	73	85	93	97	93	−4.1
リトアニア	193	183	180	162	157	−3.1
マケドニア	56	58	63	71	76	7.0
マルタ	24	24	25	26	24	−7.7
モルドバ	63	74	77	74	77	4.1
モンテネグロ	17	14	16	28	30	7.1
オランダ	2,284	4,192	4,927	3,970	3,946	−0.6
ノルウェー	885	872	776	715	721	0.8
ポーランド	2,145	2,117	2,160	2,245	2,355	4.9
ポルトガル	589	823	996	843	865	2.6
ルーマニア	555	555	541	529	541	2.3
ロシア	9,738	9,548	10,007	9,657	10,175	5.4
セルビア	367	362	295	310	315	1.6
スロバキア	153	156	124	160	150	−6.2
スロベニア	83	75	74	82	83	1.2
スペイン	2,267	2,174	2,333	2,578	2,965	15.0
スウェーデン	819	1,125	969	911	1,131	24.1
スイス	173	178	189	189	201	6.3
タジキスタン	171	225	296	336	349	3.9
トルコ	3,826	3,808	3,856	4,131	4,205	1.8
トルクメニスタン	10	10	10	10	110	1,000.0
ウクライナ	837	949	1,055	1,140	1,488	30.5
イギリス	2,876	3,117	2,994	3,144	2,875	−8.6
ウズベキスタン	246	272	277	449	454	1.1
その他	347	336	238	225	217	−3.6
欧州・ユーラシア計	44,134	47,492	48,985	49,110	50,890	3.6

国／年	2012	2013	2014	2015	2016	15／16
バーレン	55	55	58	60	61	1.7
イラン	3,262	3,281	3,116	3,243	3,135	−3.3
イラク	1,704	1,825	1,668	1,700	1,753	3.1
イスラエル	689	651	644	675	693	2.7
ヨルダン	378	363	367	415	417	0.5
クウェート	340	352	362	364	314	−13.7
レバノン	244	270	247	258	265	2.7
オマーン	121	141	168	181	191	5.5
カタール	817	867	926	971	978	0.7
サウジアラビア	20,098	18,973	20,625	19,644	21,810	11.0
シリア	600	516	471	456	420	−7.9
UAE	753	865	875	1,447	1,468	1.5
イエメン	649	669	590	595	600	0.8
その他	48	50	51	50	54	8.0
中東計	29,758	28,878	30,168	30,059	32,159	7.0
アルジェリア	2,112	2,065	1,943	1,918	1,897	−1.1
アンゴラ	254	266	247	259	239	−7.7
ブルキナファソ	43	50	54	58	62	6.9
カメルーン	70	82	87	94	102	8.5
チャド	8	8	10	17	21	23.5
コンゴ	—	—	—	11	12	9.1
エジプト	4,246	4,433	4,510	4,488	4,444	−1.0
エチオピア	6	6	7	9	9	0.0
ガボン	33	35	37	37	38	2.7
ガーナ	262	243	241	280	281	0.4
コートジボアール	189	213	245	271	285	5.2
ケニア	107	120	133	148	174	17.6
リビア	293	321	303	264	285	8.0
マリ	8	11	5	12	13	8.3
モーリシャス	66	69	71	73	74	1.4
モロッコ	2,137	2,186	2,277	2,380	2,494	4.8
ナイジェリア	159	193	201	350	450	28.6
レユニオン	37	22	22	22	21	−4.5
セネガル	101	103	106	127	131	3.1
南アフリカ	350	340	349	359	360	0.3
スーダン・南スーダン	410	453	472	475	481	1.3
トーゴ	—	—	—	15	17	13.3
チュニジア	485	511	509	529	529	0.0
ウガンダ	11	12	13	14	15	7.1
その他	271	269	215	227	250	10.1
アフリカ計	11,657	12,011	12,057	12,437	12,684	2.0
オーストラリア	1,973	1,768	1,645	1,573	1,501	−4.6
バングラディシュ	79	83	108	148	343	131.8
中国	24,842	27,884	32,594	39,312	47,620	21.1
香港	392	390	403	373	371	−0.5
インド	16,317	16,527	18,343	19,780	21,991	11.2
インドネシア	5,032	5,608	6,094	6,400	6,700	4.7
日本	16,781	16,368	15,930	16,450	16,046	−2.5
マレーシア	2,658	2,710	2,419	2,073	2,396	15.6
ネパール	181	207	232	252	287	13.9
ニュージーランド	150	144	152	163	167	2.5
パキスタン	487	522	566	868	1,124	29.5
フィリピン	1,091	1,107	1,140	1,306	1,427	9.3
シンガポール	781	777	764	762	879	15.4
韓国	8,667	8,338	8,176	7,794	9,386	20.4
スリランカ	211	220	243	291	343	17.9
台湾	2,162	2,890	2,991	2,621	3,111	18.7
タイ	7,387	7,527	7,516	6,695	6,134	−8.4
ベトナム	1,212	1,307	1,316	1,550	1,750	12.9
その他	152	165	176	213	244	14.6
アジア・太平洋計	90,555	94,543	100,808	108,624	121,820	12.1
世界計	254,780	266,063	272,288	279,467	297,655	6.5

注：世界ＬＰガス協会資料より作成

３－４－３ 世界主要国のＬＰＧ車台数・オートガス消費量・オートガススタンド数（2016年）

項目 国	ＬＰＧ車台数	オートガス消費量 (1,000トン)	オートガススタンド数
アメリカ	155,108	625	3,700
カナダ	53,000	223	2,200
北米計	208,108	848	5,900
チリ	30,000	31	200
コスタリカ	8,800	13	100
ドミニカ共和国	215,000	408	1,500
エクアドル	5,000	9	10
ガテマラ	5,500	4	22
ホンジュラス	55,000	70	180
メキシコ	240,000	986	2,150
パラグアイ	16,000	10	30
ペルー	238,458	434	800
中南米計	813,758	1,965	4,992
オーストラリア	7,000	10	50
アゼルバイジャン	21,000	23	130
ベラルーシ	100,000	190	310
ベルギー	40,000	55	500
ブルガリア	500,000	396	2,900
クロアチア	87,000	68	550
チェコ	190,000	98	1,250
デンマーク	20	1	4
エストニア	5,840	5	55
フランス	209,550	72	1,670
ドイツ	400,100	400	7,034
ギリシャ	415,000	260	860
ハンガリー	58,000	29	500
アイルランド	4,300	3	67
イタリア	2,211,000	1,659	3,940
カザフスタン	250,000	505	800
ラトビア	46,726	57	220
リトアニア	100,000	115	690
マケドニア	18,000	55	220
マルタ	2,000	1	5
モルドバ	65,000	71	514
モンテネグロ	8,000	14	38
オランダ	170,000	172	1,650
ノルウェー	1,500	3	25
ポーランド	2,977,000	1,790	5,390
ポルトガル	55,000	36	355
ルーマニア	190,000	280	1,200
ロシア	3,000,000	3,050	4,900
セルビア	525,000	223	700
スロバキア	16,500	38	300
スロベニア	14,500	13	115
スペイン	62,000	47	1,000
スウェーデン	100	1	30
スイス	1,000	3	64
タジキスタン	270,000	305	400
トルコ	4,439,568	3,142	10,426
ウクライナ	2,250,000	1,385	3,500
イギリス	120,000	71	1,250
ウズベキスタン	360,000	277	1,000
その他	13,000	12	126
欧州・ユーラシア計	19,203,704	14,935	54,738

項目 国	ＬＰＧ車台数	オートガス消費量 (1,000㌧)	オートガススタンド数
イラン	5,000	11	80
イスラエル	5,000	8	50
イエメン	60,000	83	200
中東計	70,000	102	330
アルジェリア	250,000	352	550
モーリシャス	7,000	3	5
チュニジア	10,000	18	20
その他	7,000	100	100
アフリカ計	274,000	473	675
オーストラリア	360,000	532	2,500
バングラデシュ	2,500	7	12
中国	165,000	990	550
香港	22,000	322	67
インド	2,250,000	346	1,250
インドネシア	1,000	1	28
日本	221,064	1,002	1,440
ニュージーランド	3,200	6	50
パキスタン	40,000	84	270
フィリピン	25,000	57	170
韓国	2,185,114	3,515	2,031
スリランカ	9,500	1	22
台湾	15,000	35	55
タイ	920,000	1,466	950
ベトナム	12,000	12	12
その他	5,000	5	50
アジア・太平洋計	6,236,378	8,381	9,457
世界計	26,805,948	26,704	76,092

注：世界ＬＰガス協会資料より作成

4. エネルギー課税

4-1 「地球温暖化対策のための課税特例」

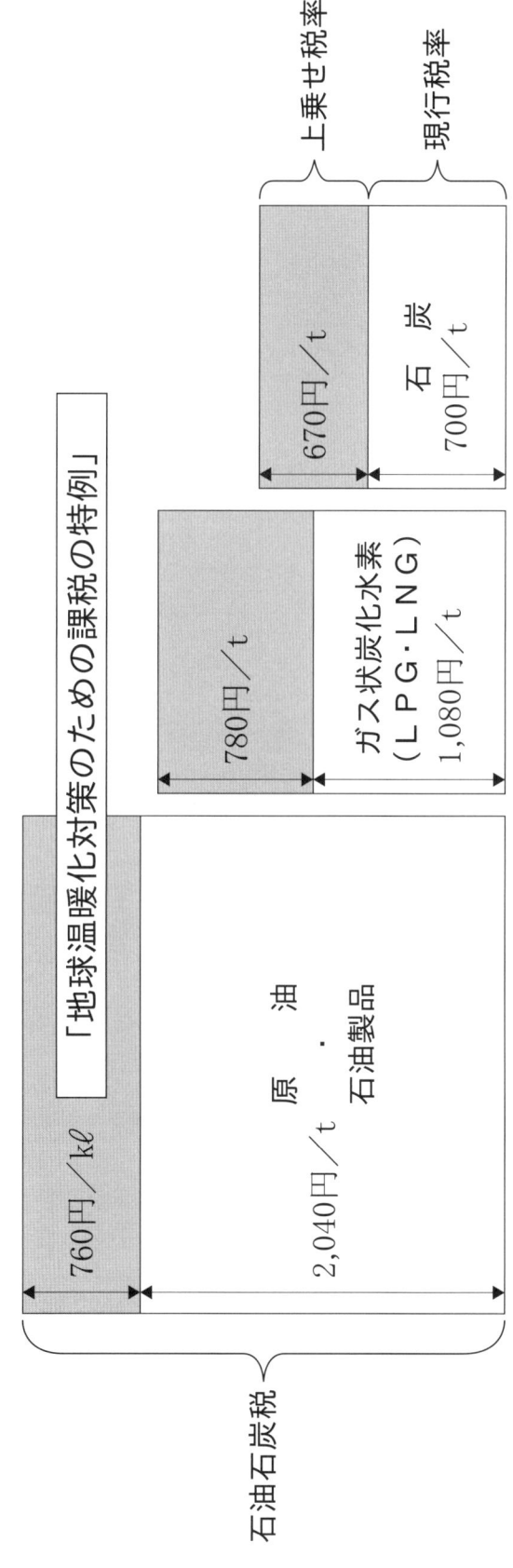

石油石炭税

原・油・石油製品
2,040円／t

760円／kℓ

「地球温暖化対策のための課税の特例」

ガス状炭化水素
（LPG・LNG）
1,080円／t

780円／t

石 炭
700円／t

670円／t

上乗せ税率

現行税率

注）上乗せ税率は平成28年4月1日から。現行税率は平成24年9月30日まで

段階的実施

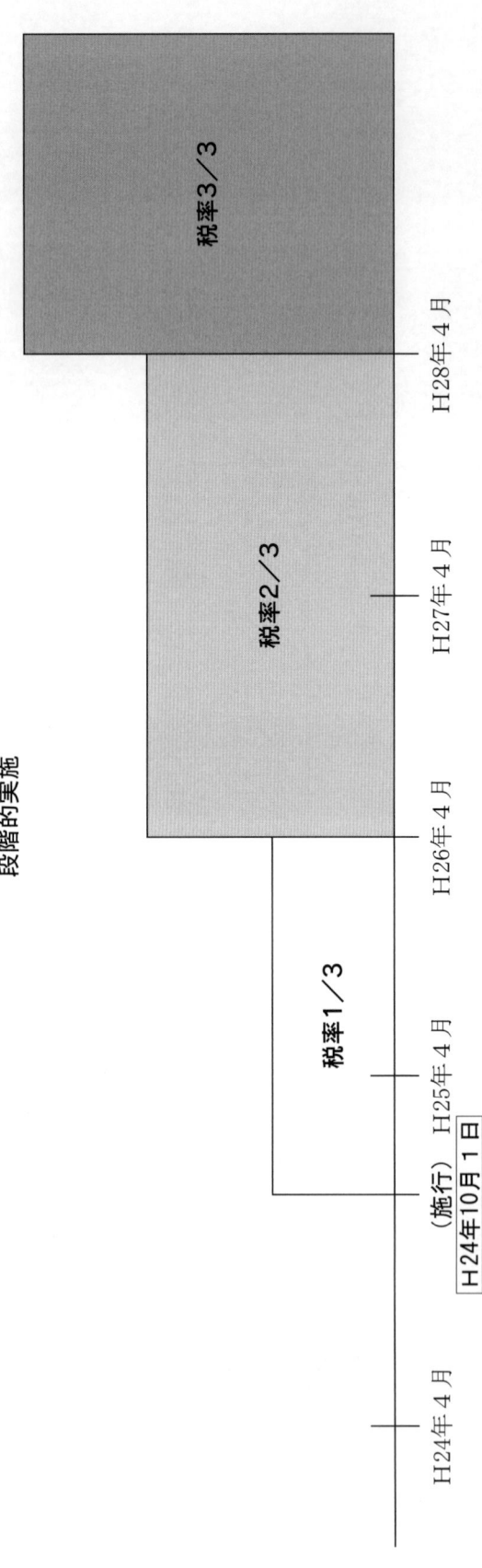

H24年4月　　（施行）H25年4月　　H26年4月　　H27年4月　　H28年4月
　　　　　　 H24年10月1日

税率1/3　　税率2/3　　税率3/3

「地球温暖化対策のための課税特例」の税率

課税物件	～H24年9/30	H24年10/1～H26年3/31	H26年4/1～H28年3/31	H28年4/1～
原油・石油製品 [1kℓ当たり]	(2,040円)	＋250円 (2,290円)	＋250円 (2,540円)	＋260円 (2,800円)
ガス状炭化水素 [1t当たり]	(1,080円)	＋260円 (1,340円)	＋260円 (1,600円)	＋260円 (1,860円)
石炭 [1t当たり]	(700円)	＋220円 (920円)	＋220円 (1,140円)	＋230円 (1,370円)

注）カッコ内は石油石炭税の税率
　　 税収 初年度391億円／平年度（平成28年度以降）2,623億円

４－２ 日本と海外諸国のＣＯ２排出量１㌧当たりのエネルギー課税の税率の比較（環境省）

〈その１〉

（単位：円）

国	ガソリン 合計	ガソリン 内訳	軽油（輸送用） 合計	軽油（輸送用） 内訳	ＬＰＧ（輸送用） 合計	ＬＰＧ（輸送用） 内訳	灯油（非商用） 合計	灯油（非商用） 内訳
日本	24,242	揮発油税 23,173 石油石炭税 1,068 うち地球温暖化対策税 289	13,486	軽油引取税 12,418 石油石炭税 1,068 うち地球温暖化対策税 289	6,524	石油ガス税 5,835 石油石炭税 689 うち地球温暖化対策税 289	1,068	石油石炭税 1,068 うち地球温暖化対策税 289
イギリス	42,193	燃料税 42,193	37,895	燃料税 37,895	17,818	燃料税 17,818	7,564	燃料税 7,564
ドイツ	37,128	エネルギー税 37,128	23,967	エネルギー税 23,967	7,919	エネルギー税 7,919	3,246	エネルギー税 3,246
フランス	36,913	石油製品内国消費税 36,913 うち炭素税 4,017	27,039	石油製品内国消費税 27,039 うち炭素税 4,017	7,246	石油製品内国消費税 7,246 うち炭素税 4,017	6,290	石油製品内国消費税 6,290 うち炭素税 4,017
イタリア	41,321	鉱油税 41,321	31,456	鉱油税 31,456	11,760	鉱油税 11,760	17,855	鉱油税 17,855
フィンランド	38,158	エネルギー税 29,606 炭素税 8,166 戦略備蓄税 386	25,040	エネルギー税 16,696 炭素税 8,166 戦略備蓄税 178	11,644	エネルギー税 3,957 炭素税 7,639 戦略備蓄税 48	37,852	エネルギー税 30,028 炭素税 7,639 戦略備蓄税 185
スウェーデン	39,363	エネルギー税 23,690 CO₂税 15,673	29,327	エネルギー税 13,655 CO₂税 15,673	15,673	エネルギー税 0 CO₂税 15,673	20,541	エネルギー税 4,869 CO₂税 15,673
デンマーク	35,535	鉱油税 32,488 CO₂税 3,047	23,823	鉱油税 20,777 CO₂税 3,047	30,140	鉱油税 27,093 CO₂税 3,047	17,117	鉱油税 14,070 CO₂税 3,047
ノルウェー	40,082	道路利用燃料税 33,391 CO₂税 6,691	28,892	道路利用燃料税 21,958 CO₂税 6,934	13,847	道路利用燃料税 7,123 CO₂税 6,724	16,818	鉱油税 9,618 CO₂税 7,200
スイス	36,953	鉱油税 36,953	34,438	鉱油税 34,438	7,510	鉱油税 7,510	34,853	鉱油税 34,853 CO₂税 0
オランダ	43,806	鉱油税 43,806	24,757	鉱油税 24,757	14,771	鉱油税 14,771	25,707	鉱油税 25,707
ベルギー	35,353	物品税 35,353	25,867	物品税 25,867	0	物品税 0	1,035	物品税 1,035
アイルランド	33,372	鉱油税 30,737 炭素税 2,634	24,324	鉱油税 21,690 炭素税 2,634	9,616	鉱油税 6,982 炭素税 2,634	2,634	鉱油税 0 炭素税 2,634
ポルトガル	32,043	石油製品税 31,141 炭素税 902	18,144	石油製品税 17,242 炭素税 902	13,111	石油製品税 12,209 炭素税 902	902	石油製品税 0 炭素税 902
豪州	15,390	石油製品物品税 15,390	13,823	石油製品物品税 13,823	9,731	石油製品物品税 9,731	14,353	石油製品物品税 14,353
米国	5,459	石油流出責任税 27 ニューヨーク州税 3,088 連邦輸送燃料税 2,343	5,383	石油流出責任税 25 ニューヨーク州税 2,568 連邦輸送燃料税 2,791	4,511	燃料物品税 4,511	25	石油流出責任税 25
カナダ	16,624	連邦輸送燃料税 3,915 BC州輸送燃料税 9,982 BC州炭素税 2,727	13,274	連邦輸送燃料税 1,406 BC州輸送燃料税 9,141 BC州炭素税 2,727	2,727	BC州炭素税 2,727	2,727	BC州炭素税 2,727
ＥＵ最低税率	20,365		16,813		5,490		—	

注：(1)税率は2017年3月現在。
(2)ＥＵ最低税率はＥＵ指令（Council Directive 2003/96/EC）によって定められている。
(3)米国はニューヨーク州税、カナダはブリティッシュ・コロンビア州（ＢＣ州）の税制も加味。

小数点以下を四捨五入しており、合計は必ずしも内訳の合計と一致しない。

備考：(1)エネルギー課税の固有税率当たり税率を、「特定排出者の産業活動に伴う温室効果ガスの排出量の算定に関する省令（平成18年経済産業省・環境省令第3号）」を用いて、ＣＯ２排出量当たりに換算している。
(2)為替レート：1USD＝約112円、1CAD＝約91円、1AUD＝約89円、1EUR＝約132円、1GBP＝約169円、1CHF＝約117円、1DKK＝約18円、1SEK＝約14円、1NOK＝約15円。（2014～16年の為替レート（TTM）の平均値、みずほ銀行）
(3)各国政府資料の税率を基に、重油・天然ガスについては比重0.9（kg/ℓ）・0.65（kg/m³）を、石炭・石油・天然ガスの排出活動に伴う温室効果ガスの排出量の算定に関する省令（平成18年経済産業省・環境省令第3号）」による係数25.7（G/t）・43.5（MJ/m³）を用いて単位をそろえている。

〈その2〉

（単位：円）

	重油（産業用）		石炭（産業用）		石炭（発電用）		天然ガス（産業用）		天然ガス（家庭用）	
	合計	内訳	合計	内訳	合計	内訳	合計	内訳	合計	内訳
日 本	1,068	石油石炭税 1,068／うち地球温暖化対策税 289	590	石油石炭税 590／うち地球温暖化対策税 289	590	石油石炭税 590／うち地球温暖化対策税 289	689	石油石炭税 689／うち地球温暖化対策税 289	689	石油石炭税 689／うち地球温暖化対策税 289
イギリス	6,675	燃料税 6,675	1,108	気候変動税 1,108	3,043	カーボンプライスサポート 3,043	1,797	気候変動税 1,108	－	
ドイツ	1,094	エネルギー税 1,094	480	エネルギー税 480	－		3,948	エネルギー税 3,948	3,948	エネルギー税 3,948
フランス	4,017	石油産品内国消費税 4,017／うち炭素税 4,017	4,017	石炭税 4,017／うち炭素税 4,017	－		4,017	天然ガス消費税 4,017／うち炭素税 4,017	4,017	天然ガス消費税 4,017／うち炭素税 4,017
イタリア	2,789	鉱油税 2,789	260	石炭税 260	147	石炭税 147	742	天然ガス税 742	11,049	天然ガス税 11,049
フィンランド	11,688	エネルギー税 3,913／炭素税 7,639／戦略備蓄税 136	10,531	エネルギー税 2,825／炭素税 7,639／戦略備蓄税 67	－		12,760	エネルギー税 5,061／炭素税 7,639／戦略備蓄税 60	12,760	エネルギー税 5,061／炭素税 7,639／戦略備蓄税 60
スウェーデン	17,105	エネルギー税 1,342／CO₂税 15,673	16,860	エネルギー税 1,188／CO₂税 15,673	－		17,485	エネルギー税 1,813／CO₂税 15,673	21,715	エネルギー税 6,042／CO₂税 15,673
デンマーク	16,231	鉱油税 13,184／CO₂税 3,047	14,793	石炭税 11,746／CO₂税 3,047	3,047	石炭税 0／CO₂税 3,047	20,488	天然ガス税 17,441／CO₂税 3,047	20,488	天然ガス税 17,441／CO₂税 3,047
ノルウェー	15,452	鉱油税 8,837／CO₂税 6,615	－		－		6,064	CO₂税 6,064	6,064	CO₂税 6,064
スイス	9,996	鉱油税 140／CO₂税 9,856	9,856	CO₂税 9,856	9,856	CO₂税 9,856	9,928	鉱油税 72／CO₂税 9,856	9,928	鉱油税 72／CO₂税 9,856
オランダ	1,594	鉱油税 1,594	821	石炭税 821	821	石炭税 821	14,996	エネルギー税 14,996	14,996	エネルギー税 14,996
ベルギー	569	物品税 569	496	物品税 496	－		716	物品税 716	716	物品税 716
アイルランド	3,352	鉱油税 718／炭素税 2,634	2,634	炭素税 2,634	－		2,634	炭素税 2,634	2,634	炭素税 2,634
ポルトガル	1,663	石油製品税 761／炭素税 902	902	炭素税 902	902	炭素税 902	8,241	石油製品税 7,339／炭素税 902	8,241	石油製品税 7,339／炭素税 902
豪 州	2,795	石油製品物品税 2,795	－		－		－		－	
米 国	23	石油流出責任税 23	53	石炭物品税 53	53	石炭物品税 53	－		－	
カナダ	2,727	BC州炭素税 2,727	2,727	BC州炭素税 2,727	2,727	BC州炭素税 2,727	2,727	BC州炭素税 2,727	2,727	BC州炭素税 2,727
EU最低税率	656	656	218	218	－		388	388	775	775

⑴国内外における主なカーボンプライシング制度導入の時期（環境省）

年	国・地域	内　　　　容
1990	フィンランド	炭素税（Carbon tax）導入
1991	スウェーデン	ＣＯ₂税（CO₂ tax）導入
	ノルウェー	ＣＯ₂税（CO₂ tax）導入
1992	デンマーク	ＣＯ₂税（CO₂ tax）導入
1999	ドイツ	電気税（Electricity tax）導入
	イタリア	鉱油税（Excises on mineral oils）の改正（石炭等を追加）
2001	イギリス	気候変動税（Climate change levy）導入
＜参考＞2003年10月　「エネルギー製品と電力に対する課税に関する枠組みＥＣ指令」公布【2004年1月発効】		
2004	オランダ	一般燃料税を既存のエネルギー税制に統合（石炭についてのみ燃料税として存続〈Tax on coal〉）規制エネルギー税をエネルギー税（Energy tax）に改組
2005	ＥＵ	ＥＵ排出量取引制度（EU Emissions Trading Scheme, ＥＵ－ＥＴＳ）導入
2006	ドイツ	鉱油税をエネルギー税（Energy tax）に改組（石炭を追加）
2007	フランス	石炭税（Coal tax）導入
2008	スイス	ＣＯ₂税（CO₂ levy）導入
		スイス排出量取引制度（Swiss Emissions Trading Scheme）導入
	カナダ（ブリティッシュ・コロンビア州）	炭素税（Carbon tax）導入
2009	米国（北東部州）	北東部州地域ＧＨＧイニシアチブ（ＲＧＧＩ）排出量取引制度（ＲＧＧＩ ＣＯ₂ Budget Trading Program）導入
2010	アイルランド	炭素税（Carbon tax）導入
2010	東京都	東京都温室効果ガス排出総量削減義務と排出量取引制度導入
2011	埼玉県	埼玉県目標設定型排出量取引制度導入
2012	日本	「地球温暖化対策のための税」導入
2013	米国（カリフォルニア州）	カリフォルニア州排出量取引制度（California Cap－and－Trade Program）導入
2014	フランス	炭素税（Carbon tax）導入
	メキシコ	炭素税（Carbon tax）導入
2015	ポルトガル	炭素税（Carbon tax）導入
2015	韓国	韓国排出量取引制度（Ｋ－ＥＴＳ）導入
2017	チリ	炭素税（Carbon tax）導入
2017	カナダ（アルバータ州）	炭素税（Carbon levy）導入
2017	中国	中国全国排出量取引制度導入
2017	コロンビア	炭素税（Carbon tax）導入
2018	南アフリカ	炭素税（Carbon tax）導入予定
2018	カナダ	2018年までに国内全ての州及び準州に炭素税（Carbon tax）または排出量取引制度（C&T）の導入を義務付け。2018年までに未導入の州・準州には、炭素税と排出量取引制度双方を課す「連邦バックストップ」を適用。

5. わが国の主要エネルギー別輸入価格の推移

5−1 LPガス・競合燃料のCIF価格推移（平成16〜28年度）

燃料別 年月	総合計 LPガス CIF円/t (12,000/kg)	LPガス(原料用) CIF円/t (12,000/kg)	LPガス(原料用) $/t	ナフサ CIF円/kℓ (8,000/ℓ)	ナフサ $/kℓ	ナフサ LPG換算 $/t	A重油 CIF円/kℓ (9,300/ℓ)	A重油 $/kℓ	A重油 LPG換算 $/t	原油 CIF円/kℓ (9,250/ℓ)	原油 $/kℓ	原油 LPG換算 $/t	LNG CIF円/kg (13,000/kg)	LNG $/t	LNG LPG換算 $/t	指数 LPガス	指数 ナフサ	指数 A重油	指数 原油	指数 LNG	為替レート (円/ドル)
16年度	41,996	39,761	391.2	30,253	281.8	422.8	33,545	312.5	403.2	26,154	243.7	316.1	29,747	277.1	255.8	100.0	108.1	103.1	80.8	65.4	107.34
17年度	58,059	54,889	513.5	40,448	357.8	536.6	46,784	413.8	533.9	39,735	351.5	455.9	37,427	331.0	305.6	100.0	104.5	104.0	88.8	59.5	113.06
18年度	63,243	63,103	540.6	47,984	410.2	615.3	51,959	444.2	573.1	46,629	398.6	517.1	43,174	369.1	340.7	100.0	113.8	106.0	95.6	63.0	116.98
19年度	79,293	77,552	691.5	59,477	518.7	778.0	60,018	523.4	675.4	56,266	490.7	636.6	50,874	443.7	409.5	100.0	112.5	97.7	92.1	59.2	114.67
20年度	75,005	91,483	747.5	59,253	590.5	885.8	65,029	648.1	836.2	58,541	583.4	756.9	66,017	657.9	607.3	100.0	118.5	111.9	101.3	81.2	100.34
21年度	54,523	51,396	586.5	39,505	424.9	637.4	40,890	439.8	567.5	40,374	434.3	563.4	43,029	462.8	427.2	100.0	108.7	96.8	96.1	72.8	92.97
22年度	66,104	63,603	768.4	45,457	528.4	792.6	54,351	631.8	815.2	45,372	527.4	684.2	50,114	582.5	537.7	100.0	103.1	106.1	89.0	70.0	86.03
23年度	72,944	74,914	923.8	53,023	671.5	1,007.3	64,987	823.0	1,062.0	56,680	717.8	931.2	64,970	822.8	759.5	100.0	109.0	115.0	100.8	82.2	78.96
24年度	80,124	77,882	966.7	55,458	669.1	1,003.7	65,331	788.3	1,017.1	59,357	716.2	929.1	71,538	863.2	796.8	100.0	103.8	105.2	96.1	82.4	82.88
25年度	93,157	89,756	930.0	65,673	655.6	983.4	85,924	857.8	1106.8	69,224	691.1	896.5	83,693	835.5	771.2	100.0	105.7	119.0	96.4	82.9	100.17
26年度	80,572	87,539	725.9	61,384	553.0	829.5	75,250	677.9	874.7	61,279	552.1	716.2	87,061	784.3	724.0	100.0	114.3	120.5	98.7	99.7	111.00
27年度	52,954	56,944	441.7	40,976	341.8	512.7	49,724	414.7	535.2	37,026	308.8	400.6	54,382	453.6	418.7	100.0	116.1	121.2	90.7	94.8	119.89
28年度	44,584	41,305	409.9	33,198	305.2	457.9	36,953	339.8	438.4	32,514	299.0	387.8	39,339	361.7	333.9	100.0	111.7	106.9	94.6	81.4	108.76
H28年 2月	43,701	37,760	372.1	31,450	267.8	401.7	44,581	379.6	489.9	22,457	191.2	248.1	47,556	405.0	373.8	100.0	107.9	131.6	66.7	100.5	117.43
3月	38,085	33,858	336.6	27,850	246.2	369.2	32,928	291.0	375.5	22,945	202.8	263.1	42,399	374.7	345.9	100.0	109.7	111.6	78.2	102.8	113.14
4月	39,689	39,198	356.7	28,567	256.7	385.1	42,037	377.8	487.5	25,880	232.6	301.7	36,326	326.5	301.4	100.0	108.0	136.7	84.6	84.5	111.27
5月	40,108	41,180	368.2	29,560	271.4	407.1	30,741	282.2	364.2	27,915	256.3	332.5	33,249	305.3	281.8	100.0	110.6	98.9	90.3	76.5	108.92
6月	39,815	43,393	367.2	31,193	287.7	431.5	29,726	274.1	353.7	30,891	284.9	369.6	32,878	303.2	279.9	100.0	117.5	96.3	100.7	76.2	108.44
7月	38,020	40,284	368.8	30,293	293.9	440.8	33,573	325.7	420.3	30,933	300.1	389.3	34,189	331.7	306.2	100.0	119.5	113.9	105.5	83.0	103.08
8月	35,317	38,545	341.7	29,482	285.3	427.9	32,597	315.4	407.0	29,521	285.6	370.6	35,128	339.9	313.7	100.0	125.2	119.1	108.4	91.8	103.35
9月	35,581	34,328	349.3	28,346	278.3	417.4	33,310	327.0	421.9	29,190	286.5	371.7	37,349	366.6	338.4	100.0	119.5	120.8	106.4	96.9	101.87
10月	36,290	37,065	354.3	28,963	282.8	424.2	40,789	398.3	513.9	29,181	284.9	369.6	38,599	376.9	347.9	100.0	119.7	145.0	104.3	98.2	102.42
11月	41,830	41,752	398.4	31,514	300.2	450.2	36,078	343.6	443.4	32,420	308.8	400.6	39,926	380.3	351.0	100.0	113.0	111.3	100.5	88.1	104.99
12月	48,045	47,425	425.0	35,249	311.8	467.7	39,133	346.2	446.7	33,245	294.1	381.5	42,836	378.9	349.8	100.0	110.0	105.1	89.8	82.3	113.04
H29年 1月	52,746	52,047	452.9	38,325	329.1	493.7	44,600	383.0	494.2	39,087	335.7	435.4	44,951	386.0	356.3	100.0	109.0	109.1	96.1	78.7	116.45
2月	56,843	53,966	501.2	40,164	354.1	531.2	44,999	396.7	511.9	39,455	347.9	451.3	46,107	406.5	375.2	100.0	106.0	102.1	90.0	74.9	113.42
3月	60,413	54,170	531.0	41,470	364.5	546.8	43,444	381.9	492.7	40,159	353.0	457.9	45,170	397.0	366.5	100.0	103.0	92.8	86.2	69.0	113.77
4月	54,888	62,583	494.8	38,071	343.2	514.8	42,621	384.2	495.7	37,617	339.1	439.9	46,908	422.8	390.3	100.0	104.0	100.2	88.9	78.9	110.94
5月	51,625	48,724	462.9	37,690	338.0	506.9	45,931	411.9	531.4	37,842	339.3	440.2	49,613	444.9	410.7	100.0	109.5	114.8	95.1	88.7	111.52
6月	47,255	44,524	426.2	35,890	323.7	485.5	45,456	410.0	529.0	36,358	327.9	425.4	47,884	431.9	398.6	100.0	113.9	124.1	99.8	93.5	110.88
7月	46,530	41,850	413.9	34,262	304.8	457.2	44,645	397.2	512.5	34,189	304.1	394.6	48,434	430.9	397.7	100.0	110.5	123.8	95.3	96.1	112.41
8月	46,811	44,116	422.6	33,334	300.9	451.4	45,746	412.9	532.8	34,132	308.1	399.7	47,633	430.0	396.9	100.0	106.8	126.1	94.6	93.9	110.78
9月	51,825	48,553	473.4	35,227	321.8	482.6	46,337	423.2	546.1	35,473	324.0	420.3	46,494	424.7	392.0	100.0	102.0	115.4	88.8	82.8	109.48
10月	60,459	53,136	537.9	39,566	352.0	528.0	47,790	425.2	548.6	38,719	344.5	446.9	45,630	406.0	374.7	100.0	98.2	102.0	83.1	69.7	112.40

注：(1)年度の為替レートはLPG輸入数量の加重平均値。LPGの換算指数は総合計を採用 (2)CIF価格は財務省貿易統計数値

6. 石油関係資料

6-1 わが国の石油製品内需実績と見通し（平成27～33年度）

油種＼年度	実績 27年度	実績見込み 28年度	見通し 29年度	見通し 30年度	見通し 31年度	見通し 32年度	見通し 33年度	年度平均伸び率 28→33	全体伸び率 28→33
ガ ソ リ ン	53,127	52,645 ▲0.9	51,509 ▲2.2	50,609 ▲1.7	49,704 ▲1.8	48,393 ▲2.6	47,051 ▲2.8	▲2.2	▲10.6
ナ フ サ	46,234	44,768 ▲3.2	45,846 2.4	45,330 ▲1.1	44,900 ▲0.9	44,609 ▲0.6	44,401 ▲0.5	▲0.2	▲0.8
ジェット燃料油	5,488	5,370 ▲2.2	5,347 ▲0.4	5,333 ▲0.3	5,340 0.1	5,330 ▲0.2	5,338 0.2	▲0.1	▲0.6
灯 油	15,946	16,216 1.7	15,574 ▲4.0	15,081 ▲3.2	14,637 ▲2.9	14,139 ▲3.4	13,696 ▲3.1	▲3.3	▲15.5
軽 油	33,619	33,401 ▲0.6	33,375 ▲0.1	33,293 ▲0.2	33,373 0.2	33,292 ▲0.2	33,361 0.2	▲0.0	▲0.1
A 重 油	11,871	11,969 0.8	11,355 ▲5.1	10,878 ▲4.2	10,433 ▲4.1	10,013 ▲4.0	9,642 ▲3.7	▲4.2	▲19.4
B・C 重 油 （一 般 用）	5,939	5,397 ▲9.1	5,021 ▲7.0	4,694 ▲6.5	4,420 ▲5.8	4,174 ▲5.6	3,967 ▲5.0	▲6.0	▲26.5
燃料油計 （電力用C重油を除く）	172,223	169,766 ▲1.4	168,027 ▲1.0	165,218 ▲1.7	162,807 ▲1.5	159,950 ▲1.8	157,456 ▲1.6	▲1.5	▲7.3
参考　電 力 用 C 重 油	8,301	7,170 ▲13.6	—	—	—	—	—	—	—
参考　燃料油計	180,524	176,936 ▲2.0	—	—	—	—	—	—	—

※上記燃料油計に電力用C重油の平成28年度実績見込みを加えた数値

注：(1)上段の数字は燃料油内需量（千kℓ）、下段の数字は対前年比（%）
　　(2)四捨五入等により数値の合計が合わない場合がある。

6－2 都道府県別石油製品（ガソリン・灯軽油等）販売実績総括（平成28年度）

単位：kℓ、アスファルト以下は t

都道府県名	揮発油	ナフサ	ジェット燃料油	灯油	軽油	A重油	C重油	重油計	燃料油計	潤滑油	アスファルト	グリース	パラフィン
北海道	2,265,159	1,305,526	467,350	3,001,969	2,157,339	1,082,017	2,186,818	3,268,835	12,466,178	57,817	60,083	760	110
青森	588,525		64,848	642,382	456,405	255,416	106,570	361,986	2,114,146	11,275	35,702	130	29
岩手	604,190		8,411	372,954	518,439	201,495	25,320	226,815	1,730,809	12,556	20,698	168	76
宮城	1,281,215		78,683	529,126	1,000,031	376,100	60,730	436,830	3,325,885	28,246	73,091	353	738
秋田	466,402		21,083	425,942	270,784	91,022	319,156	410,178	1,594,389	7,974	13,109	126	2
山形	501,754		9,984	389,673	310,574	155,135		155,135	1,367,120	7,707	10,007	107	226
福島	959,639		6,184	374,316	680,515	241,897	527,351	769,248	2,789,902	33,718	25,195	304	925
東北 小計	4,401,725		189,193	2,734,393	3,236,748	1,321,065	1,039,127	2,360,192	12,922,251	101,476	177,802	1,188	1,996
茨城	1,555,425	2,637,434	47,102	369,771	988,552	372,527	1,197,076	1,569,603	7,167,887	65,949	45,005	458	2,669
栃木	1,004,189		1,477	295,497	634,947	220,296	134	220,430	2,156,540	44,999	16,153	597	1,281
群馬	907,305		1,620	272,610	463,001	176,034	1,930	177,964	1,822,500	48,865	15,211	466	334
埼玉	2,513,661		19,824	395,617	1,352,544	106,330	1,096	107,426	4,389,072	49,114	69,953	604	1,380
千葉	2,367,579	11,472,281	180,824	382,491	1,275,439	229,928	792,907	1,022,835	16,701,449	119,004	67,315	689	667
東京	6,647,806	2,463,460	1,541,966	2,232,257	3,919,451	1,632,763	1,378,496	3,011,259	19,816,199	80,705	261,809	1,450	1,493
神奈川	2,328,410	5,417,358	35,582	606,737	1,311,856	200,748	111,028	311,776	10,012,119	164,437	46,905	1,799	1,266
山梨	385,769		151	124,716	195,069	76,261		76,261	781,966	15,302	4,923	87	108
長野	1,022,652		4,120	547,190	498,015	162,560		162,560	2,234,537	19,456	9,217	152	638
新潟	1,195,337		26,025	599,151	686,662	171,614	114,236	285,850	2,793,025	23,363	29,290	257	205
静岡	1,667,122		45,556	285,243	1,090,336	444,983	209,551	654,534	3,742,791	85,404	22,447	1,795	2,013
関東 小計	21,595,255	21,990,533	1,904,647	6,111,280	12,415,872	3,794,044	3,806,454	7,600,498	71,618,085	716,598	588,228	8,354	12,054
愛知	3,377,606	700,378	194,491	577,994	1,934,665	620,555	246,430	866,985	7,652,119	241,645	67,799	2,020	3,692
三重	1,306,213	2,544,901	169,415	287,610	888,826	256,292	357,473	613,765	5,810,730	156,720	127,781	822	10,122
岐阜	907,704		23,763	181,320	412,103	105,548	20,646	126,194	1,651,084	30,697	1,112	675	136
富山	469,751	22,490	8,733	198,707	283,539	127,418	313,291	440,709	1,423,929	12,608	7,018	245	931
石川	616,065		83,998	259,882	348,514	168,099	7,118	175,217	1,483,676	10,513	4,057	141	25
中部 小計	6,677,339	3,267,769	480,400	1,505,513	3,867,647	1,277,912	944,958	2,222,870	18,021,538	452,183	207,767	3,903	14,906
福井	370,137		244	141,076	244,578	79,606	246,608	326,214	1,082,005	9,787	1,646	60	701
滋賀	615,836			134,844	320,679	58,884	127	59,011	1,130,614	36,436	1,204	426	1,449
京都	720,102		1,600	108,877	389,005	71,438	41,998	113,436	1,333,020	24,907	735	154	136
大阪	2,575,165	1,558,842	200,474	413,681	1,800,056	327,000	443,546	770,546	7,318,764	128,831	152,339	1,336	6,125
兵庫	1,792,697	13,399	243,394	409,797	1,164,862	330,941	95,216	426,157	4,050,306	85,592	129,216	1,694	1,288
奈良	456,417		210	64,220	161,569	21,432		21,432	703,848	12,015	365	64	65
和歌山	356,525	987,096	2,143	72,507	162,171	116,343	26,199	142,542	1,722,984	21,341	251	288	476
近畿 小計	6,886,879	2,559,337	448,065	1,345,002	4,242,920	1,005,644	853,694	1,859,338	17,341,541	318,909	285,756	4,022	10,240
岡山	973,053	4,532,374	26,977	369,470	606,283	409,491	636,155	1,045,646	7,553,803	33,697	384,733	776	639
広島	1,153,878		50,633	310,814	461,097	129,384	143,426	272,810	2,249,232	58,505	23,988	398	362
山口	710,537	4,487,567	43,736	218,367	790,200	348,854	300,706	649,560	6,899,967	37,705	7,396	314	17,740
鳥取	300,419		30,014	73,677	165,960	108,926	49,678	158,604	728,674	4,621	4,749	59	44
島根	278,506		13,315	78,284	151,882	450,224	467,827	918,051	1,440,038	5,510	4,729	66	4
中国 小計	3,416,393	9,019,941	164,675	1,050,612	2,175,422	1,446,879	1,597,792	3,044,671	18,871,714	140,038	425,595	1,613	18,789
徳島	338,060		23,158	70,705	174,211	70,713	162,334	233,047	839,181	5,718	7,544	104	48
香川	576,379		30,292	136,859	346,987	129,384	143,426	272,810	1,363,327	17,946	26,369	115	76
愛媛	582,550	2,749,454	51,490	134,754	500,799	205,675	259,391	465,066	4,484,113	18,668	25,043	182	399
高知	285,139		23,484	52,657	152,313	103,892	5,892	109,784	623,377	4,447	8,245	78	
四国 小計	1,782,128	2,749,454	128,424	394,975	1,174,310	509,664	571,043	1,080,707	7,309,998	46,779	67,201	479	523
福岡	2,022,131		328,983	361,386	1,258,541	486,958	172,362	659,320	4,630,361	61,232	44,113	715	1,601
佐賀	344,629		14,975	45,169	247,116	107,546	29,505	137,051	788,940	6,963	3,211	91	16
長崎	496,589		58,139	83,587	318,013	264,443	85,854	350,297	1,306,625	11,401	208	99	3
熊本	618,117		53,507	116,707	403,934	179,106	23,422	202,528	1,394,793	13,375	4,529	127	192
大分	565,034	1,691,368	30,786	105,681	305,222	179,972	224,359	404,331	3,102,422	13,491	11,139	213	227
宮崎	490,520		115,818	84,636	288,086	179,629	42,353	221,982	1,201,042	18,397	833	70	551
鹿児島	849,455		143,751	132,221	475,428	362,140	222,603	584,743	2,185,598	14,423	18,759	135	93
九州 小計	5,386,475	1,691,368	745,959	929,387	3,296,340	1,759,794	800,458	2,560,252	14,609,781	139,282	82,792	1,450	2,683
沖縄	700,569		562,835	66,140	290,421	248,099	317,315	565,414	2,185,379	7,287	463	115	4
合計	53,111,922	42,583,928	5,091,548	17,139,271	32,857,019	12,445,118	12,117,659	24,562,777	175,346,465	1,980,369	1,895,687	21,884	61,305

注：石油連盟「石油資料月報」

7. 石油・ＬＰガスの備蓄

7－1 わが国の石油・ＬＰガス備蓄推移

(1)石油備蓄

(単位：万kℓ)

年度末	民間備蓄 義務日数	民間備蓄 原油	民間備蓄 製品	民間備蓄 合計（製品換算）	民間備蓄 備蓄日数	国家備蓄 原油	国家備蓄 製品	国家備蓄 合計（製品換算）	国家備蓄 備蓄日数	産油国共同備蓄 原油	産油国共同備蓄 合計（製品換算）	産油国共同備蓄 備蓄日数	計 合計（製品換算）	計 備蓄日数
2009	70	1,809	1,776	3,495	84.0	5,047	13	4,807	115.0	—	—	—	8,302	184.0
2010	70	1,623	1,760	3,302	79.0	5,011	13	4,773	114.0	—	—	—	8,075	199.0
2011	70	1,879	1,784	3,569	84.0	5,012	13	4,774	113.0	—	—	—	8,343	193.0
2012	70	1,977	1,963	3,842	83.0	4,949	46	4,748	102.0	—	—	—	8,590	197.0
2013	70	1,990	1,719	3,610	83.0	4,911	130	4,796	110.0	—	—	—	8,406	185.0
2014	70	1,689	1,684	3,288	80.0	4,890	137	4,782	117.0	80	76	2.0	8,147	193.0
2015	70	1,607	1,603	3,130	81.0	4,838	138	4,734	122.0	141	134	4.0	7,997	199.0
2016	70	1,466	1,517	2,910	78.0	4,811	143	4,713	126.0	167	158	4.0	7,782	208.0

注：(1)原油は実数で合計は製品換算（原油１kℓ＝製品0.95kℓ）(2)経済産業省・資源エネルギー庁資料より作成。以下同様

(2)ＬＰガス備蓄

(単位：1,000トン)

年度末	民間備蓄 義務日数	民間備蓄 基準備蓄量	民間備蓄 保有量	民間備蓄 備蓄日数	国家備蓄 保有量	国家備蓄 備蓄日数	計 合計	計 備蓄日数
2009	50	1,468	1,673	57.0	636	21.7	2,309	78.7
2010	50	1,445	1,744	60.3	636	22.0	2,380	82.3
2011	50	1,582	1,772	56.0	635	20.1	2,407	76.1
2012	50	1,738	2,036	58.5	683	19.6	2,719	78.1
2013	50	1,508	1,870	62.0	842	27.9	2,712	89.9
2014	50	1,499	1,880	62.7	952	31.7	2,832	94.4
2015	50	1,408	1,738	61.7	1,150	40.8	2,888	102.5
2016	50	1,363	1,508	55.3	1,347	49.4	2,855	104.7

注：石油備蓄法によりＬＰガス輸入業者に対し義務付けられていた年間輸入量50日分相当量（基準備蓄量）の備蓄は、2017年12月の石油備蓄法改正で40日分となった

7-2 わが国の国家石油備蓄基地一覧（平成30年2月現在）

区分 プロジェクト名	都道府県	用地面積（ha）	タンク容量	備蓄方式	完成年月	運営会社名	設立	備考（運営会社等）出資比率
むつ小川原	青森県	約269	約570万kℓ（11.1万kℓ×51基）	陸上タンク	昭和60年9月	むつ小川原石油備蓄㈱	昭和54年12月	JXTGエネルギー50%、コスモ石油5%、青森県35%、東北電力10%
苫小牧東部	北海道	約274	約640万kℓ（11.5万kℓ×55基）	陸上タンク	平成2年11月	苫東石油備蓄㈱	平成15年10月	出光興産100%
白島	福岡県	陸域約14 海域約60	約560万kℓ（約70万kℓ×8隻）	洋上タンク	平成8年9月	白島石油備蓄㈱	昭和56年6月	コスモ石油39.38%、商船三井28.12%、JXTGエネルギー22.5%、福岡県5%、北九州市5%
福井	福井県	約150	約340万kℓ（11.3万kℓ×30基）	陸上タンク	昭和61年7月	福井石油備蓄㈱	昭和57年1月	JXTGエネルギー100%
上五島	長崎県	陸域約26 海域約40	約440万kℓ（88万kℓ×5隻）	洋上タンク	昭和63年9月	上五島石油備蓄㈱	昭和57年2月	JXTGエネルギー70%、日本郵船29%、長崎県1%
秋田	秋田県	約110	約450万kℓ（35.4万kℓ×8基）（30.5万kℓ×4基）（12.7万kℓ×2基）（10.8万kℓ×2基）	地中タンク	平成7年6月	秋田石油備蓄㈱	昭和57年3月	JXTGエネルギー90%、秋田県8%、男鹿市2%
志布志	鹿児島県	約196	約500万kℓ（11～12万kℓ×43基）	陸上タンク	平成5年12月	志布志石油備蓄㈱	昭和59年9月	JXTGエネルギー100%
久慈	岩手県	地上約6 地下約26	約175万kℓ	地下備蓄	平成5年9月	日本地下石油備蓄㈱	昭和61年5月	太陽石油36%、JXTGエネルギー21.8%、出光興産15%、DOWAホールディングス、住友金属鉱山、三井金属鉱業、三菱マテリアル以上4社各6.8%
菊間	愛媛県	地上約10 地下約15	約150万kℓ	地下備蓄	平成6年3月			
串木野	鹿児島県	地上約5 地下約26	約175万kℓ	地下備蓄	平成6年5月			
合計			約4,000万kℓ					

注：各社のホームページより作成

7－3　ＬＰガス国家備蓄基地地点
1．国家備蓄基地の概要

七尾地点

①所在地		石川県七尾市崎山地区
②施設概要	・貯蔵方式	地上低温タンク方式
	・貯蔵能力	25万㌧（プロパン：15万㌧、ブタン：10万㌧）
	・用地面積	約25ha
	・工　期	約5年4カ月、平成17年7月29日完成、操業
③隣接基地		ＥＮＥＯＳグローブガスターミナル㈱七尾ガスターミナル

福島地点

①所在地		長崎県松浦市福島町平野地区
②施設概要	・貯蔵方式	地上低温タンク方式
	・貯蔵能力	20万㌧（プロパン：15万㌧、ブタン：5万㌧）
	・用地面積	約16ha
	・工　期	約6年、平成17年10月11日完成、操業
③隣接基地		九州液化瓦斯福島基地㈱

波方地点

①所在地		愛媛県今治市波方町宮崎地区
②施設概要	・貯蔵方式	水封式地下岩盤貯槽方式
	・貯蔵能力	45万㌧（プロパン：30万㌧、ブタン・プロパン：15万㌧）
	・用地面積	約6ha（埋立約4ha）
	・工　期	約12年、平成25年3月28日完成、操業
③隣接基地		波方ターミナル㈱波方基地

倉敷地点

①所在地		岡山県倉敷市水島地区
②施設概要	・貯蔵方式	水封式地下岩盤貯槽方式
	・貯蔵能力	40万㌧（プロパン：40万㌧）
	・用地面積	約3ha（埋立約3ha）
	・工　期	約11年8カ月、平成25年3月15日完成、操業
③隣接基地		日鉱液化ガス㈱水島基地

神栖地点

①所在地		茨城県神栖市奥野谷浜工業団地（旧東部東地区工業団地）地区
②施設概要	・貯蔵方式	地上低温タンク方式
	・貯蔵能力	20万㌧（プロパン：5万㌧、ブタン・プロパン：15万㌧）
	・用地面積	約12ha
	・工　期	約2年3カ月、平成18年1月17日完成、操業
③隣接基地		鹿島液化ガス共同備蓄㈱鹿島事業所

２．ＬＰガス国家備蓄基地計画地点の進捗（平成28年２月現在）

石川県七尾地点　25万㌧（地上）

- ・平成９年１月　　基本計画調査終了
- ・　　10年10月　　立地決定
- ・　　12年３月　　石川県土地開発公社が造成工事着工
- ・　　14年５月　　起工式

　　　　17年７月29日基地完成、操業

長崎県福島地点　20万㌧（地上）

- ・平成９年８月　　基本計画調査終了
- ・　　10年11月　　立地決定
- ・　　11年９月　　長崎県土地開発公社が造成工事着工
- ・　　14年10月　　起工式

　　　　17年10月11日基地完成、操業

愛媛県波方地点　45万㌧（地下）

- ・平成９年８月　　基本計画調査終了
- ・　　12年３月　　立地決定
- ・　　13年２月　　造成及び建設工事に着工
- ・　　15年３月　　起工式

　　　　25年３月28日基地完成、操業

岡山県倉敷地点　40万㌧（地下）

- ・平成11年３月　　基本計画調査終了
- ・　　12年12月　　立地決定
- ・　　13年７月　　造成及び建設工事に着工
- ・　　15年２月　　起工式

　　　　25年３月15日基地完成、操業

茨城県神栖地点　20万㌧（地上）

- ・平成12年３月　　公団委員会を開催し、調査地点として選定
- ・　　13年３月　　詳細・基本計画調査を終了
- ・　　13年５月　　立地決定
- ・　　15年10月　　起工式

　　　　18年１月17日基地完成、操業

3．ＬＰガス備蓄の歴史

	主な出来事
1980年1月	石油審議会、50日のＬＰガス民備目標を提唱
1981年7月	石油備蓄法の改正、ＬＰガス民備スタート
1984年11月	初のＬＰガス共同備蓄会社を設立
1987年3月	大分液化ガス共同備蓄基地が完成
1989年3月	ＬＰガス民備50日目標を達成
1991年1月	湾岸戦争でＬＰガス供給が一時途絶
1992年6月	石審、ＬＰガス国備制度（150万㌧）の創設提言
1993年1月	石審、ＬＰガス国備基地建設の早期着手を提言
1998年10月	ＬＰガス国備5基地の立地決定
1998年12月	日本液化石油ガス備蓄が発足
2004年2月	石油公団等を母体にＪＯＧＭＥＣ設立
2004年7月	七尾ＬＰガス国備基地が完成（地上25万㌧）
2005年9月	福島ＬＰガス国備基地が完成（地上20万㌧）
2005年12月	神栖ＬＰガス国備基地が完成（地上20万㌧）
2011年3月	東日本大震災・福島第一原発事故
2011年4月	ＬＰガス国備制度創設以来初めて神栖基地から隣接する民間の鹿島共備へプロパン4万㌧放出
2013年3月	倉敷（地下40万㌧）、波方（同45万㌧）の両ＬＰガス国備基地が完成
2016年6月	総合エネ調査会、ＬＰガス国備目標を数量（150万㌧）から日数（50日）への変更と、国備完了等を条件にＬＰガス民備50日の40日への軽減を提言
2017年11月	ＬＰガス国備50日（約140万㌧）を達成
2017年12月	石油備蓄法省令の改正、ＬＰガス民備40日に

注：石油化学新聞社作成

8. コージェネレーションシステム導入状況（平成29年3月末）

8-1 国内のコージェネレーション導入状況（累積導入件数・累積発電容量）

8-1-1 コージェネレーション導入状況

	民 生 用	産 業 用	合 計
累積導入件数	12,516	4,618	17,134
累積導入容量（MW）	2,179	8,321	10,500

注：コージェネレーション・エネルギー高度利用センター資料より作成。民生用には家庭用燃料電池やガスエンジン等は含まない。以下同様

8-1-2 民生用建物用途別導入実績

建物用途	導入台数		発電容量		台数当たりの発電容量（kW/台）
	（台数）	構成比	（MW）	構成比	
病院・介護施設	3,408	27%	438	20%	129
商用施設	1,526	12%	377	17%	247
地域冷暖房	167	1%	320	15%	1,914
ホテル	1,356	11%	235	11%	173
公共施設	1,125	9%	250	11%	223
スポーツ・浴場	1,725	14%	151	7%	87
飲食施設	1,683	14%	12	1%	7
事務所	787	6%	130	6%	166
集合住宅	217	2%	5	0%	25
その他	522	4%	260	12%	499
合計	12,516	100%	2,179	100%	－

8-1-3 産業用業種別導入実績

建物用途	導入台数		発電容量		台数当たりの発電容量（kW/台）
	（台数）	構成比	（MW）	構成比	
化学	850	18%	1,956	24%	2,301
機械	740	16%	1,339	16%	1,809
鉄鋼金属	440	10%	781	9%	1,775
電機電子	470	10%	770	9%	1,639
エネルギー	192	4%	1,164	14%	6,064
紙・パルプ・印刷	293	6%	561	7%	1,915
食品	1,009	22%	732	9%	725
繊維	217	5%	526	6%	2,426
窯業・セメント	116	3%	270	3%	2,332
その他	291	6%	222	3%	761
合計	4,618	100%	8,321	100%	－

8-1-4 燃料種別導入実績

	民生用		産業用		計	
	（MW）	構成比	（MW）	構成比	（MW）	構成比
天然ガス	1,404	64%	4,499	54%	5,903	56%
LPガス	47	2%	382	5%	428	4%
石油	647	30%	2,442	29%	3,088	30%
その他	82	4%	999	12%	1,081	10%
計	2,179	100%	8,321	100%	10,500	100%

8-1-5 原動機種別導入実績

項目	原動機種	民生用	産業用	計
導入台数 （台）	ガスタービン	493	796	1,289
	ガスエンジン	10,016	1,746	11,762
	ディーゼル	1,923	2,012	3,935
	蒸気タービン+FC	84	64	148
	小計	12,516	4,618	17,134
導入容量 （MW）	ガスタービン	471	3,907	4,377
	ガスエンジン	1,053	2,007	3,060
	ディーゼル	642	2,081	2,723
	蒸気タービン+FC	13	327	340
	小計	2,179	8,321	10,500
平均容量 （kW/台）	ガスタービン	954	4,908	3,396
	ガスエンジン	105	1,149	260
	ディーゼル	334	1,034	692
	蒸気タービン+FC	150	5,114	2,296
	全体平均	174	1,802	613

8-2 家庭用燃料電池（エネファーム）メーカー販売台数推移

（単位：台）

種別 ＼ 年度	24年度	25年度	26年度	27年度	28年度
LPガス	3,958	5,734	4,740	3,979	3,234
都市ガス	20,559	27,797	33,278	36,468	43,836
合計	24,517	33,531	38,018	40,447	47,070

9. 新電力関係資料

9-1 登録小売電気事業者一覧（平成30年1月25日現在）

※登録番号順

登録番号	氏名／名称	所 在 地	登録番号	氏名／名称	所 在 地
全国計453事業者			A0063	㈱エネルギア・ソリューション・アンド・サービス	広島県広島市
A0001	㈱F-Power	東京都港区	A0064	東京ガス㈱	東京都港区
A0002	イーレックス㈱	東京都中央区	A0065	テス・エンジニアリング㈱	大阪府大阪市
A0003	リエスパワー㈱	東京都豊島区	A0066	青梅ガス㈱	東京都青梅市
A0004	イーレックス・スパーク・マーケティング㈱	東京都中央区	A0067	㈱イーネットワークシステムズ	東京都港区
A0005	イーレックス・スパーク・エリアマーケティング㈱	東京都中央区	A0068	伊藤忠エネクスホームライフ関東㈱	東京都港区
A0006	イーレックス販売3号㈱	東京都中央区	A0069	㈱東急パワーサプライ	東京都渋谷区
A0007	㈱SEウイングズ	北海道苫小牧市	A0070	王子・伊藤忠エネクス電力販売㈱	東京都港区
A0008	㈱イーセル	千葉県柏市	A0071	伊藤忠商事㈱	東京都港区
A0009	㈱エネット	東京都港区	A0072	㈱エコスタイル	大阪府大阪市
A0011	須賀川瓦斯㈱	福島県須賀川市	A0073	入間ガス㈱	埼玉県入間市
A0012	昭和シェル石油㈱	東京都港区	A0074	テプコカスタマーサービス㈱	東京都江東区
A0013	㈱ケイ・オプティコム	大阪府大阪市	A0075	㈱とんでん	北海道札幌市
A0014	エネサーブ㈱	滋賀県大津市	A0076	新日鉄住金エンジニアリング㈱	東京都品川区
A0015	㈱サイサン	埼玉県さいたま市	A0077	KDDI㈱	東京都千代田区
A0016	ミツウロコグリーンエネルギー㈱	東京都中央区	A0079	イワタニ関東㈱	埼玉県さいたま市
A0017	㈱パワーアットクラウド	東京都中央区	A0080	イワタニ首都圏㈱	神奈川県川崎市
A0018	ネクストパワーやまと㈱	鹿児島県鹿児島市	A0081	サーラeエナジー㈱	愛知県豊橋市
A0019	日本テクノ㈱	東京都新宿区	A0082	㈱地球クラブ	東京都渋谷区
A0020	中央電力エナジー㈱	東京都港区	A0083	㈱エコア	福岡県福岡市
A0021	㈱Looop	東京都文京区	A0084	西部瓦斯㈱	福岡県福岡市
A0023	㈱ナンワエナジー	鹿児島県鹿児島市	A0085	東邦ガス㈱	愛知県名古屋市
A0024	静岡ガス&パワー㈱	静岡県富士市	A0086	シナネン㈱	東京都港区
A0025	荏原環境プラント㈱	東京都大田区	A0087	㈱シナジアパワー	東京都台東区
A0026	東京エコサービス㈱	東京都港区	A0088	川重商事㈱	兵庫県神戸市
A0027	ダイヤモンドパワー㈱	東京都中央区	A0089	大一ガス㈱	愛媛県松山市
A0028	出光グリーンパワー㈱	東京都千代田区	A0090	㈱リミックスポイント	東京都目黒区
A0029	プレミアムグリーンパワー㈱	東京都千代田区	A0091	大阪いずみ市民生活協同組合	大阪府堺市
A0031	㈱新出光	福岡県福岡市	A0092	㈱中海テレビ放送	鳥取県米子市
A0032	中央セントラルガス㈱	東京都中央区	A0093	パシフィックパワー㈱	東京都千代田区
A0033	にちほクラウド電力㈱	大阪府大阪市	A0094	㈱いちたかガスワン	北海道札幌市
A0034	一般財団法人泉佐野電力	大阪府泉佐野市	A0095	㈱ジェイコム足立	東京都足立区
A0035	総合エネルギー㈱	東京都中央区	A0096	㈱ジェイコムイースト	東京都千代田区
A0036	㈱グリーンサークル	長野県長野市	A0097	㈱ジェイコム市川	千葉県市川市
A0037	㈱ウエスト電力	東京都新宿区	A0098	㈱ジェイコムウエスト	大阪府大阪市
A0039	北海道瓦斯㈱	北海道札幌市	A0099	㈱ジェイコム大田	東京都大田区
A0040	（一財）神奈川県太陽光発電協会	神奈川県横浜市	A0101	㈱ジェイコム川口戸田	埼玉県川口市
A0041	㈱日本エナジーバンク	北海道札幌市	A0102	㈱ジェイコム北関東	埼玉県さいたま市
A0042	新エネルギー開発㈱	兵庫県伊丹市	A0103	㈱ジェイコムさいたま	埼玉県さいたま市
A0043	伊藤忠エネクス㈱	東京都港区	A0104	㈱ジェイコム札幌	北海道札幌市
A0045	㈱V-Power	東京都品川区	A0105	㈱ジェイコム湘南	神奈川県横須賀市
A0046	大和エネルギー㈱	大阪府大阪市	A0106	㈱ジェイコム多摩	東京都立川市
A0048	大阪瓦斯㈱	大阪府大阪市	A0107	㈱ジェイコム千葉	千葉県浦安市
A0049	エフビットコミュニケーションズ㈱	京都府京都市	A0108	㈱ジェイコム千葉セントラル	千葉県千葉市
A0050	JXTGエネルギー㈱	東京都千代田区	A0109	㈱ジェイコム東葛葛飾	千葉県松戸市
A0051	真庭バイオエネルギー㈱	岡山県真庭市	A0110	㈱ジェイコム東京	東京都練馬区
A0052	三井物産㈱	東京都千代田区	A0111	㈱ジェイコム東京北	東京都北区
A0053	オリックス㈱	東京都港区	A0112	㈱ジェイコム中野	東京都中野区
A0054	㈱エネサンス関東	東京都港区	A0113	㈱ジェイコム八王子	東京都八王子市
A0055	みんな電力㈱	東京都世田谷区	A0114	㈱ジェイコム日野	東京都日野市
A0056	㈱洸陽電機	兵庫県神戸市	A0115	㈱ジェイコム船橋習志野	千葉県船橋市
A0057	㈱サニックス	福岡県福岡市	A0116	㈱ジェイコム港新宿	東京都港区
A0058	㈱コンシェルジュ	大阪府和泉市	A0117	㈱ジェイコム南横浜	神奈川県横浜市
A0060	㈱アイ・グリッド・ソリューションズ	東京都千代田区	A0118	㈱ジェイコム武蔵野三鷹	東京都三鷹市
A0061	サミットエナジー㈱	東京都千代田区	A0119	土浦ケーブルテレビ㈱	茨城県土浦市
A0062	リコージャパン㈱	東京都港区	A0120	鹿児島電力㈱	鹿児島県鹿児島市

登録番号	氏名／名称	所　在　地	登録番号	氏名／名称	所　在　地
A0121	太陽ガス㈱	鹿児島県日置市	A0180	㈱ベイサイドエナジー	東京都中央区
A0122	アーバンエナジー㈱	神奈川県横浜市	A0181	鈴与商事㈱	静岡県静岡市
A0123	パワーシェアリング㈱	千葉県旭市	A0183	㈱バランスハーツ	大阪府大阪市
A0124	（同）北上新電力	岩手県北上市	A0184	ワタミファーム＆エナジー㈱	東京都大田区
A0125	パーパススマートパワー㈱	東京都文京区	A0185	㈱パルシステム電力	東京都新宿区
A0126	㈱タクマエナジー	兵庫県尼崎市	A0186	ＳＢパワー㈱	東京都港区
A0127	㈱スマートテック	茨城県水戸市	A0187	ＮＦパワーサービス㈱	東京都新宿区
A0128	水戸電力㈱	茨城県水戸市	A0188	ひおき地域エネルギー㈱	鹿児島県日置市
A0130	丸紅新電力㈱	東京都中央区	A0189	和歌山電力㈱	和歌山県和歌山市
A0131	㈱エックスパワー	東京都渋谷区	A0190	㈱エナジードリーム	鹿児島県鹿児島市
A0132	ダイネン㈱	兵庫県姫路市	A0191	㈱トドック電力	北海道札幌市
A0133	奈良電力㈱	奈良県御所市	A0192	ＭＢエナジー㈱	愛媛県新居浜市
A0134	日立造船㈱	大阪府大阪市	A0193	九電みらいエナジー㈱	福岡県福岡市
A0135	大東ガス㈱	埼玉県三芳町	A0194	㈱ミツウロコヴェッセル	東京都中央区
A0136	パナソニック㈱	大阪府門真市	A0195	㈱フォレストパワー	広島県呉市
A0137	アストモスエナジー㈱	東京都千代田区	A0196	日高市都市ガス㈱	埼玉県日高市
A0138	㈱関電エネルギーソリューション	大阪府大阪市	A0197	㈱アドバンテック	東京都千代田区
A0139	㈱エプコ	東京都墨田区	A0198	ＺＥパワー㈱	東京都港区
A0140	ＭＣリテールエナジー㈱	東京都港区	A0199	ローカルエナジー㈱	鳥取県米子市
A0141	㈱北九州パワー	福岡県北九州市	A0200	エネックス㈱	東京都東村山市
A0142	武州瓦斯㈱	埼玉県川越市	A0201	クレアールエナジー㈱	東京都中央区
A0143	㈱みらい電力	愛知県名古屋市	A0202	㈱Ｇ－Ｐｏｗｅｒ	東京都港区
A0144	大垣ガス㈱	岐阜県大垣市	A0203	㈱地域電力	神奈川県川崎市
A0145	㈱藤田商店	香川県観音寺市	A0204	なでしこ電力㈱	東京都渋谷区
A0146	㈱ケーブルネット下関	山口県下関市	A0205	ＮＥＣファシリティーズ㈱	東京都港区
A0147	㈱ジェイコム九州	福岡県福岡市	A0206	日田グリーン電力㈱	大分県日田市
A0149	㈱グローバルエンジニアリング	福岡県福岡市	A0207	㈱津軽あっぷるパワー	青森県平川市
A0150	九州エナジー㈱	鹿児島県鹿児島市	A0208	㈱花巻銀河パワー	岩手県花巻市
A0151	㈱トヨタタービンアンドシステム	愛知県豊田市	A0209	埼玉ガス㈱	埼玉県深谷市
A0152	㈱Ｓ－ＣＯＲＥ	東京都千代田区	A0210	宮崎パワーライン㈱	宮崎県日南市
A0153	㈱エナリス・パワー・マーケティング	東京都千代田区	A0211	㈱パワー・オプティマイザー	秋田県秋田市
A0154	㈱エヌパワー南九州	鹿児島県鹿児島市	A0212	㈱エネルギー・オプティマイザー	東京都港区
A0155	みやまスマートエネルギー㈱	福岡県みやま市	A0213	㈱ＵＳＥＮ　ＮＥＴＷＯＲＫＳ	東京都渋谷区
A0156	エフィシエント㈱	東京都港区	A0214	㈱ＴＴＳパワー	福岡県飯塚市
A0157	㈱生活クラブエナジー	東京都中央区	A0215	㈱パネイル	東京都千代田区
A0158	生活協同組合コープこうべ	兵庫県神戸市	A0216	㈱岩手ウッドパワー	岩手県宮古市
A0159	㈱シーエナジー	愛知県名古屋市	A0217	里山パワーワークス㈱	東京都渋谷区
A0160	角栄ガス㈱	東京都渋谷区	A0218	㈱中之条パワー	群馬県中之条町
A0161	京葉瓦斯㈱	千葉県市川市	A0219	㈱ＴＯＳＭＯ	静岡県磐田市
A0162	凸版印刷㈱	東京都台東区	A0220	日産トレーディング㈱	神奈川県横浜市
A0163	伊勢崎ガス㈱	群馬県伊勢崎市	A0221	ＪＡＧ国際エナジー㈱	東京都千代田区
A0164	キヤノンマーケティングジャパン㈱	東京都港区	A0222	㈱長谷工アネシス	東京都港区
A0165	㈱とっとり市民電力	鳥取県鳥取市	A0223	伊藤忠エネクスホームライフ西日本㈱	広島県広島市
A0166	㈱イーエムアイ	東京都新宿区	A0224	㈱エネコープ	北海道札幌市
A0167	佐野瓦斯㈱	栃木県佐野市	A0225	東芝エネルギーシステムズ㈱	神奈川県川崎市
A0168	桐生瓦斯㈱	群馬県桐生市	A0226	ネクストエナジー・アンド・リソース㈱	東京都新宿区
A0169	森の電力㈱	東京都渋谷区	A0227	はりま電力㈱	兵庫県姫路市
A0170	大和ハウス工業㈱	大阪府大阪市	A0228	㈱浜松新電力	静岡県浜松市
A0171	㈱早稲田環境研究所	東京都新宿区	A0229	ゼロワットパワー㈱	千葉県柏市
A0172	ＨＴＢエナジー㈱	長崎県佐世保市	A0230	アストマックス・トレーディング㈱	東京都品川区
A0173	㈱アシストワンエナジー	北海道札幌市	A0231	㈱やまがた新電力	山形県山形市
A0174	㈱サン・ビーム	埼玉県本庄市	A0232	（一社）東松島みらいとし機構	宮城県東松島市
A0175	㈱フソウ・エナジー	東京都中央区	A0233	志賀高原リゾート開発㈱	長野県山ノ内町
A0176	㈱日本エコシステム	東京都港区	A0234	㈱グリーンパワー大東	大阪府大東市
A0177	湘南電力㈱	神奈川県平塚市	A0235	㈱Ｋｅｎｅｓエネルギーサービス	大阪府大阪市
A0178	大東エナジー㈱	東京都港区	A0236	愛知電力㈱	愛知県一宮市
A0179	アンフィニ㈱	大阪府大阪市	A0237	御所野縄文電力㈱	岩手県一戸町

登録番号	氏名／名称	所 在 地	登録番号	氏名／名称	所 在 地
A0238	御所野縄文パワー㈱	岩手県一戸町	A0295	(一社) グリーン・市民電力	福岡県福岡市
A0239	宮古新電力㈱	岩手県宮古市	A0296	(公財) 東京都環境公社	東京都墨田区
A0240	長崎地域電力㈱	長崎県長与町	A0297	三井物産プラントシステム㈱	東京都港区
A0241	伊藤忠エネクスホームライフ関西㈱	大阪府大阪市	A0298	イオンディライト㈱	大阪府大阪市
A0242	㈱NTTファシリティーズ	東京都港区	A0299	NECフィールディング㈱	東京都港区
A0243	近畿電力㈱	兵庫県尼崎市	A0300	㈱ファミリーネット・ジャパン	東京都品川区
A0244	㈱日本新電力総合研究所	東京都千代田区	A0302	㈱アドバリュー	東京都中央区
A0245	新電力おおいた㈱	大分県由布市	A0303	MKステーションズ㈱	福岡県福岡市
A0246	㈱日本セレモニー	山口県下関市	A0304	日本製紙木材㈱	東京都千代田区
A0247	㈱リレボ	東京都千代田区	A0305	フラワー電力㈱	東京都千代田区
A0248	㈱池見石油店	北海道函館市	A0306	㈱JTBコミュニケーションデザイン	東京都港区
A0249	滋賀電力㈱	滋賀県米原市	A0307	奈良総合リサイクルセンター㈱	奈良県御所市
A0250	芝浦電力㈱	福岡県福岡市	A0308	積水化学工業㈱	大阪府大阪市
A0251	本田技研工業㈱	東京都港区	A0309	㈱ユーミーエナジー	鹿児島県鹿児島市
A0252	エコエンジニアリング㈱	奈良県香芝市	A0310	全農エネルギー㈱	東京都千代田区
A0253	いこま電力㈱	奈良県生駒市	A0311	㈱ハルエネ	東京都豊島区
A0254	スズカ電工㈱	大阪府大阪市	A0312	三愛石油㈱	東京都品川区
A0255	㈱第一ビルサービス	広島県広島市	A0313	㈱リケン工業	兵庫県神戸市
A0256	㈱エーコープサービス	北海道士幌町	A0314	㈱ビビット	北海道札幌市
A0257	サンリン㈱	長野県山形村	A0315	㈱おおた電力	群馬県太田市
A0258	㈱宮崎ガスリビング	宮崎県宮崎市	A0316	センチュリー・エナジー㈱	東京都千代田区
A0259	山陰エレキ・アライアンス㈱	鳥取県米子市	A0317	伊藤忠プランテック㈱	東京都港区
A0260	昭和商事㈱	東京都目黒区	A0318	㈱オカモト	北海道帯広市
A0261	ミライフ東日本㈱	宮城県仙台市	A0319	アジアエネルギーバンク㈱	東京都港区
A0262	豊通エネルギー㈱	愛知県名古屋市	A0320	熊本電力㈱	熊本県熊本市
A0263	㈱ウッドエナジー	広島県廿日市市	A0321	ミツイワ㈱	東京都渋谷区
A0264	山陰酸素工業㈱	鳥取県米子市	A0323	キタコー㈱	北海道札幌市
A0265	武陽ガス㈱	東京都福生市	A0324	生活協同組合コープしが	滋賀県野洲市
A0266	ツネイシCバリューズ㈱	広島県福山市	A0325	RYOKI ENERGY㈱	石川県金沢市
A0267	北海道電力㈱	北海道札幌市	A0326	㈱大林クリーンエナジー	東京都港区
A0268	東北電力㈱	宮城県仙台市	A0327	東海電力㈱	愛知県名古屋市
A0269	東京電力エナジーパートナー㈱	東京都千代田区	A0328	西日本電力㈱	大阪府大阪市
A0270	中部電力㈱	愛知県名古屋市	A0329	福岡電力㈱	福岡県福岡市
A0271	北陸電力㈱	富山県富山市	A0330	香川電力㈱	香川県高松市
A0272	関西電力㈱	大阪府大阪市	A0331	札幌電力㈱	北海道札幌市
A0273	中国電力㈱	広島県広島市	A0332	せとうち電力㈱	香川県高松市
A0274	四国電力㈱	香川県高松市	A0333	東日本電力㈱	東京都千代田区
A0275	九州電力㈱	福岡県福岡市	A0334	広島電力㈱	広島県広島市
A0276	沖縄電力㈱	沖縄県浦添市	A0335	宮城電力㈱	宮城県仙台市
A0277	北日本石油㈱	東京都中央区	A0336	㈱沖縄ガスニューパワー	沖縄県那覇市
A0278	千葉電力㈱	千葉県八千代市	A0337	諏訪瓦斯㈱	長野県諏訪市
A0279	㈱坊っちゃん電力	愛媛県松山市	A0338	㈱アイキューフォーメーション	東京都世田谷区
A0280	やめエネルギー㈱	福岡県八女市	A0339	㈱ナカシマ	兵庫県姫路市
A0281	㈱アースインフィニティ	大阪府大阪市	A0340	㈱エージーピー	東京都大田区
A0282	㈱エナジー北海道	北海道札幌市	A0341	神栖パワープラントセールス (同)	東京都港区
A0283	足利ガス㈱	栃木県足利市	A0342	㈱いちき串木野電力	鹿児島県いちき串木野市
A0284	㈱Misumi	鹿児島県鹿児島市	A0343	四つ葉電力㈱	大阪府大阪市
A0285	米子瓦斯㈱	鳥取県米子市	A0344	西武ガス㈱	埼玉県飯能市
A0286	㈱エルピオ	千葉県市川市	A0345	松本ガス㈱	長野県松本市
A0287	浜田ガス㈱	島根県浜田市	A0346	グリーンテック㈱	山梨県北杜市
A0288	㈱アメニティ電力	福岡県久留米市	A0347	FTエナジー㈱	東京都千代田区
A0289	新電力フロンティア㈱	大阪府大阪市	A0348	南部だんだんエナジー㈱	鳥取県南部町
A0290	ふくのしま電力㈱	福島県郡山市	A0349	㈱エフエネ	東京都中央区
A0291	GPSSホールディングス㈱	東京都港区	A0350	こなんウルトラパワー㈱	滋賀県湖南市
A0292	岡田建設㈱	北海道帯広市	A0351	㈱CHIBAむつざわエナジー	千葉県睦沢町
A0293	出雲ガス㈱	島根県出雲市	A0352	㈱関西空調	京都府京都市
A0294	富山電力㈱	富山県高岡市	A0353	奥出雲電力㈱	島根県奥出雲町

登録番号	氏名／名称	所　在　地	登録番号	氏名／名称	所　在　地
A0354	清水建設㈱	東京都中央区	A0411	福井電力㈱	福井県福井市
A0355	中央電力㈱	大阪府大阪市	A0412	岩手中央エネルギー㈱	岩手県紫波町
A0356	㈱成田香取エネルギー	千葉県香取市	A0413	㈱MKエネルギー	福岡県福岡市
A0357	レジェンド電力㈱	東京都港区	A0414	㈱Optimized　Energy	東京都港区
A0358	三光㈱	鳥取県境港市	A0415	せと電力㈱	香川県高松市
A0359	東罐商事㈱	東京都品川区	A0416	㈱ネクシィーズ・ゼロ	東京都渋谷区
A0360	グローバルソリューションサービス㈱	東京都品川区	A0417	地元電力㈱	福岡県福岡市
A0361	藤井産業㈱	栃木県宇都宮市	A0418	横浜ウォーター㈱	神奈川県横浜市
A0362	㈱CWS	奈良県奈良市	A0419	スマートエナジー磐田㈱	静岡県磐田市
A0363	㈱インボイス	東京都港区	A0420	そうまIグリッド（同）	福島県相馬市
A0364	ふくしま新電力㈱	福島県福島市	A0421	第一日本電力㈱	静岡県浜松市
A0365	ズームエナジージャパン（同）	東京都港区	A0422	ESC㈱	北海道札幌市
A0366	㈱エネクスライフサービス	東京都港区	A0423	岐阜電力㈱	愛知県一宮市
A0367	ネイチャーエナジー小国㈱	熊本県小国町	A0424	新潟県民電力㈱	新潟県新潟市
A0368	リエスパワーネクスト㈱	東京都豊島区	A0425	エネトレード㈱	東京都港区
A0369	京都生活協同組合	京都府京都市	A0426	片山商事㈱	新潟県新潟市
A0370	山本商事㈱	奈良県御所市	A0427	Myシティ電力㈱	大阪府大阪市
A0371	関西エネルギーパワー㈱	大阪府大阪市	A0428	㈱トーセキ	東京都足立区
A0372	㈱グリムスパワー	東京都品川区	A0429	ニシムラ㈱	京都府京都市
A0373	日本ファシリティ・ソリューション㈱	東京都品川区	A0430	㈱さくら新電力	青森県弘前市
A0374	㈱登米電力	宮城県登米市	A0431	㈱グローアップ	東京都渋谷区
A0375	情報ハイウェイ協同組合	岡山県津山市	A0432	佐賀電力㈱	佐賀県小城市
A0376	自然電力㈱	福岡県福岡市	A0433	あくびコミュニケーションズ㈱	東京都渋谷区
A0377	㈱オノプロックス	秋田県秋田市	A0434	大分県民電力㈱	大分県別府市
A0378	本庄ガス㈱	埼玉県本庄市	A0435	いこま市民パワー㈱	奈良県生駒市
A0379	㈱フィット	徳島県徳島市	A0436	㈱コープでんき東北	宮城県仙台市
A0380	青森県民エナジー㈱	青森県八戸市	A0437	おもてなし山形㈱	山形県山形市
A0381	国際航業㈱	東京都千代田区	A0438	長野都市ガス㈱	長野県長野市
A0382	ローカルでんき㈱	秋田県湯沢市	A0439	上田ガス㈱	長野県上田市
A0383	㈱明治産業	福岡県福岡市	A0440	㈱エネカット	東京都渋谷区
A0384	福島電力㈱	福島県楢葉町	A0441	㈱内藤工業所	福島県郡山市
A0385	岡山電力㈱	岡山県岡山市	A0442	㈱シグナストラスト	東京都渋谷区
A0386	ミライフ㈱	東京都墨田区	A0443	ゲーテハウス㈱	東京都中央区
A0387	㈱翠光トップライン	東京都台東区	A0444	㈱コデンエナジーバンク	埼玉県伊奈町
A0388	楽天㈱	東京都世田谷区	A0445	岩手電力㈱	岩手県北上市
A0389	うすきエネルギー㈱	大分県臼杵市	A0446	JPエネルギー㈱	愛知県名古屋市
A0390	㈱Toyo　Electric　Power	福島県相馬市	A0447	兵庫電力㈱	兵庫県神戸市
A0391	富士見森のエネルギー㈱	長野県富士見町	A0448	大和ライフエナジア㈱	東京都港区
A0392	岐阜電力㈱	岐阜県岐阜市	A0449	京都新電力㈱	京都府京都市
A0393	格安電力㈱	大阪府大阪市	A0450	㈱エースタイル	大阪府大阪市
A0394	㈱ゼック	東京都中央区	A0451	Cocoテラスたがわ㈱	福岡県田川市
A0395	テクノエフアンドシー㈱	東京都新宿区	A0452	東北電力エナジートレーディング㈱	東京都千代田区
A0396	㈱エスケーエナジー	福岡県福岡市	A0453	㈱横浜環境デザイン	神奈川県横浜市
A0397	名南共同エネルギー㈱	愛知県知多市	A0454	㈱まち未来製作所	神奈川県横浜市
A0398	Apaman　Energy㈱	東京都千代田区	A0455	TRENDE㈱	東京都千代田区
A0399	ファミリーエナジー（同）	東京都港区	A0456	㈱どさんこパワー	北海道札幌市
A0400	AG　Energy㈱	東京都港区	A0457	㈱アースカラー	東京都新宿区
A0401	アンビット・エナジー・ジャパン（同）	東京都港区	A0458	㈱地方創生テクノロジーラボ	東京都港区
A0402	㈱TOKYO油電力	東京都墨田区	A0459	みなとみらい電力㈱	神奈川県横浜市
A0403	大分ケーブルテレコム㈱	大分県大分市	A0460	日本電灯電力販売㈱	東京都千代田区
A0404	ジスコ不動産㈱	長崎県諫早市	A0461	㈱LIXIL　TEPCO　スマートパートナーズ	東京都江東区
A0405	Just　Energy　Japan（同）	東京都港区	A0462	㈱メディアクラウド	大阪府大阪市
A0406	生活協同組合コープみらい	埼玉県さいたま市	A0463	㈱Bestエフォート	東京都豊島区
A0407	寝屋川電力㈱	大阪府寝屋川市	A0464	三菱瓦斯化学㈱	東京都千代田区
A0408	㈱広島一電力	広島県福山市	A0465	㈱ユビニティー	東京都品川区
A0409	大阪府民電力㈱	大阪府大阪市	A0466	㈱宮交シティ	宮崎県宮崎市
A0410	石川電力㈱	石川県金沢市	A0467	㈱アルファライズ	東京都渋谷区

〈付表〉LPガス・石油関係諸元表

換算表（概算）

1米ガロン	≒	3.79リットル
1バレル	≒	159リットル＝ 0.159キロリットル
1キロリットル＝	1,000リットル≒	6.29バレル

バレル/日	×	5倍	（≒ 30日÷6.29バレル）	→キロリットル/月
バレル/日	×	29倍	（≒ 182日÷6.29バレル）	→キロリットル/半年
バレル/日	×	58倍	（≒ 365日÷6.29バレル）	→キロリットル/年
ドル/バレル	×	629倍	（≒ 100円÷0.159キロリットル）	→円/キロリットル
セント/米ガロン×		0.26倍	（≒ 100円÷3.79リットル）	→円/リットル

輸入原油の性状

地　　域	国　　名	ＡＰＩ度 (60°F)	硫　黄　分 (wt%)
中　　　　東	サウジアラビア	35.18	1.76
東 南 ア ジ ア	インドネシア	30.95	0.13
欧　　　　州	ロ　シ　ア	37.83	0.32
北　　　米	アメリカ合衆国	40.02	0.57
南　　　米	エ ク ア ド ル	30.69	2.07
大　洋　州	オーストラリア	29.26	0.38
合　　　計		36.00	1.54

出所：資源エネルギー統計年報　平成28年

石油製品の密度

単位：g/cm³

L　　P　　G	0.50 ～ 0.60
ナ　フ　サ	0.65 ～ 0.76
自動車用ガソリン	0.72 ～ 0.77
ジェット燃料油	0.78 ～ 0.80
灯　　　　油	0.78 ～ 0.80
軽　　　　油	0.80 ～ 0.84
A　重　油	0.80 ～ 0.90
C　重　油	0.87 ～ 0.96
軽 質 潤 滑 油	0.82 ～ 0.91
重 質 潤 滑 油	0.88 ～ 0.95
ア ス フ ァ ル ト	1.02 ～ 1.06

出所：石油連盟

注：石油連盟データによった。

単位当たり標準発熱量

エネルギー種	単位	標準発熱量	
		ＭＪ	kcal
ガ ソ リ ン	ℓ	33.37	7,972
ナ　フ　サ	ℓ	33.31	7,957
ジェット燃料油	ℓ	36.54	8,728
灯　　　　油	ℓ	36.49	8,718
軽　　　　油	ℓ	38.04	9,087
A　重　油	ℓ	38.90	9,293
C　重　油	ℓ	41.78	9,980
L　　P　　G	kg	50.06	11,958
NGL・コンデンセート	ℓ	34.93	8,344
原　　　　油	ℓ	38.28	9,145

出所：「総合エネルギー統計」（資源エネルギー庁）
※平成25年度改訂
※ 1 MJ＝238.89kcal

平成30年３月26日発行

ＬＰガス資料年報

VOL.53　２０１８年版

本体価格17,000円（消費税・送料別）

編　集　（株）石油化学新聞社 LPガス資料年報刊行委員会
発行者　成冨　治
発　行　株式会社 石油化学新聞社
　　　　東京都千代田区岩本町2－4－10　アイセ岩本町ビル
　　　　〒101－0032　電話　03（5833）8840（代）
印　刷　岩城印刷株式会社
ISBN978-4-915358-65-4　　　　　　　無断転載を禁じます。

協賛広告掲載会社一覧

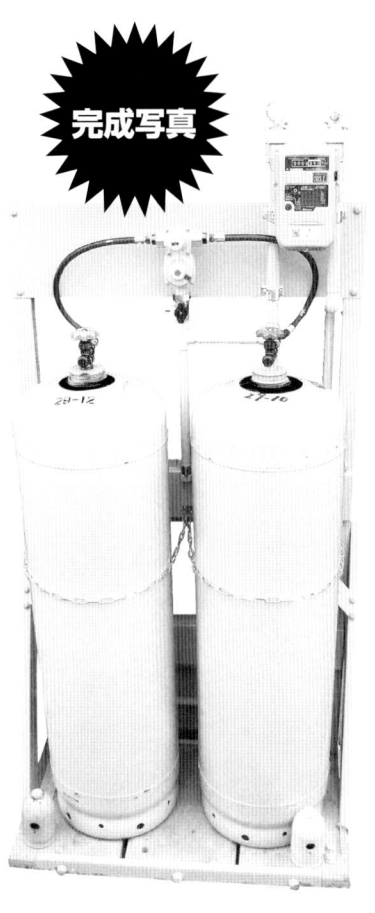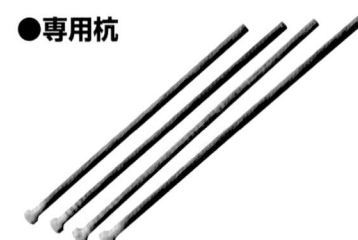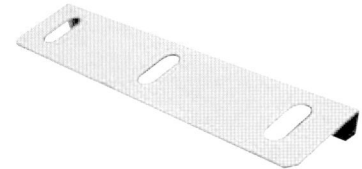

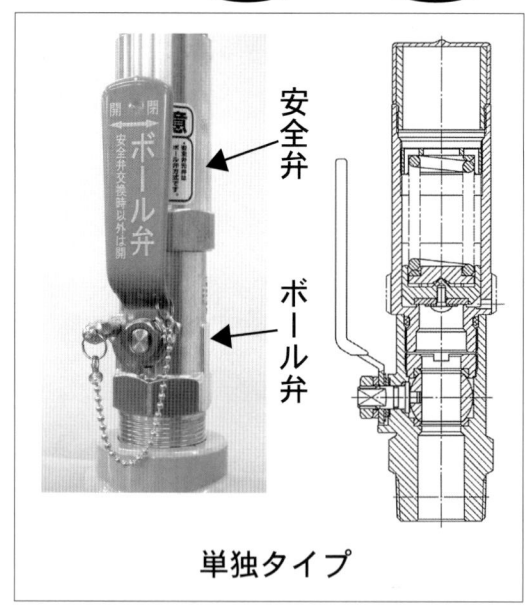
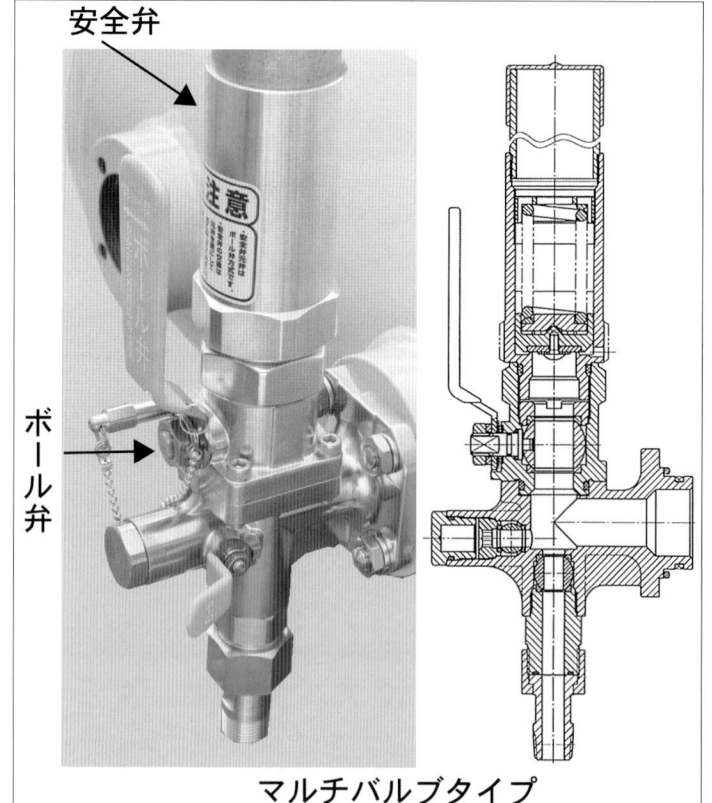
後付2

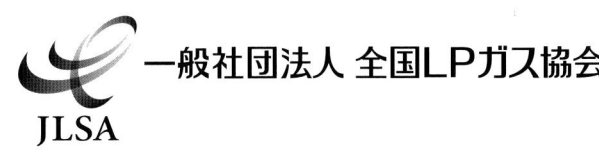

地域活性

接点強化

システムアンドリサーチは、平成26年11月、
地域活性化のための事業専属会社として、
株式会社AQライフを設立いたしました。
スマートで革新的なサービスによる
エネルギーの供給と顧客接点の融合を
ご提案してまいりたいと思います。